Johannes Natrop
Angewandte Deskriptive Statistik

Johannes Natrop

Angewandte Deskriptive Statistik

Praxisbezogenes Lehrbuch mit Fallbeispielen

DE GRUYTER
OLDENBOURG

ISBN 978-3-11-040858-4
e-ISBN (PDF) 978-3-11-041387-8
e-ISBN (EPUB) 978-3-11-042369-3

Library of Congress Cataloging-in-Publication Data
A CIP catalogue record for this book has been applied for at the Library of Congress.

Bibliografische Information der Deutschen Nationalbibliothek
Die Deutsche Nationalbibliothek verzeichnet diese Publikation in der Deutschen Nationalbibliografie; detaillierte bibliografische Daten sind im Internet über
http://dnb.dnb.de abrufbar.

© 2015 Walter de Gruyter GmbH, Berlin/München/Boston
Coverabbildung: Thomas Neifer
Druck und Bindung: CPI books GmbH, Leck
♾ Gedruckt auf säurefreiem Papier
Printed in Germany

www.degruyter.com

Vorwort

Statistische Fragestellungen finden sich in den verschiedensten Lebensbereichen des Alltags. Im Zeitalter der Internet- und Informationswissenschaft besteht das Datenproblem häufig nicht in zu wenig, sondern in zu vielen Einzeldaten, die in ihrer Fülle nicht mehr überschaut und verwertet werden können. Unter dem Schlagwort „Big Data"[1] werden daher derzeit im großen Umfang mathematische Algorithmen und statistische Verfahren der Datenanalyse eingesetzt, um diese Datenmenge aus dem Internet und den Medien zu strukturieren, so dass die vielen Informationen u. a. für medizinische, soziale oder ökonomische Zwecke effizient genutzt werden können.

Auch das Verständnis technischer, sozialer oder naturwissenschaftlicher Zusammenhänge ist ohne Statistik kaum denkbar. Das beginnt bereits bei der Fahrt mit dem PKW, bei der uns mit zunehmend zurückgelegter Kilometerzahl ein Blick auf die weniger sensibel reagierende digitale Spritverbrauchsanzeige zu der Frage verleitet, ob wir wegen eingeschränkter Funktionsfähigkeit der Tachoanzeige die Autowerkstatt ansteuern oder doch lieber Rat in einem Lehrbuch der deskriptiven Statistik suchen sollten. In der täglichen Berichterstattung der Medien oder den Berichten von Unternehmen und Staat stehen statistische Fragen immer wieder im Vordergrund. Auf staatlicher Ebene seien beispielsweise nur die von der Bundesregierung oder den Landesregierungen in mehrjährigen Abständen veröffentlichten Armuts- und Reichtumsberichte, Sozialberichte etc. genannt, die eine Vielzahl statistischer Daten und Kennzahlen zur sozialen und wirtschaftlichen Situation von Privatpersonen oder Privathaushalten enthalten.

Statistische Anwendungen erfolgen in vielen Wissenschaftsdisziplinen, wie der Medizin, der Psychologie, der Landwirtschaft und vor allem auch in den Wirtschaftswissenschaften. Ökonomische Entscheidungen setzen eine strukturierte und umfassende statistische Datenanalyse voraus. Viele volkswirtschaftliche Fragestellungen wie z. B. Preis-, Konjunktur-, Arbeitsmarkt-, Regional- und Wettbewerbsanalysen sowie Wirkungsbetrachtungen wirtschaftspolitischer Maßnahmen, Rankinganalysen von Gebietskörperschaften und Nationalstaaten etc. bis hin zur Glücksforschung lassen sich ohne den Einsatz umfassender statistischer Methoden, insbesondere den sogenannten „Multivariaten Verfahren", nicht bewältigen. Statistische Methoden stellen das unverzichtbare „Handwerkszeug" für viele betriebswirtschaftliche Anwendungen dar: Zu nennen sind hier beispielsweise Kostenanalysen und Qualitätskontrollen im Controlling, Wirkungsanalysen von Marketinginstrumenten und die Beurteilung von Mitarbeiter- und Kundenzufriedenheit etc. im Personalmanage-

---

[1] Zum Begriff „Big Data" vgl. z. B. Mayer-Schönberger, V.; Cukier, K., Big Data: Die Revolution, die unser Leben verändern wird, 2. Auflage, München 2013.

ment. Im Rahmen dieses Lehrbuchs konzentriert sich die statistische Betrachtung auf wirtschaftswissenschaftliche Fragestellungen.

Die deskriptive Statistik umfasst viele einfache Methoden, um ökonomische, soziale oder naturwissenschaftliche Fragestellungen in einem ersten Schritt analytisch zu ergründen und aufzubereiten. In der Folge lassen sich dann weitere komplexere statistische Methoden einsetzen wie die „schließende Statistik" (auch als „analytische" oder „induktive Statistik" bezeichnet) oder die „multivariaten Analyseverfahren", die eine tiefere strukturelle Analyse der Daten ermöglichen[2]. Gute Kenntnisse der deskriptiven Statistik stellen eine wichtige Grundlage dar, um diese weiterführenden Methoden einordnen und verstehen zu können. Der Stellenwert der Statistik darf trotz der in der Öffentlichkeit häufig kritisierten Vorgehensweise[3] nicht unterschätzt werden: Ohne Statistik ist kein wissenschaftlicher Fortschritt möglich, um rechtzeitig auf der Suche nach neuen Erkenntnissen über den statistischen Test „die Spreu vom Weizen" zu trennen. Dieser Problematik werden sich schon die Teilnehmer von „Jugend forscht" bewusst, wenn sie z. B. das Wachstum von Tomaten gezielt untersuchen und sich fragen, ob der isolierte Einfluss von Musik das Wachstum der Tomaten deterministisch geprägt hat oder ob die identifizierten Wachstumsunterschiede nur zufällig eingetreten sind, d. h. dem Zufall zuzuordnen sind. Diesen speziellen Fragen geht vor allem die schließende Statistik nach, zu deren Verständnis aber Kenntnisse der deskriptiven Statistik erforderlich sind.

In diesem Buch wird zudem aufgezeigt, dass sich die Gedankengänge der deskriptiven Statistik auch in den Anwendungen der schließenden Statistik „leicht verkleidet" wiederfinden. Es muss daher im Rahmen der deskriptiven Statistik nur der Sprachgebrauch oder die Sichtweise leicht modifiziert werden, um sich bereits im Analysespektrum der schließenden Statistik zu befinden (z. B. bei den Begriffen „Erwartungswert", „Varianz/Standardabweichung" oder den „bedingten Wahrscheinlichkeiten" und den damit verbundenen „Wahrscheinlichkeitssätzen"). Insofern vermittelt die deskriptive Statistik zentrales statistisches Basiswissen. In einzelnen Teilgebieten der deskriptiven Statistik ist der Einfluss des Zufalls allerdings so bedeutsam, dass deskriptive und schließende Statistik nur gemeinsam zur Anwendung kommen können, wie z. B. in der Regressionsanalyse. Dies zeigt sich vor allem in den Anwendungen des Programmpakets SPSS (siehe Anhang, Teil D), das immer wieder auf Begriffe der schließenden Statistik zurückgreift. Daher wird im

---

[2] Unternehmen im regionalen Umfeld der Hochschule Bonn-Rhein Sieg unterstreichen in Befragungen, dass sie die „Multivariaten Verfahren" als sehr praxisrelevant in den Wirtschaftswissenschaften einstufen. Kenntnisse der „Schließenden Statistik" und der „Multivariaten Verfahren" werden zudem als entscheidende wissenschaftliche Techniken angesehen, um im Anschluss an einen Bachelorstudiengang Zugang zu einem Masterstudiengang zu erhalten oder diesen erfolgreich zu bewältigen.

[3] Die Statistik gerät immer wieder in die Kritik nach dem Motto: „Traue keiner Statistik, die Du nicht selbst gefälscht hast."

Teil C des Anhangs ein Überblick über die Zielsetzung und die Begriffe der schließenden Statistik gegeben.

Gegenstand des Buches sind die klassischen Themen der deskriptiven Statistik. Dies sind zunächst Fragen der Abgrenzung statistischer Begriffe, Aspekte der amtlichen und nichtamtlichen Statistik einschließlich aktueller Themen wie der Einkommens- und Vermögensverteilung sowie der Entwicklung von Armutsquoten in Deutschland. Auch zentrale amtliche Statistiken wie die letzte Volkszählung und ihre Ergebnisse sowie der Mikrozensus und die Einkommens- und Verbrauchsstichprobe werden vorgestellt. Die weiteren Themen betreffen die Erstellung ein- und zweidimensionaler Häufigkeiten und ihre graphische Darstellung, Mittelwerte, Streuungsparameter und Zusammenhangsmaße. Einen größeren Rahmen nimmt die Darstellung der Regressionsanalyse ein, die unter Einbeziehung von qualitativen Dummyvariablen umfassend vorgestellt und an konkreten Beispielen der Praxis diskutiert wird. Dabei zeigt sich auch die Bedeutung von Tests in der Schließenden Statistik. Die theoretisch abgeleiteten Ergebnisse werden immer wieder anhand von Fallbeispielen veranschaulicht und durchgerechnet.

Gleichzeitig wird für viele Begriffe der deskriptiven Statistik deutlich gemacht, wie sich diese Größen schnell mittels Excel ermitteln lassen. Um die Anschaulichkeit der Excel-Befehle zu erhöhen, sind die verschiedenen Berechnungen von Größen und Darstellungen der deskriptiven Statistik im Teil D des Anhangs nochmals im Zusammenhang wiedergegeben. Hier kann der Leser auch einen kurzen Überblick über das weite Anwendungsspektrum und die grundsätzliche Vorgehensweise des Programmpakets „SPSS" erfahren: Es wird aufgezeigt, wie sich mit wenigen Befehlen das große Spektrum der Darstellung ein- und zweidimensionaler Häufigkeiten und wichtiger Kenngrößen, der Ermittlung von Zusammenhangsmaßen sowie der Regressionsanalyse mittels SPSS erschließen lässt.

Bevor auf die speziellen Aspekte der beschreibenden Statistik in diesem Buch näher eingegangen wird, soll zunächst anhand des Einführungsbeispiels einer „Lokalrunde" ein Überblick über die verschiedenen Begriffe, den Aufbau und die Fragestellungen der deskriptiven Statistik gegeben werden. Ziel des Buches ist es, ein systematisches Verständnis für die verschiedenen statistischen Aspekte zu vermitteln. Insoweit stellt das Buch auf eine formaltheoretische Durchdringung der statistischen Materie ab. Dieser komplexere Ansatz erschwert zwar zunächst vordergründig den Zugang zur Statistik. Doch er weist bei näherer Betrachtung große Vorteile auf: Hat der Leser erst einmal das Grundprinzip der Vorgehensweise verstanden, kann er schnell und nachhaltig die verschiedenen Facetten der formalen Fragestellungen durchdringen und verinnerlichen. Dabei wird deutlich, dass sich statistische Fragestellungen und Probleme sowie Lösungsansätze bei den einzelnen Themen häufig wiederholen. Dies soll an zwei Beispielen verständlich gemacht werden: So stellt die Vorzeichenfrage in der Statistik bei verschiedenen Formeln ein immer wiederkehrendes Problem dar. Die Antwort hierauf sind in vielen Themengebieten Quadrier-

ungen oder Absolutbeträge der Abweichungen (so z. B. bei Streuungsmaßen, Zusammenhangsmaßen und in der Regressionsanalyse). Auch tritt das Problem auf,
dass statistische Kennzahlen keinen absoluten Maximalwert bzw. nur einen von der
Beobachtungszahl und weiteren Einflussgrößen abhängigen Maximalwert aufweisen
(Kovarianz, statistische Kontingenz) und daher zu transformieren sind, bevor sie
sich interpretieren lassen. Ziel des Lehrbuchs ist es auch, typische Probleme heraus-
zuarbeiten, um die systematische Vorgehensweise statistischer Methoden zu verdeutlichen und das Verständnis statistischer Fragestellungen durch Einordnung des
Problems in ein allgemeines Raster zu erleichtern und nachhaltiger zu gestalten.

Insgesamt wird bei der Lektüre des Buches schnell ersichtlich, dass die deskriptive
Statistik letztlich einfach konzipiert ist und mathematisch keine hohen Anforderungen stellt. Gleichwohl ist die Befähigung zum logischen und analytischen Denken
erforderlich, um die verschiedenen Facetten der Statistik systematisch zu erschließen. Oft kommen nicht komplizierte mathematische Rechengänge oder Verfahren
zur Anwendung, sondern einfaches Denken im Sinne des Strahlensatzes. In den Vorlesungen ist bei einigen Studierenden immer wieder die Neigung zu beobachten, statistische Themen auf die rezeptartige Berechnung von Formeln und die Verarbeitung
von Zahlenkolonnen reduzieren zu wollen. Dies ist aber genau der falsche Lösungs-
ansatz: Sich mit den eigenen Schwächen zu befassen und unzureichend entwickelte
analytische Fähigkeiten durch die bewusste Auseinandersetzung mit formal-
statistischen Fragen zu beseitigen, ist ein wichtiger Teilaspekt, den jedes Studium
neben der speziellen fachlichen Befähigung vermitteln sollte. Hierzu liefert dieses
Buch eine wichtige Hilfe: Es **schärft systematisch das abstrakte, formale Denk-
vermögen**.

Dabei wird auf Darstellungen und eine Bildersprache zurückgegriffen, die sich in
langjähriger Dozententätigkeit als vorteilhaft und leicht verständlich herausgestellt
haben. Das Buch zielt insoweit auch immer wieder darauf ab, Statistik in Gesamtzu-
sammenhängen zu verstehen und zu begreifen. In Anbetracht der umfassenden Unterstützung, die statistische Programmpakete wie z. B. „SPSS" bei der Erhebung,
Aufbereitung und Analyse statistischer Daten liefern, sollte es ohnehin nicht das Ziel
statistischer Veranstaltungen und Lehrbücher sein, statistische Methoden rezeptartig
anzuwenden. Vielmehr stehen das formale Erschließen und Verinnerlichen statistischer Themen im Mittelpunkt der Ausführungen.

Um die umfassende und nachhaltige statistische Wissensvermittlung zu erleichtern,
kommen rd. 100 Abbildungen und Übersichten und rd. 70 Tabellen zum Einsatz.
Auch wird der Stoff immer wieder an konkreten Beispielen erschlossen, bevor er
analytisch weiter vertieft wird. Nicht zuletzt hilft eine bildhafte Sprache, komplexe
Sachverhalte schnell und nachhaltig zu erfassen. Da wird ein Statistiker auf Schmetterlingsfang geschickt, um die Bedeutung der Klassenbreite für verschiedene Statis-
tikbegriffe besser verstehen zu können. Ein anderer Zahlenanalytiker begibt sich in
die Rolle eines Konditors und befasst sich zunächst erst einmal mit der „Hefe beim

Kuchenbacken". Dadurch soll veranschaulicht werden, warum bestimmte statistische Begriffe, wie beispielsweise die Varianz, eine so herausragende Bedeutung in der Statistik haben, obwohl sich diese Begriffe nur technisch, nicht aber inhaltlich erklären („konsumieren") lassen. Und dann gibt es da noch das „Herrchen-Hündchen-Beispiel" oder das „Maus-Elefant-Problem", um zu verdeutlichen, dass die Größenordnung der Daten die Statistik immer wieder vor Herausforderungen stellt. Schließlich wird auch eine Planierraupe eingesetzt, die den Strahlensatz verdeutlichen soll und diesen quasi auf die Schüppe nimmt: Proportional zur zurückgelegten Strecke sammelt die Raupe Merkmalswerte ein und schiebt diese zu einem „Hügel" der Summenhäufigkeiten zusammen. Dabei lässt sich anhand des zurückgelegten Weges der Raupe genau ermitteln, wann eine bestimmte Summenhäufigkeit erreicht ist oder welche Summenhäufigkeit welcher zurückgelegten Strecke der Merkmalswerte zuzuordnen ist. Diese bildhafte Sprache verbessert das statistische Verständnis und die Nachhaltigkeit des aufgebauten Wissens!

Die Darstellungen und Aufgaben wurden in zahlreichen Vorlesungen an der Hochschule Bonn-Rhein-Sieg in den letzten 16 Jahren auf Verständlichkeit hin überprüft und entwickelt. Fallbeispiele sowie der immer wieder vorgenommene Praxisbezug bei den theoretischen Ausführungen sollen dazu beitragen, das erlangte statistische Wissen auf aktuelle Situationen und Fragestellungen zu übertragen sowie die komplexen Verbindungen der einzelnen Vorlesungselemente aufzuzeigen. Sie dienen auch der Überprüfung, inwieweit das formaltheoretische „Rüstzeug" verstanden und beherrscht wird, um es auf praktische Alltagsfragen anzuwenden. Zudem wird in den einzelnen Kapiteln des Lehrbuchs immer wieder auf statistische Missverständnisse und „Fettnäpfchen" verwiesen, mit denen der statistische Neueinsteiger häufig konfrontiert ist. Aufgrund der langjährigen Lehrerfahrung des Autors sind derartige Fehler bekannt und können durch eine besondere Betonung in der Präsentation des Lehrbuchstoffes vermieden werden. Das trägt „signifikant" zur Vermeidung von Fehlern in Statistikklausuren bei.

Mathematische Ableitungen werden ergänzend als prägnante Ausdrucksweise komplexer Sachverhalte soweit angeführt, wie es für die Vertiefung und Durchdringung eines Themas förderlich erscheint. Der Autor teilt nicht die Ansicht, dass Formeln in einem statistischen Einführungslehrbuch möglichst außen vor bleiben sollten. Statistik zu verstehen und zu verinnerlichen bedeutet auch, sich mit einfachen Formeln auseinander zu setzen, um auf diese Weise befähigt zu werden, statistische Fragen und Inhalte zu beleuchten und in aufbauenden Statistikkursen selbst erschließen zu können. Nicht die Verwendung von „black box-Bausteinen", sondern die analytische Durchdringung komplexer Fragestellungen auf einem angemessenen Niveau macht den Stellenwert eines jeden Studiums aus.

Die Erstellung dieses Lehrbuchs erwies sich als umfangreicher Prozess, der ohne viele fleißige Hände und mitdenkende Köpfe nicht möglich gewesen wäre. Mehrere „Generationen" von studentischen und wissenschaftlichen Helfern haben in den letzten Jahren an diesem Buch mitgewirkt. Mit dem Eintritt in die letzte Phase der Fertigstellung vor etwa zwei Jahren wurde die eingebrachte Energie nochmals gebündelt: Deutliche Impulse erhielt das Buch durch die Mitwirkung von Herrn BA.Sc. Daniel Voss. Er hat mit viel Geduld, Engagement und hohem Einfühlungsvermögen das Skript ein gutes Stück weiterentwickelt und einzelnen Abbildungen ein markantes Gesicht gegeben. In der „zweiten Zündstufe der Fertigstellung" haben Frau cand. rer. oec. Annika Dietz und Herr BA.Sc. Rüdiger Huf mit großem Einsatz daran mitgewirkt, die Logik und die Systematik des Buches voranzubringen. Sie haben den vielen Indizes, Formeln, Verweisen und Darstellungen ein optisch ansprechendes Aussehen verschafft. Herr Huf hat mit großer Akribie und Reflexion die zahlreichen Tabellen, Abbildungen und Übersichten in eine ansprechende Form gebracht und mir den „Rücken" für die weitere textliche Gestaltung „freigehalten". Die vielen inhaltlichen und sprachlichen Anregungen haben das Textverständnis deutlich erhöht. Die „finale Stufe" des Buches wurde im Herbst 2014 „gezündet": Frau Dietz hat mit großer Gewissenhaftigkeit und Zuverlässigkeit die Texte Korrektur gelesen, Darstellungen und kreative Zeichnungen erstellt und die umfangreichen Verzeichnisse angelegt. Allen Beteiligten danke ich sehr.

Einen deutlichen Schub erfuhr die Fertigstellung des Buches in der letzten Phase nochmals durch den großen Einsatz von Herrn cand. rer. oec. Thomas Neifer. In unzähligen Tag- und Nachtstunden wirkte er unermüdlich daran mit, dass alle Darstellungen als hoch auflösende Vektorgraphiken Eingang in das Buch fanden. Er hat Texte immer wieder Korrektur gelesen: Seine Anmerkungen trugen dazu bei, verschiedene inhaltliche oder sprachliche Fehler zu vermeiden und das Verständnis zu erhöhen. Zudem hat er maßgeblich die Tabellen und Erläuterungen zu den Excel- und SPSS-Befehlen im Abschnitt D des Anhangs gestaltet und das Abkürzungs- und Symbolverzeichnis mit großer Genauigkeit erstellt. Für sein hohes Engagement bin ich ihm sehr dankbar.

Ich habe es als große Bereicherung empfunden, mit Menschen zusammenzuarbeiten, die den Prozess der Entstehung dieses Buches mit Elan und Leidenschaft begleiteten.

Wertvolle Anregungen und Unterstützungen bei der inhaltlichen Erstellung und praktischen Umsetzung habe ich auch von meinen geschätzten Kollegen erfahren: Herr Dr. E.-Peter Kausemann hat das Manuskript kritisch gelesen und mir wertvolle Anregungen gegeben. Herr Prof. Dr. Reiner Clement hat das Buchprojekt durch Hinweise und Hilfen umfassend unterstützt. Herr Prof. Dr. Dr. Franz W. Peren stand mir mit statistischem Rat zur Seite. Dafür danke ich allen herzlich.

Ein besonderes Lob gebührt den Studierenden des Fachbereichs „Wirtschaftswissenschaften" der Hochschule Bonn-Rhein-Sieg , die in den vergangenen Jahren und vor allem in der letzten Phase des Buches durch vielfältige Hinweise oder Fragen in den Lehrveranstaltungen dazu beigetragen haben, dass fehlerhafte und/oder unklare Darstellungen korrigiert und neue Darstellungsformen in das Buch aufgenommen werden konnten. Ich habe mich über die vielen Anregungen und die Teilnahme am Gelingen des Buches sehr gefreut. Mein Dank gilt auch dem Verlag „De Gryter Olden-bourg", seinem verantwortlichen Lektor Herrn Dr. Giesen und seinem sachkundigen Mitarbeiter Herrn Lucas Meinhardt für die vertrauensvolle Zusammenarbeit und die Hilfen, die sie mir entgegengebracht haben.

Besonders bedanken möchte ich mich schließlich bei meiner Frau, die mich erneut mit großer Toleranz, Geduld und Rücksichtnahme darin unterstützt hat, die in den statistischen Veranstaltungen gesammelten Gedanken und Ideen in diesem umfas-senden Buch in ansprechender Form festhalten zu können. Auch hat meine Frau dankenswerterweise in vielen Stunden das Buch mehrfach Korrektur gelesen und so manchen redaktionellen Fehler aufgedeckt.

Aufgrund der intensiven Suche nach sprachlichen und formalen Unzulänglichkeiten durch alle Beteiligten ist zu hoffen, dass sich die verbleibende „natürliche" Fehler-quote in Grenzen hält. Stichprobenartige Leseproben geben Anlass zur Hoffnung, dass die Fehlerquote sich signifikant im erträglichen Bereich bewegt. Anregungen und Kritik nehme ich gerne unter folgender E-Mailadresse entgegen:

„Johannes.Natrop@H-BRS.de"

Abschließend sei darauf hingewiesen, dass die Lösungen zu den Aufgaben und den beiden Musterklausuren (s. Anhang) unter folgender Adresse mit der Veröffentli-chung des Buches im Netz zu finden sind.

http://fb01.h-brs.de/wirtschaftsanktaugustinmedia/Angewandte_Deskriptive_
Statistik_Loesungen.pdf

Bonn, im Januar 2015   Johannes Natrop

Inhaltsverzeichnis

Verzeichnis der Übersichten

Verzeichnis der Tabellen

Tabellen im Anhang:

Verzeichnis der Abbildungen

Verzeichnis der Abkürzungen

Abb.	Abbildung
ADM	Arbeitskreis Deutscher Markt- und Sozialforschungsinstitute e. V., Bonn
AG	Aktiengesellschaft
Allbus	Allgemeine Bevölkerungsumfrage der Sozialwissenschaften
ALQ	Arbeitslosenquote
ARQ	Armutsrisikoquote
BA	Bundesagentur für Arbeit
BF	Betriebsferien
BIP	Bruttoinlandsprodukt
BStatG	Bundesstatistikgesetz
C	Konsumausgaben
c. p.	ceteris paribus (unter sonst gleichen Bedingungen)
°C	Grad Celsius
D	Deutschland
DDR	Deutsche Demokratische Republik
DIW	Deutsches Institut für Wirtschaftsforschung, Berlin
EK	Einkommen
EMNID	Institut für Markt-, Media- und Meinungsforschung, Bielefeld
EU	Europäische Union
EUN	Einzelunternehmen
Eurostat	Statistisches Amt der Europäischen Union
EU-SILC	European Union Statistics on Income and Living Conditions
EVS	Einkommens- und Verbrauchsstichprobe
EZB	Europäische Zentralbank
F-Test	Test unter Verwendung einer F-Verteilung
°F	Grad Fahrenheit
GfK	Gesellschaft für Konsum-, Markt- und Absatzforschung, Nürnberg
GG	Grundgesamtheit o. Grundgesetz (je nach Sinnzusammenhang)
GmbH	Gesellschaft mit beschränkter Haftung
H. V.	Häufigkeitsverteilung

I	Investitionsausgaben
i. d. R.	in der Regel
i. e. S.	im engeren Sinne
i. w. S.	im weiteren Sinne
IfD	Institut für Demoskopie, Allensbach
IFO	Institut für Wirtschaftsforschung, München
IFW	Institut für Wirtschaftsforschung, Kiel
ILO	International Labour Office
infas	Institut für angewandte Sozialwissenschaft GmbH, Bonn
IW	Institut der Deutschen Wirtschaft, Köln
IWF	Internationaler Währungsfonds
IWH	Institut für Wirtschaftsforschung, Halle
KA	Kurzarbeit
K-Q-V	Kleinste-Quadrate-Verfahren
kWh	Kilowattstunde
MAD	Mean Absolute Deviation (Mittlere Absolute Abweichung)
ME	Mengeneinheiten
Min.	Minuten
MS	Maschinenschaden
MZ	Mikrozensus
NGl.	Normalgleichung
OECD	Organisation for Economic Co-operation and Development
PG	Personengesellschaft
PHF	Panelstudie der Finanzen der Privaten Haushalte (Deutsche Bundesbank)
PISA	Programme for International Student Assessment
Prognos	Europäisches Zentrum für Wirtschaftsforschung und Strategieberatung, Berlin
qm	Quadratmeter
RWI	Rheinisch-Westfälisches Institut für Wirtschaftsforschung, Essen
SGB	Sozialgesetzbuch
SOEP	Sozioökonomisches Panel
SP	Stichprobe
SPSS	Statistik- und Analysesoftware von IBM (SPSS Predictive Analytics)
SR	Sonstige Rechtsform

SWS	Semesterwochenstunden
Stck.	Stück
TG	Teilgesamtheit
T-Test	Hypothesentest mit t-verteilter Prüfgröße
UG	Unternehmen gesamt
UN	Unternehmen bzw. United Nations (je nach Zusammenhang)
US	United States (of America)
Übers.	Übersicht
VGR	Volkswirtschaftliche Gesamtrechnung
VZ	Volkszählung
W	Wahrscheinlichkeit
WSI	Wirtschafts- und Sozialwissenschaftliches Institut (Hans-Böckler-Stiftung)
WTO	World Trade Organization
Y	Einkommen bzw. nominales Bruttoinlandsprodukt
ZA	Zentralarchiv für Empirische Sozialforschung, Köln bzw. Zusatzanlage (Fallbeispiel Stromverbrauch)
ZE	Zeiteinheiten
ZUMA	Zentrum für Umfragen, Methoden und Analysen, Mannheim

Verzeichnis der Symbole

a oder b_1	absolutes Glied der Regressionsfunktion (Niveauparameter)
b oder b_2	Steigungsparameter der Regressionsfunktion
C	Kontingenzkoeffizient nach Pearson
C_{korr}	Korrigierter Kontingenzkoeffizient nach Pearson
C^*	Min (m, r)
COV(X, Y)	Kovarianz der Merkmale X und Y (Darstellung schließende Statistik)
D_i	Differenz der Ränge von Merkmal X und Y
d_i	relative Häufigkeitsdichte
e_i	Residuum (Plural: Residuen)
E	Statistische Einheit, Element
$E_{X,P(X)}$	Preiselastizität der Nachfrage des Gutes X
f_i bzw. $f(X_i)$	relative Häufigkeit des Merkmals X
$f_{i.}$ bzw. $f(X_i)$	relative Randhäufigkeit des Merkmals X (zweidimensionale Betrachtung)
$f_{.j}$ bzw. $f(Y_j)$	relative Randhäufigkeit des Merkmals Y (zweidimensionale Betrachtung)
f_{ij} bzw. $f(X_i,Y_j)$	gemeinsame relative Häufigkeit
f_{ij}^* bzw. $f^*(X_i,Y_j)$	theoretisch zu erwartende gemeinsame relative Häufigkeit
f_i^*	Anteil des Merkmalsbetrages der i-ten Klasse an der GMBS
$f(X_i/Y_j)$	bedingte relative Häufigkeit der Merkmalsausprägung X_i unter der Bedingung Y_j
$f(Y_j/X_i)$	bedingte relative Häufigkeit der Merkmalsausprägung Y_j unter der Bedingung X_i
F	Fechner Rangkorrelationskoeffizient
F_i bzw. $F(X_i)$	relative Summenhäufigkeit des Merkmals X
F_i^*	aufsummierter Merkmalsbetragsanteil
F_{ij} bzw. $F(X_i,Y_j)$	gemeinsame relative Summenhäufigkeit
F_i^o	relative Summenhäufigkeit an der Klassenobergrenze
G	Gini-Koeffizient
GMBS	Gesamte Merkmalsbetragssumme
h_i bzw. $h(X_i)$	absolute Häufigkeit des Merkmals X
$h_{i.}$ bzw. $h(X_i)$	absolute Randhäufigkeit des Merkmals X (zweidimensionale Betrachtung)

$h_{\cdot j}$ bzw. $h(Y_j)$	absolute Randhäufigkeit des Merkmals Y (zweidimensionale Betrachtung)
h_{ij} bzw. $h(X_i,Y_j)$	gemeinsame absolute Häufigkeit
h_{ij}^* bzw. $h^*(X_i,Y_j)$	theoretisch zu erwartende gemeinsame absolute Häufigkeit
H_i bzw. $H(X_i)$	absolute Summenhäufigkeit des Merkmals X
H_{ij} bzw. $H(X_i,Y_j)$	gemeinsame absolute Summenhäufigkeit
Häufigkeit	Excel-Befehl zur Erstellung einer Häufigkeitsverteilung
i, j	Laufindizes
$K(X)$	Kostenfunktion
$\overline{K(X)}$	Arithmetisches Mittel der Gesamtkosten
Korrel	Excel-Befehl zur Ermittlung des Korrelationskoeffizienten
log	Logarithmus
m	Anzahl der Merkmalsausprägungen, m-te Merkmalsausprägung
M	beliebiger Wert
MAD	Mean Absolute Deviation (Mittlere Absolute Abweichung)
Min	Minimum
Mittelabw	Excel-Befehl zur Berechnung der MAD unter Verwendung von $\overline{X}$
MQA	Mittlerer Quartilsabstand
MQE	Mean Square Estimates
MQR	Mean Square Residual
MT	Merkmalsträger
n	Anzahl der Merkmalsträger; auch: Anzahl der Wachstumsfaktoren (Geometrisches Mittel)
N.V.	Normalverteilung, Standardnormalverteilung
$P(X)$	Preis des Gutes X
Q_i	Quantil
QA	Quartilsabstand
r bzw. r_{XY}	Korrelationskoeffizient nach Bravais-Pearson
r^2	Quadrat des Korrelationskoeffizienten nach Bravais-Pearson
R	Range (Streuungsmaß)
R	Rangkorrelationskoeffizient nach Spearman
R^2	Bestimmtheitsmaß
RF_i bzw. $RF(X_i)$	relative Restsummenhäufigkeit des Merkmals X
$Rg(X_i)$	Rang von X_i

$Rg(Y_i)$	Rang von Y_i
RGP	Excel-Befehl zur Ermittlung einer Regressionsfunktion
RH_i bzw. $RH(X_i)$	absolute Restsummenhäufigkeit des Merkmals X
S	Standardabweichung
S_{XY}	Kovarianz der Merkmale X und Y (Darstellung deskriptive Statistik)
S^2	Varianz
S^2_{korr}	Varianz (Korrektur nach Sheppard)
S^2_X	Varianz des Merkmals X
S^2_Y	Varianz des Merkmals Y
SAQ	Summe der Abweichungsquadrate
SQE	Summe der erklärten Abweichungsquadrate (Sum of Squares Explained)
SQR	Summe der nicht erklärten Abweichungsquadrate (Sum of Squares Residual)
SQT	Summe aller Abweichungsquadrate (Sum of Squares Total)
t	Zeitraum/Zeitspanne/Zeitpunkt
tan	Tangens
U_i	Umsatz zum Zeitpunkt i
V	Cramers V
Var.p	Excel-Befehl zur Berechnung der Varianz der GG
VC	Variationskoeffizient
VIF	Varianzinflationsfaktor
$\overline{W}$	durchschnittliche Wachstumsrate
W_i	Wachstumsrate zum Zeitpunkt i
WF	Wachstumsfaktor
WP	Wendepunkt
X	Merkmal (Variable) X
X^*	Merkmalswert des Anteilswertes
X_i	i-te Merkmalsausprägung des Merkmals X;
X'_i	Klassenmitte des Merkmals X der i-ten Klasse
X^o_i	Klassenobergrenze des Merkmals X der i-ten Klasse
X^u_i	Klassenuntergrenze des Merkmals X der i-ten Klasse
X_{Me} bzw. $\tilde{X}$	Median des Merkmals X
X_{Mo}	Modus des Merkmals X
$\overline{X}$	Arithmetisches Mittel des Merkmals X

$\overline{X}_G$	Geometrisches Mittel des Merkmals X
$\overline{X}_H$	Harmonisches Mittel des Merkmals X
Y	Merkmal (Variable) Y
Y_i	i-te Merkmalsausprägung des Merkmals Y
$\overline{Y}$	Arithmetisches Mittel des Merkmals Y
$\widehat{Y}_i$	über die Regressionsfunktion geschätzter Wert des beim i-ten Merkmalsträger erwarteten Merkmalswert der abhängigen Variable Y_i
$\overline{\widehat{Y}}$	Arithmetisches Mittel von $\widehat{Y}$
Z_i	weitere exogene Variable Z
α	Winkel Alpha oder Alpha-Fehler, Signifikanzniveau
δ	Symbol für partielle Ableitungen
Δ	Delta (Veränderung)
ΔX_i	Klassenbreite
ΔX^n	normierte einheitliche Klassenbreite
χ^2	Chi-Quadrat
ρ	Rho
τ	Tau

I   Einführung

1   Vorbemerkungen und Überblick

Im Folgenden werden zunächst wichtige statistische Begriffe, Methoden und Denkweisen anhand zweier einfacher Alltagsbeispiele (Fallbeispiele) kurz vorgestellt. Um die verschiedenen Gedankengänge, d. h. Gliederungspunkte der deskriptiven Statistik besser deutlich zu machen, erfolgen die exemplarischen Ausführungen und Erläuterungen im Aufzählmodus und werden jeweils durch einen Aufzählpunkt formal festgehalten:

Fallbeispiel „Lokalrunde":

- Anlässlich eines „runden Geburtstages" werden 30 Gäste zu einer „Lokalrunde" in einer Gaststätte eingeladen. Die 30 Gäste **(Merkmalsträger)** bestellen sich je ein Getränk **(Merkmal).**
- Der Kellner notiert sich das Getränk nicht personenbezogen (nicht nach Merkmalsträgern), sondern nach Getränkearten (nach **Merkmalsausprägungen**; zu den Getränkearten zählen u. a. Bier, Mineralwasser, Softdrinks etc.).
- Der Kellner erstellt somit eine Strichliste, die auch als Häufigkeitsverteilung der Getränkearten aufgefasst werden kann.

Damit zeichnet sich die Aufgabe der Statistik wie folgt ab:

- Viele Daten von vielen **Merkmalsträgern** (z. B. Gästen) werden nicht nach Merkmalsträgern (Gästen), sondern nach **Merkmalausprägungen** (Getränkearten) erfasst und in einer **empirischen Häufigkeitsverteilung** (Strichliste) festgehalten.
- Dies verbessert den Datenüberblick und erleichtert im vorliegenden Beispiel den Ablauf (Wirt und Kellner müssen sich nur die Häufigkeit einer überschaubaren Zahl von Getränken merken). Bei der Erstellung der Häufigkeitsverteilung verzichten Kellner und Wirt auf die Information, welcher Merkmalsträger das Getränk bestellt hat (die Zuordnung erfolgt durch Rückfrage bei den Gästen).
- Ergebnis: Ist die Zuordnung der Merkmalsausprägung auf den konkreten Merkmalsträger nicht erforderlich, so können Daten über die Erstellung einer Häufigkeitsverteilung verdichtet werden (Frage: Wie häufig wird eine bestimmte Merkmalsausprägung, z. B. eine Bierbestellung von den Gästen realisiert?)
- Die Erfassung der Daten erfolgt über eine einfache Strichliste. In der Realität geht dieser Erfassung oft eine umfassende Planung voraus, an die sich dann die

Aufbereitung und Auswertung der Daten anschließt (**5 Phasen** der Planung, der Erhebung, der Aufbereitung, der Auswertung und der Interpretation von Daten).

- Weitere Verdichtungen im Rahmen der statistischen Fragestellung wären wünschenswert; beispielsweise könnten die Informationen der Häufigkeitsverteilung in einer einzigen **Kennzahl** verdichtet werden, z. B. durch die Angabe, welches Getränk von den Gästen am häufigsten gewählt wurde.

- Die häufigste Merkmalsausprägung (z. B. Getränkeart „Bier") stellt einen speziellen „**Mittelwert**" dar; er wird als **Modus** oder **Modalwert** bezeichnet.

- Andere geläufige Mittelwerte wie z. B. ein **arithmetisches Mittel** (Durchschnitt) lassen sich in diesem Beispiel nicht bilden, da die Merkmalsausprägungen (hier Getränkearten) keine Zahlen darstellen, d. h. keine Metrik vorliegt; die Merkmalsausprägungen lassen sich somit nicht in Rechenoperationen zu Durchschnitten oder mittleren Rangpositionen der Bestellungen zusammenfassen.

- Würde als Merkmal der Gäste ein sogenanntes **metrisches Merkmal** gewählt, das sich in Zahlen erfassen ließe (wie z. B. das Alter der Gäste), so könnte die Häufigkeitsverteilung des Alters der Gäste auch vereinfachend durch das arithmetische Mittel, d. h. durch das Durchschnittsalter der Gäste beschrieben werden.

- Das Beispiel zeigt also, dass eine weitere Verdichtung der Daten zu Mittelwerten je nach der Art der Messung bzw. der **Maßskala** der Daten unterschiedlich umsetzbar ist.

- Der Statistiker verweist in diesem Zusammenhang darauf, dass es auf die Art der **Skalierung** der Daten ankommt.

- Ergebnis: Die Beispiele „Häufigkeitsverteilung der Getränke" und „Häufigkeitsverteilung des Alters" zeigen, dass die Daten unterschiedlichen Maßskalen, d. h. Skalierungen unterliegen; je nach der jeweiligen Skalierung können nur bestimmte Mittelwerte oder andere Kennzahlen ermittelt werden.

- Die Verdichtung der Daten zu einem Mittelwert wirft die Frage auf, ob der ausgewiesene Mittelwert (z. B. Durchschnittsalter 25 Jahre) von den tatsächlich beobachteten einzelnen Merkmalswerten der Merkmalsträger stark oder nur schwach **abweicht**.

- Ein Durchschnittswert von z. B. 25 Jahren liefert keine Aussage dazu, ob alle Gäste genau 25 Jahre alt sind oder ob z. B. die eine Hälfte der Gäste 15 Jahre und die andere Hälfte 35 Jahre alt ist oder eine andere Aufteilung vorliegt.

- Die Verdichtung der Häufigkeitsverteilung zum arithmetischen Mittel ist also mit einem **Informationsverlust** verbunden. Ein ähnlicher Informationsverlust war auch bereits bei der Erstellung der Häufigkeitsverteilung (Strichliste) aufgetreten, da z. B. die Besteller des Getränks nicht mehr erfasst wurden und nur durch Rückfragen identifiziert werden konnten.

- Insgesamt wird bei der statistischen Erfassung von Sachverhalten ein gewisser Informationsverlust in Kauf genommen, da nur so die Datenflut bewältigt werden kann; dennoch ist es wünschenswert, den Informationsverlust möglichst in Grenzen zu halten, indem z. B. neben den Mittelwerten **weitere Kennzahlen** zur Beschreibung einer Häufigkeitsverteilung einbezogen werden. Eine derartige wichtige Kennzahl stellt die sogenannte **Streuung** dar, die aufzeigt, welche Schwankungen die Merkmalswerte der Merkmalsträger aufweisen. Weitere wichtige Kennzahlen betreffen die Beschreibung von Schiefe und Wölbung einer Häufigkeitsverteilung, die später näher vorgestellt werden. Schließlich werden Kennzahlen erläutert und ermittelt, die die Stärke des Zusammenhangs zweier Merkmale zum Ausdruck bringen.

Zunächst sei aber im Rahmen dieses Überblicks etwas näher auf die Kennzahl „Streuung" eingegangen; hierzu wird das Fallbeispiel „Zimmerpflanze" vorgestellt:

Fallbeispiel „Zimmerpflanze"

Weist z. B. eine Zimmerpflanze eine durchschnittliche Feuchtigkeit von 30 % im Durchschnitt von 30 Tagen auf, macht es einen bedeutsamen Unterschied, ob dieser Durchschnittswert über eine stark schwankende Feuchtigkeit oder eine eher konstante Feuchtigkeit erzielt wird. Diese Frage ist für die Pflanze existenziell! Der eine oder andere Leser mag hier bereits Erfahrungen gesammelt haben, wenn er für eine gewisse Zeit in Urlaub gefahren ist und das Wohl bzw. die Streuung der Feuchtigkeit der Topfblumen in die Hände von Familienangehörigen oder anderen Personen gegeben hat.

Ähnlich wie bei den Mittelwerten lassen sich auch bei den Streuungsmaßen unterschiedliche Berechnungsmöglichkeiten, d. h. verschiedene Streuungsmaße unterscheiden. Diese sind an bestimmte Eigenschaften der Daten, insbesondere an die Frage der Skalierung der Daten geknüpft, auf die noch näher einzugehen ist.

Bisher wurde in den Analysen nur **ein einziges Merkmal** betrachtet. In diesem Fall spricht der Statistiker von einer **eindimensionalen** Fragestellung bzw. einer eindimensionalen Häufigkeitsverteilung des Merkmals. Häufig interessieren aber die gleichzeitige Erfassung mehrerer Merkmale und ihre Beziehungen untereinander. Dann werden **zwei- oder mehrdimensionale** empirische Häufigkeitsverteilungen betrachtet. So könnte in dem Fallbeispiel der Lokalrunde die Frage aufkommen, ob die Gäste je nach Alter, Geschlecht etc. unterschiedliche Getränke bestellen. Eine Unterscheidung nach mehreren Merkmalen räumt damit die Möglichkeit ein, Zusammenhänge zwischen den Merkmalen aufzudecken (hier z. B. zwischen der Getränkeart einerseits und dem Alter oder dem Geschlecht des Gastes andererseits). Hieraus kann dann auf Ursache-Wirkungszusammenhänge geschlossen werden, wie dies häufig in verschiedenen Alltagsfragen der Fall ist. (So stellt sich z. B. im Bereich der Unfallstatistik die Frage, ob sich die Art des Unfalls nach dem Alter oder dem Beruf des Verunglückten unterscheidet, es also altersbedingte oder berufsspezifische Unfälle oder Erkrankungen gibt). Der Zusammenhang von Merkmalen wird je nach Skalierung der Merkmale über verschiedene statistische Verfahren wie der Korrelations- und der Regressionsanalyse untersucht. Die Wahl der anzuwendenden Verfahren und die mathematische Ausgestaltung der Verfahren werden vor allem durch die Skalierung der Daten geprägt. Je nach Art der Skalierung kommen somit unterschiedliche Methoden zu Anwendung.

2   Begriff, Aufgabe und Image der Statistik

Bereits im Vorwort wurde umfassend erläutert, wie wichtig statistische Datenanalysen im Zeitalter der Internet- und Informationswissenschaft geworden sind. Statistische Methoden und Verfahren haben das Ziel, Daten zu erheben, zu verdichten, anschaulich darzustellen und auszuwerten. Hierzu benutzt die Statistik eine breite Palette von Darstellungs- und Analysemethoden, die von einfachen Graphiken (wie z. B. Kreis- oder Balkendiagrammen), Tabellen bis hin zu sehr aufwendigen mathematischen Verfahren reichen. Entsprechend dem breiten Aufgabenspektrum der Statistik finden sich auch unterschiedliche Definitionen in der statistischen Literatur. Stellt der Begriff der Statistik eher auf den ersten Aspekt des Datensammelns ab, wie er bereits in historischer Vorzeit in Volkszählungen und Bestandserhebungen von Materialbeständen angeführt wird, so lässt sich das Aufgabengebiet der Statistik als **„Zusammenstellung quantitativer Informationen über bestimmte Tatbestände unseres Alltags"** verstehen. Je nach Anwendungsbereich der Statistik wird dann auch beispielsweise von Finanzstatistik, Preisstatistik, Bevölkerungsstatistik, Unfallstatistik, etc. gesprochen.

Häufiger wird der Begriff Statistik aber umfassender im Sinne **„der Gesamtheit der Methoden zur Erhebung, Aufbereitung und Analyse numerischer Daten verstanden"**.[4] Dabei greift die Statistik auch auf aufwendige mathematische Verfahren zurück, so dass die Statistik sich als Formal- oder Hilfswissenschaft versteht, wie das beispielsweise auch bei der Mathematik der Fall ist.

Die statistischen Verfahren und Betrachtungen werden generell in die beiden großen Bereiche der **deskriptiven (beschreibenden)** und der **schließenden Statistik** unterteilt. Die schließende Statistik wird oft auch als **analytische** bzw. **induktive** Statistik oder **Inferenzstatistik** bezeichnet. Während die deskriptive Statistik vorhandene Daten erhebt, darstellt und auswertet, ist bei der schließenden Statistik die Unterscheidung zwischen den Datenergebnissen der Stichprobe (zufällig ausgewählte Daten) und der Grundgesamtheit (Daten aller betrachteten Untersuchungseinheiten) ein zentrales Anliegen. Die schließende Statistik versucht unter Einbeziehung des Wahrscheinlichkeitsbegriffs und des Zufalls sowie unter Berücksichtigung von theoretischen Verteilungen (wie z. B. die Gleichverteilung der Augenzahl beim Würfeln, der Normalverteilung etc.) Beziehungen zwischen den Ergebnissen der Stichprobe

---

[4]   Zum Begriff der deskriptiven Statistik vgl. u. a. Bamberg, G.; Baur, F.: Statistik, München 2009, S. 1; Bourier, G.: Beschreibende Statistik, 11. Auflage, Wiesbaden 2013, S. 1 sowie Hippmann, H.-D.: Statistik, Praxisbezogenes Lehrbuch mit Beispielen, 4. Auflage, Stuttgart 2007, S. 2.

und der Grundgesamtheit herzustellen und dabei zwischen zufälligen und deterministischen Einflüssen zu unterscheiden[5].

In beiden großen Disziplinen der Statistik werden uni- oder multivariate Verfahren eingesetzt. Hierunter werden statistische Methoden verstanden, die nur ein einziges Merkmal (univariat) oder viele Merkmale (multivariat) analysieren. Zu den gängigen multivariaten Verfahren zählen u. a.: die Regressions-, Varianz-, Faktoren-, Cluster- und die Diskriminanzanalyse. Diese Verfahren lassen sich – trotz der zugrunde liegenden komplexen mathematischen Verfahren – leicht über statistische Programmpakete wie z. B. SPSS oder ggfs. Excel anwenden. Gleichwohl setzt die richtige Anwendung und Interpretation der Verfahren umfassende Kenntnisse dieser Methoden voraus.

Mit dem Image der Statistik steht es allgemein nicht zum Besten: Zum einen gilt Statistik bei einigen Anwendern als trockene Materie, die ein nüchternes Erfassen von Daten („Erbsen zählen") in Form von Tabellen und Hochrechnungen zum Ziel hat. Wegen ihrer sehr sachlichen und formalen Ausrichtung wird sie eher als langweilig und „verstaubt" empfunden. Auch wird die Statistik wegen ihres häufigen Vergangenheitsbezuges als statisch und wenig dynamisch angesehen. Hinzu kommt, dass Personen, die erstmals Zugang zur Statistik suchen (müssen), ihr wegen ihrer vermeintlichen Komplexität mit großem Respekt und nicht selten mit einer gewissen Verkrampfung begegnen. Gleichwohl sollte angemerkt werden, dass viele statistische Verfahren eher einfacher, formaler Natur sind und letztlich nur gesunden Menschenverstand voraussetzen[6].

Zum anderen begegnen viele Bürger der Statistik mit großen Vorbehalten und Vorurteilen, wie die folgenden Aussagen zur Statistik deutlich machen[7]:

*   „Traue keiner Statistik, die Du nicht selbst gefälscht hast" ,
*   „Nichts lügt so sehr, wie die Statistik",
*   „Mit Statistik lässt sich alles beweisen",
*   „Notlüge, gemeine Lüge, Statistik".

---

[5]   Zu einem Überblick vgl. Bourier, Günther: Wahrscheinlichkeitsrechnung und schließende Statistik, 5. Auflage, Wiesbaden 2006.

[6]   Oft kommen nicht komplizierte mathematische Rechengänge oder Verfahren zur Anwendung, sondern einfaches Denken im Sinne des Strahlensatzes (z. B.: so wie sich a zu b verhält, so steht auch a′ in Beziehung zu b′). Allerdings ist es für das Verständnis der statistischen Fragestellungen erforderlich, die Aussage des Strahlensatzes zu verinnerlichen und nicht nur rein formal zu bewältigen. Dieses Denken im Zusammenhang kann – wie überall im Leben - durch häufiges Üben und eine Auseinandersetzung mit den statistischen Sachverhalten erlernt werden. Wenig Sinn macht es, dem statistischen Problem durch eine rezeptartige Analyse und die Verarbeitung von Zahlenkolonnen begegnen zu wollen. Dadurch lassen sich ggfs. Mittelwerte und Streuungsmaße errechnen, nicht aber ein grundlegendes Verständnis für statistische Fragestellungen gewinnen!

[7]   Vgl. hierzu auch Bourier, G.: Beschreibende Statistik, a. a. O., S. 19.

Der schlechte Ruf der Statistik ist sicherlich auch darauf zurückzuführen, dass statistische Analysen und Methoden in ihrer Interpretation einen gewissen Anwendungsspielraum besitzen und jeder Anwender diesen Spielraum für seine persönlichen Ziele ausnutzt.

Dies soll am Fallbeispiel der mittleren Miete des Mietwohnungsmarktes kurz näher erläutert werden: So lässt sich die mittlere Miete in einer Stadt auf ganz unterschiedliche Weise berechnen. Der Verband der Immobilienbesitzer wird sich einen Mittelwert heraussuchen, der eher niedrig liegt. Demgegenüber könnten Mieter und ihre Vertretungen ihr Bedauern über zu hohe Mieten durch eine mittlere Miete anführen, die deutlich über der von den Immobilienbesitzern errechneten mittleren Miete liegt. Dieser Wirrwarr der statistischen Mittelwerte entsteht durch verschiedene Mittelwertbegriffe, die je nach Datenlage stärker voneinander abweichen können. Derartige Abweichungen der Mittelwerte sind durch Extremwerte (Ausreißer) verursacht oder ergeben sich daraus, dass die verschiedenen Mieten im oberen oder unteren Wertebereich nicht gleich häufig auftreten (sogenannte schiefe Häufigkeitsverteilung). Demzufolge können die Durchschnittsmiete, die sogenannte Medianmiete und die häufigste Miete sehr unterschiedlich in ihren Ergebnissen ausfallen[8]. Je nach ihrer politischen Zielrichtung machen sich die verschiedenen Akteure des Wohnungsmarktes diese Abweichungen der Mittelwerte zunutze, um ihre jeweiligen Interessen durchzusetzen. Auch wenn es hier die „richtige mittlere Miete" nicht unbedingt gibt, lässt sich der interessenbezogenen Gestaltung der Statistiken nicht durch Verunglimpfung der Statistik als Hilfswissenschaft, sondern durch Sachargumente begegnen. Dies setzt gleichwohl ein umfassendes Verständnis der statistischen Begriffe, Zusammenhänge und Interpretationen voraus.

Manchmal fällt es Entscheidungsträgern auch schwer, der Macht der statistischen Argumente etwas Aussagekräftiges entgegenzusetzen. So konnte der Autor dieses Buches z. B. im politischen Raum folgende Äußerungen von namhaften Politikern vernehmen: „Die angeführte Statistik ist für unsere Zwecke nicht geeignet". „*Geeignet*" kann hier heißen: „Die Statistik ist im Hinblick auf das Problem nicht aussagefähig". Tatsächlich ist aber häufiger gemeint: „Dieses statistische Ergebnis widerspricht unseren politischen Zielsetzungen und sollte daher nicht zu sehr betont werden". Der mit den statistischen Daten Konfrontierte weiß sich dann mangels Überzeugungskraft nicht anders zu helfen, als die Statistik ungerechtfertigt in Misskredit zu bringen. Häufiger fällt die Statistik auch wegen einer nicht zulässigen, fehlerhaften oder nicht sachgerechten Anwendung statistischer Methoden beim Leser in Ungnade[9].

---

[8] Zu den verschiedenen Begriffen und zu ihrer rechnerischen Ermittlung vgl. die späteren Ausführungen insbesondere im Kap. II.3.2.

[9] Siehe z. B. Krämer, W.: So lügt man mit Statistik, 8. Auflage, Frankfurt a.M./New York 1998.

Resümee: Gegenüber den Zahlen der Statistik ist Vorsicht geboten; Zahlen und Methoden können die wahren Entwicklungen verschleiern oder ins Gegenteil verwandeln[10]; daher muss der statistische Anwender sich stets mit der Definition der verwendeten Begriffe und den Methoden auseinandersetzen.

---

[10] So lassen sich z. B. in der Unfallstatistik der Personenbeförderung absolut oder relativ steigende Unfallzahlen durch eine nicht angemessene Aufblähung des Nenners der Quote beschönigend darstellen. Ein Beispiel hierfür ist die sogenannte Unfallquote, die in der Vergangenheit gelegentlich in den Medien trotz steigender Unfallzahlen verharmlost wurde. Die Unfallquote kann im Zähler die absolute Unfallzahl der Personen und im Nenner die zurückgelegte Strecke in Kilometer erfassen. Wird dieser sachlich angemessene Nenner aber durch die überdimensionierte Größe „Personenkilometer" [= Personenzahl · zurückgelegte Kilometer] aufgebläht, führt dies zu einer deutlichen Reduktion der Unfallquote. Eine auf diese Weise definierte Unfallquote hat z. B. zur Folge, dass bei einer schlechteren Auslastung der Verkehrsmittel und unveränderten Unfallzahlen auf gleichbleibend zurückgelegten Strecken die Unfallquoten sinken, obwohl die Auslastung der Züge kaum Einfluss auf die Unfallhäufigkeit haben dürfte.

3 Ablauf der statistischen Untersuchung

Der Ablauf einer statistischen Untersuchung erfolgt allgemein in fünf Schritten: Ablaufplanung, Erhebung, Aufbereitung/Darstellung, Auswertung und Interpretation. Diese Schritte sollen im Folgenden im Detail näher vorgestellt werden. Dabei wird beim zweiten Schritt (der Erhebung) auch auf spezielle Statistiken wie die Arbeitsmarktstatistik näher eingegangen. Die einzelnen Schritte können auch der zusammenfassenden Übersicht I-3-1 „Ablauf einer statistischen Untersuchung" auf der folgenden Seite entnommen werden. Die vorgestellten fünf Schritte fallen bei jeder statistischen Erhebung an. Sie sollten sehr sorgfältig beachtet werden, damit es zu keinen Verzerrungen bei den Abgrenzungen kommt und die gewünschten statistischen Methoden auch auf den erhobenen Datensatz angewandt werden können.

3.1 Ablaufplanung (Schritt 1)

Bei der Planung (1. Schritt) sind alle Aspekte der weiteren Ablaufschritte zu bedenken und aufeinander abzustimmen. Den Ausgangpunkt der Planung bilden allgemeine oder spezielle Problemanalysen oder Fragestellungen, wie sie von der Theorie oder der Praxis vorgegeben sind (z. B. Abbau der Arbeitslosigkeit, hoher Beschäftigungsstand, Umsatzentwicklung eines Unternehmens, Nachfrage nach einem Produkt etc.). Diese Aspekte müssen anschließend in statistische Untersuchungsziele umgewandelt, d. h. operationalisiert und gemessen werden (z. B. Ableitung der Arbeitslosenquote).

Im Rahmen der Operationalisierung der statistischen Fragestellung ist zunächst das Untersuchungsziel sachlich abzugrenzen und die Skalierung festzulegen, d. h. die Maßeinheit zu bestimmen, mit der die Daten erhoben werden (zur Skalierung siehe spätere Ausführungen in Kap. II.1.3). Darüber hinaus sind die räumliche Abgrenzung (Erhebungsgebiet, Abgrenzung von Teilräumen etc.) und die zeitliche Abgrenzung (Erhebungszeitraum, Berichtszeitraum) zu klären.

Übersicht I-3-1: Ablauf einer statistischen Untersuchung

Planung	Erhebung		Aufbereitung	Auswertung	Zusammenfassung
Abgrenzung definieren: • sachlich • zeitlich • räumlich Skalierungen festlegen und alle anderen Phasen der statistischen Untersuchung planen	**Primärstatistik** Eigene Erhebung: • Teilerhebung • Vollerhebung Erhebungsformen: • Experiment • automatische Erfassung (z. B. Scanner) • Befragung Befragungsformen: • schriftlich • mündlich • telefonisch • online	**Sekundärstatistik** Vorhandene Daten der amtlichen oder nicht amtlichen Statistik verwenden	Datenüberprüfung, Verdichtung und Darstellung: • Plausibilität • Vollständigkeit • erste Häufigkeits-tabellen und Grafiken erstellen 	Weitere Verdichtung u. Analyse mittels **deskriptiver Statistik:** • Mittelwerte • Streuungsmaße • Korrelation • Multivariate Verfahren **schließender Statistik:** • Schätzverfahren • Tests	Interpretation der Ergebnisse; Annahmen beschreiben

Die Spezifizierung der sachlichen Abgrenzung bedeutet, dass die Merkmalsträger, d. h. der Kreis der Befragten, die im Hinblick auf eine bestimmte Eigenschaft (Merkmal) untersucht werden, eindeutig festgelegt werden. Eine derartige Abgrenzung umfasst damit auch die Definition des Merkmals bzw. der verschiedenen Merkmalsausprägungen. So ist bei der Erhebung des Waldschadenberichts exakt zu definieren, was unter einem Merkmalsträger „Wald" zu verstehen ist, d. h. welche Bäume zum Wald gehören (auch die Bäume im Vorgarten eines Einfamilienhauses am Waldrand?). Ferner wären die Schadstufen der Waldschädigung zu definieren. Wie sind z. B. die Schadstufen voneinander abzugrenzen? Ab wieviel Prozent Schädigung der Baumkronen beginnt jeweils eine andere Schadstufe? Auch wären der Zeitpunkt und der regionale Abgrenzungsbereich der Schadenserhebung zu definieren.

Wie die nachfolgende Übersicht I-3-2 zeigt, könnte der Begriff „sachliche Abgrenzung" auch als sachliche Abgrenzung im weiteren Sinne (i. w. S.), d. h. auch als Oberbegriff zur **sachlichen Abgrenzung** im engeren Sinne (i. e. S.), zur **räumlichen** und zur **zeitlichen Abgrenzung** verstanden werden. In diesem Buch soll der Begriff „sachliche Abgrenzung" im engeren Sinne verstanden werden.

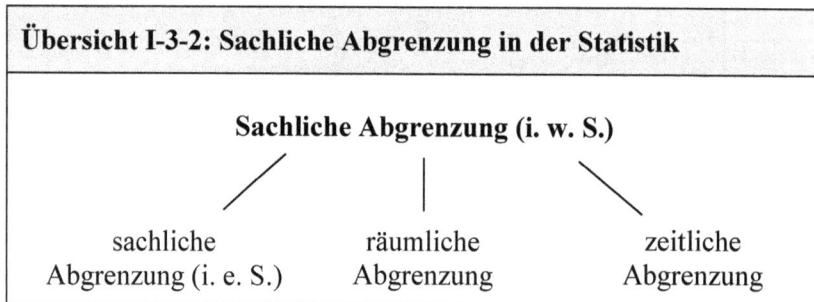

Übersicht I-3-2: Sachliche Abgrenzung in der Statistik

Sachliche Abgrenzung (i. w. S.)

sachliche	räumliche	zeitliche
Abgrenzung (i. e. S.)	Abgrenzung	Abgrenzung

Zur Erläuterung der Fragestellung sollen der Begriff der sachlichen Abgrenzung an zwei weiteren Fallbeispielen, nämlich der „Durchfallquote in einer Klausur" und der „Arbeitslosenstatistik" diskutiert werden. Während das erste Beispiel die Leistungsfähigkeit von Studierenden misst, setzt sich das zweite Beispiel mit der Spezialstatistik des Arbeitsmarktes auseinander (Exkurs „Arbeitsmarktstatistik"). Neben der Arbeitsmarktstatistik ließen sich beispielsweise mit der Preisstatistik, der Einkommenstatistik, der Bevölkerungsstatistik etc. viele weitere Spezialstatistiken unseres wirtschaftlichen und sozialen Alltags erörtern.

Fallbeispiel: „Durchfallquote in einer Statistikklausur"

Bekanntlich lässt sich eine Durchfallquote in einer Klausur durch die unterschiedliche Einbeziehung von „mehr oder weniger" beteiligten Personen (Merkmalsträger) oder durch verschiedene Relationen – d. h. Definitionen der Durchfallquote – ermitteln. Je nach Vorgehensweise kommen auf diese Weise stark unterschiedliche Durchfallquoten zustande, wie sie in der nachfolgenden Tabelle I-3-1 aufzeigt sind.

Tab. I-3-1: Unterschiedliche sachliche Abgrenzungen des Begriffs „Durchfallquote in einer Klausur"

1. Datensituation (Ausgangssituation)

Feld	1	2	3	4	5	6
Sachverhalt	Angemeldet und wieder abgemeldet	Ent-schuldigt gefehlt	Unent-schuldigt gefehlt	Bestanden	Nicht be-standen	Insgesamt
Anzahl der Studierenden	30	3	1	36	19	89

2. Möglichkeiten der unterschiedlichen Abgrenzung der Durchfallquote

Möglichkeit der Ab-grenzung	Abgrenzung definiert über Feld ... der Daten-situation	Durchfall-quote in %
a	5/6	21,3
b	$5/(6-1-2)$	33,9
c	$5/(6-1-2-3)$ oder $5/(4+5)$	34,5
d*	$(5+3)/(6-1-2)$	35,7

* Häufige Berechnungsweise einer Durchfallquote bei Prüfungsämtern
Quelle: In Anlehnung an Pinnekamp, H. J.; Siegmann, F.: Deskriptive Statistik, 5. Aufla-ge, München 2008, S. 29 (im Folgenden zitiert als Pinnekamp; Siegmann: De-skriptive Statistik 2008).

Fallbeispiel: „Arbeitsmarktstatistik"

Großen Einfluss auf die politisch sehr sensiblen Daten der Arbeitsmarktstatistik hat die Abgrenzung der Arbeitsmarktbegriffe. Aus der nachfolgenden Übersicht I-3-3 lassen sich die wichtigsten Begriffe des Arbeitsmarktes ersehen. Die internationale Vergleichbarkeit zentraler Arbeitsmarktindikatoren erfordert die Verwendung inter-national einheitlich definierter, allgemein akzeptierter Messkonzepte der Arbeits-losigkeit. Die „Internationale Arbeitsorganisation" (ILO = International Labour Of-fice) mit Sitz in Genf hat 1982 und 1998 standardisierte Messkonzepte (sogenannte Labour Force-Konzepte) entwickelt und beschlossen. Diese Messkonzepte werden mittlerweile von sehr vielen Staaten im Rahmen von allgemeinen Bevölkerungs-und Erwerbstätigenerhebungen (sogenannte Labour Force Surveys) angewendet. In Deutschland werden diese ILO-Messkonzepte beispielsweise auch beim sogenann-ten „Mikrozensus" zugrunde gelegt[11].

---

[11] Bei dieser sehr bedeutsamen amtlichen Statistik handelt es sich um eine repräsentative 1 %-Stichprobe u. a. zum Arbeitsmarkt und zu vielen weiteren sozio-kulturellen Frage-stellungen; zu Einzelheiten dieser Statistik vgl. Kap. I.4.5.

Übersicht I-3-3: Arbeitsmarktbegriffe

	Arbeitskräfteangebot (Erwerbspersonenpotential)		
JOBS	**Erwerbspersonen**		Stille Reserve
	Erwerbstätige		Arbeits-/ Erwerbslose*⁾
	Abhängig Beschäftigte	Selbstständige, mithelfende Familienangehörige	
den Arbeitsämtern nicht gemeldete	den Arbeitsämtern gemeldete	besetzte Stellen	
unbesetzte Stellen			
Arbeitskräftenachfrage			

*⁾ Arbeitslose gemäß der Definition der Bundesagentur für Arbeit (BA); Erwerbslose nach dem Konzept der Internationalen Arbeitsorganisation (ILO) bzw. gemäß Mikrozensus; Arbeitslosenquote (ALQ) nach BA: ALQ = Arbeitslose / zivile Erwerbspersonen; siehe hierzu die weiteren Ausführungen.

Quelle: In Anlehnung an Clement, R.; Terlau, W.; Kiy, M.: Angewandte Makroökonomie, Makroökonomie, Wirtschaftspolitik und nachhaltige Entwicklung mit Fallbeispielen, 5. Auflage, München 2013, S. 518.

Die nachfolgende Übersicht I-3-4 zeigt, wie auf Basis dieses ILO-Konzepts die Begriffe Erwerbstätige, Erwerbslose und Nichterwerbspersonen nach international einheitlichen Standards voneinander abgegrenzt werden. Im Unterschied zum ILO-Konzept greift die Bundesagentur für Arbeit (BA) auf ein Arbeitsmarktkonzept zurück, das vor allem auf die Registrierung der Arbeitssuchenden abstellt. Die Übersicht 1-3-5 zeigt die unterschiedlichen Abgrenzungen der Arbeitsmarktkonzepte nach dem Mikrozensus (Statistisches Bundesamt; Basis = ILO-Definition) und nach dem Konzept der Bundesagentur für Arbeit auf. Während beim Konzept der BA auch dann noch Personen als arbeitslos gelten, wenn sie bereits bis zu 15 Stunden je Woche erwerbstätig sind und noch mehr Stunden arbeiten möchten, zieht der Mikrozensus bereits ab 1 Stunde Arbeitszeit je Woche die Grenze zwischen Erwerbslosigkeit (anstelle des Begriffs Arbeitslosigkeit) und Erwerbstätigkeit. Wenn also eine Person 10 Stunden je Woche arbeiten möchte, tatsächlich aber bereits zwei Stunden arbeitet, ist sie – bei Erfüllung weiterer Voraussetzungen – nach dem BA-Konzept arbeitslos, während sie nach dem Konzept des Mikrozensus nicht als erwerbslos zählt.

Übersicht I-3-4: Abgrenzung der Arbeitsmarktbegriffe nach ILO-Standard		
Erwerbspersonen		**Nichter-werbs-personen**
Erwerbstätige	**Erwerbslose**	
• Personen ab 15 Jahre _und_ • in einem Arbeitsverhältnis mit mindestens einer Stunde je Woche geleisteter Arbeitszeit _oder_ • Selbstständige oder Freiberufler _oder_ • unbezahlt mithelfende Familienangehörige _oder_ Auszubildende.	• Personen ab 15 Jahren, die kein Beschäftigungsverhältnis aufweisen und die auch nicht selbstständig oder freiberuflich tätig sind. • _Zudem_ müssen sie gegenwärtig für eine Beschäftigung zur Verfügung stehen _und_ sie müssen • aktiv Arbeit suchen.	• Weder erwerbstätig, noch erwerbslos
	Nichterwerbstätige	
Quelle: Janke, R.; Riede, T.; Sacher, M.: Die ILO–Arbeitsmarktstatistik des Statistischen Bundesamtes, in: Statistik und Wissenschaft, Neue Wege statistischer Berichterstattung: Mikro- und Makrodaten als Grundlage sozioökonomischer Modellierungen, Beiträge zum wissenschaftlichen Kolloquium am 28. und 29. April 2005 in Wiesbaden (Hrsg. Statistisches Bundesamt), Band 10, Wiesbaden 2007, S. 192 ff, insbes. S. 196 f.		

Welche weiteren Voraussetzungen jeweils erfüllt sein müssen, um beim Mikrozensus bzw. beim Konzept der BA als erwerbs- bzw. arbeitslos zu gelten, zeigt die Übersicht 1-3-5 im Detail auf.

Übersicht I-3-5: Gegenüberstellung der Arbeitsmarktkonzepte des Mikrozensus[*)] (MZ) und der Bundesagentur für Arbeit (BA)	
Mikrozensus	**Bundesagentur für Arbeit**
• Anwendung des ILO-Konzepts. • Ergebnisse aus Erhebung liegen rund ein Jahr später vor. • Problem der Untererfassung der geringfügigen Beschäftigung im Mikrozensus; Untererfassung der geringfügig Beschäftigten im MZ resultiert u. a. aus Befragungskonzept des Haushaltsvorstandes und aus unklarer Abgrenzung gegenüber Teilzeitarbeit (z. B. bei älteren Erwerbstätigen).	• Zahl der bei Arbeitsämtern registrierten Arbeitslosen wird im Rahmen der Statistik der Arbeitsvermittlung und Arbeitsberatung der Bundesagentur für Arbeit (BA) • seit 1950 monatlich nachgewiesen. • Zahl der Arbeitslosen basiert auf einer Auszählung von Verwaltungsunterlagen der Arbeitsämter; es wird daher von „prozessproduzierten Daten" gesprochen. • Konzept der Arbeitslosigkeit nach § 16 des Sozialgesetzbuches III (SGB III).
*) Zum Begriff vgl. die späteren Ausführungen unter I.4.	

Übersicht I-3-6: Gegenüberstellung der Begriffe ILO-Erwerbslose bzw. Registrierte Arbeitslose (BA)

ILO-Erwerbslose	Registrierte Arbeitslose (BA)
• Personen ohne Beschäftigungs-verhältnis (weniger als eine Stunde pro Woche beschäftigt), bzw. nicht selbständig und nicht freiberuflich tätig, • aktiv arbeitssuchend (in den vergangenen vier Wochen), • sofort verfügbar (innerhalb von 2 Wochen).	• Personen unter 65 Jahren, die weniger als 15 Stunden pro Woche arbeiten, die nicht Schüler, Studenten oder Teilnehmer an Maßnahmen der beruflichen Weiterbildung sind, die nicht arbeitsunfähig erkrankt und auch nicht Empfänger von Altersrente sind und • bei einer Agentur als arbeitslos gemeldet sind (falls Wunsch = Ausweitung der Tätigkeit auf mehr als 15 Stunden und mehr als 7 Tage) und • aktiv Arbeit suchen und dabei zur Arbeits-aufnahme sofort zur Verfügung stehen.

Quelle: Janke, R. u. a.: Die ILO-Arbeitsmarktstatistik, a. a. O., S.. S. 197.

Die nachfolgende Tab. I-3-2 zeigt für den Zeitraum 2010 bis 2013 zentrale Daten zur Bevölkerung und zum Arbeitsmarkt in Deutschland auf.

Tab. I-3-2: Einwohner und Erwerbsbeteiligung (Inländerkonzept), Jahresdurchschnitte in 1 000

Jahr	Bevöl-kerung	Erwerbs-personen	Erwerbs-lose	Erwerbstätige		
				Insgesamt	Arbeitnehmer	Selbst-ständige
2010	81 757	43 929	2 946	40 983	36 496	4 487
2011[*]	81 779	44 024	2 502	41 522	36 976	4 546
2012[*]	81 917	44 295	2 316	41 979	37 435	4 544
2013[*]	82 104	44 496	2 270	42 226	37 769	4 457

*) vorläufiges Ergebnis
Quelle: www.destatis.de/DE/ZahlenFakten/GesamtwirtschaftUmwelt/Arbeitsmarkt/ Erwerbslosigkeit/Tabellen/EinwohnerErwerbsbeteiligung.html (Stand: 21.08.2014);
Hinweis: Bei den Bevölkerungszahlen handelt es sich um Zahlenangaben ohne Berücksichtigung der Ergebnisse der Volkszählung 2011 (Bevölkerung zum Stichtag der Volkszählung am 09.05.2011: 80,22 Mio.).

In Tab. I-3-3 werden zudem aktuelle Zahlen zu den Arbeitslosenquoten in Deutschland (Daten BA) wiedergegeben. Dabei kann die Arbeitslosenquote im Nenner einmal alle zivilen Erwerbspersonen (d. h. abhängige Beschäftigte und Selbstständige) umfassen oder sich nur auf die abhängigen Erwerbspersonen (d. h. nur abhängig Beschäftigte ohne Selbstständige) beziehen. Ab dem Berichtsmonat Januar 2009 liegen den veröffentlichten offiziellen Arbeitslosenquoten nicht mehr die abhängigen zivilen Erwerbspersonen, sondern alle zivilen Erwerbspersonen zugrunde. Dies hat dann aufgrund des größeren Nenners eine niedrigere Arbeitslosenquote zur Folge. In der offiziellen BA-Statistik werden die Arbeitslosenquoten auf Basis der abhängig Beschäftigten allerdings immer noch nachrichtlich ausgewiesen (s. rechte Spalte der Tabelle I-3-3).

Jahr	Monat	alle zivilen Erwerbspersonen[1]				Abhängige Erwerbspersonen
		Gesamt	Männer	Frauen	Jugendliche unter 20	
2014	Nov.	6,3	6,3	6,2	3,4	7,0
	Mai	6,6	6,8	6,5	3,3	7,4
	Jan.	7,3	7,6	6,9	3,5	8,1
2013	Nov.	6,5	6,5	6,5	3,4	7,3
	Mai	6,8	7,0	6,6	3,3	7,6
	Jan.	7,4	7,7	7,0	3,4	8,2

Tab. I-3-3: Arbeitslosenquote der Bundesagentur für Arbeit, Deutschland (Arbeitslosenquote in % bezogen auf)

[1] Ab dem Berichtsmonat Januar 2009 beziehen sich die monatlich in der Presse veröffentlichten offiziellen Arbeitslosenquoten nicht mehr auf die abhängigen zivilen Erwerbspersonen, sondern auf alle zivilen Erwerbspersonen; die Arbeitslosenquote unter Verwendung der abhängigen Erwerbspersonen wird zwar weiterhin von der BA berechnet, aber nicht mehr in den Medien als offizielle Arbeitslosenquote veröffentlicht.

Definition Arbeitslosenquote der Bundesagentur für Arbeit:

Definition 1: Arbeitslose in % aller zivilen Erwerbspersonen (abhängige zivile Erwerbspersonen, Selbständige, mithelfende Familienangehörige)

Definition 2: Arbeitslose in % der *abhängigen* zivilen Erwerbspersonen (sozialversicherungspflichtig und geringfügig Beschäftigte, Beamte, Arbeitslose); ab dem 1.1. 2009 wurde die Darstellung gemäß dieser Definition offiziell eingestellt; die entsprechende Zahl wird nur noch nachrichtlich ausgewiesen.

Quelle: Stat. Bundesamt: Arbeitsmarkt, registrierte Arbeitslose (Bundesagentur f. Arbeit), 2014; Aktuelle Daten finden sich jeweils unter: https://www.destatis.de/DE/ZahlenFakten/Indikatoren/Konjunkturindikatoren/Arbeitsmarkt/arb210.html.

Aus dem Vergleich beider Konzepte von ILO und BA folgt, dass

- die Zahl der registrierten Arbeitslosen (BA-Konzept) einerseits höher ausfallen kann als die Zahl der ILO-Erwerbslosen, da nach ILO-Konzept bereits derjenige zu den Erwerbstätigen zählt, der eine bezahlte Tätigkeit von mindestens einer

Stunde pro Woche ausübt. Konsequenz: Beim BA-Konzept können auch Personen zu den Arbeitslosen gezählt werden, die nur zwischen 1 und 15 Stunden arbeiten, aber länger arbeiten wollen.

- Andererseits kann die Zahl registrierter Arbeitsloser nach dem BA-Konzept niedriger ausfallen als die Zahl der ILO-Erwerbslosen, da das BA-Konzept eine Registrierung voraussetzt; zudem zählen Arbeitsuchende, die weniger als 15 Stunden arbeiten möchten (Teilzeitbeschäftigung), nicht zu den Arbeitslosen.

- Im Übrigen können beide Konzepte durch den unterschiedlichen Erfassungszeitpunkt voneinander abweichen.

Nicht zu den Arbeitslosen der BA zählen[12]:

- Arbeitnehmer, die sich in einer Weiterbildung befinden (z. B. um ihre Qualifikation bei der Arbeitssuche zu verbessern),

- Arbeitnehmer, die einen Ein-Euro-Job ausüben (im Juni 2009 etwa 330 000 Personen).

- Personen, die sich im Vorruhestand befinden und Geld aus der Arbeitslosenkasse erhalten (im Juni 2009 sind etwa 150 000 Personen hiervon betroffen).

- Seit Januar 2009 werden zudem Arbeitslose, bei denen die BA private Arbeitsvermittler einschaltet, nicht zu den Arbeitslosen gezählt (Neuregelung; im Juni 2009 waren etwa 60 000 Personen hiervon betroffen).

- Zudem gilt seit 2009 folgende Neuregelung bei der Erfassung von Arbeitslosen: Arbeitslose, die 58 Jahre und älter sind und innerhalb von 12 Monaten keine sozialversicherungspflichtige Beschäftigung erhalten, zählen nicht zu den Arbeitslosen (im Juni 2009 waren etwa 30 000 Personen hiervon betroffen).

- Arbeitnehmer, die sich in Kurzarbeit befinden, auch wenn die Kurzarbeit 100 % beträgt, werden bei den Arbeitslosen nicht einbezogen; (die im März 2009 erhobene Zahl an Kurzarbeitern von 1,3 Mio. Personen entspricht etwa 430 000 Vollzeitarbeitslosen).

In Medien wird darauf verwiesen[13], dass interne Berechnungen der BA zu dem Ergebnis kommen, dass ohne die ab 2009 geltenden Sonderregelungen sich im Juni 2009 die Zahl der Arbeitslosen von 3,4 Mio. auf knapp 4,9 Mio. Personen erhöht hätte. Dies zeigt, wie sehr die Daten der Arbeitsmarktstatistik durch unterschiedliche Abgrenzungen geprägt werden.

---

[12] Vgl. Rudzio, K.: Längst über vier Millionen, in: Die Zeit, Nr. 28, vom 2.7.2009, S. 20. Aktuelle monatliche Daten zur Entwicklung des Arbeits- und Ausbildungsmarktes einschließlich des Umfangs der arbeitsmarktpolitischen Instrumente finden sich in: Bundesagentur für Arbeit: Amtliche Nachrichten der Bundesagentur für Arbeit, lfd. Jahrgänge und Nummern.

[13] Vgl. Rudzio, K, Längst über vier Millionen, a. a. O., S. 20.

3.2   Erhebung (Schritt 2)

Die Erhebung dient der Gewinnung des statistischen Datenmaterials; Daten lassen sich entweder neu erheben **(Primärstatistik)** oder es wird auf vorhandene Daten (der amtlichen oder nicht amtlichen Statistik) zurückgegriffen **(Sekundärstatistik).**

A. Primärstatistik:

Im Hinblick auf die Ermittlung der Daten der Primärstatistik ist nach **Erhebungsarten** (Erhebungsmodus) und **Erhebungsumfang** (Voll- oder Teilgesamtheit) zu unterscheiden.

Erhebungsarten:

Im Folgenden werden die wichtigsten Erhebungsarten vorgestellt. Dabei wird auch stichwortartig auf die Vor- und Nachteile der jeweiligen Erhebungsart eingegangen[14]:

- **Experiment**: In der Erhebungsform des Experiments werden z. B. die technischen Nutzungseigenschaften von Gebrauchsgütern ermittelt (z. B. Stiftung Warentest); diese Erhebungsform wird häufig in den Naturwissenschaften angewandt.

- **Schriftliche Befragung**: Erhebung über Fragebögen.

  - Vorteil: relativ geringe Kosten;

  - Nachteil: relativ langer Zeitablauf; relativ geringer, d. h. kein repräsentativer Rücklauf.

- **Mündliche Befragung**: Befragung durch Interviewer.

  - Vorteil: schnelle Durchführung; der Interviewte kann Missverständnisse durch Nachfragen beim Interviewer vermeiden.

  - Nachteil: relativ teuer, subjektiver Einfluss des Interviewers; Anonymität nicht gegeben; daher Ausweichverhalten oder falsche Antworten möglich.

- **Beobachtung bzw. automatische Erfassung**: Unter Einsatz von technischen Messgeräten (z. B. Scanner, Lichtschranken) werden z. B. der Einkauf von Kunden erfasst und abgerechnet oder die Anzahl von Kunden im Kaufhaus automatisch gezählt. Durch computergestützte Warenwirtschaftssysteme lassen sich Da-

---

[14] Zu einer genaueren Analyse der Vor- und Nachteile verschiedener Erhebungsformen vgl. z. B. Hüttner, Manfred; Schwarting, Ulf: Grundzüge der Marktforschung, 7. Auflage, München 2002, S. 67 ff.

ten erheben, die im Bereich des Marketing, des Controlling, im Finanzbereich etc. zum Einsatz kommen.

- **Onlinebefragung** über das Internet: Sie verschafft im Internetzeitalter einen schnellen und kostengünstigen Zugang zu vielen Daten der Merkmalsträger; dieser Vorteil wird aber mit dem Nachteil eines unzureichenden oder nicht repräsentativen Rücklaufs erkauft, da nicht der gesamte Adressatenkreis der Befragten über das Internet gleich gut erreichbar ist.

Erhebungsumfang:

- **Vollerhebung** (z. B. Volkszählung, Wohnungs- und Arbeitsstättenzählung in der amtlichen Statistik)

- **Teilerhebung** oder Stichprobe (z. B. Mikrozensus in der amtlichen Statistik)

Vorteile der Teilerhebung bestehen in der schnellen zeitlichen Durchführung; auch lassen sich in manchen Fällen aus technischen Gründen nur Teil- und keine Vollerhebungen durchführen, wenn z. B. Belastbarkeiten von Produkten getestet werden (z. B. Belastbarkeitstest von Reifen, die mit einer Zerstörung des Produkts einhergehen); zudem ist eine Teilerhebung deutlich kostengünstiger als eine Vollerhebung.

B. Sekundärstatistik:

Es wird auf vorhandene Daten zurückgegriffen; hierbei kann insbesondere das Material der amtlichen und nichtamtlichen Statistik verwandt werden. Auf den Begriff der amtlichen Statistik und auf typische statistische Quellen der Sekundärstatistik wird im Kapitel 4 (Träger der Wirtschaftsstatistik) näher eingegangen.

3.3   Aufbereitung, Auswertung, Interpretation (Schritte 3 – 5)

- **Aufbereitung und Darstellung (Schritt 3):**

Dieser **dritte** Schritt umfasst das Ordnen des Zahlenmaterials, das Überprüfen auf Vollständigkeit und Plausibilität, das Verdichten des Urmaterials und seine Darstellung z. B. in Tabellen und Schaubildern. Methoden der deskriptiven Statistik zielen darauf ab, die umfassenden Datenmengen weiter zu verdichten. Zur Anwendung kommen dabei u. a.: Häufigkeitsverteilungen, Lage- und Streuungsparameter, Konzentrationsmaße etc.

- **Auswertung (Schritt 4):**

Bei diesem **vierten** Schritt der Datenuntersuchung ist die Abgrenzung zum dritten Schritt (Aufbereitung) fließend. Das aufbereitete Zahlenmaterial wird mittels geeigneter Verfahren der Zusammenhangsanalyse auf Abhängigkeiten untersucht oder mit Hilfe mathematisch-statistischer Verfahren (wie z. B. den multivariaten Verfahren) analysiert und strukturiert. Im Rahmen dieses Buches werden die Grundzüge der Regressionsanalyse als ein multivariates Verfahren vorgestellt. Weitere strukturierende multivariate Verfahren stellen beispielsweise die Varianz-, Cluster-, Faktoren- und Diskriminanzanalyse dar. Auch die Methoden der schließenden Statistik können zur Anwendung kommen. Zu nennen sind hier z. B. das Schließen von Parameterwerten der Stichprobe auf entsprechende Parameterwerte der Grundgesamtheit (Schätzverfahren) oder parametrische bzw. nichtparametrische Hypothesentests[15].

- **Interpretation (Schritt 5):**

In diesem abschließenden Untersuchungsschritt werden die Ergebnisse zusammengefasst und interpretiert. Dabei wird auf die Beschränkungen der Datenanalyse verwiesen (zugrunde liegende Definitionen, verwendete Methoden, Abgrenzungen, Datenqualitäten etc.).

---

[15] Bei den parametrischen Tests werden das arithmetische Mittel und die Anteilswerte von Stichproben oder Grundgesamtheiten überprüft (Ein- oder Zweistichprobentest); bei den nichtparametrischen Tests werden Verteilungen oder Abhängigkeiten überprüft. Bei mehr als zwei Ausprägungen können derartige Tests nur noch im Rahmen der Varianzanalyse erfolgen.

4   Träger der Wirtschaftsstatistik

4.1   Begriff der „Amtlichen Statistik"

Eine allgemeingültige Definition der amtlichen Statistik[16] erscheint problematisch. Es lassen sich aber Kriterien definieren, die vorliegen müssen, damit eine Statistik den Charakter einer amtlichen Statistik aufweist:

- Jede amtliche Statistik wie z. B. die Volkszählung, der Mikrozensus oder Steuerstatistiken bedarf einer gesetzlichen Grundlage, die wie jedes andere Gesetz den parlamentarischen Gesetzgebungsweg zu absolvieren hat (vgl. Übers. I-4-1).

- Die amtliche Statistik muss den Kriterien „Objektivität", „Neutralität" und „wissenschaftliche Unabhängigkeit" genügen. Die Entscheidung, welche statistische Methoden und Verfahren bei der Gewinnung und Auswertung von Daten zur Anwendung kommen, unterliegt nicht interessenbezogenen Erwägungen, sondern erfolgt ausschließlich nach fachlichen und wissenschaftlichen Gesichtspunkten.

- Es muss eine allgemeine Zugänglichkeit der Daten bestehen. Grunddaten der amtlichen Statistik sind allen Interessierten zugänglich zu machen. Grundinformationen werden über verschiedene Wege weitgehend kostenlos bereitgestellt.

- Ein wichtiges Kriterium der amtlichen Statistik stellt die Vertraulichkeit und Geheimhaltung individueller Daten dar. Dieser Aspekt war beispielsweise bei der in den 80er Jahren geplanten Volkszählung nach dem Urteil des Bundesverfassungsgerichts von 1983 nicht gegeben, da aufgrund unzureichender Isolierung von erhebenden Datenstellen die sogenannte **„informationelle Selbstbestimmung"** als nicht erfüllt angesehen wurde. Der Grundsatz der „informationellen Selbstbestimmung" gibt dem Bürger die Befugnis, grundsätzlich selbst zu entscheiden, wann und in welchem Umfang persönliche Daten offenbart und von öffentlichen Institutionen verwendet werden dürfen.

- Informationen, die einzelne Personen, Unternehmen etc. betreffen, werden streng vertraulich behandelt und ausschließlich für statistische Zwecke verwandt; sie dürfen nicht an Dritte weitergegeben werden.

---

[16] Nachfolgend werden auf Basis von § 1 Bundesstatistikgesetz (BStatG) Kriterien der amtlichen Statistik angeführt. Vgl. auch Statistische Ämter des Bundes und der Länder (Herstellung Statistisches Bundesamt), Wiesbaden 2006, S. 8 f.

4.2   Aufbau der „Amtlichen Statistik" in Deutschland und Gesetzgebungsprozess

Die amtliche Statistik[17] in Deutschland unterliegt der föderalen Struktur. Der Bund hat im Rahmen der ausschließlichen Gesetzgebung des Bundes nach Art. 73 Nr. 11 GG zwar das Recht, Statistiken für Bundeszwecke gesetzlich anzuordnen; bei der Durchführung hat der er aber keine Weisungsbefugnisse gegenüber den Ländern. Nach Artikel 83 GG „(…) führen (die Länder) die Bundesgesetze als eigene Angelegenheit aus, soweit (..) [das] Grundgesetz nichts anderes bestimmt oder zulässt". „Artikel 87 Absatz 3 GG legt jedoch fest, dass der Bund für Angelegenheiten, für die ihm die Gesetzgebungskompetenz zusteht, selbstständige Bundesoberbehörden errichten kann. Auf dieser Grundlage wurde das Statistische Bundesamt im Jahr 1950 als eine selbstständige Bundesoberbehörde im Geschäftsbereich des Bundesministers des Innern errichtet."[18]

In den Bundesländern sind die Statistischen Landesämter für die Erhebung und Aufbereitung der Bundesstatistiken zuständig. Entsprechend dem **föderalen Prinzip** nehmen die Statistischen Landesämter die statistischen Aufgaben eigenständig und unabhängig von der Bundesebene wahr. Sie sind weder dienstrechtlich noch finanziell weisungsgebunden gegenüber dem Statistischen Bundesamt oder den Bundesministerien. Das Statistische Bundesamt koordiniert die Statistiken der Bundesländer und stellt die Einheitlichkeit der Ergebnisse und ihrer Darstellung in Form von Veröffentlichungen sicher.

Die Erhebung und Verwendung von Daten der amtlichen Statistik setzt eine gesetzliche Grundlage voraus, d. h. jede amtliche Datenerhebung muss durch ein Statistikgesetz begründet werden. Statistikgesetze wie z. B. das Volkszählungs- oder das Mikrozensusgesetz durchlaufen den parlamentarischen Abstimmungsmechanismus wie jedes andere Gesetz auch. Der Ablauf eines typischen Gesetzes zur Erhebung einer Bundesstatistik ist in Übersicht I-4-1 dargestellt.

Grundsätzlich gilt in der amtlichen Statistik bei der Datenerfassung das Prinzip der **fachlichen Zentralisierung** der Statistik[19], d. h. die Daten werden zentral durch die statistischen Behörden der Gebietskörperschaften (Bund, Länder und Kommunen) erfasst. Die fachliche Konzentration ermöglicht es, dass die statistischen Arbeiten dezentral auf Landesebene durch spezielle Fachbehörden, den Statistischen Landesämtern, erstellt werden. Ausnahmen von dieser Zentralisierung stellen z. B. die

---

[17] Siehe hierzu u. a. Statistisches Bundesamt: Strategie- und Programmplanung 2013-2017, Wiesbaden 2013, S. 9 f ; *vgl.* auch Statistisches Bundesamt (Hrsg.): Das Arbeitsgebiet der Bundesstatistik, Wiesbaden 1997.

[18] Statistisches Bundesamt: Strategie- und Programmplanung 2013 – 2017, a. a. O., S. 12.

[19] Vgl. zu den folgenden Ausführungen: Ebenda.

Geld-, Währungs- und Zahlungsbilanzstatistiken der Europäischen Zentralbank bzw. der Deutschen Bundesbank in Frankfurt, die Arbeitsmarktstatistiken der Bundesagentur für Arbeit in Nürnberg oder die Kraftfahrzeug- und Personendaten des Kraftfahrzeugbundesamtes in Flensburg dar. Durch diese Konzentration können die einzelnen Statistiken besser abgestimmt und zu einem „zusammenhängenden und widerspruchsfreien statistischen Gesamtbild" geformt werden. Eine Dezentralisierung, d. h. eine dezentrale Erstellung und Veröffentlichung der Statistiken durch die verschiedenen Ressorts könnte eine Zersplitterung der statistischen Ergebnisse zur Folge haben. Gleichwohl nutzen die verschiedenen Bundes- und Landesministerien als Fachaufsichten über die Statistischen Ämter immer wieder die Gelegenheit, die zuvor von den statistischen Ämtern erstellten Daten selbst zu veröffentlichen und damit ihrer politischen Verantwortung gerecht zu werden oder sich politisch zu profilieren (z. B. wenn Erfolge in der Rückführung der Verkehrsunfälle sich in der Unfallstatistik niederschlagen).

Übersicht I-4-1: Ablauf der Bundesstatistiken

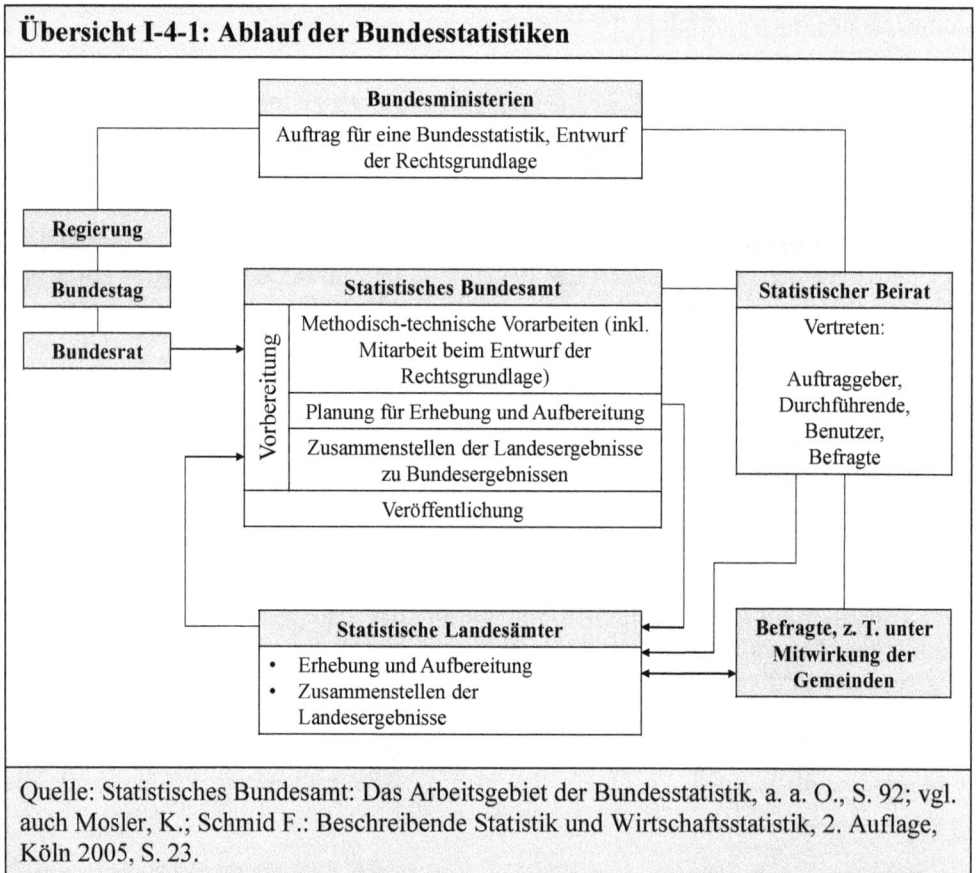

Quelle: Statistisches Bundesamt: Das Arbeitsgebiet der Bundesstatistik, a. a. O., S. 92; vgl. auch Mosler, K.; Schmid F.: Beschreibende Statistik und Wirtschaftsstatistik, 2. Auflage, Köln 2005, S. 23.

Die Zentralisierung hat zudem den Vorteil, dass Synergieeffekte in der statistischen Erfassung und Verarbeitung genutzt werden können (Spezialwissen, IT-Infrastruktur) und der Auskunftspflichtige möglichst gering belastet wird (z. B. durch

Nutzung von Zentralregistern wie bei der Volkszählung (VZ) 2011). Schließlich ermöglicht die fachliche Konzentration auch eine Trennung der Statistikerstellung
vom politischen Verwaltungsvollzug und stärkt damit die Grundsätze der amtlichen
Statistik (siehe Kap. I.4.1).

4.3 Institutionen mit amtlichen und nichtamtlichen Statistiken

Es lassen sich nationale und internationale Institutionen unterscheiden, die amtliche
Statistiken erheben oder bereitstellen.

A. Nationale amtliche Statistiken

Bei den nationalen amtlichen Statistiken handelt es sich z. B. um die Statistiken

- des Statistischen Bundesamtes (Hauptsitz in Wiesbaden, Zweigstelle in Bonn; In-
  formationsstelle in Berlin),
- der Statistischen Landesämter und der Statistischen Ämter der Kommunen, der
  Bundes- und Landesministerien, der Bundesagentur für Arbeit einschließlich
  dem Institut für Arbeitsmarkt- und Berufsforschung in Nürnberg (Arbeitsmarktstatistik), der Deutschen Bundesbank (Statistiken auf dem Gebiet der Geld-, Kre-
  dit-, Kapitalmarkt und Zahlungsbilanzstatistik) oder
- des Sachverständigenrates zur Begutachtung der gesamtwirtschaftlichen Entwicklung (Wiesbaden; Sitz im Statistischen Bundesamt).

B. Internationale amtliche Statistiken

Bei den internationalen amtlichen Statistiken handelt es sich z. B. um die Statistiken

- der Europäischen Zentralbank (EZB) in Frankfurt/Main,
- des Statistischen Amtes der Europäischen Union (Eurostat[20]) in Luxemburg,
- des Internationalen Währungsfonds (IWF) in Washington D.C.,
- der Organisation für Wirtschaftliche Zusammenarbeit und Entwicklung (OECD)
  in Paris,
- des Statistischen Amtes der Vereinten Nationen (UN) in New York (zentrale
  Veröffentlichung: Statistical Yearbook),
- der World Trade Organisation (WTO) in Genf (Internationale Organisation, die
  eine Liberalisierung der Handels- und Wirtschaftsbeziehungen zum Ziele hat)
- dem International Labour Office (ILO) in Genf (Sonderorganisation der Vereinten Nationen, die u. a. für die Erarbeitung und Bereitstellung von internationalen
  Arbeitsstandards zuständig ist).

---

[20] Es handelt sich bei Eurostat nicht um eine eigenständige Behörde, sondern um eine Gene-
raldirektion der Europäischen Kommission, die dem Kommissar für Wirtschaft und Wäh-
rung zugeordnet ist.

C. „Halbamtliche" Statistiken

Welche Institution einen halbamtlichen Charakter aufweist, unterliegt der subjektiven Beurteilung und lässt sich nicht eindeutig beantworten oder abgrenzen. Beispielsweise könnten aber im Bereich der Berichterstattung über die volkswirtschaftliche Entwicklung Deutschlands oder anderer europäischer Staaten bzw. Kontinente die fünf führenden unabhängigen wirtschaftswissenschaftlichen Forschungsinstitute angeführt werden (z. B. haben diese in der Vergangenheit mit den sogenannten Frühjahrs- und Herbstgutachten immer wieder auf sich aufmerksam gemacht). Diese sind im Einzelnen

- das Deutsche Institut für Wirtschaftsforschung (DIW) in Berlin (http://www.diw-berlin.de),
- das Institut für Wirtschaftsforschung (IFO) in München (http://www.ifo.de),
- das Institut für Wirtschaftsforschung Halle (IWH) (http://www.iwh.uni-halle.de),
- das Institut für Weltwirtschaft in Kiel (IFW), (http://www.ifw-kiel.de) und das
- Rheinisch-Westfälische Institut für Wirtschaftsforschung (RWI) in Essen (http://www.rwi-essen.de).

Auch können der unabhängige Sachverständigenrat zur Begutachtung der Gesamtwirtschaftlichen Entwicklung (der jedes Jahr im November sein Jahresgutachten zur aktuellen Wirtschaftsentwicklung veröffentlicht oder Sondergutachten erstellt) und die Monopolkommission der „halbamtlichen Statistik" zugeordnet werden.

D. Nichtamtliche Statistiken

Jeder Nutzer nichtamtlicher Statistiken sollte sich bewusst sein, dass in diesem Bereich mehr oder weniger stark interessenorientierte Informationen verarbeitet werden, die insgesamt subjektiv und mitunter auch sehr einseitig ausfallen können. Aus der Fülle der nichtamtlichen Statistiken seien u. a. genannt:

- Das Institut der Deutschen Wirtschaft in Köln (IW) (http://www.iwkoeln.de),
- das Wirtschafts- und Sozialwissenschaftliche Institut in der Hans-Böckler Stiftung (WSI) in Düsseldorf (http://www.boeckler.de/index_wsi.htm),
- Statistiken der Unternehmen und der Wirtschaftsverbände, der Arbeitgeber- und Arbeitnehmerorganisationen (z. B. http://www.BDI-online.de; http://www.BDA-online.de) sowie
- Markt- und Meinungsforschungsinstitute; bekannte Markt- und Meinungsforschungsinstitute sind z. B.[21]:

---

[21] Unter „www.uni-konstanz.de/ag-hochschulforschung/links/links4.htm-9k (vom 18.10. 2006)" findet sich folgender Hinweis: „Aus der fast unüberschaubaren Zahl der vorhandenen Markt- und Meinungsforschungsinstitute kann an dieser Stelle lediglich ein geringer Teil aufgeführt werden. Einen Überblick über Qualitätsstandards und bisherige Richt-

- ADM – Arbeitskreis Deutscher Markt- und Sozialforschungsinstitute e. V. in Bonn (http://www.adm-ev.de);
- GfK – Gesellschaft für Konsum-, Markt- und Absatzforschung in Nürnberg (http://www.gfk.de);
- IfD – Institut für Demoskopie in Allensbach (http://www.ifd-allensbach.de);
- Infratest-dimap in Bonn (http://www.infratest-dimap.de);
- Infas – Institut für angewandte Sozialwissenschaft GmbH in Bonn; (http://www.infas.de);
- EMNID – Institut für Markt-, Media- und Meinungsforschung in Bielefeld (http://www.emnid.de);
- Prognos – Europäisches Zentrum für Wirtschaftsforschung und Strategieberatung in Berlin (http://www.prognos.de).

4.4   Zentrale Veröffentlichungen des Statistischen Bundesamtes

Im Zeitalter des Internets hat sich der direkte Datenzugang zur amtlichen Statistik deutlich verbessert. Dies betrifft auch die Daten des Statistischen Bundesamtes[22], die in großer Breite und Tiefe online und/oder als Printmedium veröffentlicht werden (z. T. auch als Excel-Tabellen, die sich unmittelbar weiter verarbeiten lassen). Bei den Daten handelt es sich zum einen um zahlreiche **Querschnittsveröffentlichungen,** die in Form von Jahrbüchern, Spezialberichten und Aufsätzen veröffentlicht werden. Hierzu zählen u. a. das Statistische Jahrbuch für die Bundesrepublik Deutschland, das Statistische Jahrbuch für das Ausland, Datenreporte für verschiedene Jahre, die Zeitschrift „Wirtschaft und Statistik" (monatlich) sowie die Statistischen Wochenberichte.

Zum anderen handelt es sich bei den Statistiken um Fachveröffentlichungen, die als sogenannte **„Fachserien"** bezeichnet werden:
In insgesamt 19 Fachserien trägt das Statistische Bundesamt umfassendes Datenmaterial aus den folgenden Bereichen zusammen: Bevölkerung und Erwerbstätigkeit, Unternehmen und Arbeitsstätten, Land- und Forstwirtschaft sowie Fischerei, Produzierendes Gewerbe, Bauen und Wohnen, Binnenhandel sowie Gastgewerbe und Tourismus, Außenhandel, Verkehr, Dienstleistungen, Rechtspflege, Bildung und Kultur, Gesundheit, Sozialleistungen, Finanzen und Steuern, Wirtschaftsrechnungen, Verdienste und Arbeitskosten, Preise, Volkswirtschaftliche Gesamtrechnungen (VGR) und Umwelt.

---

linien für Markt- und Meinungsforschungen bietet die Homepage des Arbeitskreises Deutscher Markt- und Sozialforschungsinstitute e. V. (ADM)"

[22]   Zu einem Überblick über die verschiedenen Veröffentlichungen des Statistischen Bundesamtes siehe Statistisches Bundesamt: Gesamtkatalog 2014, Wiesbaden 2014.

4.5   Überblick über ausgewählte amtliche und nicht-
amtliche Statistiken

Im Folgenden sollen einige amtliche Statistiken des Statistischen Bundesamtes oder
anderer Institutionen vorgestellt werden, denen eine zentrale Bedeutung in der me-
dialen Berichterstattung zukommt:

Volkszählung (1987, 2011)

Die Volkszählung (VZ) stellt eine wichtige bevölkerungsstatistische Datenquelle
dar. Ihre Daten werden im Rahmen einer Vollerhebung ermittelt. Die Europäische
Union (EU) schreibt ab dem Jahr 2011 für alle Mitgliedstaaten die Durchführung
von Volks-, Gebäude- und Wohnungszählungen im Abstand von zehn Jahren mit
festem Berichtsumfang vor, überlässt aber den Mitgliedstaaten das spezielle Erhe-
bungsverfahren. Der Zensus 2011 wurde am 9. Mai 2011 als Bevölkerungs-, Gebäu-
de- und Wohnungszählung auf registergestützter Basis durchgeführt. Ziel des Zensus war die Ermittlung der Einwohnerzahlen sowie die Erhebung demographischer
und sozioökonomischer Strukturdaten, die eine Aussage über die Wohn- und Lebensverhältnisse in Deutschland ermöglichen. Anders als in den früheren Volkszählungen[23] (wie z. B. zuletzt 1987) wurden die Daten der Vollerhebung 2011 nicht
mehr ausschließlich über einen Fragebogen für jeden Haushalt, sondern über eine
Auswertung von vorhandenen Verwaltungsregistern und ihre Verknüpfung mit Voll-
und Stichprobenerhebungen gewonnen. Die ausgewerteten Melderegister umfassten
vor allem die kommunalen Melderegister, die Register der Bundesagentur für Arbeit
sowie die Register der öffentlichen Arbeitgeber. Diese Daten waren aber oft entweder zu ungenau oder zu bestimmten Datenbereichen lagen überhaupt keine Informationen vor (für Gebäude und Wohnungen bestehen in Deutschland z. B. flächen-
deckend keine Verwaltungsregister). Daher wurden im Zensus 2011 ergänzende Befragungen durchgeführt, wie beispielsweise die Gebäude- und Wohnungszählung,
die Haushaltebefragung und die Befragung in Wohnheimen und Gemeinschaftsunterkünften (etwa 10 % der Bevölkerung und alle Immobilieneigentümer wurden
direkt über Fragebogen befragt).[24] Insgesamt wurde etwa 1/3 der Bevölkerung direkt

---

[23]   Eine klassische Volkszählung auf Basis einer Befragung aller Bürger wurde in den alten
       Bundesländern zum letzten Mal 1987 durchgeführt (inklusive einer Gebäude- und Woh-
       nungszählung). In den neuen Bundesländern fand eine VZ zuletzt 1981 statt. Nach der
       Wiedervereinigung wurde 1995 in den neuen Bundesländern eine Gebäude- und Woh-
       nungszählung durchgeführt. Die letzte Volkszählung im Jahr 1987 fand verzögert statt,
       da im Jahre 1983 das Bundesverfassungsgericht die Volkszählung wegen Verletzung der
       „informationellen Selbstbestimmung" für verfassungswidrig erklärt hatte. Die informati-
       onelle Selbstbestimmung sichert das Recht des einzelnen Bürgers, selbst über die Be-
       kanntgabe seiner Daten zu bestimmen.
[24]   Zu den Einzelheiten des registergestützten Verfahrens vgl. Statistisches Bundesamt: Das
       registergestützte Verfahren beim Zensus 2011, Wiesbaden 2011.

im Zensus 2011 befragt.[25] Erstaunlich ist, dass die Durchführung der VZ 2011 – im Unterschied zur VZ 1987 – kaum von politischen Widerständen begleitet war, obwohl im großen Umfang nun die Melderegister ausgewertet wurden. Dies mag im Zeitalter von "Facebook", „Twitter" und weiteren „Social Media" auf ein verändertes Datenbewusstsein (im Internet) zurückzuführen sein.

Seit dem 31. Mai 2013 sind die ersten Ergebnisse verfügbar. Demnach wohnen in Deutschland 80,2 Millionen Menschen und damit gut 1,5 Mio. Menschen weniger als bislang angenommen.[26] Insbesondere die Zahl der Ausländer in Deutschland war deutlich zu hoch erfasst (6,2 statt 7,3 Mio. Personen). Aus der deutlich niedrigeren Einwohnerzahl ergeben sich starke finanzielle Konsequenzen u. a. für die Länder- und Kommunalhaushalte mit überproportional nach unten korrigierten Einwohnerzahlen.[27] Viele Kommunen haben gegen die Ergebnisse der Volkszählung und die daraus resultierenden finanziellen Folgen Widerspruch eingelegt.[28]

Mikrozensus (MZ) im Überblick

Der Mikrozensus[29] stellt die wichtigste amtliche Stichprobenerhebung über Bevölkerung und Erwerbstätigkeit in Deutschland dar; er wird im Rahmen einer 1 % Repräsentativstichprobe jährlich erhoben; detaillierte Informationen liefert die nachfolgende Zusammenstellung in Aufzählungsform:

- **Was ist der Mikrozensus?**
  Es handelt sich um eine amtliche Repräsentativstatistik der Bevölkerung und des Arbeitsmarktes. 1 % aller Privathaushalte in Deutschland (etwa 370 000 teilnehmende Haushalte mit 830 000 Personen) wird im Rahmen einer Zufallsstichprobe im mündlichen Interview oder schriftlich per Fragebogen befragt. Alle

---

[25]   Vgl. https://www.zensus2011.de/DE/Zensus2011/Methode/Methode_node.html.

[26]   Zu den einzelnen Ergebnissen vgl. https://ergebnisse.zensus2011.de.

[27]   So könnten z. B. auf Berlin in den Jahren 2012 und 2013 zusammen fast 1 Mrd. € Rückzahlungen im Länderfinanzausgleich zukommen, da Berlin laut VZ 2011 etwa 180 Tsd. Einwohner weniger aufweist als bisher angenommen, vgl. Zeit-Online: Fast eine Milliarde Euro muss wegen Zensus neu verteilt werden, 02.06.2013.

[28]   Kritisiert wird vor allem, dass in großen und kleinen Gemeinden unterschiedlich gezählt wurde: Während in Kommunen ab 10 000 Einwohnern nur durchschnittlich zehn Prozent der Einwohner befragt und die Bevölkerungsgrößen dann hochgerechnet wurden, konnten in kleineren Kommunen auftretende Unstimmigkeiten in der Bevölkerungserfassung (vermutete Unter- bzw. Übererfassungen) nicht durch Befragungen, sondern durch Hausbesuche geklärt werden; vgl. ebenda. Das Statistische Bundesamt verweist darauf, dass „…beim Zensus 2011 in Gemeinden mit 10 000 und mehr Einwohnern die Einwohnerzahlen der Melderegister mit einem Korrekturfaktor berechnet [werden], der aus den Ergebnissen der ergänzenden Haushaltebefragung gewonnen wird" (siehe Statistisches Bundesamt: Registergestützte Verfahren, a. a. O., S. 6).

[29]   Vgl. Statistisches Bundesamt: Der Mikrozensus stellt sich vor, o. J.; vgl. auch www.destatis.de/DE/ZahlenFakten/GesellschaftStaat/Bevoelkerung/Mikrozensus.html.

Haushalte haben die gleiche Auswahlwahrscheinlichkeit. Hierzu werden nach dem Zufallsprinzip Wohnungen ausgewählt und dann die Bewohner befragt. Für den überwiegenden Teil der Fragen besteht Auskunftspflicht.

- **Seit wann gibt es den Mikrozensus?**
  Im früheren Bundesgebiet existiert er bereits seit 1957, in den neuen Bundesländern und Berlin-Ost wird er seit 1991 durchgeführt.

- **In welchen Abständen wird der MZ durchgeführt?**
  Die Befragung findet einmal jährlich in der letzten April-Woche statt.

- **Wofür werden die Mikrozensusergebnisse verwendet (Überblick)?**
  Sie dienen der Fortschreibung der Ergebnisse der Volkszählung und stellen eine wichtige Grundlage für andere amtliche Statistiken, wie z. B. der Einkommens- und Verbrauchsstichprobe dar.

- Sie bilden eine wichtige Informationsquelle für Parlament, Regierung, Verwaltung, Wissenschaft und Öffentlichkeit in Bund und Ländern und liefern statistische Informationen über die wirtschaftliche und soziale Lage der Bevölkerung, wie z. B. Informationen über die Erwerbstätigkeit, den Arbeitsmarkt, die Ausbildung, die Rentenentwicklung etc.

- **Rechtsgrundlage des Mikrozensus?**
  Rechtsgrundlage ist das Gesetz zur Durchführung einer Repräsentativstatistik über die Bevölkerung und den Arbeitsmarkt sowie die Wohnsituation der Haushalte (Mikrozensusgesetz) in Verbindung mit dem Gesetz über die Statistik für Bundeszwecke (BStatG).

- **Wer führt die Erhebung durch?**
  Die organisatorische und technische Vorbereitung sowie die einheitliche Präsentation der Ergebnisse erfolgt durch das Statistische Bundesamt, die Durchführung und Aufbereitung wird von den Statistischen Landesämtern wahrgenommen (dezentrale Statistik).

- **Zu welchen Themen werden im Einzelnen Angaben im MZ erhoben?**
  Der MZ erfasst eine Fülle sozio-demografischer Aspekte wie beispielsweise:
  - Merkmale der Person (Alter, Geschlecht, Staatsangehörigkeit etc.),
  - Familien- und Haushaltszusammenhang,
  - Erwerbstätigkeit, Arbeitssuche, Arbeitslosigkeit, Nichterwerbstätigkeit, Erwerbsquellen,
  - Schüler, Studierende, Kinder im Vorschulalter oder in elterlichen Haushalten.

Die nachfolgende Tabelle I-4-1 zeigt beispielsweise die im Rahmen des Mikrozensus ermittelte Zahl der Privathaushalte in Deutschland für die Jahre 2007 bis 2013 – unterteilt nach Personen – sowie die durchschnittliche Haushaltsgröße. Die Zahl der Privathaushalte zeigt ab dem Jahr 2011 einen Bruch in der Datenentwicklung, da vom Statistischen Bundesamt erstmals ab diesem Jahr die Daten der Volkszählung 2011 in der Schätzung der Zahl der Privathaushalte berücksichtigt wurden.

Tab. I-4-1: Privathaushalte in Deutschland untergliedert nach Personenzahl und durchschnittlicher Haushaltsgröße (2007 bis 2013)

Jahr	insges. in Tsd.	davon mit … Personen (Angaben in %)					Ø Haushaltsgröße (Personen)
		1	2	3	4	5 u.m.	
2007	39 722	38,7	34,0	13,4	10,3	3,7	2,07
2008	40 076	39,4	34,0	13,1	9,9	3,6	2,05
2009	40 188	39,8	34,2	12,8	9,7	3,6	2,04
2010	40 301	40,2	34,2	12,6	9,5	3,4	2,03
2011	39 509	40,2	34,2	12,7	9,6	3,4	2,02
2012	39 707	40,2	34,4	12,6	9,4	3,3	2,02
2013	39 933	40,5	34,4	12,5	9,2	3,3	2,02

Quelle: Statistisches Bundesamt: Bevölkerung und Erwerbstätigkeit, Haushalte und Familien, Ergebnisse des Mikrozensus 2013, Wiesbaden 2014, S. 43, Tab. 1.5 sowie eigene Berechnungen.

Hinweis: Hochrechnung für die Jahre ab Mikrozensus 2011 anhand der Bevölkerungsfortschreibung auf Basis des Zensus 2011. Die Hochrechnung für die Vorjahre basiert auf den fortgeschriebenen Ergebnissen der Volkszählung 1987.

Einkommens- und Verbrauchsstichprobe (EVS)

„Die Einkommens- und Verbrauchsstichprobe (EVS) ist eine wichtige amtliche Statistik über die Lebensverhältnisse privater Haushalte in Deutschland. Sie liefert u. a. statistische Informationen über die Ausstattung mit Gebrauchsgütern, die Einkommens-, Vermögens- und Schuldensituation sowie die Konsumausgaben privater Haushalte. Einbezogen werden dabei die Haushalte aller sozialen Gruppierungen, so dass die EVS ein repräsentatives Bild der Lebenssituation nahezu der Gesamtbevölkerung in Deutschland zeichnet."[30]

- Die EVS wird seit 1962/63 (alte Bundesländer) bzw. seit 1991 (neue Bundesländer) regelmäßig in einem etwa fünfjährigen Abstand als Quotenstichprobe durch das Statistische Bundesamt durchgeführt. Die letzte EVS wurde 2013 erhoben. Es werden rd. 60 000 Haushalte auf freiwilliger Basis befragt (keine Auskunftspflicht); darunter befinden sich 13 000 Haushalte in den neuen Bundesländern. Die Ergebnisse sind weitgehend repräsentativ. Allerdings sind höhere Einkommen mit monatlichen Haushaltsnettoeinkommen von 18 000 € und mehr i. d. R. in der EVS nicht enthalten. Auch über Personen in Gemeinschaftsunterkünften und Anstalten können keine Auskünfte getätigt werden.

- Die EVS stellt eine der wenigen offiziellen amtlichen Quellen dar, die Informationen zum Nettovermögen und zur Vermögensverteilung der privaten Haushalte

---

[30] Statistisches Bundesamt: Einkommens- und Verbrauchsstichprobe (EVS), o. J.

in Deutschland liefern[31]. Die Daten der EVS sind u. a. Grundlage verschiedener sozial- und familienpolitischer Beschlüsse; sie fließen u. a. in die Berechnung des Regelsatzes für die Sozialhilfe, in den Armuts- und Reichtumsbericht der Bundesregierung und in Studien zur Vermögensverteilung in Deutschland ein. Die Daten sind ferner eine wichtige Grundlage in der Verbraucherpreisstatistik und dienen als Datenbasis in der Verwendungsrechnung der Volkswirtschaftlichen Gesamtrechnungen (s. u.).

• Die Durchführung der EVS erfolgt in enger Abstimmung und Zusammenarbeit zwischen dem Statistischen Bundesamt und den Statistischen Landesämtern. Die organisatorische und technische Vorbereitung liegt beim Statistischen Bundesamt, während die Anwerbung der Haushalte und deren Befragung den Landesämtern obliegen. Die Erhebungsaufbereitung und Ergebnisermittlung erfolgt durch das Statistische Bundesamt.

Im Folgenden seien einige ausgewählte Ergebnisse der EVS 2008 zur Einkommenssituation in Deutschland anhand der Tabelle I-4-2 und der Abb. I-4-1 vorgestellt. Dabei wird das je privatem Haushalt erfasste **Haushaltsbruttoeinkommen** definiert durch die Einnahmen des Haushalts aus (selbst- und unselbstständiger) Erwerbstätigkeit, aus Vermögen sowie aus öffentlichen und nichtöffentlichen Transferzahlungen. Das Bruttoeinkommen aus Erwerbstätigkeit umfasst auch Sonderzahlungen wie Weihnachts- und Urlaubsgeldgeld sowie zusätzliche Monatsgehälter. Das Einkommen aus unselbstständiger Erwerbstätigkeit enthält keine Arbeitgeberbeiträge zur Sozialversicherung. Die Einnahmen aus Vermögen beinhalten – internationalen Regeln folgend – eine sogenannte unterstellte Eigentümermiete (Nettowert). [32]

---

[31] Weitere Erhebungen zum Vermögen führen u. a. das Deutsche Institut für Wirtschafsforschung (DIW) im Rahmen des Sozioökonomischen Panels und die Deutsche Bundesbank im Rahmen einer eigenen Panelbefragung durch. Vgl. zum DIW: Grabka, M.: Die Einkommens- und Vermögensverteilung in Deutschland, Vortragsdokument vom 08.11. 2011 zum SOEP. Die Deutsche Bundesbank hat im Rahmen einer repräsentativen Panelbefragung zwischen September 2010 und Juli 2011 private Haushalte zur Vermögens- und Finanzsituation in einer ersten Befragungswelle befragt. Zur Konzeption und zu den Ergebnissen vgl. Deutsche Bundesbank (Hrsg.): Das PHF: eine Erhebung zu Vermögen und Finanzen privater Haushalte in Deutschland, in: Monatsbericht Januar 2012; 64. Jahrgang, Nr. 1. z. B., S. 29 ff.

[32] Vgl. Statistisches Bundesamt: Ergebnisse der EVS 2008, Begleitmaterial zur Pressekonferenz vom 8.12.2010, S. 7. Aus dem Haushaltsbruttoeinkommen lässt sich das Haushaltsnettoeinkommen ermitteln, indem vom Haushaltsbruttoeinkommen die Einkommen- und Kirchensteuer sowie der Solidaritätszuschlag sowie die Pflichtbeiträge zur Sozialversicherung abgezogen werden (Beiträge zur Arbeitslosen-, gesetzlichen Renten- sowie zur gesetzlichen Kranken- und Pflegeversicherung).

Tab. I-4-2: Struktur des Haushaltsbrutto- u. Haushaltsnettoeinkommens der privaten Haushalte 2008 in Deutschland nach Alter u. sozialer Stellung (EVS)

Gegenstand der Nachweisung	Haushalts-bruttoein-kommen	davon					Steuern und Sozial-abgaben	Haushalts-nettoein-kommen
		Bruttoeinkommen		Einnahmen aus Vermögen	Einkommen aus nicht öffentlichen Transfer-zahlungen	Einkommen aus öffentlichen Transfer-zahlungen		
		aus unselbst-ständiger Arbeit	aus selbst-ständiger Arbeit					
Durchschnitt je Haushalt und Monat in Euro								
Haushalte insgesamt	3 707	2 056	239	385	183	842	793	2 914
Nach dem Alter des Haupteinkommensbeziehers								
unter 25	2 020	1 415	(23)	53	226	301	414	1 607
25 – 39	3 934	2 904	233	246	161	389	1 020	2 913
40 – 49	4 639	3 234	389	410	163	442	1 178	3 462
50 – 64	4 093	2 561	353	469	152	557	943	3 149
65 und mehr	2 705	102	58	456	235	1 853	233	2 473
Nach der sozialen Stellung des Haupteinkommensbeziehers								
Selbstständige	5 359	676	3 315	718	206	442	1 178	4 181
Beamte	5 255	3 980	71	529	237	437	890	4 366
Angestellte	4 876	3 983	54	368	163	306	1 392	3 484
Arbeiter	4 066	3 206	20	355	122	362	1 007	3 058
Arbeitslose	1 214	130	(10)	76	85	911	20	1 194
Rentner	2 303	72	21	395	224	1 590	187	2 117
Pensionäre	4 738	180	45	708	289	3 515	415	4 322

Komponenten des Haushaltsbruttoeinkommens der priv. Haushalte 2008 (Anteile in %)

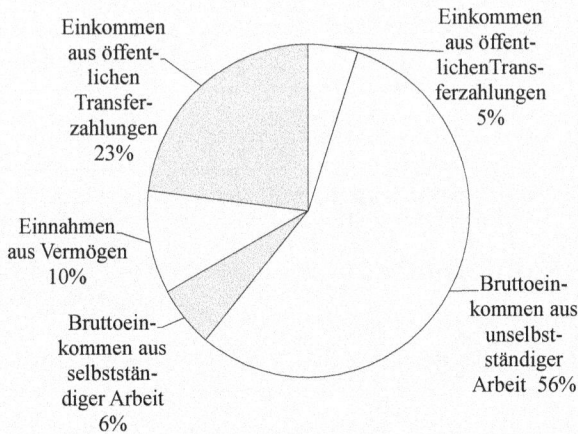

Einkommen aus öffentlichen Transferzahlungen 23%

Einkommen aus öffentlichenTransferzahlungen 5%

Einnahmen aus Vermögen 10%

Bruttoeinkommen aus selbstständiger Arbeit 6%

Bruttoeinkommen aus unselbstständiger Arbeit 56%

Quellen: Bundesministerium für Arbeit und Soziales: Lebenslagen in Deutschland, Vierter Armuts- und Reichtumsbericht der Bundesregierung, (im Folgenden zitiert als „BMA: Vierter Armuts- u. Reichtumsbericht") Bonn 2013, S. 324 sowie Statistisches Bundesamt: Wirtschaftsrechnungen, Fachserie 15, Heft 6, EVS 2008, Wiesbaden 2012, S. 17.

Aus der Tabelle I-4-2 ist die Struktur des Haushaltsbruttoeinkommens auf der Basis absoluter Werte in € zu entnehmen. Die Daten sind nach unterschiedlichen Einkommensquellen sowie nach dem Alter und der sozialen Stellung des Haupteinkommensbeziehers unterteilt. Zum Vergleich werden in der rechten Spalte der Tabelle auch die Haushaltsnettoeinkommen in der beschriebenen Unterteilung ausgewiesen. Die Abbildung im unteren Bereich der Tabelle I-4-2 zeigt zudem graphisch auf, wie sich die relativen Anteile der verschiedenen Einkommensquellen des Haushaltsbruttoeinkommens gestalten. Schließlich ist aus Abbildung I-4-1 zu ersehen, wie sich die auf Basis der EVS 2008 erhobenen Haushaltsnettoeinkommen auf die verschiedenen Einkommensklassen verteilen.

Abb. I-4-1: Monatliches Haushaltsnettoeinkommen in Deutschland 2008 (EVS) nach Einkommensklassen (Klassenbreite 500 €*) (Anteil der Haushalte mit der Einkommensklasse in %)

Anteil der Haushalte (%)

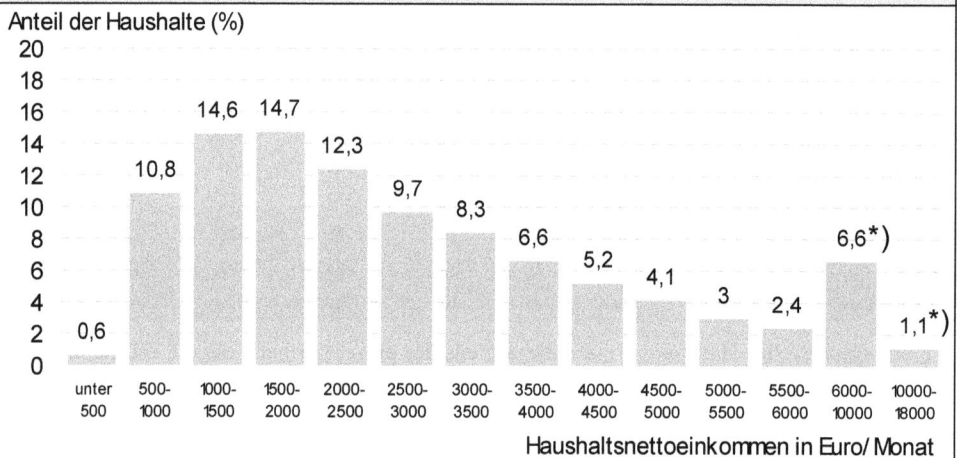

Haushaltsnettoeinkommen in Euro/ Monat

*) Ab einem Einkommen von 6 000 € wurden aus Darstellungsgründen größere Klassenbreiten gewählt.

Quelle: Statistisches Bundesamt: Wirtschaftsrechnungen, a. a. O., S. 18.

Weitere zentrale statistische Quellen der amtlichen u. halbamtlichen Statistik:

Volkswirtschaftliche Gesamtrechnungen (VGR)

Die VGR hat das Ziel, die wirtschaftlichen Aktivitäten der typischen Akteure einer Volkswirtschaft (private Haushalte, Unternehmen, Staat, Ausland) in einer umfassend gegliederten Systematik – ähnlich der „Doppelten Buchführung" in der Betriebswirtschaftslehre – zu erfassen. Wichtiges „Produkt" dieser Statistik ist die Ermittlung des Bruttoinlandsprodukts als Indikator der Leistungskraft einer Volkswirtschaft. Darüber hinaus wird die volkswirtschaftliche Wertschöpfung im Hinblick auf ihre Entstehung, Verwendung und Verteilung näher analysiert.[33]

Allgemeine Bevölkerungsumfrage der Sozialwissenschaften (Allbus)

Die allgemeine Bevölkerungsumfrage der Sozialwissenschaften – ALLBUS wird als repräsentative Bevölkerungserhebung seit 1980 alle zwei Jahre als repräsentativer Querschnitt vom „Zentrum für Umfragen, Methoden und Analysen (ZUMA, Mannheim) und dem Zentralarchiv für Empirische Sozialforschung (ZA, Köln) durchgeführt. Der ALLBUS stellt aktuelle Daten über Einstellungen, Verhaltensweisen und Sozialstruktur der Bevölkerung in der Bundesrepublik Deutschland bereit.

Sozioökonomisches Panel (SOEP)

Das Sozioökonomische Panel[34] (SOEP) des Deutschen Instituts für Wirtschaftsforschung (DIW) in Berlin ist eine seit 1984 laufende jährliche Wiederholungsbefragung (repräsentative Längsschnittstudie privater Haushalte in der Bundesrepublik Deutschland) von Deutschen, Ausländern und Zuwanderern in den alten und neuen Bundesländern. Die Stichprobe umfasst mehr als 12 000 Haushalte mit fast 24 000 Personen. Themenschwerpunkte erstrecken sich u. a. auf die Haushaltszusammensetzung, die Erwerbs- und Familienbiographie, die Erwerbsbeteiligung und die berufliche Mobilität, die Einkommensverläufe sowie die Gesundheits- und Lebenszufriedenheit. Der Datensatz zeigt sowohl die objektiven Lebensbedingungen als auch die subjektiv wahrgenommene Lebensqualität auf. Zudem wird über den Wandel in verschiedenen Lebensbereichen berichtet und es werden Abhängigkeiten dargestellt, die zwischen verschiedenen Lebensbereichen und deren Veränderungen bestehen. Die Vorteile des SOEP bestehen vor allem in seinen besonderen Analysemöglichkeiten durch das Längsschnittdesign (Panelcharakter), in der Erfassung aller Haushaltsmitglieder im Haushaltskontext, in der Möglichkeit innerdeutscher Vergleiche und in der überproportionalen Ausländerstichprobe. Das SOEP zählt zu den wenigen statistischen Quellen, die Auskunft über die derzeit häufiger in den Medien diskutierte Vermögensverteilung und die Armutsrisikoschwelle[35] sowie die Armutsrisikoquote (ARQ) in Deutschland gewähren.

---

[33] Zu einer näheren Betrachtung vgl. Clement, R. u. a: Angewandte Makroökonomie, a. a. O., S. 24 ff.

[34] Vgl. http://www.diw.de/deutsch/sop/uebersicht/index.html

[35] Die „Armutsrisikoschwelle" gibt das Einkommen an, unterhalb dessen das definierte Risiko der Einkommensarmut beginnt. Der Anteil der Personen an der Gesamtbevölkerung, die diese Schwelle unterschreiten, wird als Armutsrisikoquote bezeichnet. Die Analyse erfolgt auf Basis der Daten der Personen in privaten Haushalten (d. h. ohne Haushalte in Anstalten wie z. B. Altenheimen u. ä., so dass die Angaben insoweit verzerrt sein können). Die Armutsrisikoschwelle wird unterschritten, wenn das bedarfsgewichtete Nettoäquivalenzeinkommen der Personen weniger als 60 Prozent des Medianeinkommens beträgt. Um beim Vergleich der Einkommen von Haushalten Struktureffekte in Abhängigkeit von der Haushaltsgröße auszuschalten, wird im Bericht für die Ermittlung der

Wie aus Tabelle I-4-3 zu ersehen, schwanken die Werte für die Armutsrisiko-schwellen und die Armutsrisikoquoten in den verschiedenen Datenquellen wie dem EVS, dem Mikrozensus, dem SOEP und der von der EU erhobenen „European Union Statistics on Income and Living Conditions" (EU-SILC).

Abweichungen in den Armutsrisikoschwellen der verschiedenen Datenquellen resultieren aus zufälligen Stichprobenschwankungen und unterschiedlichen Abgrenzungen des Einkommensbegriffs (z. B. wird der Mietwert des selbstgenutzten Eigentums im Mikrozensus und im EU-SILC nicht berücksichtigt, wohl aber im SOEP und in der EVS).

Zu einer kritischen Beurteilung der Aussagekraft von Armutsrisikoquoten siehe zum Beispiel die Ausführungen im vierten Armuts- und Reichtumsbericht der Bundesregierung[36]. Dort wird darauf verwiesen, dass eine einzige Kennziffer kaum geeignet ist, um das vielschichtige Problem der Armut abzubilden. Die verschiedenen materiellen, kulturellen und sozialen Facetten wie Bildungschancen, staatliche Unterstützungen beim Lebensunterhalt und ihre Wirkung bleiben dabei weitgehend unberücksichtigt. Auch definitorische Abgrenzungen wie das Haushaltseinkommen und das Äquivalenzeinkommen können die individuelle Verfügung über Ressourcen und das individuelle Wohlbefinden nur sehr eingeschränkt beschreiben. Zudem ist der Schwellenwert für den Armutsbegriff mit 50 oder 60 % eines mittleren Einkommens

---

Einkommensverteilung das so genannte Nettoäquivalenzeinkommen herangezogen. Dabei wird eine Gewichtung nach Haushaltsmitgliedern vorgenommen. Nach der derzeit üblicherweise verwendeten neuen Skala der Organisation für wirtschaftliche Zusammenarbeit und Entwicklung (OECD) erhält der Haupteinkommensbezieher des privaten Haushalts den Gewichtungsfaktor (1,0), alle übrigen Haushaltsmitglieder von 14 Jahren und älter den Faktor (0,5) und Personen unter 14 Jahren den Faktor (0,3). „Dem Risiko der Einkommensarmut unterliegt demnach, wer einen bestimmten Mindestabstand zum Mittelwert der Gesellschaft aufweist. Die Armutsrisikogrenze hängt somit vom Wohlstandsniveau ab. Da in Deutschland der erreichte Wohlstand vergleichsweise hoch ist, liegt auch die Armutsrisikogrenze auf einem relativ höheren Niveau als in anderen Ländern." (Quelle: BMA: Vierter Armuts- und Reichtumsbericht, a. a. O., Glossar S. 425 f).

[36]   Vgl. hierzu z. B. ebenda, S. 330 ff, Abschnitt I.2.1, relative Einkommensarmut, Infobox C.I.1: „Aussagekraft der Armutsrisikoquote". Armut wird hier als relative Armut gemessen, d. h. jemand ist arm, wenn er einen bestimmten Prozentsatz eines Mittelwertes (Median oder arithmetisches Mittel) aller betrachteten Personen nicht erreicht. Dies hat zur Folge, dass die Armutsrisikoschwelle in anderen Ländern deutlich niedriger liegen kann als in Deutschland, wenn in diesen Ländern ein anderer, insbesondere absoluter Einkommensbegriff zur Anwendung kommt. Die Verwendung eines relativen Armutsbegriffs hat zur Folge, dass die Armutsschwelle sinkt, wenn das Einkommen der Reichen derart abnimmt, dass das mittlere Einkommen aller Einkommensbezieher sinkt (dies ist z.B. bei einer Orientierung am arithmetischen Mittel im besonderen Maße der Fall; hier hat sogar eine ausschließliche Veränderung des Einkommens der Reichen eine Abnahme der Armutsrisikoschwelle zur Folge).

eher willkürlich gewählt. Auch handelt es sich um einen relativen und nicht absoluten Armutsbegriff. Selbst wenn alle Bürger einen proportionalen Einkommens-
zuwachs aufweisen, bleibt bei dieser relativen Armutsdefinition die Armutsquote
unverändert. Außerdem werden die Daten auf Stichprobenbasis ermittelt, wobei die
bekannten Zufalls- oder Messfehler auftreten können. Ferner sind ggfs. einzelne Da-
tenelemente zu schätzen, so dass auch hieraus Verzerrungen entstehen können. Zusammenfassend bleibt daher festzuhalten, dass „insgesamt (..) die ARQ zwar ein oft
genutzter statistischer Indikator [ist], allerdings auch ein in Bezug auf Armut nur be-
grenzt aussagekräftiger, weil er lediglich Hinweise auf mögliche Risiken und be-
troffene Gruppen geben kann."[37]

Tab. I-4-3: Armutsrisikoschwellen*[)] und Armutsrisikoquoten*[)] in Deutschland bei unterschiedlichen Datenquellen**[)]			
Datenbasis	Kurze Erläuterung (Quelle der Erhebung)	Armutsrisikoschwelle (60 % des Medianein-kommens) in €/Monat	Armutsri-sikoquote in %
EVS 2008	Einkommens- und Verbrauchsstichprobe; Statistisches Bundesamt	1 063	16,0
EU-SILC 2010	"European Union Statistics on Income and Living Conditions", Statistisches Amt der EU	952	15,8****[)]
Mikrozensus 2011	Statistisches Bundesamt	848	15,1
SOEP 2010 (***)	Sozioökonomisches Panel; Deutsches Institut f. Wirtschaftsforschung (DIW)	993	13,9

*[)]   Zum Begriff der Armutsrisikoschwelle und Armutsrisikoquote vgl. die vorherigen
       Ausführungen.
**[)]   Quelle zum EVS 2008, zum EU-SILC 2010 und zum Mikrozensus 2011: BMA:
       Vierter Armuts- und Reichtumsbericht, a. a. O., S. 461.
***[)] Quelle zum SOEP 2010: Grabka, M. M.; Goebel, J.; Schupp, J.: Höhepunkt der
       Einkommensungleichheit in Deutschland überschritten?, in: DIW-Wochenbericht
       (Hrsg.: Deutsches Institut für Wirtschaftsforschung), Heft 43, Berlin 2012, S. 9
       (im Folgenden zitiert als „Grabka, M. M. u. a., Einkommensungleichheit in
       Deutschland").
****[)] Auf Basis der EU-SILC 2011 betrug diese Armutsrisikoschwelle 16,1 %; vgl.
       Statistisches Bundesamt: Pressemitteilung vom 17. Dezember 2013 – 431.

---

[37] BMA: Vierter Armuts- u. Reichtumsbericht, a. a. O., S. 330.

II Deskriptive Statistik

1 Definitionen und Abgrenzungen

1.1 Statistische Einheit, Statistische Gesamtheit

Die statistischen Einzelobjekte einer statistischen Betrachtung, deren Eigenschaften (d. h. Merkmalsausprägungen) einer statistischen Untersuchung unterliegen, werden als Statistische Einheit oder Element (E) bzw. als Merkmalsträger (MT) bezeichnet.[38] Liegen einer Untersuchung (n) Merkmalsträger (bzw. statistische Einheiten, Elemente) zugrunde, so lassen sich diese wie folgt über das Symbol (E) und einen Laufindex (j) formal darstellen:

$E_j, j = 1, ..., g, ..., n$ (im Einzelnen: $E_1, E_2, ..., E_g ..., E_n$).

Der Laufindex (j) erfasst die erste, zweite,..., (g-te) und schließlich die (n-te), d. h. die letzte statistische Einheit. Sollen z. B. für (n) Studierende Aussagen über bestimmte Eigenschaften (d. h. Merkmalsausprägungen wie z. B. Altersangaben) getroffen werden, dann stellen die (n) Studierenden die $(E_j, j = 1, ..., g, ..., n)$ Einheiten dar, denen dann Merkmalswerte für das Alter zugeordnet werden (siehe später). Die nachfolgende Übersicht II-1-1 zeigt einige typische Statistische Einheiten exemplarisch auf.

Begriffe „Statistische Gesamtheit (Masse)" – „Grundgesamtheit" – „Stichprobe (Teilgesamtheit)" – „Erhebungsformen" – „Fortschreibung":

Unter der „Statistischen Gesamtheit" oder der „Statistischen Masse" wird die Gesamtheit der (n) statistischen Einheiten bzw. Einzelobjekte mit übereinstimmenden Identifikationskriterien verstanden, also die Menge $\{E_1, ..., E_n\}$. Statistische Gesamtheiten lassen sich zum einen im Hinblick auf den **Erhebungsumfang** (Vollerhebung oder Teilerhebung) unterscheiden[39]. Bei der **Vollerhebung** der Grundgesamtheit (GG) werden alle Merkmalsträger untersucht (z. B. alle Studierende einer Hochschule), während bei der **Teilerhebung**, auch Teilgesamtheit (TG) oder Stichprobe (SP) genannt, nur eine speziell ausgewählte Teilzahl von Merkmalsträgern bezüglich der Merkmalsausprägungen betrachtet wird (z. B. nur speziell ausgewählte Studie-

---

[38] In diesem Buch wird vor allem der Begriff „Merkmalsträger" verwendet, da er sich gut verständlich mit den weiteren Begriffen „Merkmal" und Merkmalsausprägungen" (siehe folgende Ausführungen) in Einklang bringen lässt.

[39] Der Begriff „Statistische Gesamtheit" wird in verschiedenen Lehrbüchern als Synonym für die Grundgesamtheit verstanden, obwohl dies grundsätzlich zu eng gefasst ist.

rende). Stichproben haben das Ziel, anhand einer reduzierten, überschaubaren Anzahl von befragten Merkmalsträgern quantitative oder qualitative Rückschlüsse auf die Einheiten der Grundgesamtheit zu ermöglichen. Als „spezielles Auswahlverfahren" zur Bildung einer Stichprobe kommt entweder der **Zufall (Zufallsstichprobe)** oder eine **bewusste Auswahl** (z. B. **Quotenauswahl**) zur Anwendung (vgl. Übersicht II-1-2).

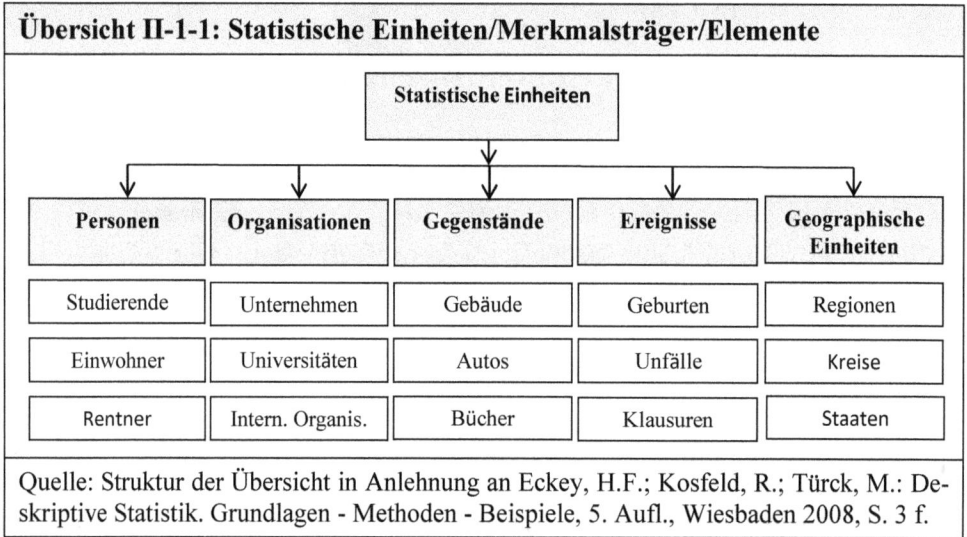

Übersicht II-1-1: Statistische Einheiten/Merkmalsträger/Elemente

Personen	Organisationen	Gegenstände	Ereignisse	Geographische Einheiten
Studierende	Unternehmen	Gebäude	Geburten	Regionen
Einwohner	Universitäten	Autos	Unfälle	Kreise
Rentner	Intern. Organis.	Bücher	Klausuren	Staaten

Statistische Einheiten

Quelle: Struktur der Übersicht in Anlehnung an Eckey, H.F.; Kosfeld, R.; Türck, M.: Deskriptive Statistik. Grundlagen - Methoden - Beispiele, 5. Aufl., Wiesbaden 2008, S. 3 f.

Sowohl die Zufallsauswahl als auch die bewusste Auswahl haben eine **repräsentative Datenerhebung** zum Ziel. Eine Stichprobe wird als „repräsentativ" bezeichnet, wenn die Stichprobe die Struktur der Grundgesamtheit, aus der sie stammt, möglichst gut widerspiegelt.[40] Bei der Zufallsauswahl hat jedes Element der Grundgesamtheit die gleiche **Wahrscheinlichkeit**[41], in die Stichprobe zu gelangen.[42] Je

---

[40] Zum Begriff der repräsentativen Stichprobe vgl. z. B. Hippmann, H.D.: Statistik, a. a. O., S. 29 f.

[41] Dabei werden verschiedene Wahrscheinlichkeitsbegriffe unterschieden. Der bekannteste Wahrscheinlichkeitsbegriff geht auf Laplace zurück: Danach ermittelt sich die Wahrscheinlichkeit als Quotient der Zahl der „günstigen Fälle" zur Zahl der „möglichen Fälle". So beträgt z. B. die Wahrscheinlichkeit, eine „6" zu würfeln (= günstiger Fall) (1/6), da es insgesamt sechs mögliche Fälle (Ausprägungen) beim Würfel gibt.

[42] Die Realisierung des Zufalls ist dabei selbst ein Problem. Auch wenn aufgrund äußerlicher Gegebenheiten im ersten Moment der Eindruck besteht, dass die Merkmalsträger der Stichprobe zufällig ausgewählt worden sind, kann die Auswahl gleichwohl das Ergebnis einer unbewussten, nicht zufälligen Selektion sein. Werden z. B. in der Nähe von einem Discounter Kunden zu einer bestimmten Tageszeit im Hinblick auf ihre Einstellungen zu Discountern „zufällig" auf der Straße befragt, handelt es sich nicht um eine Zufallsauswahl. Denn es ist davon auszugehen, dass sich zu dieser Zeit nur bestimmte Kunden mit bestimmten, nicht zufällig auftretenden Eigenschaften auf der Straße befinden

nach dem Verfahren, wie der Zufall realisiert wird und je nachdem, ob die Grundgesamtheit als Ganzes oder zunächst nur Teile von ihr betrachtet werden (Schichten, Klumpen), lassen sich verschiedene Zufallsverfahren und damit Zufallsstichproben unterscheiden.[43]

Im Unterschied zur Zufallsauswahl soll bei der **bewussten Auswahl** (wie z. B. der Quotenauswahl) die Struktur der Eigenschaften der Merkmalsträger der Stichprobe möglichst mit der entsprechenden Struktur der Merkmalsträger der Grundgesamtheit aufgrund einer bewussten Selektion übereinstimmen. Da sich die Gesamtzahl der Eigenschaften der Merkmalsträger einer Grundgesamtheit nur schwer überschauen und kaum vollständig erfassen lässt, ist diese bewusste Auswahl als mehr oder weniger subjektiv zu beurteilen. Dies gilt erst recht dann, wenn für die Merkmalsträger der Stichprobe nur diejenigen Eigenschaften berücksichtigt werden, die für die jeweilige Fragestellung relevant sind (sogenannte **Auswahl typischer Fälle**; vgl. Übersicht II-1-2). Soll z. B. das Konsumverhalten von Merkmalsträgern der Grundgesamtheit untersucht werden, hängt es von subjektiven Einflüssen ab, welche Eigenschaften nach persönlicher Einschätzung oder nach allgemeiner Theorie als relevant für das Konsumverhalten angesehen werden. Darüber hinaus weisen die bewussten Auswahlverfahren (im Vergleich zur realisierten Zufallsauswahl) den Nachteil auf, dass sie nicht zufällig, sondern im Hinblick auf ganz bestimmte Eigenschaften vorgenommen werden. Damit können bei ihnen im Unterschied zu den Zufallsstichproben keine Wahrscheinlichkeitsaussagen ermittelt und damit auch nicht die für die schließende Statistik so typischen **Stichprobenfehler**[44] unter Anwendung von speziellen theoretischen Verteilungen (z. B. Normalverteilung) analysiert werden.

Gesamtheiten lassen sich auch nach unterschiedlichen **Erhebungsformen** unterscheiden. Im Rahmen der **Primärstatistik** werden die Daten neu erhoben, während bei der **Sekundärstatistik** auf vorhandene Daten der amtlichen oder nichtamtlichen Statistik zurückgegriffen wird.[45]

(z. B. überproportional viele nicht Berufstätige und Kunden des Discounters, d. h. mit einer positiven Einstellung zu Discountern etc.). Ähnlich wenig repräsentativ wäre eine Befragung unter Studierenden zu beurteilen, die in der Hauptvorlesungszeit bei „zufällig" auf dem Campus angetroffenen Studierenden durchgeführt würde.

[43] Zu einem Überblick über die Stichprobenverfahren vgl. Hippmann, H. D.: Statistik, a. a. O., S. 32 f. Zu den verschiedenen Begriffen der Stichprobengestaltung vgl. auch Fahrmeir, L.; Künstler, R.; Pigeot, I.; Tutz, G.: Statistik, 7. Auflage, Berlin, Heidelberg, New York 2012, S. 25 ff.

[44] Unter einem Stichprobenfehler wird der Fehler verstanden, der sich zufällig aufgrund besonders extremer Merkmalsausprägungen der Merkmalsträger ergibt. Im Rahmen der schließenden Statistik ist es wichtig, diesen Stichprobenfehler beurteilen zu können, um seinen Einfluss im Vergleich zu anderen systematischen Einflüssen einordnen zu können.

[45] Zum Begriff der „Amtlichen Statistik" vgl. die vorherigen Ausführungen in Kap. I.4.1.

**Übersicht II-1-2: Vollerhebung (Grundgesamtheit) versus
                     Stichprobe (Teilgesamtheit)**

Grund- gesamtheit (GG)	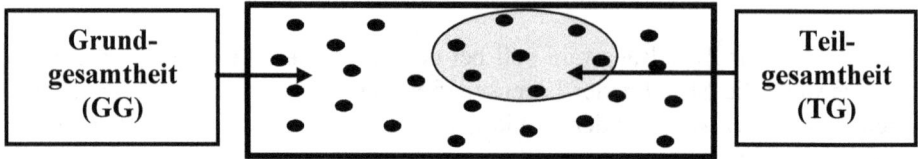	Teil- gesamtheit (TG)

Vollerhebung der Grundgesamtheit: Für alle Elemente der Grundgesamtheit werden die Merkmalswerte erhoben.

Stichprobenerhebung (Teilgesamtheit): Nur bei einem Teil der Elemente der Grundgesamtheit werden die Merkmalswerte erhoben.

Stichprobenauswahl

Zufällige Auswahl*[)]	Bewusste Auswahl
Für jedes Element der Grundgesamtheit liegt eine einheitliche, quantifizierbare Wahrscheinlichkeit vor, in die Stichprobe zu gelangen. • Einfache Zufallsauswahl • Geschichtete Zufallsstichprobe • Klumpenstichprobe • Mehrstufige Auswahlverfahren *) Grundlage der induktiven Statistik	Über eine gezielte Auswahl nach bestimmten Merkmalen wird Repräsentativität hergestellt: • Quotenauswahl • Auswahl typischer Fälle

Begriff der „Fortschreibung":
Ferner lassen sich Gesamtheiten nach der **zeitlichen Dimension** der Erhebung unterscheiden (zeitpunkt- oder zeitraumbezogene Erfassung der Daten). Grundsätzlich lassen sich Daten als Bestandsmasse zu einem bestimmten Zeitpunkt erheben oder

die Vergangenheitsdaten werden über zeitraumbezogene Bewegungsmassen fortge-schrieben (**Fortschreibung**). Im Einzelnen gilt:

➢ Bestandsmassen = Bestand zu einem Zeitpunkt (z. B. Einwohner in D am Jahresende 2012)
➢ Bewegungsmassen = Datenveränderungen, Datenbewegungen während eines Zeitraums; (z. B. Geburten im Jahr 2012, Todesfälle im Jahr 2012)

Bestands- und Bewegungsmassen können durch Fortschreibung verknüpft werden, wie das folgende Beispiel für die Bevölkerungsfortschreibung aufzeigt:

Beispiel: Fortbeschreibung der Bevölkerung von Ende 2011 bis Ende 2012
Anfangsbestand   + Zugang – Abgang = Endbestand Bestandsmasse   + Bewegungsmasse = Bestandmasse

Bevölkerung am 31.12.2011 ± Zu- bzw. Abwanderung 2012
                              ± Geburten bzw. Sterbefälle 2012
                                        = Bevölkerung am 31.12.2012

Der Vorteil der Fortschreibung besteht in der Zeit- und Kostenersparnis. Dass bei-spielsweise nur in größeren Zeitabständen eine Volkszählung erforderlich wird, ist der Datenfortschreibung zu verdanken. Allerdings werden diese Daten durch Erfas-sungsfehler der Bewegungsmassen (ungenaue Erfassung von An- und Abmeldungen bei Umzügen, ungenaue Wanderungssalden etc.) im Zeitablauf immer ungenauer, so dass auf eine neue Bestandserhebung (Vollerhebung) im Rahmen einer Volks-zählung (ggfs. durch Neuauswertung vorhandener Register) nicht verzichtet werden kann. So hat sich bei der letzten Volkszählung 2011 gezeigt, dass die über die Volkszählung ermittelten Bevölkerungsdaten deutlich von den fortgeschriebenen Zahlen abweichen[46], mit z. T. größeren finanziellen Folgen für die Kommunen und Bundesländer (z. B. Steuerverteilung etc.).

1.2   Merkmale und Merkmalsausprägungen

Unter **Merkmalen** (Untersuchungsmerkmalen) sind die charakteristischen Eigen-schaften zu verstehen, die bei den Merkmalsträgern näher betrachtet werden. Wer-den $(i = 1, ..., p)$ Merkmale untersucht, so lassen sich diese allgemeingültig über das Symbol (X_i) erfassen, wobei der Index (i) die $(i = 1, ..., k, ..., p)$ möglichen Merkma-

---

[46] Im Zuge der Volkszählung 2011 hat sich herausgestellt, dass zum Stichtag „31.12.2011" die Bevölkerung in Deutschland um 1,9 % oder 1,5 Mio. Einwohner unter der zuletzt an-genommenen Einwohnerzahl von 81,8 Mio. lag. In einigen Bundesländern fiel die Ab-weichung mit bis zu –5 % (Berlin) noch höher aus. Vgl. Statistisches Bundesamt: Alters-struktur der Bevölkerung auf Grundlage des Zensus nahezu unverändert, 2014.

le angibt. Das k-te Merkmal ist hierbei nur ein speziell genanntes Merkmal der insgesamt p-mal vorkommenden Merkmale wie z. B. Geschlecht, Alter, Körpergröße, Gewicht.

Die Erfassung der Merkmale über X_i hat den Vorteil, dass sich die Darstellung schnell auf beliebig viele Merkmale übertragen lässt. Auch kann durch diese Schreibweise der Zusammenhang der Begriffe „Merkmalsträger", „Merkmal" und „Merkmalsausprägung" gut veranschaulicht werden, wie aus den beiden Tabellen II-1-1a und II-1-1b der nächsten Seiten hervorgeht. Allerdings erfordert diese Schreibweise die Verwendung eines Index, was im Folgenden entbehrlich erscheint, da hier die Situation nur eines Merkmals (eindimensionale Betrachtung) oder zweier Merkmale (zweidimensionale Häufigkeitsverteilung) dominiert. Daher wird im weiteren Verlauf des Buches zu einer Darstellung von Merkmalen über den Buchstaben X (1. Merkmal) und den Buchstaben Y (2. Merkmal) übergegangen. Zugleich bietet diese Darstellung die Möglichkeit, dass die Merkmalsausprägungen der Merkmale sich dann über einen Index beim Buchstaben X oder Y erfassen lassen.

Jedes Merkmal X_i hat zwei oder mehrere **Merkmalsausprägungen** (auch kurz „Ausprägungen" genannt). Beispielsweise hat das Merkmal Geschlecht die beiden Merkmalsausprägungen „weiblich" bzw. „männlich". Demgegenüber hat das Merkmal „Körpergröße" viele mögliche Ausprägungen. Werden die Ausprägungen in Intervallen erfasst, z. B. das Intervall 140 bis unter 145 cm, 145 bis unter 150 cm etc., so wird von einer „**Klassifizierung**" oder „**Klassenbildung**" des Merkmals gesprochen (zu den Einzelheiten der Klassifizierung s. spätere Ausführungen). Die Werte der Merkmalsausprägungen (Merkmalswerte), die die statistischen Einheiten bei dem jeweiligen Merkmal aufweisen, werden auch als Beobachtungswerte bezeichnet. Merkmalsausprägungen können unterschieden werden nach:

- **Skalentypen**, d. h. nach der Art, wie die Merkmale gemessen werden (s. Kap. II.1.3); denkbare Skalen sind z. B. die Nominalskala, metrische Skala.
- Bei **metrischen Skalen,** d. h. Skalen, die Abstände aufweisen, kann zudem je nach der Teilbarkeit der Merkmalsausprägungen zwischen **diskreten** und **stetigen** Merkmalen unterschieden werden:
  - Merkmale werden als **diskret** bezeichnet, wenn sie „abzählbar viele" Ausprägungen aufweisen, d. h. **ganzzahlig** sind (z. B. Augenzahl beim Würfel, Zahl der Studierenden in einem Hörsaal, Kinderzahl, Zahl der Wohnräume).
  - Merkmale werden als **stetig** bezeichnet, wenn **beliebig kleine Zwischenwerte** gebildet werden können (z. B. Körpergröße, -gewicht).

Die Tabelle II-1-1a stellt die bisher diskutierten Begriffe „Merkmalsträger", „Merkmal" und „Merkmalsausprägungen" allgemeingültig unter Verwendung der dargestellten Symbole im Gesamtzusammenhang dar.

Tab. II-1-1a: Datenmatrix von Merkmalen und Merkmalsträgern (allgemeine Struktur)

Merkmalsträger E_j / Merkmal X_i	Merkmalsträger E_j, $j = 1, \ldots, n$				
	E_1	...	E_g	...	E_n
X_1	X_{11}	...	X_{1g}	...	X_{1n}
Merkmal X_i, $i = 1, \ldots, p$ $\vdots$	$\vdots$	$\vdots$	$\vdots$	$\vdots$	$\vdots$
X_k	X_{k1}	...	X_{kg}	...	X_{kn}
$\vdots$	$\vdots$	$\vdots$	$\vdots$	$\vdots$	$\vdots$
X_p	X_{p1}	...	X_{pg}	...	X_{pn}

Die g-te Spalte charakterisiert für den g-ten Merkmalsträger E_g die Werte der Merkmalsausprägungen der verschiedenen Merkmale X_i. Insgesamt werden ($j = 1, \ldots, g, \ldots, n$) Merkmalsträger betrachtet.

Die Zeile X_i weist die an den (n) Merkmalsträgern E_j erfassten Messwerte für das Merkmal X_k aus. Insgesamt werden ($i = 1, \ldots, k, \ldots, p$) Zeilen für ($i = 1, \ldots, k, \ldots, p$) Merkmale untersucht.

Quelle: Vgl. Pinnekamp; Siegmann: Deskriptive Statistik 2008, S. 28.

In der Kopfzeile der Tabelle werden die verschiedenen Merkmalsträger bzw. statistischen Einheiten (E_j, $j = 1, \ldots, g, \ldots, n$) erfasst. Die Kopfspalte weist die verschiedenen Merkmale (X_i, $i = 1, \ldots, k, \ldots, p$) aus. In der Matrix finden sich die entsprechenden Ausprägungen der Merkmale bei den verschiedenen Merkmalsträgern.

In Tabelle II-1-1b werden diese Begriffe an einem konkreten Beispiel aufgezeigt: Die g-te Spalte der Tabelle erfasst die (p) Merkmalsausprägungen des g-ten Merkmalsträgers, d.h. die Merkmalsausprägungen von „Linda" (Linda ist u. a. 24 Jahre alt, 173 cm groß und erzielte die Klausurnote 2,3). Die k-te Zeile der Tabelle gibt die (n) Körpergrößen der (n) Merkmalsträger wieder, also u. a. die Körpergrößen „153 cm" (Hans); „173 cm" (Linda) und „180 cm" (Paul).

Wie bereits beschrieben, kann bei einer sehr begrenzten Anzahl von Merkmalen die Erfassung der Merkmale nicht nur über einen Index, sondern auch über Buchstaben erfolgen. Dann lassen sich die Begriffe „Merkmalsträger", „Merkmal" und „Merkmalsausprägungen" gemäß Übersicht II-1-3 darstellen (im Folgenden soll in diesem Buch nur noch diese Darstellung erfolgen).

Tab. II-1-1b: Datenmatrix von Merkmalen und Merkmalsträgern (konkretes Beispiel)					
Merkmalsträger E_j / Merkmal X_i	$E_1=$ Hans	...	$E_g=$ Linda	...	$E_n=$ Paul
$X_1=$ Alter	$X_{11}=22$	...	$X_{1g}=24$	...	$X_{1n}=30$
⋮	⋮	⋮	⋮	⋮	⋮
$Y_k=$ Körpergröße	$Y_{k1}=153$	...	$Y_{kg}=173$	...	$Y_{kn}=180$
⋮	⋮	⋮	⋮	⋮	⋮
$Z_p=$ Klausurnote	$Z_{p1}=2{,}7$	...	$Z_{pg}=2{,}3$	...	$Z_{pn}=4{,}0$

Die Übersicht II-1-3 bezieht sich auf das konkrete Fallbeispiel „Unfallpersonen". Die Verunglückten können dabei nach der Unfallart (Merkmal X), dem Schweregrad des Unfalls (Merkmal Y) oder nach weiteren Merkmalen, wie z. B. dem Alter (Merkmal Z) unterteilt werden. Dabei kommen unterschiedliche Skalierungen zum Einsatz, wie später noch näher erläutert wird.

In den bisherigen Ausführungen wurde zwischen diskreten und stetigen Merkmalen unterschieden. Dabei ist aber zu beachten, dass die Übergänge von „diskret" zu „stetig" gelegentlich fließend sind: Ein grundsätzlich stetiges Merkmal, das sich in einer konkreten Situation wegen unzulänglicher Messinstrumente nicht genau bestimmen lässt, wird oft als diskret empfunden. Dies gilt z. B. für das Merkmal „Körpergröße", die sich in beliebig kleinere Einheiten unterteilen lässt und daher ein stetiges Merkmal darstellt. Allerdings ist es denkbar, dass die Körpergröße mit dem jeweils zur Verfügung stehenden Messinstrument wie z. B. einem „Zentimetermaß" nur diskret vermessen werden kann oder der Betrachter bei der Erfassung der Körpergröße intuitiv mit der Einheit „cm" als „kleinste" Einheit arbeitet. Dies hat zur Konsequenz, dass das stetige Merkmal „Körpergröße" wie ein diskretes Merkmal aufgefasst wird. Umgekehrt kann ein grundsätzlich diskretes Merkmal, das aber viele Ausprägungen aufweist, wie ein stetiges Merkmal empfunden werden. Es wird dann auch von einem „**quasistetigen**" Merkmal gesprochen. Beispielsweise sind alle Merkmale, die als Dimension „Geldeinheiten" wie z. B. [€] aufweisen (Preise, Einkommen, Zahlungsströme etc.) grundsätzlich als diskretes Merkmal anzusehen, da die kleinste Zahlungseinheit z. B. „1 Cent" beträgt. Allerdings würde z. B. ein Betrag von 1 000 €, der in der kleinsten Zahlungseinheit „Cent" ausgedrückt wird (also 100 000 Cent), als so umfassend angesehen, dass der Eindruck eines stetigen Merkmals entsteht. Auch kann im bargeldlosen Zahlungsverkehr bzw. bei der Währungsumrechnung mit verschiedenen Nachkommastellen gearbeitet werden, die unterschwellig vergessen lassen, dass wegen der kleinsten Zahlungseinheit „1 Cent" natürliche Grenzen (oder auch Grenzen der Zweckmäßigkeit) in der Erfassung der Nachkommastellen gegeben sind.

Übersicht II-1-3: Merkmalsträger, Merkmale und Merkmalsausprägung

Zusammenfassende Darstellung der Merkmale und Merkmalsausprägungen anhand des Fallbeispiels „Unfallpersonen" (hier: Darstellung der Merkmale durch unterschiedliche Buchstaben und nicht durch Indizes)

Merkmal: Interessierende Eigenschaft eines Merkmalsträgers
Merkmalsausprägung: Mögliche „Realisation" eines Merkmals

Merkmalsträger, Statistische Einheiten	Merkmale	Mögliche Merkmalsausprägungen für die Merkmale X, Y, Z; z. B. die i = 1,...., m = 3 Ausprägungen für die Merkmale X, Y, Z

$E = (E_1, ..., E_n)$

z.B. (n) Unfall-personen

X Unfallart
- X_1 z. B. Verkehrsunfall
- X_2 z. B. Arbeitsunfall
- X_3 z. B. Sportunfall

Y Schweregrad des Unfalls
- Y_1 z. B. leicht
- Y_2 z. B. mittel
- Y_3 z. B. schwer

Z Alter
- Z_1 z. B. 20 Jahre
- Z_2 z. B. 30 Jahre
- Z_3 z. B. 40 Jahre

1.3 Skalierung

1.3.1 Vorbemerkung, Definition

Es stellt sich die Frage, nach welchem Kriterium bzw. mit welchem Maßstab die Eigenschaften (Merkmale) der Merkmalsträger in einer statistischen Untersuchung erfasst und aufbereitet werden sollen. Messen bedeutet: Eigenschaften von Merkmalen werden nach bestimmten Regeln in Zahlen ausgedrückt. Die Messart, die bei der Erfassung der Ausprägungen zugrunde gelegt wird, heißt Skala. Diese kann sehr genau im Sinne einer metrischen Erfassung erfolgen, sie kann aber auch grob im Sinne einer „Ja-Nein-Zuordnung (sogenannte Nominalskala) vorgenommen werden.

Bei vielen statistischen Fragestellungen obliegt es dem Betrachter, welche Messart, d. h. welche Skala (Skalierung) bei der Datenerfassung gewählt wird. Je nach Art des betrachteten Merkmals, dem Informationsbedarf (Datenmaterial, Untersuchungsziel, anzuwendende statistische Methode) können unterschiedliche Maßskalen zur Anwendung kommen. Sie sollen im Folgenden systematisch dargestellt werden. Bereits hier sei auf die fundamentale Bedeutung der Messskala für die weitere statistische Analyse hingewiesen: Denn die jeweils vorliegende Skala entscheidet darüber, welches statistische Verfahren angewandt werden kann und in welchem Umfang statistische Aussagen und Analysen möglich sind.

1.3.2   Skalentypen

Grundsätzlich lassen sich vier Skalentypen im Hinblick auf verschiedene Anforderungen beim Messkonzept unterscheiden. Diese **vier Anforderungen** nehmen von Stufe zu Stufe zu und lassen sich wie folgt umschreiben:

- Anforderung **Stufe 1**: Die Ausprägungen des Merkmals bilden **keine natürliche Rangfolge**, d. h. sie stehen gleichberechtigt nebeneinander.
- Anforderung **Stufe 2**: Eine **natürliche Reihenfolge** ist gegeben, und es lässt sich eine „größer – kleiner", „besser – schlechter" oder sonstige Beziehung bilden.
- Anforderung **Stufe 3**: Die **Abstände** der Merkmalsausprägungen können ermittelt werden.
- Anforderung **Stufe 4**: Es liegt ein **mathematischer Nullpunkt** (kein willkürlich gesetzter) vor.

Die nachfolgenden **vier Skalen** (a) – (d) erfüllen diese vier Anforderungen in unterschiedlichem Umfang. Beginnend mit der einfachsten Anforderung der Stufe 1 bei der Nominalskala entsprechen die weiteren Skalentypen den immer restriktiveren Anforderungen der oben angeführten Stufen 2 bis 4.

(a) Nominalskala
Die Ausprägungen des Merkmals bilden
- **keine natürliche Rangfolge**, sondern stehen **gleichberechtigt nebeneinander**.
- Es lässt sich keine „größer – kleiner", „besser – schlechter" oder sonstige Rangfolge bilden.
- Die Skala weist keine Abstände auf und besitzt auch
- keinen mathematischen Nullpunkt.

Beispiele: Ausbildungsbereich, Farbe, Konfession, Geschlecht, Autokennzeichen.

Viele Merkmale sind durch eine Nominalskala geprägt, da sich auf diese Weise viele Zustände beschreiben lassen (zufrieden oder unzufrieden, glücklich oder unglücklich, bestanden oder nicht bestanden, physisch oder mental anwesend oder nicht anwesend etc.).

Fallbeispiel: „Auszubildende in verschiedenen Ausbildungsbereichen"

Für das Merkmal „Ausbildungsbereich mit den drei Merkmalsausprägungen „Ausbildung in der Industrie", „Ausbildung im Handwerk", „Ausbildung im Dienstleistungsbereich" kann die Begründung für die Nominalskala z. B. wie folgt erfolgen:

- Das Merkmal ‚Ausbildungsbereich' ist nominalskaliert, da alle Ausbildungsbereiche, „Industrie", „Handwerk" und „Dienstleistung" gleichberechtigt nebeneinander stehen, d. h. eine Ausbildung im Bereich „Industrie" ist gleichwertig mit einer Ausbildung in einem anderen Bereich, z. B. im „Handwerk".
- Somit existiert keine Rangfolge z. B. im Sinne von „besser oder schlechter";
- dies bedeutet gleichzeitig, dass keine Abstände in der Erfassung der Ausbildungsbereiche vorhanden sind und
- ein mathematischer Nullpunkt ebenfalls nicht gegeben ist.

Hinweis 1: Um nominalskalierte Eigenschaften statistisch erfassen zu können, werden ihnen häufig Zahlen zugeordnet, ohne dass diese Zahlen in einer Rangfolge stehen, also z. B. beim Geschlecht: weiblich = 1, männlich = 2. Die Zahlen „1" bzw. „2" sind nicht im Sinne einer Rangfolge oder Metrik zu verstehen, da sie nur der Identifikation der Merkmalsausprägungen dienen. Anstelle der gewählten beiden Zahlen könnten auch beliebige andere Zahlen oder Namen der Kennzeichnung dienen. Da keine Abstände und kein Rang existieren, können bei nominalskalierten Merkmalen bestimmte Mittelwerte, wie z. B. das arithmetische Mittel (Durchschnitt) oder der Median (= mittlerer Wert der nach ihrer Größe geordneten Merkmalswerte) nicht gebildet werden (zu den Mittelwertbegriffen vgl. den späteren Gliederungspunkt II.3.2).

Hinweis 2: Häufig werden nominalskalierte Merkmale auch als „**qualitative Merkmale**" oder auch „**kategoriale Merkmale**" bezeichnet. Weist ein **nominalskaliertes** Merkmal nur **zwei, sich gegenseitig ausschließende Ausprägungen** auf, so wird auch von einem „**dichotomen**" Merkmal gesprochen, ein häufig verwendeter Begriff in der Statistik (liegen mehr als zwei Ausprägungen vor, ist das Merkmal „**polytom**"). Ein dichotomes Merkmal mit den beiden Ausprägungen (Verschlüsselungen) „0" und „1" wird auch als **binäres Merkmal** bezeichnet. Weist ein Merkmal eine **metrische Skala** auf, wird von einem „**quantitativen Merkmal**" gesprochen (s. Abschnitt (c), metrische Skala).

(b) Ordinalskala

Bei einer Ordinalskala ist die zuvor definierte Anforderung 2 erfüllt. Dies hat folgende Eigenschaften der Ordinalskala zur Folge:

- Zwischen den einzelnen Merkmalsausprägungen **besteht** eine **natürliche Rang-folge**. Es lässt sich mithin eine Beziehung im Sinne von „größer – kleiner" bzw. „besser – schlechter" etc. aufstellen.
- Die Abstände zwischen den Ausprägungen sind jedoch nicht quantifizierbar und
- ein mathematischer Nullpunkt ist ebenfalls nicht vorhanden.

Beispiele:
Examensnoten, Güteklasse bei Lebensmitteln, Rangplätze[47] in der Fußballbundes-liga, Beaufort-Skala zur Erfassung von Windgeschwindigkeiten (s. die nachfolgende Tabelle II-1-2), Dienstgrade, Bildungsgrade, etc.

Hinweis: Liegt eine Ordinalskala vor, lassen sich die Begriffe „qualitatives Merkmal" (No-minalskala) oder „quantitatives Merkmal" (metrische Skala) nicht verwenden.

Bei der Ordinalskala sind Abstände nicht quantifiziert; daher dürfen Differenzen und Summen auch nicht gebildet werden. Es lässt sich deshalb z. B. kein arithmetisches Mittel (Durchschnitt) herleiten, da hierzu die Merkmalswerte aufaddiert werden müssen. Erst recht dürfen bei einer Ordinalskala keine Produkte oder Quotienten ge-bildet werden, da hierzu ein mathematischer Nullpunkt erforderlich ist.[48]

In der statistischen Praxis wird diese Regel bei der Berechnung von Noten sehr häu-fig nicht beachtet und es kommt immer wieder die Durchschnittsbildung von Noten zum Einsatz. Ein arithmetisches Mittel der Noten ist nicht zulässig, da Abstände nicht definiert sind. Eine Durchschnittsnote gibt die Leistung eines Schülers nur ver-zerrt wieder: Auch wenn verschiedene Schüler/Studierende gleiche Durchschnittsno-ten aufweisen, bedeutet dies nicht, dass auch ihre Leistungen übereinstimmen.

Anders verhält es sich bei einer Erfassung der Leistungen auf der Basis von Punkten (z. B. erzielte Punkte in einer Klausur oder im Abitur). Die Punkteskala ist metrisch (Abstände und mathematischer Nullpunkt sind vorhanden), so dass Leistungsbeur-teilungen auf der Basis von Durchschnittspunkten möglich sind. Liegen ordinalska-lierte Leistungsskalen vor, kann die mittlere Leistung der Merkmalsträger anhand anderer Mittelwerte, wie z. B. dem Median oder dem Modus (auch bei Nominalskala möglich), beurteilt werden. Besteht in einer vergleichenden Studie (wie z. B. der PISA-Studie[49]) der Anspruch, die mittlere Leistung der Merkmalsträger im Ver-gleich zu erfassen, sollte der Median und nicht das arithmetische Mittel zum Einsatz kommen; siehe Gliederungspunkt II.3.2.2).

---

[47] Eine Ordinalskala mit ausschließlich ganzzahligen Ordnungsziffern (Rängen, Rangzif-fern), die mit „1" beginnen und in ununterbrochener Reihenfolge hintereinander stehen, heißt auch Rangskala.

[48] Dieser mathematische Nullpunkt ist auch bei einer Intervallskala nicht gegeben, so dass auch hier Quotienten bzw. Produkte nicht gebildet werden dürfen.

[49] Programme for International Student Assessment.

Weiteres Beispiel: Beaufort-Skala; sie geht auf Sir Francis Beaufort zurück (englischer Admiral, 1774 – 1857) und beschreibt die Windstärke ohne Verwendung technischer Hilfsmittel allein aufgrund von Naturbeobachtungen (Wellengang des Wassers, Bewegung von Zweigen und Blättern etc.); vgl. Tabelle II-1-2.

Tab. II-1-2: Windgeschwindigkeiten nach der Beaufort-Skala*)				
Wind-stärke in Beaufort	Be-zeich-nung	Wind-geschw. in km/h	Wirkung an Land	Wirkung auf dem Meer (Bezeichnung d. Seegangs)
0	Wind-stille	1	keine Luftbewegung, Rauch steigt senkrecht empor	spiegelglatte See (völlig ruhige, glatte See)
1	Leichter Wind-zug	1 – 5	kaum merklich, Rauch treibt leicht ab, Wind-flügel und Windfahnen unbewegt	leichte Kräuselwellen (ruhige, gekräuselte See)
2	leichte Brise	6 – 11	Blätter rascheln, Wind im Gesicht spürbar	kleine, kurze Wellen, Oberfläche glasig (schwach bewegte See)
3	schwa-che Bri-se	12 – 19	Blätter und dünne Zweige bewegen sich, Wimpel werden gestreckt	Anfänge der Schaum-bildung (schwach bewegte See)
⋮	⋮	⋮	⋮	⋮
7	steifer Wind	50 – 61	Bäume schwanken, Widerstand beim Gehen gegen den Wind	weißer Schaum von den brechenden Wellen-köpfen legt sich in Schaumstreifen (sehr grobe See)
⋮	⋮	⋮	⋮	⋮
12	Orkan	> 118	schwerste Sturmschä-den und Verwüstun-gen; sehr selten im Landesinneren	See vollkommen weiß, Luft mit Schaum und Gischt gefüllt, keine Sicht mehr (außerge-wöhnlich schwere See)

*) Die Windgeschwindigkeiten werden nach der Beaufort-Skala gemessen. Sie wurde 1806 vom englischen Admiral Francis Beaufort (1774 – 1857) formuliert.

Quelle: TU Clausthal: Die Beaufort-Skala nach Admiral Beaufort, 2006 sowie Tremmler, M.: Seglerwissen, Beaufortskala, o.J..Vgl. auch Deutscher Wetterdienst: Wind-stärke nach Beaufort.

Da bei einer Ordinalskala auch kein mathematischer Nullpunkt definiert ist, können die Merkmalsausprägungen auch nicht in eine Relation gesetzt werden. Somit würde im statistischen Alltag auch niemand behaupten, dass die Examensnote „1" (sehr gut) doppelt so gut ist wie die Examensnote „2" (gut). Eine Aussage im Sinne von „doppelt so gut" darf nur auf der Basis von Punkten vorgenommen werden, da hierbei der **mathematische** Nullpunkt (0 Punkte) definiert ist, mithin ein Quotient existiert. Insgesamt zeigt sich, dass die Art der Skalierung von herausragender Bedeutung für die Zulässigkeit statistischer Verfahren, wie z. B. die Art der Mittelwertbildung ist.

(c) Metrische Skala (Kardinalskala)

„Metrisch" heißt ein Maßsystem, dessen Skala aus reellen Zahlen besteht. Metrisch skalierte Merkmalsausprägungen werden auch als **quantitative Merkmalswerte** bezeichnet. Es lassen sich zwei Arten von metrischen Skalen unterscheiden:

Intervallskala

Bei Intervallskalen sind
* nicht nur die Rangordnungen, sondern
* auch Abstände zwischen den einzelnen Merkmalsausprägungen quantifizierbar;
* der Nullpunkt ist allerdings willkürlich festgelegt und nicht mathematisch begründet, so dass lediglich die 4. Stufe der Skalenanforderung nicht erfüllt ist.

Wichtig: Da der Nullpunkt nicht definiert ist, dürfen Quotienten und Produkte nicht gebildet werden. Dementsprechend sind auch alle statistischen Verfahren unzulässig, die auf diese beiden Rechenoperationen abstellen.

Beispiele:
Temperatur in °C (Celsius) bzw. °F (Fahrenheit), Uhrzeit, Kalenderzeitrechnung, Längen- und Breitengrade, etc..

Dass z. B. die Uhrzeit eine Intervallskala darstellt und damit kein absoluter Nullpunkt existiert, zeigt sich daran, dass die Uhrzeiten nicht in Relation zueinander gesetzt werden können. Es lässt sich daher nicht sagen, dass z. B. „14.00 Uhr ein Vielfaches einer anderen Uhrzeit ist". Vielmehr kann z. B. nur behauptet werden, dass „16.00 Uhr zwei Stunden später als 14.00 Uhr ist" (Abstände sind definiert). Der „Volksmund" trifft in Bezug auf die Uhrzeit i. d. R. keine fehlerhaften Aussagen. Anders könnte es bei den in °C bzw. °F gemessenen Temperaturen aussehen[50]: Hier herrscht gelegentlich oder auch häufiger die irrtümliche Auffassung vor[51], dass Tem-

---

[50] Bei der Temperaturmessung in °C bzw. °F gilt folgende lineare Transformationsbeziehung: °Fahrenheit = 9/5 · °Celsius + 32; also z. B.: 0 °C = 32 °F.
[51] Der Autor bezieht sich hier auf Befragungen von Vorlesungsteilnehmern.

peraturen in °C bzw. °F sich in Relationen setzen lassen. So ist z. B. die Aussage, „bei einer Temperatur von 20 °C ist es doppelt so warm wie bei 10 °C", **nicht zulässig**. Da es sich bei der Temperatur in °C bzw. °F um eine Intervallskala handelt, dürfen nur Differenzen (z. B.: „20 °C ist 5 °C mehr als 15 °C"), aber keine Quotienten gebildet werden.

Dieser Sachverhalt soll anhand der nachfolgenden Tabelle II-1-3 nochmals verdeutlicht werden. Der Nullpunkt in °C wird willkürlich auf den Gefrierpunkt von Wasser festgelegt. Damit gefriert Wasser bei 32 °F. Aus der Tabelle II-1-3 ist ersichtlich, dass eine schrittweise Erwärmung z. B. um jeweils 10 °C auch eine konstante Erwärmung um 18 °F bedeutet. Steigt somit die Temperatur in °C konstant an, so nimmt sie auch in °F konstant zu. Wie sieht es nun mit der relativen Steigerung, d. h. der relativen Temperaturveränderung in °C oder °F aus? Aus der Tabelle geht hervor, dass ein Anstieg von 10 auf 20 °C, d. h. einer Veränderungsrate von 100 %, nur einem Anstieg von 36 % in °F entspricht. Die Steigerungsraten in °C bzw. °F fallen somit uneinheitlich und beliebig aus. Sie sind nicht definiert, da der Nullpunkt willkürlich festgelegt wurde. Daher können Veränderungsraten der Temperatur in °C oder °F nicht angegeben werden[52].

Tab. II-1-3: Eigenschaften von Intervallskalen am Beispiel der Temperaturerfassung in °C und °F					
Darstellung der Temperatur in °C					
Absolutwert	10	20	30	40	50
Differenz		10	10	10	10
Veränderung in %		100	50,0	33,3	25,0
Darstellung der Temperatur in °F*)					
Absolutwert	50	68	86	104	122
Differenz		18	18	18	18
Veränderung in %		36,0	26,5	20,9	17,3
*) °F = 9/5 · °C + 32					

Ergebnis:
- Temperaturdifferenzen fallen in den beiden Darstellungseinheiten °C und °F zwar unterschiedlich hoch aus,
- aber dennoch bedeutet eine bestimmte absolute Differenz in der Einheit °C stets eine entsprechend hohe Differenz in der Einheit °F;

---

[52] Anders verhält es sich bei Angaben in Kelvin. Da die Kelvin-Skala einen absoluten Nullpunkt im mathematischen Sinn aufweist (dieser entspricht –273,15 °C), lassen sich für diese Einheit auch Quotienten (z. B. Wachstumsraten) bilden.

- demgegenüber fallen die Veränderungsraten in beiden Einheitsmessungen unterschiedlich aus und sind daher nicht zulässig;
- Quotienten und Produkte lassen sich bei Intervallskalen folglich nicht bilden;
- lediglich Operationen wie Addition und Subtraktion, die Abstände verwenden, sind zulässig.

Verhältnisskala

Die Verhältnisskala[53] besitzt

- die Eigenschaften der Intervallskala und weist
- zusätzlich einen absoluten (mathematischen) Nullpunkt auf.

Hierbei handelt es sich um einen mathematischen, d.h. nicht willkürlich gewählten Nullpunkt. Es betrifft nicht die Frage, ob das jeweilige Merkmal auch die Merkmalsausprägung „null" aufweist. Damit sind die Anforderungen aller vier Stufen gegeben und alle Rechenoperationen, auch Multiplikationen und Divisionen, lassen sich durchführen. **Beispiele** für verhältnisskalierte Merkmale sind: Körpergröße, Gewicht, Alter, Einkommen, etc.

Identifizierung von Skalen

Welche Skala ein bestimmtes Merkmal aufweist, ist nicht immer direkt zu erkennen und hängt gelegentlich von der jeweiligen Situation ab, in der die Merkmalsausprägungen erfasst werden. Hierzu folgendes Beispiel[54]: Zehn 5 000 m-Läufer erhalten Rückennummern von 1 bis 10. Welcher Skala diese Rückennummern genügen, wird durch die Zielsetzung des Sportveranstalters bestimmt. Denkbare Skalen wären:

- Nominalskala: Die Nummerierung dient der Identifizierung der Läufer; sie lässt keinen Rückschluss auf die Leistungsfähigkeit, d. h. Rangposition des Sportlers zu;
- Ordinalskala: Die Rückennummer soll die Leistungsfähigkeit, d. h. die Rangposition des Läufers zum Ausdruck bringen. Eine derartige Positionsnummer findet sich z. B. beim Autorennen in der Formel 1 für den jeweiligen Weltmeister der letzten Saison.

Hinweis: Eine Ordinalskala lässt sich weder den quantitativen noch den qualitativen Merkmalen zuordnen.

Die nachfolgende Übersicht II-1-4 und die Tabelle II-1-4 fassen die verschiedenen Skalentypen nochmals zusammen. Es ist ersichtlich, dass mit einer anspruchsvolleren Skala auch der Informationsgehalt steigt und damit komplexere Rechenopera-

---

[53] Eine metrische Skala, die einen natürlichen Nullpunkt und zugleich eine natürliche Maßeinheit aufweist, wird als Absolutskala bezeichnet; es handelt sich somit um ein diskretes Merkmal einer Verhältnisskala (z. B. Anzahl der Personen in einem Raum, Augenzahl).

[54] Vgl. Pinnekamp, H.J; Siegmann, F.: Deskriptive Statistik, München, Wien 2000, 3. Auflage, S. 16.

tionen ausgeführt werden können. Auch bei der Nominalskala lassen sich Berechnungen durchführen, allerdings nur mit den Häufigkeiten, nicht aber mit den Merkmalswerten selbst. Das später vorzustellende Verfahren zur Erfassung des Zusammenhangs nominalskalierter Merkmale wird hierauf zurückgreifen.

Übersicht II-1-4: Skalentypen im Überblick

Merkmale und ihre Merkmalsausprägungen können unterschieden werden nach...

... dem Skalenniveau

- **nominalskaliert:** Nur Feststellung, ob Ausprägungen gleich oder ungleich sind.

- **ordinalskaliert:** Ausprägungen können in eine Rangfolge gebracht werden.

- **intervallskaliert:** Interpretation der Abstände zwischen den Ausprägungen ist möglich

- **verhältnisskaliert:** Interpretation der Quotienten ist möglich (Existenz eines natürlichen Nullpunkts)

Zunehmender Informationsgehalt

metrisch skaliert

... und bei metrischen Merkmalen nach der Anzahl der möglichen Ausprägungen

- **diskret:** Abzählbar viele Ausprägungen (z. B. Personenzahl im Hörsaal).

- **stetig:** Alle Werte eines Intervalls stellen mögliche Ausprägungen dar (z. B. Körpergröße in cm).

Hinweis: Die Skalierung ist für die Datenanalyse und die Anwendung statistischer Verfahren von großer Bedeutung; die Skalierung bestimmt die zulässige Methode und die Möglichkeit der Datenanalyse.

Zu beachten ist, dass die Skalierung einer hierarchischen Ordnung unterliegt. Das bedeutet, dass sich jederzeit eine höherrangige Skala in eine niederrangige Skala umwandeln lässt. Umgekehrt können aber nicht immer die über eine niederrangige Skala gemessenen Merkmalsausprägungen in eine höhere Skala überführt werden. So kann beispielsweise das nominalskalierte Merkmal Geschlecht nicht in eine höherrangige Skala umgewandelt werden. Die Transformation von Merkmalen einer höherrangigen Skala in eine niederrangige Skala ist mit einem Informationsverlust verbunden. Dies soll am **Fallbeispiel „Kartoffelernte"** verdeutlicht werden.

Fallbeispiel „Kartoffelernte":

Kartoffeln, die beispielsweise zu „Pommes Frites" verarbeitet werden, könnten grundsätzlich digital nach ihrer Größe vermessen und exakt unterschieden werden. Diese aufwendige digitale Erhebung würde Daten auf der Basis einer metrischen (verhältnisskalierten) Skala bereitstellen. Allerdings ließe sich die Erfassung auch vereinfachen, indem z. B. eine ordinale (d. h. niederrangige) Skalierung vorgenommen wird. Hierzu würden die Kartoffeln gemäß einer altbewährten Praxis über verschiedene Siebe mit unterschiedlicher Maschengröße geschickt. Diese Siebe sind übereinander angeordnet: Auf der obersten Ebene befinden sich die Siebe mit den größten Gittermaschen, darunter sind jeweils engmaschigere Gitternetze angebracht. Je nach der Größe der Kartoffeln würden diese durch die verschiedenen Siebe fallen und auf unterschiedlichen Siebebenen landen. Dort könnten sie jeweils in Säcken – sortiert nach Größen – aufgefangen werden. Das Beispiel zeigt, dass eine einfache Skalierung der Daten mit einem geringeren Aufwand in der Datenerhebung verbunden ist. Allerdings gehen Informationen verloren, da sich innerhalb gewisser Größenklassen nun Produkte verschiedener Größen befinden (jeder Kartoffelsack einer Siebebene würde Kartoffeln mit durchaus abweichender Größe beinhalten).

Das Beispiel macht deutlich, dass sich statistische Fragestellungen oft anhand verschiedener Skalen, d. h. anhand einer unterschiedlich exakten Messmethode untersuchen lassen. Je aufwendiger und kostenträchtiger die Messmethode ausfällt, desto genauere statistische Betrachtungen und Methoden lassen sich anwenden. Daher muss der statistische Betrachter im Rahmen der statistischen Ablaufplanung rechtzeitig genaue Vorstellungen über die statistischen Ziele und die anzuwendenden Methoden entwickeln, um effizient und zielorientiert die statistische Untersuchung vornehmen zu können.

Aufgabe 1: Photovoltaikanlage

Es soll die Leistungsfähigkeit von Photovoltaikanlagen im Jahr 2014 untersucht werden. Gegenstand der Untersuchung sind sogenannte „Dünnschichtmodule" beliebiger Bauart, die exakt südlich ausgerichtet sind und eine Neigung von 37 ° aufweisen. Für diese Module soll am 1.07.2014 zwischen 12.00 Uhr und 13.00 Uhr in München ermittelt werden, wie viele kWh sie je qm Modulfläche erzeugen.

Definieren Sie für dieses Beispiel die nachfolgenden Begriffe:
Merkmalsträger, Merkmal, Merkmalsausprägung, räumliche Abgrenzung, zeitliche Abgrenzung, sachliche Abgrenzung (u. a. auch der Merkmalsträger), statistische Masse, Beobachtungswert!

Tab. II-1-4: Zusammenfassung der Skalentypen			
nicht-metrisch		**metrisch**	
Nominalskala	Ordinalskala	Intervallskala	Verhältnisskala
Merkmalsausprägungen bilden keine natürliche Reihenfolge.	Merkmalsausprägungen bilden eine natürliche Rangfolge, allerdings sind die Abstände nicht quantifizierbar.	Merkmalsausprägungen bilden eine natürliche Reihenfolge, deren Abstände quantifizierbar sind. Der Bezugspunkt der Skala kann willkürlich festgelegt werden.	Eigenschaften wie bei der Intervallskala, allerdings existiert ein absoluter Bezugspunkt.
mögliche Aussagen zwischen den einzelnen Merkmalen:			
Gleichheit, Verschiedenheit	größer – kleiner Relationen	Gleichheit von Differenzen	Gleichheit von Verhältnissen
mögliche Rechenoperationen zwischen den einzelnen Merkmalen:			
Bilden von Häufigkeiten	Ermittlung des Medians	Addition und Subtraktion	Division und Multiplikation
Beispiele für die verschiedenen Skalentypen:			
Telefonnummern, Krankheitsklassifikation	Bundesligatabellen, Wind stärken, Klausurnoten	Temperatur, Kalenderzeit, Uhrzeit	Längenmessung,Gewichtsmessung
Quelle: Hochstädter, D.: Statistische Methodenlehre, 8. Auflage, Frankfurt a. M. 1996, Tab. 2.1, S. 20.			

Aufgabe 2: Vielfalt des Weines		
Geben Sie die Skalierung folgender Merkmale an und begründen Sie Ihre Wahl:		
Merkmal	**Skalierung**	**Begründung**
Alkoholgehalt im Wein		
Rebsorten		
Präferenz für Weine		
Weinanbaugebiete		
Temperatur des Weines in °C		

Aufgabe 3: Waldbrandschaden durch Selbstentzündung

Die Forstverwaltungen der 5 Bundesländer A, B, C, D und F haben in 11 aufeinander folgenden Jahren die in der folgenden Tabelle dargestellten Schäden bei
durch Selbstentzündung entstandenen Waldbränden festgestellt:

Jahr 20..	03	04	05	06	07	08	09	10	11	12	13
Schaden in Mio. €	72	55	63	79	69	46	95	77	76	88	81

Erläutern Sie am Beispiel dieser Untersuchung die Begriffe „Merkmalsträger",
„Merkmalsausprägung", „sachliche Abgrenzung"! Welche Skalierung liegt vor?
Bergründen Sie Ihre Antwort.

Aufgabe 4: Skalierung von Merkmalen

Geben Sie zu (a) bis (c) jeweils die Skalierung der Merkmale X und Y an!

Begründen Sie jeweils kurz auf Basis des konkreten Beispiels, warum eine bestimmte Skalierung vorliegt! Die Merkmale X bzw. Y seien wie folgt definiert:

a) Merkmal X: Einkommen der Beschäftigten eines Unternehmens;
   Merkmal Y: Alter der Beschäftigten;
b) Merkmal X: verschiedene Güteklassen eines Konsumgutes;
   Merkmal Y: Preise des Konsumgutes;
c) Merkmal X: Studiendauer von Hochschulabsolventen der BWL;
   Merkmal Y: Einkommensarten der Studierenden (als Einkommensarten werden berücksichtigt: BAFÖG, Erwerbstätigkeit, Unterstützung durch Ange-
   hörige, Sonstiges).

2 Darstellung der eindimensionalen, empirischen Häufigkeitsverteilung

2.1 Vorbemerkungen

Empirische Häufigkeitsverteilungen finden sich im statistischen Alltag immer wieder, wie einige Beispiele bereits gezeigt haben oder noch zeigen werden: Sei es der Notenspiegel von Klausuren in der Schule oder in der Hochschule, die Evaluierung einer Vorlesung, die Erfassung von Getränkebestellungen von verschiedenen Gästen in einer Gaststätte (Bestellliste) oder die Befragung von Unternehmen zur Einschätzung der konjunkturellen Lage. Die Häufigkeitsverteilung zielt darauf ab, eine Vielzahl von Daten der Merkmalsträger zu verdichten. Die Komprimierung erfolgt dadurch, dass die Daten nicht nach Merkmalsträgern, sondern nach Merkmalsausprägungen erfasst werden und die Zahl der Merkmalsausprägungen in der Regel deutlich niedriger ausfällt als die Zahl der Merkmalsträger[55]. Die Datenverdichtung wird allerdings mit dem Nachteil erkauft, dass die Merkmalswerte den einzelnen Merkmalsträgern nicht mehr zugeordnet werden können. So wäre es z. B. denkbar, dass eine Kellnerin/ein Kellner die Bestellungen von Gästen nach Getränkearten und nicht nach Gästen erfasst. Die persönliche Zuordnung der Getränke zu den Gästen müsste dann über Rückfragen erfolgen. Eine derartige Bestellliste nach Getränken und nicht nach Gästen erspart der Kellnerin/dem Kellner eine zu große Datenflut, ist dafür aber mit Problemen der Zuordnung der Getränke zum Gast (Merkmalsträger) verbunden. In der Statistik sind diese Zuordnungsprobleme allerdings von geringer Bedeutung, da hier nicht der konkrete Merkmalsträger, sondern vielmehr seine Merkmale oder Merkmalsausprägungen im Mittelpunkt der Betrachtungen stehen.

Vom Begriff der „**empirischen Häufigkeitsverteilung**" zu unterscheiden ist der ebenfalls in der Statistik häufig anzutreffende Begriff der „**theoretischen Häufigkeitsverteilung**". Hierbei geht es um die Frage, wie häufig bestimmte Ausprägungen in kontrollierten Situationen theoretisch zu erwarten sind. So lässt sich z. B. theoretisch vorhersagen, welche Häufigkeit die verschiedenen Ausprägungen des Merkmals „Augenzahl beim Würfeln" aufweisen, wenn das Experiment „Werfen eines Würfels" ständig wiederholt wird. Wegen der Gleichverteilung der Augenzahl

---

[55] Die Zahl der Merkmalsausprägungen ließe sich dadurch erhöhen, dass auch Ausprägungen erfasst werden, die nicht vorkommen und daher eine absolute Häufigkeit von „null" aufweisen (zum Begriff der absoluten Häufigkeit siehe auch die weiteren Ausführungen). Die Erfassung derartiger Ausprägungen kann durchaus einen Informationswert aufweisen: So kann z. B. in einer Statistik über die Anzahl der Krankheitstage von Beschäftigten eines Betriebes die Information von Bedeutung sein, dass Beschäftigte „ohne Krankheitstage" nicht vorkommen oder dass die Merkmalsausprägung „Beschäftigte mit mehr als vier Wochen Krankheit" nicht aufgetreten ist.

(Wahrscheinlichkeit für Augenzahl 1, 2, ..., 6 jeweils 1/6) liegt hier die theoretische Häufigkeitsverteilung einer „**Gleichverteilung**" vor. Während der Begriff der empirischen Häufigkeitsverteilung in der deskriptiven Statistik von zentraler Bedeutung ist, stellt die theoretische Häufigkeitsverteilung ein zentrales Element der schließenden Statistik dar. Aber auch in der deskriptiven Statistik finden theoretische Häufigkeiten Anwendung (so z. B. bei der Ermittlung des Kontingenzkoeffizienten, s. Kap. II.5.4).

2.2   Begriff der eindimensionalen Häufigkeitsverteilung bei unklassifizierten Daten, exemplarische Darstellung

Klassifizierte Daten liegen immer dann vor, wenn verschiedene Merkmalsausprägungen aufgrund einer Vielzahl von Ausprägungen zu einer Klasse zusammengefasst werden können. So lassen sich z. B. bei einer Erhebung von Körpergrößen die verschiedenen Größenangaben, d. h. Merkmalsausprägungen zu Größenklassen zusammenfassen. Im Folgenden sollen aus Vereinfachungsgründen die Darstellungen von Häufigkeitsverteilungen zunächst ohne eine derartige Klassifizierung vorgenommen werden (zum Begriff und zur Vorgehensweise der Klassifizierung vgl. Kap. II.2.5).

Fallbeispiel „Eindimensionale Häufigkeitsverteilung (H.V.) der Körpergröße":

Von 100 Studierenden (Stichprobe) soll die Körpergröße erfasst werden, um die Bestuhlung eines Hörsaals für alle Studierenden der Hochschule (Grundgesamtheit) optimal zu gestalten.

Hierzu werden im Rahmen einer statistischen Erhebung 100 Studierende stichprobenartig nach ihrer Körpergröße befragt und die Daten in einer Übersichtabelle, der sogenannten „ungeordneten Urliste" festgehalten (vgl. linke Seite der Übersicht II-2-1). Diese ungeordnete Urliste erfasst die Merkmalsausprägungen (hier: Körpergrößen) aller Merkmalsträger (hier: Studierende) in der willkürlich gewählten Reihenfolge der Befragung. Die ungeordnete Urliste bildet den ersten Schritt und damit den Ausgangspunkt der Erstellung einer Häufigkeitsverteilung. Werden anschließend die Merkmalsausprägungen der Merkmalsträger nach der Größe der Ausprägungen geordnet[56], so wird von einer „geordneten Urliste" gesprochen (zweiter Schritt der Erstellung einer H.V.; vgl. rechte Seite der Übersicht. II-2-1).

---

[56]   Eine derartige Ordnung ist bei Nominalskalen nicht möglich, da hier keine Rangfolge der Merkmalsausprägungen definiert ist. Dies hat zur Konsequenz, dass bei Nominalskalen weitere Begriffe nicht sinnvoll gebildet werden können (z. B. die Ermittlung der sogenannten Summenhäufigkeiten; vgl. hierzu die Ausführungen in den folgenden Kapiteln).

Übersicht II-2-1: Überführung der ungeordneten Urliste in eine geordnete Urliste für das Merkmal X (Beispiel „Körpergröße")

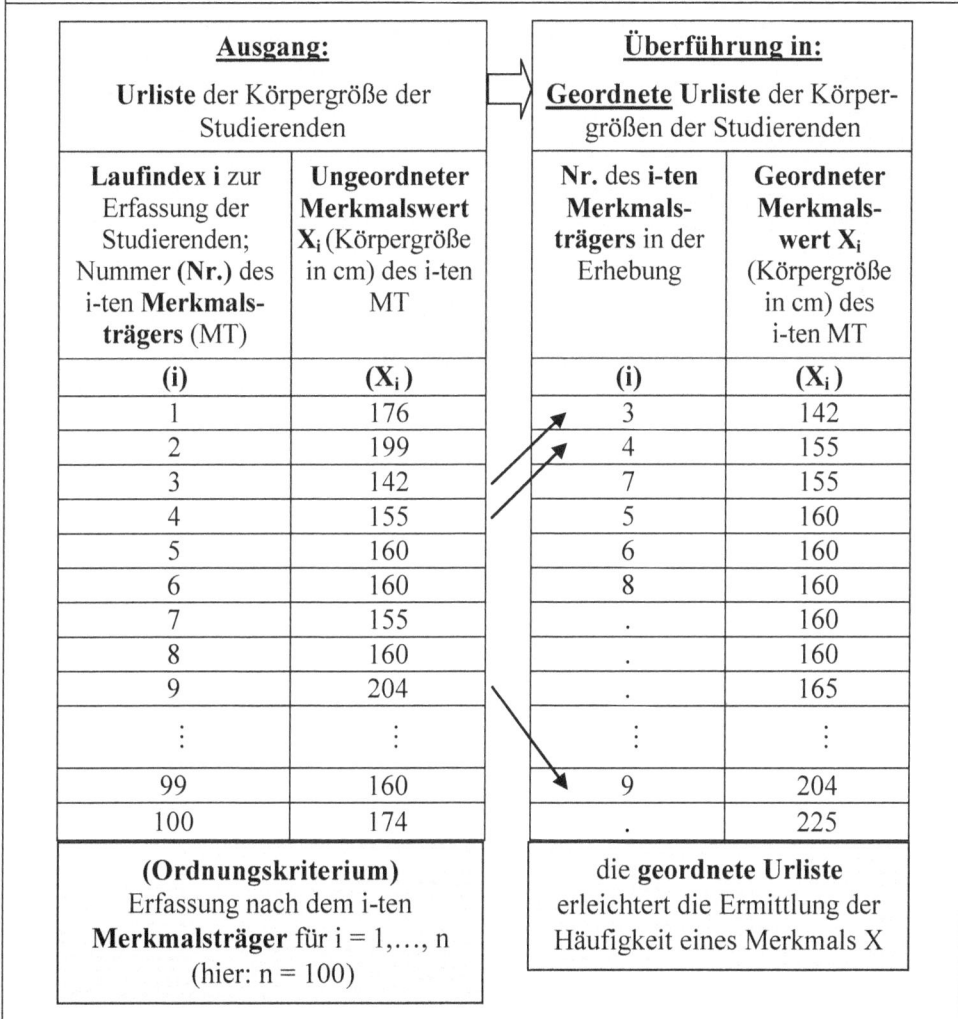

Ausgang: Urliste der Körpergröße der Studierenden		Überführung in: Geordnete Urliste der Körpergrößen der Studierenden	
Laufindex i zur Erfassung der Studierenden; Nummer (Nr.) des i-ten Merkmalsträgers (MT)	Ungeordneter Merkmalswert X_i (Körpergröße in cm) des i-ten MT	Nr. des i-ten Merkmalsträgers in der Erhebung	Geordneter Merkmalswert X_i (Körpergröße in cm) des i-ten MT
(i)	(X_i)	(i)	(X_i)
1	176	3	142
2	199	4	155
3	142	7	155
4	155	5	160
5	160	6	160
6	160	8	160
7	155	.	160
8	160	.	160
9	204	.	165
⋮	⋮	⋮	⋮
99	160	9	204
100	174	.	225
(Ordnungskriterium) Erfassung nach dem i-ten **Merkmalsträger** für i = 1,…, n (hier: n = 100)		die **geordnete Urliste** erleichtert die Ermittlung der Häufigkeit eines Merkmals X	

Da somit für jeden Merkmalsträger die jeweilige Merkmalsausprägung erfasst wird, liegt bei einer hohen Anzahl von Merkmalsträgern eine Vielzahl von Daten vor. Der Datenumfang lässt sich – wie bereits im Überblick erläutert – reduzieren (komprimieren), wenn die Daten nicht im Hinblick auf den Merkmalsträger, sondern im Hinblick auf die Merkmalsausprägung erhoben werden. Eine derartige Erfassung der Merkmalsausprägungen nach ihrer Häufigkeit wird als Häufigkeitsverteilung bezeichnet und bildet den dritten und damit letzten Schritt der Erstellung einer Häufigkeitsverteilung (vgl. Tabelle II-2-1).

Tab. II-2-1: Häufigkeitsverteilung des Merkmals X_i (Häufigkeitstabelle)					
Laufindex i (i-te Merkmalsausprägung)	Körpergröße X_i (in cm) der i-ten Merkmalsausprägung	Strichliste	Häufigkeit		
			absolut	relativ	
i	X_i		h_i	f_i	f_i (in %)
1	$X_1 = 142$	I	1	0,01	1
2	$X_2 = 155$	II	2	0,02	2
3	$X_3 = 160$	ⅢⅡ	5	0,05	5
4	$X_4 = 165$	ⅢⅡ ⅢⅡ	10	0,10	10
5	$X_5 = 173$	ⅢⅡ ⅢⅡ II	12	0,12	12
.	.	.	.	.	.
m-1	$X_{m-1} = 204$	I	1	0,01	1
m	$X_m = 225$	I	1	0,01	1
Σ			100	1,00	100

↑   ↑

i = 1,..., m Merkmalsausprägungen ≠ Anzahl (n) der Merkmalsträger

geordnete Werte der Merkmalsausprägungen X_i

Da es sich bei den Häufigkeiten der Tabelle II-2-1 um tatsächlich beobachtete (und nicht um theoretisch erwartete) Häufigkeiten handelt, wird von **empirischen** Häufigkeiten einer empirischen Häufigkeitsverteilung (H.V.) gesprochen, die sich in der Häufigkeitstabelle übersichtlich erfassen lassen. Der Begriff „**Häufigkeitstabelle**" ergibt sich aus der tabellarischen Darstellungsform der Häufigkeitsverteilung. Weist das Merkmal viele Merkmalsausprägungen auf, wie dies typischerweise bei metrischen Merkmalen und öfter auch bei diskreten Merkmalen der Fall ist, so sind die Merkmalswerte zu sogenannten Klassen zusammenzufassen. Hierauf wird an späterer Stelle (vgl. Abschnitt II.2.5) näher eingegangen.

Die dargestellte Häufigkeitstabelle II-2-1 enthält die nachfolgenden Begriffe und Symbole:

Absolute Häufigkeit h_i:

Die Größe h_i gibt die absolute Häufigkeit an, mit der die i-te Merkmalsausprägung X_i (z. B. die i-te erfasste Körpergröße) bei den n Merkmalsträgern vorkommt; dabei werden insgesamt **i = 1, ..., m** Merkmalsausprägungen betrachtet.

Hinweis 1: Das Symbol „**m**" kommt nachfolgend im Text und in Formeln immer wieder vor, häufig als Summenindex.

Hinweis 2: Statt in der sogenannten Kurzschreibweise (h_i) lässt sich die absolute Häufigkeit auch ausführlich schreiben als $(h(X_i))$; gelegentlich wird im Folgenden von dieser ausführlichen Schreibweise (Langversion) Gebrauch gemacht.

Es gilt: $\mathbf{0 \leq h_i \leq n}$ für alle i = 1, ..., m

Die absolute Häufigkeit einer Merkmalsausprägung liegt für die verschiedenen (m) Merkmalsausprägungen zwischen den Werten „0" und „n" (mit: n = Anzahl der Merkmalsträger).

Ferner gilt: $\displaystyle\sum_{i=1}^{\widehat{m}} h_i = \widehat{n}$

Diese Bedingung wirkt auf den ersten Blick ein wenig kompliziert. Wird berücksichtigt, dass hier (sowie in allen folgenden Ausführungen) von der Annahme ausgegangen wird, dass jede Merkmalsausprägung nur einmal vorkommt und Mehrfachnennungen damit (hier) ausgeschlossen sind, so offenbart diese Bedingung eine einfache Logik: Die Summe der vorkommenden Häufigkeiten der Merkmalsausprägungen muss mit der Anzahl der Merkmalsträger (n) übereinstimmen. Bezogen auf das Beispiel der Lokalrunde (siehe Einführung) bedeutet dies: Wenn jeder Gast genau ein Getränk (Merkmalsausprägung) bestellt, so stimmt die Summe der Häufigkeiten der Getränke (Σh_i) mit der Anzahl der Gäste (n) überein. Sollten allerdings Mehrfachbestellungen (Mehrfachnennungen) vorkommen, so ist diese Bedingung natürlich nicht mehr erfüllt[57].

Relative Häufigkeit f_i:

$f_i = \dfrac{h_i}{n}$ gibt die **relative Häufigkeit** der i-ten Merkmalsausprägung X_i an.

---

[57] Liegen Mehrfachnennungen vor, d. h. kann ein Merkmalsträger bei einem Merkmal gleichzeitig mehrere Merkmalsausprägungen realisieren (wie im Getränkefall, wenn sich der Gast beispielsweise gleichzeitig ein Mineralwasser und ein Glas Wein bestellt), so wird auch von einem **häufbaren Merkmal** gesprochen. Oft sind Merkmale allerdings nicht häufbar wie beispielsweise Farben, Altersangaben, Körpergrößen, Anzahl von Personen etc., vgl. hierzu auch Bücker, R.: Statistik für Wirtschaftswissenschaftler, 4. Auflage, München 1999, S. 20.

Hinweis: Statt der sogenannten Kurzschreibweise (f_i) lässt sich die relative Häufigkeit auch ausführlich schreiben als $(f(X_i))$; gelegentlich wird im Folgenden von dieser ausführlichen Schreibweise (Langversion) Gebrauch gemacht.

Es gilt: $\mathbf{0 \leq f_i \leq 1}$, für $i = 1, \dots, m$

Die relative Häufigkeit einer Merkmalsausprägung liegt zwischen den Werten 0 und 1 (bzw. 100 % bei Prozentangaben).

Ferner gilt: $\displaystyle\sum_{i=1}^{m} f_i = 1$ bzw. 100 % (bei Multiplikation mit 100)

Die relativen Häufigkeiten addieren[58] sich zu 1 bzw. 100 %:

$$\sum_{i=1}^{m} f_i = \sum_{i=1}^{m} \frac{h_i}{n} = \frac{1}{n} \sum_{i=1}^{m} h_i = \frac{1}{n} \cdot n = 1 \quad \text{bzw.} \quad 100\,\% \quad \left(\text{mit: } \sum_{i=1}^{m} h_i = n\right)$$

An dieser Stelle sind einige Erläuterungen zum Laufindex (i) erforderlich: Wie bereits beschrieben, wird aus der Urliste die H.V. erstellt. Die geordnete Urliste erfasst die Merkmalswerte nach Merkmalsträgern, d. h. bei (n) Merkmalsträgern läuft der Index (i) von (i = 1) bis (i = n). So werden im Beispiel der Urliste der Körpergrößen diese für jeden der (n) Studierenden ausgewiesen. Anders verhält es sich bei der H.V.: Hier erfolgt eine Darstellung der Körpergrößen **nicht** nach den (n) Merkmalsträgern, sondern nach den (m) berücksichtigten Merkmals**ausprägungen**. Für jede der (m) Ausprägungen, d. h. für jede Körpergröße der Studierenden wird die Häufigkeit erfasst, mit denen diese Ausprägung jeweils vorkommt.

Für die Darstellung der berücksichtigten (m) Merkmalsausprägungen muss der Index somit von (i = 1) bis (i = m), d. h. bis zur letzten (m-ten) Merkmalsausprägung laufen. Diese Unterscheidung der Erfassung der Daten **nach Merkmalsträgern mit dem Laufindex (i = 1, ... , n)** bzw. **nach Merkmalsausprägungen mit dem Laufindex (i = 1, ... , m)** ist für das Verständnis von statistischen Darstellungen und Formeln von fundamentaler Bedeutung und durchzieht die gesamte Statistik! Der Unterschied in der Erfassung und im Laufindex ist noch einmal zusammenfassend in Übersicht II-2-2 dargestellt und anhand der einfachen Formel für das arithmetische Mittel (s. hierzu das Kap. II.3.2.3) erläutert.

---

[58]   Beim Umgang mit Summen ist es wichtig zu wissen, dass konstante Größen (wie hier die Größe (n), d. h. Größen ohne einen Index) vor das Summenzeichen gezogen werden können. Sie werden also ausgeklammert.

Übersicht II-2-2: Erfassung der Merkmalswerte als Einzelwerte (geordnete Urliste) oder als Häufigkeitsverteilung		
Bezugspunkt:	Einzelwerte = Erfassung nach Merkmals-trägern	Häufigkeitsverteilung = Erfassung nach Merkmals-ausprägungen
Begriff:	Urliste, geordne-te Urliste	Häufigkeitsverteilung, Häu-figkeitstabelle
Laufindex i:	$i = 1,\ldots,\widehat{n}$ Merkmalsträger 1 bis n	$i = 1,\ldots,\widehat{m}$ Merkmalsausprägungen 1 bis m
Formelbeispiel: Arithmetisches Mittel*)	$\bar{X} = \dfrac{1}{n}\sum\limits_{i=1}^{n} X_i$	$\bar{X} = \dfrac{1}{n}\sum\limits_{i=1}^{m} X_i \cdot h_i = \sum\limits_{i=1}^{m} X_i \cdot f_i$

*) Die Ableitung dieser Formeln zum arithmetischen Mittel wird in Kapitel II.3.2.3 näher aufgezeigt. Die Formel soll verdeutlichen, dass der Laufindex bei der Betrachtung von **Einzelwerten** grundsätzlich bis zum letzten, d. h. **n-ten** Merkmalsträger läuft; demgegenüber werden bei einer **Häufigkeitsverteilung** die **(m)** verschiedenen Merkmalsausprägungen betrachtet, so dass der Index grundsätzlich von **(i = 1) bis (i = m)** läuft.

Immer dann, wenn Daten im Sinne der Ordnung nach einer (geordneten) Urliste betrachtet werden, wird von einer Betrachtung der „**Einzelwerte**" gesprochen. Erfolgt die Betrachtung jedoch nach dem Ordnungskriterium der Merkmalsausprägung, liegt eine Darstellung statistischer Daten im Rahmen einer „**Häufigkeitsverteilung (H.V.)**" vor. In der Übersicht II-2-2 ist auch bereits in der letzten Zeile beispielhaft eine Formel für das arithmetische Mittel enthalten, die im Kapitel II.3.2.3 näher erläutert wird. Die Formel zeigt deutlich auf, dass der Laufindex einmal bis (i = n) läuft (Formel des arithmetischen Mittels für Einzelwerte) bzw. bis (i = m) aufaddiert wird (Formel des arithmetischen Mittels für eine H.V.). Analog verhält es sich mit allen anderen Formeln. In der deskriptiven Statistik lassen sich somit stets Formeln in der Darstellung nach Einzelwerten und in der Darstellung einer H.V. mit entsprechend unterschiedlichen Laufindizes formulieren.

Im Folgenden sollen die statistischen Begriffe der Urliste und der H.V. nochmals an verschiedenen anderen Beispielen dargestellt werden. Diese Beispiele unterscheiden sich u. a. in der Skalierung der Merkmalsausprägungen. Zunächst soll ein Beispiel aus dem Bereich der Unfallstatistik von Berufsgenossenschaften für zwei verschiedene Merkmale vorgestellt werden. Danach folgen weitere Beispiele zur Qualifikation von Arbeitslosen und zur Raumzahl von Wohnungen. Die verschiedenen Beispiele werden zunächst in Form einer Häufigkeitstabelle vorgestellt und dienen anschließend als Grundlage für die graphische Darstellung von Häufigkeitsverteilungen in Kapitel II.2.3. Auf das Wohnungsbeispiel wird zudem durchgehend bei der Erörterung der verschiedenen weiteren Begriffe der deskriptiven Statistik Bezug genommen (Mittelwerte und Streuungsmaße).

Hinweis: Die Ausprägungen der beiden Merkmale X und Y werden in der Fachsprache der Unfallstatistik (s. Legende in den folgenden Tabellen II-2-3a, II-2-3b) getrennt voneinander und nicht im Zusammenhang erörtert; daher handelt es sich bei den folgenden Darstellungen um zwei eindimensionale H.V. und nicht – wie im Kapitel II.4 erörtert – um eine zweidimensionale H.V. Der Übergang von der ungeordneten Urliste (Tabelle II-2-2) zur Häufigkeitsverteilung ist aus den Tab. II-2-3a, II-2-3b ersichtlich.

Fallbeispiel „Unfallstatistik" (vgl. Tabelle II-2-2, II-2-3a, II-2-3b):
Für (i = n = 83) verunglückte Personen (Merkmalsträger) werden die Unfallart (Merkmal X) und der Schweregrad des Unfalls (Merkmal Y) in zwei (getrennten) eindimensionalen Häufigkeitsverteilungen unter Verwendung der Begriffe der „Gesetzlichen Unfallversicherung" erfasst. In der Tabelle II-2-2 sind die Verunglückten als ungeordnete Urliste dargestellt. Es liegt eine Betrachtung nach Einzelwerten vor. Werden die Merkmalswerte nach ihrer Größe sortiert und dann nach Merkmalsausprägungen ausgezählt, d. h. als Häufigkeitsverteilung dargestellt, so ergeben sich für die Merkmale X bzw. Y die beiden Häufigkeitstabellen II-2-3a und II-2-3b.

Auf Basis der bisherigen Ausführungen lassen sich zusammenfassend die nachfolgenden alternativen Definitionen einer empirischen Häufigkeitsverteilung (H.V.) bzw. einer Häufigkeitstabelle formulieren:

- **Definition 1 (Variante 1) einer eindimensionalen empirischen H.V.**
  Unter einer eindimensionalen empirischen H.V. wird die Verteilung der Merkmalsausprägungen eines untersuchten Merkmals auf die statistischen Einheiten (Elemente, Merkmalsträger) einer statistischen Gesamtheit (Grundgesamtheit oder Stichprobe) verstanden.

- **Definition 2 (Variante 2) einer eindimensionalen empirischen H.V.**
  Die Erfassung der absoluten (h_i) oder relativen (f_i) Häufigkeiten, mit denen die Merkmalsausprägungen eines untersuchten Merkmals bei den betrachteten statistischen Einheiten (Elementen, Merkmalsträgern) auftreten, wird als empirische H.V. bezeichnet.

- **Definition einer Häufigkeitstabelle für eindimensionale, unklassifizierte H.V.**
  Eine Häufigkeitstabelle stellt tabellarisch die Merkmalsausprägungen X_i des untersuchten Merkmals X mit den dazugehörenden absoluten Häufigkeiten (h_i) bzw. relativen Häufigkeiten (f_i) dar. Der typische Aufbau einer Häufigkeitstabelle besteht aus folgenden Kopfspalten: Spalte für den Laufindex, Spalte für die auftretenden Merkmalsausprägungen, Spalten für die absolute u. relative Häufigkeit, Spalten für die absolute und/oder relative Summenhäufigkeit, ggfs. weitere

Spalten für weitere Rechengrößen (die Erläuterung des Begriffs der Summenhäufigkeit erfolgt später; zum grundsätzlichen Aufbau einer Häufigkeitstabelle siehe z. B. die Tabellen II-2-3a und II-2-3b).

Tab. II-2-2: Ungeordnete Urliste für die Merkmale X u. Y aus dem Bereich der Unfallstatistik		
Laufindex des i-ten Merkmals-trägers (MT) für: i = 1,..., n	Merkmalsausprä-gungen[a] des Merkmals X (Unfallart) beim i-ten MT	Merkmalsausprä-gungen[b] des Merkmals Y (Schweregrad) beim i-ten MT
1	2	4
2	1	1
3	4	2
4	1	3
5	5	1
6	1	1
7	1	1
8	3	5
9	1	3
⋮	⋮	⋮
82	6	2
83	5	3
(hier n = 83) Merkmalsträger, Ordnungskriteri-um ist der Merk-malsträger	Hieraus folgt die Häufigkeitsver-teilung nach Un-fallart: **s. Tab. II-2-3a**	Hieraus folgt die Häufigkeitsver-teilung nach Schweregrad: **s. Tab. II-2-3b**

a) Bei den Ausprägungen des Merkmals X handelt es sich um einen
   Schlüssel, dessen Legende aus Tab. II-2-3a ersichtlich ist.
b) Bei den Ausprägungen des Merkmals Y handelt es sich um einen
   Schlüssel, dessen Legende aus Tab. II-2-3b ersichtlich ist.

Tab. II-2-3a: Häufigkeitstabelle der Arbeitsunfälle nach Unfallarten

i-te Merkmals-ausprägung (i = 1, …, m)	Merkmals-ausprä-gung[1]	absolute Häufigkeit	relative Häufigkeit (in %)	rel. Summen-häufigkeit[2] (in %)
i	X_i	h_i	f_i	F_i
1	$X_1 = 1$	58	69,88	-
2	$X_2 = 2$	4	4,82	-
3	$X_3 = 3$	2	2,41	-
4	$X_4 = 4$	1	1,20	-
5	$X_5 = 5$	8	9,64	-
6	$X_6 = 6$	10	12,05	-
insgesamt		83	100,00	-

1) X_i, für i = 1, …, m; hier m = 6 verschiedene Unfallarten, die bei n = 83 Verunfallten beobachtet wurden

X_1	Arbeitsunfall bei betrieblicher Tätigkeit, der kein Straßenverkehrsunfall ist
X_2	Arbeitsunfall bei betrieblicher Tätigkeit, der sich im Straßenverkehr ereignet hat (Straßenverkehrsunfall)
X_3	Arbeitsunfall auf Dienstwegen (Dienstwegeunfall), der kein Straßenverkehrsunfall ist
X_4	Arbeitsunfall auf Dienstwegen, der sich im Straßenverkehr ereignet hat
X_5	Wegeunfall, der kein Straßenverkehrsunfall ist
X_6	Wegeunfall, der sich im Straßenverkehr ereignet hat

2) Absolute oder relative Summenhäufigkeiten geben an, wie viele Merkmalsträger (absolut oder relativ) höchstens eine bestimmte Merkmalsausprägung aufweisen; diese Summenhäufigkeiten können hier nicht dargestellt werden, da das Merkmal X nominalskaliert ist und die Reihenfolge der Erfassung der Summenhäufigkeiten damit beliebig ist (zum Begriff vgl. Kap. II.2.4).

Hinweis zur Erstellung einer Häufigkeitstabelle über Excel: Die Ermittlung der absoluten Häufigkeiten einer Häufigkeitstabelle (z. B. die Erstellung der Tab. II-2-3a) auf Basis der zugrunde liegenden (n) Einzelwerte (z. B. der Tab. II-2-2) lässt sich auf einfache Weise mit dem Tabellenkalkulationsprogramm „Excel" über die Funktion *„Häufigkeit(Daten;Klassen)"* durchführen. In der Funktion gibt der Wert „Daten" den Felderbereich der Exceldatei an, in dem die Merkmalswerte der (n) Merkmalsträger stehen. Der Wert „Klassen" gibt den Felderbereich an, in dem jeweils die Werte der grundsätzlich vorkommenden Merkmalsausprägungen stehen. Für diese Merkmalsausprägungen werden die Häufigkeiten ausgezählt. Zu den näheren Einzelheiten siehe den Anhang, Teil D.

Tab. II-2-3b: Häufigkeitstabelle der Arbeitsunfälle nach Schweregrad

i-te Merkmals-ausprägung (i = 1, …, m)	Merkmals-ausprä-gung[1]	absolute Häufigkeit	relative Häufigkeit (in %)	rel. Summen-häufigkeit[2] (in %)
i	Y_i	h_i	f_i	F_i
1	$Y_1 = 1$	33	39,76	39,76
2	$Y_2 = 2$	22	26,51	66,27
3	$Y_3 = 3$	12	14,46	80,72
4	$Y_4 = 4$	11	13,25	93,98
5	$Y_5 = 5$	5	6,02	100,00
insgesamt		83	100,00	

1) Y_i, für i = 1, …, m; hier m = 5 verschiedene Schweregrade, die bei n = 83 Verunfallten beobachtet wurden.

Hinweis: Da hier das Merkmal Y als ein weiteres eindimensionales Merkmal aufgefasst wird, kann i auch als Laufindex bei der i-ten Merkmalsausprägung Y_i zum Einsatz kommen. Dies ändert sich, wenn eine zweidimensionale Häufigkeitsverteilung vorliegt und das gemeinsame Auftreten von X und Y untersucht wird (s. Kap. II.4). Dann erhält Y den Laufindex j, mit j = 1, …, r.

Y_1	Bagatellverletzung
Y_2	Kontinuitätsverletzung der Haut
Y_3	Knochenbruch
Y_4	Knochenbruch mit Gelenkbeteiligung
Y_5	Gelenkfraktur mit Beteiligung der Wachstumsfuge

2) Bildung von Summenhäufigkeiten sinnvoll, da ordinalskaliert.

Im Folgenden werden zwei weitere Häufigkeitstabellen im Rahmen von Fallbeispielen vorgestellt, auf die später im Rahmen der graphischen Darstellung Bezug genommen wird. Die erste Häufigkeitstabelle betrifft den Arbeitsmarkt und zeigt die **Arbeitslosen in Deutschland im Jahr 2012** in Abhängigkeit vom Merkmal „Berufsausbildung" (Tabelle II-2-4). Dabei gilt hier: Merkmalsträger = „Arbeitslose" (Grundgesamtheit); Merkmal = „Arten der Berufsausbildung der Arbeitslosen"; Merkmalsausprägung = „konkrete Art der Berufsausbildung"; Skalierung: nominalskaliert (wenn die Ausprägungen nicht als Rangfolge verstanden werden); ansonsten Ordinalskala, wenn alle Ausprägungen in eine Reihenfolge gebracht werden können und nicht einzelne Ausprägungen als gleichwertig angesehen werden.

Tab. II-2-4: Strukturdaten von Arbeitslosen nach Qualifikation in Deutschland Ende 2012

Ausprägung des Merkmals „Berufsausbildung"	absolute Häufigkeit in 1 000	relative Häufigkeit	relative Häufigkeit in %
Ohne abgeschlossene Berufsausbildung	1 318	0,46	45,51
Betriebliche/schulische Ausbildung	1 402	0,48	48,39
Akademischer Abschluss	177	0,06	6,10
Insgesamt	2 897	1,00	100,00

Quelle: Bundesagentur für Arbeit: Arbeitsmarkt 2012, Amtliche Nachrichten der Agentur für Arbeit, 60. Jg., Sondernummer 2, S. 17.

Eine zweite, nachfolgend dargestellte Häufigkeitstabelle betrifft die **„Raumzahl von Wohnungen in Deutschland im Jahr 2011"**. Die Wohnungen werden nach dem Merkmal „Raumzahl" erfasst und unterliegen damit einer Verhältnisskala (s. Tabelle II-2-5). Die Tabelle weist 40,5 Mio. Wohnungen nach ihrer Raumzahl aus. Dabei ist das Merkmal „Raumzahl" für die letzte Merkmalsausprägung als „offene Randklasse" erfasst; derartige offene Randklassen finden sich in fast jeder amtlichen Statistik im untersten oder obersten Bereich der Merkmalsausprägungen. Der Begriff „offene Randklasse" wird im Kapitel 2.5 näher erläutert. Auf das Wohnungsbeispiel und die Daten der Tabelle II-2-5 wird in den folgenden Kapiteln bei der Darstellung verschiedenster statistischer Begriffe immer wieder exemplarisch verwiesen.

In Häufigkeitstabellen oder im Symbolverzeichnis zu Häufigkeitstabellen kommen **gängige Abkürzungen** einer Häufigkeitstabelle zur Anwendung, die in Übers. II-2-3 zusammengestellt und erläutert sind. Diese Abkürzungen erklären sich wie folgt: Nicht immer handelt es sich bei den Zahlen einer Häufigkeitstabelle um tatsächlich eingetretene Zahlen, sondern um Schätzungen, vorläufige oder derzeit noch nicht bekannte Werte, die durch entsprechende Vermerke kenntlich gemacht werden (s. die ersten Zeilen der Übersicht II-2-3). Auch können Geheimhaltungserfordernisse eine Darstellung der Daten vorübergehend oder dauerhaft verhindern, wenn z. B. die erfasste Häufigkeit einer Merkmalsausprägung so niedrig ausfällt, dass im Hinblick auf dieses Merkmal oder andere Merkmale auf den Merkmalsträger geschlossen werden kann. Das Symbol „0" bedeutet nicht, dass der Datenwert (z. B. die Häufigkeit) „0" beträgt, sondern dass nur aufgrund von Rundungen eine Null erscheint. Diese Situation kann vor allem dann schnell eintreten, wenn Daten in größeren Einheiten (z. B. in Tausend) ohne Nachkommastellen erfasst werden. Lediglich für den Fall, dass das Symbol „-" verwendet wird, liegt ein Wert von 0 zugrunde. Handelt es sich bei den dargestellten Daten um Häufigkeiten einer Häufigkeitstabelle, so bedeutet das Symbol „-", dass die Ausprägung nicht vorhanden ist.

Tabelle II-2-5: Wohnungsbestand in Deutschland am 31.12.2011 (Aufgliederung nach der Zahl der Räume)

Wohnung mit X_i Räumen	abs. Häufigkeit in 1000 h_i	rel. Häufigkeit f_i	rel. Häufigkeit in % f_i in %	abs. Summenhäufigkeit in 1000 H_i	rel. Summenhäufigkeit in % F_i	abs. Restsummenhäufigkeit in 1000 $RH_i\,(=n-H_i)$	rel. Restsummenhäufigkeit in % $RF_i\,(=100-F_i)$	$X_i \cdot h_i$
1	858,7090	0,0212	2,1216	858,7090	2,1216	39615,1140	97,8784	858,7090
2	2483,4550	0,0614	6,1360	3342,1640	8,2576	37131,6590	91,7424	4966,9100
3	8628,3990	0,2132	21,3185	11970,5630	29,5761	28503,2600	70,4239	25885,1970
4	11808,7510	0,2918	29,1763	23779,3140	58,7523	16694,5090	41,2477	47235,0040
5	7927,0510	0,1959	19,5856	31706,3650	78,3380	8767,4580	21,6620	39635,2550
6	4441,9510	0,1097	10,9749	36148,3160	89,3128	4325,5070	10,6872	26651,7060
7 u. m.	4325,5070	0,1069	10,6872	40473,8230	100,0000	0,0000	0,0000	33774,8563 *)
Σ	40473,8230	1	100,0					179007,6373
								4,4228 **)

Quelle: Statistisches Bundesamt, Fachserie 5, R. 3, Bautätigkeit und Wohnungen, Wiesbaden 2012, S. 7

*) Anmerkungen: Hierbei wurde bei 7 u.m. Räumen aufgrund der Angaben der Amtlichen Statistik eine durchschnittl. Raumzahl von 7,81 Räumen berücksichtigt; (bei dieser durchschnittlichen Zahl stimmt die errechnete Gesamtzahl der Räume mit der angegebenen Gesamtzahl von 179,0076 Mio. Räumen überein).

**) Die Amtliche Statistik weist für alle Wohnungen eine durchschnittliche Wohnraumzahl von 4,4228 aus.
(179007624 Räume / 40473823 Wohnungen = 4,4228 Räume je Wohnung)

Übersicht II-2-3: Abkürzungen u. Symbole von Häufigkeitstabellen[*)]

Symbole	Erläuterungen	Anmerkungen
p	vorläufige Zahl	
r	berichtigte Zahl	
s	geschätzte Zahl	
ts	teilweise geschätzte	
...	Angabe fällt später an	
.	Zahlenwert unbekannt, geheim zu halten oder nicht sinnvoll	
0	weniger als die Hälfte von 1 in der letzten besetzten Stelle, jedoch mehr als nichts	Bei Häufigkeiten, die in größeren Einheiten wie z.B. „Tausend" oder „Million" dargestellt sind, ergibt sich aufgrund von Rundungen bei fehlender Nachkommastelle der Wert „0".
-	nichts vorhanden	absolute Häufigkeit = 0

[*)] Die dargestellten Abkürzungen und Zeichen finden sich in vielen statistischen Darstellungen. So z. B. in den Monatsberichten der Deutschen Bundesbank oder im Datenreport 2013 der Bundeszentrale für Politische Bildung, S.10 (Hrsg. Statistisches Bundesamt, Wissenschaftszentrum Berlin in Zusammenarbeit mit SOEP am Deutschen Institut für Wirtschaftsforschung Berlin).

Aufgabe 5: Insolvenzstatistik 2005

Das Statistische Bundesamt weist in einer Statistik aus, dass 39 213 Unternehmen im Jahre 2005 von Insolvenz (Konkurs) betroffen waren. Die Rechtsform der insolventen Unternehmen stellte sich wie folgt dar:
Bei 16 299 insolventen Unternehmen handelte es sich um Einzelunternehmen (EUN), 3 071 insolvente Unternehmen wiesen die Rechtsform einer Personengesellschaft (PG) auf, bei 18 938 insolventen Unternehmen handelte es sich um Gesellschaften mit beschränkter Haftung (GmbH). Ferner mussten 415 Unternehmen in der Rechtsform einer Aktiengesellschaft (AG) und 490 Unternehmen in einer sonstigen Rechtsform (SR) eine Insolvenz anmelden.

a) Bestimmen Sie für das vorliegende Beispiel „Merkmalsträger", „Merkmal" und „Merkmalsausprägungen. Begründen Sie kurz Ihre Antwort!
b) Erstellen Sie aus den Daten eine Häufigkeitstabelle mit den konkreten Merkmalsausprägungen und ihren absoluten und relativen Häufigkeiten!
c) Erläutern Sie am vorliegenden Beispiel den Begriff der „sachlichen Abgrenzung" in der Statistik! Welche Skalierung liegt vor und warum?

Hinweise: Merkmal und Merkmalsausprägungen sind im konkreten Fall zu identifizieren. Die sachliche Abgrenzung von Merkmalsträgern und Merkmalsausprägungen ist durch entsprechende Fragen zu präzisieren (Antworten auf diese Fragen sind der nichtstatistischen Fachdisziplin vorbehalten und sind hier nicht auszuführen).

2.3 Graphische Darstellung der Häufigkeitsverteilung

Absolute und relative Häufigkeitsverteilungen lassen sich auf verschiedene Weise wie folgt graphisch darstellen[59]:

- **Kreisdiagramm (Tortendiagramm)**

In einem Kreis- bzw. Tortendiagramm werden die absoluten oder relativen Häufigkeiten proportional zum Vollwinkel des Kreises von 360 ° erfasst. Eine relative Häufigkeit von 1 % entspricht somit einem Winkel von 3,6 ° (360 ° entspricht 100 %). In Abb. II-2-1 sind exemplarisch die relativen Häufigkeiten der Arbeitsunfälle einer Berufsgenossenschaft nach Unfallarten (s. Daten der Tab. II-2-3a) flächenproportional dargestellt.

Abb. II-2-1: Arbeitsunfälle einer Berufsgenossenschaft nach Unfallarten (Kreisdiagramm) - Angaben in % -

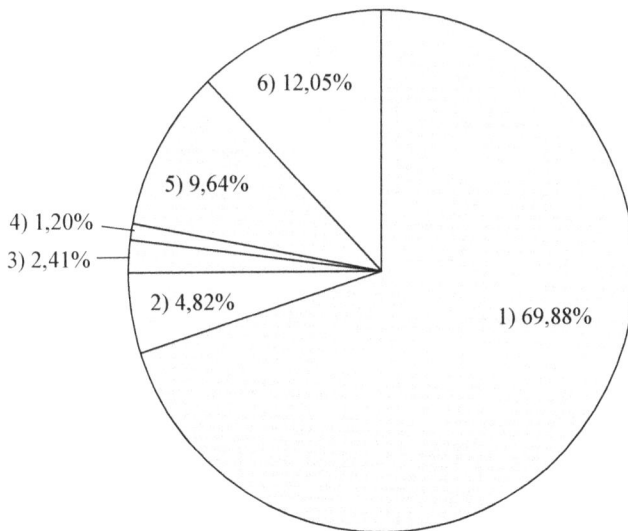

1) Arbeitsunfall bei betrieblicher Tätigkeit; kein Straßenverkehrsunfall.
2) Arbeitsunfall bei betrieblicher Tätigkeit; Straßenverkehrsunfall.
3) Arbeitsunfall auf Dienstwegen (Dienstwegeunfall); kein Straßenverkehrsunfall.
4) Arbeitsunfall auf Dienstwegen, der sich im Straßenverkehr ereignet hat.
5) Wegeunfall, der kein Straßenverkehrsunfall ist.
6) Wegeunfall, der sich im Straßenverkehr ereignet hat.

---

[59] Die verschiedenen Graphiken lassen sich in „Excel" über „Einfügen" und dann über die jeweilige Graphikdarstellung wie z. B. „Säule", „Kreis" erstellen (s. Anhang, Teil D).

Beispielsweise beträgt der Anteil der Arbeitsunfälle bei der ersten Merkmalsausprägung X_1 („Arbeitsunfälle bei betrieblicher Tätigkeit ohne Straßenverkehrsunfälle")
f_1 = 69,88 %; dieser Anteil entspricht einer Fläche mit einem Kreiswinkel von
251,6 ° (69,88 · 3,6) im Kreisdiagramm. Analog werden die relativen Anteile der
anderen Merkmalsausprägungen X_i von Prozent-Angaben in Grad-Angaben umge-
rechnet und graphisch als Fläche im Kreis erfasst. Auch die Darstellung absoluter
Häufigkeiten erfolgt auf der Basis relativer Häufigkeiten; diese werden in Grad-
Angaben umgewandelt, um den absoluten Häufigkeiten Flächen im Kreis zuzuordnen.

Kreis- bzw. Tortendiagramme weisen den Vorteil auf, dass die graphisch dargestellten Merkmalsausprägungen gleichrangig nebeneinander stehen und damit keine
Wertigkeit der X_i suggeriert wird (im Kreis gibt es keine erste und letzte Position).
Damit eignet sich diese Darstellungsform insbesondere für nominalskalierte Merkmalswerte, da diese keine Rangfolge aufweisen.

- **Säulendiagramm (Stab-, Balkendiagramm)**

Eine weitere Darstellungsform bildet das **Säulendiagramm**, das eine höhenproporti-
onale Erfassung der absoluten oder relativen Häufigkeiten vornimmt. In Abb. II-2-2
sind die absoluten und relativen Häufigkeiten der Arbeitslosen nach Arten der Berufsausbildung in Deutschland 2012 dargestellt (zu den Daten vgl. Tab. II-2-4). Wird
das Merkmal „Berufsausbildung" nominalskaliert verstanden, ist die Reihenfolge der
Ausprägungen beliebig. Daher sollten sich die Säulen (wenn die Darstellung es ermöglicht) nicht berühren, da ansonsten ein gleitender Übergang von der einen in die
andere Merkmalsausprägung suggeriert wird. Die Säulen ließen sich auch höhenproportional durch Stäbe darstellen (**Stabdiagramm**). Bei horizontaler Darstellung
der Säulen wird auch von einem **Balkendiagramm** gesprochen.

Bei metrisch skalierten Merkmalen können die Säulen- oder Balkendiagramme auch
aneinander stoßen. Diese Diagramme werden dann oft auch als Histogramme bezeichnet (vgl. z. B. nachfolgende Abb. II-2-3 sowie die Daten der Tab. II-2-5). Sie
kommen vor allem bei einer sogenannten Klassenbildung der Daten (vgl. Kap.
II.2.5) zur Anwendung und weisen ggfs. auch unterschiedliche Säulenbreiten auf,
sofern sich die Klassenbreiten unterscheiden.

Abb. II-2-2: Arbeitslose nach Arten der Berufsausbildung in Deutschland (Jahresende 2012) (Säulendiagramm)

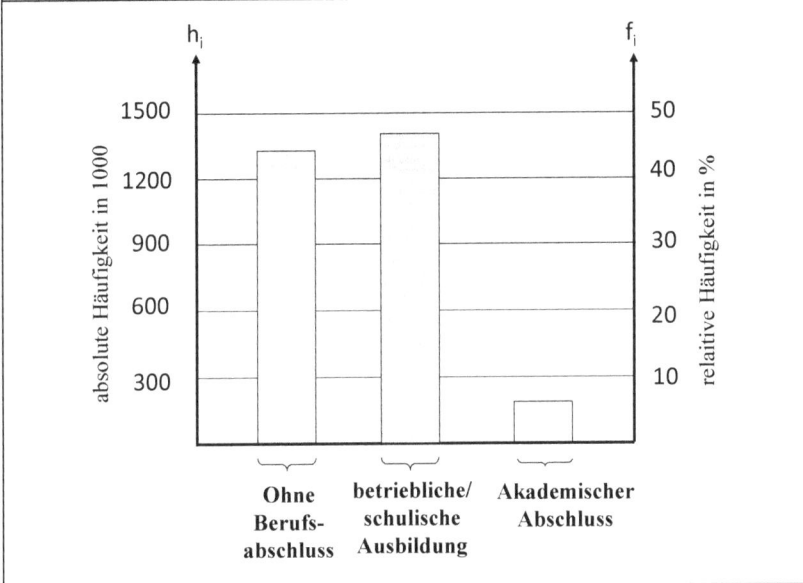

Quelle: Siehe Tab. II-2-4 sowie eigene Darstellung

Abb. II-2-3: Säulendiagramm zur Häufigkeitsverteilung der Raumzahl der Wohnungen in Deutschland (31.12.2011)

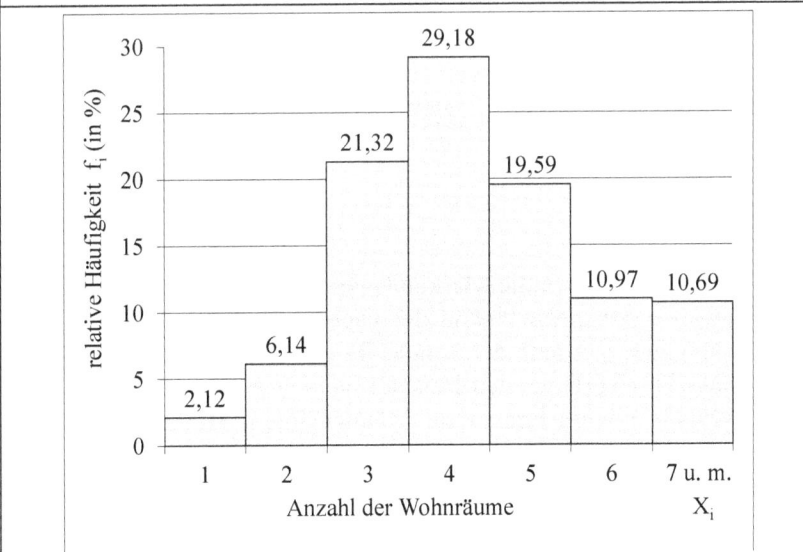

Quelle: Statistisches Bundesamt: Bautätigkeit u. Wohnungen, a. a. O., S. 7 sowie eigene Darstellung.

Manchmal werden auch mehrere H.V. (z. B. von verschiedenen Jahren) gleichzeitig
nebeneinander in einem Säulendiagramm dargestellt, wie dies im nachfolgenden
Beispiel der Herkunftsregionen von Studierenden der Hochschule Bonn-Rhein-Sieg
der Fall ist (vgl. Abb. II-2-4; aus Platzgründen berühren sich die Säulen hier, obwohl
es sich um ein nominalskaliertes Merkmal handelt).

Abb. II-2-4: Herkunftsregionen der Studierenden der Hochschule Bonn-Rhein-Sieg für verschiedene Standorte (Angaben in %)

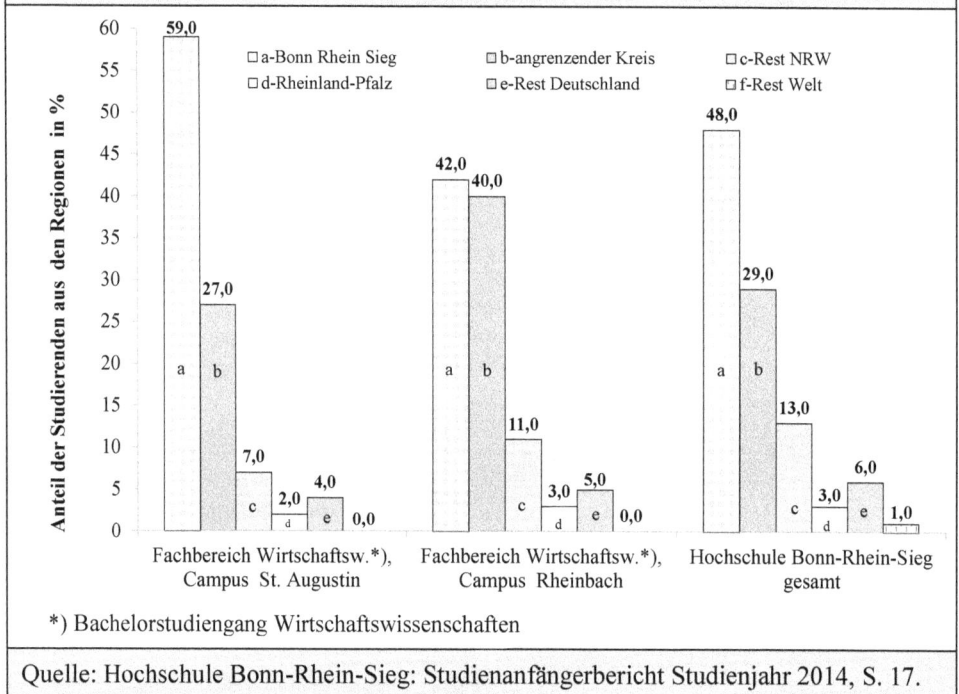

Quelle: Hochschule Bonn-Rhein-Sieg: Studienanfängerbericht Studienjahr 2014, S. 17.

- **Liniendiagramme**

Beim Liniendiagramm werden die Merkmalswerte höhenproportional durch eine Li-
nie beschrieben, wie beispielsweise in der nachfolgenden Abb. II-2-5, welche die
Mikrozensusdaten zum Verbleib der Kinder im elterlichen Haushalt nach Alter und
Geschlecht erfasst. Im vorliegenden Beispiel handelt es sich um zwei Häufigkeitsverteilungen (jeweils eine für Frauen und Männer), die in einem Liniendiagramm im
Vergleich zueinander dargestellt werden. Ein weiteres Liniendiagramm mit mehreren H.V. findet sich auch später in Abb. II-3-9 (s. Kap. II.3.2.2); diese Abb. zeigt die
Entwicklung des mittleren Alters der Bevölkerung in Deutschland nach verschiede-
nen Mittelwertkonzepten im Vergleich auf.

Abb. II-2-5: Kinder im elterlichen Haushalt nach Alter und Geschlecht 2009 in % der Bevölkerung des jeweiligen Alters

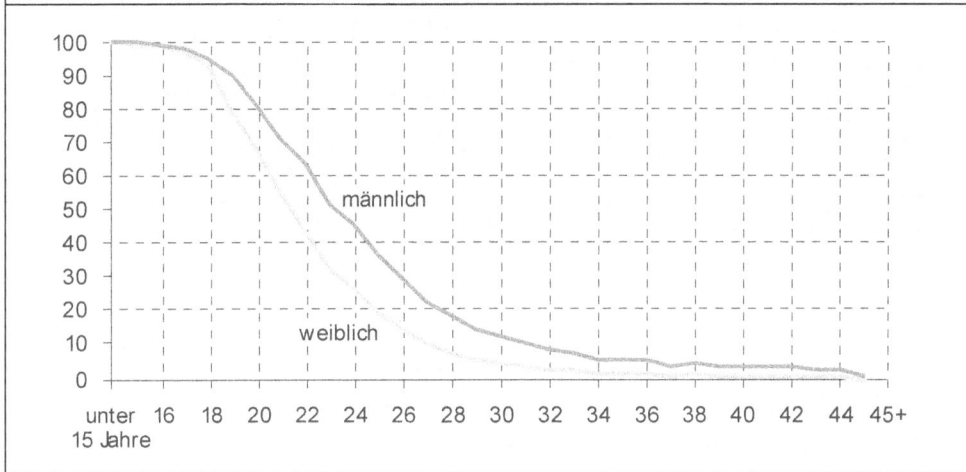

Quelle: Bundeszentrale für Politische Bildung: Datenreport 2011, Ein Sozialbericht für die Bundesrepublik Deutschland, (Hrsg.: Statistisches Bundesamt, Wissenschaftszentrum Berlin in Zusammenarbeit mit dem Deutschen Institut für Wirtschaftsforschung, Berlin), Bonn 2011, S. 35.

- **Piktogramme**

Piktogramme stellen auf eine **flächenproportionale** Darstellung ab. Flächenproportional bedeutet: Ist beispielsweise eine Häufigkeit oder ein Durchschnittswert einer Häufigkeitsverteilung (H.V.) „A" doppelt so groß wie in einer anderen H.V. „B", und sollen diese Werte als Fläche eines Rechtecks im Piktogramm dargestellt werden, so müssen die Flächen (und nicht die Seitenlängen) des Rechtecks für H.V. „A" doppelt so groß wie für die H.V. „B" ausfallen. Dazu das folgende Beispiel[60] eines Vergleichs der Wohnungsgrößen in beiden Teilen Deutschlands zu Beginn der 80er Jahre letzten Jahrhunderts. Die Wohnungsgrößen sollen als Piktogramm in der Form eines Rechtecks dargestellt werden (vgl. Abb. II-2-6). Die konkret im Piktogramm darzustellenden Daten zu diesem Beispiel lauten:

Durchschnittsgröße der Wohnungen in der **Bundesrepublik Deutschland**:   **82 m^2**

Durchschnittsgröße der Wohnungen in der früheren **DDR**:   **58 m^2**

Damit ergibt sich als Verhältnis der Wohnungsgrößen: (82:58) bzw. (1,41:1) zugunsten von D-West. Die nachfolgende Abbildung II-2-6 versucht in der rechten

---

[60] Quelle: Bundesministerium für innerdeutsche Beziehungen (Hrsg.): Zahlenspiegel – Ein Vergleich Bundesrepublik Deutschland – DDR, 2. Auflage, Juli 1983, S. 63; zitiert nach Krämer, W.: So lügt man mit Statistik, a. a. O., S. 114.

Graphik dieses Verhältnis dadurch zu beschreiben, dass die einzelnen Seitenlängen (jeweils Höhe und Breite) des Wohnungsrechtecks in D-West 1,41-mal so groß dargestellt werden wie die entsprechenden Seitenlängen des Wohnungsrechtecks in D-Ost.[61] Dieses Vorgehen ist natürlich mathematisch **nicht korrekt**: Um eine flächenproportionale Darstellung der Wohnflächen von Westdeutschland und der früheren DDR zu erhalten, ist jede Seitenlänge des Rechtecks der früheren DDR mit dem Faktor $\sqrt{1,41}$ und nicht mit dem Faktor 1,41 zu vervielfachen ($\sqrt{1,41} \cdot \sqrt{1,41} = 1,41$). Werden die Seitenlängen der Wohnungen für die frühere DDR mit diesem Faktor vervielfältigt, ergibt sich die maßstabsgerechte Abbildung der Wohnfläche der Wohnungen Westdeutschlands (s. linke Seite der Abb. II-2-6), die sich deutlich von der fehlerhaften, überdimensionierten rechten Darstellung der Abb. II-2-6 unterscheidet.

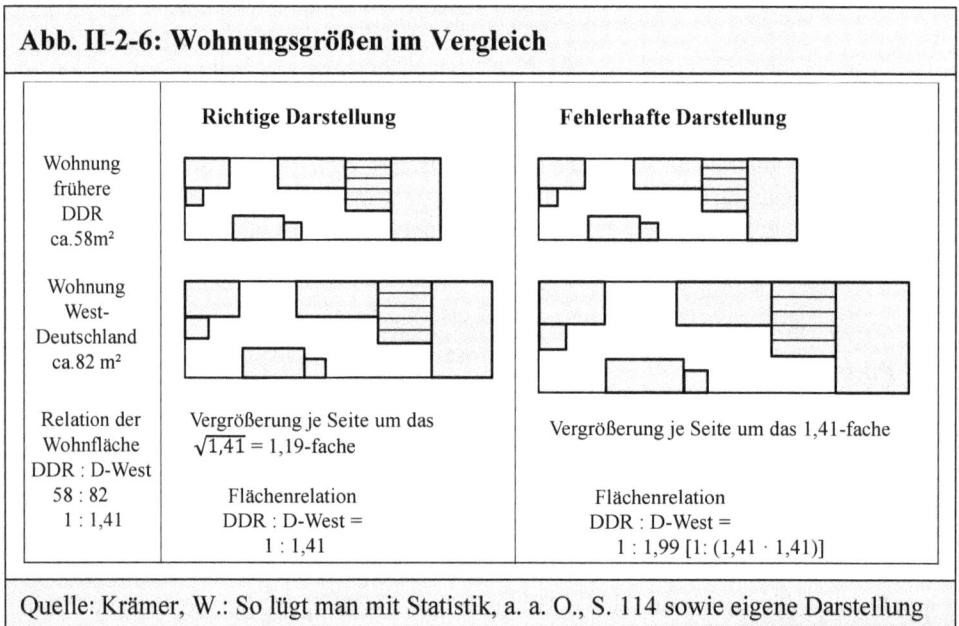

Abb. II-2-6: Wohnungsgrößen im Vergleich

	Richtige Darstellung	Fehlerhafte Darstellung
Wohnung frühere DDR ca.58m²		
Wohnung West-Deutschland ca.82 m²		
Relation der Wohnfläche DDR : D-West 58 : 82 1 : 1,41	Vergrößerung je Seite um das $\sqrt{1,41} = 1,19$-fache Flächenrelation DDR : D-West = 1 : 1,41	Vergrößerung je Seite um das 1,41-fache Flächenrelation DDR : D-West = 1 : 1,99 [1: (1,41 · 1,41)]

Quelle: Krämer, W.: So lügt man mit Statistik, a. a. O., S. 114 sowie eigene Darstellung

---

Durch das fehlerhafte Vorgehen in der linken Darstellung ergibt sich eine Flächenrelation von $[(1,41 \cdot 1,41) : 1] = [1,99 : 1]$, d. h. die Wohnungsfläche für D-West wird als Fläche fast zweimal so groß dargestellt wie für die frühere DDR, obwohl die Relation nicht zwei, sondern nur 1,41 beträgt. Da der Vergleich flächenproportional und nicht höhen-/seitenproportional erfolgen muss, wird der Vergleich zugunsten der Wohnungen in D-West überzeichnet.

---

[61] Diese Darstellungsart erfolgte in einer Veröffentlichung des Bundesministeriums für innerdeutsche Beziehungen; vgl. hierzu die vorherige Fußnote.

2.4   Summenhäufigkeiten, Summenhäufigkeitsverteilung, Verteilungsfunktion, Restsummenhäufigkeiten

Die absolute Häufigkeit, mit der ein mindestens ordinalskaliertes[62] Merkmal eine bestimmte Merkmalsausprägung X_i annimmt oder unterhalb dieser Merkmalsausprägung liegt, heißt **absolute Summenhäufigkeit (H_i)** eines Merkmals X. Wird die Summenhäufigkeit nicht auf Basis der absoluten, sondern der relativen Häufigkeit dargestellt, so ergibt sich die **relative Summenhäufigkeit (F_i).** Statt des Begriffs „Summenhäufigkeit" wird auch häufig der Begriff **„kumulierte Häufigkeit"** gewählt, so dass zwischen der kumulierten absoluten bzw. kumulierten relativen Häufigkeit zu unterscheiden ist.

Die absoluten und relativen Summenhäufigkeiten lassen sich – analog zur Darstellung der absoluten und relativen Häufigkeiten – alternativ in einer Kurz- oder in einer Langschreibweise formulieren:
- absolute Summenhäufigkeit H_i (Kurzschreibweise) oder $H(X_i)$ bzw. H(X = konkreter Wert) (Langschreibweise)
- relative Summenhäufigkeit F_i (Kurzschreibweise) oder $F(X_i)$ bzw. F(X = konkreter Wert) (Langschreibweise).

Für die absolute ($H(X_i)$) bzw. die relative ($F(X_i)$) Summenhäufigkeit gilt:

$$H_i = H(X \leq X_i) = \sum_{j=1}^{i} h_j = h_1 + h_2 + \ldots + h_i ; \qquad \text{für } i = 1, \ldots, m$$

$$F_i = F(X \leq X_i) = \sum_{j=1}^{i} f_j = f_1 + f_2 + \ldots + f_i ; \quad \text{oder } F_i = (H_i / n) \quad \text{für } i = 1, \ldots, m$$

Begriffe „Absolute bzw. relative Summenhäufigkeitsverteilung, Verteilungsfunktion":

Die tabellarische oder graphische Darstellung der geordneten Merkmalswerte und der zugehörigen Summenhäufigkeiten heißt auch **absolute bzw. relative Summenhäufigkeitsverteilung (Summenhäufigkeitsfunktion)**. Häufig wird die **relative Summenhäufigkeitsverteilung** auch einfach als **Verteilungsfunktion** bezeichnet. Der Begriff der „Verteilungsfunktion" ist in der schließenden Statistik von zentraler Bedeutung und findet sich als Überschrift auf vielen Seiten einer Formelsammlung bei der Darstellung der relativen Summenhäufigkeiten theoretischer Verteilungen.

---

[62] Eine Summenhäufigkeit lässt sich sinnvoll nur formulieren, wenn die Merkmalsausprägungen eine Rangfolge, d. h. mindestens eine Ordinalskala aufweisen (vgl. hierzu die Interpretation der Summenhäufigkeit); Summenhäufigkeiten für nominalskalierte Merkmale sind willkürlich gewählt (keine Rangfolge) und daher nicht aussagekräftig.

Begriffe „Absolute bzw. relative Restsummenhäufigkeiten":

Weiterhin können sogenannte **absolute Restsummenhäufigkeiten (RH$_i$)** oder **relative Restsummenhäufigkeiten (RF$_i$)** ermittelt werden. Diese geben an, wie hoch die absolute Anzahl bzw. der relative Anteil der Merkmalsträger ist, die Merkmalsausprägungen oberhalb einer betrachteten Merkmalsausprägung aufweisen.

Die absolute Restsummenhäufigkeit $RH_i = (n - H_i) = (h_{i+1} + h_{i+2} + \cdots + h_m)$ gibt die absolute Häufigkeit der Merkmalsträger an, die **mehr als die Merkmalsausprägung X$_i$** oder mindestens die Merkmalsausprägung X_{i+1} aufweisen (siehe z. B. Tab. II-2-5). Alternativ lässt sich der Sachverhalt der absoluten Restsummenhäufigkeit unter Verwendung des Symbols für die absolute Summenhäufigkeit auch wie folgt darstellen: $RH_i = H(X > X_i)$.

Die **relative Restsummenhäufigkeit (RF$_i$)** gibt die relative Häufigkeit der Merkmalsträger an, die **mehr als die Merkmalsausprägung X$_i$** oder mindestens die Merkmalsausprägung X_{i+1} aufweisen. Die relative Restsummenhäufigkeit (RF$_i$) ermittelt sich für Anteilswerte bzw. Prozentwerte als:

$(RF_i = 1 - F_i)$ bzw. $(RF_i = f_{i+1} + f_{i+2} + \ldots + f_m)$ (als Anteilswerte)

$(RF_i = 100 - F_i)$ bzw. $(RF_i = f_{i+1} + f_{i+2} + \ldots + f_m)$ (als Prozentwerte)

oder alternativ über das Symbol der relativen Summenhäufigkeit: $RF_i = F(X > X_i)$.

Ferner gilt: $RF_i = RH_i / n$

Fallbeispiel: Wohnungen in Deutschland in 2011 (s. Tab. II-2-5, Abb. II-2-7)

Bestimmen Sie für das Fallbeispiel die absolute Summenhäufigkeit H$_4$ und die relative Summenhäufigkeit F$_4$ für das Merkmal **„Raumzahl"**.

Für die **absolute Summenhäufigkeit** H$_4$ der Raumzahl der Wohnungen in Deutschland in 2011 gilt (unter Verwendung verschiedener Schreibweisen):

$H_4 = h_1 + h_2 + \ldots + h_4 = H(X_4) = H(X = 4) = 23\,779{,}314$

[oder: $H(X \leq 4) = 23\,779{,}314$].

Interpretation von $H_4 = 23\,779{,}314$ (Angaben in 1 000):

23,779314 Mio. Wohnungen weisen 4 oder weniger Räume (alternativ: weisen höchstens 4 Räume) auf.

Für die **relative Summenhäufigkeit** F$_4$ der Raumzahl der Wohnungen in Deutschland in 2011 gilt (unter Verwendung verschiedener Schreibweisen; Angaben f$_i$ in %): $F_4 = f_1 + f_2 + \ldots + f_4 = F(X_4) = F(X = 4) = 58{,}7523\,\%$

[oder auch: $F(X \leq 4) = 58{,}7523\,\%$]

oder: $F_4 = (H_4 / n) \cdot 100 = (23\,779{,}314 / 40\,473{,}8230) \cdot 100 = 58{,}7523\,\%$

Interpretation von $F_4 = 58{,}7523\,\%$:

58,7523 % der Wohnungen weisen 4 oder weniger Räume (alternativ: weisen höchstens 4 Räume) auf.

Werden die absoluten oder relativen Summenhäufigkeiten graphisch abgebildet, indem die Häufigkeiten höhenproportional erfasst werden, ergibt sich ein treppenförmiger Verlauf. Dieser ist für das Beispiel „Raumzahl der Wohnungen 2011 in Deutschland" in Abb. II-2-7 als sogenannte **„Treppenfunktion"** dargestellt[63].

Abb. II-2-7: Graphische Darstellung der Verteilungsfunktion der Raumzahl der Wohnungen in Deutschland (31.12.2011)

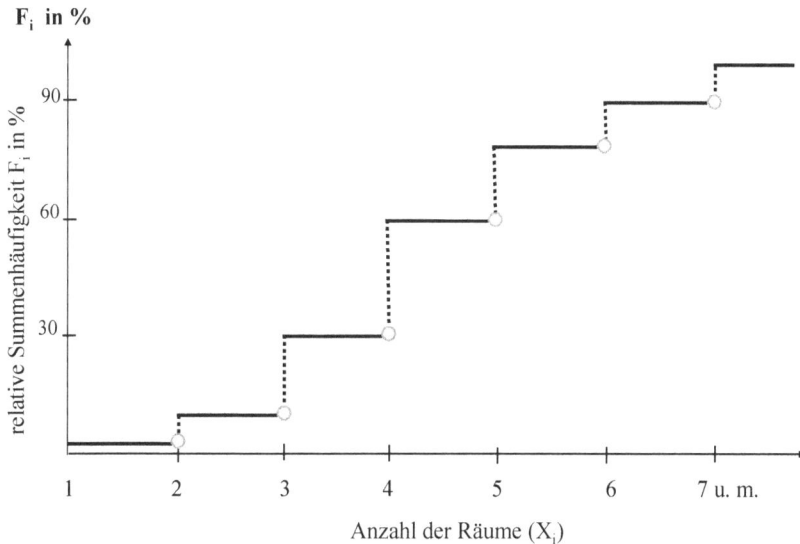

Quelle: Siehe Tab. II-2-5 sowie eigene Darstellung

In dem bisherigen Beispiel stimmten zufälligerweise der Index i und der Merkmalswert von X_i überein, also z. B. für i = 1 galt X_1 = 1 oder für i = 2 galt X_2 = 2. Durch diese Sondersituation wird die Bedeutung der Schreibweise der Symbole nicht richtig deutlich. Daher soll abschließend nachfolgende Häufigkeitsverteilung der Zahl der Kinder von 20 Beschäftigten einer Firma betrachtet werden (vgl. Tabelle II-2-6), bei der diese Übereinstimmung nicht besteht. Wird z. B. danach gefragt, wie hoch der Prozentanteil der Beschäftigten der Firma ist, die höchstens 2 Kinder (X = 2) aufweisen, so gilt: $F_3 = F(X_3) = F(X = X_3) = F(X = 2) = 0,85$. Da X = 2 Kinder die dritte Ausprägung des Merkmals X darstellt, also i = 3 beträgt, gilt: $X_3 = 2$ mit den entsprechenden Konsequenzen für die Schreibweise von F_i bzw. $F(X_i)$.

---

[63] Dieser treppenförmige Verlauf ist typisch für die Summenhäufigkeitsverteilung diskreter Merkmale. Im Unterschied hierzu ergibt sich bei der graphischen Darstellung der Summenhäufigkeiten klassifizierter, stetiger Daten ein S-förmiger Verlauf (s. das nachfolgende Kap. II.2.5).

Tab. II-2-6: Anzahl der Beschäftigten einer Firma mit X_i Kindern

Anzahl der Kinder	abs. Häufig-keit in 1 000	rel. Häufig-keit	abs. Summen-häufigkeit	rel. Summenhäu-figkeit
i	(X_i)	(h_i)	(f_i)	(H_i)	(F_i)
1	0	7	0,35	7	0,35
2	1	6	0,30	13	0,65
3	2	4	0,20	17	0,85
4	3	2	0,10	19	0,95
5	4	1	0,05	20	1,00
Σ		20	1,00		

Beachte z. B.: $X_3 = 2$ Kinder; folglich: $F_3 = F(X_3) = F(X = X_3) = F(X = 2) = 0,85$

Quelle: In Anlehnung an Bourier, G.: Statistik für Wirtschaftswissenschaftler, a. a. O., S. 40.

2.5 Prinzip und Begriffe der Klassifizierung

Bei stetigen und manchmal auch bei diskreten Merkmalen sind die vorliegenden oder zu berücksichtigenden Merkmalsausprägungen so zahlreich, dass die Häufig-keitsverteilung zu unübersichtlich wird oder für viele Ausprägungen nur noch sehr geringe Häufigkeiten auftreten (z. B. bei der Erfassung der Körpergröße von Personen). In diesen Fällen sind benachbarte Merkmalsausprägungen (hier: „Körpergrö-ßen") **zu Klassen** (hier: „Körpergrößen von ... bis unter ...") **zusammenzufassen**, d. h. es findet eine **Klassifizierung** der Merkmalsausprägungen statt (die Klassi-fizierung wird auch als **„Klassierung"** bezeichnet). Nachfolgend soll zur Beschrei-bung der Klassifizierung von Daten das Beispiel der Bruttomonatsverdienste von 250 Beschäftigten zugrunde gelegt werden (vgl. Tab. II-2-7). An diesem Beispiel lassen sich die grundsätzliche Vorgehensweise und zentrale Begriffe der Klassifi-zierung erläutern.

Vor- und Nachteile der Klassifizierung von Daten:

Falls Merkmalsausprägungen in großer Anzahl mit geringen Häufigkeiten auftreten und diese nicht zu Klassen zusammengefasst werden, gestaltet sich die Häufigkeits-verteilung sehr **unübersichtlich**. Im Extremfall kommt jede Merkmalsausprägung bei jedem Merkmalsträger nur einmal vor (z. B. bei Körpergrößen von 100 Perso-nen), so dass über die Häufigkeitsverteilung keine Verdichtung der Daten erfolgt und diese wenig vorteilhaft ist. Umgekehrt gilt: Falls viele Daten in einer Klasse zusammengefasst werden und jede Klasse damit viele Merkmalswerte umfasst, lässt sich für die Merkmalswerte einer Klasse nicht mehr beurteilen, welche Merkmalswerte im Einzelfall wie häufig vorgekommen sind. Dies bedeutet einen großen **Informationsverlust**.

So kann im Beispiel der klassifizierten Bruttomonatsverdienste der nachfolgenden Tabelle II-2-7 z. B. nur angegeben werden, wie häufig die Merkmalswerte in einer Klasse auftreten (sogenannte Klassenhäufigkeit). Es ist aber keine Angabe darüber möglich, welche konkreten Merkmalswerte in der Klasse vorliegen. So bedeutet z. B. die Klassenhäufigkeit $h_1 = 6$, dass 6 Merkmalsträger (Beschäftigte) in die erste Klasse fallen, d. h. einen Bruttomonatsverdienst von 500 bis unter 1 000 € aufweisen. Angaben über die konkreten Bruttomonatsverdienste dieser 1. Klasse sind jedoch nicht möglich, so dass es durch die Klassifizierung zu einem Informationsverlust kommt[64], der sich sehr verzerrend auf die gesamte statistische Auswertung auswirken kann.[65]

Diese Verzerrung zeigt sich beispielsweise immer dann, wenn **repräsentative Werte** der Klassen für Rechenvorgänge gesucht sind. Denn nur mit konkreten repräsentativen Werten der Klassen, nicht aber mit Klassenintervallen lassen sich statistische Berechnungen durchführen. Aus Gründen der Einfachheit und wegen der Unkenntnis anderer repräsentativer Werte (wie beispielsweise Durchschnittswerte der Klassen) werden in der Regel die **Klassenmitten X_i' als repräsentative Werte** einer Klasse verwendet. Diese Klassenmitten sind aber nur dann unverzerrte Repräsentanten der Klassen, wenn sich die Klassenhäufigkeiten einer Klasse gleichmäßig (bzw. symmetrisch) auf diese Klassen verteilen und damit die Klassenmitten dem arithmetischen Mittel der Klasse entsprechen[66]. So ist im Fallbespiel der Bruttomonatsver-

---

[64] Klassifizierte Daten können aus zwei verschiedenen Situationen hervorgehen. Situation 1: Die Daten werden als Einzelwerte erhoben und die Klassifizierung ist das Ergebnis der vom Datenerfasser durchgeführten Datenverdichtung. Häufiger dürften aber die Voraussetzungen der Situation 2 vorliegen: Hier werden die Daten bei der Erhebung nur nach Klassen erfasst (z. B. Einkommensklassen); auf die Erhebung konkreter Einzelwerte wird verzichtet, da dies zu einer Antwortverweigerung führen könnte (insbesondere bei sensiblen Merkmalen).

[65] Durch eine Klassifizierung von Daten und die Verwendung repräsentativer Werte einer Klasse können die statistischen Auswertungen in einem Ausmaß verzerrt werden, wie das bei keiner anderen statistischen Anwendung der Fall ist.

[66] Beispielsweise ermittelt sich die Klassenmitte der ersten Klasse mit den Klassengrenzen 500 und 1 000 wie folgt: Klassenmitte der ersten Klasse = (500 + 1 000) / 2 = 750 (vgl. hierzu die nachfolgenden Definitionen und Begriffe in diesem Kapitel). Verteilen sich die Merkmalswerte einer Klasse nicht gleichmäßig auf diese Klasse, so weicht die Klassenmitte vom Durchschnittswert der Klasse ab. Dieser Durchschnitt wird über alle Merkmalswerte der Klasse gebildet (siehe hierzu das Kap. II.3.2.3) und nicht nur über die Klassengrenzen der Klasse, wie bei der Klassenmitte (siehe die nachfolgenden Definitionen in diesem Kapitel).

dienste die Klassenmitte 750 € nur dann eine repräsentative Größe für die 1. Klasse, wenn davon auszugehen ist, dass sich die 6 Merkmalsträger der 1. Klasse gleichmäßig (oder symmetrisch) auf die 1. Klasse verteilen, d. h. ein Merkmalsträger z. B. 500 € verdient, ein weiterer z. B. 600 € etc. und der letzte z. B. 999,99 € aufweist (gerundet 1 000 €). Unter dieser Annahme stimmt das arithmetische Mittel der Klasse jeweils mit der sogenannten Klassenmitte überein. Analoge Überlegungen gelten für die anderen Klassen und ihre Klassenmitten.

Tab. II-2-7: Häufigkeitstabelle bei einheitlicher Klassenbreite (Beispiel „Bruttomonatsverdienste, Ursprungsversion")

Klasse	Brutto-monats-verdienst in €	Klassen-breite	abs. Häu-figkeit	rel. Häufig-keit	rel. Sum-men-häufigkeit	Klassen-mitte
i	X_i	ΔX_i	h_i	f_i	F_i	X_i'
1	500 bis unter 1 000	500	6	0,024	0,024	750
2	1 000 bis unter 1 500	500	13	0,052	0,076	1 250
3	1 500 bis unter 2 000	500	22	0,088	0,164	1 750
4	2 000 bis unter 2 500	500	32	0,128	0,292	2 250
5	2 500 bis unter 3 000	500	40	0,160	0,452	2 750
6	3 000 bis unter 3 500	500	42	0,168	0,620	3 250
7	3 500 bis unter 4 000	500	39	0,156	0,776	3 750
8	4 000 bis unter 4 500	500	31	0,124	0,900	4 250
9	4 500 bis unter 5 000	500	20	0,080	0,980	4 750
10	5 000 bis unter 5 500	500	5	0,020	1,000	5 250

Die Annahme einer gleichmäßigen Verteilung der Merkmalswerte auf die jeweiligen Klassen ist auch für weitere statistische Fragestellungen, wie z. B. für die Berechnung von Summenhäufigkeiten oder Mittelwerten erforderlich. Exemplarisch sei auf die Anwendung des Strahlensatzes verwiesen, der u. a. eingesetzt wird, um den Anteilswert einer Klasse „fein" zu berechnen (sogenannte **„Feinberechnung des Anteilswertes einer Klasse"**; s. hierzu spätere Ausführungen).

Zusammenfassend lässt sich zur Klassenbildung festhalten: Dem **Vorteil der größeren Übersichtlichkeit** der Daten steht der **Nachteil des Informationsverlustes** gegenüber. Daher ist es bei jeder Klassifizierung das Ziel, über eine geschickte Gestaltung der Klassengrenzen und der Klassenbreiten diese Ambivalenz von Übersichtlichkeit und Informationsverlust zu überwinden und den Nachteil der Klassifizierung möglichst gering zu halten. Dazu sind die nachfolgenden Aspekte bei der Klassenbildung zu beachten.

Aspekte der optimalen Klassenbildung:

Verzerrungen bei Klassenbildungen lassen sich durch eine geschickte Wahl der Klassengrenzen vermeiden oder zumindest verringern. Welche Aspekte bei der Wahl zu beachten sind, ist aus den Abbildungen (II-2-8a) bis (II-2-8c) ersichtlich. Ein **zentrales Kriterium** für die Klassenbildung besteht vor allem in dem Ziel, möglichst homogene Strukturen der Merkmalsausprägungen einer Klasse zu erhalten. Dies bedeutet, dass **homogen besetzte Intervalle** (d. h. Bereiche mit gleicher Häufigkeit der Merkmalswerte = einheitliche Dichte) möglichst zu einer Klasse zusammenzufassen sind, wie dies in Abb. II-2-8a ersichtlich ist.

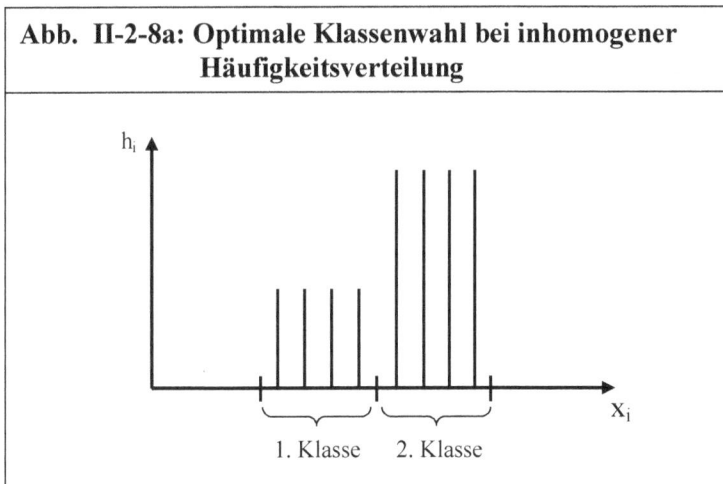

Abb. II-2-8a: Optimale Klassenwahl bei inhomogener Häufigkeitsverteilung

In dieser Abbildung weisen die Merkmalswerte innerhalb der 1. Klasse bzw. 2. Klasse jeweils ähnlich hohe Häufigkeiten und damit eine homogene Verteilung der Merkmalswerte auf. Eine Zusammenfassung der 1. und 2. Klasse zu einer neuen großen Klasse würde diese Homogenität verletzen und hätte Verzerrungen bei der Berechnung statistischer Größen zur Folge. Sie sollte daher unterbleiben. Ziel der Klassifizierung ist es somit, innerlich homogene und äußerlich heterogene Intervalle, d. h. Klassen zu bilden.

Damit die Klassenmitte einen repräsentativen Wert darstellt, ist ferner darauf zu achten, dass bei der Gestaltung der Klasse der häufigste Wert der zu einer Klasse zusammen zu fassenden Merkmalsausprägungen möglichst in der Mitte der zu bildenden Klasse liegt (vgl. Abb. II-2-8b). Werden die Klassengrenzen bereits bei der Befragung vorgegeben und nicht erst nach der Erhebung eingeteilt, sollten die Klassengrenzen nach Möglichkeit so ausgewählt werden, dass die erwartete Häufigkeitsverteilung diesen Prinzipen der Klasseneinteilung genügt. So wäre es z. B. nicht sinnvoll, bei einer Einkommenserhebung die Klassengrenze auf 450 € festzulegen, da aufgrund der Einkommensregelungen der Minijobs dieses Einkommen vermutlich sehr häufig auftreten wird. Das Einkommen 450 € sollte daher eine Klassenmitte bei der Klassifizierung bilden.

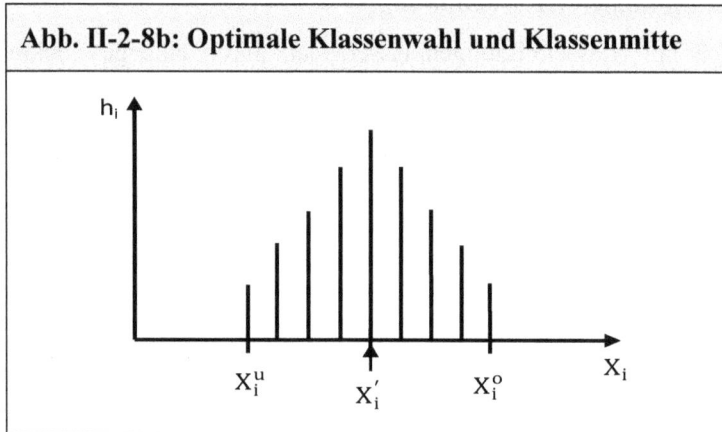

Abb. II-2-8b: Optimale Klassenwahl und Klassenmitte

Grundsätzlich ist es für die Überschaubarkeit der Klassen vorteilhaft, einheitliche Klassenbreiten zu verwenden. Dies ist aber nur dann möglich, wenn alle Merkmalswerte sich innerhalb einheitlicher Intervalle homogen zu Klassen strukturieren lassen. Treten die einzelnen vorkommenden Merkmalausprägungen mit stark abweichenden Häufigkeiten auf und weisen die jeweils vorkommenden Merkmalausprägungen unterschiedliche Abstände auf, d. h. unterscheidet sich insgesamt die Datendichte in den einzelnen Merkmalsbereichen, so sollten in den Datenbereichen mit hoher Dichte viele Klassen und umgekehrt gebildet werden (vgl. Abb. II-2-8c).

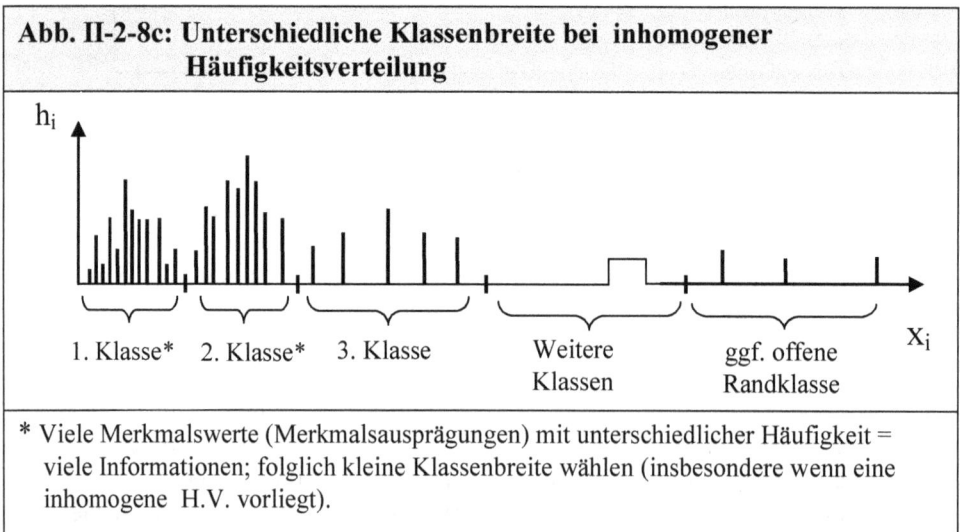

Abb. II-2-8c: Unterschiedliche Klassenbreite bei inhomogener Häufigkeitsverteilung

1. Klasse* 2. Klasse* 3. Klasse   Weitere   ggf. offene X_i
                                        Klassen   Randklasse

* Viele Merkmalswerte (Merkmalsausprägungen) mit unterschiedlicher Häufigkeit = viele Informationen; folglich kleine Klassenbreite wählen (insbesondere wenn eine inhomogene H.V. vorliegt).

Auf diese Weise lässt sich mit einer begrenzten Anzahl von Klassen (Aspekt der Übersichtlichkeit) die Vielzahl der Informationen am besten nutzen. Es werden dann dort viele Klassen mit ggfs. kleinen Klassenbreiten gebildet, wo viele Merkmalsausprägungen mit stark schwankenden Häufigkeiten vorzufinden sind (in der Abb. II-2-8c soll dies in der 1. und 2. Klasse – im Gegensatz zur 3. Klasse und zur offenen Randklasse – vorliegen).

Weitere Begriffe bei der Klassifizierung:

- Merkmalsausprägung X_i der i-ten Klasse; es liegen insgesamt $i = 1, ..., m$ Klassen des Merkmals X vor;
- Klassenbreite: Differenz zwischen größter und kleinster Merkmalsausprägung der jeweiligen i-ten Klasse; stellen X_i^u bzw. X_i^o die untere bzw. obere Grenze einer Klasse X_i dar, so ergibt sich die Klassenbreite ΔX_i als: $\Delta X_i = X_i^o - X_i^u$. Da die Klassen aneinander stoßen, gilt: $X_i^o = X_{i+1}^u$ bzw. $X_i^u = X_{i-1}^o$.

Diese Überführung von Klassengrenzen unterschiedlicher Klassen wird aus folgender Darstellung ersichtlich:

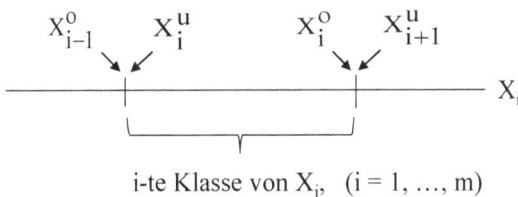

i-te Klasse von X_i, (i = 1, ..., m)

- **Repräsentativer Merkmalswert für die Klasse X_i**
Der Durchschnittswert einer Klasse, d. h. das arithmetische Mittel[67] der Klasse wäre als repräsentativer Merkmalswert sehr gut geeignet, lässt sich aber in der Regel wegen der Unkenntnis der H.V. der Merkmalswerte einer Klasse nicht berechnen (siehe die vorherigen Ausführungen). Daher wird die Klassenmitte X_i' im Folgenden immer wieder als repräsentativer Wert verwendet. Sie ermittelt sich als: $X_i' = (X_i^u + X_i^o)/2$.

- **Absolute (h_i^*) bzw. relative (f_i^*) Klassenhäufigkeit**
Die absolute (h_i^*) oder relative (f_i^*) Klassenhäufigkeit gibt die absolute oder relative Häufigkeit an, mit der Merkmalsausprägungen X_i der i-ten Klasse in den Klassengrenzen X_i^u bzw. X_i^o vorkommen, also z. B.[68]:
$h_i^* = h(X_i^u \leq X < X_i^o)$ für alle Klassen $i = 1, ..., m$
(alternative Schreibweise: $h^*(X_i)$ für h_i^* bzw.

---

[67] Zum Begriff des arithmetischen Mittels s. Kap. II.3.2.3.
[68] Im Folgenden wird die Schreibweise für Klassengrenzen „von ... bis unter ..." gewählt; vgl. hierzu die nachfolgenden Ausführungen der Abb. II-2-9.

$$f_i^* = f(X_i^u \leq X < X_i^o) \quad \text{für alle Klassen } i = 1, \ldots, m$$

(alternative Schreibweise: $f^*(X_i)$ für f_i^*)

Hinweis: Im Folgenden wird auf das Sternchen („*") bei der Darstellung der Häufigkeiten verzichtet. Insoweit werden die Klassenhäufigkeiten wie die Häufigkeiten der Merkmalswerte nicht klassifizierter Daten verwendet.

- **Eindeutige Definition der Klassengrenzen**

  Wichtig ist eine eindeutige Zuordnung der Merkmalsausprägungen zur jeweiligen Klasse. Hierzu ist eine einheitliche Definition und Beachtung der Klassengrenzen erforderlich. Dies bedeutet konkret: Bei Merkmalswerten, die auf der Klassengrenze liegen, ist die Festlegung erforderlich, ob sie stets der rechten oder linken Klasse zuzuordnen sind. Es ergeben sich somit als Zuordnung die beiden folgenden, in Abb. II-2-9 dargestellten gleichwertigen Möglichkeiten (a) oder (b). Bei der Möglichkeit (a) werden Merkmalswerte, die exakt auf der Klassengrenze liegen, der nächsthöheren Klasse zugeordnet. Bei Möglichkeit (b) erfolgt die Zuordnung analog zur nächstkleineren Klasse. Wichtig ist, dass die Zuordnung der Merkmalswerte zu den Klassen immer einheitlich erfolgt, d. h. ein auf der Klassengrenze liegender Wert entweder immer der jeweils oberen oder unteren Klasse zugeordnet wird.

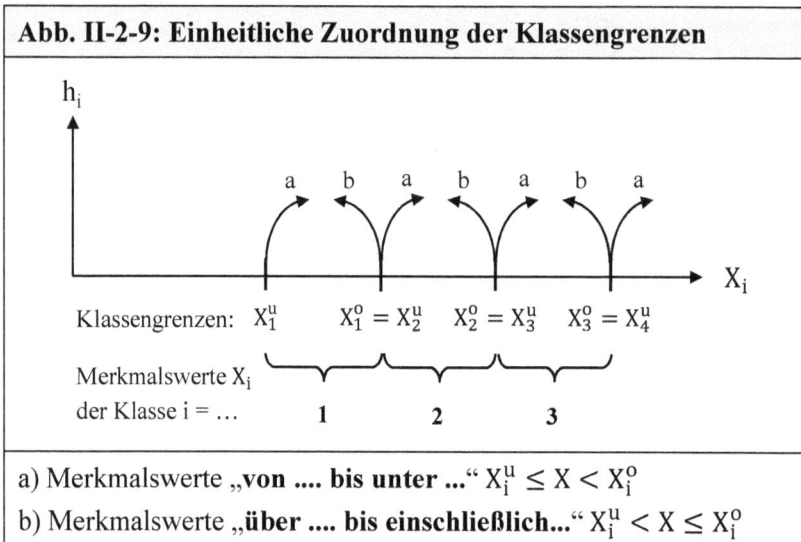

Abb. II-2-9: Einheitliche Zuordnung der Klassengrenzen

a) Merkmalswerte „von .... bis unter ..." $X_i^u \leq X < X_i^o$

b) Merkmalswerte „über .... bis einschließlich..." $X_i^u < X \leq X_i^o$

Beachte: Bei der Formulierung „von …bis unter…" (und analog auch für die Abgrenzung „über .... bis einschließlich...") geht es nicht darum(!), ob der X-Wert der unteren oder oberen Klassengrenze eine kleinste Einheit von der Klassengrenze abweicht (also z. B. an der Klassengrenze „unter 1 000" den Wert 999,99 oder noch mehr Nachkommastellen aufweist), sondern es handelt sich hier ausschließlich um das Problem der Zuordnung eines Merkmalswertes zur jeweiligen Klasse. Denn je nach der Zuordnung der Merkmalswerte zur (i)-ten Klasse bzw. zur (i+1)-ten Klasse ändert sich die absolute Häufigkeit (h_i) bzw. (h_{i+1}) um eine ganze natürliche Zahl (und nicht nur um eine Nachkommastelle wie beim Merkmalswert selbst) (!)

- **Offene Randklasse:**

  - Eine offene Randklasse entsteht, wenn zu der ersten bzw. letzten geordneten Klasse keine untere bzw. obere Klassengrenze angegeben wird.

  - Offene Randklassen werden immer dann angewandt, wenn im unteren oder oberen Bereich der Merkmalsausprägungen sehr große Intervalle nur sehr schwach und ungleichmäßig besetzt sind.[69]

  - Liegen relativ wenige Merkmalswerte in einem extrem äußeren Bereich (Ausreißer), dann lassen offene Randklassen nicht den falschen Eindruck einer normalen Streuung in der Randklasse entstehen. Offene Randklassen haben zur Folge, dass wegen fehlender Klassenbegrenzungen eine Klassenmitte und damit ein repräsentativer Wert nicht abgeleitet werden kann und sich verschiedene statistische Größen nicht berechnen lassen (wie beispielsweise das arithmetische Mittel). Hilfslösung: Es werden Berechnungen ohne die offene Randklasse vorgenommen oder es kommen statistische Größen zum Einsatz, die die Merkmalswerte der offenen Randklassen nicht benötigen. Im Extremfall kann als Klassengrenze auch ein vermuteter Wert der unteren oder oberen Klassengrenze fiktiv eingesetzt werden, wenngleich hierdurch der Vorteil der offenen Randklasse unterlaufen wird.

- **Optimale Klassenanzahl/Klassenbreite:**

  - Insgesamt gibt es keine generelle Regel für die optimale Anzahl der Klassen; allerdings empfiehlt eine grobe Faustregel, dass die Zahl der Klassen nicht größer als 20 und nicht kleiner als 5 ausfallen sollte.
  - Letztlich hängt die Anzahl der zu berücksichtigenden Klassen von der individuellen Situation ab (siehe vorherige Ausführungen zur Datendichte der Klassenintervalle)

- **Weitere Begriffe:**

  - Zum Begriff der **Häufigkeitsdichte** vgl. die Ausführungen zur graphischen Darstellung der Häufigkeitsverteilung, Kap. II.2.6.
  - Zum Begriff der absoluten oder relativen **Summenhäufigkeit** klassifizierter Daten vgl. Kap. II.2.7.

---

[69] Werden beispielsweise die Bruttoeinkommen aller Erwerbstätigen einer börsennotierten Aktiengesellschaft in einer H.V. dargestellt, kommt es vereinzelt zu sehr hohen Merkmalswerten im oberen Bereich der H.V., wenn auch die hohen Bezüge der Vorstandsmitglieder berücksichtigt werden; hier wäre folglich die Einbeziehung einer offenen oberen Randklasse sinnvoll.

2.6   Graphische Darstellung der Häufigkeitsverteilung klassifizierter Daten (Histogramm)

Die nachfolgende Abbildung II-2-10 stellt die H.V. der klassifizierten Bruttomonats-verdienste in einem Säulendiagramm – dem sogenannten Histogramm – dar. Dabei werden die Klassenhäufigkeiten höhen- und (wegen der einheitlichen Klassen-breiten) auch flächenproportional abgebildet. Die Säulen einer Klasse bringen zum Ausdruck, dass innerhalb einer Klasse die Klassenhäufigkeiten sich gleichmäßig auf die Merkmalswerte einer Klasse verteilen.

Hinweis: Die Klassenmitten der Säulen lassen sich mit einem Linienzug – dem sogenannten Polygonzug (Linienzug) – verbinden, wie dies im Histogramm der Abb. II-2-10 dargestellt ist. Allerdings suggeriert die dann ersichtliche Häufigkeitsverteilung des Polygonzuges, dass sich die Häufigkeiten innerhalb einer Klasse unterschiedlich verteilen, d.h. sich gleichmäßig auf- oder abbauen: Steigt die Säulenhöhe von Klasse zu Klasse an, so wird auch innerhalb der Klasse eine ansteigende Häufigkeit bei Bewegungen von der Klassenuntergrenze zur Klassenobergrenze unterstellt. Umgekehrt verhält es sich bei einer von Klasse zu Klasse ab-nehmenden Säulenhöhe. Letztlich widerspricht die Annahme unterschiedlicher Häufigkeiten innerhalb einer Klasse den Annahmen, die bei der Berechnung verschiedener statistischer Werte zur Anwendung kommen (wie z. B. bei der Feinberechnung des Anteilswertes in Kap. 2.7 oder bei anderen Betrachtungen; hier wird aufgrund der Anwendung des Strahlensatzes automatisch von einer Gleichverteilung der Häufigkeiten innerhalb der Klasse ausgegangen).

Die graphischen Darstellungen sind zu modifizieren, wenn unterschiedliche Klas-senbreiten zum Einsatz kommen. Hierzu wird in dem ursprünglichen Beispiel der H.V. der Bruttomonatsverdienste (s. Tab. II-2-7) exemplarisch die 6. und 7. Klasse zu einer neuen 6. Klasse mit einer Klassenbreite von $\Delta X_6 = 1\,000$ zusammenge-fasst, so dass die 8. Klasse zur 7. Klasse wird usw. (siehe Tab. II-2-8). Damit liegen dann nur noch 9 anstatt der ursprünglich 10 Klassen vor. Nun lässt sich das Histo-gramm wegen der höhenproportionalen Häufigkeiten nur noch über den Begriff der „Dichte" abbilden. Dieser soll im Folgenden definiert und näher erläutert werden.

Begriff „Häufigkeitsdichte":

Liegen unterschiedliche Klassenbreiten vor, so können einzelne statistische Frage-stellungen nur über die auf eine **einheitliche Klassenbreite normierten** Klassenhäu-figkeiten analysiert werden. Die normierte absolute bzw. relative Häufigkeit wird als **absolute** bzw. **relative Häufigkeitsdichte** bezeichnet. Die Verwendung der Dichte ist bei diesen Analysen erforderlich, da die Klassenhäufigkeit von der Klassenbreite abhängt, was bei der graphischen Darstellung von Häufigkeiten und bei der Bestim-mung der häufigsten Merkmalsausprägung (Modalwert) zu Verzerrungen führt. In der Regel sollte bei der Ermittlung der Dichte diejenige Klassenbreite als Normbreite herangezogen werden, die am häufigsten vorkommt. Im vorliegenden Beispiel der Tab. II-2-8 ist dies die Klassenbreite 500. Auf diese Weise lässt sich der Rechenauf-wand bei der Umrechnung der Häufigkeiten in eine Dichte möglichst gering halten.

Abbildung II-2-10: Darstellung klassifizierter Daten mit konstanter Klassenbreite im Histogramm bei gleichzeitiger Einbeziehung eines Polygonzugs (Fallbeispiel „Bruttomonatsverdienste")

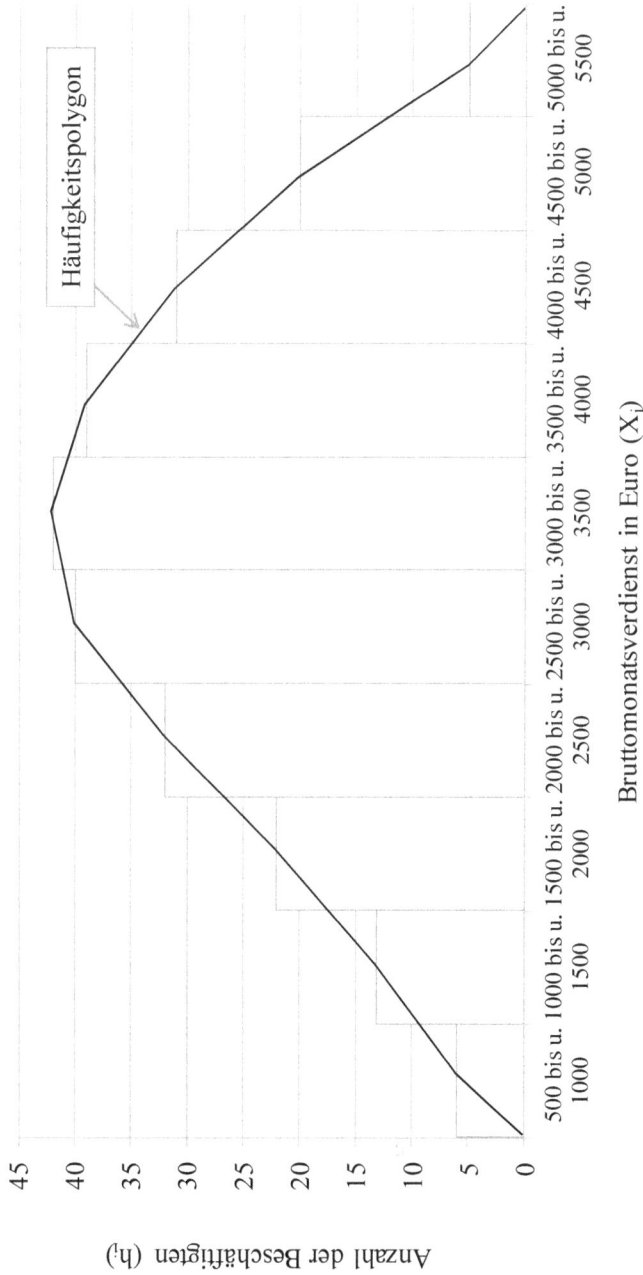

Tab. II-2-8: Ermittlung der Häufigkeitsdichte bei klassifizierten Daten mit unterschiedlicher Klassenbreite (Beispiel „Bruttomonatsverdienste")

Kl.	Bruttomonats-verdienst in €	Klas-sen-breite	absolu-te Häu-figkeit	relative Häufig-keit	relative Häufig-keits-dichte	rel. Summen-häufig-keit	Klas-sen-mitte
i	X_i	ΔX_i	h_i	f_i	d_i*)	F_i	X_i'
1	500 bis unter 1 000	500	6	0,024	0,024	0,024	750
2	1 000 bis unter 1 500	500	13	0,052	0,052	0,076	1 250
3	1 500 bis unter 2 000	500	22	0,088	0,088	0,164	1 750
4	2 000 bis unter 2 500	500	32	0,128	0,128	0,292	2 250
5	2 500 bis unter 3 000	500	40	0,160	0,160	0,452	2 750
6	**3 000 bis unter 4 000**	**1 000**	**81**	**0,324**	**0,162**	**0,776**	**3 500**
7	4 000 bis unter 4 500	500	31	0,124	0,124	0,900	4 250
8	4 500 bis unter 5 000	500	20	0,080	0,080	0,980	4 750
9	5 000 bis unter 5 500	500	5	0,020	0,020	1,000	5 250
Σ			250	1,00			

*) berechnet nach der Formel:

$$d_i = \frac{f_i}{\Delta X_i} \cdot \Delta X^n \quad \left\{ \begin{array}{l} \text{hier wurde } \Delta X^n = 500 \text{ angenommen, da diese} \\ \text{Klassenbreite am häufigsten vorkommt.} \end{array} \right.$$

Begriff und Bedeutung der Dichte lassen sich anhand des folgenden Bildes eines **Schmetterlingsfängers** leicht erläutern: Bei einem Wettbewerb „Schmetterlings-fang" hat der Schmetterlingsfänger mit dem größeren Schmetterlingskescher c. p. ei-nen Vorteil. Wird vereinfacht angenommen, dass es sich um einen rechteckigen Schmetterlingskescher handelt, bei dem nur eine Seite variiert werden kann, steigt im Durchschnitt die gefangene Schmetterlingszahl proportional zur Seitenlänge des Schmetterlingskeschers. Weist Schmetterlingsfänger A einen doppelt so großen Kescher wie Schmetterlingsfänger B auf, wird er c. p. im Durchschnitt auch doppelt so viele Schmetterlinge fangen[70]. Damit bei unterschiedlicher Keschergröße (übertragen: Klassenbreite) die Zahl der gefangenen Schmetterlinge (übertragen: Häufigkeiten der Klasse) vergleichbar sind, muss bei doppelter Keschergröße die Zahl der gefangenen Schmetterlinge (übertragen: Häufigkeiten) halbiert werden. Damit ist die tatsächlich gefangene Schmetterlingszahl (Häufigkeit) in eine fiktive Schmetterlingszahl bei einheitlicher Keschergröße (Dichte) umzurechnen.

Abb. II-2-11: Relative Dichte (d_i) bei unterschiedlicher Klassenbreite im Histogramm (Beispiel „Bruttomonatsverdienste")

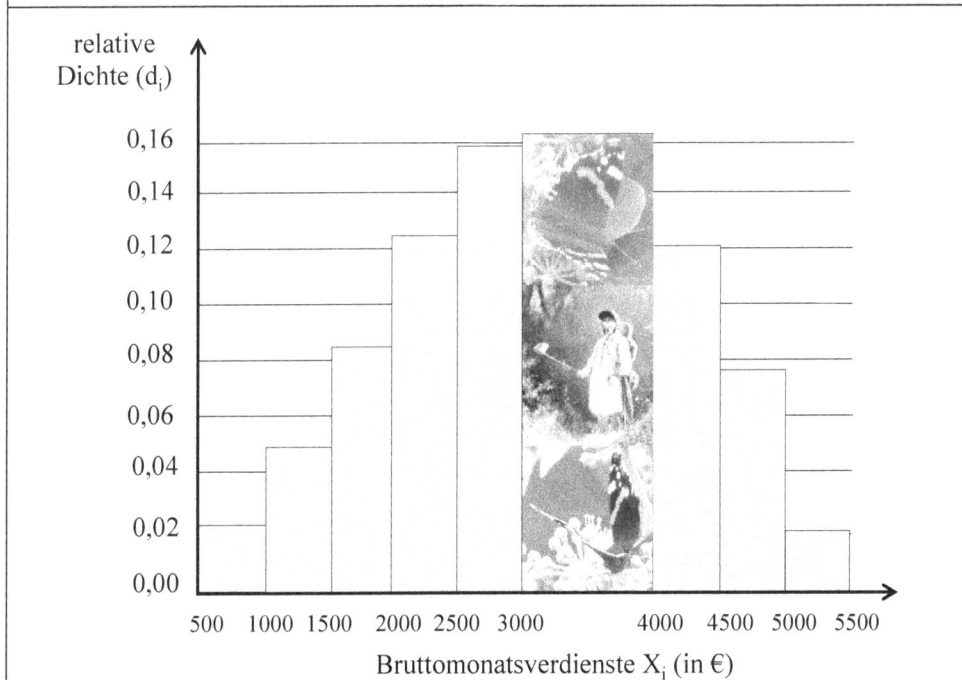

Hinweis: Der Schmetterlingsfänger der o. a. Abbildung symbolisiert, dass sich bei unterschiedlicher Klassenbreite die Häufigkeiten der Klassen nur über die Dichte einer Häufigkeitsverteilung darstellen lassen (s. Erläuterung im Text).
Bildquelle: Spitzweg, C.: Der Schmetterlingsjäger, 1840 sowie eigene Fotos.

In den weiteren Darstellungen soll nur die relative (nicht aber die absolute) Häufigkeitsdichte d_i betrachtet werden, die sich wie folgt errechnet:

---

[70] Die Wahrscheinlichkeit, einen Schmetterling zu fangen, steigt proportional zur Kescherfläche. Würde ein kreisrunder Kescher verwendet und der Radius des Keschers verdoppelt, vervierfacht sich die Fläche des Keschers und damit die Wahrscheinlichkeit für den Schmetterlingsfang (Kreisfläche = $r^2 \cdot \pi$; mit r = Radius). Damit zwischen der Größe des Keschers und der Fläche eine lineare Beziehung gilt, wird vereinfachend ein rechteckiger Kescher verwendet, bei dem nur eine Seitenlänge des Keschers variabel ist.

$$d_i = \frac{f_i}{\Delta X_i} \cdot \Delta X^n \quad \text{mit: } \Delta X^n = \text{normierte einheitliche Klassenbreite}$$

Die für die verschiedenen Klassen verwendete normierte Klassenbreite ΔX^n (im übertragenen Bildbeispiel: normierte Keschergröße) kann willkürlich groß ausfallen (beliebiger Maßstab); sie muss aber **einheitlich** für alle Klassen gewählt werden. Aus Gründen der Rechenerleichterung empfiehlt sich für ΔX^n diejenige Klassenbreite zu verwenden, die am häufigsten in den verschiedenen Klassen vorkommt (dann stimmen für diese Klassen d_i und f_i überein).

2.7 Summenhäufigkeiten klassifizierter Daten, Feinberechnung des Anteilswertes

Absolute Summenhäufigkeiten (H_i; auch $H(X_i)$) bzw. relative Summenhäufigkeiten (F_i auch $F(X_i)$) klassifizierter Daten ergeben sich analog zur Ableitung der Summenhäufigkeiten unklassifizierter Daten. Allerdings werden bei klassifizierten Daten die absoluten bzw. relativen Summenhäufigkeiten H_i bzw. F_i immer erst an der oberen Klassengrenze erreicht (vgl. Tab. II-2-7 und Abb. II-2-12).

Abb. II-2-12: Grafische Darstellung der relativen Summenhäufigkeit F(X) bei klassifizierten Daten

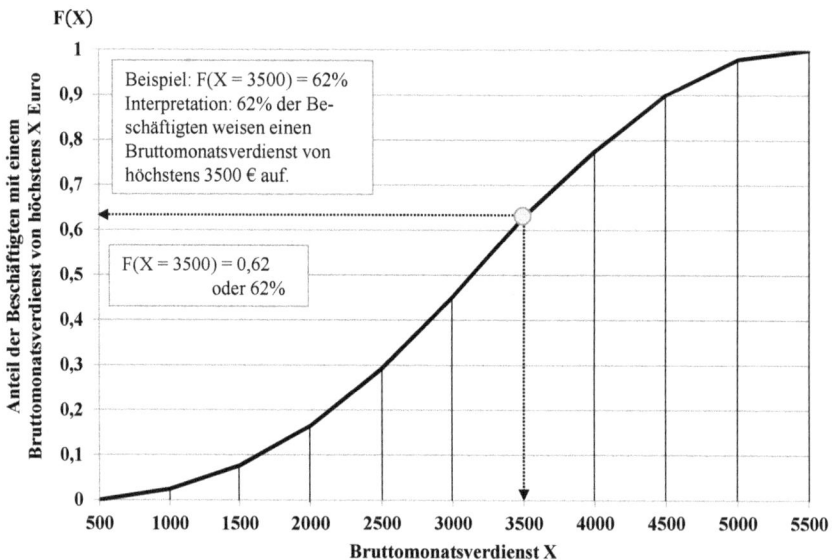

Beispiel: F(X = 3500) = 62%
Interpretation: 62% der Beschäftigten weisen einen Bruttomonatsverdienst von höchstens 3500 € auf.

F(X = 3500) = 0,62 oder 62%

Beachte: Bei klassifizierten Daten wird die absolute bzw. relative Summenhäufigkeit H_i bzw. F_i immer erst an der Klassenobergrenze erreicht!

Daher ist bei der graphischen Darstellung der Verteilungsfunktion klassifizierter Daten zu beachten, dass die relativen Summenhäufigkeiten F_i immer den jeweiligen Klassenobergrenzen zuzuordnen sind. Dementsprechend können auch Stäbe, die höhenproportional zu den Werten von F_i senkrecht in die Verteilungsfunktion eingetragen werden, erst an der Klassenobergrenze errichtet werden (vgl. Abb. II-2-12). Aus dieser Abbildung ist z. B. ersichtlich, dass 62 % der Beschäftigten höchstens 3 500 € verdienen.

Häufig wird in den statistischen Fragestellungen nicht nach der relativen (oder absoluten) Summenhäufigkeit an der Klassengrenze gesucht, sondern es ist die relative (oder absolute) Summenhäufigkeit für einen speziellen Merkmalswert innerhalb der Klasse zu bestimmen. Dann wird (im Falle der relativen Summenhäufigkeit) von einer **Feinberechnung des Anteilswertes** gesprochen. So könnte sich für das Beispiel der Bruttomonatsverdienste folgende Frage stellen: Wieviel % der Beschäftigten verdienen höchstens $X^* = 2\,800$ €? Da der Wert $X^* = 2\,800$ € innerhalb der Klasse liegt, ist eine lineare Interpolation von $F(X^* = 2\,800)$ (Feinberechnung) erforderlich. Aus Abb. II-2-13 kann die Lösung ersehen werden: $F(X^* = 2\,800) = 38,8\,\%$.

Zur Ermittlung des feinberechneten Anteilswertes $F(X^* = 2\,800)$ empfiehlt sich das folgende **systematische Vorgehen**[71] (hier aufgezeigt am Beispiel „Bruttomonatsverdienste"; vgl. Abb. II-2-13 sowie Tab. II-2-7):

1) Welche **Größe** ist gesucht? Antwort: Eine relative Summenhäufigkeit $F(X)$.

2) In welcher **Klasse** liegt der gesuchte Wert? Antwort: In der fünften Klasse.

3) Wie lautet der **Startwert** $F(X_i^u)$ für die Berechnung von $F(X^* = 2\,800)$ und was ist hinzuzurechnen?

    Antwort: Startwert $= F(X_4^o) = F(X_5^u) = 0,292$; hinzuzurechnen ist ein Anteil von $(\mathbf{f(X_5) = 0,16})$, d. h. ein Anteil der relativen Häufigkeit der Klasse.

4) Welcher **Anteil** von $(f(X_5) = 0,16)$ ist hinzuzurechnen?

    Antwort: 300/500, da der Merkmalswert 2 800 € um 300 € von der Klassenuntergrenze 2 500 € abweicht und die Klassenbreite 500 € beträgt; somit ergibt sich:

    $F(X = 2\,800) = 0,292 + [(2\,800 - 2\,500)/500] \cdot 0,16 = 0,388$

---

[71] Diese Situation soll mit dem Bild einer „Planierraupe" beschrieben werden, die sich innerhalb eines Intervalls bewegt und dabei mit jeder Bewegungseinheit proportional zur zurückgelegten Strecke eine „Häufigkeitshalde" (absolute oder relative Summenhäufigkeit) vor sich aufbaut. Es stellt sich nun die Frage, welche „Summe an Häufigkeiten" (hier die relative Summenhäufigkeit) die Planierraupe aufbaut, bis sie die vorgegebene Strecke bewältigt hat. Dabei wird unterstellt, dass sich die Summenhäufigkeiten proportional zur zurückgelegten Strecke entwickeln. Dies setzt voraus, dass sich vor dem Aufhäufen die absoluten oder relativen Häufigkeiten gleichmäßig auf das Intervall (d. h. die betrachtete Merkmalsklasse) verteilen.

Abb. II-2-13: Grafische Darstellung der relativen Summenhäufigkeit F(X) bei klassifizierten Daten (Feinberechnung)

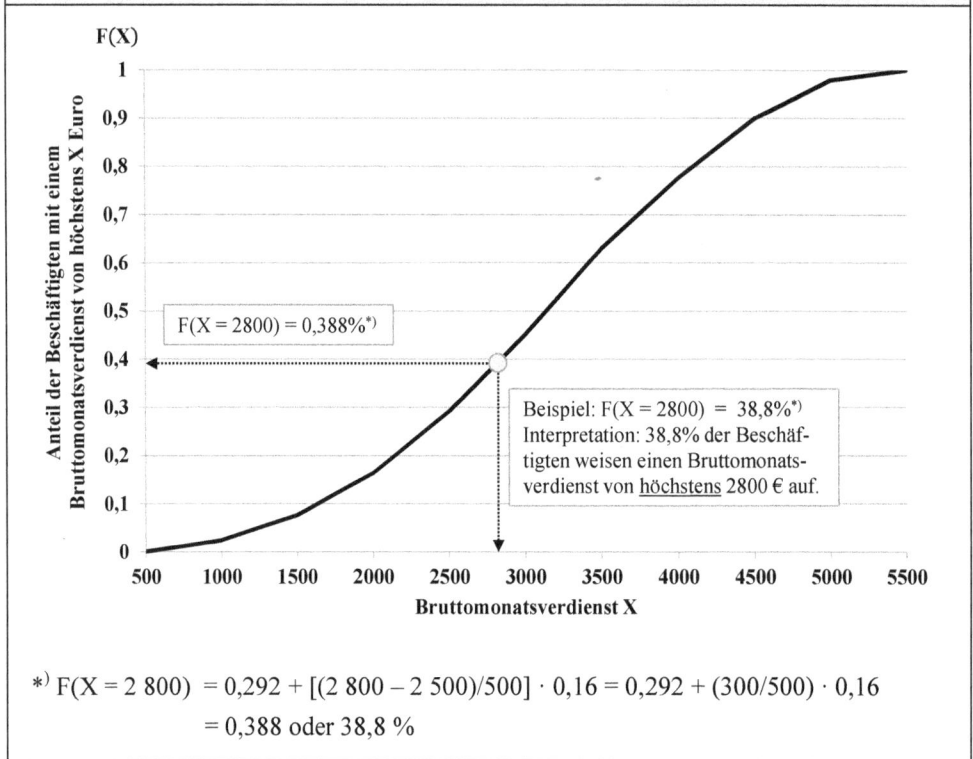

F(X)

Anteil der Beschäftigten mit einem Bruttomonatsverdienst von höchstens X Euro

F(X = 2800) = 0,388%[*)]

Beispiel: F(X = 2800) = 38,8%[*)]
Interpretation: 38,8% der Beschäftigten weisen einen Bruttomonatsverdienst von <u>höchstens</u> 2800 € auf.

Bruttomonatsverdienst X

[*)] $F(X = 2\,800) = 0{,}292 + [(2\,800 - 2\,500)/500] \cdot 0{,}16 = 0{,}292 + (300/500) \cdot 0{,}16$
$= 0{,}388 \text{ oder } 38{,}8\,\%$

Das grundsätzliche Vorgehen bei der Feinberechnung des Anteilswertes F(X*) ist in Übersicht II-2-4 dargestellt. Die Übersicht macht deutlich, dass die Formel für die Feinberechnung des Anteilswertes über den Strahlensatz ermittelt werden kann:

An der Ordinate der Übersicht sind die relativen Summenhäufigkeiten, an der Abszisse die Merkmalswerte abgetragen. Ein höherer Wert von X führt unmittelbar zu einem höheren Wert der relativen Summenhäufigkeit F(X). Um den Anteilswert F(X*) zu ermitteln, der dem Merkmalswert X* zuzuordnen ist, lassen sich gemäß dem Strahlensatz folgende Strecken in Beziehung setzen (siehe Formeln unterhalb der Darstellung der Übersicht II-2-4): Die Streckenrelation (a'/b') auf der Ordinate entspricht der Streckenrelation (a/b) auf der Abszisse. Werden die jeweiligen Streckenrelationen durch ihre jeweiligen Werte konkretisiert, ermittelt sich eine Gleichung, die nach F(X*) aufzulösen ist und die Formel für den Anteilswert F(X*) ergibt (siehe letzte Gleichung unterhalb der Übersicht II-2-4).

Dieser Ansatz kommt auch später bei der Berechnung des Medians zur Anwendung; allerdings wird dann die Fragestellung umgedreht. Dann ist der Wert für den Anteilswert F(X*) = 50 % vorgegeben und es wird nach dem Merkmalswert gefragt, der mit diesem Anteilswert korrespondiert. Dieser Merkmalswert ist der Median, ein Mittelwert (vgl. die Ausführungen in Kap. II.3.2.2).

Übersicht II-2-4: Feinberechnung des Anteilswertes (Strahlensatz)

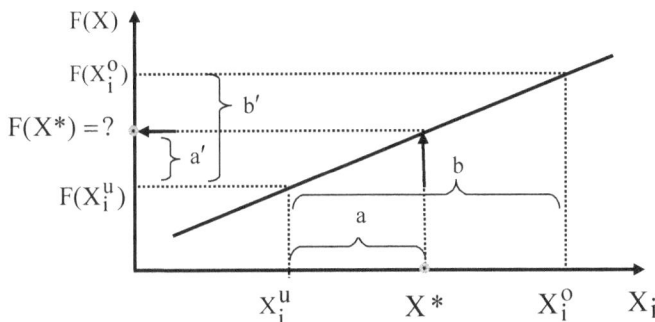

$$\text{Aus } \frac{a'}{b'} = \frac{a}{b} \rightarrow \frac{F(X^*) - F(X_i^u)}{F(X_i^o) - F(X_i^u)} = \frac{X^* - X_i^u}{X_i^o - X_i^u}$$

$$\rightarrow F(X^*) = F(X_i^u) + [F(X_i^o) - F(X_i^u)] \cdot \frac{X^* - X_i^u}{X_i^o - X_i^u}$$

$$= F(X_i^u) + f(X_i) \cdot \frac{X^* - X_i^u}{\Delta X_i}$$

Fragestellung: Wieviel Prozent $F(X^*)$ der statistischen Einheiten besitzen höchstens einen Merkmalswert X^*?

Hinweis zur Erstellung einer Häufigkeitstabelle und der Verteilungsfunktion klassifizierten Daten über „Excel":

Liegen n Merkmalswerte der Merkmalsträger als Einzelwerte vor, so lassen sich diese auf einfache Weise mit dem Tabellenkalkulationsprogramm „Excel" in klassifizierte Daten umwandeln. Hierzu sind über die Funktion *„Häufigkeit(Daten; Klassen)"* die Klassenhäufigkeiten auszuzählen. Der Wert „Daten" gibt den Feldbereich an, in dem die Merkmalswerte der (n) Merkmalsträger stehen. Der Wert „Klassen" gibt den Feldbereich an, in dem jeweils die Werte der Klassenobergrenzen erfasst sind. Die Funktion „Häufigkeit" ermittelt die Häufigkeit der Merkmalswerte, die jeweils von einer Klassenobergrenze bis zu nächsten anfallen. Über weitere gängige Excel-Berechnungen lassen sich mit diesen Kerndaten alle weiteren Werte der Häufigkeitstabelle klassifizierter Daten unmittelbar ermitteln wie auch die absoluten und relativen Summenhäufigkeiten. Zu näheren Einzelheiten der Verwendung der Funktion „Häufigkeit" siehe auch die Ausführungen im Anhang, Teil D.

Aufgabe 6: Häufigkeitstabelle zum Wertbestand eines Gebrauchtwagenlagers

Bei der Inventur eines Gebrauchtwagenlagers ermittelt sich die nachfolgende Häufigkeitstabelle des Wertes der Gebrauchtwagen. Ermitteln Sie die relative Dichte und die relative Summenhäufigkeit. Erstellen Sie ein Histogramm für die Häufigkeitsverteilung (Angaben in %) und die Verteilungsfunktion der Werte der Gebrauchtwagen.

Klasse i	1	2	3	4	5	6	7
Wert in Tsd. € $X_i^u \leq X < X_i^o$	1 bis unter 2	2 bis unter 3	3 bis unter 4	4 bis unter 5	5 bis unter 7	7 bis unter 9	9 bis unter 15
Absolute Häufigkeit (h_i)	8	10	16	15	10	8	3

Quelle: In Anlehnung an Bleymüller, J.: Statistik für Wirtschaftswissenschaftler, 16. Auflage, München 2012, S. 10 (im Folgenden: Bleymüller, J.: Wirtschaftsstatistik)

Aufgabe 7: Häufigkeitsverteilung der PKW-Reparaturausgaben

1 000 befragte PKW-Besitzer gaben für Reparaturen/ Inspektionen 2010 die nachfolgenden Beträge aus.

Ausgaben in € X_i	absolute Häufigkeit h_i	relative Häufigkeit f_i	relative-Summenhäufigkeit F_i	Klassenbreite ΔX_i	relative-Häufigkeitsdichte d_i
0 bis unter 500					0,03
500 bis unter 1 000		0,05			0,05
1 000 bis unter 1 500	100		0,18		
1 500 bis unter 2 000			0,38		
2 000 bis unter 4 000	600				
4 000 bis unter 6 000					
insgesamt	1 000				

Fortsetzung Aufgabe 7:

a) Vervollständigen Sie die Häufigkeitstabelle und stellen Sie die relative Häufigkeitsdichte (d_i) (normiert auf eine Klassenbreite von 500 €) in einem Histogramm graphisch dar. Stellen Sie die Summenhäufigkeitsfunktion als Summenpolygon dar.

b) Wie hoch ist der Anteil der Befragten, die:
   - bis zu 3 000 € ausgegeben haben?
   - mehr als 1 750 € ausgegeben haben?

c) Welche Zielsetzung wird bei der Klassifizierung von Daten einer Häufigkeitsverteilung verfolgt und was ist hierbei zu beachten?

Übersicht II-2-5: Darstellungsmöglichkeiten der Häufigkeitsverteilung, der Summenhäufigkeitsverteilung und der Konzentration

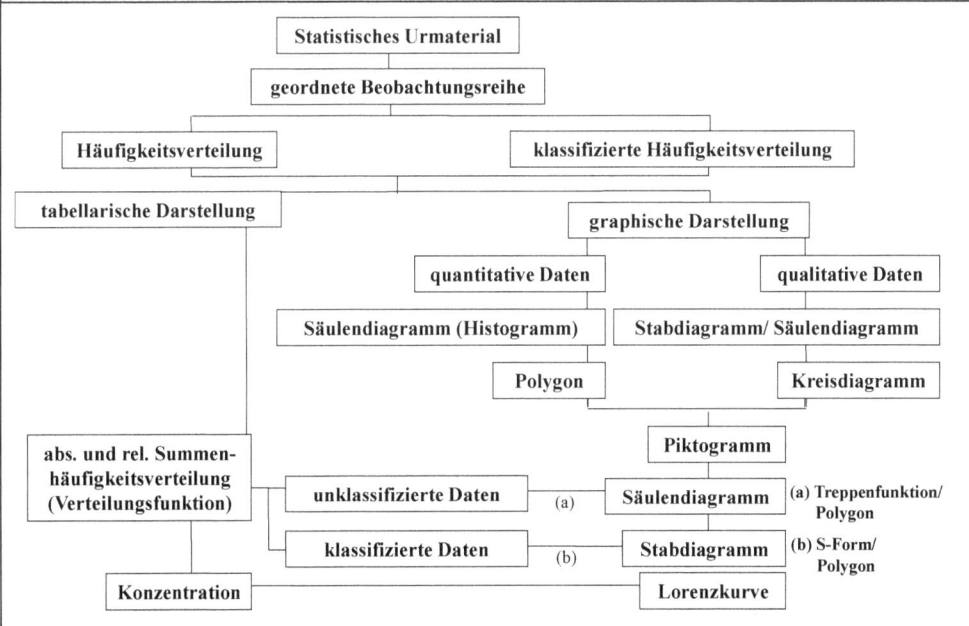

Quelle: In Anlehnung an Bücker, R.: Statistik für Wirtschaftswissenschaftler, a.a.O., S. 48.

3 Beschreibung eindimensionaler Häufigkeitsverteilungen durch statistische Maßzahlen

3.1 Statistische Maßzahlen im Überblick

Eine wesentliche Aufgabe der Statistik besteht in der Verdichtung und Strukturierung von Daten. So stellt die Häufigkeitsverteilung eine erste Art der Verdichtung dar. Weitere Verdichtungen sind mittels Kennzahlen möglich, die als Maßzahlen[72] oder Parameter bezeichnet werden. Sie bringen in prägnanter Form verschiedene Eigenschaften der Häufigkeitsverteilung bzw. der Daten der Urliste zum Ausdruck wie z. B. den mittleren Datenwert (Mittelwerte) oder die Streuung der Daten (Streuungsmaße). Jede Maßzahl kann ihrerseits nach verschiedenen Ansätzen oder Verfahren berechnet werden. So lassen sich z. B. verschiedene Mittelwerte oder Streuungen nach unterschiedlichen Vorgehensweisen bestimmen. Folgende Maßzahlen lassen sich grundsätzlich unterscheiden:

- Mittelwerte, auch Lage- oder Lokalisationsparameter genannt (siehe Kapitel II.3.2.1 – II.3.2.5);
- Wölbungsmaße (s. nachfolgende Graphiken) und Schiefemaße (siehe Kapitel II.3.2.6); diese beiden Maße werden auch unter dem Oberbegriff „Formmaßzahlen" erfasst;
- Streuungsmaße (siehe Kapitel II.3.4);
- Konzentrationsmaße (siehe Kapitel II.3.5).

Die Mittelwerte, Schiefe-, Streuungs- und Konzentrationsmaße werden im weiteren Verlauf des Buches in gesonderten Kapiteln noch sehr ausführlich erörtert. Sie werden in diesem Kapitel nur kurz in einem vergleichenden Überblick vorgestellt. Die Wölbungsmaße nehmen in den verschiedenen Bereichen der deskriptiven Statistik und in der Praxis eine eher untergeordnete Rolle ein. Auf sie wird daher nur hier im Rahmen dieses Übersichtskapitels kurz eingegangen.

- Die Mittelwerte bringen einen mittleren Datenwert, d. h. das Zentrum einer Häufigkeitsverteilung zum Ausdruck. Das Zentrum kann dabei durch einen Durchschnitt, eine mittlere Position oder einfach auch nur den häufigsten Wert dargestellt werden.

- Die Streuung erfasst, wie die einzelnen Daten um ein Zentrum oder innerhalb eines bestimmten Intervalls variieren.

---

[72] Häufig kommt auch der synonyme Begriff „Kollektivmaßzahl" zur Anwendung.

- Die Schiefe gibt Auskunft, ob die verschiedenen Merkmalswerte unterhalb oder oberhalb eines mittleren Wertes in gleicher oder unterschiedlicher Häufigkeit auftreten. Bei gleicher Häufigkeit wird auch von einer symmetrischen Häufigkeitsverteilung gesprochen. Ansonsten ist die Häufigkeitsverteilung schief.

- Konzentrationsmaße beschreiben bei verhältnisskalierten Merkmalen, ob sich eine Merkmalssumme, d. h. die Summe der Merkmalswerte aller Merkmalsträger (z. B. das gesamte Vermögen aller Vermögenden), gleichmäßig oder ungleichmäßig auf die Merkmalsträger (hier: Vermögenden) verteilt. Bekannt aus der öffentlichen Diskussion sind hier vor allem Vermögens- und Einkommensverteilungen der Bevölkerung eines Landes[73]. Konzentrationsmaße werden aber nicht nur in Einkommens- und Vermögensfragen betrachtet, sondern kommen in vielen Bereichen des ökonomischen Alltags zur Anwendung (z. B. Umsatzanteil der 30 % der umsatzstärksten Produkte eines Unternehmens etc.; derartige Betrachtungen werden auch als „ABC-Analyse" bezeichnet).

- Wölbungsmaße geben an, ob eine Häufigkeitsverteilung stärker oder schwächer gewölbt ist (vgl. Abbildung II-3-1). Bei einer stärkeren Wölbung, d. h. einer spitz verlaufenden Häufigkeitsverteilung, konzentrieren sich viele Merkmalsträger auf wenige Merkmalswerte. Bei einer eher schwächeren Wölbung, d. h. einer flacher verlaufenden Häufigkeitsverteilung, verteilen sich die Merkmalsträger auf viele Merkmalswerte.[74]

Durch die Verdichtung der Daten zu Häufigkeitsverteilungen und zu Kennzahlen gehen Informationen verloren. Der Informationsverlust kann in Grenzen gehalten werden, wenn die verschiedenen Kennzahlen im Verbund betrachtet werden und nicht nur einzelne Kennzahlen der Datenanalyse unterliegen. Dies sei am Beispiel einer Topfpflanze erläutert, deren Feuchtigkeit im Zeitraum eines Monats täglich erfasst wird. Die durchschnittlich gemessene Feuchtigkeit (Mittelwert) sagt wenig über die Feuchtigkeitsversorgung an den einzelnen Tagen aus. Für das tatsächliche Wohlergehen der Blume ist aber vor allem die Verteilung der Feuchtigkeit auf die verschiedenen Tage von zentraler Bedeutung. Diese wichtige Information kann durch Streuungsmaße bereitgestellt werden.

---

[73] Nach einer Untersuchung des Deutschen Instituts für Wirtschaftsforschung (DIW) hatte z. B. im Jahre 2012 in Deutschland „die „ärmste" Person innerhalb der …[10 % der reichsten Personen, oberstes Dezentil] mehr als 13-mal so viel Vermögen wie die Person in der Mitte der Verteilung". Vgl. Grabka, M. M.; Westermeier, C.: Anhaltend hohe Vermögensungleichheit in Deutschland, in: DIW-Wochenbericht (Hrsg.: Deutsches Institut für Wirtschaftsforschung), 09/2014, S. 156. Unter der „Mitte" wird hierbei das Medianvermögen, d. h. das Vermögen verstanden, das der in der Mitte der geordneten Reihe stehende Merkmalsträger aufweist.

[74] Die Wölbungsmaße werden auch Maße der „Kurtosis" bezeichnet. Zu näheren Einzelheiten der Wölbungsmaße vgl. z. B. Siegmann u. a.: Deskriptive Statistik 2008, a. a. O., S. 93 f, 99 f.

Abbildung II-3-1: Wölbungsmaße

a) Starke Wölbung

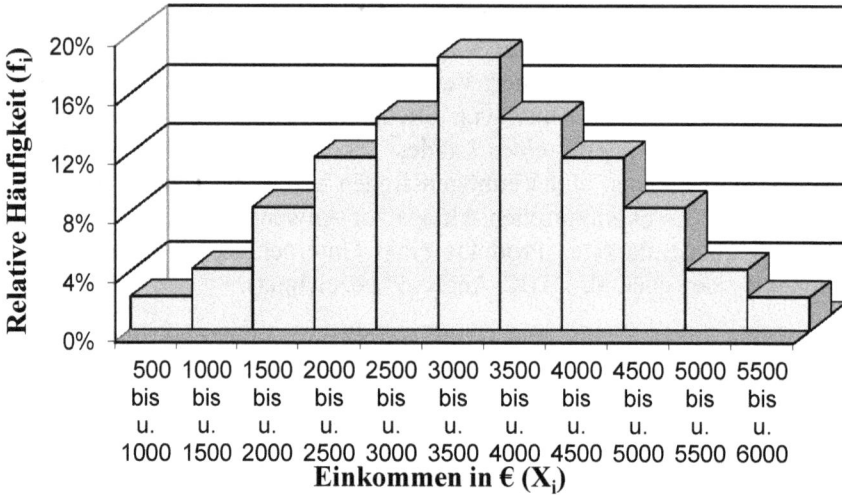

b) Schwache Wölbung

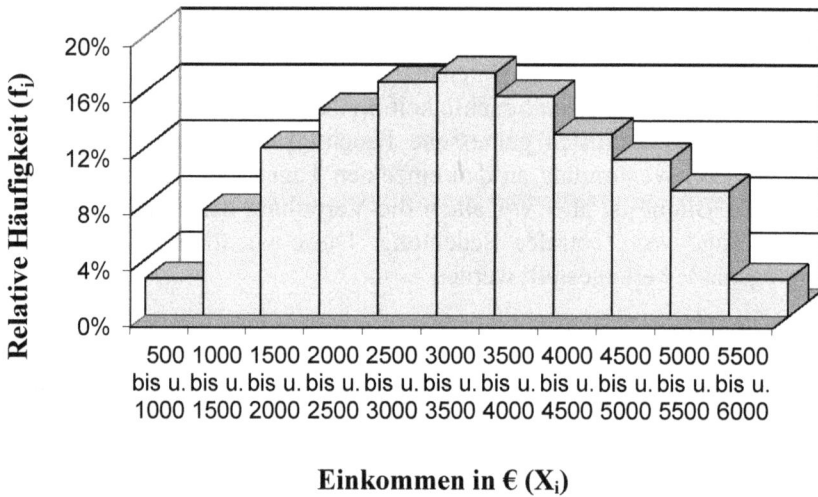

Aus weiteren Maßzahlen – wie z. B. Schiefemaße – können zusätzliche Erkenntnisse gewonnen werden: So z. B. die Information, ob Extremwerte aufgetreten sind oder ob sich aufgrund der Schiefe der Häufigkeitsverteilung verschiedene Mittelwerte unterscheiden und ihre Aussagekraft u. U. eingeschränkt ist.

Die einzelnen Maßzahlen können jeweils nach unterschiedlichen Varianten ermittelt werden. Welche konkrete Maßzahl (z. B. welcher Mittelwert, welches Streuungs-maß) jeweils vorteilhaft ist oder in der statistischen Analyse zugrunde gelegt werden soll, hängt von verschiedenen Einflussgrößen ab. Die wichtigsten Einflussgrößen sind:

- Die konkrete Datensituation: Dabei ist vor allem die Messbarkeit, d. h. Ska-lierung der Merkmale zu beachten, die auf entscheidende Weise die anzuwen-dende Maßzahl prägt (vgl. auch nachfolgende Übersicht II-3-1). In den folgenden Kapiteln wird bei der Erörterung der jeweiligen Maßzahl auf die Bedeutung der Skalierung detaillierter eingegangen. Ferner ist bei der Wahl des statistischen Verfahrens die Streuung der Daten zu beachten: Daten, die Extremwerte auf-weisen (sogenannte „**Ausreißer**"), erfordern andere Kennzahlen als Daten, die sich eher gleichmäßig auf wenige Merkmalswerte konzentrieren.

Übersicht II-3-1: Maßzahlen und erforderliche Skalen				
Kollektivmaß	**erforderliche Skala**			
	Nominal-skala	**Ordinal-skala**	**Intervall-skala**	**Verhältnis-skala**
Mittelwerte				
Modus	X	X	X	X
Median		X	X	X
Arithmetisches Mittel			X	X
Harmonisches Mittel				X
Geometrisches Mittel				X
Streuungsmaße				
Spannweite		(X)	X	X
Quartilsabstand		(X)	X	X
Mittlere absolute Ab-weichung			X	X
Varianz*⁾ / Standard-abweichung			X	X
Variationskoeffizient				X
*) auch „mittlere quadratische Abweichung" genannt				
Quelle: In Anlehnung an Bleymüller, J.: Wirtschaftsstatistik, a. a. O., S. 24.				

- Die Art der statistischen Fragestellung: Ist z. B. ein Durchschnitt für Merkmals-werte zu ermitteln, die „nebeneinander stehen" (d. h. mathematisch eine soge-nannte additive Verknüpfung der Merkmalswerte aufweisen), so kann nur das arithmetische oder harmonische Mittel gebildet werden. Als Beispiel ist die Be-rechnung des Durchschnittseinkommens von Beschäftigten eines Gesamtunter-nehmens zu nennen, für das die Durchschnittseinkommen von einzelnen Teilun-ternehmen dieses Gesamtunternehmens vorliegen. Bauen demgegenüber die Da-ten aufeinander auf, wie z. B. beim Zinseszinseffekt (multiplikative Verknüpfung der Merkmalswerte), so kann nur das geometrische Mittel zur Anwendung kom-men.

- Der Informationsbedarf des Betrachters: Hier stellt sich die Frage, ob für den Be-trachter ein Durchschnittswert oder eine andere Art eines mittleren Wertes von Interesse ist (z. B. Modus oder Median)? Je nach Fragestellung wäre dann der entsprechende Mittelwert zu verwenden, wenn dies mit der Datenkonstellation (z. B. Ausreißer vorhanden oder nicht?) vereinbar ist.

3.2   Mittelwerte (Lageparameter)

3.2.1   Modus, Modalwert, dichtester oder häufigster Wert (X_{Mo})

Der Modus stellt den häufigsten oder dichtesten Wert einer Häufigkeitsverteilung dar und kann als einziger Mittelwert bei allen Skalen – auch bei einer Nominalskala – gebildet werden. Da im Alltag die Merkmale sehr häufig einer Nominalskala un-terliegen, kommt dem Modus folglich eine große Bedeutung in der deskriptiven Sta-tistik zu. Er wird aber nicht als Rechengröße in komplexeren statistischen Verfahren verwendet, so dass er i. d. R. weniger bekannt ist, als z. B. der Durchschnittswert (arithmetisches Mittel).

Dass der häufigste oder dichteste Wert einen Mittelwertcharakter aufweist, sollen die beiden folgenden Beispiele deutlich machen: Wenn zum Beispiel in Vorlesungs-evaluationen die Studierenden danach gefragt werden, wie viele Stunden sie die Sta-tistikvorlesung vor- und nachbereitet haben, so werden die Studierenden vielleicht antworten, dass sie meistens im Umfang der Vorlesungszeit (z. B. vier Semester-wochenstunden) den Stoff nochmals aufgearbeitet haben. In diesem Fall würde der Modus der Vor- und Nachbereitungszeit wie folgt lauten: **Modus (X_{Mo}) = „vier Stunden je Woche (4 SWS)"**. Bei einem Vergleich mit dem geläufigeren Durch-schnittswert wird ersichtlich, dass die häufigste Merkmalsausprägung eine gewisse Ähnlichkeit mit anderen Mittelwerten wie beispielsweise dem Durchschnitt hat, wenngleich dieser Durchschnittswert durch extreme „Schnell-Lerner" oder „sehr fleißige Lerner" beeinflusst ist und infolgedessen vom häufigsten Merkmalswert (Modus) auch stärker abweichen könnte. Dennoch macht der Vergleich deutlich, dass die am häufigsten vorkommende Merkmalsausprägung einen Mittelwertcharak-ter aufweist.

In einem anderen Beispiel könnten Merkmalsträger danach gefragt werden, wann sie „morgens in der Regel aufstehen". Die Antwort könnte dann z. B. lauten: „Ich stehe meistens um 7.00 Uhr auf". Damit würde der Modus dann wie folgt lauten: „**Modus** **(X_{Mo}) = 7.00 Uhr"**. Somit gilt auch hier: Meistens und eventuell sogar auch im Durchschnitt stehen die Befragten um 7.00 Uhr auf. Insoweit wird auch hier der Mittelwertcharakter des Modus ersichtlich, der z. B. mit dem Durchschnittswert oder anderen Mittelwerten übereinstimmen oder davon abweichen kann[75]. Die Beispiele veranschaulichen, dass der Modus, der auch als „Modalwert" oder als der „dichteste Wert" bezeichnet wird, durch folgende **Definition** beschrieben werden kann:

Diejenige Merkmalsausprägung (X_i), die in einer Häufigkeitsverteilung am häufigsten vorkommt, heißt „häufigster Wert", „dichtester Wert", „Modalwert" oder „Modus" (X_{Mo}).

In einem weiteren Beispiel soll anhand einer Häufigkeitsverteilung des Familienstandes von 50 Familien der Modus der Häufigkeitsverteilung bestimmt werden (vgl. Tabelle II-3-1). Erfahrungen aus Vorlesungen haben gezeigt, dass die Frage nach dem Modus bei nominalskalierten Werten häufig fehlerhaft beantwortet wird, da Häufigkeit und Merkmalswert verwechselt bzw. nicht exakt zugeordnet werden. Insofern kann die vermeintlich leichte Fragestellung nach dem Modus als eine Art „kleines Fettnäpfchen der Statistik" angesehen werden kann. Zwar wird der Modus über den am häufigsten vorkommenden Merkmalswert identifiziert, d. h. über die absolute oder relative Häufigkeit[76]. Aber der Modus stellt einen Merkmalswert, d. h. eine Merkmalsausprägung und keine Häufigkeit dar. Insoweit kann die Antwort für das Beispiel der Tabelle II-3-1 nur lauten: **X_{Mo} = verheiratet.**

Tab. II-3-1: Ermittlung des Modalwertes (Beispiel „Familienstand")			
i	X_i	h_i	f_i
1	ledig	15	15/50
2	verheiratet	20	20/50
3	geschieden	10	10/50
4	verwitwet	5	5/50
Σ		50	1

---

[75] Nur bei einer symmetrischen Häufigkeitsverteilung stimmen die verschiedenen Mittelwerte überein. Vgl. hierzu die Ausführungen im Kapitel II.3.3 (Schiefe).

[76] Bei klassifizierten Daten mit unterschiedlichen Klassenbreiten wird auf den dichtesten Wert abgestellt; vgl. hierzu die Ausführungen in Kap. II.2.5.

Begründung: Bei den meisten Familien, nämlich bei $h_2 = 20$ Familien weisen die Partner den Familienstand „verheiratet" auf. Fehlerhaft wäre insoweit, die absolute Häufigkeit (20) als Modus zu bezeichnen. (**Merke:** Der Modus kann immer nur eine Merkmalsausprägung, nicht aber eine Häufigkeit darstellen!)

Abschließend soll aufgezeigt werden, wie sich der Modus bei klassifizierten Daten ermittelt. Dies stellt solange kein Problem dar, wie einheitliche Klassenbreiten vorliegen. Wenn aber die absoluten Häufigkeiten sich bei den einzelnen Merkmalsausprägungen sehr unterschiedlich verteilen und keine homogene Struktur vorliegt (vgl. das Kapitel II.2.5 zur Klassifzierung), ist es häufig angebracht, unterschiedliche Klassenbreiten zu verwenden. Dann weisen Klassen mit einer höheren Klassenbreite auch größere Klassenhäufigkeiten auf, was wiederum bedeuten würde, dass der häufigste Wert (Modus) einer Klasse durch die Klassenbreite beeinflusst (verzerrt) wird[77]. Der Modus stellt von seiner Aussage jedoch einen festen Mittelwert der Merkmalsausprägungen dar, der sich unabhängig von der Ausgestaltung der Klassen ergeben muss. Auch andere Mittelwerte wie beispielsweise das arithmetische Mittel werden nicht durch die Wahl der Klassenbreiten beeinflusst. Daher kann der Modus bei klassifizierten Daten und unterschiedlichen Klassenbreiten nur auf Basis der **Dichte** ermittelt werden. Das Konzept der Dichte rechnet die Häufigkeiten der jeweiligen Klassen mit **unterschiedlicher** Klassenbreite fiktiv auf Klassenhäufigkeiten bei **einheitlicher** Klassenbreite um (siehe den Begriff der Dichte in Kap. II.2.5). Im weiteren Verlauf der Darstellung wird zunächst der Modus für klassifizierte Daten bei einheitlicher und anschließend bei unterschiedlicher Klassenbreite (unter Verwendung des Begriffs der Dichte) vorgestellt.

Fallen die Klassenbreiten einheitlich aus, wie das bereits in dem Ausgangsbeispiel „Bruttomonatsverdienste" der Tabelle II-2-7 der Fall ist, dann kann der Modus anhand der absoluten oder relativen Klassenhäufigkeiten unmittelbar bestimmt werden. Es ist ersichtlich, dass die sechste Klasse ($i = 6$) mit einer absoluten Häufigkeit von $h_6 = 42$ oder einer relativen Häufigkeit von $f_6 = 0{,}168$ am häufigsten vorkommt. Als repräsentativer Wert der Klasse wird – wie auch in den bisherigen Betrachtungen – die **Klassenmitte** dieser sechsten Klasse als Modus gewählt. Mithin lautet der Modus: $\mathbf{X_{Mo} = 3\,250\,€}$.

Anmerkung: Die Frage, welcher Merkmalswert einer Klasse am besten die Klasse und damit auch den Modus widerspiegelt, hängt davon ab, welche Annahme über die Häufigkeitsverteilung der Merkmalswerte innerhalb einer Klasse angenommen wird. Bei Unterstellung einer gleichmäßigen Häufigkeitsverteilung innerhalb der Klasse stimmt die Klassenmitte mit den Mittelwerten der Klasse überein, so dass die Klassenmitte einen repräsentativen Wert darstellt. Anders sieht es aus, wenn von der Annahme ausgegangen wird, dass die Häufigkei-

---

[77] An dieser Stelle sei nochmals auf das Bild des Schmetterlingsfängers verwiesen, dessen Ausbeute sicherlich von der Größe des Schmetterlingskeschers abhängig ist, soweit Schmetterlinge in größerer Anzahl auftreten.

ten innerhalb der Klasse sich nicht gleichmäßig, sondern proportional zu den Häufigkeiten der Nachbarklassen verhalten[78]. In diesem Falle müsste eine spezielle Feinberechnung des Modus proportional zur Häufigkeitsverteilung der Nachbarklassen der Modalklasse vorgenommen werden. In Anbetracht des hiermit verbundenen größeren Aufwandes und der auch ansonsten getroffenen Annahme, dass sich die Häufigkeiten innerhalb der Klasse gleichmäßig verteilen[79], sei im Folgenden von der Feinberechnung des Modus abgesehen[80], so dass die Klassenmitte als repräsentativer Merkmalswert der Klasse Verwendung findet.

Weisen die Klassen unterschiedliche Klassenbreiten auf, wie dies im modifizierten Beispiel der nachfolgenden Häufigkeitstabelle II-3-2 der Fall ist, so kann der Modus nur noch auf Basis der absoluten oder relativen Dichte berechnet werden. (Hinweis: Durch Zusammenfassung der dritten und vierten Klasse der ursprünglichen Häufigkeitsverteilung der Tabelle II-2-7 ist die neue Tabelle II-3-2 mit nun 9 Klassen und einer Klassenbreite von 1 000 anstelle von 500 in der 3. Klasse entstanden). Aus der Tabelle II-3-2 ist ersichtlich, dass nun die absolute Häufigkeit der dritten Klasse mit $h_3 = 54$ am größten ausfällt; gleichwohl liegt der Modus nicht in dieser Klasse. Bei klassifizierten Daten mit unterschiedlichen Klassenbreiten kann der Modus nur auf Basis der Dichte ermittelt werden. In Tabelle II-3-2 ist die relative Dichte der verschiedenen Klassen ausgewiesen. Es zeigt sich, dass trotz der größeren Klassenbreite der dritten Klasse die Dichte in der 5. Klasse mit $d_5 = 0,168$ am höchsten ausfällt und damit der Modus weiterhin 3 250 € beträgt (Klassenmitte der Klasse mit der größten relativen[81] Dichte).

---

[78]   Eine derartige Annahme wäre z. B. bei einer unimodalen oder eingipfligen Häufigkeitsverteilung (H.V.) nicht klassifizierter Daten gegeben, bei denen die Häufigkeiten links und rechts vom Gipfel stetig ansteigen bzw. abfallen. Werden diese Häufigkeiten klassifiziert, dann implizieren die ermittelten Klassenhäufigkeiten, dass auch innerhalb der Klassen die Häufigkeiten entsprechend stetig ansteigen oder fallen und sich somit diese Tendenz der verschiedenen Klassen auch innerhalb der jeweils betrachteten Klasse fortsetzt.

[79]   Beispielsweise wird bei der Feinberechnung des Anteilswertes unterstellt, dass die Merkmalswerte sich gleichmäßig auf die Klasse verteilen; s. hierzu die entsprechenden Ausführungen bei der Feinberechnung des Anteilswertes in Kap. II-2-7.

[80]   Zur Feinberechnung des Modus vgl. z. B. Bourier, G.: Beschreibende Statistik, a. a. O., S. 75 ff.

[81]   Eine Darstellung auf Basis der absoluten Dichte wäre analog möglich, soll aber aus Gründen der Vereinfachung und der Übersichtlichkeit (kein weiteres Symbol) unterbleiben.

Tab. II-3-2: Modus bei unterschiedlichen Klassenbreiten
(Beispiel „Bruttomonatsverdienste, Ursprungsversion")

Klasse	Brutto-monats-verdienst in €	Klas-sen-breite	abs. Häufig-keit	rel. Häufig-keit	rel. Häufig-keits-dichte	rel. Sum-men-häufigkeit	Klassen-mitte
i	X_i	ΔX_i	h_i	f_i	$d_i^{*)}$	F_i	X_i'
1	500 bis unter 1 000	500	6	0,024	0,024	0,024	750
2	1 000 bis unter 1 500	500	13	0,052	0,052	0,076	1 250
3	1 500 bis unter 2 500	1 000	54	0,216	0,108	0,292	2 000
4	2 500 bis unter 3 000	500	40	0,160	0,160	0,452	2 750
5	**3 000 bis unter 3 500**	**500**	**42**	**0,168**	**0,168**	**0,620**	**3 250**
6	3 500 bis unter 4 000	500	39	0,156	0,156	0,776	3 750
7	4 000 bis unter 4 500	500	31	0,124	0,124	0,900	4 250
8	4 500 bis unter 5 000	500	20	0,080	0,080	0,980	4 750
9	5 000 bis unter 5 500	500	5	0,020	0,020	1,000	5 250
Σ			**250**	**1**			

*) Annahme hier: Klasse i = 3 mit Klassenbreite $\Delta X_3 = 1\,000$; diese modifizierte Häufigkeitsverteilung ist durch eine Zusammenfassung der dritten und vierten Klassen des Ausgangsbeispiels der H.V. der Tabelle II-2-7 entstanden.

Die bisherige Darstellung hat deutlich gemacht, dass der Modus sich grundsätzlich einfach berechnen lässt und selbst bei Nominalskalen ermittelt werden kann. Nachfolgend sollen die verschiedenen Vor- und Nachteile des Modus in kurzer Aufzählungsform erörtert werden:

Vorteile des Modus:

- Der Modus ist der einzige Mittelwert, der auch bei nominalskalierten Merkmalen ermittelt werden kann.
- Der Modus wird nicht durch Ausreißer verzerrt, da er durch den häufigsten Wert geprägt wird und vereinzelt auftretende extreme Merkmalswerte keinen Einfluss auf ihn haben.

- Der Modus ist kein künstlicher Merkmalswert, der in der Häufigkeitsverteilung selbst nicht vorkommt. Vielmehr ist er tatsächlich zu beobachten, und zwar am häufigsten von allen Merkmalsausprägungen.

- Der Modus kann auch bei offenen Randklassen ermittelt werden. Er kann nicht in die offene Randklasse fallen, da das Konzept der offenen Randklasse, nämlich „nur bei vereinzelt und unregelmäßig auftretenden Merkmalsausprägungen" gebildet zu werden, nicht mit der Definition des Modus als häufigster Wert vereinbar ist.

Nachteile des Modus:

- Der Modus kann nur bei eingipfligen H.V. sinnvoll ermittelt werden. Liegt eine zweigipflige (**bimodale**) oder mehrgipflige (**multimodale**) Häufigkeitsverteilung vor, wie dies z. B. bei der H.V. der Temperaturen der verschiedenen Tage eines Jahres der Fall sein kann, so ist der Modus nicht eindeutig bestimmbar (vgl. z. B. nachfolgende Abb. II-3-2). Aus der Abb. II-3-2 sind die beiden Gipfel für die Temperaturverteilung ersichtlich: Beispielsweise häufig auftretende niedrigere Temperaturen um 10 °C im Winter, im frühen Frühjahr und im späten Herbst, sowie eher höhere Temperaturen um 20 °C in der restlichen Jahreszeit. Allerdings treten bei mehrgipfligen Verteilungen nicht nur beim Modus, sondern auch bei allen anderen Mittelwerten, wie z. B. dem arithmetischen Mittel oder dem Median Probleme auf. Insbesondere werden das arithmetische Mittel und ggfs. auch der Median zu einem künstlichen Wert, der sich in der H.V. als Merkmalswert nicht beobachten lässt.

- Liegt der Modus am Rande der H.V. und fällt dort die Häufigkeit nur geringfügig höher als bei den restlichen Merkmalsausprägungen aus, so ist der Modus kein repräsentativer oder aussagekräftiger Mittelwert.[82] Es ist die einzige Situation, in welcher der Modus gegenüber den anderen Mittelwerten einen Nachteil aufweist.

Resümee: Der Modus ist umso aussagekräftiger, je stärker ein Merkmalswert bei einer eingipfligen H.V. dominiert und nicht am Rande liegt.

---

[82] In Anlehnung an den bekannten Spruch im Schachspiel „Springer am Rand, bringt Kummer und Schand", wird im übertragenen Sinne auch der Modus bei einer Häufigkeitsverteilung mit der größten Häufigkeit am Rande ggfs. zu einem Problemfall.

Abb. II-3-2: Zweigipflige Häufigkeitsverteilung

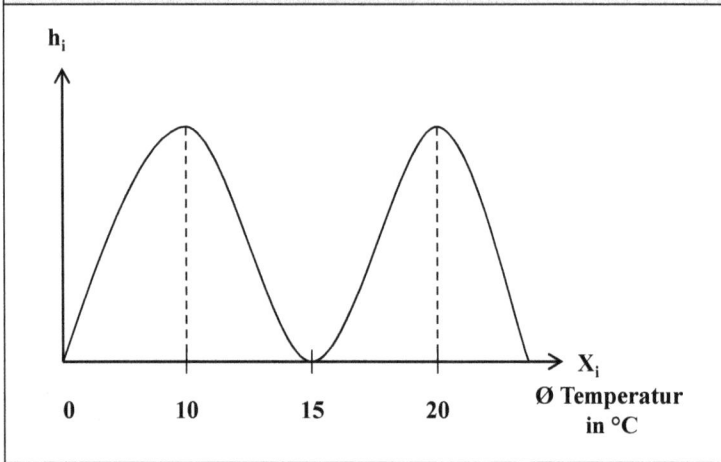

Abb. II-3-3: Modus am Rand

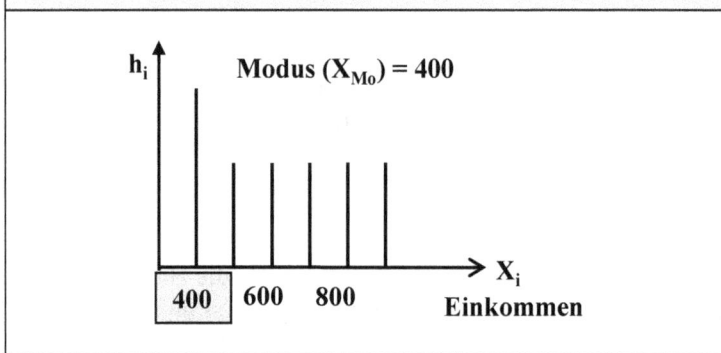

3.2.2   Median, Zentralwert (X_{Me} oder $\tilde{X}$)

Der Median oder Zentralwert (X_{Me} oder $\tilde{X}$) stellt die **Merkmalsausprägung des mittleren, d. h. zentralen Merkmalsträgers**[83] dar. In diesem Kapitel soll der Median zunächst für Einzelwerte und danach für eine Häufigkeitsverteilung (unklassifiziert bzw. klassifiziert) bei kleiner bzw. großer Beobachtungsanzahl (n) dargestellt werden (vgl. hierzu auch Übersicht II-3-2). Bei Einzelwerten ist zu beachten, dass

---

[83] Diese sehr prägnante Definition „Merkmalsausprägung des mittleren Merkmalsträgers" ist wörtlich zu nehmen, damit keine Missverständnisse auftreten. Insbesondere ist hiermit nicht die mittlere Merkmalsausprägung der vorkommenden Merkmalsausprägungen gemeint – wie es häufiger fehlinterpretiert wird („Fettnäpfchen der Statistik"); vgl. hierzu die weiteren Ausführungen, insbesondere die Darstellung des Medians auf der Basis einer Häufigkeitsverteilung.

nur bei einer ungeraden Anzahl von Merkmalsträgern (n) eine Mitte, d. h. eine zentrale Position existiert. Bei einer geraden Anzahl von Merkmalsträgern (n) stehen zwei Merkmalswerte in der Mitte der geordneten Reihe. Dann bildet das arithmetische Mittel dieser beiden mittleren Merkmalswerte den Median.

Übersicht II-3-2: Berechnung des Medians bei unterschiedlicher Datensituation

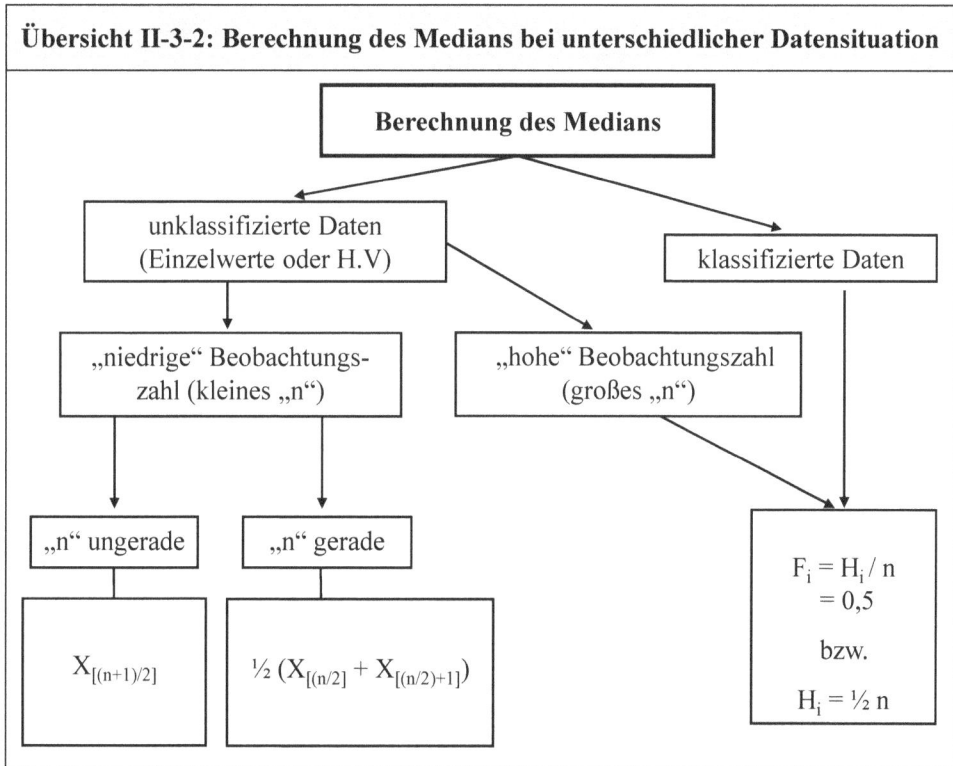

Berechnung des Medians

unklassifizierte Daten (Einzelwerte oder H.V) — klassifizierte Daten

„niedrige" Beobachtungszahl (kleines „n") — „hohe" Beobachtungszahl (großes „n")

„n" ungerade — „n" gerade

$$X_{[(n+1)/2]}$$

$$\tfrac{1}{2}\,(X_{[(n/2]} + X_{[(n/2)+1]})$$

$$F_i = H_i / n = 0{,}5$$

bzw.

$$H_i = \tfrac{1}{2}\,n$$

Zunächst soll der Median auf Basis von **Einzelwerten** des Beispiels der geordneten Reihe (geordnete Urliste) der Körpergrößen von (n = 5) bzw. (n = 6) Merkmalsträgern vorgestellt werden (vgl. Abb. II-3-4a bzw. II-3-4b). Dieses Ordnen der Merkmalswerte darf nicht vergessen werden (!), da der Median sich auf die mittlere Position der geordneten Merkmalswerte bezieht. Zunächst sei die Situation der Abbildung II-3-4a mit einer ungeraden Anzahl (n = 5) Merkmalsträgern näher betrachtet: Bei der Herleitung des Medians kommt mit $X_{[(n+1)/2]}$ eine spezielle Schreibweise von eckigen Klammern zur Anwendung (lies: Merkmalswert X der geordneten Reihe an der Position ((n + 1) / 2), d. h. also an der Position ((5 + 1) / 2 = 3). Dabei ist zu bedenken, dass die Zahlen in den eckigen Klammern nur die Position des zentralen Merkmalsträgers wiedergeben, dem dann die jeweilige Merkmalsausprägung zugeordnet wird.[84] Im vorliegenden Fall (vgl. Abb. II-3-4a) nimmt die (der) Merk-

---

[84] In der praktischen Umsetzung wird diese Schreibweise gelegentlich falsch angewendet und der Wert in den eckigen Klammern direkt als Median missverstanden.

malsträgerin (Merkmalsträger) an der 3. Position – also „Leonie" – eine **mittlere Position ein.** Ihre Körpergröße beträgt 170 cm. Somit stellt die Körpergröße 170 cm den **Median** dar ($\tilde{X}$ = 170 cm).

Abb. II-3-4a: Median bei ungerader Anzahl von (n = 5) Merkmalsträgern (Beispiel „Körpergröße")

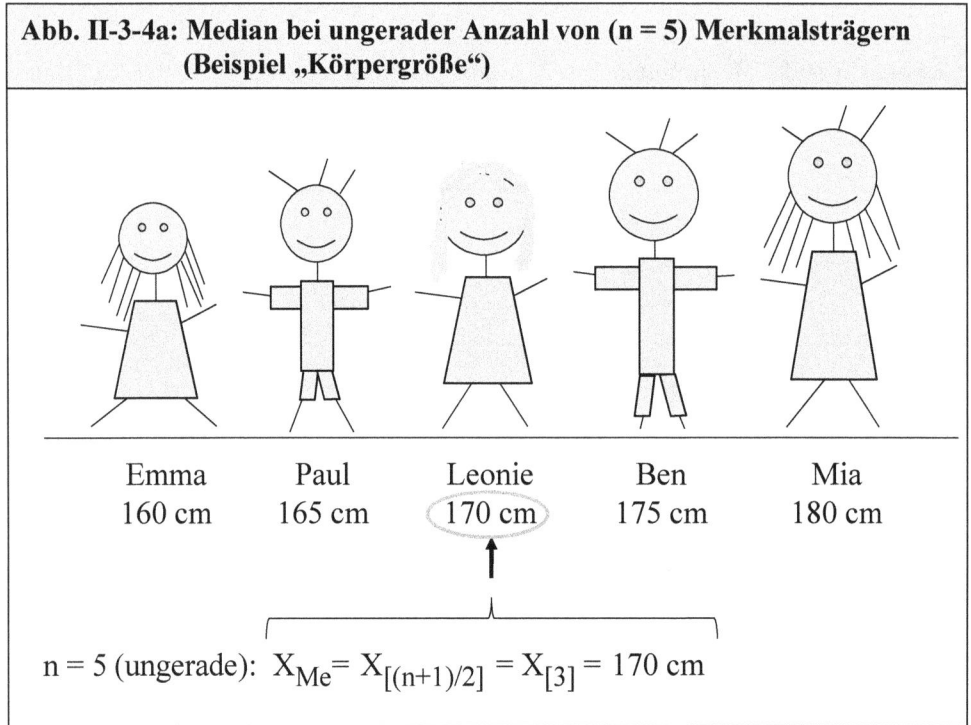

Emma	Paul	Leonie	Ben	Mia
160 cm	165 cm	170 cm	175 cm	180 cm

$$n = 5 \text{ (ungerade)}: \quad X_{Me} = X_{[(n+1)/2]} = X_{[3]} = 170 \text{ cm}$$

Im Beispiel der Situation einer geraden Anzahl von Merkmalsträgern (vgl. Abbildung II-3-4b mit n = 6) wird die mittlere Merkmalsposition durch die beiden mittleren Merkmalsträger an den Positionen (n/2 = 6/2 = 3) und ((n/2) + 1 = (6/2) + 1 = 4) wiedergegeben. Dies sind die mittleren Merkmalsträger „Leonie" und „Ben" mit Körpergrößen von 170 und 175 cm. Die mittlere Körpergröße (arithmetisches Mittel) von ((170 + 175) / 2 = 172,5 cm) bildet den Median (X_{Me} = 172,5). Hieraus ist ersichtlich, dass der Median bei einer „geraden" Anzahl von Merkmalsträgern nur über das arithmetische Mittel zweier Merkmalswerte errechnet werden kann. Dies bewirkt bei einer kleinen Anzahl von Beobachtungswerten, dass der Median (hier im Beispiel: X_{Me} = 172,5) einen künstlichen, d. h. nicht beobachteten Merkmalswert einnimmt. Bei einer größeren Anzahl von Merkmalsträgern werden die Merkmalsausprägungen der beiden mittleren Merkmalsträger allerdings eher ähnlich oder identisch sein, so dass dieses Problem des Medians dann nicht mehr auftritt.

Abb. II-3-4b: Median bei gerader Anzahl von (n = 6) Merkmalsträgern (Beispiel „Körpergröße")

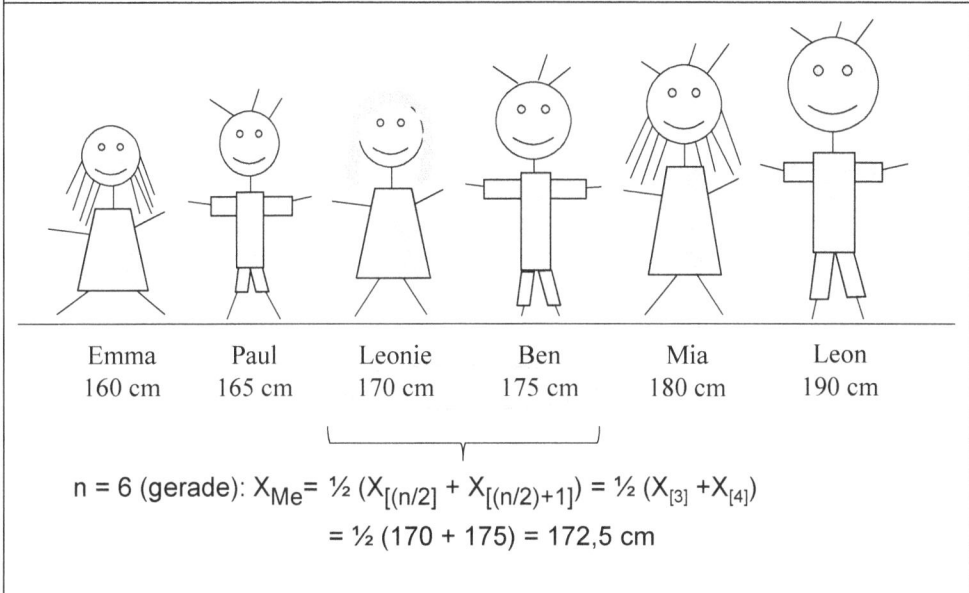

Emma	Paul	Leonie	Ben	Mia	Leon
160 cm	165 cm	170 cm	175 cm	180 cm	190 cm

$$n = 6 \text{ (gerade)}: X_{Me} = \tfrac{1}{2}(X_{[(n/2]} + X_{[(n/2)+1]}) = \tfrac{1}{2}(X_{[3]} + X_{[4]})$$
$$= \tfrac{1}{2}(170 + 175) = 172{,}5 \text{ cm}$$

Definition 1 des Medians, Zentralwerts (X_{Me}):

Die Merkmalsausprägung <u>des</u> **Merkmalsträgers**,

- der in der (nach der Größe der Merkmalsausprägungen) **geordneten** Beobachtungsreihe (geordnete Urliste)
- **in der Mitte** steht,
- wird als **Median oder Zentralwert** bezeichnet (Abb. II-3-4a: Körpergröße von Leonie = 170 cm; Abb. II-3-4b: Durchschnitt der Körpergrößen von Leonie und Ben = 172,5 cm).

Nachfolgend soll der Median auf Basis einer **Häufigkeitsverteilung** ermittelt werden (auch hier wird der Median über ein Auszählen der mittleren Position bestimmt, wie dies in der linken Hälfte der Übersicht II-3-2 dargestellt ist). Bei **niedriger Beobachtungszahl** der Merkmalsträger ist es wichtig, den mittleren Merkmalsträger exakt zu bestimmen, da die verschiedenen Merkmalswerte in der Mitte der geordneten Reihe sich deutlich unterscheiden können. Daher wird gedanklich die H.V. in Einzelwerte übersetzt und der Median über die bereits dargestellten Formeln bei gerader oder ungerader Beobachtungszahl ermittelt.

Es sollen folgende Fallbeispiele betrachtet werden: Für 29 Tage (Fall 1) bzw. 32 Tage (Fall 2) wird jeweils die **Niederschlagsmenge** (in mm/Tag) in einer Häufigkeitsverteilung festgehalten (siehe Tabelle II-3-3). Der Median bestimmt sich hierbei <u>nicht</u> als mittlere Merkmalsausprägung (d. h. 8 mm stellt nicht den Median der H.V.

dar), sondern der Median ermittelt sich gemäß der Definition als **Merkmals-ausprägung des mittleren Merkmalsträgers**[85]. Die Tabelle II-3-4 zeigt für die beiden Fälle einer ungeraden bzw. geraden Anzahl von Beobachtungswerten auf Basis der Darstellung der Einzelwerte, dass diese mittleren Merkmalsträger an der 15. Position (Fall 1) bzw. an der 16. und 17. Position (Fall 2) anzutreffen sind. Folglich bilden die Merkmalsausprägungen $X_{Me} = 5$ (Fall 1) bzw. $X_{Me} = 6{,}5$ (Durchschnittswert im Fall 2) den gesuchten Median.

Tab. II-3-3: Absolute Häufigkeitsverteilung von Niederschlägen			
Lauf-index	Niederschlä-ge in mm	Fall (1): <u>ungerade</u> Anzahl der gemessenen Tage	Fall (2): <u>gerade</u> Anzahl der gemessenen Tage
i	X_i	h_i	h_i
1	0	9	9
2	5	8	7
3	8	3	3
4	10	6	6
5	20	3	7
Σ		n = 29	n = 32

Liegt eine Häufigkeitstabelle mit **vielen** Merkmalsträgern vor („großes n"), bei denen die mittleren Merkmalswerte sich nicht oder nur unwesentlich unterscheiden, wie im Fallbeispiel der Wohnungen 2011 in Deutschland (siehe Tab. II-2-5) oder im Beispiel der Bruttomonatsverdienste (siehe Tab. II-2-7), ist es sehr vorteilhaft, den Median über die relative Summenhäufigkeit F_i (und damit auch über die absolute Summenhäufigkeit H_i) gemäß der nachfolgenden Definition des Medians zu bestimmen (siehe rechte Hälfte der Übersicht II-3-2; „großes n").

Alternative Definition des Medians, Zentralwerts (X_{Me}); Bestimmung über F_i:

Der Median ist <u>derjenige</u> **Merkmalswert** einer Häufigkeitsverteilung, dessen **Merkmalsträger** die **mittlere, d. h. zentrale Position** (Platz) in der Rangordnung aller Merkmalsträger einnimmt. Die erste **Hälfte ($F_i = 50$ %)** der Merkmalsträger besitzt eine Merkmalsausprägung, die kleiner als der Median oder gleich diesem ist. Die andere Hälfte der Merkmalsträger weist eine Ausprägung auf, die gleich dem Median oder größer als dieser ist.

---

[85] Häufig wird diese Definition des Medians fehlerhaft im Sinne der „mittleren Merkmalsausprägung" und nicht der Ausprägung „des mittleren Merkmalsträgers" umgesetzt, so dass es sich hierbei um ein klassisches „Fettnäpfchen der Statistik" handelt (!)

Tab. II-3-4: Median bei ungerader bzw. gerader Anzahl der Merkmalsträger (Fallbeispiel „Niederschläge")

Median bei ungerader Anzahl der Merkmalsträger (n = 29)

Rang-ziffer	geordneter Merkmalswert	Anzahl der Tage mit X_i mm Niederschlag
i	X_i	h_i
1	0	⎫
2	0	
3	0	
4	0	
5	0	9
6	0	
7	0	
8	0	
9	0	⎭
10	5	
11	5	
12	5	
13	5	
14	5	
⑮	⑤	8
16	5	
17	5	
18	8	
19	8	3
20	8	
21	10	
22	10	
23	10	
24	10	6
25	10	
26	10	
27	20	
28	20	3
29	20	
		insgesamt: n = 29

Merkmalswert mit mittlerer Ordnungs-
ziffer = **Median** = $X_{[(n+1)/2]} = X_{[15]} = 5$

Median bei gerader Anzahl der Merkmalsträger (n = 32)

Rang-ziffer	geordneter Merkmalswert	Anzahl der Tage mit X_i mm Niederschlag
i	X_i	h_i
1	0	⎫
2	0	
3	0	
4	0	
5	0	9
6	0	
7	0	
8	0	
9	0	⎭
10	5	
11	5	
12	5	
13	5	7
14	5	
15	5	
⑯	⑤	
⑰	⑧	
18	8	3
19	8	
20	10	
21	10	
22	10	6
23	10	
24	10	
25	10	
26	20	
27	20	
28	20	
29	20	7
30	20	
31	20	
32	20	
		insgesamt: n = 32

Arithmetisches Mittel der Merkmalswerte mit den mittleren
Ordnungsziffern = **Median**

$$= 0{,}5 \cdot (X_{[n/2]} + X_{[(n/2)+1]})$$
$$= 0{,}5 \cdot (X_{[16]} + X_{[17]})$$
$$= 0{,}5 \cdot (5 + 8) = 6{,}5$$

So lässt sich der Median für das Wohnungsbeispiel ohne größeren Aufwand über die relative Summenhäufigkeit F_i entsprechend der zuvor dargestellten Definition des Medians ermitteln. Der Median liegt dann an derjenigen Stelle der geordneten Reihe der Häufigkeitsverteilung, an der die Hälfte der Merkmalsträger erreicht wird. Dies ist genau dort, wo die **relative Summenhäufigkeit $F_i = 0,5$ (50 %)** beträgt. Im vorliegenden Fallbeispiel der Wohnungen weisen 50 % der Wohnungen 4 Räume und weniger auf und 50 % der Wohnungen besitzen 4 und mehr Räume. Somit wird der Medianwert für $F_i = 0,5$ bei $X = 4$ erreicht, d. h. der Medianwert für das Wohnungsbeispiel lautet $X_{Me} = 4$ Räume (vgl. Abb. II-3-5 bzw. Tabelle II-2-5).

Abb. II-3-5: Bestimmung des Medians über die Verteilungsfunktion (Beispiel „Wohnungen nach Anzahl der Wohnräume in Deutschland 2011")

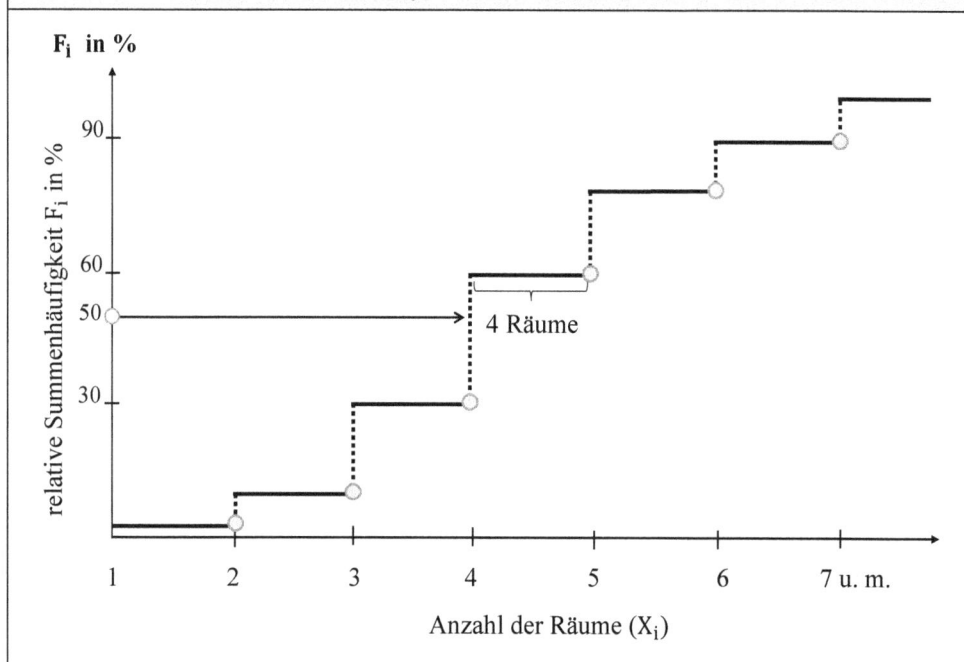

Alternativ lässt sich der Median auch über die **absolute Summenhäufigkeit H_i** bestimmen[86]. Der Median ist dann der Merkmalswert des Merkmalsträgers, bei dem die absolute Summenhäufigkeit H_i den Wert $[H_i = \frac{1}{2} \cdot n]$ annimmt. Im vorliegenden Wohnungsbeispiel werden (n = 40,474 Mio.) Wohnungen betrachtet, so dass der Median an der Position $[H_i = \frac{1}{2} \cdot 40,474 = 20,237]$ liegt. Gemäß Tabelle II-2-5

---

[86] Die Betrachtung von $[F_i = 0,5]$ kann auf einfachem Wege in die Bedingung $[H_i = \frac{1}{2} \cdot n]$ überführt werden. Gemäß der Definition von absoluter und relativer Summenhäufigkeit gilt: $[F_i = H_i / n]$. Soll $F_i = 0,5$ gelten, so bedeutet dies $[F_i = H_i / n = 0,5]$. Eine Umformung nach H_i führt dann zu: $[H_i = 0,5 \cdot n = \frac{1}{2} \cdot n]$.

weist der Merkmalsträger (Wohnung) an dieser Position vier Räume auf, so dass sich auch auf dieser Basis der Median $X_{Me} = 4$ Räume ermittelt.

Im Folgenden soll für **klassifizierte Werte** am Beispiel der Bruttomonatsverdienste der Median über die relative Summenhäufigkeit $F_i = 0,5$ (**50 %**) berechnet werden (vgl. vorherige Übersicht II-3-2 bei klassifizierten Daten). Wird die relative Summenhäufigkeit $F_i = 0,5$ (50 %) nicht an der Klassengrenze zufällig erreicht, muss bei klassifizierten Daten der Median über die sogenannte Feinberechnung auf Basis des Strahlensatzes ermittelt werden.

Tab. II-3-5: Feinberechnung des Medians (Bsp. „Bruttomonatsverdienste")

Klasse	Bruttomonats-verdienst in €	Klassen-breite	abs. Häu-figkeit	rel. Häu-figkeit	rel. Summen-häufigkeit	Klassen-mitte
i	X_i	ΔX_i	h_i	f_i	F_i	X_i'
1	500 bis unter 1 000	500	6	0,024	0,024	750
2	1 000 bis unter 1 500	500	13	0,052	0,076	1 250
3	1 500 bis unter 2 000	500	22	0,088	0,164	1 750
4	2 000 bis unter 2 500	500	32	0,128	0,292	2 250
5	2 500 bis unter 3 000	500	40	0,160	0,452	2 750
6	**3 000 bis unter 3 500**	500	42	0,168	**0,620**	3 250
7	3 500 bis unter 4 000	500	39	0,156	0,776	3 750
8	4 000 bis unter 4 500	500	31	0,124	0,900	4 250
9	4 500 bis unter 5 000	500	20	0,080	0,980	4 750
10	5 000 bis unter 5 500	500	5	0,020	1,000	5 250

Im Gegensatz zur Feinberechnung des Anteilswertes (s. Kap. II.2.7) ist bei der Feinberechnung des Medians die relative Summenhäufigkeit $F_i = 0,5$ vorgegeben, und es wird derjenige Merkmalswert innerhalb eines Klassenintervalls gesucht, der nach dem Strahlensatz zu einem F_i von 0,5 führt. Aus Tabelle II-3-5 ist ersichtlich, dass $F_i = 0,5$ in der (i = 6.) Klasse, also zwischen 3 000 und 3 500 € erreicht wird. Es ist nun eine bestimmte, noch zu errechnende Strecke zwischen 3 000 und 3 500 € zurückzulegen, bis sich die relative Summenhäufigkeit von 45,2 % (Startwert bei $X = 3\,000\,€$) auf 50 % aufgebaut hat (der mit $F_i = 0,5$ korrespondierende X-Wert stellt den Median dar). [87]

Als Startwert für die Berechnung des Medians ist daher die Untergrenze dieser 6. Klasse [$X_6^u = 3\,000$] zu wählen. Wird ausgehend von dieser Klassenuntergrenze die gesamte Klassenbreite dieser Klasse zurückgelegt, dann häuft sich nach dem Strahlensatz bis zur Klassenobergrenze $X_6^o = 3\,500$ eine relative Summenhäufigkeit von 62 % an. Damit ist der Zielwert [$F_i = 50\,\%$] überschritten, d. h. es wurde eine zu weite Strecke zurückgelegt (vgl. Bild einer Planierraupe, die diese Strecke zurücklegt und dabei eine Halde der Summenhäufigkeit aufbaut). Da der Klassenuntergrenze der 6. Klasse (Startpunkt der Betrachtung) ein Wert $F_i = 0,452$ zuzuordnen ist, muss bei der Bewegung innerhalb der 6. Klasse nur noch eine zusätzliche Summenhäufigkeit von $(0,5 - 0,452) = 0,048$ aufgebaut werden, um einen F-Wert von [$F_i = 50\,\%$] oder [$F_i = 0,5$] zu erhalten. Nun lässt sich die zurückzulegende Strecke in der 6. Klasse über den Strahlensatz (Dreisatz) ermitteln: Wenn über die gesamte Klassenbreite die relative Summenhäufigkeit um 0,168 (f_6) ansteigt, wird mit jedem zusätzlichen 1 € Bruttomonatsverdienst eine zusätzliche relative Summenhäufigkeit von $\Delta F = 0,168/500$ angesammelt. Nach welcher zurückgelegten Strecke „?" eine zusätzliche relative Summenhäufigkeit ΔF von 0,048 aufgebaut ist, lässt sich dann wie folgt errechnen: 0,168 verhält sich zu 500, wie 0,048 zur gesuchten Strecke „?". Somit gilt: $(0,16 / 500) = 0,048 / \text{"?"}$; wird diese Gleichung nach dem unbekannten Merkmalswert „?" aufgelöst, ergibt sich: „?" $= (500 / 0,168) \cdot 0,048 = 142,86$.

Erhöht sich somit der Bruttomonatsverdienst von 3 000 € um 142,86 € auf 3 142,86 €, dann baut sich analog die Summenhäufigkeit von $F_i = 0,452$ auf $F_i = 0,5$ auf, so dass der Median bei $X_{Me} = 3\,142,86\,€$ liegt (vgl. auch Abb. II-3-6). Für das Beispiel der Bruttomonatsverdienste errechnet sich der Median dann gemäß folgender Rechenformel: $X_{Me} = 3\,000 + 500 \cdot (0,50 - 0,452) / 0,168 = 3\,142,86$ oder übersetzt in Formeln:

---

[87] Ebenso wie bei der Berechnung des Anteilswertes (s. Kap. II.2.7) kann auch hier auf das Bild der „Planierraupe" verwiesen werden, die sich innerhalb eines Intervalls bewegt und dabei mit jeder Bewegungseinheit proportional zur zurückgelegten Strecke eine „Häufigkeitshalde" (absolute oder relative Summenhäufigkeit) vor sich aufbaut. Anders als bei der Berechnung des Anteilswertes stellt sich nun die Frage, welche Strecke die Planierraupe zurücklegen muss, bis sie eine bestimmte vorgegebene Summenhäufigkeit von 50% der insgesamt am Ende aller Teilstrecken aufgehäuften Werte erreicht hat. Der gesuchte Streckenwert stellt den Median dar. Es wird wiederum unterstellt, dass sich die Summenhäufigkeiten proportional zur zurückgelegten Strecke aufbauen. Dies setzt voraus, dass sich vor dem Aufhäufen, d. h. vor der „Fahrt mit der Planierraupe" die absoluten oder relativen Häufigkeiten gleichmäßig auf das Intervall (d. h. die betrachtete Merkmalsklasse) verteilen.

$$X_{Me} = X_i^u + \Delta X_i \cdot \frac{0,5 - F(X_i^u)}{F(X_i^o) - F(X_i^u)}$$

Abb. II-3-6: Relative Häufigkeitsverteilung, Verteilungsfunktion und Median für das Beispiel „Bruttomonatsverdienste"

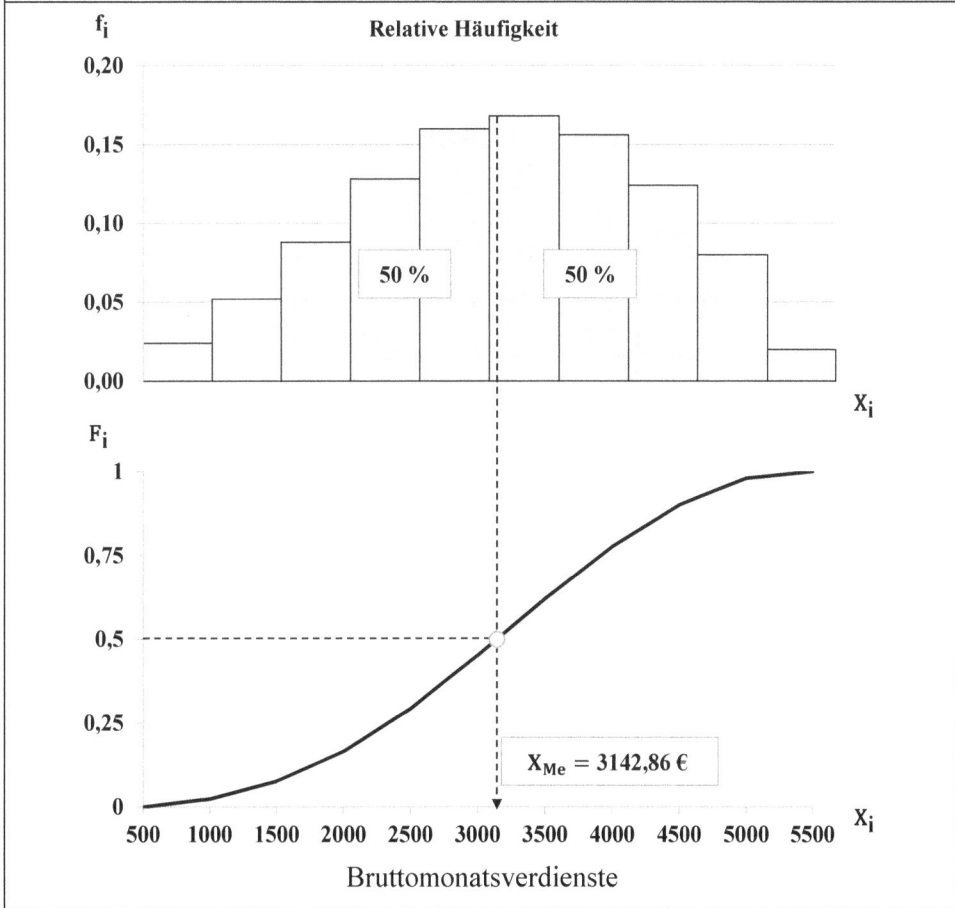

Die Feinberechnung des Medians kann somit „intuitiv" gemäß dem beschriebenen Dreisatz erfolgen oder einfach nur unter Anwendung der oben angeführten Formel (s. Formelsammlung) vorgenommen werden.

In diesem Abschnitt soll auf Basis der Abb. II-3-7 formal aufgezeigt werden, wie sich die Formel für die Feinberechnung des Medians X_{Me} begründen lässt. Nach dem Strahlensatz gilt für die dargestellten Strecken der Abb. II-3-7:

$$\frac{F(X_{Me}) - F(X_i^u)}{F(X_i^o) - F(X_i^u)} = \frac{X_{Me} - X_i^u}{X_i^o - X_i^u} \quad \leftrightarrow \quad \frac{0,5 - F(X_i^u)}{F(X_i^o) - F(X_i^u)} = \frac{X_{Me} - X_i^u}{X_i^o - X_i^u} \qquad \text{(Strahlensatz)}$$

Aufgelöst nach X_{Me} ergibt sich: $X_{Me} = X_i^u + (X_i^o - X_i^u) \cdot \dfrac{0{,}5 - F(X_i^u)}{F(X_i^o) - F(X_i^u)}$

Oder wegen $(X_i^o - X_i^u) = \Delta X_i$ und $F(X_i^o) - F(X_i^u) = f(X_i)$

$X_{Me} = X_i^u + \Delta X_i \cdot \dfrac{0{,}5 - F(X_i^u)}{f(X_i)}$

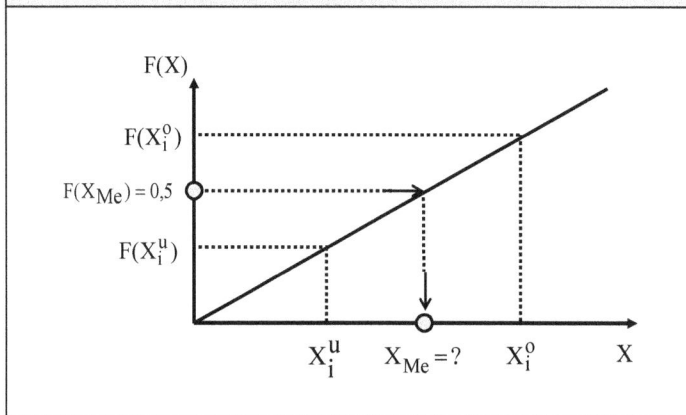

Abb. II-3-7: Feinberechnung des Medians bei klassifizierten Daten

Abschließend sollen die Vor- und Nachteile des Medians in einer Gesamtbeurteilung dargestellt werden:

Vorteile des Medians:

• Neben dem Modus ist der Median der einzige Mittelwert, der bei ordinalskalierten Merkmalsausprägungen gebildet werden kann[88].

• Die Summe der absoluten Abweichungen der Einzelwerte vom Median ist ein Minimum (Minimumeigenschaft im Hinblick auf absolute Abweichungen). Somit gilt: $\sum |X_i - X_{Me}| = \text{Minimum}$.
  Es bedeutet, dass die absoluten Abweichungen der Merkmalswerte in Bezug auf den Median immer kleiner ausfallen als in Bezug auf das arithmetische Mittel oder den Modus oder einen anderen beliebigen Wert. Diese Eigenschaft zeigt sich bei den verschiedenen Berechnungsmöglichkeiten der „Absoluten Abweichung" (siehe späteres Kapitel II.3.4 zu den Streuungsmaßen) und wird dort noch kurz angesprochen werden.

• Der Median liegt in der Mitte einer H.V. und reagiert daher nicht auf Extremwerte. Folglich ist er insbesondere für „schiefe H.V." geeignet, bei denen die

---

[88] Eine Feinberechnung des Medians erfolgt wegen der erforderlichen Klassifizierung nur bei metrischen Skalen; sie setzt somit mindestens eine Intervallskala voraus.

Schiefe auch durch Extremwerte, d. h. durch sogenannte Ausreißer verursacht sein kann (zum Begriff der „schiefen H.V." vgl. Kap. II.3.3).

- Der Median ist auch bei offenen Randklassen anwendbar, da er wegen seiner Zentralität nie in die offene Randklasse fällt.

Nachteile des Medians:

- Der Median reagiert empfindlich auf Schwankungen der Merkmalsausprägungen in unmittelbarer Nähe des Medians. Der Median weist somit in dieser Hinsicht die entgegengesetzte Eigenschaft des arithmetischen Mittels auf, das vor allem auf Ausreißer, d. h. auf Schwankungen am Rande der H.V. reagiert, nicht aber auf Schwankungen im Zentrum der Häufigkeitsverteilung. Die Sensibilität des Medians im Hinblick auf Schwankungen der mittleren Merkmalswerte lässt sich mittels des Niederschlagbeispiels der Tab. II-3-4 gut verdeutlichen: Würde im Beispiel der Niederschlagsmengen bei (n = 32) (s. rechten Teil der Tabelle) der 16. Merkmalswert nicht „5 mm", sondern wie der 17. Merkmalswert ebenfalls „8 mm" Niederschlag betragen, so würde der Median sprunghaft von 6,5 auf 8 mm ansteigen.

- Der Median ist bei gerader Anzahl der Beobachtungswerte und kleinem (n) nicht direkt beobachtbar, sondern stellt einen künstlichen Wert dar. Dieser Nachteil resultiert daraus, dass sich bei gerader Anzahl der Merkmalswerte die Mitte über ein arithmetisches Mittel der beiden mittleren Werte ergibt. Dies hat zur Konsequenz, dass sich dann alle Nachteile des arithmetischen Mittels (s. nächstes Kapitel) auch auf den Median übertragen. Es bedeutet zugleich, dass in dieser Situation die Merkmalswerte eine Intervallskala (und nicht nur eine Ordinalskala) aufweisen müssen.

Resümee: Der Median ist für schiefe H.V. geeignet, bei der sich die Häufigkeiten der Merkmalswerte nicht symmetrisch verteilen und die H.V. u. U. durch Ausreißer geprägt wird. Anders als bei dem noch darzustellenden arithmetischen Mittel (s. nächstes Kapitel) wird der Median durch derartige Ausreißer nicht verzerrt.

Da der Median eine H.V. in zwei gleich große Häufigkeiten zerlegt, lässt er sich sehr anschaulich interpretieren. Abschließend soll seine Anwendung im Bereich der Darstellung des Bevölkerungsalters aufgezeigt werden: Aus Abb. II-3-8 geht hervor, dass die US-Bevölkerung in den verschiedenen US-Staaten sehr große Unterschiede im Medianalter aufweist. So wies im Jahr 2005 der US-Bundesstaat „Utah" mit 28 Jahren das niedrigste Medianalter auf (Glaubensgemeinschaft der Mormonen), während die Bevölkerung im Bundesstaat „Maine" mit rd. 40,7 Jahren das höchste Medianalter besaß. Das Medianalter der gesamten US-Bevölkerung betrug 36,2 Jahre im Jahr 2005 bzw. 37,3 im Jahr 2012. Damit waren 2012 in den USA 50 % der Bevölkerung jünger (bzw. älter) als 37,3 Jahre.

Abb. II-3-8: Medianalter der US-Bevölkerung insgesamt und in zwei ausgewählten US-Bundesstaaten

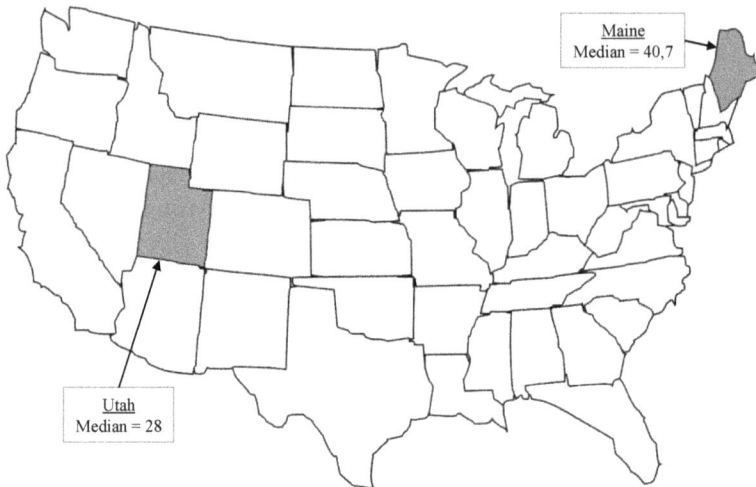

Maine
Median = 40,7

Utah
Median = 28

Anmerkung: Das Medianalter der gesamten US-Bevölkerung beträgt 36,2 Jahre (2005) bzw. 37,3 Jahre (2012).

Quelle: Darstellung und Daten für 2005 in Anlehnung an Newspaper US-Today, 13.10.2005 (auf Basis der Daten des U.S. Census Bureau).
Quelle Medianalter 2012: U.S. Census Bureau: Current Population Survey, Annual Social and Economic Supplement, 2012, Tab. 1, Population by Age and Sex. (Internet release date: December 2013).

In Deutschland hat sich aufgrund der demographischen Alterung ein deutlicher Anstieg des Medianalters vollzogen (vgl. Abb. II-3-9). So stieg das Medianalter der Frauen von etwa 36,5 Jahren in den 50er Jahren des letzten Jahrhunderts auf derzeit (2014) rd. 47,5 Jahre an. Die Vergleichswerte der Männer lagen in diesem Zeitraum etwa 2 bis 7 Prozentpunkte niedriger. Die Abb. II-3-9 zeigt zudem das Durchschnittsalter auf (zum Begriff vgl. das folgende Kapitel). Der Vergleich beider Mittelwerte erfolgt in Kapitel II.3.3 in Aufgabe 15.

Zur Ermittlung des **feinberechneten Medians** empfiehlt sich das folgende **Vorgehen** (hier: Beispiel „Bruttomonatsverdienst"; vgl. Tab. II-3-5, Abb. II-3-6, II-3-7):

1) Welche **Größe** ist gesucht? Antwort: Ein bestimmter Merkmalswert X.

2) In welcher **Klasse** liegt der gesuchte Wert?
   Antwort: In der sechsten Klasse, da hier F(X) den Wert 0,5 annimmt.

3) Wie lautet der **Startwert** für X, und was ist hinzuzurechnen?
   Antwort: Startwert ($X_6^u = 3\ 000$); hinzuzurechnen ist ein Anteil von $\Delta X_6 = 500$.

4) Welcher **Anteil** von ΔX_6 ist hinzuzurechnen? Antwort: $(0,5 - 0,45)/0,168$;
   Somit: $X_{Me} = 3\ 000 + 500 \cdot (0,50 - 0,452) / 0,168 = 3\ 142,86$.

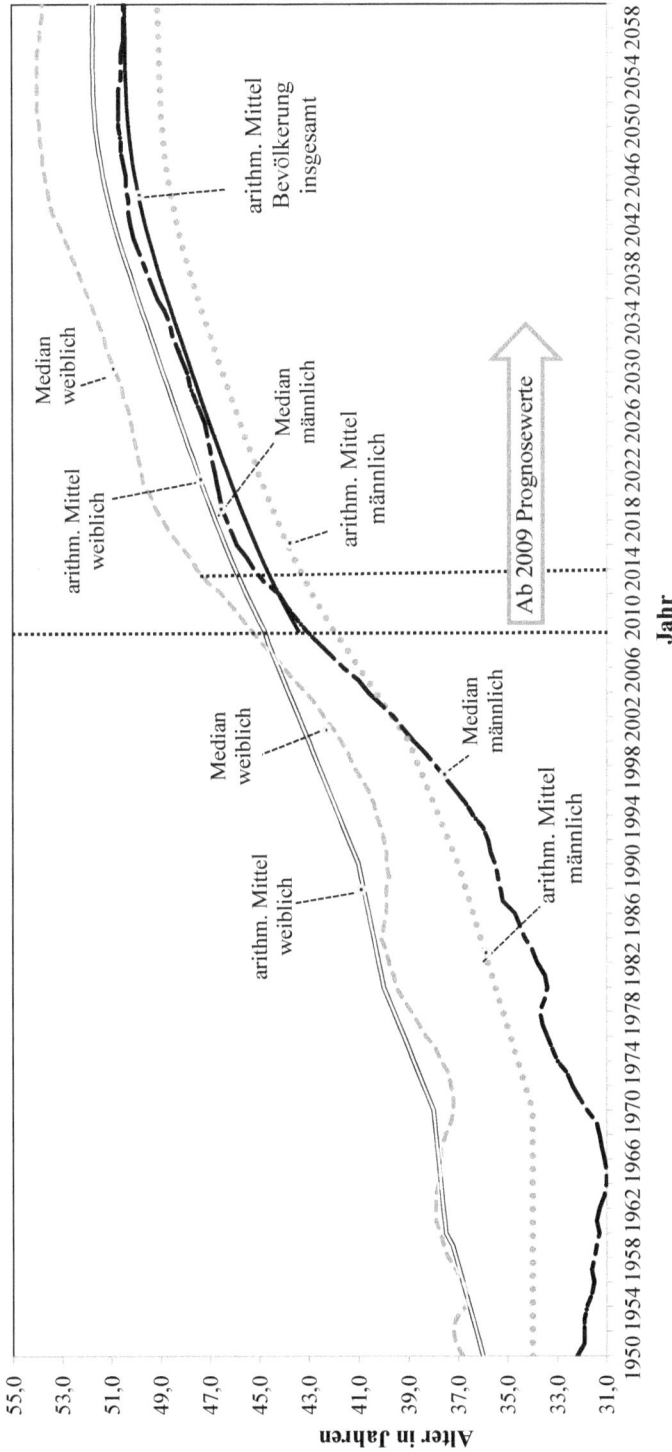

Abbildung II-3-9: Entwicklung des Medians- und des Durchschnittsalters der Bevölkerung in Deutschland nach Geschlecht und insgesamt (1950 – 2060)

Quelle:

a) Durchschnittsalter 1950–2010; Medianalter 1950-2010: Bundesinstitut für Bevölkerungsforschung: Bevölkerungsstand in Deutschland, 1950 bis 2060, Wiesbaden 2014

b) Durchschnittsalter 1950-2000: eigene Interpolation auf Basis des Bundesinstituts für Bevölkerungsforschung (s. ebenda);

c) Durchschnittsalter 2011-2060: eigene Berechnungen auf Basis der Daten der 12. koodinierten Bevölkerungsmodellrechnung; vgl. hierzu Stat. Bundesamt: Bevölkerung Deutschlands bis 2060, 12. Koordinierte Bevölkerungsvorausberechnung, Wiesbaden 2009; ale Daten ab 2009 beruhen auf der „Variante 1-W1, Untergrenze der ‚mittleren‘ Bevölkerung" der 12. koordinierten Rechnung.

Exkurs: P-Quantile

Der Median kann als Spezialfall eines sogenannten P-Quantils verstanden werden. Als „P-Quantil" werden Merkmalswerte bezeichnet, durch die Gesamtheiten in (1/P) gleich große Teile zerlegt werden. Der Median als sogenanntes [P = 0,5-Quantil] zerlegt die Gesamtheit in [1 / 0,5 = 2] gleich große Hälften. Analog wird eine Gesamtheit durch

- das 0,25-Quantil oder auch Quartil in vier [1 / 0,25 = 4] gleiche Teile,
- das 0,1-Quantil oder auch Dezentil in zehn [1 / 0,1 = 10] gleiche Teile und durch
- das (0,01-Quantil) oder auch Perzentil in hundert [1 / 0,01 = 100] gleich große Teile zerlegt.

Die P-Quantile werden in analoger Weise wie das 0,5-Quantil, d. h. der Median berechnet. So bilden z. B. jene Merkmalsausprägungen Q_1 und Q_3 das 1. bzw. 3. Quartil, bei denen (¼ = 25 %) bzw. (¾ = 75 %) der geordneten Beobachtungswerte erreicht werden. Bei kleiner Beobachtungszahl erfolgt die Berechnung des i-ten Quartils (i = 1, ... ,4) in Analogie zur Berechnung des Medians nach folgender Formel[89]: $X_{[(n+1)\cdot i/4]}$. Dies bedeutet, dass der i-te Quartilswert (Q_i) durch den Merkmalswert des Merkmalsträgers an der Position [(n + 1) · i / 4)] gebildet wird. Bei großer Beobachtungszahl erfolgt die Berechnung der Quartile − in Analogie zur Ermittlung des Medians − auf einfache Weise über die relative Summenhäufigkeitsfunktion (vgl. Abb. II-3-10). Das 1. Quartil errechnet sich beispielsweise für (F(X) = 0,25), das 3. Quartil errechnet sich entsprechend für F(X) = 0,75. Bei klassifizierten Daten können – wiederum in Analogie zum Median – die Quartile nur über die Formel für die Feinberechnung bestimmt werden. Dann ergäbe sich für die Bestimmung des 1. Quartils (Q_1) unter Verwendung von F(X) = 0,25 folgende Formel und folgendes Ergebnis für das Beispiel „Bruttomonatsverdienste" (vgl. auch Abb. II-3-10):

$$Q_1 = X_i^u + \Delta X_i \cdot \frac{0,25 - F(X_i^u)}{F(X_i^o) - F(X_i^u)} = 2\,000 + 500 \cdot \frac{0,25 - 0,164}{0,292 - 0,164} = 2\,335,94$$

Analog ist die Vorgehensweise für das 3. Quartil (Q_3) unter Verwendung von F(X) = 0,75.

$$Q_3 = X_i^u + \Delta X_i \cdot \frac{0,75 - F(X_i^u)}{F(X_i^o) - F(X_i^u)} = 3\,500 + 500 \cdot \frac{0,75 - 0,62}{0,776 - 0,62} = 3\,916,67$$

Dem 1. und 3. Quartil kommen in der Statistik eine besondere Bedeutung zu, da die Differenz [$Q_3 - Q_1$] den sogenannten Quartilsabstand (QA) ergibt, ein häufig verwendetes Streuungsmaß (s. Gliederungspunkt II.3.4.2.2).

---

[89] Für den Wert „[(n + 1) · i / 4)]" ergibt sich häufig keine ganze Zahl; dann ist auf die nächste ganze Zahl aufzurunden.

Abb. II-3-10: Ermittlung derQuartile und des Quartilsabstandes (Beispiel „Bruttomonatsverdienste")

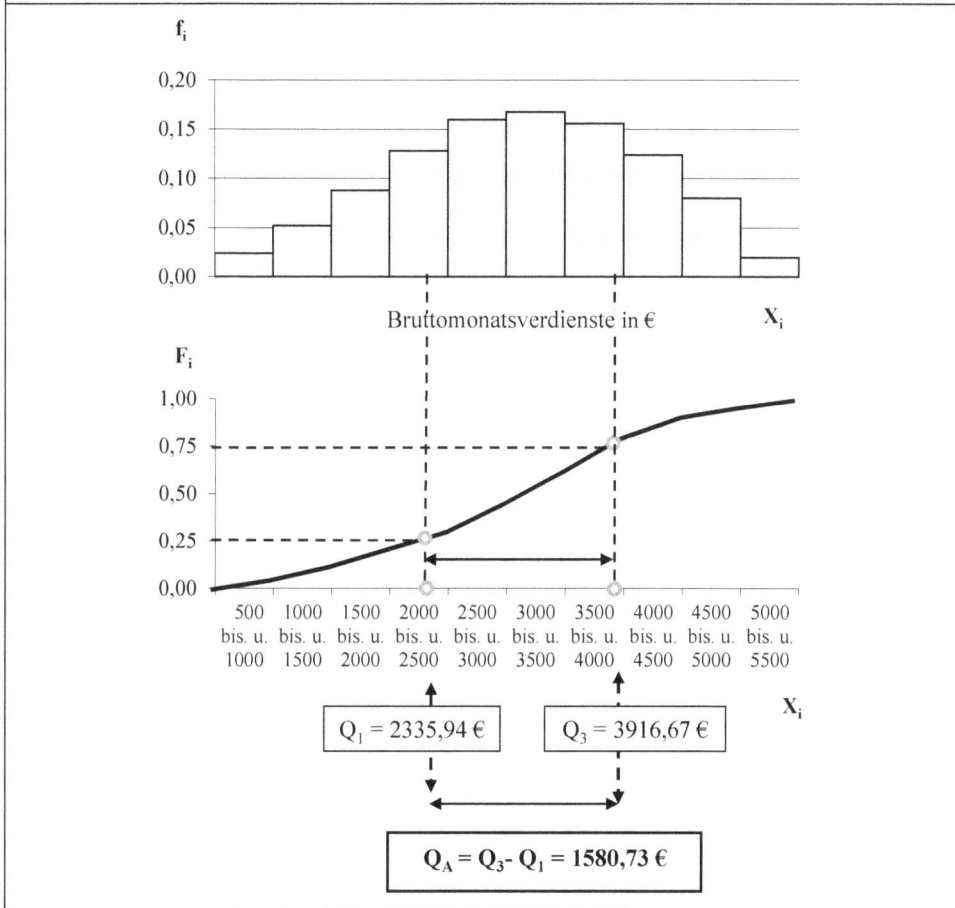

Aufgabe 8: Median der Personenzahl in Privathaushalten 2013

Der Mikrozensus weist für das Jahr 2013 folgende Informationen über Privathaushalte in Deutschland aus. Bestimmen Sie Modus und Median der nachfolgenden Häufigkeitsverteilung und begründen Sie das Ergebnis.

Personenanzahl je Privathaushalt	Häufigkeit der Privathaushalte mit ... Person(en) (Angaben in 1 000)
1	16 176
2	13 748
3	4 989
4	3 688
5 und mehr	1 332
insgesamt	39 933

Quelle: Stat. Bundesamt: Bevölkerung und Erwerbstätigkeit 2013, a. a. O., S. 51.

3.2.3   Arithmetisches Mittel ($\overline{X}$)

Das arithmetische Mittel kann bei mindestens intervallskalierten Merkmalswerten ermittelt werden. Er ist der gebräuchlichste Mittelwert und wird vereinfachend auch als **„Durchschnitt"**[90] bezeichnet. Das arithmetische Mittel kommt in der deskriptiven Statistik direkt als Kennzahl oder indirekt als Hilfsgröße zur Berechnung anderer Kennzahlen (z. B. der Kovarianz) zum Einsatz. In der schließenden Statistik nimmt dieser Mittelwert eine zentrale Rolle ein[91], so dass das arithmetische Mittel trotz verschiedener nachteiliger Eigenschaften (im Vergleich zu anderen Mittelwerten) sehr geläufig und bekannt ist.

Die Definition des arithmetischen Mittels für Einzelwerte soll anhand des folgenden Beispiels erläutert werden, auf das auch bei anderen späteren Fragestellungen immer wieder zurückgegriffen wird[92]: Ein Arbeitnehmer benötigt an 5 Tagen für die Fahrt mit seinem E-Bike zur 17 km entfernten Arbeitsstätte folgende Wegezeiten in Minuten: 40, 42, 42, 46, 47.

Die durchschnittliche Wegezeit, d. h. das arithmetische Mittel beträgt damit:

$\overline{X}$ = 1/5 · (40 + 42 + 42 + 46 + 47) = 43,4 [Minuten]

Allgemein lässt sich das arithmetische Mittel für Einzelwerte wie folgt ermitteln:

$$\overline{X} = \frac{1}{n}\sum_{i=1}^{n} X_i$$

In der nachfolgenden Tabelle II-3-6 sind die Einzelwerte des vorherigen Beispiels in eine Häufigkeitstabelle überführt worden, um die Formel für das arithmetische Mittel unter Verwendung von Häufigkeiten aufzuzeigen. Aus der Tabelle und dem kon-

---

[90]   Der Begriff „Durchschnitt" wird hier mit dem Begriff „arithmetisches Mittel" gleichgesetzt, obwohl bei multiplikativer Verknüpfung ein Durchschnitt auch über das geometrische Mittel gebildet wird (z. B. der Durchschnittszins, der sich aus den in verschiedenen Perioden gegebenen Zinssätzen errechnet). Auch lässt sich ein Durchschnitt in manchen Situationen über das harmonische Mittel errechnen (z. B. ein Durchschnittpreis, der sich bei gegebener Ausgabe für die eingekauften Gütermengen ergibt); vgl. hierzu die späteren Ausführungen in Kap. II.3.2.4 und Kap. II.3.2.5.

[91]   Die Bedeutung resultiert auch daher, dass unter gewissen Bedingungen die Verteilung von Stichprobenmittelwerten bei steigendem Stichprobenumfang (n) gegen eine Normalverteilung konvergiert (sogenannter „Zentraler Grenzwertsatz"). Diese Eigenschaft ermöglicht es, umfassende Schlussfolgerungen vom arithmetischen Mittel der Stichprobe auf das arithmetische Mittel der Grundgesamtheit und umgekehrt zu ziehen; vgl. hierzu Bleymüller, J. : Wirtschaftsstatistik, a. a. O., Kap. 13.1.

[92]   Beispiel in Anlehnung an Bleymüller, J.: Wirtschaftsstatistik, a. a. O., S. 13.

kreten Beispiel wird ersichtlich, dass sich nun der Durchschnitt der Merkmalswerte **als gewogenes arithmetisches Mittel** der Merkmalsausprägungen formulieren lässt. Als Gewichte kommen dabei die absoluten oder relativen Häufigkeiten zum Einsatz, je nachdem, ob der Term $(1 / n)$ aus der gewogenen Merkmalsbetragssumme ausgeklammert wird oder nicht.

Tab. II-3-6: Häufigkeitsverteilung der Wegezeiten				
i	X_i	h_i	f_i	
1	40	1	1/5	$\overline{X} = 1/5 \cdot (40 \cdot 1 + 42 \cdot 2 + 46 \cdot 1 + 47 \cdot 1)$
2	42	2	2/5	$= (40 \cdot 1/5 + 42 \cdot 2/5 + 46 \cdot 1/5 + 47 \cdot 1/5)$
3	46	1	1/5	$= 43,4$ Minuten
4	47	1	1/5	

Damit gilt allgemein:

$$\overline{X} = \frac{1}{n}\sum_{i=1}^{m} X_i \cdot h_i = \sum_{i=1}^{m} X_i \cdot f_i$$

Soll für das Beispiel „**Wohnungen in Deutschland 2011**" (vgl. Tabelle II-2-5) die durchschnittliche Anzahl der Wohnräume ermittelt werden, so lässt sich dies bei rd. 40,5 Mio. Wohnungen nur unter Verwendung des gewogenen arithmetischen Mittels errechnen. In der rechten Spalte der Tabelle II-2-5 ist die mit der absoluten Häufigkeit gewogene Merkmalsbetragssumme ersichtlich, die nach Division durch die Zahl der Gesamtwohnungen (n = 40 473,823 Wohnungen; in Tsd.) eine **durchschnittliche Anzahl der Räume** von **4,42** ergibt.

Für die Berechnung des arithmetischen Mittels von klassifizierten Daten (Beispiel **Bruttomonatsverdienste**, vgl. nachfolgende Tabelle II-3-7) werden die Klassenmitten als Merkmalswerte verwendet. Für das Beispiel ergibt sich ein **arithmetisches Mittel von 3 108 €**. Der Wert errechnet sich gemäß Tabelle II-3-7 als Summe der Gesamtverdienste $\sum X_i' \cdot h_i$ aller $(i = 1, ..., m)$ Klassen, dividiert durch die Anzahl der Merkmalsträger, d. h. der Beschäftigtenzahl (n = 250). Alternativ lässt sich das arithmetische Mittel errechnen als Summe der mit den relativen Häufigkeiten gewichteten Merkmalswerte $\sum X_i' \cdot f_i$.

Abschließend werden anhand von Übersicht II-3-3 der Charakter des arithmetischen Mittels herausgearbeitet und wichtige Eigenschaften des arithmetischen Mittels aufgezeigt. Die Übersicht II-3-3 zeigt für fünf beliebig angenommene Merkmalswerte (169, 174, 176, 177, 179) die Bestimmung und den Charakter des arithmetischen Mittels auf: Bei diesen Werten könnte es sich beispielsweise um fünf Körpergrößen handeln, für die sich ein arithmetisches Mittel von 175 cm errechnet.

Tab. II-3-7: Berechnung des arithmetischen Mittels für klassifizierte Daten (Beispiel „Bruttomonatsverdienste")

i	Brutto-monatsver-dienst in € X_i von ...bis unter....	Klas-sen-breite ΔX_i	abs. Häufig-keit h_i	rel. Häu-figkeit f_i	rel. Sum-menhäu-figkeit F_i	Klassen-mitte X_i'	Gesamt-verdienst der Klasse $X_i' \cdot h_i$	arithm. Mittel $X_i' \cdot f_i$
1	500 – 1 000	500	6	0,024	0,024	750	4 500	18
2	1 000 – 1 500	500	13	0,052	0,076	1 250	16 250	65
3	1 500 – 2 000	500	22	0,088	0,164	1 750	38 500	154
4	2 000 – 2 500	500	32	0,128	0,292	2 250	72 000	288
5	2 500 – 3 000	500	40	0,160	0,452	2 750	110 000	440
6	3 000 – 3 500	500	42	0,168	0,620	3 250	136 500	546
7	3 500 – 4 000	500	39	0,156	0,776	3 750	146 250	585
8	4 000 – 4 500	500	31	0,124	0,900	4 250	131 750	527
9	4 500 – 5 000	500	20	0,080	0,980	4 750	95 000	380
10	5 000 – 5 500	500	5	0,020	1,000	5 250	26 250	105
Σ			250	1,000			777 000	3 108
arithm. Mittel in €	3 108,00							
Median in €	3 142,86							

Es wird in Übersicht II-3-3 ersichtlich, dass das arithmetische Mittel ($\overline{X} = 175$ cm) genau dort liegt, wo die Summe der Abstände des arithmetischen Mittels zu allen kleineren Merkmalswerten X_i (d. h. zu den in Übersicht II-3-3 links vom arithmetischen Mittel liegenden Werten = Teilgruppe I) genauso hoch ist wie die Summe der entsprechenden Abstände zu allen größeren Merkmalswerten X_i (rechts vom arithmetischen Mittel liegend = Teilgruppe II). Wie aus Übersicht II-3-3 ersichtlich, beträgt die Summe der beschriebenen Abstände der beiden Teilgruppen (−7) bzw. (+7) und ist somit bis auf das entgegengesetzte Vorzeichen gleich groß. Damit ist das Charakteristikum des arithmetischen Mittels ersichtlich: Es ist durch die Abstände der Merkmalswerte definiert. Infolgedessen setzt das arithmetische Mittel eine Intervallskala voraus. Demgegenüber sind die Charakteristika des Modus durch den häufigsten Wert und des Median durch die mittlere Merkmalsposition in der geordneten Reihe gekennzeichnet.

Übersicht II-3-3: Charakter des arithmetischen Mittels

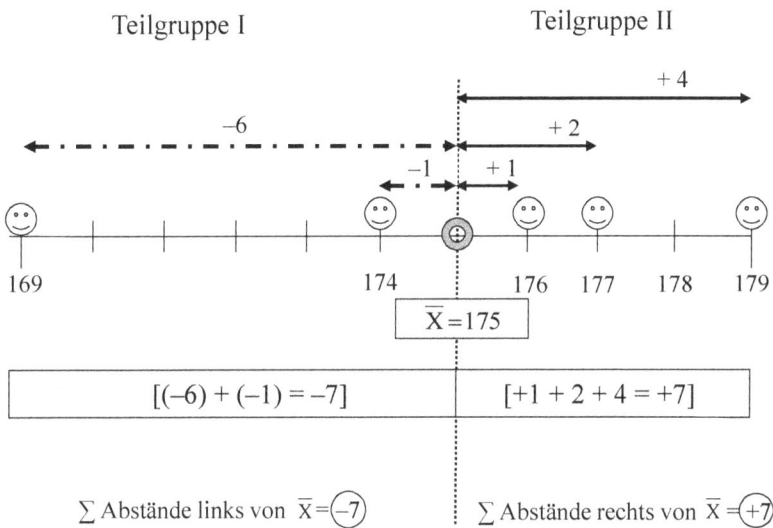

Teilgruppe I   Teilgruppe II

+ 4

–6   + 2

–1   + 1

169   174   176   177   178   179

$$\overline{X} = 175$$

$$[(-6) + (-1) = -7]$$ $$[+1 + 2 + 4 = +7]$$

$\sum$ Abstände links von $\overline{X} = \boxed{-7}$ $\sum$ Abstände rechts von $\overline{X} = \boxed{+7}$

Die Übersicht II-3-3 zeigt zwei Teilgruppen I und II von Merkmalswerten X_i: Zur Teilgruppe I gehören alle Merkmalswerte, die kleiner als das arithmetische Mittel $\overline{X} = 175$ sind; zur Teilgruppe II gehören alle Merkmalswerte, die größer als das arithmetische Mittel $\overline{X} = 175$ sind.

Ergebnis:

Wird jeweils getrennt für die Merkmalswerte X_i der beiden Teilgruppen I und II die Summe der Abweichungen dieser Merkmalswerte X_i zum arithmetischen Mittel $\overline{X} = 175$ gebildet, also $\sum(X_i - \overline{X})$, so stimmt für jede Teilgruppe die jeweilige Summe der Abweichungen $\sum(X_i - \overline{X})$ bis auf das entgegengesetzte Vorzeichen überein (im vorliegenden Fall beträgt die Summe der Abweichungen –7 bzw. +7).

Eigenschaften des arithmetischen Mittels:

Vor dem Hintergrund dieses Charakteristikums des arithmetischen Mittels lassen sich die folgenden Eigenschaften ableiten:

1) Die Summe der einfachen Abweichungen der Merkmalswerte vom arithmetischen Mittel beträgt „null", also:

$$\sum_{i=1}^{n}(X_i - \overline{X}) = 0$$

Die einfachen Abweichungen der Merkmalswerte X_i vom arithmetischen Mittel $\overline{X}$ addieren sich zu „null". Diese Eigenschaft ist sehr bedeutsam, da die aufsummierten Abweichungen der Merkmalswerte vom arithmetischen Mittel, d. h. $\sum(X_i - \overline{X})$

grundsätzlich sehr gut geeignet wären, um die Streuung der Merkmalswerte (siehe Kap. II.3.4) zu beschreiben. Dazu ein Bild aus der Fußballwelt, bei der mit einem Fußball auf eine fußballgroße Öffnung einer Torwand geschossen wird und es das Ziel ist, den Ball genau in die Öffnung der Torwand zu schießen: Würden beispielsweise die Merkmalswerte X_i die i-te Position der auf eine Torwand geschossenen Bälle wiedergeben und würde die Position der Öffnung der Torwand das arithmetische Mittel darstellen (weil die Bälle im Durchschnitt die Öffnung treffen), so könnte über die oben dargestellte Abweichung die Streuung der Bälle abgebildet werden. Es ließe sich dann errechnen, wie weit die Bälle insgesamt an der Torwandöffnung vorbeigeflogen sind, d. h. wie stark die verschiedenen X_i insgesamt vom arithmetischen Mittel abweichen. Würde diese Gesamtabweichung anschließend durch die Anzahl der geschossenen Bälle dividiert, ließe sich eine durchschnittliche Abweichung je Ball ermitteln. Leider verhindert die Eigenschaft ($\sum(X_i - \overline{X}) = 0$) eine unmittelbare Anwendung dieser Abweichungen als Streuungsmaß. Denn diese Eigenschaft hat zur Folge, dass die positiven und negativen Abweichungen sich gegenseitig genau aufheben und die Summe der Abweichungen immer genau „null" ergibt. Soll dies nicht geschehen, muss das negative Vorzeichen durch die Verwendung von Absolutbeträgen oder durch die Quadrierung von Werten in ein positives Vorzeichen umgewandelt werden (häufiges Grundsatzproblem in der Statistik). Daher werden entweder Absolutbeträge der Abweichungen gebildet oder quadrierte Abweichungen errechnet. Wird dieses Ergebnis jeweils durch (n) dividiert, um eine durchschnittliche Abweichung je Merkmalsträger (je geschossenem Ball) zu erhalten, so ergeben sich mit der mittleren absoluten Abweichung (vgl. Kap. II.3.4.3) oder der mittleren quadratischen Abweichung (auch Varianz genannt; vgl. Kap. II.3.4.4), die „klassischen" Streuungsmaße.

Zunächst soll aber die Eigenschaft ($\sum(X_i - \overline{X}) = 0$) formal bewiesen werden, wobei wichtige, immer wiederkehrende Rechenregeln bei der Verwendung von Summen ersichtlich werden. Die Betrachtung erstreckt sich zunächst auf Einzelwerte:

Zu beweisen ist: $\displaystyle\sum_{i=1}^{n}(X_i - \overline{X}) = 0!$

Grundsätzlich gilt unter Beachtung einer wichtigen Rechenregel für Summen:

$$\sum_{i=1}^{n}(X_i - \overline{X}) = \sum_{i=1}^{n}X_i - n \cdot \overline{X} = \sum_{i=1}^{n}X_i - n \cdot \left(\sum_{i=1}^{n}\frac{X_i}{n}\right) = 0$$

$\qquad\qquad\qquad\uparrow\qquad\qquad\qquad\qquad\uparrow$
(Rechenregel für Summen)   (Definition arithm. Mittel)

Die Rechenregel für Summen zeigt, dass die Summe einer „n-fach" aufsummierten Konstanten sich auch als das „n-fache" der Konstanten schreiben lässt. Ein einfacher

Blick auf das Zahlenbeispiel der Übersicht II-3-3 macht diese Rechenregel für Summen deutlich. Es gilt:

$$\sum_{i=1}^{5}(X_i - \overline{X}) = (169 - 175) + (174 - 175) + (176 - 175) + (177 - 175) + (179 - 175)$$

$$= (169 + 174 + 176 + 177 + 179) - 5 \cdot 175 = \sum_{i=1}^{5} X_i - n \cdot \overline{X} = 0$$

Unter Verwendung einer H.V. und der Definition $\sum_{i=1}^{m} h_i = n$ gilt analog:

$$\sum_{i=1}^{m}(X_i - \overline{X}) \cdot h_i = \sum_{i=1}^{m} X_i \cdot h_i - \overline{X} \cdot \sum_{i=1}^{m} h_i = \sum_{i=1}^{m} X_i \cdot h_i - n \cdot \overline{X}$$

$$= \sum_{i=1}^{m} X_i \cdot h_i - n \cdot \left(\sum_{i=1}^{m} X_i \cdot \frac{h_i}{n}\right) = \sum_{i=1}^{m} X_i \cdot h_i - \sum_{i=1}^{m} X_i \cdot h_i = 0$$

Dabei wurde definitionsgemäß berücksichtigt: $\overline{X} = \sum_{i=1}^{m} X_i \cdot \dfrac{h_i}{n}$

2) Minimumeigenschaft des arithmetischen Mittels [$\sum(X_i - \overline{X})^2 < \sum(X_i - M)^2$]

Diese Eigenschaft wird als **Minimumeigenschaft** des arithmetischen Mittels bei quadrierten Abweichungen bezeichnet. Die Bedingung besagt, dass die Summe der quadrierten Abweichungen der Merkmalswerte von ihrem arithmetischen Mittel $\overline{X}$ kleiner ist als die Summe der quadrierten Abweichung der Merkmalswerte von jedem beliebigen anderen Wert (M). Diese Eigenschaft kommt bei der Bildung der Varianz (mittlere quadratische Abweichung) zur Anwendung (vgl. Kap. II.3.4.4).

3) Arithmetisches Mittel einer linear transformierten Größe ($\overline{Y} = a + b \cdot \overline{X}$)

Stellt sich das Merkmal Y als eine lineare Transformation des Merkmals X dar, gilt also: $Y_i = a + b \cdot X_i$

und wird für X das arithmetische Mittel $\overline{X}$ eingesetzt, so errechnet sich für Y über die lineare Transformation erwartungsgemäß das arithmetische Mittel von Y, d. h.:

$\overline{Y} = a + b \cdot \overline{X}$

Das arithmetische Mittel von Y kann somit mittels der Transformationsfunktion direkt über das arithmetische Mittel von X berechnet werden. Diese intuitiv erwartete Eigenschaft des arithmetischen Mittels soll an einem einfachen Beispiel der linearen Kostenfunktion verdeutlicht werden (vgl. Tab. II-3-8a). Die lineare Kostenfunktion K(X) lässt sich formal wie folgt darstellen:

$K(X) = a + b \cdot X$;   (mit: K(X) = Produktionskosten; X = Produktionsmenge)

Werden für die Parameter (a) und (b) der Kostenfunktion die Werte (a = 100) und (b = 2) angenommen, so ergibt sich:

$K(X) = 100 + 2 \cdot X$ oder allgemein: $Y_i = 100 + 2 \cdot X_i$

Tab. II-3-8a: Lineare Transformation des arithmetischen Mittels am Beispiel der Kostenfunktion				
i	1	2	3	Ø
X_i	1 000	2 000	3 000	**2 000**
$K(X_i)$	2 100	4 100	6 100	**4 100**
$K(X) = 100 + 2 \cdot X$				

Werden z. B. für X die nachfolgenden Produktionsmengen (1 000, 2 000 und 3 000) vorgegeben, so lassen sich hieraus über die Kostenfunktion $K(X) = 100 + 2 \cdot X$ die entsprechenden Kosten K(X) (2 100, 4 100 und 6 100) ermitteln (vgl. Tabelle II-3-8a). Hieraus errechnet sich dann eine durchschnittliche Produktionsmenge $\overline{X} = 2\,000$ und ein durchschnittlicher Wert für die Gesamtkosten $\overline{K}(X) = 4\,100$ (siehe Tab. II-3-8a). Schneller kann $\overline{K}(X)$ ermittelt werden als:

$\overline{K}(X) = 100 + 2 \cdot \overline{X} = 100 + 2 \cdot 2\,000 = 4\,100$

Damit zeigt sich erwartungsgemäß: Wird in die lineare Kostenfunktion das arithmetische Mittel von X eingesetzt, so ergibt sich automatisch das arithmetische Mittel der Gesamtkosten $\overline{K}(X)$.

Allgemein gilt somit für die lineare Transformationsbeziehung von Y und X:

$\overline{Y} = a + b \cdot \overline{X}$

Aufgabe 9: PKW-Autovermietung

Eine Autovermietung vermietet PKW mit einer festen Grundgebühr von 20 € und einer kilometerabhängigen Gebühr von 0,20 €. Angenommen, im Durchschnitt würde jeder Ausleiher 200 km zurücklegen. Welche durchschnittlichen Einnahmen würde die Vermietung je PKW erzielen? Erläutern Sie am konkreten Beispiel, was unter der linearen Transformation des arithmetischen Mittels zu verstehen ist.

4) Arithmetisches Mittel von Teilgesamtheiten, Gesamtquotenbildung aus Teilquoten

Häufig werden verschiedene Teilgesamtheiten und ihre arithmetischen Mittel betrachtet, und es stellt sich die Frage, welches arithmetische Mittel sich für die zusammengefassten Teilgesamtheiten errechnet. Hier seien beispielsweise die Durchschnittseinkommen $\bar{X}_1$ und $\bar{X}_2$ der Beschäftigten von zwei Unternehmen UN_1 und UN_2 betrachtet (vgl. Tab. II-3-8b), die als Teilgesamtheiten aufgefasst werden können. Gesucht ist das Durchschnittseinkommen $\bar{X}_{gesamt}$, das sich auf Basis der Durchschnittsverdienste der Teilunternehmen ergeben würde, wenn beide Unternehmen zu einer Gesamtunternehmung fusionieren.

Tab. II-3-8b: Durchschnittliches Einkommen der Beschäftigten zweier fusionierender Unternehmen		
	Unternehmen UN_1	Unternehmen UN_2
Anzahl der Beschäftigten (h_i)	300	200
Durchschnittl. Einkommen ($\bar{X}_i$) in €	1 000	2 000

Das arithmetische Mittel $\bar{X}_{gesamt}$ der beiden zusammenzufassenden Teilgesamtheiten $\bar{X}_1$ und $\bar{X}_2$ mit $h_1 = 300$ bzw. $h_2 = 200$ Beschäftigten ergibt sich als **gewogenes** arithmetisches Mittel der beiden Teilgesamtheiten:

$$\bar{X}_{gesamt} = 1\,000 \cdot \frac{300}{500} + 2\,000 \cdot \frac{200}{500} = 600 + 800 = 1\,400$$

Als Gewichte dienen dabei die Häufigkeiten $h_1 = 300$ bzw. $h_2 = 200$.

Allgemein gilt bei zwei Teilgesamtheiten (die auch beliebig auf mehr als zwei Teilgesamtheiten erweiterbar wären):

$$\rightarrow \bar{X}_{gesamt} = \bar{X}_1 \cdot \frac{h_1}{h_1 + h_2} + \bar{X}_2 \cdot \frac{h_2}{h_1 + h_2} = \bar{X}_1 \cdot f_1 + \bar{X}_2 \cdot f_2$$

mit: $\left(f_1 = \frac{h_1}{h_1 + h_2} \right)$ $\left(f_2 = \frac{h_2}{h_1 + h_2} \right)$

$$\bar{X}_G = 1\,000 \cdot \frac{300}{500} \quad + \quad 2\,000 \cdot \frac{200}{500} = 600 + 800 = 1\,400$$

Dies bedeutet: Die Ermittlung des **arithmetischen Mittels einer Gesamtheit** über die **arithmetischen Mittel von Teilgesamtheiten** entspricht dem Vorgehen bei der

Mittelwertbildung von klassifizierten Daten; dabei können die Anteile der Teilgesamtheiten (f_i) wie die relativen Anteile der Klassen verstanden werden.

Hinweis: Bei der Ermittlung des arithmetischen Mittels klassifizierter Daten werden die Klassenmitten mit den Klassenhäufigkeiten gewichtet; bei der Ermittlung des arithmetischen Mittels einer Gesamtheit über die arithmetischen Mittel der Teilgesamtheiten werden die arithmetischen Mittel der Teilgesamtheiten mit Häufigkeiten der Teilgesamtheit gewichtet.

Ein ähnliches Problem wie bei der Bildung des arithmetischen Mittels einer Gesamtheit über die arithmetischen Mittel aus Teilgesamtheiten ergibt sich bei der Ermittlung einer Gesamtquote aus den Quoten von zwei oder mehreren Teilquoten. Die Bildung derartiger Gesamtquoten ist häufig im Alltag anzutreffen. Beispiele sind: Umsatzrendite verschiedener fusionierter Unternehmen; Arbeitslosen- oder Erwerbsquoten einer Gesamtregion (z. B. EU), die sich über die Arbeitslosen- bzw. Erwerbsquoten von Teilregionen ergibt (z. B. Mitgliedsstaaten der EU); Ausschussquote in einem Gesamtbetrieb, die sich über die Ausschussquoten in einzelnen Betriebsbereichen errechnet, etc.

Es stellt sich die Frage, wie die Teilquoten jeweils gewichtet werden müssen, damit sich die Gesamtquote ergibt. Diese Frage sei am Fallbeispiel der gesamtdeutschen Arbeitslosenquote dargestellt, die exemplarisch über die beiden Arbeitslosenquoten für Westdeutschland (alte Bundesländer ohne Berlin) und Ostdeutschland (neue Bundesländer einschl. Berlin) errechnet wird[93]. Eine gesamtdeutsche Arbeitslosenquote lässt sich zwar jederzeit dadurch ermitteln, dass die west- und ostdeutsche Arbeitslosenquote in absolute Arbeitslosenzahlen für West- und Ostdeutschland umgewandelt, anschließend aufaddiert und dann zu den zivilen gesamtdeutschen Erwerbspersonen in Beziehung gesetzt wird. Hier geht es aber darum, die gesamtdeutsche Arbeitslosenquote auf Basis der Quotengewichtung und nicht auf Basis der Absolutzahlen zu ermitteln. Häufig ist im Alltag eine schnelle, intuitive Einschätzung der Gesamtquote erforderlich, die keine umständliche Kalkulation über die absoluten Gesamtzahlen ermöglicht. Damit stellt sich die Frage, wie die Arbeitslosenquoten für West- und Ostdeutschland zu gewichten sind, damit sich daraus eine gesamtdeutsche Arbeitslosenquote errechnet.

Fallbeispiel „Arbeitslosenquote":
Zeigen Sie auf, dass die nachfolgende Behauptung korrekt ist: „Aus den Arbeitslosenquoten für West- bzw. Ostdeutschland errechnet sich die (durchschnittliche) gesamtdeutsche Arbeitslosenquote, indem die westdeutsche Arbeitslosenquote mit dem Anteil der Erwerbspersonen Westdeutschlands und die ostdeutsche Arbeitslosenquote mit dem Anteil der Erwerbspersonen Ostdeutschlands gewichtet wird und die so gewichteten Arbeitslosenquoten anschließend aufaddiert werden (Gewichtung

---

[93] Denkbar wäre auch, die gesamtdeutsche Arbeitslosenquote auf Basis der Arbeitslosenquoten der Bundesländer oder den zahlreichen Arbeitsmarktregionen zu ermitteln.

mit den Anteilen des Nenners der Arbeitslosenquote und nicht mit den Anteilen des Zählers, d. h. den Arbeitslosen in D-West und D-Ost)."

Der korrekte Sachverhalt soll auf Basis folgender Begriffe und Definitionen hergeleitet und für Daten auf Basis der Januar-Zahlen 2014 der Bundesagentur für Arbeit (im Folgenden: BA) errechnet werden:

a) Ausgangssituation (Begriffe und Definitionen, Ausgangsdaten):

$$\text{ALQ}^W = \frac{\text{AL}^W}{\text{EP}^W} \text{ (z. B. 6,4 \%);} \qquad \text{ALQ}^O = \frac{\text{AL}^O}{\text{EP}^O} \text{ (z. B. 11,0 \%);}$$

$$\text{EPA}^W = \frac{\text{EP}^W}{\text{EP}} \text{ (z. B. 80,34 \%);} \quad \text{EPA}^O = \frac{\text{EP}^O}{\text{EP}} \text{ (z. B. 19,66 \%);}$$

mit:	
AL^W = Arbeitslose D-West; AL^O = Arbeitslose D-Ost; AL = Arbeitslose Deutschland;	EP^W = zivile Erwerbspersonen D–West; EP^O = zivile Erwerbspersonen D–Ost; EP = zivile Erwerbspersonen Deutschland;
EPA^W = Erwebspersonenanteil Westdeutschlands = EP^W/EP; EPA^O = Erwerbspersonenanteil Ostdeutschlands = EP^O/EP; ALQ^W = Arbeitslosenquote D-West = $\text{AL}^W / \text{EP}^W$; ALQ^O = Arbeitslosenquote D-Ost = $\text{AL}^O / \text{EP}^O$; ALQ = Arbeitslosenquote Deutschland (gesuchte, zu errechnende Größe)	

b) Vorgehen bei der Berechnung der Arbeitslosenquote für Deutschland:

$$\text{ALQ} = \frac{\text{AL}}{\text{EP}} = \frac{\text{AL}^W + \text{AL}^O}{\text{EP}} = \frac{\text{AL}^W}{\text{EP}} + \frac{\text{AL}^O}{\text{EP}} = \frac{\text{AL}^W}{\text{EP}^W} \cdot \frac{\text{EP}^W}{\text{EP}} + \frac{\text{AL}^O}{\text{EP}^O} \cdot \frac{\text{EP}^O}{\text{EP}}$$

$$= \text{ALQ}^W \cdot \frac{\text{EP}^W}{\text{EP}} + \text{ALQ}^O \cdot \frac{\text{EP}^O}{\text{EP}} \quad = \text{ALQ}^W \cdot \text{EPA}^W + \text{ALQ}^O \cdot \text{EPA}^O$$

$$= 0{,}064 \cdot 0{,}8034 + 0{,}11 \cdot 0{,}1966 = 0{,}05142 + 0{,}02163 = 0{,}07305$$

Damit errechnet sich für Januar 2014 in Gesamtdeutschland eine Arbeitslosenquote (in der Abgrenzung der Bundesagentur für Arbeit) von 7,3 %.

Die Rechnung zeigt, dass die (durchschnittliche) gesamtdeutsche Arbeitslosenquote als Gewichte die Anteile des Nenners der Definition (d. h. die zivilen Erwerbspersonenanteile beider deutschen Teilgebiete) und nicht des Zählers (Arbeitslosenanteile) verwendet. Insgesamt ermittelt sich somit die durchschnittliche Arbeitslosenquote in Deutschland, indem die Arbeitslosenquoten beider Landesteile mit den zivilen Erwerbspersonenanteilen (Anteile des Nenners) beider Landesteile gewichtet werden. Dieses Ergebnis gilt grundsätzlich bei der Ermittlung von Gesamtquoten auf Basis von Teilquoten und wird durch die nachfolgende Regel in den einzelnen Schritten der Ermittlung nochmals präzisiert:

Generelle Regel für die Ermittlung des Durchschnitts (arithmetischen Mittels) von Gesamtquoten über Teilquoten (Schrittfolge):

Wird über ein arithmetisches Mittel die Gesamtquote über die gewogenen Teilquoten ermittelt, so dienen die **Anteile des Nenners** der zu bildenden Gesamtquote jeweils als Gewicht. Dabei sind generell bei der Herleitung der Gesamtquote folgende Schritte einzuhalten (Erläuterung am Beispiel der Arbeitslosenquote nach der BA):

a) Definition der betrachteten Quote ermitteln (hier Arbeitslosenquote = Arbeitslose / zivile Erwerbspersonen).

b) Bildung der Anteile des Nenners (hier: Erwerbspersonenanteile von West- und Ostdeutschland).

c) Die gesuchte Quote der Gesamtgröße ermittelt sich, indem die Teilquoten mit den Anteilen des Nenners gewichtet und aufaddiert werden (hier: durchschnittliche Arbeitslosenquote in Deutschland = Σ der mit den jeweiligen Erwerbspersonenanteilen gewichteten Arbeitslosenquoten beider Teilgebiete Deutschlands).

Merke: Bei Anwendung des arithmetischen Mittels ist die Quote einer Gesamtheit über die gewogenen Teilquoten zu ermitteln, wobei als Gewichte die Anteile des **Nenners** der Definition der betrachten Quote heranzuziehen sind.

Aufgabe 10: Umsatzrenditen von zwei Unternehmen
Zwei Produktionsunternehmen A und B, die bisher keine Geschäftsbeziehungen zueinander unterhielten, fusionierten am Ende des Jahres 2013. Hierdurch erhofften sich die fusionierenden Unternehmen eine Verbesserung ihrer Wettbewerbsfähigkeit. Die Erfolgszahlen der beiden Unternehmen unterschieden sich für das Jahr 2013 deutlich: • Unternehmen A erzielte eine Umsatzrendite (Gewinn in € dividiert durch Umsatz in €, multipliziert mit 100) von 1,1 %, das Unternehmen B von 6,2 %.   • Dabei betrug der Gewinnanteil des Unternehmens A am Gesamtgewinn beider Unternehmen 35 %; auf Unternehmen B entfiel demzufolge der restliche Gewinnanteil von 65 %.   • Der Anteil des Umsatzes von Unternehmen A am Gesamtumsatz beider Unternehmen betrug 75 %, der Anteil von Unternehmen B machte dementsprechend 25 % aus.   Aufgrund des Zusammenschlusses soll für das Jahr 2013 rückwirkend die Umsatzrendite des fusionierten Unternehmens berechnet werden. Wie hoch fällt diese aufgrund der beschriebenen Daten aus? Begründen Sie Ihre Antwort!

5) Durchschnittliche Wachstumsrate additiv verknüpfter Größen

Eine weitere Fragestellung betrifft die Durchschnittsbildung von **additiv** verknüpften Wachstumsraten verschiedener Teilgesamtheiten. Es sei davon ausgegangen, dass sich eine Gesamtheit aus zwei (oder mehreren) Teilgesamtheiten zusammensetzt und jede Teilgesamtheit mit der Wachstumsrate in der Periode t wächst. Wie lässt sich dann über diese Wachstumsraten der Teilgesamtheiten die (durchschnittliche) Wachstumsrate der Gesamtheit für die Periode t ermitteln?[94] Zur Veranschaulichung dient das folgende Fallbeispiel, in dem sowohl der Umsatz für zwei Unternehmen UN_1 und UN_2 zu Beginn einer Periode t als auch die jeweiligen Wachstumsraten des Umsatzes der beiden Unternehmen in der Periode t vorliegen (vgl. Tabelle II-3-8c).

Tab. II-3-8c: Durchschnittliche Wachstumsrate des Umsatzes zweier fusionierender Unternehmen in Periode t			
	UN_1	UN_2	$UG = UN_1 + UN_2$
Umsatz in Mrd. € zu Beginn einer Periode t	8	2	
Wachstumsrate des Umsatzes in % in der Periode t	10	20	

Nun sei angenommen, dass die Unternehmen UN_1 und UN_2 am Ende der Periode t zur Unternehmung UG fusionieren. Welche durchschnittliche Wachstumsrate ($\overline{W}_{UG}$) des Umsatzes würde sich dann für das fusionierte Unternehmen für die Periode t ergeben? Bei der Lösung ist zu bedenken, dass eine Wachstumsrate letztlich als Quote verstanden werden kann, die im Zähler die Veränderungsrate und im Nenner den Ausgangswert der Periode erfasst. Unter Bezug auf die Quotenregel des letzten Abschnitts 4 müsste sich demnach die Wachstumsrate des fusionierten Unternehmens ($\overline{W}_{UG}$) aus den mit den Anteilen des Nenners (hier: Umsatzanteile von UN_1 bzw. UN_2 am Gesamtumsatz von UG) gewichteten Wachstumsraten der Teilunternehmen ergeben. Dies bedeutet für das konkrete Fallbeispiel:

$$\overline{W}_{UG} = 10\,\% \cdot (8/10) + 20\,\% \cdot (2/10) = 8\,\% + 4\,\% = 12\,\%$$

(mit einem Umsatzanteil von (8/10) für UN_1 bzw. von (2/10) für UN_2)

Da sich die Wachstumsrate der Gesamtheit aus den gewichteten Wachstumsraten der Teilgesamtheiten additiv zusammensetzt, wird die Vorgehensweise auch als „**Komponentenzerlegung**" des Gesamtaggregats bezeichnet. Die Wachstumsrate für die Gesamtheit ermittelt sich aus den gewogenen Wachstumsraten der Teilge-

---

[94] Hinweis: Es sei bereits an dieser Stelle darauf hingewiesen, dass bei dieser Fragestellung wegen der additiven Verknüpfung ein arithmetisches Mittel und nicht ein geometrisches Mittel (s. Kap. II.3.2.5) zur Anwendung kommt.

samtheiten, wobei als Gewichte die jeweiligen Anteile des Nenners der Wachstumsrate (hier: Umsatzanteile der Unternehmen) verwendet werden.

Die Komponentenzerlegung ist insbesondere bei der Wachstumsanalyse des Bruttoinlandsprodukts (BIP) einer Volkswirtschaft von zentralem Interesse. Unter dem BIP wird die Gesamtleistung der erstellten Güter und Dienstleistungen einer Volkswirtschaft vor Abzug der Abschreibungen verstanden. Liegen dem BIP die jeweils herrschenden Preisen zugrunde, erstreckt sich die Betrachtung auf das „nominale BIP". Das nominale BIP einer Volkswirtschaft (kurz mit „Y" bezeichnet) setzt sich aus den Komponenten „Private und staatliche Konsumausgaben", „Private und staatliche Investitionen" sowie dem Außenbeitrag als Differenz der Exporte und Importe der Waren- und Dienstleistungen zusammen (jeweils nominal). Zur Vereinfachung sei hier auf die Erfassung des Außenbeitrags verzichtet, die privaten und staatlichen Konsumausgaben seien zur Größe „Konsumausgaben C" und die privaten und staatlichen Investitionen seien zur Größe „Investitionsausgaben I" zusammengefasst. Nun interessiert im Rahmen der sogenannten Komponentenzerlegung des BIPs die Frage, wie das Wachstum der Einzelkomponenten (hier nominale Betrachtung) zum Wachstum des Gesamtaggregates aller Komponenten, d. h. dem nominalen BIP beiträgt. Zur Darstellung dieser Komponentenzerlegung des nominalen BIPs sei von folgenden Größen und Definitionen ausgegangen:

Y = Bruttoinlandsprodukt (BIP); C = Konsumausgaben; I = Investitionsausgaben

$\mathbf{Y} \quad = \quad \mathbf{C} + \mathbf{I}$ (Definition Y für eine Volkswirtschaft ohne Außenhandel)

Für die Veränderungen der Größen zum Zeitpunkt t gilt: $\Delta Y_t = \Delta C_t + \Delta I_t$.

Wird diese Gleichung auf Y_{t-1} bezogen, d. h. hierdurch dividiert, ergibt sich:

$$\frac{\Delta Y_t}{Y_{t-1}} = \frac{\Delta C_t}{Y_{t-1}} + \frac{\Delta I_t}{Y_{t-1}}$$

mit: $\dfrac{\Delta Y_t}{Y_{t-1}}, \dfrac{\Delta C_t}{C_{t-1}}, \dfrac{\Delta I_t}{I_{t-1}} =$ Wachstumsraten von Y, C und I zum Zeitpunkt t

Nach einer Erweiterung der Terme $\dfrac{\Delta C_t}{Y_{t-1}}; \dfrac{\Delta I_t}{Y_{t-1}}$ mit C_{t-1} bzw. I_{t-1} gilt:

$$\frac{\Delta Y_t}{Y_{t-1}} = \frac{\Delta C_t}{C_{t-1}} \cdot \frac{C_{t-1}}{Y_{t-1}} + \frac{\Delta I_t}{I_{t-1}} \cdot \frac{I_{t-1}}{Y_{t-1}}$$

$$W_Y = W_C \cdot \frac{C_{t-1}}{Y_{t-1}} + W_I \cdot \frac{I_{t-1}}{Y_{t-1}}$$

Dabei stellen die Größen W_Y, W_C und W_I die nominalen Wachstumsraten von Y, C und I in der Periode t dar. (C_{t-1}/Y_{t-1}) und (I_{t-1}/Y_{t-1}) geben die Konsum- und die Investitionsquote am Ende der Periode (t – 1), d. h. zu Beginn der Periode (t) wieder und bilden die Gewichte für die Wachstumsraten.

Die nominale Wachstumsrate von Y zum Zeitpunkt t ergibt sich somit über die Addition der Wachstumsraten der Komponenten von Y, die jeweils mit den Anteilen dieser Größen am BIP (also mit dem Konsum- bzw. Investitionsquoten) zu Beginn der Periode t gewichtet werden. Damit errechnet sich die Wachstumsrate des BIPs zum Zeitpunkt t als gewogenes arithmetisches Mittel der Wachstumsraten der Komponenten des BIPs (sogenannte Komponentenzerlegung des BIPs). Als Gewichte kommen dabei die BIP-Anteile der Komponenten am Ende der Vorperiode (Ausgangswerte der laufenden Periode) zum Einsatz. In Tabelle II-3-9 wird diese Komponentenzerlegung des BIPs für die Wachstumsrate des nominalen BIPs im Jahre 2013 aufgezeigt, wobei die Komponentenanteile des BIPs des Vorjahres 2012 als Gewichte dienen.

Tab. II-3-9: Ermittlung der nominalen Wachstumsrate des Bruttoinlandsprodukts (BIP) 2013 über eine Komponentenzerlegung

Bruttoinlandsprodukt und seine Komponenten in 2012 (Ausgangsjahr)	Wert in Mrd. €	Wachstumsrate 2013 in % ggü. Vorjahr	Wachstumsfaktor 2013	Anteil der Komponenten in 2012	Wachtumsbeiträge der Komponenten des BIPs[*] in 2013
Bruttoinlandsprodukt	2 666,4	2,6703	1,0267	-	-
Private Konsumausgaben	1 533,87	2,5139	1,0251	0,5752	0,5897
Konsumausgaben des Staates	514,35	3,6259	1,0363	0,1929	0,1999
Bruttoanlageinvestitionen	460,27	−0,3846	0,9962	0,1765	0,1720
Außenbeitrag (Exporte -Importe)	157,91	9,9804	1,0998	0,0592	0,0651
Insgesamt	2 666,4	-		1,0000	**1,0267**

[*] Wachstumsbeiträge der Komponenten des BIPs = Wachstumsbeitrag 2013 · Anteil der Komponente in 2012 (z. B. Private Konsumausgaben: 1,0251 · 0,5752 = 0,5897)

Quelle: Statistisches Bundesamt: Fachserie 18, Reihe 1.4, Volkswirtschaftliche Gesamtrechnungen, Inlandsproduktrechnung 2013, Wiesbaden 2014, Tab. 2.3.1 sowie eigene Berechnungen.

Setzt sich eine Größe Y additiv aus n anderen Größen (X_i, i = 1, ..., n) zusammen, so lässt sich generell die Wachstumsrate dieser Größe Y dadurch ermitteln, dass die Wachstumsraten der n Größen X_i jeweils mit den Anteilen (X_i / Y) gewichtet und aufaddiert werden.

Abschließend soll eine zusammenfassende **Beurteilung des arithmetischen Mittels** erfolgen. Aufgrund des hohen Bekanntheitsgrades und der häufigen Verwendung in Formeln als Rechengröße (z. B. bei Zusammenhangsmaßen oder in der Schließenden Statistik) ist das arithmetische Mittel ein sehr gebräuchlicher Mittelwert. Im Vergleich zu den anderen Mittelwerten weist das arithmetische Mittel allerdings eher nachteilige Eigenschaften auf. Das arithmetische Mittel

- kann durch **Ausreißer/Extremwerte** verzerrt sein;
- es kann sich um einen **künstlichen**, nicht beobachtbaren Merkmalswert handeln;
- es ist für **offene Randklassen** nicht unmittelbar anwendbar (keine Klassenmitte) und
- es erfordert zudem eine **Intervallskala**, d. h. setzt definierte Abstände der Merkmalswerte voraus.

Resümee:

Das arithmetische Mittel ist zur Charakterisierung des Durchschnitts einer H.V. umso weniger geeignet, je stärker die H.V. von den Eigenschaften „eingipflige Verteilung" und „symmetrische Verteilung" abweicht.

3.2.4   Harmonisches Mittel ($\overline{X}_H$)

Das harmonische Mittel lässt sich für verhältnisskalierte Merkmale mit positiven Merkmalswerten bestimmen. Das harmonische Mittel ist mit dem arithmetischen Mittel eng verwandt und stellt quasi den Kehrwert des arithmetischen Mittels dar. Es wird immer dann angewandt, wenn anstelle des Nenners eines betrachteten Quotienten nur der Zähler bekannt ist und dieser als Gewicht zur Anwendung kommt. Diese Situation ist oft gegeben, wenn z. B. die durchschnittliche Geschwindigkeit (= Strecke/Zeit) eines Fahr- oder Flugzeugs gemessen werden soll und nur die Länge der Teilstrecken (Zähler der Definition), nicht aber die für diese Strecken benötigte Zeit (Nenner der Definition) bekannt ist. Ähnliche Fragestellungen finden sich beispielsweise bei der Berechnung von Durchschnittspreisen verschiedener gekaufter Produkte, bei der Ermittlung von durchschnittlichen Eigenkapitalquoten oder bei der Berechnung von durchschnittlichen Inputs der Produktion eines Gutes etc. (siehe spätere Ausführungen).

Die Definition des harmonischen Mittels und seine enge Verwandtschaft mit dem arithmetischen Mittel soll anhand des folgenden Fallbeispiels der Ermittlung der durchschnittlichen Geschwindigkeit eines Flugzeugs für Teilstrecken im Detail erläutert werden. Der Sachverhalt des Beispiels ist in nachfolgender Übersicht II-3-4 veranschaulicht:

Fallbeispiel: Flugzeuggeschwindigkeit

- Ein Flugzeug fliegt von München nach London und zurück; die **Strecke** beträgt jeweils **1 000 km** (Strecke Hinflug = Strecke A; Strecke Rückflug = Strecke B).

- Auf dem Hinflug fliegt das Flugzeug wegen des Gegenwinds durch Tief „Harry" mit einer Geschwindigkeit von **500 km/h** (Geschwindigkeit A). Das ist nur halb so schnell wie auf dem Rückflug (1 000 km/h = Geschwindigkeit B), wo nun Rückenwind herrscht.

- Gesucht ist die Durchschnittsgeschwindigkeit des Flugzeugs für Hin- und Rückflug. Beträgt diese eventuell 750 km/h, wie eine einfache Durchschnittsbetrachtung vielleicht erwarten lässt?

Um das Ergebnis vorwegzunehmen: Die Antwort **750 km/h ist falsch**, da die unterschiedlichen Zeitanteile für die Strecken (Zähler der Definition „Geschwindigkeit") als Gewichte berücksichtigt werden müssen. Dass dieses Ergebnis fehlerhaft ist, lässt sich aus folgender Betrachtung ersehen: Das Flugzeug legt auf dem Hin- und Rückflug insgesamt 2 000 km zurück. Dafür benötigt es auf dem Hinflug 2 Std. und auf dem Rückflug 1 Std., somit insgesamt 3 Std. Hieraus errechnet sich eine durchschnittliche Geschwindigkeit = (insgesamt zurückgelegte Strecke / insgesamt benötigte Zeit) von 2 000 / 3 = 666,66 km/h. (Dieses Ergebnis errechnet sich bei Anwendung des arithmetischen Mittels, wenn die Geschwindigkeiten mit den Zeitanteilen, d. h. den Anteilen des Nenners der Definition „Geschwindigkeit" gewichtet werden).

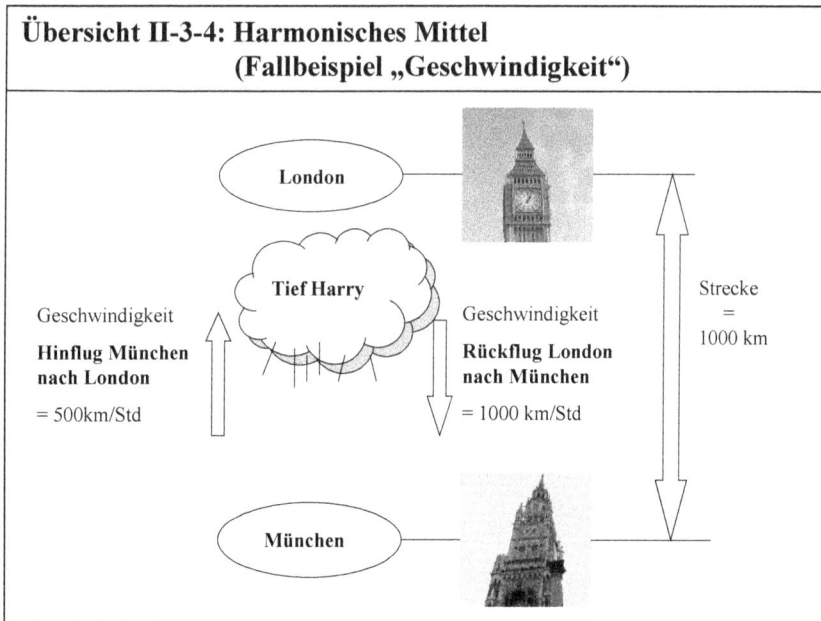

Übersicht II-3-4: Harmonisches Mittel
(Fallbeispiel „Geschwindigkeit")

Nachfolgend soll aufgezeigt werden, wie sich die Durchschnittsgeschwindigkeit des Flugzeugs für das oben angeführte Beispiel formal mit dem harmonischen Mittel ermitteln lässt. Das harmonische Mittel ist hier anzuwenden, da nur die Streckenanteile (Zähler der Definition „Geschwindigkeit), nicht aber die Zeitanteile für die zurückgelegten Strecken (Nenner der Definition) direkt vorgegeben sind. Ausgehend von der Definition der ∅-Geschwindigkeit = (insgesamt zurückgelegte Strecke / insgesamt benötigte Zeit) folgt für die Geschwindigkeit (Geschw.):

$$\text{Geschw.} = \frac{\text{Strecke gesamt}}{\text{Zeit gesamt}} = \frac{\text{Strecke A} + \text{Strecke B}}{\text{Zeit Strecke A} + \text{Zeit Strecke B}}$$

$$\text{Geschw.} = \frac{\text{Strecke gesamt}}{\dfrac{\text{Strecke A}}{\text{Geschw. A}} + \dfrac{\text{Strecke B}}{\text{Geschw. B}}}$$

$$\text{Geschw.} = \frac{\text{Strecke gesamt}}{\dfrac{\text{Strecke A}}{\text{Geschw. A}} \cdot \dfrac{\text{Strecke gesamt}}{\text{Strecke gesamt}} + \dfrac{\text{Strecke B}}{\text{Geschw. B}} \cdot \dfrac{\text{Strecke gesamt}}{\text{Strecke gesamt}}}$$

$$\text{Geschw.} = \frac{\text{Strecke gesamt}}{\text{Strecke gesamt} \cdot \left(\dfrac{1}{\text{Geschw. A}} \cdot \dfrac{\text{Strecke A}}{\text{Strecke gesamt}} + \dfrac{1}{\text{Geschw. B}} \cdot \dfrac{\text{Strecke B}}{\text{Strecke gesamt}} \right)}$$

$$\text{Geschw.} = \frac{1}{\dfrac{1}{\text{Geschw. A}} \cdot \dfrac{\text{Strecke A}}{\text{Strecke gesamt}} + \dfrac{1}{\text{Geschw. B}} \cdot \dfrac{\text{Strecke B}}{\text{Strecke gesamt}}}$$

Somit ergibt sich für das konkrete Beispiel:

$$\text{Geschw.} = \frac{1}{\dfrac{1}{500[\text{km}/\text{h}]} \cdot \dfrac{1000[\text{km}]}{2000[\text{km}]} + \dfrac{1}{1000[\text{km}/\text{h}]} \cdot \dfrac{1000[\text{km}]}{2000[\text{km}]}}$$

$$\text{Geschw.} = \frac{1}{\left(\dfrac{2}{1000[\text{km}/\text{h}]} + \dfrac{1}{1000[\text{km}/\text{h}]} \right) \cdot \dfrac{1000[\text{km}]}{2000[\text{km}]}}$$

$$\text{Geschw.} = \frac{1}{\dfrac{3}{1000[\text{km}/\text{h}]} \cdot \dfrac{1}{2}} = \frac{1}{\dfrac{3}{2000[\text{km}/\text{h}]}} = \frac{2000[\text{km}/\text{h}]}{3} = 666{,}66[\text{km}/\text{h}]$$

Die Geschwindigkeit G = 666,66 km/h wurde auf diese Weise formal über die Definition des harmonischen Mittels $\overline{X}_H$ ermittelt. Allgemein gilt somit für das gewogene harmonische Mittel:

$$\overline{X}_H = 1 \Bigg/ \sum_{i=1}^{m} \frac{1}{X_i} \cdot f_i$$

Hierbei stellen X_i die Merkmalswerte dar (im Beispiel: die gemessenen Geschwindigkeiten 500 km/h und 1 000 km/h auf den Teilstrecken), und f_i repräsentiert die Anteile des Zählers der Definitionsgröße (hier: Streckenanteile jeweils 1 000 km von insgesamt 2 000 km), die in der Formel für das Harmonische Mittel als Gewichte zum Einsatz kommen.

Sofern der Zähler der betrachteten Größe für die verschiedenen Merkmalsausprägungen (z. B. Geschwindigkeiten) jeweils übereinstimmende Werte aufweist (z. B. weil die verschiedenen Geschwindigkeiten auf gleich langen Strecken auftreten, wie es hier im Beispiel der Fall ist), lässt sich der Anteilswert f_i auch bilden als: $f_i = h_i / n$.

Dabei gibt h_i die absolute Häufigkeit der gemessenen Merkmalswerte (z. B. Geschwindigkeiten) und n die Gesamtzahl der Merkmalswerte an; zudem gilt (wie allgemein in der deskriptiven Statistik): $\sum h_i = n$

Damit ermittelt sich das harmonische Mittel für den Fall übereinstimmender Werte[95] im Zähler der definierten Quote (z. B. einheitliche Strecken für die definierte Quote „Geschwindigkeit") als:

$$\overline{X}_H = \frac{1}{\displaystyle\sum_{i=1}^{m} \frac{1}{X_i} \cdot f_i} = \frac{1}{\displaystyle\sum_{i=1}^{m} \frac{1}{X_i} \cdot h_i / n} = \frac{n}{\displaystyle\sum_{i=1}^{m} \frac{h_i}{X_i}}$$

Konkret ergibt sich für das Beispiel der Geschwindigkeit, wie in der Zusammenstellung des Rechengangs auf der letzten Seite in der letzten Zeilen bereits dargestellt:

$$\overline{X}_H = \underbrace{\frac{1}{\dfrac{1}{500} \cdot \dfrac{1\,000}{2\,000} + \dfrac{1}{1\,000} \cdot \dfrac{1\,000}{2\,000}}}_{\displaystyle\sum_{i=1}^{m} \frac{1}{X_i} \cdot f_i} = \underbrace{\frac{1}{\dfrac{1}{500} \cdot \dfrac{1}{2} + \dfrac{1}{1\,000} \cdot \dfrac{1}{2}}}_{\displaystyle\sum_{i=1}^{m} \frac{1}{X_i} \cdot \frac{h_i}{n}} = \underbrace{\frac{2}{\dfrac{1}{500} + \dfrac{1}{1\,000}}}_{\displaystyle\sum_{i=1}^{m} \frac{h_i}{X_i}} = 666{,}66$$

---

[95] Es sei darauf hingewiesen, dass die Werte im Zähler der definierten Quote übereinstimmen müssen, damit sich das gewogene harmonische Mittel auch über die absoluten Häufigkeiten der Merkmalswerte darstellen lässt.

Liegen Einzelwerte vor, ergibt sich als Formel für das harmonische Mittel:

$$\overline{X}_H = n \Big/ \sum_{i=1}^{n} \frac{1}{X_i}$$

Das Harmonische Mittel ($\overline{X}_H$) eignet sich für die Ermittlung von Durchschnitten oder Gesamtquoten von Größen mit bekanntem Zähler, aber unbekanntem Nenner. Grundsätzlich kann ein über das harmonische Mittel errechneter Durchschnittswert oder eine Gesamtquote aber auch über das arithmetische Mittel berechnet werden. Dann müssen bei unbekanntem Nenner zunächst die Werte des Nenners ermittelt und dann die mit den Anteilen des Nenners gewichteten Teilgrößen zur Gesamt-größe (Durchschnitt, Gesamtquote) errechnet werden.

Da die Anwendung des Harmonischen Mittels schnell zu Missverständnissen führen kann, sei hier noch ein weiteres **Fallbeispiel** zur Anwendung dargestellt:[96] Für das Beladen eines LKWs benötigen 2 Arbeitskräfte unterschiedliche Zeiten: Arbeitskraft 1 benötigt 5 Stunden, Arbeitskraft 2 benötigt 3 Stunden. Gesucht ist die durch-schnittliche Beladedauer (in Std.; generell: ZE). Hierzu muss zunächst die Definiti-on der Zeiteinheit (ZE) unter Einbeziehung des Begriffs „Leistung" = (Output in LKW-Ladungen je ZE) formuliert werden. Es gilt:
Beladungszeit [ZE] = LKW-Ladungen [LKW] / Leistung [LKW/ZE]

Vor diesem Hintergrund soll die durchschnittliche Beladungszeit in Std. ermittelt werden. Fehlerhaft wäre die einfache Anwendung des arithmetischen Mittels gemäß der Formel: durchschnittliche Ladezeit = (3 · 1 / 2 + 5 · 1 / 2) = 4 Stunden. Diese Rechnung ist fehlerhaft, weil das arithmetische Mittel nicht die Anteile des Zählers der Definition der Beladungszeit (jeweils 1 von 2 LKWs, also ½) verwendet, son-dern die Anteile des Nenners (Leistungsanteile; hierzu später).

Sollen die **Anteile des Zählers** als Gewichte gewählt werden, so ist das gewogene **harmonische Mittel** anzuwenden. Demnach ergibt sich unter Verwendung der Formel für das harmonische Mittel und unter Berücksichtigung von $X_1 = 3$ Std. und $X_2 = 5$ Std. sowie den Anteilen des Zählers als Gewichte (jeweils ½, d. h. einer von zwei LKW wird jeweils beladen):

$$\overline{X}_H = \frac{1}{\frac{1}{3} \cdot 1/2 + \frac{1}{5} \cdot 1/2} = 3{,}75 \text{ [ZE]}$$

Die durchschnittliche Beladungszeit ließe sich auch unmittelbar über das **arith-metische Mittel** errechnen. Dann müssten aber die Anteile des Nenners, d. h. die Leistungsanteile als Gewichte verwendet werden, die sich wie folgt darstellen:

- Die erste Arbeitskraft bewältigt 1/3 oder 5/15 LKW je Stunde.
- Die zweite Arbeitskraft bewältigt 1/5 oder 3/15 LKW je Stunde.

---

[96] Zum Beispiel vgl. Pinnekamp; Siegmann: Deskriptive Statistik 2008, a. a. O., S. 76.

- Insgesamt werden also (5/15 + 3/15) = 8/15 LKW je Stunde beladen.
- Auf die erste Arbeitskraft entfällt ein Anteil von (5/15) / (8/15) = 5/8 LKW und
- auf die zweite Arbeitskraft (3/15) / (8/15) = 3/8 LKW (Anteile des Nenners der Definition ZE).

Damit gilt für das arithmetische Mittel: $\overline{X} = 3 \cdot 5/8 + 5 \cdot 3/8 = 30/8 = 3{,}75$ [ZE]

Situationen, in denen der **Zähler bekannt**, der Nenner aber unbekannt ist, lassen sich häufig im Alltag finden. Verwiesen sei hier z. B. auf die Ermittlung eines Durchschnittspreises (€/ME) von mehreren gekauften Gütern, wobei für die einzelnen Güter jeweils ein bestimmter übereinstimmender Ausgabebetrag (Umsatz) aufgebracht wird (z. B. Kauf von Äpfeln und Birnen mit einem Ausgabenbetrag von jeweils 10 €) und die Güterpreise sich unterscheiden (z. B. Birnenpreis mit 2 €/kg doppelt so teuer wie der Apfelpreis/kg). Weitere Beispiele betreffen Eigenkapitalquoten (EK/GK) von zusammenzufassenden Teilunternehmen (Ermittlung einer ∅-EK-Quote); Inputkoeffizienten in der Produktion, im Faktoreinsatz, in der Umweltverschmutzung von zusammen zu fassenden Teilbereichen (Ermittlung eines ∅-Inputkoeffizienten aller Bereiche) etc.

Generelle Regel[97] für die Ermittlung eines Durchschnitts über das harmonische Mittel (Schrittfolge):

Wird über ein harmonisches Mittel ein Durchschnitt verschiedener Teilgrößen ermittelt, so dienen die **Anteile des Zählers** der zu bildenden Größe jeweils als Gewicht. Dabei sind generell folgende Schritte einzuhalten (Erläuterung am Beispiel der Geschwindigkeit):

1) Definition betrachten (hier: Geschwindigkeit = Strecke / Zeit)
2) Bildung der Anteile des Zählers (hier: Streckenanteile)
3) Die gesuchte Durchschnittsgröße ermittelt sich, indem über die Formel für das harmonische Mittel die Kehrwerte der Merkmalswerte der definierten Größe (hier: Kehrwerte der jeweiligen Geschwindigkeiten) mit den Anteilen des Zählers (hier: jeweilige Streckenanteile) gewichtet und aufaddiert werden.

Aufgabe 11: Durchschnittspreis für Obst

Für jeweils 10 € werden Äpfel und Birnen eingekauft, also für 20 € insgesamt. Der Birnenpreis sei mit 2 € je kg doppelt so hoch wie der Apfelpreis mit 1 € je kg. Wie hoch ist der Durchschnittspreis für das eingekaufte Obst?

---

[97]   Vgl. zu einer Übersicht der Verwendung des arithmetischen und des harmonischen Mittels auch Hippmann, H.D.: Statistik, a. a. O., S. 86 f.

3.2.5   Geometrisches Mittel ($\overline{X}_G$)

Das geometrische Mittel ist bei **multiplikativer** Verknüpfung von Merkmalswerten anzuwenden, für die ein Durchschnitt zu berechnen ist. Eine multiplikative Verknüpfung liegt immer dann vor, wenn die betrachten Größen in ihrer Entwicklung aufeinander aufbauen, wenn also z. B. im Zeitablauf ein durchschnittlicher Zinssatz, eine durchschnittliche Wachstumsrate des Umsatzes, eine durchschnittliche Preissteigerungsrate usw. berechnet werden soll (Verwendung von Wachstumsfaktoren, Zinsfaktoren etc.). Das arithmetische Mittel ist in diesen Situationen der multiplikativ verbundenen Wachstums- oder Zinsfaktoren nicht zur Durchschnittsberechnung geeignet und führt zu fehlerhaften Ergebnissen[98].

Demgegenüber ist das arithmetische Mittel bei **additiver** Verknüpfung von Größen zu verwenden: Stehen also zwei Wachstumsraten nebeneinander und bauen nicht aufeinander auf, so ist das arithmetische Mittel zur Ermittlung einer durchschnittlichen Veränderung heranzuziehen (z. B. durchschnittliche Rate des Umsatzwachstums von zwei Unternehmen, die zu einem Gesamtunternehmen fusionieren; siehe Beispiel zum „arithmetischen Mittel" in Kap. II.3.2.3).

Definition geometrisches Mittel:

Für n Einzelwerte $X_i, ..., X_n$, die nicht Zuwachsraten oder Zinssätze etc., sondern die Wachstumsfaktoren bzw. Zinsfaktoren darstellen (!), berechnet sich das geometrische Mittel als:

$$\overline{X}_G = \sqrt[n]{X_1 \cdot X_2 \cdot ... \cdot X_n} = (X_1 \cdot X_2 \cdot ... \cdot X_n)^{1/n}$$

mit: $X_i = 1 + (\text{Wachstumsrate}/100)$ bzw. $X_i = 1 + (\text{Zinssatz}/100)$.

Die Herleitung dieser Formel für das geometrische Mittel soll anhand eines Fallbeispiels im Detail erläutert werden.

Fallbeispiel 1 „Durchschnittliche Umsatzentwicklung eines Unternehmens in zwei Perioden":

Ansatz 1: Berechnung des geometrischen Mittels über die Wachstumsraten

$$U_2 = U_0 \cdot \left[1 + \frac{W_1}{100}\right] \cdot \left[1 + \frac{W_2}{100}\right]$$

---

[98] Gelegentlich ist eine fehlerhafte Anwendung des arithmetischen Mittels auf multiplikativ verknüpfte Werte zu beobachten. Der über das arithmetische Mittel gebildete Durchschnitt gibt zwar schnell einen ungefähren Überblick über das Ergebnis, kann aber je nach Datensituation stärker vom korrekten Wert abweichen. Siehe hierzu die weiteren Ausführungen in diesem Kapitel.

U_2 = Umsatz zum Zeitpunkt 2; U_0 = Umsatz zum Zeitpunkt 0

mit: W_1 = Wachstumsrate des Umsatzes zum Zeitpunkt 1

W_2 = Wachstumsrate des Umsatzes zum Zeitpunkt 2

W_i = Wachstumsrate des Umsatzes zum Zeitpunkt i

Ferner soll gelten, dass sich die Wachstumsfaktoren X_i wie folgt aus den Wachstumsraten W_i ermitteln lassen:

$$X_1 = \left[1 + \frac{W_1}{100}\right]; \quad X_2 = \left[1 + \frac{W_2}{100}\right] \quad \text{oder allgemein: } X_i = \left[1 + \frac{W_i}{100}\right]$$

Annahmen für das Fallbeispiel: $W_1 = 10\,\%$; $W_2 = 20\,\%$; $U_0 = 100\,€$

Damit ergeben sich für die beiden Perioden folgende Wachstumsfaktoren X_1 und X_2:

$$X_1 = \left[1 + \frac{W_1}{100}\right] = 1{,}1; \quad X_2 = \left[1 + \frac{W_2}{100}\right] = 1{,}2$$

Der gesamte Wachstumsfaktor $X_{\text{insgesamt}}$ ermittelt sich aus den Wachstumsfaktoren der einzelnen Perioden wie folgt:

$$X_{\text{insgesamt}} = X_1 \cdot X_2 = \left[1 + \frac{W_1}{100}\right] \cdot \left[1 + \frac{W_2}{100}\right]$$

Für das Beispiel folgt somit: $X_{\text{insgesamt}} = 1{,}1 \cdot 1{,}2 = 1{,}32$
daraus folgt: $U_2 = U_0 \cdot X_{\text{insgesamt}} = 100\,€ \cdot 1{,}32 = 132\,€$

Frage: Gibt es eine $\varnothing$ Wachstumsrate $\overline{W}_G$, die nach 2 Jahren den gleichen Umsatz U_2 erbringt wie die Wachstumsraten W_1 und W_2?

U_2 ermittelt sich als: $U_2 = U_0 \cdot \left[1 + \frac{W_1}{100}\right] \cdot \left[1 + \frac{W_2}{100}\right] = U_0 \cdot X_1 \cdot X_2$ oder

$$U_2 = U_0 \cdot \left[1 + \frac{W_1}{100}\right] \cdot \left[1 + \frac{W_2}{100}\right] = U_0 \cdot X_1 \cdot X_2 \text{ oder}$$

$$U_2 = U_0 \cdot \left[1 + \frac{\overline{W}_G}{100}\right] \cdot \left[1 + \frac{\overline{W}_G}{100}\right] = U_0 \cdot \overline{X}_G \cdot \overline{X}_G \text{ mit: } \overline{X}_G = \varnothing \text{ Wachstumsfaktor}$$

Es soll also für den gesamten Wachstumsfaktor $X_{\text{insgesamt}}$ gelten:

$$X_{\text{insgesamt}} = \left[1 + \frac{\overline{W}_G}{100}\right] \cdot \left[1 + \frac{\overline{W}_G}{100}\right] = X_1 \cdot X_2 = \overline{X}_G \cdot \overline{X}_G = (\overline{X}_G)^2$$

hier: $X_{\text{insgesamt}} = 1{,}1 \cdot 1{,}2 = 1{,}32 = (\overline{X}_G)^2$

Hieraus folgt für den durchschnittlichen Wachstumsfaktor $\overline{X}_G$:

$$\overline{X}_G = \sqrt[2]{X_1 \cdot X_2} = \sqrt[2]{X_{\text{insgesamt}}} = \sqrt{1{,}1 \cdot 1{,}2} = \sqrt{1{,}32} = 1{,}148912$$

Damit gilt für die durchschnittliche Wachstumsrate $\overline{W}_G$:

$$\overline{W}_G = (\overline{X}_G - 1) \cdot 100 = (1{,}148912 - 1) \cdot 100 = 14{,}89\,\%$$

Begründung:

Es gilt: $\left[1 + \dfrac{W_i}{100}\right] = X_i \;\rightarrow\; W_i = (X_i - 1) \cdot 100 \;\rightarrow\; \overline{W}_G = (\overline{X}_G - 1) \cdot 100$

Ansatz 2: Berechnung über die Absolutwerte

Die durchschnittliche Wachstumsrate wurde in diesem Beispiel im Ansatz 1 unter Verwendung der Wachstumsraten der einzelnen Jahre berechnet. Sind aber die absoluten Werte des Ausgangsjahres und des Endjahres bekannt, so lässt sich die durchschnittliche Wachstumsrate wesentlich einfacher und schneller über folgende Vorgehensweise ermitteln:

$$U_2 = U_0 \cdot \left[1 + \frac{W_1}{100}\right] \cdot \left[1 + \frac{W_2}{100}\right]$$

und damit unter Verwendung der gesuchten durchschnittlichen Wachstumsrate $\overline{W}_G$:

$$U_2 = U_0 \cdot \left[1 + \frac{W_1}{100}\right] \cdot \left[1 + \frac{W_2}{100}\right] = U_0 \cdot \left[1 + \frac{\overline{W}_G}{100}\right]^2$$

und damit: $\overline{W}_G = \left[\left(\dfrac{U_2}{U_0}\right)^{1/2} - 1\right] \cdot 100 = \left[\left(\dfrac{132}{100}\right)^{1/2} - 1\right] \cdot 100 = 14{,}89$

Allgemein ergibt sich bei Kenntnis des Anfangs- bzw. Endwertes:

$$\overline{W}_G = \left[\left(\frac{\text{Endwert}}{\text{Anfangswert}}\right)^{1/n} - 1\right] \cdot 100$$

mit **n = Anzahl der Wachstumsfaktoren** (und nicht die Anzahl der vorkommenden Absolutwerte; so werden im vorliegenden Fallbeispiel **3 Jahre angesprochen**, aber es sind nur **n = zwei** Wachstumsfaktoren beteiligt)!

Fallbeispiel 2 „Entwicklung des Bruttoinlandsprodukts für Deutschland in den Jahren 1999 bis 2013 (Bezugsjahr 1998)":

Angenommen, die Geschäftsleitung eines mittelständischen Unternehmens plane eine expansive Strategie zur Ausweitung des zukünftigen Umsatzes und benötige hierzu das reale (preisbereinigte) Wachstum des Bruttoinlandsprodukts (BIP) in Deutschland im Durchschnitt der Jahre 1999 bis 2013.

Zunächst soll diese durchschnittliche Wachstumsrate auf Basis von Ansatz 1, d. h. den Wachstumsraten der einzelnen Jahre ermittelt werden. Aus Tabelle II-3-10 sind die aktuellen Zahlen für die Jahre 1999 bis 2013 ersichtlich.

Der gesamte Wachstumsfaktor der Jahre 1999 bis 2013 beträgt:

$$X_{insgesamt} = X_{1999} \cdot X_{2000} \cdot ... \cdot X_{2013} = 1{,}2070$$

hieraus folgt für den durchschnittlichen Wachstumsfaktor $(\overline{X}_G)$

$$(\overline{X}_G) = (X_{1999} \cdot X_{2000} \cdot ... \cdot X_{2013})^{1/15} = 1{,}2070^{1/15} = 1{,}012622$$

Damit ergibt sich die durchschnittliche Wachstumsrate $\overline{W}_G$ als:

$$\overline{W}_G = (1{,}012622 - 1) \cdot 100 = 1{,}2622 \,\%$$

Hinweis: Würde zur Berechnung der durchschnittlichen Wachstumsrate nicht das geometrische, sondern **unzulässigerweise (!)** das arithmetische Mittel verwendet, ergäbe sich ein fehlerhaft ermittelter durchschnittlicher Wachstumsfaktor von 1,01287 und damit eine durchschnittliche Wachstumsrate von 1,287 %. Sie würde die korrekt über das geometrische Mittel errechnete Wachstumsrate von 1,2622 % deutlich überzeichnen. (Anmerkung: Bei stärker variierenden Wachstumsraten in den einzelnen Perioden nimmt der Fehler zu; siehe Beispiel am Ende dieses Abschnitts in Tabelle II-3-11).

Ansatz 2: Berechnung durchschnittlicher Wachstumsraten über Absolutzahlen

Alternativ lässt sich die durchschnittliche Wachstumsrate des BIPs über die Absolutwerte des BIPs ermitteln. Diese werden vom Statistischen Bundesamt mit Einführung des sogenannten Kettenindex nur noch als Index ausgewiesen. Auf Basis des Jahres 2005 (2005 = 100) nimmt der Index des realen BIPs für die betrachteten Jahre 1998 und 2013 folgende Werte an:

1998: 92,46;   2013: 111,60

Hieraus errechnet sich für die 15 Wachstumsraten der Jahre 1999 bis 2013 der 16 beteiligten Jahre (einschließlich Ausgangsjahr 1998) ein durchschnittlicher Wachstumsfaktor von

$$\overline{X}_G = \sqrt[15]{\frac{111{,}60}{92{,}46}} = 1{,}012622$$

und damit eine durchschnittliche Wachstumsrate von 1,2622 %. Diese stimmt natürlich mit dem Ergebnis überein, das sich auf Basis der Wachstumsraten (Ansatz 1)
ergeben hat.

Tab. II-3-10: Wachstumsraten des realen Bruttoinlandsprodukts (BIP) in Deutschland in den Jahren 1999 bis 2013			
Jahr	**Wachstumsrate** W_i **in %**	**Wachstumsfaktor** $(1+ W_i /100) = X_i$	**Ø Wachstums-faktor**
1999	1,87	1,0187	
2000	3,06	1,0306	
2001	1,51	1,0151	
2002	0,01	1,0001	
2003	−0,38	0,9962	
2004	1,16	1,0116	
2005	0,68	1,0068	
2006	3,70	1,0370	
2007	3,27	1,0327	
2008	1,08	1,0108	
2009	−5,15	0,9485	
2010	4,01	1,0401	
2011	3,33	1,0333	
2012	0,69	1,0069	
2013	0,43	1,0043	
1999 – 2013[*)]		1,2070	1,012622

Quelle: Statistisches Bundesamt: Fachserie 18, Reihe 1.5, Volkswirtschaft-
        liche Gesamtrechnungen, Inlandsproduktrechnung, Lange Reihen,
        Wiesbaden 2014, Tab. 1.4.
*) Es handelt sich hierbei um die Veränderung des jeweiligen Wertes in 2013
   gegenüber dem Ausgangsjahr (Basisjahr) 1998.

**Grundsätzliches systematisches Vorgehen bei der Bestimmung des geometri-
chen Mittels (Zusammenfassung der Schrittfolgen):**

Bevor die Berechnung des geometrischen Mittels erfolgt, ist zu prüfen, ob eine multiplikative Verknüpfung vorliegt und welcher Ansatz zu wählen ist (Ansatz mit
Wachstumsraten oder Absolutwerten?). Für den Ansatz „Wachstumsraten" ist dann
systematisch wie folgt zu verfahren:

1) Wachstumsraten in Wachstumsfaktoren umrechnen.

2) Den gesamten Wachstumsfaktor $X_{insgesamt}$ ermitteln und die n-te Wurzel hieraus ziehen, um den durchschnittlichen Wachstumsfaktor $\overline{X}_G$ zu erhalten; dabei gibt (n) die Anzahl der Wachstumsfaktoren an.
3) Den durchschnittlichen Wachstumsfaktor $\overline{X}_G$ in eine durchschnittliche Wachstumsrate $\overline{W}_G$ umrechnen ($\overline{W}_G = (\overline{X}_G - 1) \cdot 100$).

Berechnung des geometrischen Mittels unter Verwendung von Häufigkeiten (gewogenes geometrisches Mittel)

Im o. a. Beispiel wurden die Werte der Wachstumsfaktoren einzeln betrachtet. Sind die Wachstumsfaktoren z. T. identisch, so lässt sich das durchschnittliche Wachstum einfacher und schneller als gewogenes geometrisches Mittel berechnen, wobei als Gewichte die absoluten Häufigkeiten (h_i) bzw. die relativen Häufigkeiten (f_i) der Wachstumsfaktoren bzw. Zinsfaktoren (mit $i = 1, ..., m$ Ausprägungen) herangezogen werden. Der Sachverhalt wird zunächst am konkreten Beispiel und dann allgemeingültig erläutert.

Fallbeispiel: Über einen Gesamtzeitraum von 5 Jahren weisen die Wachstumsraten (W_i) des BIPs in den ersten 3 Jahren jeweils die Ausprägung $W_1 = 4\,\%$ und im 4. und 5. Jahr jeweils die Ausprägung $W_2 = 5\,\%$ auf.

Stellen $X_i, i = 1,2$ die Wachstumsfaktoren dar mit: $X_i = 1 + \dfrac{W_i}{100}$, so folgt hieraus für den gesamten Wachstumsfaktor:

$$X_{insgesamt} = (X_1) \cdot (X_1) \cdot (X_1) \cdot (X_2) \cdot (X_2)$$

Also: $X_{insgesamt} = (X_1)^3 \cdot (X_2)^2$

Hieraus ergibt sich für den durchschnittlichen Wachstumsfaktor $\overline{X}_G$:

$$\overline{X}_G = \left(X_{insgesamt}\right)^{1/5} = [(1,04)^3 \cdot (1,05)^2]^{1/5} = \sqrt[5]{(1,1249 \cdot 1,1025)} = 1,044$$

d. h. es ermittelt sich für die 5 betrachteten Jahre eine durchschnittliche Wachstumsrate von $(1,044 - 1) \cdot 100 = 4,4\,\%$.

Hierbei können die Häufigkeiten wie folgt definiert werden:

$h_1 = 3$ (3 Jahre konst. Wachstum) für Wachstumsfaktor $X_1 = \left(1 + \dfrac{W_1}{100}\right)$; $W_1 = 4\,\%$

$h_2 = 2$ (2 Jahre konst. Wachstum) für Wachstumsfaktor $X_2 = \left(1 + \dfrac{W_2}{100}\right)$; $W_2 = 5\,\%$

Damit gilt allgemein für obige Gleichung unter Verwendung der absoluten Häufigkeiten (h_i): $\overline{X}_G = \sqrt[5]{\left(X_1^{h_1} \cdot X_2^{h_2}\right)}$ wobei: $n = \sum h_i = 5$

d. h. die Häufigkeit h_i erscheint als Exponent, hier z. B. 3 und 2.

Liegen die Daten in Form einer Häufigkeitsverteilung vor und treten die verschiedenen Merkmalswerte X_i mit den absoluten Häufigkeiten h_i auf, so ergibt sich das gewogene geometrische Mittel allgemein als:

$$\overline{X}_G = \left(X_1^{h_1} \cdot X_2^{h_2} \cdot \dots \cdot X_m^{h_m}\right)^{1/n} = \left(X_1^{f_1} \cdot X_2^{f_2} \cdot \dots \cdot X_m^{f_m}\right)$$

mit: $\sum_{i=1}^{m} h_i = n$ bzw. $\sum_{i=1}^{m} f_i = 1$ für $i = 1, \dots, m$ Wachstumsfaktoren

Exkurs für den methodisch interessierten Leser:

Wird die Formel für das ungewogene geometrische Mittel (keine Berücksichtigung von Häufigkeiten) logarithmiert, so ergibt sich für den durchschnittlichen Wachstumsfaktor:

$$\log \overline{X}_G = \frac{1}{n} \cdot (\log X_1 + \log X_2 + \dots + \log X_n) \text{ oder in entlogarithmierter Form:}$$

$$\overline{X}_G = 10^{1/n \cdot (\log X_1 + \log X_2 + \dots + \log X_n)}$$

Analog ergibt sich unter Berücksichtigung von absoluten oder relativen Häufigkeiten der Logarithmus des durchschnittlichen Wachstumsfaktors aus dem arithmetischen Mittel der **gewogenen** logarithmierten Werte[99]:

$$\log \overline{X}_G = \frac{1}{n} \cdot (\log X_1 \cdot h_1 + \log X_2 \cdot h_2 + \dots + \log X_n \cdot h_n) \text{ mit: } n = \sum h_i \text{ ; oder:}$$

$$\log \overline{X}_G = \log X_1 \cdot f_1 + \log X_2 \cdot f_2 + \dots + \log X_n \cdot f_n \quad \text{mit: } f_i = h_i/n$$

Ergebnis: Der Logarithmus des durchschnittlichen Wachstumsfaktors entspricht dem arithmetischen Mittel der Logarithmen der einzelnen Wachstumsfaktoren. Wird dieser Wert entlogarithmiert, ergibt sich das geometrische Mittel der nicht-logarithmierten Werte.

Dieser Sachverhalt wird z. B. in der Finanzwirtschaft bei der graphischen Darstellung eines durchschnittlichen Zinsfaktors (und damit eines durchschnittlichen Zinssatzes) genutzt: Hier kommt häufig bei der Beschreibung der Entwicklung der Zinsfaktoren eine logarithmische Darstellung zur Anwendung, so dass das arithmetische Mittel der logarithmierten Zinsfaktoren den Logarithmus des durchschnittlichen Zinsfaktors darstellt (geometrisches Mittel der nicht logarithmierten Werte). Dies wird aus der nachfolgenden Abb. II-3-11 für ein willkürlich gewähltes Beispiel ersichtlich: Das geometrische Mittel lässt sich in der rechten Bildhälfte auf Basis der logarithmierten Werte als gewogenes arithmetisches Mittel darstellen (graphisch: Mittelwert der gewogenen logarithmierten Wachstumsfaktoren). Würden nicht-logarithmierte Werte verwendet (linke Darstellung der Abb. II-3-11), so ließe sich auf

---

[99] Zur Anwendung von Logarithmen siehe: Arrenberg, J.; Kiy, M.; Knobloch, R.; Lange, W.: Vorkurs in Wirtschaftsmathematik, 4. Auflage, München 2013, S. 91 ff.

die Merkmalswerte nur das geometrische und nicht das arithmetische Mittel anwenden.

Abb. II-3-11: Logarithmische Darstellung des geometrischen Mittels

Periode	geometrischer Ansatz Wachstums-faktor	geometrischer Ansatz Wachstums-rate	arithm. Ansatz Wachstums-faktor	Periode	arithmetischer Ansatz der Logarithmen Logarithmus Wachstums-faktor	arithmetischer Ansatz der Logarithmen Wachstumsrate
1	1,137825	13,7825	1,137825	1	0,05608	
2	1,137825	13,7825	1,137825	2	0,05608	
3	1,1	10	1,1	3	0,04139	
4	0,9243	-7,57	0,9243	4	-0,03419	
5	0,9243	-7,57	0,9243	5	-0,03419	
Ø	**1,04000**	**4,000**	**1,04485**	Ø	**0,0170**	$(10^{0,017} - 1) \bullet 100 = 4,0$

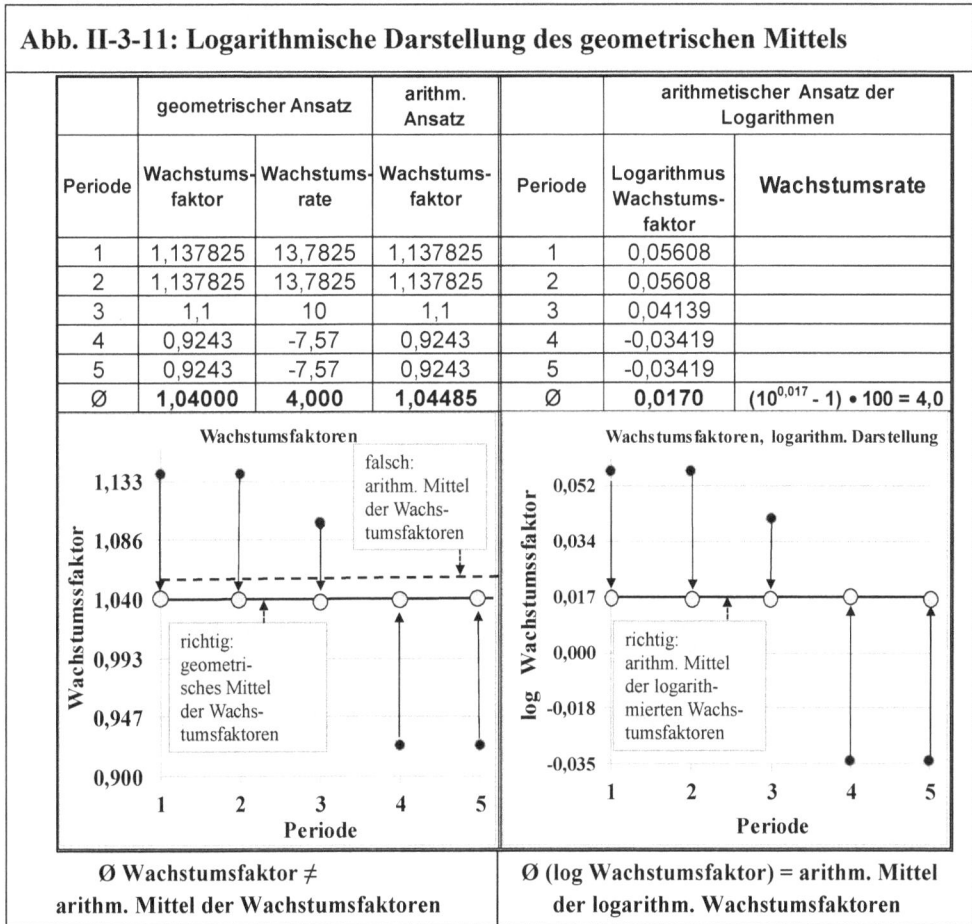

Ø Wachstumsfaktor ≠ arithm. Mittel der Wachstumsfaktoren	Ø (log Wachstumsfaktor) = arithm. Mittel der logarithm. Wachstumsfaktoren

Abschließend soll für ein weiteres **Fallbeispiel „Gewinnentwicklung im Zeitablauf"** aufgezeigt werden, dass die fehlerhafte Anwendung des arithmetischen Mittels anstelle des erforderlichen geometrischen Mittels zu erheblichen Abweichungen im Ergebnis der durchschnittlichen Gewinnsteigerung führen kann (s. Tab. II-3-11); dabei kommen die bereits in Abb. II-3-11 gewählten Daten erneut zur Anwendung. Wie die nachfolgenden Berechnungen und die Daten in Abb. II-3-11 zeigen, ergibt sich auf Basis des anzuwendenden geometrischen Mittels für die betrachteten fünf Perioden eine durchschnittliche Wachstumsrate von 4 %. Demgegenüber würde die auf Basis des arithmetischen Mittels **fehlerhaft ermittelte durchschnittliche Rate 4,485 %** betragen und damit um fast einen halben Prozentpunkt zu hoch ausgewiesen werden. Die **Ergebnisse** für den durchschnittlichen Wachstumsfaktor (WF) bzw. die durchschnittliche Wachstumsrate bei Anwendung des geometrischen Mittels bzw. des arithmetischen Mittels stellen sich im Vergleich wie folgt dar:

Zur Anwendung des gewogenen geometrischen Mittels $\overline{W}_G$ (korrekter Ansatz):

$$\overline{X}_G = \sqrt[n]{\prod_{i=1}^{m} X_i{}^{h_i}} = \sqrt[5]{1{,}137825^2 \cdot 1{,}10 \cdot 0{,}9243^2} = 1{,}040 \text{ (durchschnittlicher WF)}$$

$\rightarrow$ durchschnittliche Wachstumsrate $\overline{W}_G = 4\,\%$

Zur Anwendung des gewogenen arithmetischen Mittels $\overline{W}$ (fehlerhafter Ansatz):

durchschnittlicher WF $= \dfrac{1}{5} \cdot \sum X_i = \dfrac{1}{5} \cdot (1{,}1378 \cdot 2 + 1{,}1 \cdot 1 + 0{,}9243 \cdot 2) = 1{,}04485$

$\rightarrow$ durchschnittliche Wachstumsrate $\overline{W} = 4{,}485\,\%$

Tab. II-3-11: Sensitivitätsbetrachtung von geometrischem und arithmetischem Mittel (Beispiel*)			
Jahr i	Wachstumsrate (W$_i$) des Gewinns in % im Jahr i	Wachstumsfaktor X$_i$ = (1 + W$_i$/100)	durchschnittlicher Wachstumsfaktor (geom. Mittel)
1	13,7825	1,137825	
2	13,7825	1,137825	
3	10	1,1	
4	–7,57	0,9243	
5	–7,57	0,9243	
1 bis 5			1,040
*) z. B. Gewinnentwicklung einer Unternehmung in 5 Jahren			

3.3   Schiefe der Häufigkeitsverteilung (Vergleich der Lageparameter)

Eine unimodale[100] Häufigkeitsverteilung ist **schief**, wenn die einzelnen Merkmalsausprägungen im unteren oder oberen Bereich einer Häufigkeitsverteilung mit einer unterschiedlichen Häufigkeit vorkommen, d. h. ungleichmäßig besetzt sind. In die-

---

[100] Eine unimodale oder eingipflige H.V. liegt vor, wenn sie nur einen häufigsten Wert besitzt. Nur für diese Situation lassen sich Schiefemaße sinnvoll formulieren. Weist eine H.V. mehrere Gipfel auf, wird auch von einer mehrgipfligen oder multimodalen H.V. gesprochen.

sem Kapitel seien unter dem Titel „**modifizierte Bruttomonatsverdienste**" – neben dem bisher zugrunde gelegten Beispiel der Bruttomonatsverdienste – alternative Häufigkeitsverteilungen der Bruttomonatsverdienste mit unterschiedlichen Schiefe-situationen zugrunde gelegt, um die verschiedenen Schiefemaße deutlich zu machen (vgl. Abb. II-3-12a). Im Einzelnen lassen sich folgende Arten der Schiefe unterscheiden:

- Eine unimodale H.V. ist **symmetrisch** (vgl. das erste Bild der Abb. II-3-12a), wenn sich eine Häufigkeitsverteilung in zwei spiegelbildliche Hälften zerlegen lässt. Bei einer symmetrischen H.V. stimmen die Mittelwerte „Median, Modus und arithmetisches Mittel" überein (vgl. hierzu auch die nachfolgend dargestellte Fechnersche Lageregel). Die Merkmalsausprägungen im unteren Merkmalsbereich (unterhalb der Mittelwerte) weisen die gleichen absoluten bzw. relativen Häufigkeiten auf, wie die hierzu spiegelbildlich gelegenen Merkmalswerte im oberen Merkmalsbereich (oberhalb der Mittelwerte). Ist diese Symmetrie nicht gegeben, wird von einer **schiefen** Häufigkeitsverteilung gesprochen, bei der die Mittelwerte voneinander abweichen. Bei schiefen H.V. liegt der Modus (Spitze der Häufigkeitsverteilung) nicht in der Mitte der Häufigkeitsverteilung, d. h. unterscheidet sich u. a. vom Median, der die H.V. in zwei gleich große Hälften zerlegt. Dies hat zur Folge, dass bei schiefen H.V. die erfassten Merkmalswerte sich unter- bzw. oberhalb des Modus über unterschiedlich lange Merkmalsbereiche erstrecken und die Merkmalsausprägungen unter- bzw. oberhalb eines bestimmten Abstandes zum Modus mit unterschiedlichen Häufigkeiten auftreten.

- Werden ausgehend vom Modus die Merkmalswerte links und rechts vom Modus betrachtet, so nehmen bei einer **linkssteilen oder rechtsschiefen** H.V. die Häufigkeiten der Merkmalsausprägungen bei Linksbewegungen auf der X-Achse stärker ab als bei Rechtsbewegungen (vgl. das zweite Bild der Abb. II-3-12a). Dies hat zur Folge, dass der Modus kleiner ist als der Median. Denn durch die linkssteile H.V., d. h. hohe Steigerung der Häufigkeiten im unteren Bereich der H.V. wird für ansteigende Merkmalswerte der häufigste Merkmalswert (Modus) schneller (früher) erreicht als der zentral gelegene Merkmalswert (Median), der die Häufigkeitsverteilung in zwei gleich große Hälften zerlegt. Da bei einer linkssteilen oder rechtsschiefen H.V. auch sehr hohe Merkmalswerte mit geringer Häufigkeit auftreten, muss das arithmetische Mittel höher ausfallen als die beiden anderen Mittelwerte „Modus" und „Median". Die Lage der Mittelwerte zueinander in Abhängigkeit von der Schiefe der H.V. wird als **Fechnersche Lageregel** bezeichnet (s. hierzu die nachfolgenden Ausführungen).

- Umgekehrt verhält es sich für eine **rechtssteile oder linksschiefe** H.V.: Hier nehmen (ausgehend vom Modus) die Häufigkeiten der Merkmalsausprägungen bei Rechtsbewegungen auf der X-Achse stärker ab als bei Linksbewegungen (vgl. das dritte Bild der Abb. II-3-12a). Dies hat zur Folge, dass der Modus größer ist als der Median. Denn durch die linksschiefe H.V., d. h. niedrige Steigerung der Häufigkeiten im unteren Bereich der H.V. wird (ausgehend vom niedrigsten Merkmalswert) für ansteigende Merkmalswerte der häufigste Merkmalswert (Modus) langsamer (später) erreicht als der zentral gelegene Merkmalswert (Median), der die Häufigkeitsverteilung in zwei gleich große Hälften zerlegt. Da bei einer rechtssteilen oder linksschiefen H.V. auch sehr niedrige Merkmalswerte mit einer geringen Häufigkeit auftreten, muss das arithmetische Mittel kleiner ausfallen als die beiden anderen Mittelwerte „Median" und „Modus".

- Liegt **keine unimodale** H.V. vor (d. h. weist die H.V mehrere Spitzen auf), so lässt sich auch keine Schiefe bestimmen (vgl. das vierte Bild der Abb. II-3-12a).

Abb. II-3-12a: Unterschiedliche Schiefe einer Häufigkeitsverteilung (Beispiel „modifizierte Bruttomonatsverdienste")

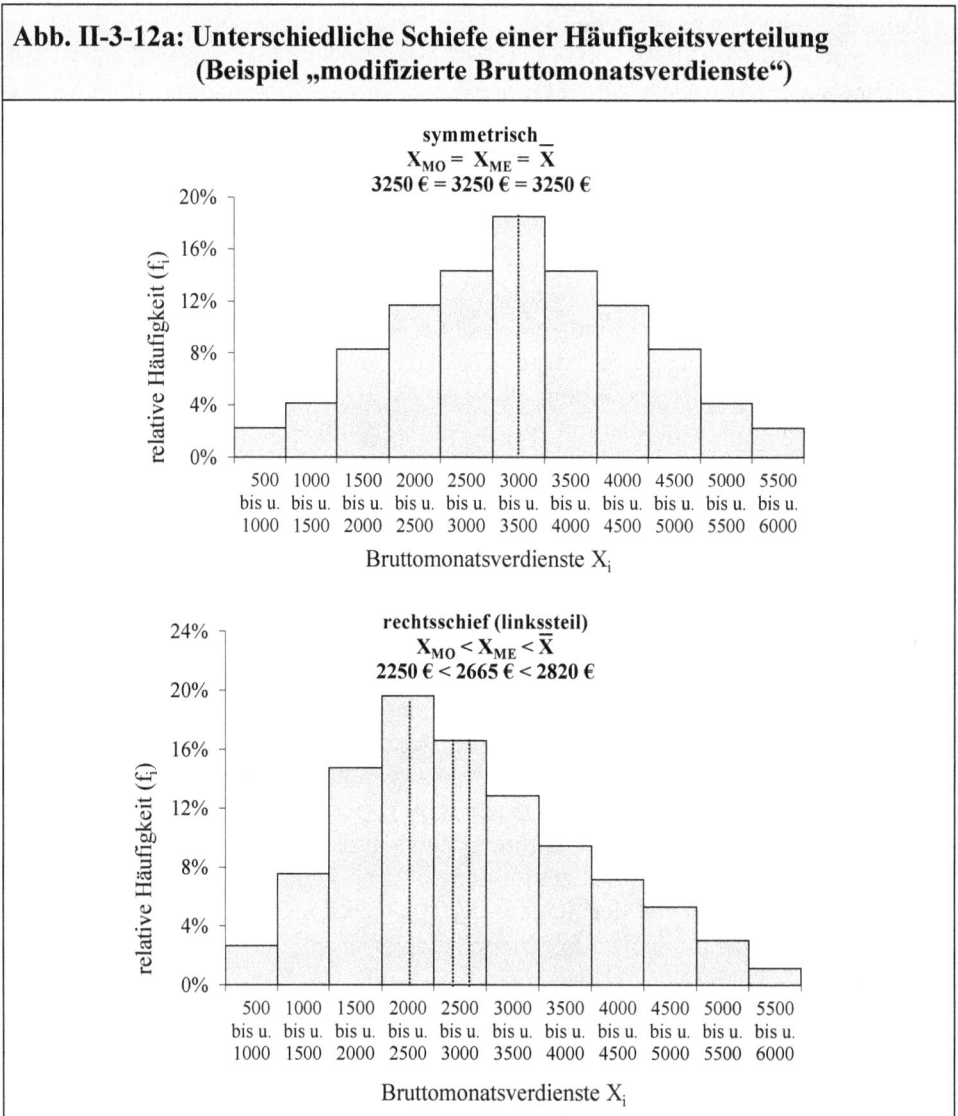

symmetrisch
$X_{MO} = X_{ME} = \overline{X}$
3250 € = 3250 € = 3250 €

relative Häufigkeit (f_i)

Bruttomonatsverdienste X_i

rechtsschief (linkssteil)
$X_{MO} < X_{ME} < \overline{X}$
2250 € < 2665 € < 2820 €

relative Häufigkeit (f_i)

Bruttomonatsverdienste X_i

Abb. II-3-12a (Fortsetzung)

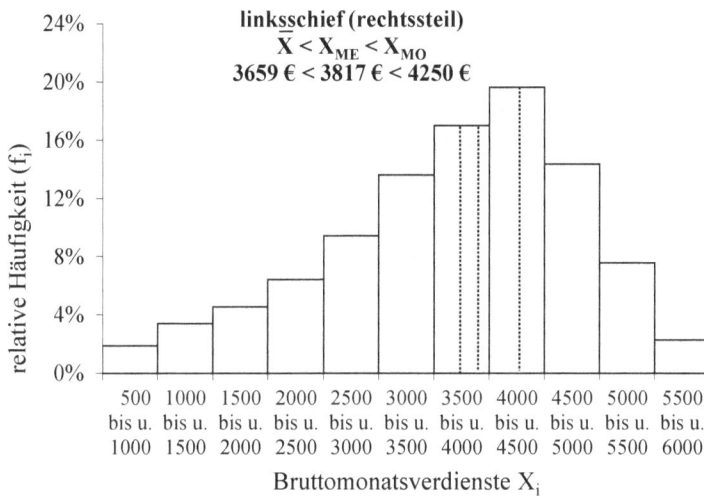

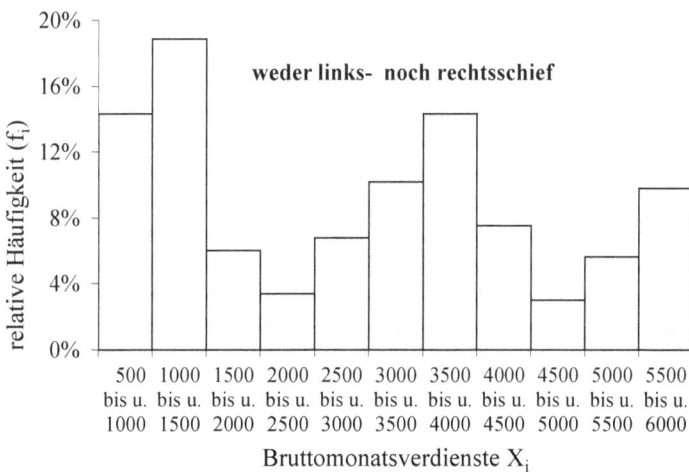

linksschief (rechtssteil)
$$\bar{X} < X_{ME} < X_{MO}$$
$$3659 \,€ < 3817 \,€ < 4250 \,€$$

relative Häufigkeit (f_i)

Bruttomonatsverdienste X_i

weder links- noch rechtsschief

relative Häufigkeit (f_i)

Bruttomonatsverdienste X_i

Bei **unimodalen** H.V. kann somit aus der Schiefe der H.V. auf die Lage der Mittelwerte und umgekehrt geschlossen werden (sogenannte **Fechnersche Lageregel**). Die Fechnersche Lageregel besagt:

- Für eine **linkssteile**, d. h. **rechtsschiefe** H.V. gilt: $X_{Mo} < X_{ME} < \bar{X}$

- Für eine **rechtssteile**, d. h. **linksschiefe** H.V. gilt: $X_{Mo} > X_{ME} > \bar{X}$

- Für eine **symmetrische** H.V. gilt: $X_{Mo} = X_{ME} = \bar{X}$

Da der Median sich aus dem Merkmalswert des zentral gelegenen Merkmalsträgers ergibt, liegt der Median immer zwischen den beiden anderen Mittelwerten „Modus" bzw. „arithmetisches Mittel". Ist die Häufigkeitsverteilung linkssteil, wird die größte Häufigkeit links des Medians erreicht, d. h. der Modus fällt kleiner aus als der Median. Dieser wiederum ist kleiner als das arithmetische Mittel, denn bei einer linkssteilen oder rechtsschiefen H.V. haben die vereinzelt auftretenden großen Merkmalswerte zwar keinen Einfluss auf den Modus, erhöhen (verzerren) aber den Wert des arithmetischen Mittels. Bei einer rechtssteilen oder linksschiefen H.V. verhalten sich die Mittelwerte wegen dieser Zusammenhänge umgekehrt zueinander, d. h. der Modus ist größer als der Median und dieser wiederum größer als das arithmetische Mittel.

Für das in diesem Buch dargestellte Fallbeispiel der Bruttomonatsverdienste (ursprüngliche Version; vgl. Tab. II-2-7) ergibt sich aufgrund der Berechnungen folgende Reihenfolge der verschiedenen Mittelwerte (vgl. auch Abb. II-3-12b):

$$(X_{Mo} = 3\,250\,€) > (X_{ME} = 3\,142,86\,€) > (\overline{X} = 3\,108\,€).$$

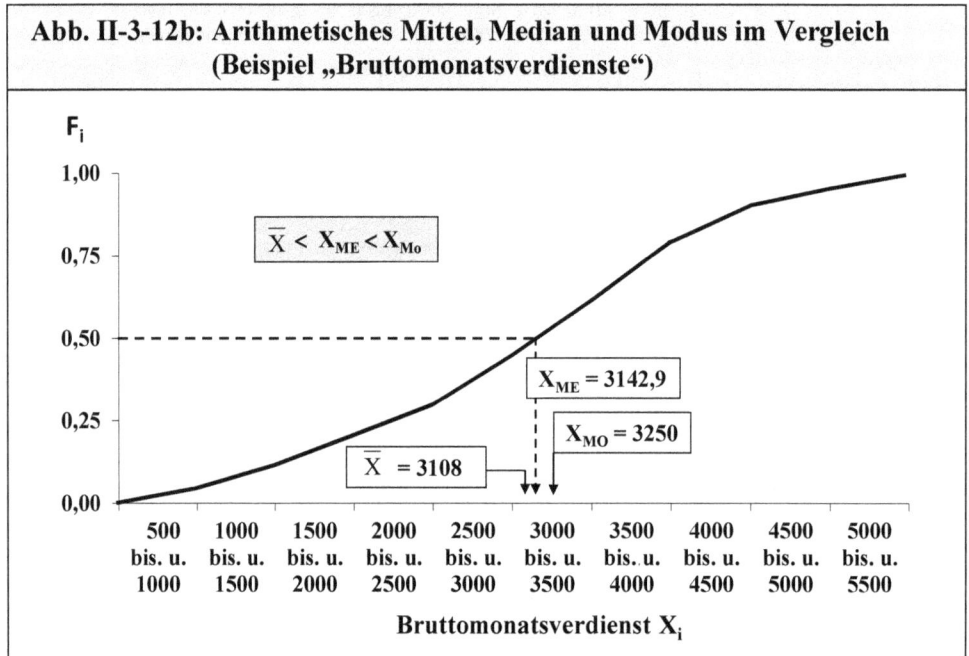

Abb. II-3-12b: Arithmetisches Mittel, Median und Modus im Vergleich (Beispiel „Bruttomonatsverdienste")

Damit liegt eine **rechtssteile** und **linksschiefe** Häufigkeitsverteilung vor, wie auch aus Abb. II-2-10 (siehe Kapitel 2.6) zu ersehen ist: Um den Modus 3250 € (Klassenmitte der 6. Klasse) und damit den Merkmalswert mit der größten Häufigkeit (Spitze der Häufigkeitsverteilung) zu erreichen, müssen fünf Klassen mit einer einheitlichen Klassenbreite von 500 € passiert werden, während der Modalklasse nur vier weitere Klassen mit ebenfalls 500 € Klassenbreite folgen. Damit bauen sich links vom Modus die Häufigkeiten schneller ab als rechts vom Modus.

Die nachfolgende Abb. II-3-13 zeigt für den Zeitraum 1991 bis 2009 auf, wie sich für die realen Haushaltsmarkteinkommen (preisbereinigt in Preisen von 2005; bedarfsgewichtetes Pro-Kopf-Haushaltseinkommen) in West- und Ostdeutschland das arithmetische Mittel („Mittelwert") und der Median entwickelt haben (zur Definition der Begriffe siehe Anmerkungen unterhalb der Abb. II-3-13). Es ist ersichtlich, dass in beiden Teilen Deutschlands das Durchschnittseinkommen durchgehend höher liegt als das Medianeinkommen und sich der Abstand im Zeitablauf leicht erhöht. (rechtsschiefe H.V.; Ausreißer durch einige besonders hohe Pro-Kopf-Einkommen).

Abb. II-3-13: Reales verfügbares Haushaltsmarkteinkommen[1) in € in Preisen von 2005 für West- u. Ostdeutschland 1991 – 2009 (Mittelwert = arithm. Mittel) und Median

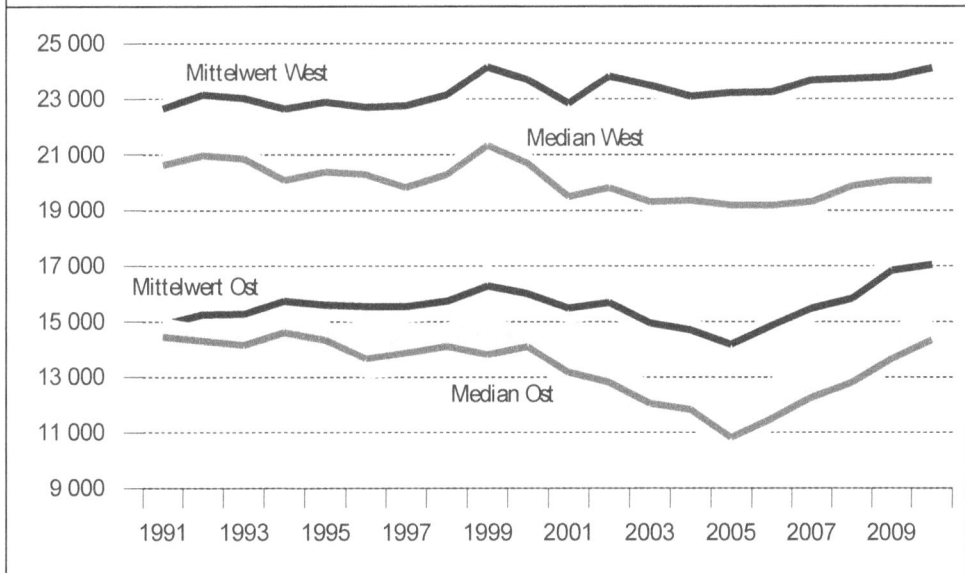

1) Jahreseinkommen im Jahr (t) für das Jahr (t − 1) erhoben, Markteinkommen (Einkommen aus der Summe von Kapital- und Erwerbseinkommen einschließlich privater Transfers und privater Renten inklusive eines fiktiven Arbeitgeberanteils für Beamte sowie gesetzliche Renten und Sozialtransfers), inflationsbereinigt und bedarfsgewichtet mit der modifizierten OECD-Äquivalenzskala (über Äquivalenzzahlen errechnetes Haushalts-Pro-Kopf-Einkommen; beispielsweise für einen Vier-Personen-Haushalt (Eltern sowie zwei minderjährige Kinder) wird das Haushaltseinkommen nicht durch 4, sondern wegen Haushaltsersparnissen durch 2,3 (= 1 + 0,5 + 0,5 + 0,3) geteilt.
Quelle: Grabka, M. M. u. a.: Einkommensungleichheit in Deutschland, a. a. O., S. 6.

Hinweis zur Ermittlung einzelner Mittelwerte über „Excel": Für Einzelwerte lassen sich die Mittelwerte „Modus", „Median" und „arithmetisches Mittel" mit dem Tabellenkalkulationsprogramm „Excel" wie folgt ermitteln:
Zum Modus: „=MODALWERT(Feld)"; zum Median: „=Median(Feld)"; zum arithmetischen Mittel: „=Mittelwert(Feld)"; dabei gibt jeweils der Wert für „Feld" den Felderbereich der Exceldatei an, in dem die Einzelwerte stehen. Zu näheren Einzelheiten s. Anhang, Teil D.

Aufgabe 12: Mittelwerte im Vergleich

Ermitteln Sie für die Angaben der Aufgabe 7 den Modus, den Median und das arithmetische Mittel der H.V.! (Hilfsangabe: $\sum X_i' \cdot h_i = 2\,420\,000$). Welche Schlussfolgerungen ziehen Sie aus dem quantitativen Vergleich dieser Lagemaße für die Schiefe der H.V.?

Aufgabe 13: Durchschnittliche Gewinnentwicklung im Zeitablauf

a) Die Gewinnentwicklung eines Unternehmens C belief sich in den Jahren 2009 bis 2013 auf folgende Werte:

Jahr	2009	2010	2011	2012	2013
realisierter Gewinn, Mio. €	12	14	20	30	35

   Um wieviel Prozent ist der Gewinn des Unternehmens C im Durchschnitt der Jahre gestiegen?

b) Das Konkurrenzunternehmen „C-Ultra" konnte in den Jahren 2010 bis 2012 den Gewinn gegenüber dem Vorjahr jeweils um 50 % erhöhen. Allerdings kam es im Jahr 2013 zu einem Gewinneinbruch um 10 %. Welches der beiden Unternehmen (C oder C-Ultra) konnte über den gesamten Zeitraum ein höheres durchschnittliches Gewinnwachstum erzielen?

Aufgabe 14: Durchschnittliche Wachstumsrate des Umsatzes im Zeitablauf

Zwei Handelsunternehmen A und B sehen sich in den Jahren seit 2010 folgender Entwicklung der Umsätze gegenüber:

Unternehmen A		Unternehmen B	
Jahr	Umsatz in Mio. €	Jahr	Wachstumsrate des Umsatzes in % gegenüber Vorjahr
2010	200		
2011	223	2006	20,0
2012	180	2007	−5,0
2013	329	2008	51,6

Ermitteln Sie, welches Unternehmen in den Jahren 2011 bis 2013 eine höhere durchschnittliche jährliche Wachstumsrate des Umsatzes erzielen konnte! Begründen Sie Ihre Antwort!

Aufgabe 15: Demographische Alterung im Blickpunkt

Im Kap. II.3.2.2 wird in Abb. II-3-9 die Entwicklung des Durchschnittsalters und des Medianalters der Bevölkerung in Deutschland – unterschieden nach Frauen und Männern – für den Zeitraum 1950 bis 2060 dargestellt. Wie lässt es sich erklären, dass sich im Zeitablauf die Mittelwerte für die jeweiligen Geschlechter schneiden? Begründen Sie Ihre Antwort.

Aufgabe 16: Verwendung des arithmetischen Mittels

Nehmen Sie zu folgender Aussage Stellung:
„Das arithmetische Mittel ist im Vergleich zum geometrischen Mittel einfacher zu berechnen und daher Letzterem vorzuziehen."

Aufgabe 17: Fragen Sie den Statistiker oder fahren Sie in die Werkstatt

Herr Schmidt tritt eine längere Urlaubsreise mit seinem PKW an und stellt zu Beginn der Reise die Spritverbrauchsanzeige (Spritverbrauch/100 km) seines PKW auf „null". Auf den ersten Kilometern der Fahrt stellt er fest, dass der durchschnittliche Spritverbrauch sehr stark schwankt. Je länger er fährt, desto stabilere Werte für den Durchschnittsverbrauch stellen sich auf der Sprit-Anzeige ein, obwohl der momentane Spritverbrauch seines PKW (Grenzverbrauch) aufgrund sehr unterschiedlicher Fahrweisen und Belastungen (Überholvorgänge, Staus, Stadtverkehr und Autobahnfahrten, Berg- und Talfahrt) eigentlich doch starken aktuellen Schwankungen unterliegen müsste. Wie lässt sich dieses Phänomen erklären, dass die Verbrauchsanzeige mit zunehmender Strecke immer weniger schwankt? Sollte Herr Schmidt wegen des technischen Zustands der Spritverbrauchsanzeige eine Reparaturwerkstatt aufsuchen oder doch lieber den Statistiker befragen?

Aufgabe 18: Armutsschwelle und ihre Veränderung

Am Ende des Kapitels I.4.5 werden die Armutsschwelle und die Armutsquote in Deutschland auf Basis verschiedener Statistikquellen dargestellt. Armut wird hier als relative Armut gemessen, d. h. jemand ist arm, wenn er einen bestimmten Prozentsatz eines Mittelwertes aller betrachteten Personen nicht erreicht.

- Angenommen, Armut werde unter Verwendung des arithmetischen Mittels definiert: Erörtern Sie, welche Auswirkungen sich auf die Armutsquote ergeben, wenn infolge der Wirtschaftskrise die Reichen starke Einkommenseinschnitte hinnehmen müssen, bei den Armen aber keine Veränderungen eintreten.
- Ergeben sich im Zuge der Wirtschaftskrise und der Einkommenseinbußen der Reichen unterschiedliche Auswirkungen auf die Armutsquote, wenn die Definition der Armut sich nicht am arithmetischen Mittel, sondern am Median orientiert? Begründen Sie Ihre Antwort!
- Wie arm muss ein sehr Reicher werden, damit unter Verwendung des Medians die Armutsquote sinkt?

3.4   Streuungsmaße

3.4.1   Vorbemerkungen

Im Kapitel II.3.1 wurde bereits im Rahmen eines Überblicks darauf verwiesen, dass neben dem Mittelwert oft die Streuung der Merkmalswerte von zentralem Interesse ist. So hängt das Überleben einer Topfpflanze nicht nur davon ab, dass sie im Durchschnitt eines Zeitraumes eine bestimmte mittlere Feuchtigkeit aufweist (Aspekt der Mittelwerte), sondern sie darf in einzelnen Zeitabschnitten von diesem mittleren Wert auch nicht zu weit abweichen. Ein weiteres Beispiel zum „Zusammenspiel von Mittelwert und Streuung" betrifft finanzielle Anlagestrategien (z. B. auf Finanzmärkten): Hier ist neben der durchschnittlichen Rendite (Mittelwert) auch das Risiko der Finanzanlage zu beachten, d. h. die Streuung der Renditen[101]. Ein Finanzinvestor ist nur dann bereit, Finanzanlagen mit einem höheren Risiko, d. h. einer höheren Streuung der Rendite zu realisieren, wenn er als Ausgleich auch eine höhere durchschnittliche, d. h. mittlere Rendite erhält (Erwartungswert der Rendite). Der optimale Mix von Erwartungswert und Risikostreuung wird durch die Risikopräferenz des Anlegers geprägt.

Folglich sind im Rahmen der deskriptiven Statistik nicht nur die Mittelwerte, sondern auch die Streuung, d. h. die Variabilität der Merkmalswerte durch geeignete Verfahren zu messen. Hier gibt es eine Vielzahl von Verfahren, die sich zunächst nach absoluten und relativen Streuungsmaßen unterscheiden lassen (vgl. Übersicht II-3-5). Die meisten Streuungsmaße stellen auf absolute Abweichungen der Merkmalswerte ab (**absolute Streuungsmaße**). Bei dem **relativen Streuungsmaß** wird die gemessene absolute Abweichung auf eine andere Größe bezogen, so dass sich eine relative Abweichung ergibt. Ein gängiges Verfahren hierzu ist der **Variationskoeffizient**, der am Ende dieses Kapitels vorgestellt wird. Dieses relative Streuungsmaß hat den Vorteil, dass es von der Dimension der Merkmalswerte, d. h. konkret von der Größenordnung und der gemessenen Einheit (z. B. Liter, Kubikmeter etc.) unabhängig ist und hierdurch auch die Streuungen verschiedener H.V. mit verschiedenen Dimensionen miteinander verglichen werden können.

In diesem Kapitel sollen zunächst die **absoluten Streuungsmaße** vorgestellt werden, bevor dann der Variationskoeffizient näher erläutert wird. Um das Konzept dieser Streuungsmaße schnell und einfach zu verstehen, wird zunächst auf ein **Beispiel aus der Fußballwelt** zurückgegriffen: Ein Fußball soll durch die fußballgroße Öffnung einer Torwand geschossen werden. Nun lassen sich verschiedene Verfahren entwickeln, wie die Streuung der Fußballschüsse auf die Torwand (d. h. Abweichung der geschossenen Bälle von der Toröffnung) gemessen werden kann. Dabei

---

[101] Vgl. hierzu das Fallbespiel in Kap. II.3.6.

wird vereinfachend angenommen, dass die Bälle im Mittel die Toröffnung treffen und ansonsten symmetrisch am Tor vorbeifliegen (symmetrische H.V.). Grundsätzlich könnte als Streuung die Distanz zwischen ganz bestimmten markanten Bällen herangezogen werden. Dieser Abstand wird als **Spanne** bezeichnet (vgl. die linke Spalte der Übersicht II-3-5). Eine markante Spanne wäre die Distanz der beiden Schüsse, die am weitesten voneinander entfernt liegen **(Spannweite)**.

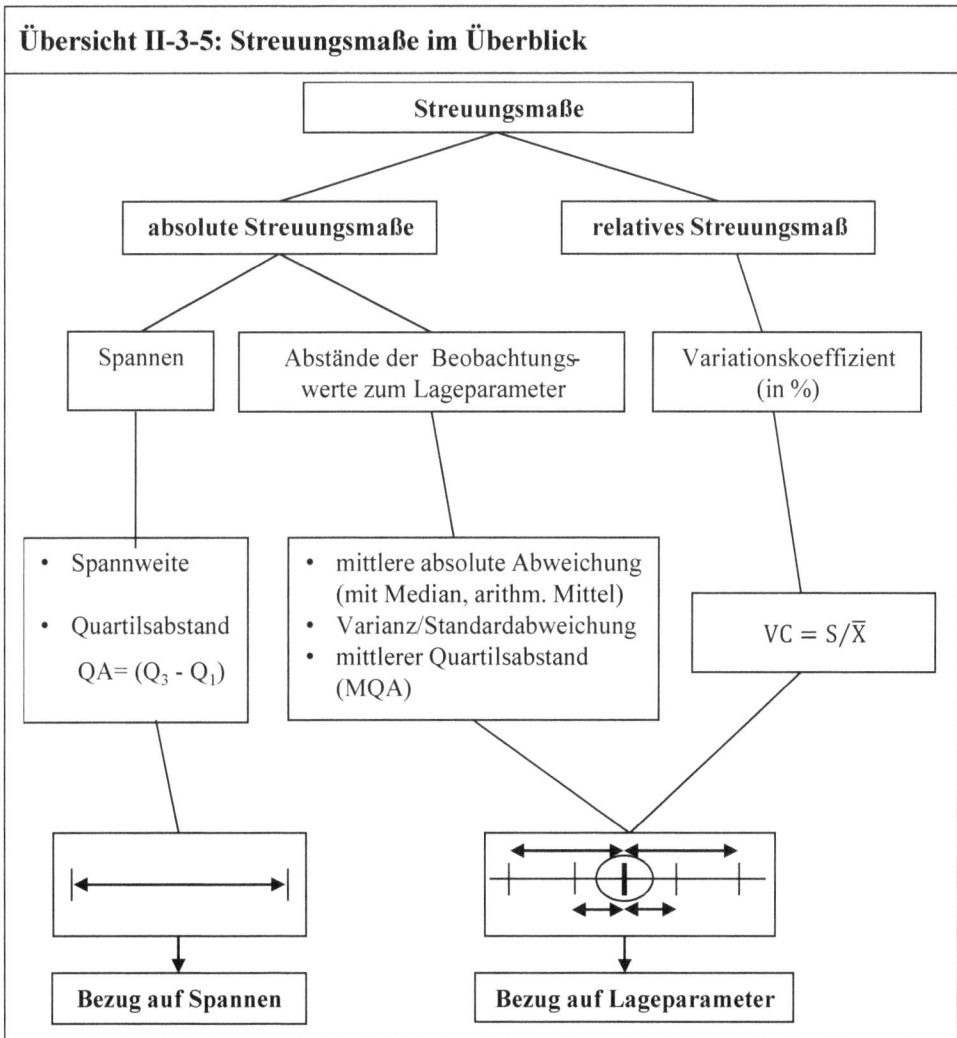

Übersicht II-3-5: Streuungsmaße im Überblick

```
                        Streuungsmaße

        absolute Streuungsmaße          relatives Streuungsmaß

   Spannen    Abstände der Beobachtungs-    Variationskoeffizient
              werte zum Lageparameter            (in %)

 • Spannweite      • mittlere absolute Abweichung
                     (mit Median, arithm. Mittel)
 • Quartilsabstand • Varianz/Standardabweichung      VC = S/X̄
   QA= (Q₃ - Q₁)  • mittlerer Quartilsabstand
                     (MQA)
```

$QA = (Q_3 - Q_1)$

$$VC = S/\overline{X}$$

Bezug auf Spannen   **Bezug auf Lageparameter**

Weitere markante Bälle wären diejenigen, die jeweils die mittleren 50 % der Ballschüsse eingrenzen. Bei einer symmetrischen H.V. der Bälle sind es die Bälle, die jeweils 25 % der Torschüsse links und rechts von der Toröffnung betreffen. Die beiden Bälle, die dieses mittlere Feld der 50% der Fußballschüsse begrenzen, werden als „1. Quartil" bzw. „3. Quartil" bezeichnet. Die Spannweite zwischen diesen beiden Bällen, d.h. zwischen dem 1. Quartil und dem 3. Quartil stellt den sogenannten **Quartilsabstand** dar (vgl. hierzu Kap. II.4.2.2).[102] Die Streuungsmaße, die sich als Spannen definieren, haben den Vorteil, dass sie sich einfach bestimmen lassen. Sie sind allerdings durch den Nachteil gekennzeichnet, dass nicht alle Merkmalswerte in das Streuungsmaß einfließen und somit ein Informationsverlust erfolgt. Zudem sind die Ergebnisse von einzelnen Merkmalswerten abhängig. Im Fall der Spannen bestimmen beispielsweise die Extremwerte (Ausreißer) das Streuungsmaß.

Die mittlere Spalte der Übersicht II-3-5 zeigt absolute Streuungsmaße, die auf einen Mittelwert bezogen werden. Übertragen auf das Fußballbeispiel bedeutet dies, dass der Abstand aller Bälle zur Toröffnung (mittlerer getroffener Punkt) als Streuungsmaß herangezogen wird. Nun wurde bereits in Kapitel II.3.2.3 im Zusammenhang mit der Darstellung des arithmetischen Mittels aufgezeigt, dass die Summe der einfachen Abweichungen zum arithmetischen Mittel immer „null" ergibt. Mit anderen Worten: Fliegt der Ball an der durchschnittlich getroffenen Stelle (Toröffnung) vorbei, addieren sich alle Abweichungen zu „null", da die Abweichungen ein entgegengesetztes Vorzeichen aufweisen. Die Abweichungen lassen sich somit nur dann ohne gegenseitige Kompensation aufaddieren, wenn das negative Vorzeichen in ein positives Vorzeichen umgewandelt wird.

Dies lässt sich grundsätzlich auf zweierlei Weise realisieren: Die eine Möglichkeit besteht in der Verwendung von **Absolutbeträgen**, die andere in der Verwendung **quadrierter** Abweichungen. Kommen bei der Ermittlung der Abweichungen die Absolutbeträge zur Anwendung und wird das Ergebnis durch die Anzahl der Merkmalswerte (bildlich: Anzahl der Torschüsse) dividiert, ergibt sich die **mittlere absolute Abweichung (MAD)**. Sie gibt an, wie weit alle Merkmalswerte (bildlich: Torschüsse) im Durchschnitt um das Zentrum in Form des Mittelwertes streuen (bildlich: durchschnittlich um die getroffene Toröffnung streuen). Kommen bei der Ermittlung der Abweichungen die quadrierten Abweichungen zur Anwendung und wird das Ergebnis durch die Anzahl der Merkmalswerte dividiert, ergibt sich die **mittlere quadratische Abweichung** (auch als **Varianz** bezeichnet). Als Zentrum finden bei diesen Streuungsmaßen vor allem das arithmetische Mittel und der Median Anwendung. Diese Mittelwerte besitzen zudem den Vorteil, dass sie Minimumeigenschaften aufweisen und damit die kleinste aller denkbaren Abweichungen ergeben (vgl. hierzu die nachfolgenden Ausführungen[103]). In den nächsten Kapiteln sollen diese verschiedenen Streuungsmaße detaillierter vorgestellt und ihre Vor- und Nachteile erörtert werden.

---

[102] Fliegen die Bälle symmetrisch am Tor vorbei, d. h. liegt eine symmetrische H.V. vor, so weichen das 1. und 3. Quartil auch symmetrisch von der Toröffnung ab. Bei einer nichtsymmetrischen H.V. ist das nicht der Fall, so dass die Mitte der mittleren 50 % der Bälle nicht mehr mit den verschiedenen Mittelwerten übereinstimmt.

[103] Der Median bzw. das arithmetische Mittel besitzen die Minimumeigenschaft bezüglich absoluter bzw. quadrierter Abweichungen (vgl. Kap. II.3.4.3 bzw. II.3.4.4).

3.4.2   Spannen

Zu den Spannen zählen die Spannweite und der Quartilsabstand. Sie werden im Folgenden detailliert vorgestellt.

3.4.2.1 Spannweite (Range R)

Die Spannweite (Range) stellt die Differenz zwischen dem **größten und dem kleinsten Merkmalswert** dar. Da Differenzen gebildet werden, ist für Rechengänge eine Intervallskala erforderlich. Wird die Spannweite nur qualitativ beschrieben (Beispiel: Noten einer Klausur reichen von der Note 1 bis zur Note 5), so genügt bereits eine Ordinalskala. Die Berechnung der Spannweite erklärt sich weitgehend selbst und soll unter Anwendung von Einzelwerten oder einer Häufigkeitsverteilung nachfolgend nur kurz an bereits vorgestellten Beispielen erörtert werden:

Zunächst sei die Spannweite für das Beispiel des Arbeitnehmers ermittelt, der an fünf Tagen folgende Wegezeiten (in Minuten) zur Arbeitsstätte benötigt:
40, 42, 42, 46, 47;

a) Berechnung der Spannweite (R) bei Einzelwerten:

R = (größter Merkmalswert X_i – kleinster Merkmalswert X_i);   mit i = 1, …, n;
Für das Beispiel folgt somit**:**

R = (47 − 40) = 7 Minuten

b) Berechnung der Spannweite (R) für H.V. unklassifizierter Daten:

Werden die oben angeführten Daten in einer Häufigkeitstabelle erfasst (siehe Tab. II-3-6 in Kap. II.3.2.3), so gilt:

$R = (X_m − X_1)$

mit: X_m = Merkmalswert der letzten, d. h. m-ten Merkmalsausprägung der H.V.;
     X_1 = erste Merkmalsausprägung der H.V.

Für das obige Beispiel gilt: $[X_{m=4}] = 47, [X_{m=1}] = 40$ und es folgt somit:

R = 47 – 40 = 7 Minuten

c) Berechnung der Spannweite (R) bei klassifizierten H.V.:

$R = (X_m^o − X_1^u)$ mit:

X_m^o = Klassen**ober**grenze der letzten, mit Merkmalswerten besetzten Klasse
X_1^u = Klassen**unter**grenze der ersten, mit Merkmalswerten besetzten Klasse

Für das Beispiel Bruttomonatsverdienste (siehe Tab. II-3-7) gilt:

$X_m^o = 5\,500\ \text{€}; X_1^u = 500\ \text{€};$

damit ergibt sich für die gesuchte Spannweite: $R = (5\,500 - 500) = 5\,000\ \text{€}$

Eigenschaften der Spannweite:

- Sie ist einfach zu bestimmen, berücksichtigt aber nur einen geringen Teil der Informationen einer Häufigkeitsverteilung, da nur zwei von vielen Werten in der Spannweite berücksichtigt werden.
- Dadurch ist sie sehr empfindlich gegenüber Ausreißern und systematisch verzerrt.

Insgesamt:

Wegen dieser schwerwiegenden Nachteile ist die Spannweite nur für einen ersten schnellen, groben Überblick der Streuung geeignet.

3.4.2.2 Quartilsabstand (QA), mittlerer Quartilsabstand (MQA)

Während die Spannweite den Abstand zwischen dem kleinsten und größten Merkmalswert erfasst, misst der **Quartilsabstand (QA)** die Entfernung zwischen dem 1. Quartil (Q_1) und 3. Quartil (Q_3). Somit gilt: $QA = Q_3 - Q_1$.

Der Quartilsabstand beschreibt die Spannweite derjenigen Merkmalswerte, die die <u>mittleren 50 %</u> der geordneten Beobachtungswerte begrenzen, d. h. zwischen dem 1. Quartil und 3. Quartil liegen. Die Quartile zerlegen die Gesamtheit in vier gleich große Teilgesamtheiten. Wird der Quartilsabstand nur qualitativ beschrieben, genügt zu seiner Bestimmung bereits die Ordinalskala (z. B. 50 % der mittleren Noten streuen zwischen der Note „2,0" und „4,0"). Bei einer Berechnung des Quartilsabstandes ist wegen der Verwendung von Differenzen ($Q_3 - Q_1$) eine Intervallskala erforderlich[104].

Neben dem Quartilsabstand wird häufig der **mittlere Quartilsabstand MQA** als Streuungsmaß verwandt und wie folgt definiert:

$$MQA = \frac{QA}{2} = \frac{Q_3 - Q_1}{2}$$

Der MQA beschreibt die Distanz, mit der die <u>**mittleren 50 %**</u> der nach ihrer Größe geordneten Merkmalswerte um ihr Zentrum „$[(Q_3 + Q_1)/2]$" streuen; dieses Zentrum ergibt sich somit als Mitte zwischen dem 1. und 3. Quartil. Da der Median über

---

[104] Die Quartile von Einzelwerten lassen sich in Excel über den Befehl „=Quartile(Wert1;Wert2)" ermitteln, wobei „Wert1" die Felderangabe der Exceldatei umfasst, in der die (n) Merkmalswerte abgespeichert sind. Die Angabe „Wert2" enthält die Angabe „1", „2", „3" oder „4" und gibt an, welches Quartil jeweils berechnet wird.

eine Auszählung der Rangordnungen ermittelt wird, das Zentrum „$[(Q_3 + Q_1)/2]$" sich aber über die mittlere Distanz der beiden Quartile ergibt, stimmt dieses Zentrum für schiefe H.V. nur annähernd mit dem Median überein. Der Begriff der Quartile wurde bereits am Ende von Kap. II.3.2.2 dargestellt. Grundsätzlich ist bei der Ableitung der Quartile die gleiche Vorgehensweise erforderlich, wie bei der Ableitung des Medians. In Analogie zur Bestimmung des Medians lassen sich Quartile über die Position

$X_{[(n+1)\cdot 1/4]}$ (1. Quartil)   bzw. $X_{[(n+1)\cdot 3/4]}$ (3. Quartil)

oder über eine Feinberechnung der Merkmalswerte einer Verteilungsfunktion an der Stelle $F(X) = 0{,}25$ (1. Quartil)   bzw. $F(X) = 0{,}75$ (3. Quartil) bestimmen.

Im Folgenden soll lediglich die Feinberechnung zur Bestimmung des Quartilsabstandes zur Anwendung kommen. Dazu wird auf das Beispiel der Bruttomonatsverdienste zurückgegriffen.

Eine Feinberechnung der Quartile lässt sich in Analogie zur Bestimmung des Medians (2. Quartil) für das Beispiel der Bruttomonatsverdienste (s. Tab. II-3-7) wie folgt vornehmen:

Das 1. Quartil liegt in der 4. Klasse (Klassenuntergrenze: $X_4^u = 2\,000$ €), das 3. Quartil liegt in der 7. Klasse (Klassenuntergrenze: $X_7^u = 3\,500$ €). In Anlehnung an die Bestimmung des Medians gilt für die Feinberechnung der Quartile (wie bereits in Kap. II.3.2.2 ausgeführt):

$$Q_1 = X_i^u + \Delta X_i \cdot \frac{0{,}25 - F(X_i^u)}{F(X_i^o) - F(X_i^u)} = 2\,000 + 500 \cdot \frac{0{,}25 - 0{,}164}{0{,}292 - 0{,}164} = 2\,335{,}94€$$

$$Q_3 = X_i^u + \Delta X_i \cdot \frac{0{,}75 - F(X_i^u)}{F(X_i^o) - F(X_i^u)} = 3\,500 + 500 \cdot \frac{0{,}75 - 0{,}62}{0{,}776 - 0{,}62} = 3\,916{,}67€$$

Damit ergibt sich für den Quartilsabstand:

$QA = (Q_3 - Q_1) = (3\,916{,}67 - 2\,335{,}94) = 1\,580{,}73$

Das 1. und 3. Quartil wurden bereits in Kap. II.3.2.2 in Abb. II-3-10 dargestellt. Die Abbildung II-3-14 erweitert diese Darstellung um den Quartilsabstand und um den nachfolgend erläuterten mittleren Quartilsabstand (MQA). Für MQA gilt:

$$MQA = \frac{QA}{2} = \frac{1\,580{,}73}{2} = 790{,}37€$$

Interpretation MQA:

Werden die Beschäftigten nach der Höhe ihrer Bruttomonatsverdienste geordnet, so weichen die Bruttomonatsverdienste der mittleren 50 % der Beschäftigten um ±790,37 € (MQA) vom Zentrum 3 126,31 € nach oben bzw. nach unten ab. Das Zentrum bestimmt sich dabei wie folgt:

$$\frac{(Q_3 + Q_1)}{2} = \frac{(3\,916,67 + 2\,335,94)}{2} = 3\,126,31\,\text{€}.$$

(**Hinweis**: Das Zentrum $[(Q_3 + Q_1)/2]$ unterscheidet sich damit vom Median $= 3\,142,86\,\text{€}$.)

Abb. II-3-14: Ermittlung des Quartilsabstandes
(Beispiel „Bruttomonatsverdienste, Ursprungsversion")

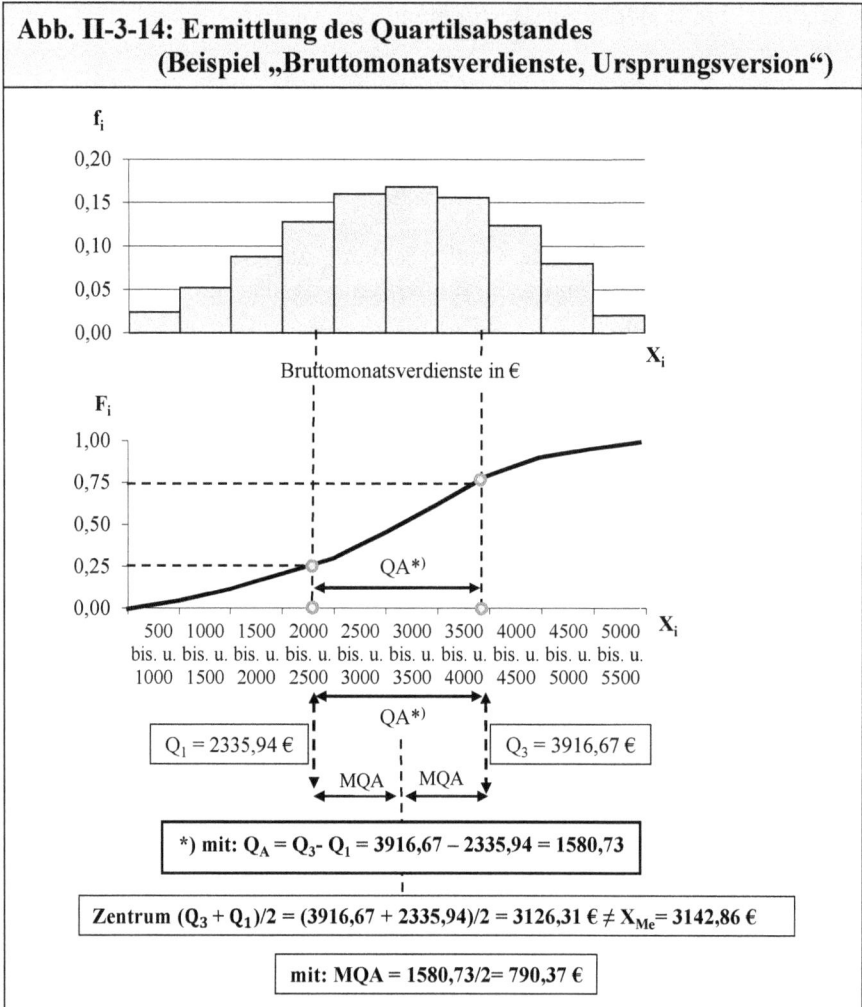

*) mit: $Q_A = Q_3 - Q_1 = 3916{,}67 - 2335{,}94 = 1580{,}73$

Zentrum $(Q_3 + Q_1)/2 = (3916{,}67 + 2335{,}94)/2 = 3126{,}31\,\text{€} \neq X_{Me} = 3142{,}86\,\text{€}$

mit: $MQA = 1580{,}73/2 = 790{,}37\,\text{€}$

Beurteilung des Quartilsabstandes bzw. des mittleren Quartilsabstandes

(a) Vorteile:

- Es handelt sich um ein einfaches, anschaulich zu berechnendes Streuungsmaß.
- Ausreißer haben keinen Einfluss, da die äußeren 25 % der Merkmalswerte nicht berücksichtigt werden.

- Der QA ist auch bei offenen Randklassen anwendbar, da die Merkmalswerte der offenen Randklassen entfallen.

- Qualitative Aussagen über QA lassen sich bereits bei einer Ordinalskala treffen.

(b) Nachteile:
- Der Quartilsabstand liefert weder eine Aussage darüber, wie sich die Streuung außerhalb des 2. und 3. Quartils, d. h. im 1. und 4. Quartil gestaltet, noch
- beschreibt er die Streuung innerhalb der beiden mittleren Quartile (Informationsverlust, d. h. es wird nicht die Streuung aller Merkmalswerte beachtet).

Diese Nachteile zeigen sich in folgender Situation: Schwanken die Merkmalswerte innerhalb des 2. und 3. Quartil oder zwischen dem 2. und 3. Quartil, oder kommt es zu Schwankungen der Merkmalswerte jeweils innerhalb des 1. bzw. 4. Quartils, so führen diese Variationen der Werte zu keiner Veränderung der Quartilswerte und des Quartilsabstandes. Lediglich, wenn die mittleren 50 % der Merkmalswerte in die Außenbereiche wandern oder umgekehrt und sich damit die Werte für Q_3 und Q_1 verändern, hat dies eine Veränderung von QA zur Folge.

Resümee: Der QA bzw. der MQA liefern einfach berechenbare und anschauliche Informationen. Je niedriger der QA ausfällt, umso dichter liegen die mittleren 50 % der Merkmalswerte zusammen, d. h. umso geringer ist ihre Schwankung. Allerdings fließen nur 50 % der Merkmalswerte in den QA ein, so dass viele Informationen zur Streuung der Merkmalswerte verloren gehen. Vorteilhaft ist aber, dass Ausreißer keinen Einfluss auf das Ergebnis haben und eine Anwendung auch bei offenen Randklassen erfolgen kann. Dabei werden mit der Ordinal- bzw. Intervallskala nicht die höchsten Anforderungen an die Skalierung gestellt.

3.4.3   Mittlere absolute Abweichung (MAD)

Der Nachteil der Spannweite besteht – wie erwähnt – vor allem darin, dass nicht alle Merkmalswerte im Streuungsmaß berücksichtigt werden. Dies ist bei den Streuungsmaßen der mittleren Spalte der Übersicht II-3-5, d. h. bei der MAD (Mean Absolute Deviation) und der Varianz nicht der Fall. Hier werden die Distanzen aller Merkmalswerte zu einem Lageparameter (arithmetisches Mittel, Median) gebildet und die negativen Abweichungen bei der Summenbildung durch Absolutbeträge oder Quadrierungen beseitigt. Anschließend wird diese Summe durch die Anzahl der Beobachtungswerte (n) dividiert.

Kommen zwecks Beseitigung des negativen Vorzeichens die Absolutbeträge zum Einsatz, so wird das Streuungsmaß als Mittlere absolute Abweichung (MAD = Mean Absolute Deviation) bezeichnet. Die MAD ist somit die durchschnittliche absolute Abweichung der Merkmalswerte von dem jeweils definierten Mittelwert. Als Mittelwert kann bei der MAD entweder der Median (häufigste Anwendung) oder das arithmetische Mittel verwendet werden. Aufgrund der Verwendung von Abständen erfordert die MAD eine Intervallskala. Die MAD lässt sich – wie viele andere Kollektivmaße auch – sowohl auf Basis von Einzelwerten als auch auf Basis einer Häufigkeitsverteilung herleiten. Dabei kann sowohl auf das arithmetische Mittel $MAD(\overline{X})$ als auch auf den Median $MAD(\tilde{X})$ Bezug genommen werden (s. Übersicht II-3-6a) [105]. Zunächst soll die Definition der MAD auf der Basis von Einzelwerten, dann auf der Basis von Häufigkeiten erfolgen.

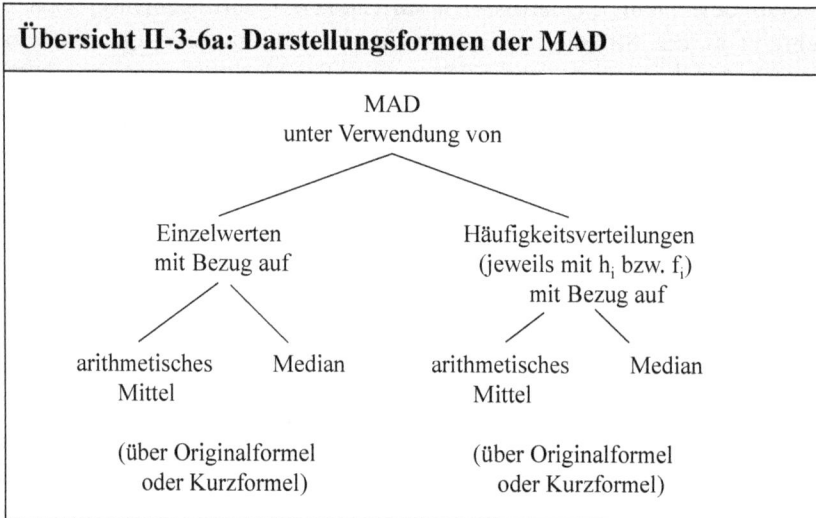

Übersicht II-3-6a: Darstellungsformen der MAD

MAD
unter Verwendung von

Einzelwerten
mit Bezug auf

Häufigkeitsverteilungen
(jeweils mit h_i bzw. f_i)
mit Bezug auf

arithmetisches Mittel   Median

arithmetisches Mittel   Median

(über Originalformel oder Kurzformel)

(über Originalformel oder Kurzformel)

Für die MAD unter Verwendung von **Einzelwerten** gilt mit Bezug auf das arithmetische Mittel bzw. den Median (gebräuchlichere Version[106]):

$$MAD(\overline{X}) = \frac{1}{n}\sum_{i=1}^{n}|X_i - \overline{X}| \quad \text{bzw.} \quad MAD(\tilde{X}) = \frac{1}{n}\sum_{i=1}^{n}|X_i - \tilde{X}|$$

In den folgenden Ausführungen soll die Berechnung der MAD für beide Versionen am Beispiel Wegezeiten (40, 42, 42, 46, 47 Minuten) aufgezeigt werden; die Mittelwerte zu diesem Zahlenbeispiel lauten: $\overline{X} = 43{,}4$ Minuten; $\tilde{X} = 42$ Minuten.

---

[105] Über „Excel" lässt sich die MAD für Einzelwerte durch den Befehl „=Mittelabw(Zahlen)" ermitteln, wobei „Zahlen" die Felderangabe der Exceldatei enthält, in der die (n) Merkmalswerte erfasst sind. Die MAD wird in Bezug auf das arithmetische Mittel berechnet. Zu Einzelheiten siehe die Ausführungen im Anhang, Teil D.

[106] Hier soll nur die Originalformel für die MAD zur Anwendung kommen. Eine Darstellung über eine Kurzformel erbringt zwar eine leichte Rechenvereinfachung (siehe zur exemplarischen Darstellung für Einzelwerte die Lösung der Aufgabe 19 zur MAD); die Kurzformel zur MAD wurde in diesem Kapitel vor allem aus systematischen Gründen in der Übersicht angeführt; denn eine derartige Kurzformel kommt bei der Berechnung der Varianz (s. nachfolgendes Kapitel II.3.4.4) häufig zur Anwendung und wird dort erläutert.

MAD für Einzelwerte; Bezug auf das arithmetische Mittel $\overline{X}$:

$$MAD(\overline{X}) = \frac{1}{n}\sum_{i=1}^{n}|X_i - \overline{X}| \qquad \text{und damit ergibt sich für das Beispiel:}$$

$$MAD(\overline{X}) = \frac{1}{5} \cdot (|40 - 43{,}4| + |42 - 43{,}4| + |42 - 43{,}4| + |46 - 43{,}4| + |47 - 43{,}4|)$$

$$= 2{,}48 \text{ [Minuten]}$$

MAD mit Bezug auf $\widetilde{X}$:

$$MAD(\widetilde{X}) = \frac{1}{n}\sum_{i=1}^{n}|X_i - \widetilde{X}|$$

$$MAD(\widetilde{X}) = \frac{1}{5} \cdot [|40 - 42| + |42 - 42| + |42 - 42| + |46 - 42| + |47 - 42|] = 2{,}2 \text{ [Min.]}$$

Wie der Vergleich der Ergebnisse der MAD für die beiden Berechnungsversionen zeigt, ist die MAD unter Verwendung des Medians immer kleiner als unter Verwendung des arithmetischen Mittels oder eines anderen Mittelwertes. Dies wird als **Minimumeigenschaft des Medians** unter Verwendung absoluter Abweichungen bezeichnet.

Unter **Verwendung einer H.V. ermittelt sich die MAD** bei den beiden alternativen Bezugsgrößen „arithmetisches Mittel" bzw. „Median" jeweils wie folgt:

$$\text{Version mit } \overline{X}: MAD(\overline{X}) = \frac{1}{n}\sum_{i=1}^{m}|X_i - \overline{X}| \cdot h_i \qquad \text{für } i = 1, \dots, m$$

$$\text{bzw.} \qquad MAD(\overline{X}) = \sum_{i=1}^{m}|X_i - \overline{X}| \cdot f_i \qquad \text{mit: } f_i = \frac{h_i}{n}$$

$$\text{Version mit } \widetilde{X}: MAD(\widetilde{X}) = \frac{1}{n}\sum_{i=1}^{m}|X_i - \widetilde{X}| \cdot h_i \qquad \text{für } i = 1, \dots, m$$

$$\text{bzw.} \qquad MAD(\widetilde{X}) = \sum_{i=1}^{m}|X_i - \widetilde{X}| \cdot f_i \qquad \text{mit: } f_i = \frac{h_i}{n}$$

Abschließend soll die Berechnung der MAD **unter Verwendung von Häufigkeitsverteilungen** am Beispiel der Wegezeiten und am Beispiel der Bruttomonatsverdienste aufgezeigt werden.

MAD($\widetilde{X}$), Beispiel „Wegezeiten und Verwendung einer H.V.":

$$MAD(\widetilde{X}) = \frac{1}{n}\sum_{i=1}^{m}|X_i - \widetilde{X}| \cdot h_i$$

$$MAD(\widetilde{X}) = \frac{1}{5} \cdot \lfloor|40 - 42| \cdot 1 + \lceil 42 - 42 \rceil \cdot 2 + |46 - 42| \cdot 1 + |47 - 42| \cdot 1\rfloor = 2,2 \lfloor Min.\rfloor$$

Die MAD($\overline{X}$) bei Verwendung des arithmetischen Mittels lässt sich analog errechnen. Auf ihre Darstellung sei hier verzichtet.

Berechnung der MAD für das Fallbeispiel Bruttomonatsverdienste:

Hierbei handelt es sich um klassifizierte Daten, so dass die Klassenmitten X_i' als Merkmalswerte Verwendung finden. Aus der Tabelle II-3-12 ist die Berechnung der MAD für beide Versionen ersichtlich. Auch hier zeigt sich die Minimumeigenschaft der MAD in Bezug auf den Median, denn die MAD unter Verwendung des Medians fällt mit 876,3 € niedriger aus als die MAD unter Verwendung des arithmetischen Mittels 879,6 €. Damit schwanken die Bruttomonatsverdienste im Durchschnitt aller Beschäftigten mit einem Betrag von ± 876,3 € um den Median 3 142,86 € bzw. mit einem Betrag von ± 879,6 € um das arithmetische Mittel 3 108 €.

Die Interpretation der MAD als durchschnittliche Abweichung wird nochmals aus der nachfolgenden Abb. II-3-15 für das Beispiel der Wegezeiten eines Beschäftigten deutlich. Die durchschnittliche Wegezeit schwankt mit einem Wert von ± 2,2 Minuten um den Median (42 Minuten) bzw. variiert mit einem Wert von ± 2,48 Minuten um das arithmetische Mittel (43,4 Minuten).

<u>Beurteilung der MAD:</u>

*   Die MAD lässt sich als durchschnittliche absolute Abweichung der Merkmalswerte von ihrem Mittelwert (Median bzw. arithmetisches Mittel) interpretieren.
*   Hierbei werden alle Einzelwerte berücksichtigt (kein Informationsverlust).
*   Wie aus der Abb. II-3-15 ersichtlich, stellt die MAD als durchschnittliche Abweichung von ihrem gewählten Lageparameter ein sehr anschauliches und gut interpretierbares Streuungsmaß dar. Eine derartige anschauliche Interpretation ist nur bei der MAD möglich, nicht aber bei der im nächsten Kapitel vorgestellten Varianz bzw. der Standardabweichung (obwohl diese gelegentlich irrtümlicherweise als durchschnittliche Abweichung interpretiert wird).
*   Die MAD setzt wegen der Verwendung von Differenzen eine Intervallskala voraus und lässt sich somit nicht auf einfach skalierte Merkmalswerte anwenden.
*   Die MAD kann durch Ausreißer verzerrt werden, allerdings ist die Verzerrung nicht so stark wie bei der Varianz, da hier die Wirkung der Extremwerte noch quadriert wird (siehe spätere Ausführungen).
*   Die MAD lässt sich nicht bei offenen Randklassen anwenden.

Tabelle II-3-12: Berechnung der MAD für klassifizierte Daten unter Verwendung des Medians ($\tilde{X}$) und des arithmetischen Mittels ($\bar{X}$) (Beispiel „Bruttomonatsverdienste")

Klasse	Bruttomonatsverdienst	Klassenbreite	abs. Häufigkeit	rel. Häufigkeit	rel. Summenhäufigkeit	Klassenmitte	Gesamtverdienst der Klasse	Absolute Abweichung mit Bezug auf	
								$\tilde{X}$	$\bar{X}$
i	X_i	ΔX_i	h_i	f_i	F_i	X'_i	$X'_i \cdot h_i$	$\sum_{i=1}^{10} \lvert X'_i - \tilde{X}\rvert \cdot h_i$	$\sum_{i=1}^{10} \lvert X'_i - \bar{X}\rvert \cdot h_i$
1	500 bis u. 1 000	500	6	0,024	0,024	750	4500	14 357,2	14 148,0
2	1 000 bis u. 1 500	500	13	0,052	0,076	1 250	16 250	24 607,2	24 154,0
3	1 500 bis u. 2 000	500	22	0,088	0,164	1 750	38 500	30 642,9	29 876,0
4	2 000 bis u. 2 500	500	32	0,128	0,292	2 250	72 000	28 571,5	27 456,0
5	2 500 bis u. 3 000	500	40	0,160	0,452	2 750	110 000	15 714,4	14 320,0
6	3 000 bis u. 3 500	500	42	0,168	0,620	3 250	136 500	4 499,9	5 964,0
7	3 500 bis u. 4 000	500	39	0,156	0,776	3 750	146 250	23 678,5	25 038,0
8	4 000 bis u. 4 500	500	31	0,124	0,900	4 250	131 750	34 321,3	35 402,0
9	4 500 bis u. 5 000	500	20	0,080	0,980	4 750	95 000	32 142,8	32 840,0
10	5 000 bis u. 5 500	500	5	0,020	1,000	5 250	26 250	10 535,7	10 710,0
	Σ		250	1,000			777 000,0	219 071,4	219 908,0
	MAD($\tilde{X}$) in €:							876,3	
	MAD($\bar{X}$) in €:								879,6
	$\tilde{X}$ in €							3 142,86	
	$\bar{X}$ in €								3 108

Abb. II-3-15: Interpretation der MAD

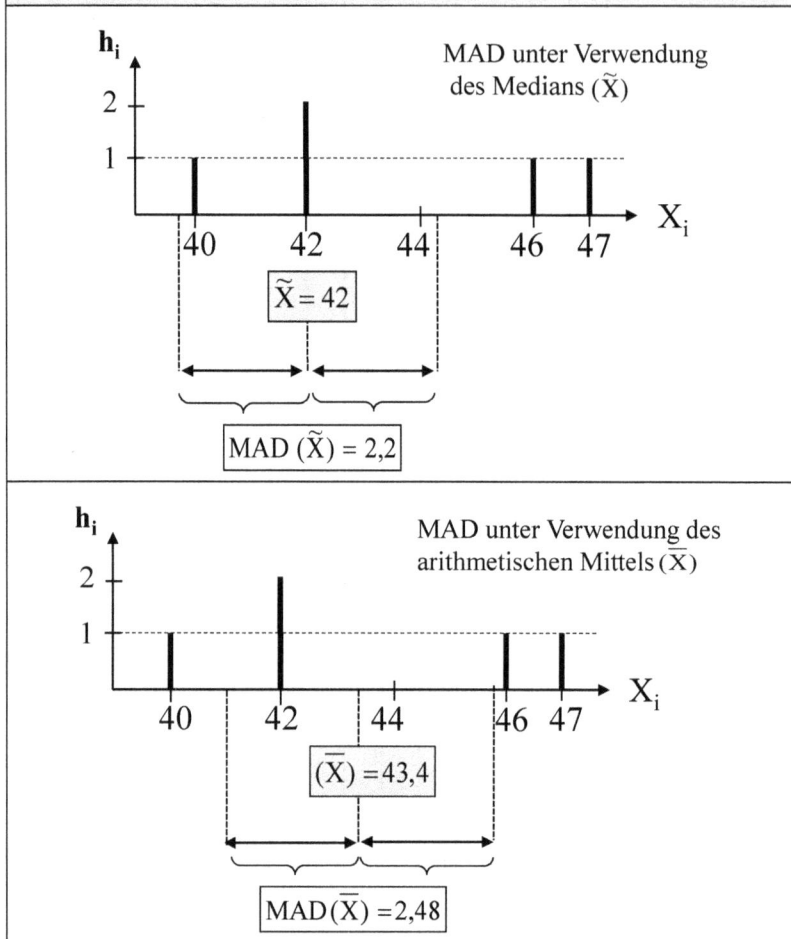

Aufgabe 19: MAD im Einzelhandel

Ein großes Einzelhandelsunternehmen mit 11 Filialen hat zur Steigerung des Umsatzes in den verschiedenen Filialen im unterschiedlichen Umfang für seine Produkte geworben. In den einzelnen 11 Filialen fielen folgende Werbeausgaben in 1 000 € an: 4; 3; 7; 5; 2; 10; 8; 11; 6; 9; 9.

a) Ermitteln Sie den Median der Werbeausgaben!

b) Ermitteln Sie die mittlere absolute Abweichung der Werbeausgaben (MAD) unter Verwendung des Medians! Interpretieren Sie kurz das Ergebnis!

3.4.4 Varianz (S²), Standardabweichung (S)

Die **Varianz (S²)** – auch als **mittlere quadratische Abweichung** bezeichnet – summiert die quadrierten Entfernungen der Merkmalswerte X_i zum arithmetischen Mittel $\overline{X}$ auf und dividiert diese Summe durch die Anzahl der Beobachtungswerte (vgl. Formel weiter unten). Wird die positive Quadratwurzel aus der Varianz gezogen, ergibt sich die **Standardabweichung (S)**. Bei zweidimensionalen Häufigkeitsverteilungen (s. Ausführungen später) erhalten S² bzw. S jeweils das Merkmal X oder Y als Index zugewiesen, so dass sich z. B. für die Varianz bzw. Standardabweichung des Merkmals X die Schreibweise S_X^2 bzw. S_X ergibt. Analog werden Varianz bzw. Standardabweichung des Merkmals Y über die Schreibweise S_Y^2 bzw. S_Y dargestellt. Die Varianz – und vor allem die Standardabweichung – stellen das am häufigsten verwendete Streuungsmaß dar. Analog zur Ableitung der MAD lassen sich die Varianz bzw. die Standardabweichung sowohl für Einzelwerte als auch für H.V. berechnen. Dabei kann entweder auf die ursprüngliche Formel oder auf eine Kurzversion der Formel[107] zurückgegriffen werden (zu einem Überblick der verschiedenen Berechnungsansätze vgl. Übersicht II-3-6b).

Übersicht II-3-6b: Darstellungsformen der Varianz bzw. Standardabweichung

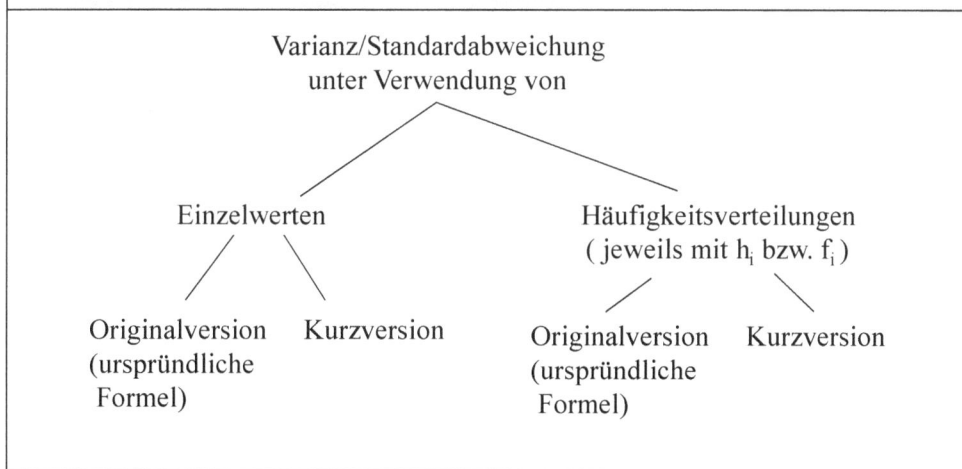

Varianz/Standardabweichung
unter Verwendung von

Einzelwerten

Häufigkeitsverteilungen
(jeweils mit h_i bzw. f_i)

Originalversion
(urspründliche
Formel)   Kurzversion

Originalversion
(urspründliche
Formel)   Kurzversion

Im Unterschied zur MAD wird die Varianz allerdings ausschließlich mit dem arithmetischen Mittel gebildet[108].

---

[107] Die Überführung von der Original- in die Kurzversion wird als „Verschiebesatz für die Varianz" bezeichnet. Vgl. hierzu die späteren Ausführungen in diesem Kapitel.

[108] Über „Excel" lässt sich die Varianz für Einzelewerte durch den Befehl „=VAR.P(Feld)" ermitteln, wobei „Feld" die Felderangaben der Exceldatei enthält, in denen die (n) Merkmalswerte abgespeichert sind. Die Varianz ermittelt sich als durchschnittliche quadratische Abweichung der Merkmalswerte, die durch (n) dividiert wird. Der Befehl darf nicht verwechselt werden mit dem Befehl „=VAR.S(Feld)", der die Varianz einer Stich-

In den folgenden Abschnitten sollen die verschiedenen Berechnungsmöglichkeiten zunächst formal und dann anhand der Beispiele „Wegezeiten" und „Bruttomonatsverdienste" systematisch vorgestellt werden.

Liegen n Beobachtungswerte X_i (mit: $i = 1, ..., n$) vor, so errechnet sich Varianz für **Einzelwerte** als [beachte Laufindex i = 1 bis n (!)]:

$$S^2 = \frac{1}{n}\sum_{i=1}^{n}(X_i - \overline{X})^2 = \frac{1}{n}\sum_{i=1}^{n}X_i^2 - (\overline{X})^2$$

Originalversion   Kurzversion
(ursprüngliche Formel)   (Kurzformel)

Die Varianz lässt sich selbst nicht interpretieren. Es ist nur eine an der Berechnungsweise orientierte, technische Interpretation im Sinne einer durchschnittlichen Quadratsumme der Abweichungen möglich. Die fehlende Interpretationsmöglichkeit der Varianz kommt auch darin zum Ausdruck, dass die Varianz „Quadratwerte der Merkmalswerte" als Dimension aufweist (z. B. die Varianz der in Betrieben beschäftigten Personen würde in der Dimension „Personenquadrat" gemessen!).

Wird aus der Varianz S^2 die Quadratwurzel gezogen, ergibt sich die Standardabweichung, die in vielen Formeln der deskriptiven und schließenden Statistik als Rechenelement ihre Verwendung findet. In dieser umfassenden Verwertung der Standardabweichung liegt – trotz der fehlenden Interpretationsmöglichkeit – auch die Erklärung für die Bedeutung der Varianz bzw. der Standardabweichung in der Statistik.[109] Die Standardabweichung hat zwar die Dimension des Merkmals (und weist nicht – wie die Varianz – Quadratwerte als Dimension auf). Gleichwohl darf hierdurch nicht der Eindruck entstehen, dass die verständliche Dimension nun auch eine Interpretation der Standardabweichung beispielsweise als durchschnittliche Abwei-

---

probe ermittelt und diese als Schätzwert für die unbekannte Varianz der Grundgesamtheit benutzt. Hierbei wird die ermittelte quadratische Abweichung durch (n – 1) und nicht durch (n) dividiert, damit sich unverzerrte Schätzwerte ergeben. Diese modifiziert berechnete Varianz kommt in der schließenden Statistik zum Einsatz und unterscheidet sich somit von der Varianz, wie sie in der deskriptiven Statistik definiert ist. Zu Einzelheiten siehe die Ausführungen im Anhang, Teil D.

[109] Gemäß der hier im Buch verwendeten Bildersprache handelt es sich bei der Varianz bzw. Standardabweichung quasi um die „Hefe beim Kuchenbacken". Die Varianz S^2 bzw. die Standardabweichung S sind – ebenso wie Hefe – für sich nicht aussagekräftig (genießbar), aber sie stellen ein unverzichtbares Element (unverzichtbare Zutat) bei der Herleitung von Formeln (Kuchenbacken) der deskriptiven und schließenden Statistik dar (z. B. beim „Backen" von Korrelations- und Regressionskoeffizienten und bei sehr vielen anderen „Backvorgängen" in der schließenden Statistik).

chung ermöglicht. Diese Interpretation ist fehlerhaft, denn die einfache durchschnittliche Abweichung stellt allein die MAD dar. Dass die Standardabweichung über die Quadratwurzel berechnet wird, löst nicht das Interpretationsproblem, denn die Quadratwurzel aus einer Summe unterscheidet sich mathematisch grundlegend von der Quadratwurzel aus den Summanden einer Summe.

Berechnung der Varianz und Standardabweichung für das **Beispiel „Wegezeiten"** **(arithm. Mittel = 43,4 Min.):**

S^2 mit ursprünglicher Formel (Originalversion für Einzelwerte):

$$S^2 = \frac{1}{n} \sum_{i=1}^{n} (X_i - \overline{X})^2$$

$$S^2 = \frac{1}{5} \cdot [(40 - 43,4)^2 + (42 - 43,4)^2 + (42 - 43,4)^2 + (46 - 43,4)^2 + (47 - 43,4)^2]$$

$$= 7,04 \, [\text{Min.}^2]$$

S^2 mit Kurzversion der Formel für Einzelwerte:

$$S^2 = \frac{1}{n} \sum_{i=1}^{n} X_i^2 - \overline{X}^2 = \frac{1}{5} \cdot [40^2 + 42^2 + 42^2 + 46^2 + 47^2] - 43,4^2 = 7,04 \, [\text{Min.}^2]$$

Berechnung der Standardabweichung S: $S = \sqrt{7,04} = 2,65 \, [\text{Min.}]$

Der Vergleich der Rechengänge von Original- und Kurzversion zeigt erwartungsgemäß, dass die Ergebnisse übereinstimmen. Die Varianz lässt sich einfacher und schneller über die Kurzversion errechnen.[110] Bei der Berechnung der Kurzversion ist darauf zu achten, dass nur die aufsummierten quadrierten Werte durch n dividiert werden (siehe Formel und Rechengang für das dargestellte Beispiel) und erst dann das Quadrat des arithmetischen Mittels von diesem Ergebnis abgezogen wird (häufiger Verständnis- und Rechenfehler der Formel)!

Dass die Originalversion der Formel für die Varianz sich in die dargestellte Kurzversion überführen lässt, erscheint im ersten Moment irritierend, da die Formel der Originalversion nur über die zweite binomische Formel aufgelöst werden kann und diese eigentlich die drei Elemente der binomischen Formel enthalten müsste. Diese

---

[110] Dieser Aspekt ist insbesondere dann von Bedeutung, wenn z. B. in Statistikklausuren keine Computer oder keine programmierbaren Taschenrechner zum Einsatz kommen und die Datenvorgabe sich auf die Kurzversion der Formel für die Varianz bezieht.

lassen sich aber zu der aufgezeigten Kurzversion zusammenfassen, wie nachfolgend dargestellt wird[111].

$$S^2 = \frac{1}{n}\sum_{i=1}^{n}(X_i - \overline{X})^2 = \frac{1}{n}\sum_{i=1}^{n}\left[X_i^2 - 2 \cdot X_i \cdot \overline{X} + (\overline{X})^2\right] \quad \text{(zweite binomische Formel)}$$

Wegen $\sum X_i = n \cdot \overline{X}$ ergibt sich nach Auflösung der Klammern:

$$S^2 = \frac{1}{n}\left(\sum_{i=1}^{n}X_i^2 - 2 \cdot \overline{X} \cdot \sum_{i=1}^{n}X_i + n \cdot (\overline{X})^2\right) = \frac{1}{n}\left(\sum_{i=1}^{n}X_i^2 - 2 \cdot \overline{X} \cdot n \cdot \overline{X} + n \cdot (\overline{X})^2\right)$$

$$= \frac{1}{n}\left(\sum_{i=1}^{n}X_i^2 - 2 \cdot n \cdot \overline{X}^2 + n \cdot (\overline{X})^2\right) = \frac{1}{n}\sum_{i=1}^{n}X_i^2 - (\overline{X})^2$$

Liegt eine **Häufigkeitsverteilung** mit den **absoluten Häufigkeiten h_i** vor, so ergibt sich die Varianz als (beachte: Laufindex i = 1 bis m):

$$S^2 = \frac{1}{n}\sum_{i=1}^{m}(X_i - \overline{X})^2 \cdot h_i = \frac{1}{n}\sum_{i=1}^{m}X_i^2 \cdot h_i - \overline{X}^2$$

     (Originalversion)   (Kurzversion)

bzw. unter Verwendung der **relativen Häufigkeiten f_i**:

$$S^2 = \sum_{i=1}^{m}(X_i - \overline{X})^2 \cdot f_i = \sum_{i=1}^{m}X_i^2 \cdot f_i - \overline{X}^2$$

     (Originalversion)   (Kurzversion)

Hinweis: Damit gilt der Verschiebesatz der Varianz auch bei Verwendung von Häufigkeiten. Auf den Beweis der Überführung der Originalversion in die Kurzversion der Formel sei verzichtet und stattdessen auf den analogen Beweis für Einzelwerte verwiesen.[112]

Nachfolgend wird der Begriff der Varianz (S^2) bzw. der Standardabweichung (S) für das **Beispiel** der **„Wegezeiten" unter Verwendung von absoluten Häufigkeiten** aufgezeigt:

---

[111] Die Überführung in die Kurzversion wird als „Verschiebesatz für die Varianz" bezeichnet; vgl. u. a. Toutenburg, H.: Deskriptive Statistik, 3. Auflage, Berlin, Heidelberg, New York 2000, S. 69.

[112] In der Schließenden Statistik wird die Varianz der Merkmalswerte der Grundgesamtheit über die Stichprobenwerte geschätzt. Da bei Berechnung der geschätzten Varianz nicht durch (n), sondern durch (n − 1) dividiert wird, lässt sich der Verschiebesatz der Varianz unter Verwendung von (n − 1) nur in modifizierter Version anwenden.

S^2 mit ursprünglicher Formel unter Verwendung absoluter Häufigkeiten:

$$S^2 = \frac{1}{n}\sum_{i=1}^{m}(X_i - \overline{X})^2 \cdot h_i = \frac{1}{5}\sum_{i=1}^{4}(X_i - \overline{X})^2 \cdot h_i$$

$$S^2 = \frac{1}{5} \cdot [(40 - 43{,}4)^2 \cdot 1 + (42 - 43{,}4)^2 \cdot 2 + (46 - 43{,}4)^2 \cdot 1 + (47 - 43{,}4)^2 \cdot 1]$$

$$= 7{,}04 \, [\text{Min.}^2]$$

Hinweis: Die Formel zeigt die Verwendung absoluter Häufigkeiten; wird die Klammer aufgelöst und werden die absoluten Häufigkeiten mit „1/n = 1/5" multipliziert, verstehen sich die Gewichte als **relative Häufigkeiten**.

S^2 mit Kurzversion der Formel unter Verwendung absoluter Häufigkeiten:

$$S^2 = \frac{1}{n}\sum_{i=1}^{m}X_i^2 \cdot h_i - \overline{X}^2 = \frac{1}{5}\sum_{i=1}^{4}X_i^2 \cdot h_i - \overline{X}^2$$

$$S^2 = \frac{1}{5} \cdot [40^2 \cdot 1 + 42^2 \cdot 2 + 46^2 \cdot 1 + 47^2 \cdot 1] - 43{,}4^2 = 7{,}04 \, [\text{Min.}^2]$$

Abschließend wird die Varianz S^2 für das Beispiel der **Bruttomonatsverdienste** für klassifizierte Daten unter Verwendung absoluter Häufigkeiten über die Kurzformel

$$S^2 = \frac{1}{n}\sum_{i=1}^{m}{X_i'}^2 \cdot h_i - \overline{X}^2$$

berechnet. Dazu werden die Klassenmitten anstelle der Merkmalswerte in die Formel für die Varianz eingesetzt. Der Rechengang ist aus der rechten Spalte der Tab. II-3-13 ersichtlich. Hier findet sich der nachfolgende Term der Kurzversion der Formel für die Varianz:

$$\sum_{i=1}^{10}{X_i'}^2 \cdot h_i = 2\,696\,625\,000$$

Der Term bringt die mit den absoluten Häufigkeiten gewogenen Quadratwerte der Klassenmitten zum Ausdruck, die über alle Klassen aufzusummieren sind. Wird dieser Wert durch n = 250 dividiert und davon der Quadratwert des arithmetischen Mittels subtrahiert, ergibt sich die gesuchte Varianz. Sie lautet für das Beispiel:

$$S^2 = \frac{1}{250}\sum_{i=1}^{10}{X_i'}^2 \cdot h_i - \overline{X}^2 = \frac{1}{250} \cdot 2\,696\,625\,000 - 3\,108^2 = 1\,126\,836 \, [\text{€}^2]$$

Hieraus folgt für die Standardabweichung: $S = \sqrt{1\,126\,836} = 1\,061{,}5 \, [\text{€}]$

Tab. II-3-13:   Varianz und Standardabweichung bei klassifizierten Daten (Beispiel „Bruttomonatsverdienste")

i	Bruttomonats-verdienst X_i	Klassen-breite ΔX_i	abs. Häufig-keit h_i	rel. Häufig-keit f_i	rel. Summen-häufig-keit F_i	Klassen-mitte X_i'	Gesamt-verdienst der Klasse $X_i' \cdot h_i$	Spalte für die Berechnung der Varianz (Kurzformel) $X_i'^2 \cdot h_i$
1	500 bis u. 1000	500	6	0,024	0,024	750	4500	3375000
2	1000 bis u. 1500	500	13	0,052	0,076	1250	16250	20312500
3	1500 bis u. 2000	500	22	0,088	0,164	1750	38500	67375000
4	2000 bis u. 2500	500	32	0,128	0,292	2250	72000	162000000
5	2500 bis u. 3000	500	40	0,160	0,452	2750	110000	302500000
6	3000 bis u. 3500	500	42	0,168	0,620	3250	136500	443625000
7	3500 bis u. 4000	500	39	0,156	0,776	3750	146250	548437500
8	4000 bis u. 4500	500	31	0,124	0,900	4250	131750	559937500
9	4500 bis u. 5000	500	20	0,080	0,980	4750	95000	451250000
10	5000 bis u. 5500	500	5	0,020	1	5250	26250	137812500
	Summe:		250	1,000			777000	2696625000
	arithmetisches Mittel						3108	
	Varianz S^2							1126836,0
	Standardabweichung S							1061,5
	Varianz S^2_{korr} (korrigiert nach Sheppard)[*]							1106003,0
	Standardabw. S_{korr} (korrigiert)[*]							1051,7

[*] **Hinweis**: Zur korrigierten Varianz bzw. Standardabweichung siehe die nachfolgenden Ausführungen zur „Sheppardschen Korrektur".

Für beide Beispiele wird ersichtlich, dass sich die Standardabweichung von der MAD($\overline{X}$) im Ergebnis unterscheidet. Wenn der Wert für die MAD die durchschnittliche Abweichung darstellt, kann somit der abweichende Wert von S nicht als einfache durchschnittliche Abweichung verstanden werden. Es handelt sich vielmehr um die Quadratwurzel aus der durchschnittlichen quadratischen Abweichung. Leider entzieht sich dieser Wert jeglicher Interpretation. S ist allerdings als Rechenelement die wichtigste „Zutat" bei der Berechnung vieler statistischer Größen in der deskriptiven und schließenden Statistik.

Um die unterschiedliche Berechnungsweise nochmals augenscheinlich zu machen, wird das nachfolgende Beispiel der Übersicht II-3-7 vorgestellt. Es zeigt für einen sehr einfachen Fall von lediglich drei Merkmalswerten, wie sich die Formeln für die MAD und S unterscheiden. Während bei der Standardabweichung die **Quadratwurzel aus der Summe** der quadrierten Einzelwerte gezogen wird, lässt sich die

MAD als **Quadratwurzel aus jedem einzelnen Einzelwert** verstehen. Damit unterscheiden sich beide Formeln grundlegend.

Hinweis: Beachte, dass die $MAD(\overline{X}) = 2$ und nicht 3 beträgt, auch wenn der erste Blick eine $MAD(\overline{X}) = 3$ erwarten lässt. Bei der MAD handelt es sich aber um eine durchschnittliche Abweichung, die auch die Abweichung von 0 für den Merkmalswert 5 einbezieht (!)

Übersicht II-3-7: Vergleich von Standardabweichung (S) und Mittlerer Absoluter Abweichung (MAD)

Beispiel: Gegeben seien folgende drei Merkmalswerte X_i: 2, 5, 8; somit: $\overline{X} = 5$

1) Berechnung von Varianz S^2 bzw. Standardabweichung S:

$$S^2 = \frac{1}{n} \cdot \sum \left(X_i - \overline{X}\right)^2 = \frac{(2-5)^2 + (5-5)^2 + (8-5)^2}{3} = 6$$

Damit gilt für die Standardabweichung S: $S = \frac{\sqrt{(3^2 + 3^2)}}{\sqrt{3}} = \sqrt{6} = 2,45$

2) Berechnung der $MAD(\overline{X})$:

$$MAD(\overline{X}) = \frac{1}{n} \cdot \sum \left|X_i - \overline{X}\right| = \frac{|2-5| + |5-5| + |8-5|}{3}$$

$$= \frac{(3+0+3)}{3} = \frac{\sqrt{3^2} + \sqrt{3^2}}{\sqrt{3^2}} = 2$$

Sheppardsche Korrektur

Es lässt sich zeigen, dass die Berechnung der Varianz/Standardabweichung über die Klassenmitten **klassifizierter** Daten anstelle der Verwendung der jeweiligen Merkmalswerte der Klassen (Originaldaten) zu einer Überschätzung der Varianz bzw. Standardabweichung führt, sofern eine eingipflige (unimodale) H.V. vorliegt. Dies ergibt sich daraus, dass nur die quadrierten Abweichungen der Klassenmitten vom arithmetischen Mittel, nicht aber die quadrierten Abweichungen der einzelnen Merkmalswerte vom arithmetischen Mittel berücksichtigt werden. Umgekehrt verhält es sich, wenn beispielsweise eine Gleichverteilung gegeben ist. Weiterhin lässt sich für eine unimodale H.V. zeigen, dass durch die sogenannte Korrektur von Sheppard die Überschätzung der Varianz korrigiert werden kann, sofern einheitliche Klassenbreiten gegeben sind. Die korrigierte Varianz S^2_{korr} ergibt sich als[113]:

---

[113] Vgl. z. B. Bleymüller, J.: Wirtschaftsstatistik, a. a. O., Kap. 4.2.

$S_{korr}^2 = S^2 - (\Delta X)^2/12$, wobei ΔX die einheitliche Klassenbreite angibt.

Entsprechend ergibt sich die korrigierte Standardabweichung S_{korr} aus der Quadratwurzel von S_{korr}^2. Für das Fallbeispiel „Bruttomonatsverdienste" zeigt Tab. II-3-13, dass die korrigierte Varianz und die korrigierte Standardabweichung leicht unter den verzerrten Näherungswerten liegen, die mit den Klassenmitten berechnet wurden.

Aufgabe 20: Varianz und Standardabweichung

Berechnen Sie für die Angaben der Aufgabe 7 die Varianz und Standardabweichung. (Hilfsangabe: $\sum X_i'^2 \cdot h_i = 6\,698\,750\,000$).

Beurteilung der Varianz/Standardabweichung:

- Die Varianz/Standardabweichung kann auf intervallskalierte Merkmalswerte angewandt werden (siehe Übersicht II-3-1).
- Es fließen alle Merkmalswerte ein, d. h. alle vorhandenen Informationen werden berücksichtigt.

Allerdings:

- Die Varianz bzw. die Standardabweichung stellen ein aufwendiges, inhaltlich nicht interpretierbares Streuungsmaß dar (Dimension der Varianz = Quadratwerte); es ist nur eine an der Berechnungsweise orientierte, technische Interpretation möglich.
- Aufgrund der Quadrierung gewinnen Ausreißer ein übermäßiges Gewicht, so dass diese besonders stark verzerrend wirken (stärker als es z. B. bei der mittleren absoluten Abweichung (MAD) der Fall ist).
- Wie bereits erläutert, ergibt sich der Stellenwert der Varianz bzw. der Standardabweichung in der Statistik – trotz der fehlenden Interpretationsmöglichkeiten – aus der herausragenden Bedeutung als Rechengröße. So kommt die Standardabweichung in der deskriptiven Statistik z. B. bei der Korrelations- und Regressionsanalyse zur Anwendung. In der schließenden Statistik stellt die Standardabweichung einen zentralen Parameter der Normalverteilung (N.V.) dar, wie aus nachfolgender Abb. II-3-16 nochmals hervorgeht. Wie ersichtlich, befindet sich der Wendepunkt (WP) der N.V. in einer Distanz von **einer** Standardabweichung $(1 \cdot S)$ vom arithmetischen Mittel entfernt.[114]

---

[114] In der schließenden Statistik kommt die Standardnormalverteilung zur Anwendung, die sich auf standardisierte Z-Werte bezieht; vgl. die Ausführungen am Ende dieses Kapitels.

Abb. II-3-16: Standardabweichung der Normalverteilung

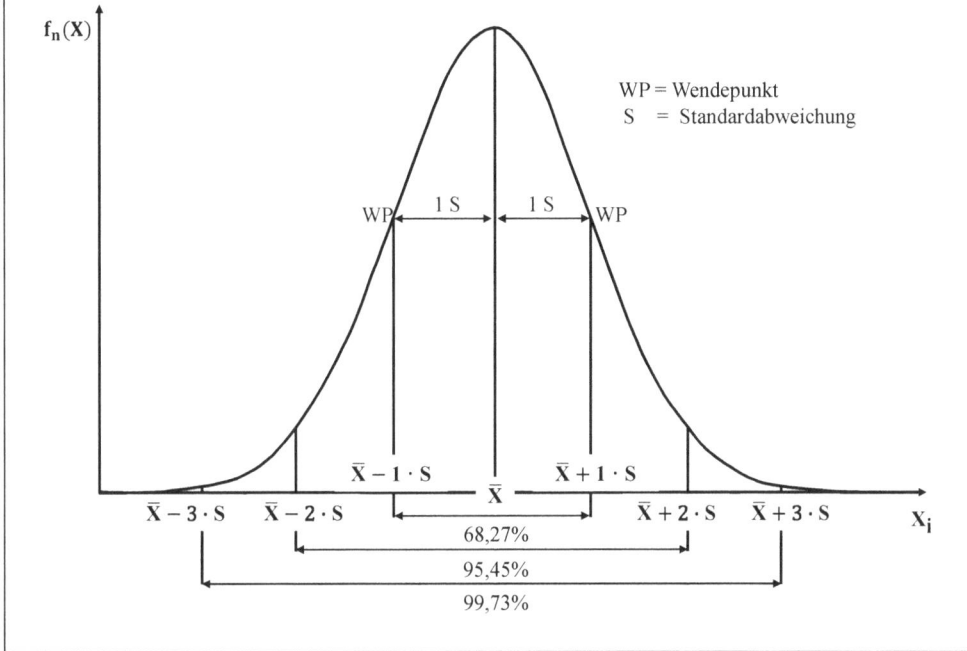

Abschließend sei eine wichtige Eigenschaft der Varianz bzw. der Standardabweichung von linear transformierten Merkmalen X und Y angeführt, die zum Verständnis vieler Formeln der deskriptiven und vor allem schließenden Statistik beiträgt. Beispielsweise stellt sich bei einer linearen Kostenfunktion die Frage, wie die Kosten variieren (Varianz des Merkmals Y), wenn sich die Produktionsmenge verändert (Varianz des Merkmals X). Es lässt sich hier eine Transformationsbeziehung der Varianz bzw. Standardabweichung beider Merkmale X und Y aufzeigen, die einen direkten Schluss von der Varianz bzw. Standardabweichung des Merkmals X (hier: Produktionsmenge) auf die Varianz bzw. Standardabweichung des Merkmals Y (hier: Kosten) zulässt. Diese Beziehung macht somit eine eigenständige Berechnung der Varianz bzw. Standardabweichung von Y entbehrlich, da diese Größen unmittelbar aus der Varianz bzw. Standardabweichung des Merkmals X resultieren.

Analoge Fragestellungen zur linearen Transformation von X und Y sind bereits aus der Behandlung des arithmetischen Mittels bekannt: In Kap. II.3.2.3 wurde schon ausgeführt, wie bei zwei linear verbundenen Merkmalen X und Y die arithmetischen Mittel beider Merkmale formal miteinander verbunden sind. Ohne Kenntnis dieser Transformationsbeziehungen der statistischen Maßzahlen lassen sich viele einfache statistische Formeln, die lineare Beziehungen zweier Merkmale X und Y zum Gegenstand haben, nicht erklären. Somit würde der Betrachter statistischer Zusammenhänge im „black box – Denken" verharren, ein auf die Dauer äußerst unbefriedigender Zustand, der letztlich nur ein rezeptartiges Handeln, aber kein analytisches Verständnis ermöglicht.

Berechnung der Varianz einer transformierten Variablen
In diesem Abschnitt seien zwei Beispiele zur Verdeutlichung der Auswirkungen der linearen Transformation auf die Varianz bzw. Standardabweichung angeführt. Im ersten Beispiel wird eine lineare Funktion für die Gehaltserhöhung von 10 Arbeitnehmern beschrieben[115], im zweiten Beispiel wird der Sachverhalt anhand einer linearen Kostenfunktion verdeutlicht.

Beispiel: Gehaltserhöhung von 10 Arbeitnehmern in einem Unternehmen

Annahme: das Gehalt steigt um einen Fixbetrag von 150 € und zusätzlich um 5 %; gegeben seien ferner folgende Größen:

EK = Einkommen vor der Gehaltserhöhung mit dem Durchschnittseinkommen
$\overline{EK} = 2\,770\,€$
(mit: $\overline{EK}$ = arithmetisches Mittel des EK **vor** der Gehaltserhöhung);

EK^* = Gehalt nach der Erhöhung mit dem Durchschnittseinkommen
$\overline{EK^*} = 150 + 1,05 \cdot 2\,770 = 3\,058,50\,€$
(mit: $\overline{EK^*}$ = arithmetisches Mittel des EK **nach** der Gehaltserhöhung)

Ausgangssituation: Vor der Gehaltserhöhung beträgt die Varianz S^2_{EK} der Gehälter von 10 Arbeitnehmern:

$$S^2_{EK} = 0,10 \cdot [(2\,500 - 2\,770)^2 + (2\,450 - 2\,770)^2 + (3\,000 - 2\,770)^2$$
$$+ (2\,800 - 2\,770)^2 + (3\,150 - 2\,770)^2 + (2\,600 - 2\,770)^2$$
$$+ (2\,800 - 2\,770)^2 + (2\,900 - 2\,770)^2 + (2\,400 - 2\,770)^2$$
$$+ (3\,100 - 2\,770)^2] = 1/10 \cdot 666\,000 = 66\,600$$

Damit ergibt sich für die Standardabweichung $S_{EK} = \sqrt{66\,600} = 258,07$

Situation nach der Gehaltserhöhung:
Nach der Gehaltserhöhung um 5 % und der Erhöhung des monatlichen Sockelbetrages um 150 € errechnet sich aus den neuen Gehältern EK^* der Arbeitnehmer eine Varianz $S^2_{EK^*}$ des erhöhten Gehalts von:

$$S^2_{EK^*} = 1/10\,[(2\,775,0 - 3\,058,5)^2 + (2\,722,5 - 3\,058,5)^2$$
$$+ (3\,300,0 - 3\,058,5)^2 + (3\,090,0 - 3\,058,5)^2$$
$$+ (3\,457,5 - 3\,058,5)^2 + (2\,880,0 - 3\,058,5)^2$$
$$+ (3\,090,0 - 3\,058,5)^2 + (3\,195,0 - 3\,058,5)^2$$
$$+ (2\,670,0 - 3\,058,5)^2 + (3\,405,0 - 3\,058,5)^2] = 1/10 \cdot 734\,265 = 73\,426,50$$

---

[115] Vgl. Eckey, H. F.; Kosfeld, R.; Dreger, C.: Statistik. Grundlagen – Methoden - Beispiele, 3. Auflage, Wiesbaden 2002, S. 74f.

Hieraus ergibt sich eine Standardabweichung von $S_{EK^*} = \sqrt{73\,426,5} = 270,97$

Die zentrale Aussage zur Beziehung der Varianz und der Standardabweichung zweier linear verknüpfter Merkmale (hier das Einkommen vor und nach der Gehaltserhöhung) stellt sich nun wie folgt dar: Die Varianz bzw. Standardabweichung von EK* ergeben sich einfacher als aus der direkten Berechnung mit den EK*-Werten unter Verwendung der ursprünglichen EK-Werte und unter Beachtung der folgenden Beziehungen (1) und (2):

(1) $EK^* = a + b \cdot EK = 150 + 1,05 \cdot EK$; dann gilt:

(2) $S_{EK^*}^2 = b^2 \cdot S_{EK}^2 = 1,05^2 \cdot S_{EK}^2 = 1,05^2 \cdot 66\,600 = 73\,426,50$

und damit für die Standardabweichung: $S_{EK^*} = 1,05 \cdot 258,07 = 270,97$

Wie zu ersehen ist, stimmen die über die Transformationsbeziehung ($EK^* = a + b \cdot EK$) ermittelten Werte für die Varianz und die Standardabweichung von EK* mit den Werten überein, die sich auch bei der umständlicheren Berechnung direkt über die Werte von EK* ergeben. Auffallend und – auf den ersten Blick – überraschend ist, dass der Parameter „a" der linearen Beziehung nicht in die Transformationsbeziehung der Varianzen bzw. Standardabweichungen aufgenommen wird. Dies ist damit zu erklären, dass die Varianz nur Schwankungen der Merkmale von X und Y aufzeigt; wie stark sich die Schwankungen von X auf Y übertragen, hängt nur vom Steigungsparameter „b", nicht aber vom Niveauparamter „a" ab.

Abschließend sei die Transformationsbeziehung von Varianz und Standardabweichung zweier Merkmale X und Y für das bereits oben angedeutete Beispiel einer linearen Kostenfunktion (beliebig gewählte Werte) aufgezeigt (vgl. Übersicht II-3-8). Wie ersichtlich, lässt sich die Varianz der Kosten ($S_Y^2 = 0,0267$) über die Transformationsbeziehung aus der Varianz der Merkmalswerte von X ermitteln. Die auf diese Weise errechnete Varianz S_Y^2 stimmt mit dem Wert überein, der sich auch bei direkter Berechnung der Varianz S_Y^2 über die Merkmalswerte von Y ergibt. Analoge Aussagen gelten für die Standardabweichungen.

Die Herleitung der Varianz eines Merkmals Y aus der Varianz des Merkmals X (das linear mit Y verbunden ist), hat für viele Aspekte und Formeln der deskriptiven und schließenden Statistik zentrale Bedeutung. Es gibt kaum eine andere Beziehung, die in statistischen Formeln so häufig zur Anwendung kommt. Ohne Kenntnis und Einsatz dieser einfachen Beziehung lassen sich viele Formeln in der schließenden Statistik nicht nachvollziehen[116]. Diese Beziehung ist auch Grundlage für das Verständ-

---

[116] Zum Beispiel wird diese Transformationsbeziehung der Varianzen für den Beweis benötigt, dass die in der schließenden Statistik und in den multivariaten Verfahren immer wieder angewandte sogenannte Z-Transformation zu Z-Werten führt, die ein arithmetisches

nis, warum die Varianz von der Dimension der Größenordnung der Merkmalswerte abhängig ist. Dies wird im nachfolgenden Kapitel deutlich.

Übersicht II-3-8: Berechnung der Varianz S_Y^2 eines linear aus Merkmal X transformierten Merkmals Y (Beispiel Kostenfunktion)

Für die lineare Kostenfunktion Y soll gelten:

$Y = a + b \cdot X$ mit: X = Produktionsmenge; Y = Kosten

(Verwendung der Symbole Y und X anstelle der Symbolik der Kostenfunktion K(X) und X mit: $K(X) = a + b \cdot X$)

Beispiel: $Y = 2 + 0{,}2 \cdot X$;   mit: $a = 2$; $b = 0{,}2$

Kosten Y mit: $\overline{Y} = 2 + 0{,}2 \cdot 2 = 2{,}4$	Produktion X mit: $\overline{X} = 2$
2,2	1
2,4	**2**
2,6	3
$S_Y^2 = \frac{1}{3}\sum_{i=1}^{3}(Y_i - \overline{Y})^2 = \frac{1}{3}(0{,}2^2 + 0{,}2^2) = 0{,}0267$	$S_X^2 = \frac{1}{3}\sum_{i=1}^{3}(X_i - \overline{X})^2 = \frac{1}{3}(1^2 + 1^2) = \frac{2}{3}$

Somit ergibt sich über den Parameter (b), d. h. über die Grenzkosten bzw. variablen Stückkosten (b) der linearen Kostenfunktion: $S_Y^2 = b^2 \cdot S_X^2 = 0{,}2^2 \cdot \frac{2}{3} = 0{,}0267$.

3.4.5   Variationskoeffizient (VC)

Der Variationskoeffizient (VC) stellt im Unterschied zu den bisher betrachteten **absoluten** Streuungsmaßen ein **relatives** Streuungsmaß dar. Der VC wird gebildet, indem die Standardabweichung (S) durch das arithmetische Mittel ($\overline{X}$) dividiert und mit 100 multipliziert wird (um %-Angaben zu erhalten), also:

$$VC \text{ (in \%)} = \frac{S}{\overline{X}} \cdot 100$$

Beispiel Bruttomonatsverdienst: $VC = \dfrac{1\,061{,}53}{3\,108} \cdot 100 = 34{,}15\,\%$

Interpretation:

Die Standardabweichung der Bruttomonatsverdienste beträgt somit 34,15 % des durchschnittlichen Einkommens. Der Variationskoeffizient (VC) stellt ein relatives Streuungsmaß dar, da der Wert der Standardabweichung zum Wert des arithmeti-

---

Mittel von „null" und eine Standardabweichung von „eins" aufweisen. Siehe hierzu auch die letzte Aufgabe am Ende dieses Kapitels.

schen Mittels in Beziehung gesetzt wird. Dieses relative Streuungsmaß (VC) ist – anders als beispielsweise die absoluten Streuungsmaße „Varianz und Standardabweichung" – nicht von der Größenordnung der Merkmalswerte X abhängig. Der Einfluss der Größenordnung der Merkmalswerte auf das absolute Streuungsmaß wird aus folgendem Beispiel der Tabelle II-3-14 deutlich (hier wird zunächst nur auf das Merkmal X in den beiden Situationen A und B eingegangen):

Die Tab. II-3-14 zeigt ein Datenbeispiel für zwei Merkmale X und Y in zwei Situationen A und B, wobei sich die X-Werte (Y-Werte) in den Situationen A und B jeweils um den Dimensionsfaktor 10:1 unterscheiden: Die **Zahlen in der Situation A sind jeweils 10 mal so groß wie in der Situation B** (ferner unterscheiden sich in jeder Situation A (B) die Zahlen von Merkmal X und Y jeweils um den Vervielfachungsfaktor 2,8). So könnte es sich z. B. in der Situation A um die Körpergröße (X) und das Körpergewicht (Y) von Hundebesitzern handeln („Frauchen", "Herrchen"), während die Merkmalswerte X und Y in der Situation B jeweils die Körpergröße und das Körpergewicht der Hunde widerspiegeln könnten. Da unterschiedliche Dimensionen der Merkmale sich nicht nur auf die Varianz bzw. Standardabweichung auswirken, sondern auch die später noch darzustellende Kovarianz und den Korrelationskoeffiizienten betreffen, werden auch diese Größen von der Dimension der Merkmale beeinflusst (s. Tab. II-3-14). Hierauf wird dann aber erst später ab Kap. II.4 näher eingegangen.

Aus der Tabelle II-3-14 ist ersichtlich, dass in der Situation A (Daten der Hundebesitzer) die Varianz für das Merkmal X bzw. Y (100-mal) so hoch ausfällt, wie für das Merkmal X bzw. Y in Situation B (Daten der Hunde). Denn die Daten der Situation A lassen sich als lineare Transformation der Daten der Situation B verstehen: Die Werte für die Körpergrößen und die Körpergewichte von Frauchen bzw. Herrchen seien jeweils 10-mal so groß wie die entsprechenden Werte der Hunde, d. h. der Vervielfachungsfaktor der Daten in den Situationen A und B beträgt 10:1; dann unterscheiden sich die Werte für die Varianz in Situation A und B um den Vervielfachungsfaktor $10^2 = 100$. Die Standardabweichungen weichen dann in den Situationen A und B mit der Quadratwurzel aus diesem Vervielfachungsfaktor, also um den Vervielfachungsfaktor 10 voneinander ab[117].

---

[117] Vgl. hierzu die zuvor dargestellten Regeln für die Standardabweichungen und die Varianzen zweier linear transformierter Merkmale. Die Daten der Merkmale X bzw. Y in den vorliegenden Situationen A und B lassen sich als lineare transformierte Werte gemäß folgender Transformationen verstehen: Wird X in Situation A mit X_A bezeichnet und X in Situation B mit X_B, und gelten mit Y_A und Y_B analoge Bezeichnungen für die Werte von Y in den Situationen A und B, so lässt sich aufgrund des angenommenen Vervielfachungsfaktors 10:1 von Situation A und Situation B schreiben: $X_A = 10 \cdot X_B$ bzw. allgemein $X_A = b \cdot X_B$. Damit gilt gemäß den Ausführungen von Kap. II.3.4.4 für die Varianz von X: Varianz $(X_A) = b^2 \cdot$ Varianz $(X_B) = 10^2 \cdot$ Varianz $(X_B) = 100 \cdot$ Varianz (X_B)

Tab. II-3-14: Auswirkungen der Dimension (Größenordnung) der Merkmals-werte auf ausgewählte Kennzahlen der Statistik

Situation A: Große Merkmalswerte X und Y (z. B. Daten der Hundebesitzer)

i	Körpergewicht X_i in kg (Merkmal X)	X_i^2	Körpergröße Y_i in cm (Merkmal Y)	Y_i^2	$X_i \cdot Y_i$
1	50	2 500	140	19 600	7 000
2	60	3 600	168	28 224	10 080
3	70	4 900	196	38 416	13 720
Σ		11 000		86 240	30 800
arithm. Mittel:	60,00		168,00		
Standardabw. S :	8,17		22,86		
Varianz S^2:	66,67		522,67		
Variationskoeff.:	**13,61**		**13,61**		

Kovarianz: $S_{XY} = 186,67$
Korrelationskoeffizient: r =   **1,00**

Situation B: Kleine Merkmalswerte X und Y (z. B. Daten der Hunde)

i	Körpergewicht X_i in kg (Merkmal X)	X_i^2	Körpergröße Y_i in cm (Merkmal Y)	Y_i^2	$X_i \cdot Y_i$
1	5	25	14	196,00	70,00
2	6	36	16,8	282,24	100,80
3	7	49	19,6	384,16	137,20
Σ		110		862,40	308,00
arithm. Mittel:	6		16,80		
Standardabw. S :	0,82		2,29		
Varianz S^2:	0,67		5,23		
Variationskoeff.:	**13,61**		**13,61**		

Kovarianz: $S_{XY} = 1,87$
Korrelationskoeffizient: r = **1,00**

bzw. Standardabw. $(X_A) = b \cdot$ Standardabw. $(X_B) = 10 \cdot$ Standardabw. (X_B). Entsprechen-de Beziehungen gelten für die Varianzen und Standardabweichungen von Y_A und Y_B.

Da beim Variationskoeffizienten (VC) Zähler und Nenner die gleiche Dimension (d. h. die gleichen Einheiten) aufweisen, kürzt sich die Dimension jeweils weg, so dass VC dimensionslos ist. Daraus resultieren große Vorteile:

- So können Vergleiche von VC (im Unterschied zur Varianz bzw. Standardabweichung) auch bei unterschiedlichen **Größenordnungen** (1. Bedeutung des Begriffs „Dimension") der Merkmalswerte durchgeführt werden. Beispielsweise stellt sich die Frage, ob die Körpergröße von Elefanten ähnlich schwankt wie die von Mäusen[118]? Oder: Schwanken die Preise von Luxusautos (hohes Preissegment) anders als die Preise der Mittel- oder Unterklasse-PKW (verschiedene Preissegmente)?

- Die Streuungen der Merkmalswerte zweier Häufigkeitsverteilungen können über den Variationskoeffizienten auch dann miteinander verglichen werden, wenn diese Merkmalswerte unterschiedliche **Einheiten** aufweisen (2. Bedeutung des Begriffs „Dimension"); z. B. lassen sich über den Variationskoeffizienten auch die Schwankungen des Mengenverbrauchs von Gas (Maßeinheit: Kubikmeter bzw. Kilowattstunden) und Öl (Maßeinheit: Liter) vergleichen.

Aufgabe 21: Finanzwirtschaftliche Herausforderung

Ein Geldbetrag von 10 000 € soll für ein Jahr angelegt werden. Zwei Anlagestrategien stehen zur Verfügung; bei jeder Anlagestrategie sind die drei folgenden denkbaren Erträge X_i mit den nachfolgend in Klammern genannten relativen Häufigkeiten = Wahrscheinlichkeiten möglich:
Strategie 1: 500 (0,5); 700 (0,3); 1 000 (0,2);
Strategie 2: 400 (0,6); 800 (0,3); 2 000 (0,1).
Berechnen Sie für jede Strategie den durchschnittlichen Ertrag (Erwartungswert des Ertrages) und die Varianz der Erträge (Risiko der Anlagestrategie).

Aufgabe 22: Gelesene Statistikbücher

Es werden 100 Studierende der Vorlesung „Deskriptive Statistik" befragt, wie viele Statistiklehrbücher sie zusätzlich zum Statistikskript des Dozenten innerhalb des Semesters gelesen haben. Die Angaben lauten wie folgt:

Laufindex i	1	2	3	4	5	Σ
Anzahl der gelesenen Bücher (X_i)	0	1	2	3	4	–
Anzahl der Studierenden $h(X_i)$	9	41	35	11	4	100

Berechnen Sie Modus, Median und arithmetisches Mittel der gelesenen Statistikbücher. Ermitteln Sie zudem die MAD unter Verwendung des Medians und des arithmetischen Mittels. Berechnen Sie ferner Varianz und Standardabweichung. Interpretieren Sie MAD und Standardabweichung.

---

[118] Im Folgenden vereinfachend als die „Maus-Elefant-Problematik" bezeichnet.

Aufgabe 23: Z-Transformation

Angenommen, das Merkmal Z ermittelt sich als: $Z = (X - \overline{X})/S_X$. Zeigen Sie, dass Z ein arithmetisches Mittel ($\overline{Z} = 0$) und eine Varianz ($S_Z^2 = 1$) aufweist.

3.5   Konzentrationsmaße

Konzentrationsmaße lassen sich auf verhältnisskalierte Merkmale anwenden. Sie erfassen, wie sich eine Merkmalsbetragssumme auf die Merkmalsträger verteilt. Dabei wird zwischen **absoluter und relativer Konzentration** unterschieden. Die Merkmalsbetragssumme (nachfolgend auch „Gesamte Merkmalsbetragssumme GMBS" genannt) ergibt sich unter Verwendung einer absoluten H.V. formal über:

$$GMBS = \sum_{i=1}^{m} X_i \cdot h_i.$$

GMBS ist damit der Gesamtwert des Merkmalsbetrages bei allen Merkmalsträgern (im Fallbeispiel „Bruttomonatsverdienste" wären es die Bruttomonatsverdienste aller Merkmalsträger). Bei Einzelwerten ergibt sich die GMBS als:

$$GMBS = \sum_{i=1}^{m} X_i$$

Das **absolute** Konzentrationsmaß gibt an, auf wie viele Merkmalsträger (n) sich die GMBS verteilt. Eine hohe absolute Konzentration liegt vor, wenn nur durch wenige Merkmalsträger die GMBS erreicht wird. Dabei bleibt undefiniert, was unter „wenig" zu verstehen ist. Insoweit bietet es sich unmittelbar an, die GMBS nicht auf eine absolute, sondern auf eine relative Anzahl von Merkmalsträgern zu beziehen. Mit F_i^o, d. h. der relativen Summenhäufigkeit an der Klassenobergrenze[119] steht bereits eine bekannte Größe als Bezugspunkt zur Verfügung. Damit gibt die relative Konzentration an, ob sich eine gesamte Merkmalsbetragssumme gleich- oder ungleichmäßig auf die Merkmalsträger verteilt. Eine **ungleichmäßige Verteilung** und damit eine **hohe relative Konzentration** liegt vor, wenn ein kleiner Anteil der Merkmalsträger (gemessen durch F_i^o) einen großen Anteil der gesamten Merkmalsbetragssumme auf sich vereint. Für das Beispiel der Bruttomonatsverdienste lägen beispielsweise eine **ungleiche** Einkommensverteilung und eine **hohe relative Konzentration** der Einkommen vor, wenn ein kleiner Anteil gut verdienender Beschäftigter einen hohen Anteil aller Bruttomonatsverdienste aufweist. Im umgekehrten Falle würde eine gleichmäßige relative Einkommensverteilung oder eine geringe relative Einkommenskonzentration bestehen. Aber selbst dann, wenn eine relativ gleichmäßige Verteilung gegeben ist, kann diese immer noch als ungleich oder konzentriert empfunden werden, wenn nur wenige Merkmalsträger über die Merkmals-

---

[119] Im Folgenden werden vereinfachend nur Betrachtungen an der Klassen(ober)grenze einer Klasse vorgenommen. Soll die Konzentrationsmessung auch für Werte innerhalb der Klasse erfolgen, so ist für die kumulierten Größen der Konzentrationsmessung eine Feinberechnung erforderlich.

betragssumme verfügen (z. B. wenn nur wenige Unternehmen den gesamten Umsatz unter sich aufteilen und eine **hohe absolute Konzentration** vorläge). Insoweit ergänzen sich absolute und relative Konzentrationsmaße in ihrer Aussagekraft.

Insgesamt lässt sich zusammenfassend festhalten, dass die Konzentrationsmaße zusätzlich zur bisher dargestellten Verteilungsfunktion der Merkmalsträger auch die Verteilungsfunktion der Merkmalsbetragssumme in die Betrachtung einbeziehen. Hier soll vornehmlich die relative Konzentration erläutert werden, die in vielen Alltagsfragen vorkommt: Beispielsweise zu nennen ist hier der Anteilswert des Gesamtumsatzes, der auf die umsatzstärksten Produkte entfällt[120]. Ist dieser Anteilswert der Produkte niedrig, bedeutet dies, dass der Hauptanteil der Umsätze durch wenige, umsatzstarke Produkte generiert wird, was eine große Abhängigkeit des Unternehmens von diesen Produkten zur Folge hat. Weit verbreitet sind die relativen Konzentrationsmaße auch bei der Messung der Einkommens- und Vermögensverteilung: Hier stellt sich die Frage, ob sich die Einkommen auf wenige Einkommensstarke und Vermögende konzentrieren oder Einkommen und Vermögen eher gleich verteilt sind, d. h. beispielsweise 20 % oder 30 % der nach dem Merkmal geordneten Merkmalsträger auch annähernd über 20 % oder 30 % des Gesamteinkommens oder des Gesamtvermögens verfügen. Einkommens- und Vermögenskonzentrationen werden im politischen Alltag immer wieder diskutiert. Auf die aktuelle Situation der Einkommens- und Vermögensverteilung in Deutschland soll am Ende dieses Abschnitts kurz eingegangen werden. Die Begriffe der relativen Konzentrationsmessung werden nachfolgend zunächst am Beispiel der Bruttomonatsverdienste vorgestellt (s. Tab. II-3-15, insbes. die beiden rechten Spalten).

Ermittlung der relativen Konzentration klassifizierter Daten:

Die relative Konzentration lässt sich für Darstellungen auf Basis von Einzelwerten, Häufigkeitsverteilungen und klassifizierten Daten vornehmen. Hier soll die Darstellung lediglich für klassifizierte Daten erfolgen[121]. Bei der relativen Konzentration interessiert die Frage, wieviel Prozent des gesamten Merkmalsbetrages auf wieviel Prozent der nach der Höhe der Merkmalsausprägungen geordneten Merkmalsträger entfällt. Die relative Konzentration leitet sich für eine H.V. klassifizierter Daten unter Verwendung der Klassenmitten X_i' wie folgt ab: Auf Basis der Daten der Häufigkeitstabelle wird für jede Klasse i der Merkmalsbetrag $(X_i' \cdot h_i)$ ermittelt. Dieser ist

---

[120] Die relative Konzentrationsmessung der umsatzstärksten Produkte wird auch als ABC-Analyse bezeichnet, wobei die Buchstaben A, B und C für eine dreiteilige Betrachtung stehen. Werden die Anteile graphisch dargestellt, ergibt sich eine umgedrehte Lorenzkurve, die im Folgenden noch näher präzisiert wird. Zu einer näheren Erläuterung der ABC-Analyse vgl. z. B. Hörnstein, E.; Kreth, H.: Wirtschaftsstatistik, Stuttgart, Berlin, Köln, 2001, S. 139 ff.

[121] Eine Darstellung nach Einzelwerten weist i. d. R. eine höhere relative Konzentration auf, da innerhalb der Klassen bei der Klassifizierung eine Gleichverteilung unterstellt wird; vgl. ebenda, S. 143.

dann zur gesamten Merkmalsbetragssumme (GMBS) einer Klasse in Beziehung zu setzen; die GMBS errechnet sich über die Addition der Merkmalsbeträge der jeweils einbezogenen Klassen, also:

$$\text{GMBS} = \sum_{i=1}^{m} X_i' \cdot h_i = 777\,000 \left(\text{zum Bsp. Bruttomonatsverdienste s. Tab. II-3-15}\right).$$

Der Anteil des Merkmalsbetrages der i-ten Klasse an der gesamten Merkmalsbetragssumme GMBS soll mit (f_i^*) bezeichnet werden und ergibt sich somit als:

$$f_i^* = \frac{X_i' \cdot h_i}{\sum_{i=1}^{m} X_i' \cdot h_i} = \frac{X_i' \cdot h_i}{\text{GMBS}}$$

Beispielsweise beträgt $(f_6^*) = 17{,}57\,\%$ für das Fallbeispiel "Bruttomonatsverdienste" (vgl. Tab. II-3-15).

Anmerkung: Während (f_i) als relative Häufigkeit den Anteil der Merkmalsträger der Klasse i an allen Merkmalsträgern zum Ausdruck bringt, beschreibt (f_i^*) den Anteil des Merkmalsbetrages der i-ten Klasse bezogen auf die gesamte Merkmalsbetragssumme.

Werden nun die Anteile der Merkmalsbeträge der einzelnen Klassen (j =1,...,i,..., m) bis zur Obergrenze[122] der i-ten Klasse kumuliert, so ergibt sich für den aufsummierten Merkmalsbetragsanteil der i-ten Klasse, der vereinfachend mit F_i^* (zur Unterscheidung von der relativen Summenhäufigkeit F_i der Merkmalsträger) bezeichnet werden soll:

$$F_i^* = \sum_{j=1}^{i} f_j^* = \left(\sum_{j=1}^{i} X_j' \cdot h_j\right)/\text{GMBS} \cdot 100$$

Für den Sachverhalt der Bruttomonatsverdienste ergibt sich z. B. für die Klassenobergrenze der 6. Klasse:

$$F_6^* = \sum_{j=1}^{6} f_j^* = \left(\sum_{j=1}^{6} X_j' \cdot h_j\right)/\text{GMBS} \cdot 100 = 377\,750/777\,000 \cdot 100 = 48{,}62\,\%$$

Die relative Konzentration stellt den aufsummierten Merkmalsbetragsanteil F_i^* und die relative Summenhäufigkeit der Merkmalsträger F_i^o einander gegenüber (vgl. Tab. II-3-15 für das Beispiel der Bruttomonatsverdienste).

Für das vorliegende Fallbeispiel der Tab. II-3-15 soll beispielsweise die Konzentration an der Obergrenze der 6. Klasse ermittelt werden: Dann ergibt sich, dass

---

[122] Wie bereits zuvor angeführt, sollen aus Vereinfachungsgründen im Folgenden nur Betrachtungen für die Klassengrenzen erfolgen. Beziehen sich die Aussagen auf einen beliebigen Wert innerhalb der Klasse, wäre eine Feinberechnung in Analogie zur bisherigen Darstellung erforderlich.

(F_6^o = F(X = 3 500) = 62 %) der nach dem Einkommen geordneten Beschäftigten über (F_6^* = 48,62 %) der gesamten Bruttomonatsverdienste verfügen (dieser Sachverhalt ist auch aus Abb. II-3-17 ersichtlich). Diese Aussage kann auch für die Restsummenhäufigkeiten getätigt werden:

Die 38 % (100 % − F(X = 3 500) = 100 % − 62 % = 38 %) der Beschäftigten mit dem höchsten Einkommen weisen (100 − 48,62 = 42,38 %) des Gesamteinkommens auf.

	Tabelle II-3-15: Relative Konzentration (Beispiel Bruttomonatsverdienste)							
i	Bruttomonats-verdienst	abs. Häu-fig-keit	Klas-sen-mitte	rel. Häu-figkeit in %	rel. Sum-menhäu-figkeit in %	Gesamt-verdienst der Klasse	rel. Anteile der Ein-künfte in %	kum. rel. Anteile der Ein-künfte in %
	X_i	h_i	X_i'	f_i	F_i	$X_i' \cdot h_i$	f_i^*	F_i^*
1	500 bis u. 1000	6	750	2,4	2,4	4500	0,58	0,58
2	1000 bis u. 1500	13	1250	5,2	7,6	16250	2,09	2,67
3	1500 bis u. 2000	22	1750	8,8	16,4	38500	4,95	7,63
4	2000 bis u. 2500	32	2250	12,8	29,2	72000	9,27	16,89
5	2500 bis u. 3000	40	2750	16,0	45,2	110000	14,16	31,05
6	3000 bis u. 3500	42	3250	16,8	62,0	136500	17,57	48,62
7	3500 bis u. 4000	39	3750	15,6	77,6	146250	18,82	67,44
8	4000 bis u. 4500	31	4250	12,4	90,0	131750	16,96	84,40
9	4500 bis u. 5000	20	4750	8,0	98,0	95000	12,23	96,62
10	5000 bis u. 5500	5	5250	2,0	100,0	26250	3,38	100,00
	Σ	250		100,0		777000	100,00	

Darstellung der Lorenzkurve:

Um die Konzentration auch graphisch zu verdeutlichen, wird üblicherweise F_i^* auf der Ordinate und F_i auf der Abszisse eines Koordinatensystems abgetragen. Diese Darstellung wird als „Lorenzkurve" bezeichnet[123]. Für das hier vorliegende Beispiel der Bruttomonatsverdienste ist die Lorenzkurve in Abb. II-3-17 dargestellt.

Die Abb. II-3-17 lässt erkennen, dass die Lorenzkurve nur unwesentlich von einer ebenfalls in der Abbildung eingezeichneten Gleichverteilungsgerade (45 °-Linie) abweicht. Diese Gleichverteilungsgerade beschreibt alle Kombinationen von F_i^* und F_i, die jeweils gleiche Anteile umfassen und damit eine Gleichverteilung von Merkmalsträger und Merkmalsbetragssumme kennzeichnen. Ein Wert auf der Gleichver-

---

[123] Nach dem US-amerikanischen Statistiker und Ökonomen Max Otto Lorenz (1876–1959).

teilungsgeraden würde beispielsweise bedeuten, dass die unteren 10 %, 20 % oder k % der nach dem Merkmalswert geordneten Merkmalsträger auch 10 %, 20 % oder k % des gesamten Merkmalsbetrages auf sich vereinen.

Abb. II-3-17: Lorenzkurve und Gleichverteilungskurve (Beispiel „Bruttomonatsverdienste")

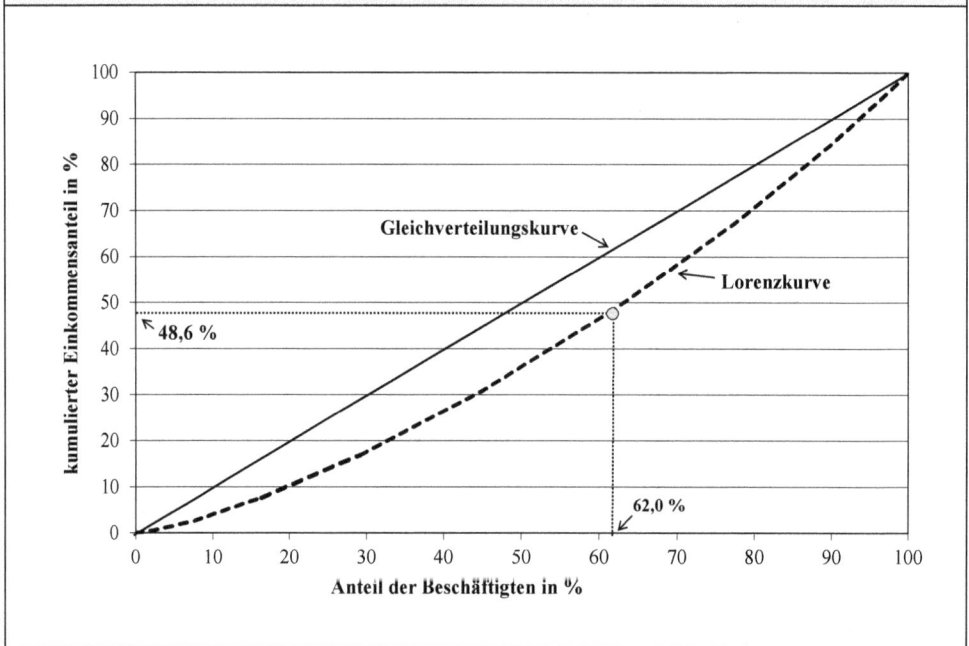

Die Abweichung der Lorenzkurve von dieser 45°-Linie wird als Kennziffer für die Höhe der relativen Konzentration verwandt und als **Gini-Koeffizient (G)** bezeichnet. Zur Erklärung dieser Kennzahl sei zunächst noch auf das gleichseitige Dreieck[124] unterhalb der Gleichverteilungsgeraden in Abb. II-3-17 aufmerksam gemacht. Wenn die Lorenzkurve bei völliger Ungleichverteilung eine Extremposition einnimmt und deckungsgleich mit der Ankathete und der Gegenkathete des Dreiecks verliefe, würde die Fläche zwischen der dann rechtwinkligen Lorenzkurve und der Gleichverteilungskurve ein Maximum annehmen. Umgekehrt beträgt die Fläche „null", wenn die Lorenzkurve mit der Gleichverteilungskurve übereinstimmt und damit eine völlige Gleichverteilung besteht. Wird für beliebige Konstellationen die Fläche zwischen der Lorenzkurve und der Gleichverteilungskurve ermittelt und zur maximal möglichen Fläche des gleichseitigen Dreiecks in Beziehung gesetzt, ergibt sich der **Gini-Koeffizient (G)** als Kennzahl der Konzentrationsstärke. Der Wert von G bewegt sich zwischen den Grenzwerten:

---

[124] Siehe die Fläche unterhalb der Diagonalen bis zur unteren Achse und dem rechten Rand.

G = 0 (völlige Gleichverteilung);   G = nahe 1 (völlige Ungleichverteilung)[125]

Bei einem Vergleich der Gini-Koeffizienten zweier oder mehrerer H.V. ist Folgendes zu beachten: Sich schneidende Lorenzkurven verschiedener H.V. bringen in verschiedenen Teilbereichen der Merkmalswerte unterschiedliche Konzentrationen zum Ausdruck. Dennoch kann es sein, dass diese verschiedenen, sich schneidenden Lorenzkurven gleiche Flächen bis zur Gleichverteilungskurve einschließen, so dass die Gini-Koeffizienten übereinstimmen und damit insgesamt eine identische relative Konzentration anzeigen.[126] Daher sollte neben dem Gini-Koeffizienten auch die Lorenzkurve betrachtet werden, um einen Eindruck von der Konzentration zu erhalten.

Anmerkung: Bei der hier beschriebenen Lorenzkurve werden die Merkmalsträger nach ihren Merkmalsausprägungen bzw. Klassen in aufsteigender Reihenfolge geordnet. Es ist auch denkbar, die Merkmalsträger in absteigender Reihenfolge zu ordnen; dann wird die Lorenzkurve an der 45°-Linie nach oben gespiegelt. Eine derartige Lorenzkurve liegt u. a. der bereits angeführten ABC-Analyse zugrunde, die z. B. die relative Verteilung der Umsätze einer Unternehmung auf die verschiedenen Produkte oder Kunden (Merkmalsträger) beschreibt (beginnend mit dem Merkmalsträger, der den höchsten Umsatz aufweist.)

Zusammenfassend sollen nochmals die einzelnen Schritte der Ableitung der relativen Konzentration und ihrer graphischen Darstellung in der Lorenzkurve beschrieben werden. Ausgehend von den bereits ermittelten Daten der H.V. einschließlich der relativen Häufigkeit und der Verteilungsfunktion (der Klassen) sind die folgenden weiteren fünf Schritte bei der Ableitung der Lorenzkurve durchzuführen:

1)   Bildung des Merkmalsbetrages $(X_i' \cdot h_i)$ für jede Klasse i $= 1, ..., m$

2)   Ermittlung der gesamten Merkmalsbetragssumme aller Klassen (GMBS)

3)   Ermittlung von (f_i^*), d. h. des Anteils des Merkmalsbetrages der i-ten Klasse an der gesamten Merkmalsbetragssumme (GMBS)

4)   Kumulierung der (f_i^*) zu F_i^*,

5)   Graphische Gegenüberstellung von F_i^* (Ordinate) und F_i (Abszisse) in der Lorenzkurve

Große Bedeutung hat die Lorenzkurve für die Darstellung der Einkommens- und Vermögensverteilung in Deutschland. Zur Vermögensverteilung gibt es nur wenige statistische Quellen wie die EVS des Statistischen Bundesamtes oder das SOEP des Deutschen Instituts für Wirtschaftsforschung (DIW) in Berlin (vgl. auch die Ausführungen in Kap. I.4.5), die aufgrund unterschiedlicher Datenquellen in ihrem Ergebnis voneinander abweichen. Auch die Deutsche Bundesbank erhebt und veröf-

---

[125] Es lässt sich zeigen, dass der Gini-Koeffizient von der Anzahl der Merkmalsträger (n) abhängt und selbst bei großer Anzahl mit steigendem (n) nur gegen den Wert (1) konvergiert. Daher werden auch modifizierte Maße eingesetzt, um diesen Maximalwert (1) zu erreichen; vgl. hierzu Bleymüller, J.: Wirtschaftsstatistik, a. a. O., Kap. 26.3, S. 194.

[126] Vgl. hierzu auch Bourier, G.: Beschreibende Statistik, a. a. O., S. 114.

fentlicht erstmals eigene Studien zur Vermögensverteilung in Deutschland, die sich von den Daten der EVS u. a. dadurch unterscheiden, dass auch sehr vermögende Haushalte einbezogen wurden[127].

Die Abb. II-3-18 zeigt die Verteilung der Nettoäquivalenzeinkommen der deutschen Haushalte auf Basis der EVS-Daten (2008) des Statistischen Bundesamtes.

Abb. II-3-18: Verteilung des Nettoäquivalenzeinkommens*) der Privaten Haushalte 2008 in Deutschland (Lorenzkurve)

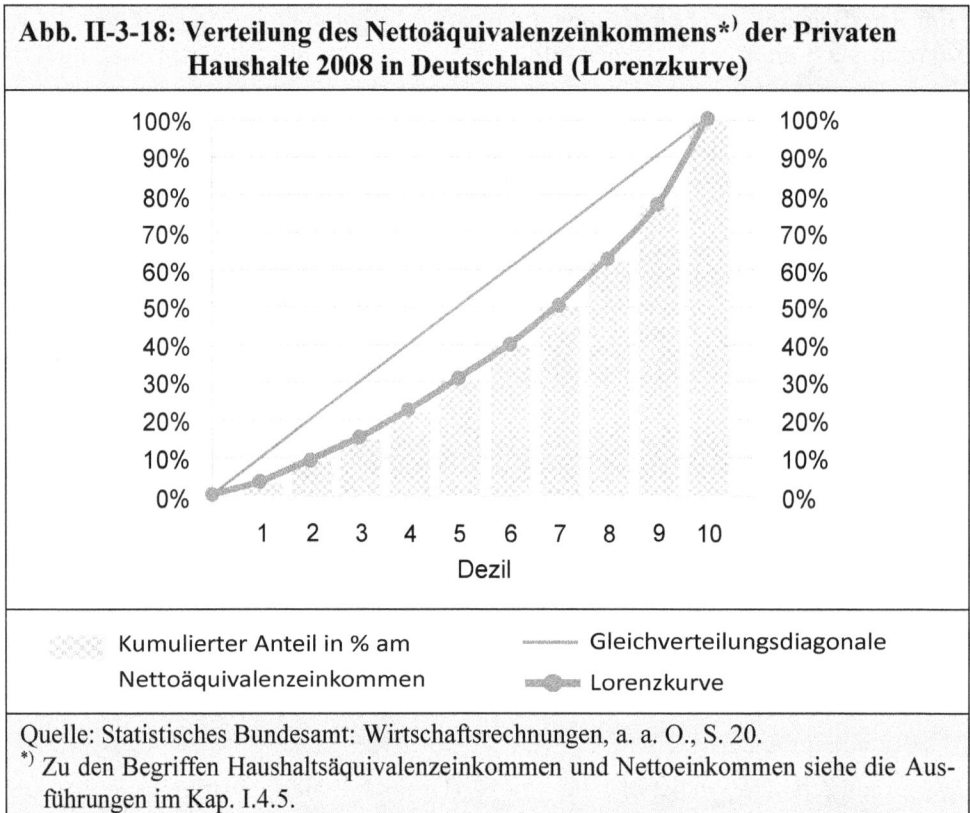

Kumulierter Anteil in % am Nettoäquivalenzeinkommen

Gleichverteilungsdiagonale

Lorenzkurve

Quelle: Statistisches Bundesamt: Wirtschaftsrechnungen, a. a. O., S. 20.
*) Zu den Begriffen Haushaltsäquivalenzeinkommen und Nettoeinkommen siehe die Ausführungen im Kap. I.4.5.

Es ist ersichtlich, dass beispielsweise die untersten fünf Dezentile (Dezile), d. h. untersten 50 % der Privaten Haushalte über einen unterproportionalen Anteil von 30 % am gesamten **Nettoäquivalenzeinkommen** der Privaten Haushalte verfügen. Umgekehrt verfügen die 10 % der einkommensstärksten Haushalte (10. Dezil) über gut 20 % des gesamten Nettoäquivalenzeinkommens.

---

[127] „Im Rahmen eines durch die EZB angeregten gemeinsamen Konzepts der Datenerhebung der Zentralbanken hat die „Deutsche Bundesbank [...] zwischen September 2010 und Juli 2011 erstmals Haushalte in Deutschland über ihr Vermögen und ihre Finanzen befragt. Die Ergebnisse dieser freiwilligen Befragung werden in der Panelstudie ‚Private Haushalte und ihre Finanzen' (PHF) zusammengefasst." (Deutsche Bundesbank: Monatsbericht Januar 2012, S. 29 ff). In der Analyse werden auch vermögende Haushalte einbezogen, vgl. hierzu ebenda, S. 32, Fußnote 2.

Auf Basis des SOEP hat das DIW die **Einkommensverteilung der gewichteten realen Haushaltsmarkteinkommen**[128] ausgewertet (vgl. Abb. II-3-19). Die Ergebnisse zeigen, dass der **Gini-Koeffizient der Haushaltsmarkteinkommen** und damit
die Ungleichverteilung der Einkommen von 1991 bis 2005 insbesondere in Ostdeutschland, aber abgeschwächt auch in Westdeutschland angestiegen sind. Seither
hat er sich im Zuge der konjunkturellen Erholung in beiden Teilregionen etwa auf
das Niveau von 2001 wieder abgeschwächt.

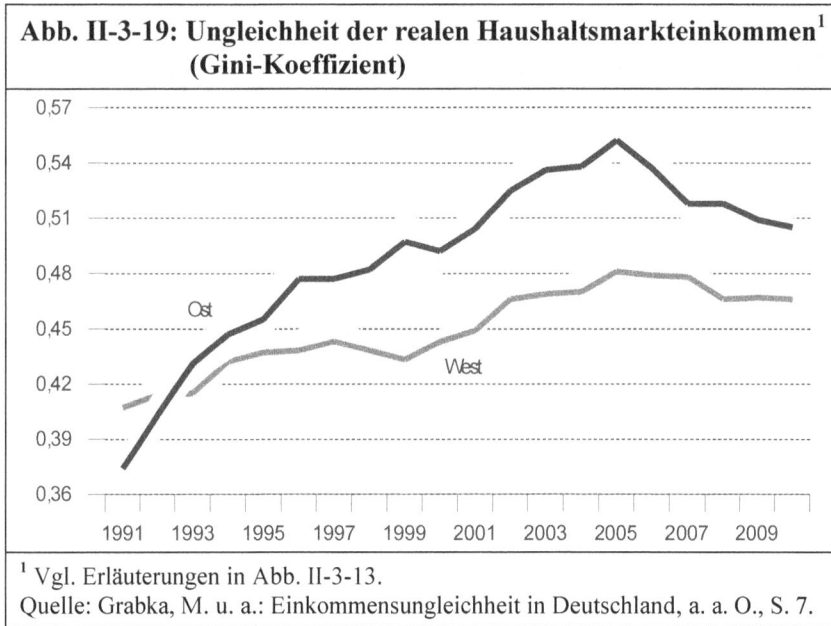

**Abb. II-3-19: Ungleichheit der realen Haushaltsmarkteinkommen[1]
(Gini-Koeffizient)**

[1] Vgl. Erläuterungen in Abb. II-3-13.
Quelle: Grabka, M. u. a.: Einkommensungleichheit in Deutschland, a. a. O., S. 7.

Aussagen zur **Nettovermögensverteilung** der Privaten Haushalte in Deutschland
werden vor allem durch die EVS des Statistischen Bundesamtes und durch das
SOEP des DIW bereitgestellt[129]. Die sich aufgrund unterschiedlicher Abgrenzungen
ergebenden unterschiedlichen Entwicklungen der Ergebnisse des Statistischen Bundesamtes (EVS) und des DIW (SOEP) sind in Tabelle II-3-16 für die zuletzt verfüg-
baren Jahre zusammengestellt. Sie zeigen über den hohen Gini-Koeffizienten zwischen 0,75 und 0,77 für die Jahre 2007, 2008 eine hohe relative Konzentration der
Nettovermögen in Deutschland. Dies wird auch daraus ersichtlich, dass die obersten
10 % der Vermögenden über rd. 53 % (EVS, 2008) bzw. gut 57 % (SOEP, 2007) des
gesamten Nettovermögens verfügen. Demgegenüber entfallen auf die 50 % der

---

[128] Zum Begriff der realen Haushaltsmarkteinkommen vgl. Erläuterungen in Abb. II-3-13.
[129] Zu den Datenquellen vgl. die Ausführungen zur EVS in Kap. I.4.5. Dort finden sich auch
Angaben zu den anderen Quellen der Berichterstattung über die Vermögensverteilung in
Deutschland.

Haushalte mit dem geringsten Vermögen 2007 und 2008 nur etwa gut 1 % (!) des gesamten Nettovermögens.

Tab. II-3-16: Nettovermögensverteilung[1] der Privaten Haushalte im Vergleich

Indikator	EVS			SOEP[*)]	
	Jahr 1996	Jahr 2003	Jahr 2008	Jahr 2002	Jahr 2007
Verteilung der Nettovermögen auf die oberen 10 % der Haushalte	45,1 %	49,4 %	52,9 %	57,4 %	57,1 %
Verteilung der Nettovermögen auf die unteren 50 % der Haushalte	2,9 %	2,6 %	1,2%	1,4 %	1,2 %
Gini-Koeffizient	0,686	0,713	0,748	0,761	0,766

[*)] einschl. Betriebs- und Sachvermögen auf Basis des SOEP 2010

1) Verteilung des Nettoprivatvermögens = Bruttovermögen in Form von Sparguthaben, Wertpapieren (einschl. Aktien), Lebensversicherungen, Immobilienbesitz abzüglich der Schulden. Unberücksichtigt bleiben z. B. vermögensgleiche Ansprüche an die betriebliche Altersversorgung und staatliche Sozialversicherung, Gebrauchsvermögen in Form langlebiger Konsumgüter, Betriebsvermögen und Humankapital, Bargeld und Guthaben auf Girokonten.

Quelle: BMA: Vierter Armuts- und Reichtumsbericht, a. a. O., S. 465.

3.6 Exkurs: Begriffe der deskriptiven und schließenden Statistik im Vergleich

Abschließend seien nach der Behandlung der Mittelwerte und der Streuungs- sowie Konzentrationsmaße einige Hinweise zu den Symbolen der deskriptiven und schließenden Statistik im Vergleich angeführt. Bei der schließenden Statistik wird zwischen Symbolen für Begriffe der Stichprobe und der Grundgesamtheit unterschieden, die im Anhang in Tab. III-A-1 zusammengestellt sind. (Zu einem Überblick über die Zielsetzung und Begriffe der schließenden Statistik siehe auch die Ausführungen im Teil C des Anhangs). In diesem Buch – und häufig auch in anderen Lehrbüchern zur deskriptiven Statistik – entsprechen die Symbole der deskriptiven Statistik den Symbolen der schließenden Statistik für die Stichprobe[130]. Ferner

---

[130] So z. B. in den meisten gängigen Lehrbüchern und Formelsammlungen zur deskriptiven Statistik. Bei den Formelsammlungen seien hier u. a. angeführt: Peren, F.W.: Formelsammlung Wirtschaftsstatistik, München 2014 oder Sauerbier, Th.; Voß, W.: Kleine Formelsammlung Statistik, 2. Auflage, München, Wien 2002. Der Vorteil der Formelsammlung von Peren, F.W. besteht in der parallelen Darstellung der Symbole der Grundgesamtheit und der Stichprobe. Anders sind die Symbole der deskriptiven Statistik in dem oft verwendeten Statistiklehrbuch und der entsprechenden statistischen Formel-

sei darauf verwiesen, dass viele Begriffe der schließenden Statistik inhaltlich identisch sind mit den Begriffen der deskriptiven Statistik. Das hat zur Konsequenz, dass sich über die Begriffe und Rechenmethoden der deskriptiven Statistik auch verschiedene Begriffe der schließenden Statistik ermitteln lassen. So entspricht dem Begriff des „Erwartungswertes" in der schließenden Statistik der Begriff des „arithmetischen Mittels" in der deskriptiven Statistik. Zentrales Element der schließenden Statistik sind Wahrscheinlichkeiten, die – gemäß dem Wahrscheinlichkeitsbegriff von „von Mises" – häufig mit relativen Häufigkeiten gleichgesetzt werden können. Varianzen und Standardabweichungen lassen sich für den Fall diskreter Wahrscheinlichkeitsfunktionen[131] über relative Häufigkeiten sowohl in der deskriptiven als auch in der schließenden Statistik durch identische Rechenoperationen ermitteln. Verschiedene Formulierungen und Berechnungen in der schließenden Statistik lassen sich somit über die Begriffe der deskriptiven Statistik darstellen. Dies soll am folgenden Fallbeispiel aus der Finanzwirtschaft deutlich gemacht werden.

Fallstudie zur Finanzwirtschaft und zur Entscheidungstheorie[132] (vgl. auch Tab. III-A-2 im Anhang)

Die Tab. III-A-2 im Anhang zeigt die Datensituation zu zwei Anlagestrategien auf: Ein Anlagebetrag von jeweils 10 000 € soll für ein Jahr angelegt werden. Es stehen hierzu die beiden Anlagemöglichkeiten der Strategie 1 und 2 mit alternativen Erträgen und alternativen Eintrittswahrscheinlichkeiten zur Verfügung. Ziel ist es, den sogenannten Ertragswert und das Risiko jeder Anlagestrategie zu ermitteln und unter Beachtung beider Aspekte die optimale Strategie auszuwählen. Die aus dem Bereich der schließenden Statistik stammenden Begriffe „Eintrittswahrscheinlichkeit" und „Ertragswert" entsprechen inhaltlich den Begriffen „relative Häufigkeit"[133] und

---

sammlung von Bleymüller, J. gestaltet. Hier wird bei der Darstellung der Begriffe der deskriptiven Statistik auf die Symbole der Grundgesamtheit der schließenden Statistik zurückgegriffen (z. B. bei dem arithmetischen Mittel und der Varianz); vgl. hierzu Bleymüller, J.: Wirtschaftsstatistik, a. a. O. sowie Bleymüller, J.; Gehlert, G.: Statistische Formeln, Tabellen und Programme, 11. Auflage, München 2007 (im Folgenden zitiert als Bleymüller, J.; Gehlert, G.: Statistische Formeln).

[131] Die Wahrscheinlichkeitsfunktion beschreibt die Wahrscheinlichkeit, dass eine diskrete Zufallszahl X_i eintritt; vgl. z. B. Bleymüller, J.: Wirtschaftsstatistik, a. a. O., S. 39.

[132] Zu den Grundlagen der Entscheidungstheorie vgl. z. B. Laux, H.; Schenk-Mathes, H. Y.; Gillenkirch, R. M.: Entscheidungstheorie, 8. Auflage, Berlin, Heidelberg 2012.

[133] An dieser Stelle sei nochmals an die enge Verwandtschaft von relativer Häufigkeit und Wahrscheinlichkeit erinnert. Der Wahrscheinlichkeitsbegriff von „von Mises" versteht die Wahrscheinlichkeit als Grenzwert der relativen Häufigkeit für $n \to \infty$. Es handelt sich somit um einen Wahrscheinlichkeitsbegriff, der sich an den tatsächlich beobachteten Größen orientiert. Im Gegensatz hierzu steht der aufgrund theoretischer Überlegungen abgeleitete, häufig angeführte Wahrscheinlichkeitsbegriff von Laplace, der die Wahrscheinlichkeit über den Quotienten aus der Anzahl der günstigen Ereignisse (z. B. eine 6 zu würfeln) im Zähler des Quotienten und der Zahl der möglichen Ereignisse (also z. B. alle 6 denkbaren Augenzahlen beim Würfeln) im Nenner des Quotienten bildet. Demge-

„arithmetisches Mittel" der deskriptiven Statistik (vgl. auch Tab. III-A-1). Der Erwartungswert jeder Strategie, d. h. der durchschnittlich erwartete Ertrag jeder Strategie, ermittelt sich über die Formel für das gewogene arithmetische Mittel, wie in Tab. III-A-2 dargestellt. Für Strategie 1 errechnet sich ein Erwartungswert von 660 €, für Strategie 2 ein Erwartungswert von 680 €. Das Risiko der Strategien kommt in den Streuungen der Erträge zum Ausdruck und wird in der Finanzwirtschaft häufig über die Standardabweichung dargestellt. Diese entspricht nicht der durchschnittlichen Streuung (MAD) und lässt sich damit inhaltlich auch nicht interpretieren. Wie bereits zuvor im Zusammenhang mit der Erläuterung der Varianz bzw. Standardabweichung dargestellt, besitzt diese Größe aber den Vorteil, dass sie sich in der schließenden Statistik als elementare Rechengröße verwenden lässt; sie ist somit die zentrale „Zutat" zu den verschiedenen „Kuchen", die sich in der schließenden Statistik gestalten lassen. Das Ergebnis der Berechnungen zeigt (vgl. Tab. III-A-2), dass die Streuung bei der Strategie 2 (mit einem Wert S = 474,97) stärker als bei der Strategie 1 (mit einem Wert S = 190,78) ausgestaltet ist[134]. Insgesamt besitzt die Strategie 2 damit den höheren Erwartungswert des Ertrages, aber auch das höhere Risiko. Welche Strategie vor diesem Hintergrund vorzuziehen ist, lässt sich nur unter Beachtung der Risikopräferenz beantworten und ist Thematik finanzwirtschaftlicher Betrachtungen und der Entscheidungstheorie[135].

---

mäß ermittelt sich aufgrund theoretischer Möglichkeiten eine Wahrscheinlichkeit von 1/6 für eine „6" beim Würfeln. Diese Wahrscheinlichkeit würde sich auch bei einem nicht manipulierten Würfel als relative Häufigkeit der Augenzahlen nach der Definition von „von Mises" einstellen. Wie schnell, hängt vom Zufall ab. Liegt ein nicht manipulierter Würfel vor, ergäbe sich diese Wahrscheinlichkeit auf jeden Fall als Grenzwert nach vielen Würfen. Gleichwohl wird sich dieses Ergebnis auch schon nach wenigen Würfen andeuten.
[134] Es ist zu beachten, dass bei unterschiedlicher Größenordnung der Merkmalswerte die Streuung auch von der Dimension der Merkmalswerte abhängig ist. Dies wäre bei dem relativen Streuungsmaß des Variationskoeffizienten nicht der Fall.
[135] Vgl. z. B. Laux, H.; u. a.: Entscheidungstheorie, a. a. O., S. 81 ff, insbesondere S. 100 f.

4   Zweidimensionale Häufigkeitsverteilungen

4.1   Vorbemerkung

Bei vielen statistischen Untersuchungen weisen die Merkmalsträger zwei oder mehrere Merkmale auf. Somit liegt keine univariate, sondern eine multivariate Betrachtung vor. Durch die Ausweitung von einem auf viele Merkmale kann aufgezeigt werden, welchen zahlreichen Einflüssen ein Merkmalsträger unterliegt. Häufig
interessieren aber weniger die Einzelwirkungen dieser zahlreichen Merkmale als
vielmehr ihre Zusammenhänge untereinander. Wie bereits eingangs beschrieben,
stehen mit den „Multivariaten Verfahren" komplexe Methoden und Algorithmen zur
Verfügung, um z. B. im wirtschaftlichen Bereich Zusammenhänge und Datenstruk-
turen der Merkmale von Merkmalsträgern aufzuzeigen. Nur wenn diese Zusammenhänge bekannt sind, wie z. B. das Kaufverhalten von Kunden in Abhängigkeit von
Qualitätsaspekten, Preisen, Marketingmaßnahmen etc., können diese Beziehungen
genutzt werden, um sie im ökonomischen Bereich im Sinne einer Ursachen-Wir-
kungskette zielorientiert einzusetzen. Hiervon wird im Zeitalter von „Big Data" im
ökonomischen Alltag reger Gebrauch gemacht. Aber auch in anderen Disziplinen,
wie z. B. der Medizin, der Technik oder dem Umweltschutz, ist die Kenntnis von
Merkmalszusammenhängen von zentraler Bedeutung für die aktuelle Gestaltung des
Alltags sowie den wissenschaftlichen Fortschritt.

Aus Gründen der Anschaulichkeit wird in diesem Lehrbuch die Darstellung der
mehrdimensionalen H.V. überwiegend auf zwei Merkmale, d. h. auf eine zweidimensionale H.V. beschränkt. Die Ergebnisse lassen sich allerdings auch auf multivariate Betrachtungen übertragen (z. B. ist in Kap. II.6.7 dargestellt, wie sich in die
Regressionsanalyse auch mehr als zwei Merkmale aufnehmen lassen). Bei der zweidimensionalen Häufigkeitsverteilung interessiert die Frage, wie häufig bestimmte
Merkmalsausprägungen der beiden Merkmale X und Y als Merkmalskombination
bei den Merkmalsträgern zu beobachten sind. Nachfolgend soll die Thematik an
dem Beispiel der Merkmalsausprägungen des Merkmals „X = Körpergewicht in kg"
und der Merkmalsausprägungen des Merkmals „Y = Körpergröße in cm" von n =
200 Studierenden untersucht werden.[136]

Die Frage, wie eng der Zusammenhang zwischen zwei Merkmalen ausgeprägt ist,
wird durch die sogenannte Zusammenhangsanalyse beantwortet (vgl. Kapitel II.5;
bei metrischen Merkmalen wird auch von Korrelationsanalyse gesprochen). Das
Verständnis und die formalstatistische Auswertung der Abhängigkeit zweier Merk-

---

[136] Zu diesem Beispiel vgl. Schwarze, J.: Grundlagen der Statistik I, Beschreibende Verfahren, 8. Auflage, Herne 1998, S. 110.

male setzt einige Definitionen und Betrachtungen zu zweidimensionalen Häufigkeiten voraus: Dies sind zum einen die Übertragung der Erkenntnisse über Mittelwerte und Varianzen der eindimensionalen Fragestellung auf die zweidimensionale Betrachtung. Es sind aber auch neue Begriffe wie **„gemeinsame Häufigkeiten“**, **„Randhäufigkeiten“**, **„bedingte Häufigkeiten“** und **„Kovarianzen“**, die in Kap. II.4 vor der Behandlung der **„Zusammenhangsmaße“** vorgestellt werden. Von besonderer Bedeutung sind die bedingten Häufigkeiten eines Merkmals: Sie beantworten die Frage, wie häufig bei einem Merkmal eine bestimmte Merkmalsausprägung auftritt, wenn das andere Merkmal eine speziell vorgegebene, d. h. bereits bekannte Merkmalsausprägung aufweist (z. B. wie groß ist die relative Häufigkeit eines Körpergewichts „80 bis unter 90 kg“ unter der Bedingung, dass der Merkmalsträger „170 bis unter 180 cm“ groß ist). Aus der bedingten Häufigkeitsverteilung lassen sich Rückschlüsse auf die Abhängigkeit oder Unabhängigkeit von Merkmalen ziehen.[137]

Soll bei metrisch skalierten Merkmalen über die bloße Quantifizierung des Zusammenhangs hinaus auch die **funktionale Beziehung** zwischen einem Merkmalswert und einem oder mehreren anderen Merkmalen ermittelt werden, so greift der Statistiker auf das Verfahren der **Regressionsanalyse** zurück (siehe Kapitel II.6).

4.2 Definition und Darstellung zweidimensionaler Häufigkeitstabellen

Ausgangspunkt der Betrachtung bilden die Merkmalspaare (X_i, Y_i) des i-ten Merkmalsträgers der beiden Merkmale X (z. B. Körpergewicht) und Y (z. B. Körpergröße), die für $(i = 1, ..., n)$ Merkmalsträger vorliegen. Die Zusammenstellung der Merkmalskombinationen für die n Merkmalsträger wird als **Urliste** der gemeinsamen Merkmale X und Y bezeichnet (hier erfolgt eine Erfassung der Merkmalsausprägungen von X und Y in Bezug auf n Merkmalsträger). Aus der Urliste lässt sich für die $(i = 1, ..., n)$ Merkmalsträger eine **geordnete Urliste** erstellen (s. Tabelle II-4-1), indem die (n) Merkmalskombinationen für die n Merkmalsträger für jeweils steigende Merkmalsausprägungen des ersten Merkmals X nach der Höhe der Merkmalsausprägungen des zweiten Merkmals Y geordnet werden. Für das vorliegende Beispiel bedeutet dies: Beginnend mit dem kleinsten Körpergewicht (50 – 60 kg) werden zunächst alle Merkmalsträger mit (150 – 160 cm) Größe erfasst, dann die Personen mit (160 – 170 cm) Größe usw., bis schließlich alle vorkommenden Körpergrößen der 50 – 60 kg schweren Personen ausgezählt sind. Sodann wird der Auszählungsprozess für das nächste Körpergewicht (60 – 70 kg) usw. wiederholt.

---

[137] Beispielsweise dürfte bei Klausurnoten im Fach Statistik die bedingte relative Häufigkeit der Note 1 unter der Bedingung, dass es sich bei dem Klausurteilnehmer um eine Studentin oder einen Studenten handelt, gleich hoch sein, d. h. das Merkmal Geschlecht hat keinen Einfluss auf die Note (Unabhängigkeit der Merkmale Note und Geschlecht).

geordneter Merkmals- träger i	Körpergewicht (X_i) von…bis unter…kg	Körpergröße (Y_i) von…bis unter…cm	An- zahl
Tab. II-4-1: Geordnete Urliste mit den Merkmalen			
(X = Köpergewicht) und (Y = Körpergröße)			
1	**50 – 60**	**150 – 160**	
2	50 – 60	150 – 160	3
3	50 – 60	150 – 160	
4	50 – 60	**160 – 170**	
5	50 – 60	160 – 170	
6	50 – 60	160 – 170	5
7	50 – 60	160 – 170	
8	50 – 60	160 – 170	
9	50 – 60	**170 – 180**	
.	.	.	12
20	50 – 60	**190 – 200**	
21	**60 – 70**	**150 – 160**	
22	60 – 70	150 – 160	
23	60 – 70	150 – 160	4
24	60 – 70	150 – 160	
25	60 – 70	**160 – 170**	
.	.	.	25
49	60 – 70	160 – 170	
50	60 – 70	**170 – 180**	
.	.	.	131
180	**80 – 90**	**190 – 200**	
181	**90 – 100**	**150 – 160**	
.	90 – 100	.	20
200	90 – 100	**190 – 200**	

Begriffe und Interpretation der zweidimensionalen empirischen Häufigkeits-verteilung (vgl. Tab. II-4-2 und II-4-3, Übersicht II-4-1 und II-4-2):

1. Häufigkeitstabelle; gemeinsame absolute und relative Häufigkeiten

Aus der geordneten Urliste lässt sich eine zweidimensionale **Häufigkeitsverteilung** der Merkmalspaare (X_i, Y_j) ableiten. Sie enthält für die geordneten Merkmalskombinationen (X_i, Y_j) der $(i = 1, …, m)$ Merkmalsausprägungen des Merkmals X und der $(j = 1, …, r)$ Merkmalsausprägungen des Merkmals Y die **gemeinsamen absoluten (h_{ij})** oder **gemeinsamen relativen (f_{ij}) Häufigkeiten** und wird im Hinblick auf ihre Darstellungsform auch als **Häufigkeitstabelle** bezeichnet.

Unter der „**gemeinsamen absoluten Häufigkeit (h$_{ij}$)**" wird die Anzahl der Beobachtungswerte mit identischer Merkmalskombination (X$_i$, Y$_j$), (für i = 1, ..., m; j =
1, ..., r) verstanden. Im **Fallbeispiel** „Körpergewicht und Körpergröße" gibt es 40
Personen, die „60 bis unter 70 kg" schwer und gleichzeitig „170 bis unter 180 cm"
groß sind (vgl. Tab. II-4-2). Die Merkmalskombination (X$_2$,Y$_3$) weist somit die **gemeinsame absolute Häufigkeit (h$_{23}$ = 40)** auf.

**Tab. II-4-2: Gemeinsame absolute (empirische) Häufigkeit für die
Verteilung von Körpergewicht und Körpergröße**

X \ Y			Körpergröße Y$_j$ in cm; j = 1, ..., r						absolute Rand-häufig-keit von X
		Y$_j$ von... bis unter...	Y$_1$ 150–160	Y$_2$ 160–170	Y$_3$ 170–180	Y$_4$ 180–190	Y$_5$ 190–200		
	X$_i$	von... bis unter...							
Körper-gewicht X$_i$ in kg, i = 1,..., m	X$_1$	50 – 60		3	5	8	3	1	**20**
	X$_2$	60 – 70		4	25	40	10	1	**80**
	X$_3$	70 – 80		2	10	20	6	2	**40**
	X$_4$	80 – 90		1	8	10	16	5	**40**
	X$_5$	90 – 100		0	2	2	5	11	**20**
absolute Randhäufigkeit von Y			**10**	**50**	**80**	**40**	**20**		**200**

Quelle: Schwarze, J.: Grundlagen der Statistik I, a. a. O., S. 117 u. eigene Berechnungen

In Analogie zur Darstellung von Häufigkeiten bei der eindimensionalen Fragestellung können die gemeinsamen absoluten Häufigkeiten außer in der Kurzschreibweise (h$_{ij}$) auch in der „ausführlichen Schreibweise" mit dem Symbol „h(X$_i$, Y$_j$)" dargestellt werden. Dies gilt auch für die gemeinsamen relativen Häufigkeiten (f$_{ij}$), die
sich in der „ausführlichen Schreibweise" alternativ über das Symbol „f(X$_i$, Y$_j$)" formulieren lassen.

Wichtige Anmerkung: Stellt der Statistiker auf die n ungeordneten bzw. geordneten Merkmalspaare der n Personen (Merkmalsträger) ab (Urliste oder geordnete Urliste), so tragen die
beiden Merkmale X bzw. Y einen durch den Merkmalsträger vorgegebenen einheitlichen Index i (mit i = 1, ..., n), also (X$_i$, Y$_i$) (Darstellung der Merkmalskombinationen als Einzelwerte). Stellt der Statistiker hingegen auf die Häufigkeiten ab, mit denen die Merkmalsausprägungen der beiden Merkmale bei den n Merkmalsträgern auftreten (Häufigkeitsverteilung
bzw. Häufigkeitstabelle), so besitzen die Merkmalskombinationen (X$_i$, Y$_j$) für ihre (i =
1, ..., m) Merkmalsausprägungen des Merkmals X bzw. für ihre (j = 1, ..., r) Merkmalsausprägungen des Merkmals Y jeweils einen eigenen Index (siehe die Häufigkeitstabellen Tab.

II-4-2 sowie Tab. II-4-3). Diese Unterscheidung in Form der „Darstellung als Einzelwerte" oder der „Darstellung als Häufigkeiten" prägt die Laufindizes aller nachfolgenden Formeln und ist auch bereits bei eindimensionalen Häufigkeitsverteilungen hervorgehoben worden!

Unter der gemeinsamen relativen Häufigkeit f_{ij} wird der Anteil (oder der Prozentanteil) der absoluten Häufigkeit an der Gesamtzahl aller (n) Beobachtungswerte verstanden. Somit gilt für den relativen Anteil: $f_{ij} = (h_{ij}/n)$ für $(i = 1, ..., m)$ und $(j = 1, ..., r)$. Wird der relative Anteil mit „100" multipliziert, ergibt sich eine Prozentangabe für f_{ij}. Auf ein eigenständiges Symbol zur Darstellung von Prozentangaben sei im Folgenden verzichtet. Für das gewählte Beispiel (X_2, Y_3), d. h. für die „60 bis unter 70 kg" schweren und gleichzeitig „170 bis unter 180 cm" großen Personen errechnet sich eine **gemeinsame relative Häufigkeit** als Prozentanteil gemäß: $f_{23} = (40/200) \cdot 100 = 20\,\%$ (vgl. f_{23} in Tab. II-4-3).

Tab. II-4-3: Gemeinsame relative (empirische) Häufigkeit für die Verteilung von Körpergewicht und Körpergröße (Angaben in %)

Y \ X			Körpergröße Y_j in cm; j = 1,..., r					relative Randhäufigkeit von X
			Y_j	Y_1	Y_2	Y_3	Y_4	Y_5	
X			von... bis unter...	150–160	160–170	170–180	180–190	190–200	
	X_i	von...bis unter...						
Körpergewicht X_i in kg, i = 1,..., m	X_1	50 – 60		1,5	2,5	4	1,5	0,5	**10**
	X_2	60 – 70		2	12,5	20	5	0,5	**40**
	X_3	70 – 80		1	5	10	3	1	**20**
	X_4	80 – 90		0,5	4	5	8	2,5	**20**
	X_5	90 – 100		0	1	1	2,5	5,5	**10**
relative Randhäufigkeit von Y				**5**	**25**	**40**	**20**	**10**	**100**
Quelle: Schwarze, J.: Grundlagen der Statistik I, a. a. O., S. 117 u. eigene Berechnungen									

Insgesamt enthält eine Häufigkeitstabelle $(m \cdot r)$ Merkmalskombinationen und damit entsprechend viele gemeinsame absolute bzw. relative Häufigkeiten. Hinzu kommen eine Spalte mit den Zeilensummen am rechten Rand und eine Zeile mit den Spaltensummen am unteren Rand (Randverteilungen von X und Y). Synonyme Begriffe für die Häufigkeitstabelle sind: **Mehrfeldertafel, Beziehungstafel oder Kreuztabelle**. Handelt es sich bei den Merkmalen der Häufigkeitstabelle um nominalskalierte Größen, so wird die Tabelle auch als „**Kontingenztabelle**" bezeichnet.

In den nachfolgenden Übersichten II-4-1 und II-4-2 sind die Symbole und Interpretationen der gemeinsamen absoluten und relativen Häufigkeiten zusammenfassend dargestellt. Dabei ist zu beachten, dass es – in Analogie zur eindimensionalen Darstellung – die bereits oben angeführte Kurz- und Langschreibweise für die absolute und relative Häufigkeit gibt.

Übersicht II-4-1: Allgemeine Darstellung zweidimensionaler Häufigkeitstabellen für gemeinsame absolute Häufigkeiten

Y \ X	Y_1	Y_2	...	Y_j	...	Y_r	Summe
X_1	h_{11}	h_{12}	...	h_{1j}	...	h_{1r}	$h_{1.}$
X_2	h_{21}	h_{22}	...	h_{2j}	...	h_{2r}	$h_{2.}$
:	:	:	:	:	:	:	:
X_i	h_{i1}	h_{i2}	...	h_{ij}	...	h_{ir}	$h_{i.}$
:	:	:	:	:	:	:	:
X_m	h_{m1}	h_{m2}	...	h_{mj}	...	h_{mr}	$h_{m.}$
Summe	$h_{.1}$	$h_{.2}$	...	$h_{.j}$	...	$h_{.r}$	n

abs. Randhäufigkeiten für X: $h(X_i)$

$h(X_i,Y_j)$

abs. Randhäufigkeiten für Y: $h(Y_j)$

Übersicht II-4-2: Allgemeine Darstellung zweidimensionaler Häufigkeitstabellen für gemeinsame relative Häufigkeiten

Y \ X	Y_1	Y_2	...	Y_j	...	Y_r	Summe
X_1	f_{11}	f_{12}	...	f_{1j}	...	f_{1r}	$f_{1.}$
X_2	f_{21}	f_{22}	...	f_{2j}	...	f_{2r}	$f_{2.}$
:	:	:	:	:	:	:	:
X_i	f_{i1}	f_{i2}	...	f_{ij}	...	f_{ir}	$f_{i.}$
:	:	:	:	:	:	:	:
X_m	f_{m1}	f_{m2}	...	f_{mj}	...	f_{mr}	$f_{m.}$
Summe	$f_{.1}$	$f_{.2}$	...	$f_{.j}$	...	$f_{.r}$	1

rel. Randhäufigkeiten für X: $f(X_i)$

$f(X_i,Y_j)$

rel. Randhäufigkeiten für Y: $f(Y_j)$

2. Gemeinsame absolute und relative Summenhäufigkeiten (Tab. II-4-4):

Werden die absoluten oder relativen Häufigkeiten über verschiedene, aufeinander folgende Merkmalsausprägungen aufsummiert, so ergibt sich die gemeinsame absolute oder relative Summenhäufigkeit $H(X_i, Y_j)$ bzw. $F(X_i, Y_j)$; die entsprechenden Kurzschreibweisen lauten H_{ij} bzw. F_{ij}. In Tab. II-4-4 ist exemplarisch die relative Summenhäufigkeit dargestellt: Beispielsweise bringt die gemeinsame relative Summenhäufigkeit $F(X_2, Y_3) = 42{,}5\,\%$ zum Ausdruck, dass 42,5 % der Merkmalsträger leichter als 70 kg und kleiner als 180 cm sind. Sie ergibt sich, indem in Tab. II-4-3 die relative Häufigkeiten f_{ij} der ersten drei Spalten und ersten beiden Zeilen aufaddiert werden, also:

$$F(X_2, Y_3) = 42{,}5\,\% = 1{,}5\,\% + 2{,}5\,\% + 4\,\% + 2\,\% + 12{,}5\,\% + 20\,\%.$$

Tab. II-4-4: Relative Summenhäufigkeit von Körpergröße und Körpergewicht in %							
Y			Körpergröße Y_j in cm; j = 1, …, r				
		Y_j	Y_1	Y_2	Y_3	Y_4	Y_5
X		von… bis un- ter…	150– 160	160– 170	170– 180	180– 190	190– 200
	X_i	von … bis unter …					
Körper-gewicht X_i in kg, i = 1,…, m	X_1	50 – 60		1,5	4,0	8,0	9,5	10,0
	X_2	60 – 70		3,5	18,5	42,5	49,0	50,0
	X_3	70 – 80		4,5	24,5	58,5	68,0	70,0
	X_4	80 – 90		5,0	29,0	68,0	85,5	90,0
	X_5	90 – 100		5,0	30,0	70,0	90,0	100,0

3. Absolute und relative Randhäufigkeiten der Merkmale X und Y (siehe Tab. II-4-2 bzw. II-4-3 sowie Übersicht II-4-1 bzw. II-4-2):

Unter dem Begriff „**absolute bzw. relative Randverteilung** oder **Randhäufigkeit**" eines Merkmals X bzw. des Merkmals Y ist die absolute bzw. relative Häufigkeitsverteilung des Merkmals X bzw. des Merkmals Y zu verstehen, wie sie bereits aus der eindimensionalen Fragestellung bekannt ist. Die Randhäufigkeiten ermitteln sich, indem die Häufigkeiten jeweils über die verschiedenen Ausprägungen des einen Merkmals (z. B. X oder Y) aufaddiert werden und dann die Häufigkeiten des anderen Merkmals (also Y oder X) unabhängig von den Ausprägungen des zweiten Merkmals ausgewiesen werden. Ebenso wie bei den vorherigen Häufigkeitsbegriffen lassen sich die Randhäufigkeiten in einer Kurz- oder in einer Langversion darstellen.

Die verschiedenen Randhäufigkeitsbegriffe in der Kurz- und Langversion, sowie
exemplarische Werte für das Beispiel „Körpergröße und Körpergewicht" sind für
die Merkmale X bzw. Y in nachfolgender Übersicht II-4-3 zusammengestellt worden. Auf dieser Basis sollen die Randhäufigkeiten und Berechnungsmöglichkeiten
nun in den weiteren Ausführungen formal vorgestellt werden.

Übersicht II-4-3: Randhäufigkeiten einer zweidimensionalen Häufigkeitsverteilung im Überblick (Beispiel „Körpergewicht, Körpergröße")			
Merkmal X z. B. Körpergewicht in kg		**Merkmal Y** z. B. Körpergröße in cm	
Randhäufigkeit von X		Randhäufigkeit von Y	
absolut $h_{i.}$ oder $h(X_i)$	relativ $f_{i.}$ oder $f(X_i)$	absolut $h_{.j}$ oder $h(Y_j)$	relativ $f_{.j}$ oder $f(Y_j)$
rechte Spalte der Tab. II-4-2/ II-4-3 für das vorliegende Beispiel		unterste Zeile der Tab. II-4-2/ II-4-3 für das vorliegende Beispiel	
z. B. $h_{1.}$ oder $h(X_1) = 20$	z. B. $f_{1.}$ oder $f(X_1) = 10\,\%$	z. B. $h_{.1}$ oder $h(Y_1) = 10$	z. B. $f_{.1}$ oder $f(Y_1) = 5\,\%$

Die absoluten und relativen Randhäufigkeiten beider Merkmale X und Y lassen sich
in einem **ersten Schritt** über die Summierung (Aggregation) der gemeinsamen absoluten bzw. relativen Häufigkeiten ermitteln. Anschließend können diese Randhäufigkeiten in **einem zweiten** Schritt zu (n) (bei den absoluten Randhäufigkeiten) oder
zu 1 oder 100 (bei den relativen Randhäufigkeiten) aufaddiert werden (Hinweis: Die
Größen (n) und (1) bzw. (100) finden sich jeweils in der rechten unteren Ecke der
Übersicht II-4-1 bzw. II-4-2).

Diese Aggregationen sollen nun getrennt – zunächst für die absoluten und dann für
relativen Randhäufigkeiten – vorgestellt werden. Grundsätzlich lassen sich die Addi-
tionen der Randhäufigkeiten zu (n), (1) oder (100) über zwei gleichwertige, alternative Aggregationsrichtungen vornehmen: Entweder werden die Häufigkeiten zunächst über alle Spalten und dann über alle Zeilen oder umgekehrt aufaddiert. Unabhängig von der Additionsfolge ergeben sich stets die zuvor dargestellten Summen.
Im Folgenden soll die Darstellung zunächst so gewählt werden, dass im **ersten**

Schritt über die Spalten (Summenbildung zum rechten Rand der Übersicht II-4-1) und im **zweiten Schritt** über die Zeilen aggregiert wird.

Formal stellt sich diese Addition der gemeinsamen absoluten Häufigkeiten über die $(j = 1, ..., r)$ Spalten (1. Schritt) wie folgt dar (vgl. Übersicht II-4-1):

1. Schritt : $\sum\limits_{j=1}^{r} h_{ij} = h(X_i)$ oder $h_{i.}$ (für $i = 1, ..., m$ Randhäufigkeiten von X)

Damit ergeben sich für jede der $(i = 1, ..., m)$ Merkmalsausprägungen des Merkmals X unabhängig von den Merkmalswerten des Merkmals Y (m) absolute Randhäufigkeiten $h(X_i)$ oder $h_{i.}$ des Merkmals X.

Werden diese absoluten Randhäufigkeiten von X in einem zweiten Schritt über alle $(i = 1, ..., m)$ Zeilen aufsummiert, d. h. wird jeweils die Summe der Randverteilungen des Merkmals X gebildet, so addieren sich diese zur Zahl der Merkmalsträger (n), also:

2. Schritt: $\sum\limits_{i=1}^{m} h_{i.} = n$

Bei **entgegengesetzter Aggregationsfolge** werden die gemeinsamen absoluten Häufigkeiten zunächst über alle $(i = 1, ..., m)$ Zeilen (1. Schritt) zur Randverteilung des Merkmals Y, d. h. zu $h(Y_j)$ bzw. $h_{.j}$ aufaddiert (Summenbildung zum unteren Rand der Übersicht II-4-1).

1. Schritt: $\sum\limits_{i=1}^{m} h_{ij} = h(Y_j) = h_{.j}$ (für $j = 1, ..., r$ Randhäufigkeiten von Y)

Werden diese absoluten Randhäufigkeiten von Y in einem **zweiten Schritt** über alle $(j = 1, ..., r)$ Spalten aufsummiert, d. h. wird jeweils die Summe der Randverteilungen des Merkmals Y gebildet, so addieren sich diese zur Zahl der Merkmalsträger (n), also:

2. Schritt: $\sum\limits_{j=1}^{r} h_{.j} = n$

Damit gilt unabhängig von der Aggregationsfolge für die Gesamtaddition der gemeinsamen absoluten Häufigkeiten:

$$\sum\limits_{j=1}^{r} \sum\limits_{i=1}^{m} h_{ij} = \sum\limits_{i=1}^{m} h_{i.} = \sum\limits_{j=1}^{r} h_{.j} = n$$

Analoge Rechenschritte lassen sich für die gemeinsamen **relativen** Häufigkeiten vornehmen, die sich ebenfalls über zwei unterschiedliche Aggregationsfolgen in zwei Schritten zum Anteil (1) oder (100 %) aufaddieren lassen. Die Vorgehensweise stellt sich formal wie folgt dar:

Additionsrichtung zunächst zur rechten Randspalte der Übersicht II-4-2 und dann Addition zum Anteilswert (1) bzw. (100 %):

1. Schritt: $\displaystyle\sum_{j=1}^{r} f_{ij} = f(X_i)$ oder $f_{i.}$ (für $i = 1, \dots, m$ Randhäufigkeiten von X)

2. Schritt: $\displaystyle\sum_{i=1}^{m} f_{i.} = 1$ bzw. $100\,\%$

Additionsrichtung zunächst zur unteren Zeile der Übersicht II-4-2 und dann Addition zum Anteilswert (1) bzw. (100 %):

1. Schritt: $\displaystyle\sum_{i=1}^{m} f_{ij} = f(Y_j) = f_{.j}$ (für $j = 1, \dots, r$ Randhäufigkeiten von Y)

2. Schritt: $\displaystyle\sum_{j=1}^{r} f_{.j} = 1$ bzw. $100\,\%$

Damit gilt unabhängig von der Aggregationsfolge für die Gesamtaddition der gemeinsamen relativen Häufigkeiten:

$$\sum_{j=1}^{r}\sum_{i=1}^{m} f_{ij} = \sum_{i=1}^{m} f_{i.} = \sum_{j=1}^{r} f_{.j} = 1 \text{ bzw. } (100\,\%)$$

Die Zeilen und Spalten, d. h. die jeweiligen relativen Randverteilungen summieren sich zu 1 bzw. zu 100 % auf.

Abschließend sei darauf verwiesen, dass sich zweidimensionale H.V. auch graphisch für klassifizierte und nicht klassifizierte Werte darstellen lassen. In Abb. II-4-1 ist eine graphische Darstellung der gemeinsamen relativen Häufigkeiten für die Daten des Beispiels „Körpergewicht, Körpergröße" als dreidimensionales Säulendiagramm abgebildet. (Analog ließen sich auch die gemeinsamen absoluten Häufigkeiten graphisch wiedergeben; diese werden hier jedoch nicht dargestellt).

Abb. II-4-1: Säulendiagramm der gemeinsamen relativen Häufigkeiten einer zweidimensionalen Häufigkeitsverteilung
(Beispiel „Körpergröße, Körpergewicht")

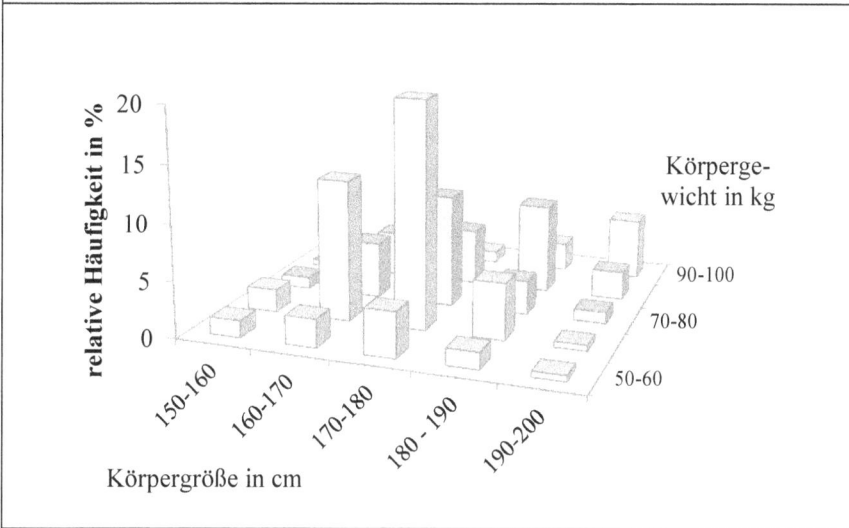

4.3 Bedingte Häufigkeitsverteilungen zweier Merkmale

Die bedingte Häufigkeitsverteilung stellt dar, wie sich bei zwei Merkmalen die Merkmalsausprägungen des „einen" Merkmals verteilen, wenn das „andere" Merkmal eine bestimmte Merkmalsausprägung aufweist. Beispielsweise soll für 200 Personen die (bedingte) relative Verteilung der Körpergewichte unter der Bedingung untersucht werden, dass die Personen (Y_1 = 150 bis 160 cm) groß sind. Bei der bedingten Verteilung eines Merkmals werden somit von allen gegebenen Merkmalskombinationen nur noch diejenigen betrachtet, bei denen das „andere" Merkmal die zugrunde gelegte Bedingung erfüllt. Unter Verwendung der Daten der Tab. II-4-2 lässt sich diese bedingte relative Häufigkeit auf einfache technische Weise dadurch ermitteln, dass alle gemeinsamen Ausprägungen und Häufigkeiten, die diese Bedingung nicht erfüllen, in der Tab. II-4-2 nicht betrachtet, d. h. ausgeblendet werden[138].

Bei der Ermittlung der bedingten Verteilung wird somit zunächst aus der zweidimensionalen Häufigkeitstabelle nur diejenige Zeile bzw. die Spalte herausgegriffen, die diese Bedingung für das „andere" Merkmal erfüllt; die bedingte relative Häufigkeit berechnet sich dann, indem für die verbleibende Zeile bzw. Spalte – wie bei

---

[138] Hinweis: Indem diejenigen Spalten bzw. Zeilen der Häufigkeitstabelle abgedeckt werden, die die jeweils bestehende Bedingung nicht erfüllen, lässt sich die bedinge relative Häufigkeit auf einfache Weise bestimmen.

relativen Häufigkeiten der eindimensionalen Fragestellung üblich – die absolute Häufigkeit durch die Gesamtzahl derjenigen Merkmalsträger dividiert wird, die die jeweils geforderte Bedingung erfüllt (s. hierzu die jeweilige Randverteilung). Da die Betrachtung unter der Bedingung der Merkmalsausprägungen des Merkmals X oder des Merkmals Y erfolgen kann, lassen sich grundsätzlich zwei Formen von bedingten relativen Häufigkeiten bilden: Die bedingte relative Häufigkeit des **Merkmals X unter der Bedingung des Merkmals Y** und die bedingte relative Häufigkeit des **Merkmals Y unter der Bedingung des Merkmals X**. Bevor auf die Ermittlung der bedingten Häufigkeiten auf Basis des Beispiels eingegangen wird, soll zunächst die sprachliche Darstellungsform der bedingten Häufigkeiten am Beispiel $f(X_1/Y_1)$ vorgestellt werden; die sprachliche Übersetzung dieser formalen Schreibweise stellt sich wie folgt dar (vgl. Übersicht II-4-4):

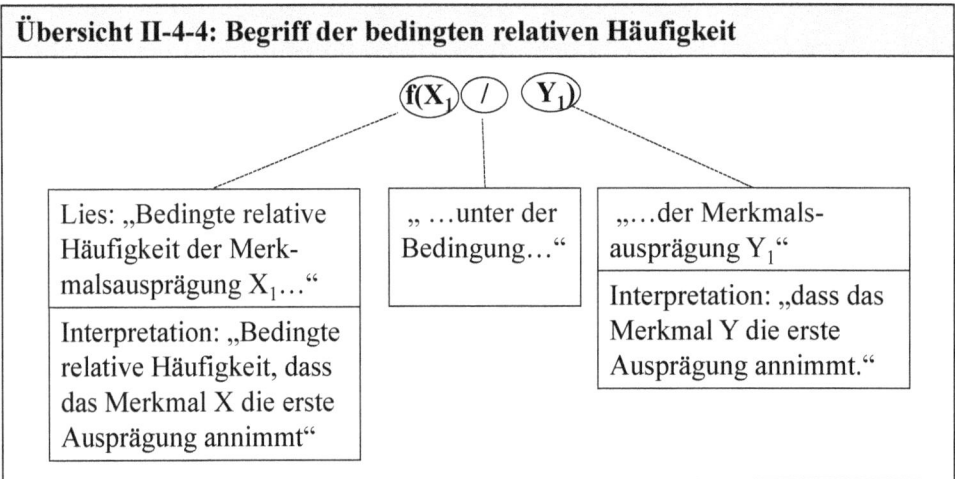

Übersicht II-4-4: Begriff der bedingten relativen Häufigkeit

$f(X_1 / Y_1)$

Lies: „Bedingte relative Häufigkeit der Merkmalsausprägung X_1…"

Interpretation: „Bedingte relative Häufigkeit, dass das Merkmal X die erste Ausprägung annimmt"

„ …unter der Bedingung…"

„…der Merkmalsausprägung Y_1"

Interpretation: „dass das Merkmal Y die erste Ausprägung annimmt."

Soll beispielsweise für die Zahlen der Tab. II-4-2 die bedingte relative Häufigkeit für das Körpergewicht (X_1 = 50 bis unter 60 kg) unter der Bedingung der Körpergröße (Y_1 = 150 bis unter 160 cm) ermittelt werden [also: $f(X_1/Y_1)$], ergibt sich somit auf Basis der abgedeckten Felder der Tabelle II-4-2 und den bisherigen Erläuterungen:

$$(4-1)\quad f(X_1/Y_1) = \frac{h(X_1,Y_1)}{h(Y_1)} = \frac{3}{10} = \frac{h(X_1,Y_1)/n}{h(Y_1)/n} = \frac{f(X_1,Y_1)}{f(Y_1)} = \frac{1,5}{5} = 0,3\ (30\,\%)$$

Die Formel (4 − 1) zeigt: Die bedingte (relative) Häufigkeit $f(X_1/Y_1)$ des Merkmals X_1 unter der Bedingung Y_1 ermittelt sich, indem die **gemeinsame absolute Häufigkeit** $h(X_1,Y_1) = 3$ durch die **absolute Randhäufigkeit** $h(Y_1) = 10$ dividiert wird (3 von 10 Merkmalsträgern prägen die bedingte relative Häufigkeit). Die Randverteilung $h(Y_j)$ des Merkmals (hier: Y_1 = 150 bis 160 cm) gibt an, dass insgesamt zehn Merkmalsträger die geforderte Körpergröße aufweisen. Wie aus der Formel (4 − 1) ersichtlich, kann die Berechnung der bedingten relativen Häufigkeiten auch auf Basis **gemeinsamer relativer Häufigkeiten** (Zähler) und **relativer Randhäufigkeiten** (Nenner) erfolgen. Dass dies möglich ist, wird schnell ersichtlich, wenn in der Formel (4 − 1) der Quotient der absoluten Häufigkeiten jeweils im Zähler und Nenner mit (1/n) erweitert wird, so dass sich dann ein Quotient der relativen Häufigkeiten ergibt. Die exemplarisch für $f(X_1/Y_1)$ dargestellte Definition der bedingten Häufigkeit soll nun allgemeingültig definiert werden.

Definition „bedingte Verteilung des Merkmals X unter der Bedingung Y":

Allgemein kann somit folgender Sachverhalt für die bedingten relativen Häufigkeiten des **Merkmals X unter der Bedingung Y,** also $f(X_i/Y_j)$ festgehalten werden:

$$(4-2) \quad f(X_i/Y_j) = \frac{h(X_i, Y_j)}{h(Y_j)} = \frac{f(X_i, Y_j)}{f(Y_j)} \quad \text{für: } (i = 1, ..., m); \ (j = 1, ..., r)$$

Die bedingte (relative) Häufigkeit $f(X_i/Y_j)$ des Merkmals X_i unter der Bedingung Y_j ergibt sich also, indem die gemeinsame absolute Häufigkeit $h(X_i, Y_j)$ oder relative Häufigkeit $f(X_i, Y_j)$ durch die jeweilige absolute Randhäufigkeit $h(Y_j)$ oder relative Randhäufigkeit $f(Y_j)$, d. h. durch die j-te Spaltensumme (unterste Zeile der Häufigkeitstabelle) dividiert wird.

Definition „bedingte Verteilung des Merkmals Y unter der Bedingung X":

Für die umgekehrte Beziehung, d. h. für die bedingte relative Häufigkeit $f(Y_j/X_i)$ des Merkmals Y unter der Bedingung X, ergibt sich analog folgende Gleichung:

$$(4-3) \quad f(Y_j/X_i) = \frac{h(X_i, Y_j)}{h(X_i)} = \frac{f(X_i, Y_j)}{f(X_i)} \quad \text{für: } (i = 1, ..., m); \ (j = 1, ..., r)$$

Die bedingte Verteilung des Körper**gewichts** bei vorgegebener Körper**größe** $f(X_i/Y_j)$ bzw. die bedingte Verteilung der Körper**größe** bei vorgegebenem Körper**gewicht** $f(Y_j/X_i)$ können den nachfolgenden Tabellen II-4-5 bzw. II-4-6 entnommen werden.

Tab. II-4-5: Bedingte relative Häufigkeit des Körpergewichts bei vorgegebener Körpergröße f(X/Y) in %							
X Y		**Körpergröße in cm**					
	von ...bis unter...	**150 – 160**	**160 – 170**	**170 – 180**	**180 – 190**	**190 – 200**	
Körpergewicht in kg	von... bis unter...						
	50 – 60	30,0	10,0	10,0	7,5	5,0	
	60 – 70	40,0	50,0	50,0	25,0	5,0	
	70 – 80	20,0	20,0	25,0	15,0	10,0	
	80 – 90	10,0	16,0	12,5	40,0	25,0	
	90 – 100	0,0	4,0	2,5	12,5	55,0	
insgesamt		**100,0**	**100,0**	**100,0**	**100,0**	**100,0**	

Tab. II-4-6: Bedingte relative Häufigkeit der Körpergröße bei vorgegebenem Körpergewicht f(Y/X) in %

X ＼ Y		Körpergröße in cm					insgesamt
	von... bis unter...	von ...bis unter... 150 – 160	160 – 170	170 – 180	180 – 190	190 – 200	
Körpergewicht in kg	50 – 60	15,0	25,0	40,0	15,0	5,0	100
	60 – 70	5,0	31,3	50,0	12,5	1,3	100
	70 – 80	5	25,0	50,0	15,0	5,0	100
	80 – 90	2,5	20,0	25,0	40,0	12,5	100
	90 – 100	0,0	10,0	10,0	25,0	55,0	100

Ein Vergleich von Formel (4-2 und 4-3) lässt erkennen, dass beide bedingte Häufigkeiten $f(X_i/Y_j)$ bzw. $f(Y_j/X_i)$ zwar im Zähler identische Größen für die gemeinsame Häufigkeit verwenden, die Nenner aber mit den Randhäufigkeiten $f(X_i)$ bzw. $f(Y_j)$ voneinander abweichen. Daher stimmen beide bedingte Häufigkeiten nur dann überein, wenn zufällig die Randhäufigkeiten $f(X_i)$ bzw. $f(Y_j)$ identisch sind.

Die nachfolgende Abb. II-4-2 zeigt die graphische Darstellung der bedingten relativen Häufigkeit des Körpergewichts bei vorgegebener Körpergröße **[f(X/Y)]** auf.

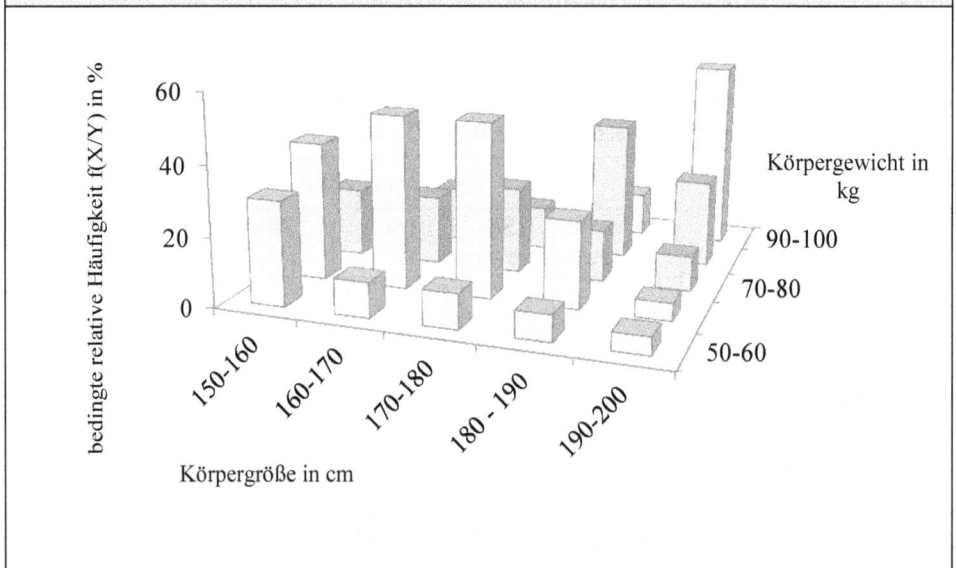

Abb. II-4-2: Bedingte relative Häufigkeit des Körpergewichts bei vorgegebener Körpergröße f(X/Y)

Ein Vergleich mit der Abb. II-4-1 lässt erkennen, dass sich die gemeinsamen relativen Häufigkeiten [f(X,Y)] deutlich von den bedingten relativen Häufigkeiten [hier: f(X/Y)] unterscheiden.

4.4   Unabhängigkeit zweier Merkmale

Der Begriff der Unabhängigkeit sei in diesem Kapitel am Fallbeispiel von Klausurnoten (Merkmal Y) aufgezeigt, die unabhängig vom Geschlecht (Merkmal X) auftreten sollen. In Tab. II-4-7 sind für (n = 75) Klausurteilnehmer die gemeinsamen absoluten und relativen Häufigkeiten der beiden Merkmale ausgewiesen. Die Merkmalsausprägungen der Merkmale des Beispiels stellen sich wie folgt dar:

- X_i, für (i = 1,2)   mit: X_1 = männlich; X_2 = weiblich
- Y_j, für (j = 1,2, ... ,6)   mit: Y_1 = Note 1; Y_2 = Note 2, ..., Y_6 = Note 6

Unabhängigkeit von zwei Merkmalen X und Y bedeutet, dass die Verteilung der Merkmalsausprägungen des einen Merkmals Y (z. B. Klausurnoten) unabhängig davon ist, welche Ausprägung das andere Merkmal X (z. B. Geschlecht) annimmt. Das Merkmal X (Geschlecht) hat somit keinen Einfluss auf die Ausprägungen des Merkmals Y (Note), hier z. B. (Y_1 = Note 1). Wenn X somit **keinen** Einfluss auf Y (hier z. B.: Y_1 = Note 1) ausübt, wirkt sich die Bedingung auch **nicht auf die bedingte** relative Häufigkeit aus; folglich entspricht logischerweise die **bedingte relative** Häufigkeit $f(Y_1/X_i)$ der (**nicht** bedingten) relativen Häufigkeit $f(Y_1)$.

Generell lässt sich somit für die bedingten Häufigkeiten des **Merkmals Y unter der Bedingung X** formulieren: Bei Unabhängigkeit stimmen die bedingten relativen Häufigkeiten für jede der (j = 1, ..., r) Merkmalsausprägungen Y_j unter der Bedingung des Merkmals X_i, also $f(Y_j/X_i)$ für **alle Ausprägungen** (i = 1, ..., m) des Merkmals X_i überein [also: $f(Y_j/X_1) = f(Y_j/X_2) = ... = f(Y_j/X_m)$]. Diese wiederum entsprechen der **Randverteilung** $f(Y_j)$ des Merkmals Y. Insgesamt gilt damit bei Unabhängigkeit des Merkmals Y vom Merkmal X:

$$f(Y_j/X_1) = f(Y_j/X_2) = ... = f(Y_j/X_m) = f(Y_j) \qquad \text{für: (j = 1, ..., r)}$$

Auf das Beispiel bezogen bedeutet dies bei Unabhängigkeit von X und Y: Die relative Häufigkeit einer Note – z. B. der **Note 1** (also: $f(Y_1)$) – unter der Bedingung „**männlich**" entspricht der bedingten relativen Häufigkeit unter der Bedingung „**weiblich**", d. h. ist von keiner Geschlechtsbedingung abhängig, sondern nur von der relativen Häufigkeit der jeweiligen Note 1, d. h. der Randhäufigkeit der Note $f(Y_1)$. Diese Bedingung wird im Folgenden für das Beispiel noch überprüft. Die Bedingung muss für die Note 1, aber auch für alle anderen Noten gelten. Bei Unabhängigkeit entspricht somit die bedingte relative Häufigkeit $f(Y_j/X_i)$ der (nicht bedingten) relativen Häufigkeit $f(Y_j)$, da die Bedingung des Merkmals X keinen Einfluss auf Y hat.

Umgekehrt lassen sich bei Unabhängigkeit analoge Formelbeziehungen für die bedingten relativen Häufigkeiten des **Merkmals X unter der Bedingung Y**, also $f(X_i/Y_j)$ herleiten; hier gilt für alle $(i = 1, ..., m)$ analog:

$$f(X_i/Y_1) = f(X_i/Y_2) = ... = f(X_i/Y_r) = f(X_i).$$

Die bedingten relativen Häufigkeiten des Merkmals X unter der Bedingung verschiedener Ausprägungen des Merkmals Y stimmen überein, d. h. lassen sich nicht durch Y beeinflussen, so dass sie letztlich nur von der relativen Häufigkeit $f(X_i)$ des Merkmals X abhängig sind.

Aus diesen gemeinsamen absoluten und relativen Häufigkeiten lassen sich die in Tab. II-4-8 dargestellten bedingten relativen Häufigkeiten $f(Y_j/X_i)$ der Noten unter der Bedingung des Geschlechts, bzw. die bedingten relativen Häufigkeiten $f(X_i/Y_j)$ des Geschlechts unter der Bedingung der Note darstellen.

Tab. II-4-7: Gemeinsame absolute und relative (empirische) Häufigkeiten der Merkmale X (Geschlecht) und Y (Noten)

A. Gemeinsame absolute Häufigkeiten

Geschlecht (X) \ Noten (Y)		$Y_1=1$	$Y_2=2$	$Y_3=3$	$Y_4=4$	$Y_5=5$	$Y_6=6$	abs. Randhäufigkeit X
X_i	X_1 = männlich	6	10	14	12	6	2	50
	X_2 = weiblich	3	5	7	6	3	1	25
abs. Randhäufigkeit Y		9	15	21	18	9	3	75

B. Gemeinsame relative Häufigkeiten in %

Geschlecht (X) \ Noten (Y)		$Y_1=1$	$Y_2=2$	$Y_3=3$	$Y_4=4$	$Y_5=5$	$Y_6=6$	rel. Randhäufigkeit X
X_i	X_1 = männlich	8	13,3	18,7	16	8	2,7	66,67
	X_2 = weiblich	4	6,7	9,3	8	4	1,3	33,33
rel. Randhäufigkeit Y		12	20	28	24	12	4	100,00

Quelle: Mayer, H.: Beschreibende Statistik, 3. Auflage, München 1995, S. 74 ff.

Wegen der unterstellten Annahme der Unabhängigkeit müssen die bereits zu Anfang des Abschnitts für den Fall der Unabhängigkeit formulierten Bedingungen erfüllt sein, wie nachfolgend exemplarisch für das konkrete Beispiel aufgezeigt wird:

(A) Bedingte relative Häufigkeit der Noten Y_j bei gegebenem Geschlecht X_i

Bei Unabhängigkeit der Note vom Geschlecht muss gelten:

$f(Y_j/X_1) = f(Y_j/X_2) = f(Y_j)$ für: $(j = 1, ..., 6)$

Beispielsweise stellt sich diese Formel für die Ausprägung $j = 1$, d. h. für $Y_1 = 1$ (Note 1) wie folgt dar:

$f(Y_1/X_1) = h(X_1, Y_1)/h(X_1) = f(Y_1/X_2) = h(X_2, Y_1)/h(X_2) = f(Y_1)$

$$= 6/50 \,[= 3/25] \qquad\qquad = 3/25 \qquad\qquad = 9/75 \,[= 3/25]$$

Wegen der Unabhängigkeit von X und Y stimmen die bedingten relativen Häufigkeiten des Merkmals Y_1 unter der Bedingung der jeweiligen Geschlechter überein und weisen einen Wert von jeweils 3/25 oder 12 % auf (s. Spalte für Y_1 der Darstellung A der Tab. II-4-8).

Tabelle II-4-8: Bedingte relative Häufigkeit der Merkmale Note und Geschlecht bei Unabhängigkeit

A. Bedingte relative Häufigkeit des Merkmals Note unter der Bedingung eines gegebenen Geschlechts (Note Y / Geschlecht X) in %

Noten (Y) / Geschlecht (X)		Y_j						Ins-gesamt
		Y_1	Y_2	Y_3	Y_4	Y_5	Y_6	
		1	2	3	4	5	6	
X_i	X_1 = männlich	12	20	28	24	12	4	100
	X_2 = weiblich	12	20	28	24	12	4	100

B. Bedingte relative Häufigkeit des Merkmals Geschlecht unter der Bedingung einer gegebenen Note (Geschlecht X / Note Y) in %

Noten (Y) / Geschlecht (X)		Y_j						
		Y_1	Y_2	Y_3	Y_4	Y_5	Y_6	
		1	2	3	4	5	6	
X_i	X_1 = männlich	66,7	66,7	66,7	66,7	66,7	66,7	
	X_2 = weiblich	33,3	33,3	33,3	33,3	33,3	33,3	
Insgesamt		100	100	100	100	100	100	

Quelle: Mayer, H.: Beschreibende Statistik, a. a. O., S. 74 ff.

Die Bedingung des Geschlechts hat keinen Einfluss auf die Noten, so dass anstelle der bedingten relativen Häufigkeit auch die „nicht bedingte relative" Häufigkeit, d. h. die relative Randhäufigkeit von Y_1 betrachtet werden kann. Sie beträgt ebenfalls 12 % (siehe $f(Y_1)$ der Darstellung B der Tab. II-4-7).

Analog verhält es sich für $f(Y_2/X_i), ..., f(Y_6/X_i)$, d. h. für die bedingten relativen Häufigkeiten anderer Notenausprägungen unter der Bedingung der beiden Merkmalsausprägungen „X_1 = männlich" und „X_2 = weiblich", die jeweils mit der relativen Randhäufigkeit der anderen Notenausprägungen identisch sind. So gilt z. B. gemäß der Spalte Y_2 der Darstellung A der Tab. II-4-8 bzw. gemäß der Randhäufigkeit $f(Y_2)$ der Darstellung B der Tab. II-4-7:

$$[f(Y_2/X_1) = f(Y_2/X_2) = f(Y_2) = 20\ \%]$$

(B) Bedingte relative Häufigkeit des Geschlechts X_i bei gegebenen Noten Y_j

Nun sollen umgekehrt zur bisherigen Betrachtung die bedingten relativen Häufigkeiten **des Geschlechts X_i bei gegebenen Noten Y_j analysiert werden.** Bei Unabhängigkeit des Geschlechts (X) von der Note (Y) muss gelten:

$$f(X_i/Y_1) = f(X_i/Y_2) =... = f(X_i/Y_6) = f(X_i) \qquad (\text{für: } i = 1,2)$$

Für das Beispiel ergibt sich für (i = 1) für das Geschlecht X_1 = „männlich":

$$f(X_1/Y_1) = h(X_1, Y_1)/h(Y_1) = f(X_1/Y_2) = h(X_1, Y_2)/h(Y_2) = \cdots = h(X_1, Y_6)/h(Y_6) = f(X_1)$$
$$= 6/9\ [= 2/3] \qquad\qquad = 10/15\ [= 2/3] =... = 2/3 \qquad\qquad = 50/75$$

Da die bedingten relativen Häufigkeiten übereinstimmend einen Wert von 2/3 oder 66,7 % aufweisen und mit der Randverteilung $f(X_1)$ übereinstimmen, ist die Bedingung für Unabhängigkeit gegeben (s. Zeile für X_1 der Darstellung B der Tab. II-4-8 sowie $f(X_1)$ der Darstellung B der Tab. II-4-7);

Analog verhält es sich für: $f(X_2/Y_1) =... = f(X_2/Y_6) = f(X_2) = 33,3\ \%$
(s. Zeile für X_2 der Darstellung B der Tab. II-4-8 sowie $f(X_2)$ der Darstellung B der Tab. II-4-7).

Ergebnis: Die Unabhängigkeitsbedingung der bedingten Verteilungen gilt spiegelbildlich. **Ist also Bedingung (A) erfüllt, so muss auch Bedingung (B) erfüllt sein und umgekehrt!** Allerdings stimmen die bedingten Häufigkeiten des Merkmals Y unter der Bedingung X $[f(Y_j/X_i)]$ und die bedingten Häufigkeiten des Merkmals X unter der Bedingung Y $[f(X_i/Y_j)]$ **generell nicht überein.** Eine Übereinstimmung besteht nur dann, wenn die Randhäufigkeiten der betrachteten Ausprägungen beider Merkmale zufällig übereinstimmen. Dies lässt sich unmittelbar aus der Definition der bedingten relativen Häufigkeiten ersehen, wie bereits in Kap. II.4.3 erläutert.

Die nachfolgenden Abbildungen II-4-3a, II-4-3b stellen die bedingten relativen Häufigkeiten graphisch dar. **Es ist ersichtlich, dass wegen der Unabhängigkeitsannahme diese bedingten relativen Häufigkeiten** für alternative Ausprägungen des jeweiligen Merkmals, das die Bedingungen setzt, **übereinstimmen.** Allerdings stimmen die bedingten Häufigkeiten des Merkmals Y unter der Bedingung X und die bedingten Häufigkeiten des Merkmals X unter der Bedingung Y nicht überein, da die Randhäufigkeiten von Geschlecht und Note abweichen.

Die bedingten relativen Häufigkeiten können genutzt werden, um Unabhängigkeit von zwei Merkmalen aufzuzeigen. Dies gilt insbesondere bei nominalskalierten Merkmalen, bei denen nur Rechenoperationen mit den absoluten oder relativen Häufigkeiten möglich sind, nicht aber mit den Merkmalswerten selbst.

Abb. II-4-3a: Bedingte relative Häufigkeit der Note bei gegebenem Geschlecht in %

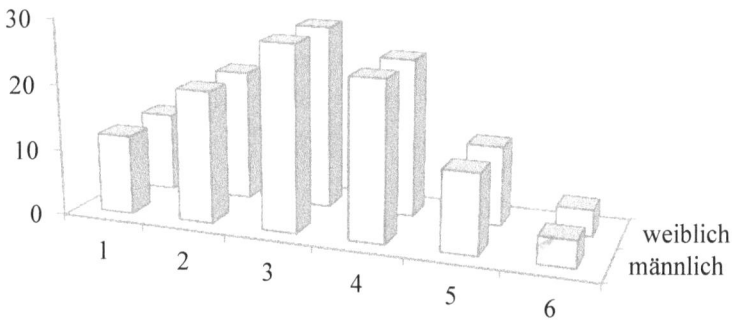

Abb. II-4-3b: Bedingte relative Häufigkeit des Geschlechts bei gegebener Note in %

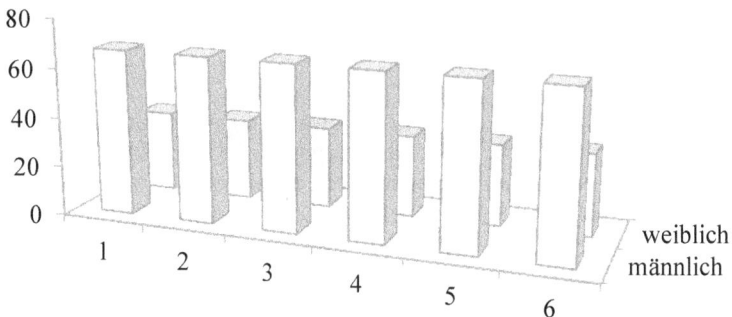

Damit sich die bedingten relativen Häufigkeiten bei Unabhängigkeit zur Ableitung eines Zusammenhangsmaßes eignen, müssen sie in eine andere Formel überführt werden. Es lässt sich nämlich aufzeigen, dass bei Unabhängigkeit der Merkmale X und Y die gemeinsamen absoluten bzw. relativen Häufigkeiten theoretisch wie folgt erwartet werden können[139]:

$$h^*(X_i, Y_j) = \frac{h(X_i) \cdot h(Y_j)}{n} \qquad \text{(für i = 1, ..., m; j = 1, ..., r)}$$

$$f^*(X_i, Y_j) = f(X_i) \cdot f(Y_j) \qquad \text{(für i = 1, ..., m; j = 1, ..., r)}$$

Dies bedeutet:

Bei Unabhängigkeit ergeben sich die theoretisch zu erwartenden gemeinsamen absoluten Häufigkeiten $h^*(X_i, Y_j)$ als Produkt der Randverteilungen $h(X_i) \cdot h(Y_j)$ dividiert durch (n). Von diesen **theoretisch** erwarteten gemeinsamen Häufigkeiten zu unterscheiden sind die **tatsächlich beobachteten empirischen** Häufigkeiten. Gilt Unabhängigkeit und wird vom Einfluss des Zufalls abgesehen, so stimmen die empirischen Häufigkeiten mit den theoretischen Häufigkeiten überein. Wegen der oben angeführten Formel können somit die gemeinsamen Häufigkeiten über die Randhäufigkeiten der Häufigkeitstabelle vorhergesagt werden. Analoge Aussagen gelten für die theoretisch zu erwartenden gemeinsamen relativen Häufigkeiten $f^*(X_i, Y_j)$. Wie bereits angeführt und noch aufzuzeigen ist, ermitteln sich diese als Produkt der Randverteilungen, also: $f^*(X_i, Y_j) = f(X_i) \cdot f(Y_j)$.

Exemplarische Darstellung der theoretischen und empirischen Häufigkeiten für das Fallbeispiel „Noten und Geschlecht" (s. Tabelle II-4-7):

So kann z. B. für X_1 und Y_1, d. h. für die Merkmalskombination (X_1, Y_1) die **theoretisch erwartete gemeinsame absolute** Häufigkeit $h^*(X_1, Y_1)$ wie folgt ermittelt werden:

$$h^*(X_1, Y_1) = \frac{h(X_1) \cdot h(Y_1)}{n} = \frac{50 \cdot 9}{75} = 6 \qquad \text{oder: } h_{11}^* = \frac{h_{1.} \cdot h_{.1}}{n} = 6$$

---

[139] An dieser Stelle werden erstmals **theoretisch erwartete** gemeinsame absolute oder relative Häufigkeiten vorgestellt, die durch das hochgestellte Symbol „*" gekennzeichnet sind und sich von den **empirisch beobachtbaren** absoluten oder relativen Häufigkeiten aufgrund zufälliger Einflüsse und der Verletzung der Unabhängigkeitsannahme unterscheiden können (gelegentlich werden in der Literatur oder in SPSS die theoretisch erwarteten Häufigkeiten auch mit einem „e" gekennzeichnet). Erfahrungsgemäß bereitet dieser Begriff einige Verständnisprobleme: Bei den theoretisch ermittelten Häufigkeiten handelt es sich um Häufigkeiten, die nicht empirisch beobachtet werden und die sich – wie die folgenden Formeln noch zeigen werden – ausschließlich aus den Randhäufigkeiten der Merkmale X und Y errechnen lassen. Aus dem Vergleich von theoretisch errechneten Häufigkeiten und den empirisch beobachteten Häufigkeiten können Rückschlüsse auf die Stärke der Abhängigkeit gewonnen werden, wie noch näher ausgeführt wird.

Für die Merkmalskombination (X_1, Y_1) wird somit $h^*(X_1, Y_1) = 6$ **erwartet**. Der Blick in Darstellung A der Tabelle II-4-7 zeigt, dass die **empirisch beobachtete** gemeinsame absolute Häufigkeit $h(X_1, Y_1)$ ebenfalls $h(X_1, Y_1) = 6$ beträgt. Analoge Ergebnisse errechnen sich für die anderen Merkmalskombinationen. Immer gilt: Beide gemeinsamen absoluten Häufigkeiten, d. h. die **empirisch beobachtete** und die **theoretisch ermittelte** Häufigkeit **stimmen überein**, da in dem hier diskutierten Beispiel Unabhängigkeit von X und Y vorliegt. Dies bedeutet, dass in dieser Situation die gemeinsame Häufigkeit auch bei Unkenntnis der Felder der Häufigkeitstabelle über die Randhäufigkeiten ermittelt werden kann, sofern vom Einfluss des Zufalls abgesehen wird.

Analog verhält es sich für die **theoretisch erwarteten relativen** Häufigkeiten. Beispielsweise ermittelt sich für die Merkmalskombination (X_1, Y_1) folgende gemeinsame theoretische Häufigkeit:

$f^*(X_1, Y_1) = f(X_1) \cdot f(Y_1) = 0{,}6667 \cdot 0{,}12 = 0{,}08$ oder 8 %

Auch diese theoretisch ermittelte gemeinsame relative Häufigkeit stimmt mit der empirisch beobachteten gemeinsamen relativen Häufigkeit $f(X_1, Y_1)$ überein, wie Darstellung B der Tabelle II-4-7 zeigt. Analoge Aussagen gelten für die anderen Merkmalskombinationen des Beispiels.

Exemplarische Darstellung der theoretischen und empirischen Häufigkeiten für das Fallbeispiel „Körpergewicht und Körpergröße" (s. Tab. II-4-2 u. II-4-3):

Wie sehen nun die Ergebnisse für die theoretisch erwarteten und die empirischen Häufigkeiten aus, wenn die Daten des Beispiels „Körpergewicht und Körpergröße" zugrunde gelegt werden, bei dem die **Unabhängigkeitsannahme nicht erfüllt ist**? Die Betrachtung soll sich exemplarisch auf die Merkmalskombination (X_1, Y_1) beschränken. Für diese ermittelt sich die **theoretisch erwartete** gemeinsame absolute Häufigkeit $h^*(X_1, Y_1)$ wiederum wie folgt:

$$h^*(X_1, Y_1) = \frac{h(X_1) \cdot h(Y_1)}{n} = \frac{20 \cdot 10}{200} = 1 \text{ oder in Kurzschreibweise: } h_{ij}^* = \frac{h_{1.} \cdot h_{.1}}{n} = 1$$

Für die Merkmalskombination (X_1, Y_1) wird die absolute Häufigkeit $h^*(X_1, Y_1) = 1$ **erwartet**. Der Blick in die Tabelle II-4-2 zeigt, dass die **empirisch beobachtete** gemeinsame absolute Häufigkeit $h(X_1, Y_1) = 3$ beträgt und damit von $h^*(X_1, Y_1) = 1$ abweicht. Damit stimmen auch die theoretisch erwarteten und empirischen **relativen** Häufigkeiten nicht überein.

Diese Abweichung kann entweder zufallsbedingt begründet sein oder darauf zurückzuführen sein, dass die für die Berechnung von $h^*(X_1, Y_1)$ unterstellte Unabhängigkeitsannahme **nicht** erfüllt ist. Daher lässt sich unter Einbeziehung des Zufalls folgende Aussage tätigen: Je stärker die theoretischen und empirischen Häufigkeiten in den einzelnen Feldern der Häufigkeitstabelle voneinander abweichen, desto stärker ist davon auszugehen, dass diese Unterschiede nicht durch den Zufall, sondern durch die Abhängigkeit der Merkmale X und Y bedingt sind. Damit können die Abweichungen von h_{ij} und h_{ij}^* bzw. von f_{ij} und f_{ij}^* dazu genutzt werden, um Zusammenhangsmaße zu entwickeln, die anzeigen, wie stark die Abhängigkeit ausgeprägt ist (siehe hierzu Kap. II.5.4).

Abhängigkeit bzw. Unabhängigkeit zweier Merkmale und ihre logische Folgen für h_{ij}^*, f_{ij}^* (Fallbeispiel „Körpergewicht und Körpergröße"):

Im Folgenden soll anhand der Häufigkeiten des Beispiels **„Körpergewicht und Körpergröße"** (vgl. Tab. II-4-2 und Tab. II-4-3) logisch erläutert werden, warum die oben aufgezeigten Zusammenhänge für h_{ij}^* bzw. f_{ij}^* bei Abhängigkeit nicht gelten bzw. bei Unabhängigkeit gelten. Hierzu sei beispielsweise der Blick auf die gemeinsamen absoluten Häufigkeiten der ersten Zeile und Spalte der Tabelle II-4-2 und auf die Randhäufigkeit $h(X_1) = 20$ des Merkmals X_1 gerichtet: Die Randhäufigkeit $h(X_1) = 20$ besagt, dass 20 Merkmalsträger das Körpergewicht ($X_1 = 50$ bis unter 60 kg) aufweisen. Angenommen, diese 20 Merkmalsträger sollen auf die verschiedenen Spalten der ersten Zeile, d. h. auf die verschiedenen Klassen der Körpergrößen aufgeteilt werden. Bei der Verteilung seien lediglich die Randhäufigkeiten der beiden Merkmale, nicht aber die gemeinsamen Häufigkeiten der Merkmalskombinationen (X_1, Y_1) bekannt. Zunächst sei fiktiv angenommen, dass die Bedingung der **Unabhängigkeit** der Merkmale erfüllt wäre; diese Annahme würde in diesem Beispiel konkret bedeuten, dass das niedrige Körpergewicht der hier betrachteten ersten Klasse X_1 sich nicht überwiegend auf besonders kleine Personen, d. h. vornehmlich auf die ersten Klassen des Merkmals Y verteilt, sondern dass z. B. die Randhäufigkeiten $h(X_1) = 20$ auch auf Klassen mit größeren Körpergrößen (absolut) gleichmäßig[140] entfallen.

Bei Verwendung der Verteilungsregel „absolute Gleichmäßigkeit der Klassenbesetzungen" errechnen sich dann für jede der fünf Spalten genau **vier** Merkmalsträger je Körpergrößenklasse $((h(X_1) = 20)/5 = $ **4**. Allerdings erscheint bei einem „zweiten" Blick auf die Randhäufigkeit $h(Y_j)$ von Y diese Vorgehensweise der absoluten Gleichverteilung **nicht angemessen**, da auch die verschiedenen Köpergrößenklassen unterschiedliche Randhäufigkeiten $h(Y_j)$ aufweisen, d. h. unterschiedlich häufig vorkommen. Daher liegt es aufgrund logischer Überlegungen nahe, die Randhäufigkeit $h(X_1) = 20$ **nicht absolut, sondern relativ gleichmäßig** auf die Klassen des Merkmals Y zu verteilen, d. h. **proportional zur relativen Randhäufigkeit** $f(Y_j)$ des Merkmals Y, also proportional zum Anteil $f(Y_j) = h(Y_j)/n$ (für $j = 1, ..., r$) zuzu-

---

[140] Eine etwas logischere Verteilung wäre die bereits beschriebene Normalverteilung. Allerdings sind die Felderbesetzungen hier aufwendiger zu berechnen als bei einer Gleichverteilung. Deshalb sei hier vereinfachend von einer Gleichverteilung ausgegangen.

ordnen. Beispielsweise entfallen $h(Y_1) = 10$ von insgesamt ($n = 200$) Merkmalsträgern auf die erste Klasse der Körpergröße ($Y_1 = 150$ bis unter 160 cm), d. h. folgender Anteil $f(Y_1)$:

$$f(Y_1) = \frac{h(Y_1)}{n} \cdot 100 = \frac{10}{200} \cdot 100 = 5\,\%$$

Bei Unterstellung der Unabhängigkeit sollte folglich theoretisch gesehen von den
$h(X_1) = 20$ Merkmalsträgern ein Anteil $f(Y_1) = 5\,\%$ auf die Merkmalskombination
(X_1, Y_1) entfallen, also: $h^*(X_1, Y_1) = h(X_1) \cdot f(Y_1)$. Damit würde sich für diese
Merkmalskombination folgende absolute Häufigkeit $h^*(X_1, Y_1)$ an Personen errechnen:

$$h^*(X_1, Y_1) = h(X_1) \cdot f(Y_1) = h(X_1) \cdot \frac{h(Y_1)}{n} = 20 \cdot \frac{10}{200} = 1 = \frac{h(X_1) \cdot h(Y_1)}{n}$$

Das Ergebnis entspricht dann exakt der formulierten und zu beweisenden Bedingung. Allgemein würde gelten:

$$h^*(X_i, Y_j) = \frac{h(X_i) \cdot h(Y_j)}{n} \qquad \text{(für alle } i = 1, \ldots, m; j = 1, \ldots, r)$$

Für die relativen Häufigkeiten würde bei einer Überführung von $h^*(X_i, Y_j)$ in
$f^*(X_i, Y_j)$ gelten: $f^*(X_i, Y_j) = f(X_i) \cdot f(Y_j)$ \qquad (für alle $i = 1, \ldots, m; j = 1, \ldots, r)$

Diese Formel für $f^*(X_i, Y_j)$ kann aufgrund der Beziehung von relativer und absoluter Häufigkeit und der Formel für $h^*(X_i, Y_j)$ wie folgt hergeleitet werden:

$$f^*(X_i, Y_j) = h^*(X_i, Y_j)/n = \frac{h(X_i) \cdot h(Y_j)}{n}/n = \frac{h(X_i) \cdot h(Y_j)}{n^2} = \frac{h(X_i)}{n} \cdot \frac{h(Y_j)}{n} = f(X_i) \cdot f(Y_j)$$

Damit leitet sich logisch aus den erwarteten gemeinsamen **absoluten** Häufigkeiten
$h^*(X_i, Y_j)$ die Bedingung für die erwarteten gemeinsamen **relativen** Häufigkeiten
$f^*(X_i, Y_j)$ ab. Exemplarisch soll nachfolgend die Bedingung $f^*(X_1, Y_1)$ für das vorliegende Beispiel „Körpergewichte, Körpergröße" dargestellt werden:

Die erwartete gemeinsame relative Häufigkeit (die auch als Wahrscheinlichkeit interpretiert werden kann), dass eine Person ($X_1 = 50$ bis unter 60 kg) schwer und
gleichzeitig ($Y_1 = 150$ bis unter 160 cm) groß ist, entspricht dem Produkt der relativen Randhäufigkeiten beider Merkmale. Wie ein Blick in die Tabelle II-4-3 zeigt,
beträgt der Anteil der Personen, die das Merkmal X_1 aufweisen, $f(X_1) = 10\,\%$. Weiterhin beträgt der Anteil $f(Y_1)$ der Personen, die das Merkmal Y_1 aufweisen,
$f(Y_1) = 5\,\%$. Liegt Unabhängigkeit zwischen X und Y vor, dann ist zu erwarten,
dass die gemeinsame relative Häufigkeit $f^*(X_1, Y_1)$, dass also eine Person gleichzeitig beide Merkmalsausprägungen X_1 und Y_1 aufweist, sich als Produkt aus beiden relativen Häufigkeiten (= Produkt aus beiden Wahrscheinlichkeiten) wie folgt errechnen lässt: $f^*(X_1, Y_1) = f(X_1) \cdot f(Y_1) = 0{,}1 \cdot 0{,}05 \cdot 100 = 0{,}5\,\%$.

Diese erwartete gemeinsame relative Häufigkeit $f^*(X_1, Y_1) = 0,5\,\%$ weicht von der tatsächlich beobachteten empirischen Häufigkeit $f(X_1, Y_1) = 1,5\,\%$ ab[141], da die Unabhängigkeit nicht erfüllt ist und/oder ggfs. der Zufall auch zu dieser Abweichung beigetragen hat.[142]

Das Ergebnis für die gemeinsam zu erwartende relative Häufigkeit ist in einen größeren Zusammenhang einzuordnen. Wenn nämlich der Begriff der relativen Häufigkeit mit dem Begriff der Wahrscheinlichkeit (bzw. mit dem Begriff der Wahrscheinlichkeitsfunktion) gleichgesetzt wird[143], dann entspricht der beschriebene Zusammenhang für $f^*(X_i, Y_j)$ dem sogenannten **Multiplikationssatz der Wahrscheinlichkeitslehre** bei Unabhängigkeit. Dieser besagt, dass im Fall der Unabhängigkeit zweier zufallsbedingter sogenannter Ereignisse (d. h. in der Sprache der deskriptiven Statistik: zweier zufallsbedingter Merkmalsausprägungen) die Wahrscheinlichkeit für das gemeinsame Ereignis, d. h. für die gemeinsame relative Häufigkeit beider Merkmalsausprägungen, genau dem Produkt der Wahrscheinlichkeiten der Einzelereignisse entspricht (also: dem Produkt der relativen Häufigkeit beider Merkmalsausprägungen). Dieser Multiplikationssatz bei Unabhängigkeit zählt zu den zentralen mathematischen Sätzen der Wahrscheinlichkeitslehre.[144] Er wurde hier indirekt über die Annahmen der deskriptiven Statistik parallel hergeleitet. Dazu abschließend ein anschauliches Fallbeispiel[145]:

Fallbeispiel: Ampelschaltung bei unterschiedlichen Wetterbedingungen (Multiplikationssatz der Wahrscheinlichkeit bei Unabhängigkeit)

Im Folgenden sollen für ein Beispiel aus dem Straßenverkehr die beiden Merkmale (X = Ampelschaltung) und (Y = Wetterzustand) betrachtet werden. Bei der Ampelschaltung wird zwischen den beiden Merkmalsausprägungen oder „Ereignissen" **„rote Ampel"** und **„nicht rote Ampel"** (der Zufallsvariablen X = Ampelschaltung) unterschieden. Es sei angenommen, dass die relative Häufigkeit (Wahrscheinlichkeit) für eine rote Ampel, d. h. für $f(X_1 = \text{„rot"}) = \mathbf{50}\,\%$ beträgt. Beim Wetterzustand sei zwischen den beiden Merkmalsausprägungen (Ereignissen) **„es regnet"**

---

[141] Da die relative Häufigkeit sich als absolute Häufigkeit, dividiert durch n errechnet, kann dieses Ergebnis natürlich auch direkt aus den absoluten Häufigkeiten hergeleitet werden. Somit $f_{11}^* = (h_{11}^*/n) \cdot 100 = (1/200) \cdot 100 = 0,5\,\%$ versus $f_{11} = (h_{11}/n) \cdot 100 = (3/200) \cdot 100 = 1,5\,\%$.

[142] Der Einfluss des Zufalls lässt sich im Rahmen der deskriptiven Statistik nicht überprüfen oder beurteilen. In der schließenden Statistik steht aber z. B. mit dem sogenannten Chi-Quadrat-Unabhängigkeitstest ein häufig benutzter Test zur Verfügung, um den Einfluss des Zufalls zu beurteilen. Vgl. zu diesem Test z. B. Bleymüller, J.: Statistik für Wirtschaftswissenschaftler, a. a. O., S. 130 ff.

[143] Im Anhang sind in Tab. III-A-1 die Begriffe der deskriptiven und der schließenden Statistik gegenüber gestellt.

[144] Vgl. hierzu z. B. Bleymüller, J.: Wirtschaftsstatistik, a. a. O., S. 34 f.

[145] Ein weiteres Fallbeispiel findet sich mit dem Skatspiel am Ende des Kapitels. Siehe hierzu auch Übersicht II-4-5.

und „**es regnet nicht**" (der Zufallsvariablen Y = Wetterzustand) unterschieden. Es sei weiterhin angenommen, dass die relative Häufigkeit (Wahrscheinlichkeit) für Regen, d. h. für $f(Y_1 = $ „es regnet") in einer „unbeständigen Wetterphase" ebenfalls **50 %** beträgt. Dann wird ein PKW-Fahrer in 50 % der Fälle an der roten Ampel stehen; da es zusätzlich in jeder Situation zu 50 % regnet, wird der PKW-Fahrer insgesamt in **25 %** (50 % · 50 % = 25 %) aller Fälle bei Regen vor der roten Ampel halten müssen. Dies bedeutet in der Sprache der deskriptiven Statistik, dass für die Merkmalskombination ($X_1 = $ „rot"; $Y_1 = $ „es regnet") die zu **erwartende gemeinsame relative Häufigkeit** $f(X_1, Y_1) = 25$ % beträgt. Diese gemeinsame relative Häufigkeit auf Basis der Randhäufigkeiten ergibt sich aber **nur bei Unabhängigkeit** der beiden Merkmale. Diese Unabhängigkeit muss aber nicht immer gegeben sein: So ist es für das Fallbeispiel denkbar, dass im Durchschnitt aller Ampelschaltungen die Ausprägung „rote Ampel" zwar weiterhin in 50 % der Fälle zu erwarten ist, diese Wahrscheinlichkeit sich aber bei „Regen" und „Nichtregen" unterscheidet, d. h. vom zweiten Merkmal „Wetterzustand" abhängig ist. Dann würden die bedingten relativen Häufigkeiten der Ampelschaltung von der Wettersituation abhängig sein, z. B. würden bei „Regen" die Ampeln auf viel befahrenen Straßen[146] aus Sicherheitsgründen häufiger „rot" aufweisen als bei „Nichtregen". Dann wäre die empirisch zu beobachtende gemeinsame relative Häufigkeit $f(X_1, Y_1)$ größer als 0,25 und der Autofahrer würde in mehr als 25 % der Fälle an der roten Ampel im Regen stehen. Die Annahme der Unabhängigkeit wäre verletzt, der Multiplikationssatz der Wahrscheinlichkeit bei Unabhängigkeit wäre nicht erfüllt und die **theoretisch** erwartete relative Häufigkeit würde von der **empirisch** beobachteten gemeinsamen relativen Häufigkeit abweichen[147].

Formale Begründung für den „Multiplikationssatz der relativen Häufigkeiten bei Unabhängigkeit" (dargestellt für $f(X_i/Y_j)$; analog hierzu ließe sich die Begründung auch für $f(Y_j/X_i)$ ableiten):

Bei **Unabhängigkeit** gilt gemäß den bisherigen Ausführungen für die bedingte Verteilung von X: $f(X_i/Y_j) = f(X_i/Y_k) = f(X_i)$ (für i = 1, ..., m; j = 1, ..., k, ..., r)

Gemäß der **Definition** der **bedingten Verteilung** von X unter der Bedingung Y gilt:

$f(X_i/Y_j) = f(X_i, Y_j)/f(Y_j)$

---

[146] Die Logik des Sachverhalts gebietet es, dass dann andere Straßen bei Regen häufiger keine Rotphase aufweisen. Dies sei akzeptiert, da es sich hier um nicht so häufig befahrene Straßen handelt.

[147] Ist die Unabhängigkeitsannahme nicht erfüllt, kommt der allgemeine Multiplikationssatz der Wahrscheinlichkeit zur Anwendung; siehe hierzu z. B. Arrenberg, J.: Wirtschaftsstatistik für Bachelor, Konstanz, München, 2013, S. 62.

Wenn die allgemeine Definition der bedingten Häufigkeit in die Bedingung für Unabhängigkeit eingesetzt und nach $f(X_i, Y_j)$ aufgelöst wird, folgt somit bei Unabhängigkeit für die theoretisch zu erwartende gemeinsame relative Häufigkeit $f^*(X_i, Y_j)$:

$$f^*(X_i, Y_j) = f(X_i) \cdot f(Y_j)$$

Eine ähnliche Bedingung lässt sich für die absoluten Häufigkeiten ableiten, wenn die Definition der relativen Häufigkeiten für die gemeinsamen Häufigkeiten und die Randhäufigkeiten beachtet wird. Dann gilt:

$$f(X_i, Y_j) = \frac{h(X_i, Y_j)}{n} \quad \text{und} \quad f(X_i) = \frac{h(X_i)}{n}; f(Y_j) = \frac{h(Y_j)}{n}$$

Wird die Definition der relativen Randhäufigkeiten von X und Y in die Gleichung für $f^*(X_i, Y_j)$ eingesetzt, folgt:

$$\frac{h^*(X_i, Y_j)}{n} = \frac{h(X_i)}{n} \cdot \frac{h(Y_j)}{n}; \quad \text{dies bedeutet: } h^*(X_i, Y_j) = \frac{h(X_i) \cdot h(Y_j)}{n}$$

Anmerkung zur Unabhängigkeit:

Ist das Merkmal X von Y unabhängig, dann ist auch Y von X unabhängig. Die Unabhängigkeit ist symmetrisch; d. h. man kann aus der bedingten Verteilung eines Merkmals bereits auf Abhängigkeit/Unabhängigkeit schließen[148].

Fallbeispiel „18 – 20 – 2 im Skatspiel[149]":

Abschließend sollen die Wirkungen der Unabhängigkeit zweier Merkmale bzw. zweier Ereignisse anhand eines Skatspiels mit 32 Karten erörtert werden. Anhand eines Skatblattes können die Häufigkeitsbegriffe der deskriptiven Statistik einschließlich der (nicht bedingten) relativen und der bedingten relativen Häufigkeiten sehr anschaulich an einfachen Spielsituationen dargestellt werden. Dazu sei zunächst die Zusammensetzung eines Skatblattes kurz erläutert: Ein Skatblatt umfasst 32 Karten. Jede Karte ist durch zwei Dimensionen geprägt, die als zwei Merkmale X und Y mit verschiedenen Merkmalsausprägungen aufgefasst werden können (s. Tab. II-4-9): Da ist zum einen die Farbe der Karte, die als Merkmal X bezeichnet werden soll. Eigentlich gibt es im Skatblatt nur die beiden Farben „Schwarz" und „Rot". Jede dieser beiden Farben kommt aber aufgrund der Verwendung von jeweils zwei unterschiedlichen Symbolen in zwei Versionen vor (die ebenfalls als Farben bezeichnet

---

[148] Es ist zu beachten, dass wegen der Zufallsabhängigkeit der Daten eine exakte Unabhängigkeit im Allgemeinen nicht zu erwarten ist. Erst ein statistischer Test der Daten auf Unabhängigkeit, wie er im Rahmen der schließenden Statistik z. B. mit dem sogenannten Chi-Quadrat-Unabhängigkeitstest vorgenommen wird, kann statistisch gesicherte Aussagen liefern; vgl. hierzu auch die Ausführungen im Anhang, Teile C und D.

[149] Hinweis für die Nichtskatspieler: „18 – 20 – 2" stellt einen Fachterminus im Skat beim sogenannten „Reizen" dar.

werden), so dass der Skatspieler insgesamt „vier Farben" unterscheidet: Es sind die vier nominalskalierten Farbausprägungen „Kreuz", „Pik" (beide schwarze Farbe), sowie „Herz" und „Karo" (beide rote Farbe). Die zweite Dimension betrifft das sogenannte „Bild" der Karte, das als Merkmal Y aufgefasst wird. Es weist die folgenden 8 Ausprägungen (Bilder) auf: Die Bilder „7", bis „10" sowie die Bilder „Bauer", „Dame", „König", „Ass". Aufgrund der zwei Dimensionen lässt sich jede Karte eines Skatblattes als Merkmalskombination (X_i, Y_j) mit (i = 1, ...,4), (j = 1, ...,8) Ausprägungen verstehen, wobei jede Kombination nur einmal vorkommen kann. Bei vier Farben und acht Bildern gibt es somit $4 \cdot 8 = 32$ Merkmalskombinationen, d. h. 32 Karten. Die Merkmalskombination (X_1, Y_1) wäre gemäß der Anordnung der Tab. II-4-9 als „Karo 7" zu verstehen (X_1 = Karo, Y_1 = 7).

Tab. II-4-9: Absolute und relative empirische Häufigkeit für die gemeinsame Verteilung von Bild und Farbe

A. Absolute gemeinsame Häufigkeit von Bild und Farbe [$h(X_i, Y_j)$]

Farbe (X) \ Bild (Y)	$Y_1 =$ 7	$Y_2 =$ 8	$Y_3 =$ 9	$Y_4 =$ 10	$Y_5 =$ Bauer	$Y_6 =$ Dame	$Y_7 =$ König	$Y_8 =$ Ass	abs. Randhäufigkeit X
X_1 = Karo	1	1	1	1	1	1	1	1	8
X_2 = Herz	1	1	1	1	1	1	1	1	8
X_3 = Pik	1	1	1	1	1	1	1	1	8
X_4 = Kreuz	1	1	1	1	1	1	1	1	8
absolute Randhäufigkeit Y	4	4	4	4	4	4	4	4	32

B. Relative gemeinsame Häufigkeit von Bild und Farbe [$f(X_i, Y_j)$]

Farbe (X) \ Bild (Y)	$Y_1 =$ 7	$Y_2 =$ 8	$Y_3 =$ 9	$Y_4 =$ 10	$Y_5 =$ Bauer	$Y_6 =$ Dame	$Y_7 =$ König	$Y_8 =$ Ass	rel. Randhäufigkeit X
X_1 = Karo	1/32	1/32	1/32	1/32	1/32	1/32	1/32	1/32	1/4
X_2 = Herz	1/32	1/32	1/32	1/32	1/32	1/32	1/32	1/32	1/4
X_3 = Pik	1/32	1/32	1/32	1/32	1/32	1/32	1/32	1/32	1/4
X_4 = Kreuz	1/32	1/32	1/32	1/32	1/32	1/32	1/32	1/32	1/4
Relativ Randhäufigkeit Y	1/8	1/8	1/8	1/8	1/8	1/8	1/8	1/8	1

Ebenso verhält es sich mit allen anderen 31 Merkmalskombinationen. Da jede Merkmalskombination nur einmal vertreten ist, weisen die absoluten gemeinsamen Häufigkeiten $h(X_i, Y_j)$ oder h_{ij} (Kurzschreibweise) den Wert „1" auf, d. h. es gilt $h_{ij} = 1$ für alle (i = 1, ... ,4), (j = 1, ... ,8) Merkmalskombinationen (X_i, Y_j) von Farbe und Bild (s. Darstellung A der Tab. II-4-9).

Bei insgesamt 32 Karten, d. h. 32 Merkmalsträgern ergibt sich für jede Karte eine relative Häufigkeit $f(X_i, Y_j)$ oder f_{ij} (Kurzschreibweise) von $f_{ij} = h_{ij}/n = 1/32$. Die relative Häufigkeit einer Karte kann auch als „Wahrscheinlichkeit[150] der Karte" bezeichnet werden. Die Tab. II-4-9 zeigt auch die absoluten und relativen Randhäufigkeiten auf: Die 32 Karten verfügen beim Merkmal X über vier Farben, so dass jede Farbe bei den 32 Karten achtmal vorkommt (z. B. die Farbe „Kreuz" bei der Kreuz-Sieben, Kreuz-Acht,... und schließlich beim Kreuz-Ass). Die absolute Randhäufigkeit jeder Farbe beträgt somit 8; daraus ergibt sich eine relative Randhäufigkeit jeder Farbe von 8/32 oder 1/4. Analog verhält es sich beim Merkmal Y (Bild): Bei 8 Bildern und 32 Karten kommt jedes Bild viermal vor (z. B. das Bild „Bauer" als Karo-, Herz-, Pik-, und Kreuz-Bauer). Die absolute Randhäufigkeit jeder Merkmalsausprägung von Y beträgt somit 4; damit ergibt sich eine relative Randhäufigkeit eines jeden Bildes von 4/32 oder 1/8.

Im Folgenden sollen die bedingten relativen Häufigkeiten des Skatspiels erörtert und die Ergebnisse vorgestellt werden (vgl. Tab. II-4-10). Hierzu ist es wichtig, sich darüber im Klaren zu sein, dass die beiden Merkmale X und Y, d. h. Farbe und Bild, beim Skatblatt unabhängig voneinander vorkommen. Die Unabhängigkeit kann daraus ersehen werden, dass jede Kombination nur einmal vorkommen kann, d. h. dass unabhängig von der einen Dimension X oder Y die jeweils andere Dimension nur einmal vertreten ist.

Wie lässt sich beim Ziehen der einzelnen Karten aus dem Kartenstapel von 32 Karten die Darstellung der bedingten relativen Häufigkeiten simulieren? Hierzu bietet sich folgende „Ziehordnung" an: Es wird angenommen, dass eine Person (Spielleitung) eine Karte aus den 32 Karten des Skatspiels zieht und nur die Farbe oder das Bild der Karte bekannt gibt. Vor dem Hintergrund dieser gegebenen Informationen ist dann zu bestimmen, wie hoch die (bedingte) relative Häufigkeit für ein spezielles Bild unter der **Bedingung der vorgegebenen Farbe** ausfällt bzw. wie groß die (bedingte) relative Häufigkeit für eine bestimmte Farbe unter der **Bedingung des vorgegebenen Bildes** ist. Angenommen, es wird eine Karte gezogen und ein Spielleiter verkündet, dass die Karte die Farbe „**Karo**" aufweist. Dann beträgt die bedingte relative Häufigkeit **(1/8)**, dass es sich bei dieser Karo-Karte um „**Karo-Bauer**" handelt, denn es sind insgesamt 8 Karo-Karten in einem Skatspiel und nur eine davon kann ein „Karo-Bauer" sein. Wegen der Unabhängigkeit der beiden Merkmale eines

---

[150] Zur engen Verwandtschaft von relativer Häufigkeit und Wahrscheinlichkeit vgl. die Ausführungen in Kap. II.3.6 (s. Fußnote).

Skatblattes sind die bedingten relativen Häufigkeiten für „Bauer" unter der Bedingung der Farbe „Karo" [also: $f(Y_5/X_1)$] genau so groß, wie unter der Bedingung der drei anderen Farben [also: $f(Y_5/X_1) = f(Y_5/X_2) = \ldots = f(Y_5/X_4)$], und diese wiederum stimmen mit der relativen Randhäufigkeit für „Bauer", d. h. $f(Y_5) = 1/8$ überein. Die bedingte relative Häufigkeit wird hier also wegen der Unabhängigkeit von X und Y durch die (nicht bedingte) relative Randhäufigkeit $f(Y_5) = 1/8$ bestimmt, da vier Bauern im Spiel sind und damit die relative Häufigkeit für „Bauer" $1/8$ beträgt (s. Darstellung B in Tab. II-4-9 und Darstellung A in Tab. II-4-10). Insgesamt kann festgehalten werden: Wegen der Unabhängigkeitsannahme stimmen die **bedingten relativen** Häufigkeiten mit der **nicht bedingten** Randhäufigkeit überein.

Tab. II-4-10: Bedingte relative empirische Häufigkeit der Verteilungen der Merkmale „Bild und Farbe"

A. Bedingte relative Häufigkeit des Merkmals (Bild Y) unter der Bedingung einer gegebenen (Farbe X), d. h. (Y/X)

Bild (Y) \ Farbe (X)	$Y_1 = 7$	$Y_2 = 8$	$Y_3 = 9$	$Y_4 = 10$	$Y_5 =$ Bauer	$Y_6 =$ Dame	$Y_7 =$ König	$Y_8 =$ Ass
$X_1 =$ Karo	1/8	1/8	1/8	1/8	1/8	1/8	1/8	1/8
$X_2 =$ Herz	1/8	1/8	1/8	1/8	1/8	1/8	1/8	1/8
$X_3 =$ Pik	1/8	1/8	1/8	1/8	1/8	1/8	1/8	1/8
$X_4 =$ Kreuz	1/8	1/8	1/8	1/8	1/8	1/8	1/8	1/8

B. Bedingte relative Häufigkeit des Merkmals (Farbe X) unter der Bedingung eines gegebenen Bildes (Y), d. h. (X/Y)

Bild (Y) \ Farbe (X)	$Y_1 = 7$	$Y_2 = 8$	$Y_3 = 9$	$Y_4 = 10$	$Y_5 =$ Bauer	$Y_6 =$ Dame	$Y_7 =$ König	$Y_8 =$ Ass
$X_1 =$ Karo	1/4	1/4	1/4	1/4	1/4	1/4	1/4	1/4
$X_2 =$ Herz	1/4	1/4	1/4	1/4	1/4	1/4	1/4	1/4
$X_3 =$ Pik	1/4	1/4	1/4	1/4	1/4	1/4	1/4	1/4
$X_4 =$ Kreuz	1/4	1/4	1/4	1/4	1/4	1/4	1/4	1/4

Analog gestaltet sich die Situation für den Fall, dass der Spielleiter verkündet, dass es sich bei der gezogenen Karte um einen „Bauern" (Bedingung) handelt: Dann ermittelt sich für die bedingte Häufigkeit, dass es sich bei der gezogenen Karte um eine „Karo"-Karte handelt [also: $f(X_1/Y_5)$] ein Wert von [$f(X_1/Y_5) = 1/4$]. Denn es sind vier „Bauern" im Spiel und nur einer davon ist ein „Karo-Bauer", so dass seine bedingte relative Häufigkeit (1/4) beträgt. Diese bedingte Häufigkeit stimmt wiederum mit der relativen Randhäufigkeit des Merkmals X_1 überein, da das Ergebnis unabhängig vom Merkmal Y ist (s. Darstellung B in Tab. II-4-9 und in Tab. II-4-10).

Abschließend sollen die bedingten relativen Häufigkeiten für „**Karo-Bauer**" nochmals formal mit den bereits vorgestellten Formeln zusammengestellt werden. Dabei lassen sich zwei bedingte relative Häufigkeiten unterscheiden und zwar: Zum einen die **bedingte relative Häufigkeit für „Bauer" unter der Bedingung**, dass zuvor „Karo" gezogen wurde, also: $f(Y_5/X_1)$. Zum anderen die **bedingte relative Häufigkeit für „Karo" unter der Bedingung**, dass zuvor ein „Bauer" gezogen wurde, also $f(X_1/Y_5)$. Hier ergibt sich jeweils folgendes Ergebnis:

$$f(Y_5/X_1) = \frac{h(X_1, Y_5)}{h(X_1)} = \frac{1}{8} = \ldots = f(Y_5/X_4) = \frac{h(X_4, Y_5)}{h(X_4)} = f(Y_5) = \frac{1}{8}$$

$$\underbrace{\qquad\qquad}_{f(\text{Bauer/Karo})} \qquad \underbrace{\qquad\qquad}_{f(\text{Bauer/Kreuz})} \quad \underbrace{\quad}_{\text{Bauer}}$$

$$f(X_1/Y_5) = \frac{h(X_1, Y_5)}{h(Y_5)} = \frac{1}{4} = \ldots = f(X_1/Y_8) = \frac{h(X_1, Y_8)}{h(Y_8)} = f(X_1) = \frac{1}{4}$$

$$\underbrace{\qquad\qquad}_{f(\text{Karo/Bauer})} \qquad \underbrace{\qquad\qquad}_{f(\text{Karo/Ass})} \quad \underbrace{\quad}_{\text{Karo}}$$

Es ist ersichtlich, dass die bedingten relativen Häufigkeiten für „Karo-Bauer" unter verschiedenen Bedingungen (zuerst „Karo" gezogen oder zuerst „Bauer" gezogen) nicht übereinstimmen, da die Randhäufigkeiten von „Karo" bzw. „Bauer" abweichen.

Da in diesem Beispiel **Unabhängigkeit** von X und Y besteht, stimmen **theoretische** und **empirische Häufigkeiten** überein und es gilt der Multiplikationssatz der Wahrscheinlichkeit bei Unabhängigkeit. Im vorliegenden Fall von „Karo-Bauer" betragen die theoretisch erwartete und die empirisch beobachtete absolute (gemeinsame) Häufigkeit „1" sowie die theoretisch erwartete und die empirisch beobachtete relative (gemeinsame) Häufigkeit „1/32", wie nachfolgend aufgezeigt:

$$h^*(X_1, Y_5) = \frac{h(X_1) \cdot h(Y_5)}{n} = \frac{8 \cdot 4}{32} = 1 \qquad \text{(Vgl. A in Tab. II-4-9)}$$

$$f^*(X_1, Y_5) = f(X_1) \cdot f(Y_5) = 1/4 \cdot 1/8 = 1/32 \quad \text{(Vgl. B in Tab. II-4-9)}$$

Die nachfolgende Übersicht II-4-5 stellt die bedingte Wahrscheinlichkeit, dass es sich bei einem gezogenen „Bauern" (Bedingung) um eine „Karo-Karte", d. h. um „Karo-Bauer" handelt, nochmals im formalen Gesamtzusammenhang dar. Hieraus ergibt sich dann der Multiplikationssatz der Unabhängigkeit für „Karo-Bauer".

Übersicht II-4-5: Bedingte Wahrscheinlichkeit bei Unabhängigkeit der Merkmale „Farbe" und „Bild" im Skatblatt (Bsp. „Karo-Bauer")

(A) Aus der Definition der bedingten relativen Häufigkeit folgt z. B. für „Karo-Bauer":

(1) $f(X_1/Y_5) = \dfrac{h_{15}}{h_{.5}} = \dfrac{f_{15}}{f_{.5}}$

$\downarrow \qquad\qquad \downarrow \qquad\qquad \downarrow$

$W(\text{Karo}/\textbf{Bauer})^{*)} = \dfrac{1}{4} = \dfrac{1/32}{1/8} = \dfrac{1}{4}$

hieraus folgt:

(2) $f_{15} = f(X_1/Y_5) \cdot f_{.5}$

$\downarrow \qquad\qquad \downarrow \qquad\qquad \downarrow$

$\dfrac{1}{32} = \dfrac{1}{4} \cdot \dfrac{1}{8}$

$\downarrow$

$\boxed{W(\text{Karo-Bauer})^{**}} =$

bedingte Wahrscheinlichkeit für „Karo", wenn ein „Bauer" gezogen wurde	$\cdot$	Wahrscheinlichkeit für „Bauer"

(B) Bei Unabhängigkeit$^{***)}$ gilt zudem:

(3) $f(X_1/Y_5) = f_{1.}$

(3) in (2) eingesetzt führt dann zum **Multiplikationssatz der Wahrscheinlichkeitslehre** bei Unabhängigkeit (4):

(4) $f_{15} = f_{1.} \cdot f_{.5}$

$\downarrow \qquad\qquad \downarrow \qquad\qquad \downarrow$

$\dfrac{1}{32} = \dfrac{1}{4} \cdot \dfrac{1}{8}$

$\downarrow$

$\boxed{W(\text{Karo-Bauer})^{**}} =$

Wahrscheinlichkeit für „Karo"	$\cdot$	Wahrscheinlichkeit für„Bauer"

*) liest sich: „Wahrscheinlichkeit (W) für ‚Karo', wenn ein ‚Bauer' gezogen wurde" (bedingte Wahrscheinlichkeit)
**) Wahrscheinlichkeit für „Karo-Bauer"
***) Unabhängigkeit ist erfüllt, da Bild und Farbe unabhängig voneinander auftreten!

Aufgabe 24: „18 – 20 – 2 im Skatspiel"

Bestimmen Sie folgende Werte für ein Skatspiel (s. Tab. II-4-9):
- Relative Häufigkeit von „Herz-Ass"; relative Randhäufigkeit von „Herz";
- Theoretisch erwartete relative Häufigkeit von „Herz-Ass"; das Ergebnis ist über die sogenannte „Laplace-Definition der Wahrscheinlichkeit" und über den Multiplikationssatz der Wahrscheinlichkeit bei Unabhängigkeit zu ermitteln.
- Bedingte relative Häufigkeit von „Herz-Ass", wenn bekannt ist, dass eine „Herz-Karte" gezogen wurde. Zeigen Sie jeweils den Rechengang auf.

Aufgabe 25: Verkehrsunfälle und Alkohol im Straßenverkehr

Polizei warnt vor Alkohol am Steuer! In Deutschland wurden in 2013 insgesamt 291 105 Unfälle mit Personenschaden registriert, davon waren 4,8 % durch Alkohol verursacht. Während sich 21,0 % der Verkehrsunfälle ohne Alkoholeinfluss in der Zeit zwischen 18 Uhr abends und 4 Uhr morgens ereigneten, fiel bei den Alkoholunfällen ein Anteil von 60,9 % in diesem Zeitabschnitt an.

a) Stellen Sie diesen Sachverhalt in einer zweidimensionalen Häufigkeitstabelle dar.

b) Ein Unfall mit Personenschaden wird zufällig ausgewählt. Wie groß ist die bedingte relative Häufigkeit, dass dieser Unfall

  • unter Alkoholeinwirkung geschah, wenn bekannt ist (Bedingung), dass er zwischen 4 Uhr morgens und 18 Uhr abends stattfand?

  • zwischen 4 Uhr morgens und 18 Uhr abends stattfand, wenn bekannt ist (Bedingung), dass Alkohol im Spiel war?

Quelle: Statistisches Bundesamt: Verkehrsunfälle – Unfälle unter dem Einfluss von Alkohol oder anderen berauschenden Mitteln im Straßenverkehr 2013, Wiesbaden 2014, S. 17 sowie ebenda: Verkehrsunfälle 2013, Fachserie 8, Reihe 7, Wiesbaden 2014, S. 78 f....

4.5   Parameter zweidimensionaler Häufigkeitsverteilungen

4.5.1   Lage- und Streuungsparameter der Randverteilung

Bei der Erörterung eindimensionaler H.V. wurde umfassend auf die Lage- und Streuungsparameter sowie weitere Kollektivmaßzahlen eingegangen. Im Rahmen einer zweidimensionalen H.V. lassen sich diese Kollektivmaßzahlen ebenfalls darstellen[151]. Für Zwecke der Analyse von Zusammenhängen werden aber ausschließlich das arithmetische Mittel und die Varianz/Standardabweichungen benötigt, so dass die folgenden Betrachtungen sich auf diese drei Parameter für das Merkmal X bzw. Y beschränken. Ihre Anwendung in der zweidimensionalen H.V. entspricht der Darstellung in der eindimensionalen Häufigkeitsverteilung, so dass die nachfolgende Erörterung kurz ausfallen kann. Das arithmetische Mittel $\overline{X}$ bestimmt sich für das Merkmal X einer zweidimensionalen H.V. wie folgt:

$$\overline{X} = \frac{1}{n}\sum_{i=1}^{m} X_i \cdot h(X_i) = \sum_{i=1}^{m} X_i \cdot f(X_i)$$

---

[151] Maßzahlen lassen sich auch für bedingte Verteilungen berechnen. Dann werden anstelle der **relativen** die **bedingten relativen** Häufigkeiten verwandt.

Analog gilt für das arithmetische Mittel $\overline{Y}$:

$$\overline{Y} = \frac{1}{n}\sum_{j=1}^{r} Y_j \cdot h(Y_j) = \sum_{j=1}^{r} Y_j \cdot f(Y_j)$$

Ebenso lassen sich die Varianz (S_X^2) der Randverteilung von X_i bzw. die Varianz (S_Y^2) der Randverteilung von Y_j ableiten; für die Varianz (S_X^2) gilt:

$$S_X^2 = \frac{1}{n}\sum_{i=1}^{m} X_i^2 \cdot h(X_i) - \overline{X}^2 = \sum_{i=1}^{m} X_i^2 \cdot f(X_i) - \overline{X}^2$$

Die Standardabweichung (S_X) der Randverteilung von X_i (für $i = 1, \ldots, m$) ergibt sich als positive Quadratwurzel der Varianz (S_X^2), also: $S_X = \sqrt{S_X^2}$

Analog lassen sich die Varianz und die Standardabweichung von Y ableiten:

$$S_Y^2 = \frac{1}{n}\sum_{j=1}^{r} Y_j^2 \cdot h(Y_j) - \overline{Y}^2 = \sum_{j=1}^{r} Y_j^2 \cdot f(Y_j) - \overline{Y}^2 \quad \text{sowie } S_Y = \sqrt{S_Y^2}$$

Hinweis: Bei klassifizierten Daten werden bei der Ableitung der Lage- und Streuungsparameter der Randverteilung für X_i die Klassenmitten X_i' und für Y_j die Klassenmitten Y_j' verwendet.

Fallbeispiel „Körpergewicht" , „Körpergröße" (siehe Tab. II-4-2 bzw. II-4-3):

Die arithmetischen Mittel, die Varianzen und die Standardabweichungen von X (Körpergewicht) und Y (Körpergröße) lassen sich für das gegebene Fallbeispiel bei Bezug auf die Tab. II-4-2 und Verwendung der gemeinsamen absoluten Häufigkeiten wie folgt berechnen:

$$\overline{X} = \frac{1}{n}\sum_{i=1}^{m} X_i' \cdot h(X_i) = \frac{55 \cdot 20 + 65 \cdot 80 + \ldots + 95 \cdot 20}{200} = 73 \,[\text{kg}]$$

$$\overline{Y} = \frac{1}{n}\sum_{j=1}^{r} Y_j' \cdot h(Y_j) = \frac{155 \cdot 10 + 165 \cdot 50 + \ldots + 195 \cdot 20}{200} = 175,5 \,[\text{cm}]$$

$$S_X^2 = \frac{1}{n}\sum_{i=1}^{m} (X_i')^2 \cdot h(X_i) - \overline{X}^2$$

$$S_X^2 = \frac{1}{200} \cdot [55^2 \cdot 20 + 65^2 \cdot 80 + \ldots + 95^2 \cdot 20] - 73^2 = 136 \,\left[\text{kg}^2\right]$$

$$S_X = \sqrt{S_X^2} = \sqrt{136} = 11,6619 \,\text{kg} \;; \qquad S_Y^2 = \frac{1}{n}\sum_{j=1}^{r} (Y_j')^2 \cdot h(Y_j) - \overline{Y}^2$$

$$S_Y^2 = \frac{1}{200} \cdot [155^2 \cdot 10 + 165^2 \cdot 50 + \ldots + 195^2 \cdot 20] - 175{,}5^2 = 104{,}75 \, [\text{cm}^2]$$

$$S_Y = \sqrt{S_Y^2} = \sqrt{104{,}75} = 10{,}2347 \, \text{cm}$$

Hinweis: Werden in den oben angeführten Formeln für das ausgeklammerte „1/n" die Klammern jeweils aufgelöst, d. h. werden die Werte in den Klammern mit 1/n multipliziert, ergeben sich jeweils die Formeln unter Verwendung relativer Häufigkeiten. Sie sollen hier nicht gesondert dargestellt werden

---

Aufgabe 26 (Teil I, Sachverhalt): Ausfallhäufigkeiten zweier Maschinen X u. Y

Gegeben seien zwei Maschinen X und Y, deren Ausfallhäufigkeit an 30 Tagen beobachtet wird. Jede Maschine kann pro Tag maximal zweimal ausfallen, da durch die hierdurch bedingten Verzögerungen der Reparatur eine weitere Produktion am jeweiligen Tag und damit weitere Ausfälle nicht möglich sind. Jede der beiden Maschinen weist folglich die Merkmalsausprägungen „0-mal ausgefallen", „1-mal ausgefallen" und „2-mal ausgefallen" auf. Also können sowohl Merkmal X (Ausfallhäufigkeit der Maschine X/Tag) als auch Merkmal Y (Ausfallhäufigkeit der Maschine Y/Tag) die Ausprägungen „0", „1" und „2" annehmen. Der Ausfall der beiden Maschinen soll nun für 100 Tage untersucht werden. Die gemeinsamen absoluten und relativen Häufigkeiten, mit denen die oben angeführten Merkmalsausprägungen der konkreten Ausfallhäufigkeiten für Maschine X bzw. Maschine Y auftreten, ergeben sich aus folgender Häufigkeitstabelle; die relativen Häufigkeiten sind jeweils in Klammern angeführt.

Aufgabe 26 (Teil II, Häufigkeitstabelle): Absolute (relative) gemeinsame empirische Häufigkeit der Ausfälle/Tag der beiden Maschinen X und Y

Maschine X \ Maschine Y	Y_j = Anzahl der Ausfälle/Tag bei Y; (für j = 1,…, 3)			abs. (rel.) Randhäufigkeit von X
	$Y_1 = 0$	$Y_2 = 1$	$Y_3 = 2$	
X_i = Anzahl der Ausfälle / Tag bei X; für (i =1,…, 3)				
$X_1 = 0$	30 (0,30)	14 (0,14)	2 (0,02)	**46 (0,46)**
$X_2 = 1$	18 (0,18)	10 (0,10)	2 (0,02)	**30 (0,30)**
$X_3 = 2$	12 (0,12)	6 (0,06)	6 (0,06)	**24 (0,24)**
abs. (rel.) Randhäufigkeit von Y	**60 (0,6)**	**30 (0,30)**	**10 (0,10)**	**100 (1,0)**

Quelle: In Anlehnung an Bleymüller, J.: Wirtschaftsstatistik, a. a. O., Tab. 8.2, S. 45.

> **Aufgabe 26 (Teil III, Fragestellung): Ausfallhäufigkeiten der Maschinen X u. Y**
>
> a) Bestimmen Sie die nachfolgenden Größen: f_{22}; $f_{2.}$; $f(Y_2/X_2)$; $f(X_2/Y_2)$; f_{22}^*; h_{22}^*; $\overline{Y}$; $\overline{X}$; S_X^2; S_X; S_Y^2; S_Y.
>
> b) Überprüfen Sie anhand der bedingten Häufigkeiten $f(X_i/Y_j)$ die Unabhängigkeitsannahme.

4.5.2 Kovarianz (S_{XY})

Die Kovarianz S_{XY} ist ein Maß für die gemeinsame Streuung[152] zweier Merkmale X und Y. Sie ist für metrisch skalierte Merkmale definiert. Die Kovarianz untersucht die Frage, wie sich das eine Merkmal Y verändert (z. B. Körpergröße), wenn sich das andere Merkmal X ebenfalls verändert (z. B. Körpergewicht). Aus dieser Beschreibung wird bereits ersichtlich, dass die Kovarianz nur dann von „null" abweichende Werte aufweist, wenn die Merkmale sich gegenseitig beeinflussen, d. h. eine Abhängigkeit vorliegt. Die Kovarianz weist positive Werte auf, wenn eine positive (lineare) Abhängigkeit vorliegt, d. h. aus größeren Werten des Merkmals X (z. B. Körpergewicht) auch größere Werte des Merkmals Y (z. B. Köpergröße) folgen. Bei einer negativen (linearen) Abhängigkeit nimmt sie negative Werte an: Steigt z. B. der Preis eines Produkts (Merkmal X), so wird bei einer normal verlaufenden Nachfragefunktion eines Gutes die nachgefragte Menge (Merkmal Y) abnehmen.

Die Kovarianz ist von der Konzeption und formalen Definition eng verwandt mit der Varianz, die aus Sicht der Definition der Kovarianz als „die Streuung eines Merkmals mit sich selbst" aufgefasst werden kann.[153] Im Folgenden werden – wie auch bei den Kollektivmaßzahlen der eindimensionalen Darstellung – Definitionen der Kovarianz unter Verwendung von Einzelwerten und von H.V. vorgestellt. Zudem lassen sich bei den Formeln wiederum Original- und Kurzversionen unterscheiden, wie dies beispielsweise auch bei der Varianz der Fall war (vgl. Übersicht II-3-6b). Deshalb orientiert sich die Struktur der folgenden Darstellungen an der Struktur der Übersicht II-3-6b, wobei der Leser gedanklich den Begriff „Varianz" durch den Begriff „Kovarianz" zu ersetzen hat.

Wie noch zu zeigen sein wird, weist die Kovarianz bei der Bestimmung und Interpretation einige Probleme auf. Dies hat zur Konsequenz, dass aus den Werten der Kovarianz nur eingeschränkte Schlussfolgerungen getroffen werden können. Daher stellt sich die Frage, wozu die Kovarianz bei begrenzter Interpretationsmöglichkeit überhaupt Verwendung findet. Die Antwort gestaltet sich analog wie bei der Varianz: Auch sie kann inhaltlich nicht direkt interpretiert werden; dennoch stellen Vari-

---

[152] In der schließenden Statistik häufig mit „COV(X,Y)" bezeichnet.
[153] Diese enge Verwandtschaft wird anhand der Formeln im Laufe dieses Kapitels nochmals deutlich gemacht.

anz und Kovarianz zentrale „Zutaten"[154] bei der Bestimmung aussagekräftiger statistischer Größen wie beispielsweise Kennzahlen zur Beschreibung des Zusammenhangs metrisch skalierter Merkmale dar (z. B. dem Korrelationskoeffizienten, vgl. Kap. II.5.2). Sie dienen u. a. auch der Ermittlung von sogenannten Regressionsfunktionen (vgl. Kap. II.6), die eine funktionale Beziehung zwischen den beiden Merkmalen X und Y (Variablen) herstellen.

Nachfolgend werden auf Basis der Struktur der Übersicht II-3-6b

- die formale Definition der Kovarianz für Einzelwerte und für Häufigkeitsverteilungen auf Basis verschiedener Berechnungen vorgestellt,
- der Begriff der Kovarianz anhand von Graphiken inhaltlich erläutert und
- die Berechnung der Kovarianz für Einzelwerte und für H.V. anhand zweier Fallbeispiele aufgezeigt.

Formale Definition der Kovarianz für Einzelwerte:

Stellen $\overline{X}$ und $\overline{Y}$ die arithmetischen Mittel der Merkmalswerte von X und Y dar, so ist bei der Betrachtung von **Einzelwerten** die Kovarianz für (n) Beobachtungspaare (X_i, Y_i), mit: $i = 1, ..., n$, wie folgt definiert **(Originalversion)**:

$$S_{XY} = \frac{1}{n} \sum_{i=1}^{n} (X_i - \overline{X}) \cdot (Y_i - \overline{Y})$$

Wie hier nicht näher gezeigt wird, lässt sich die Formel vereinfachen[155] **(Kurzversion)** zu[156]:

$$S_{XY} = \frac{1}{n} \sum_{i=1}^{n} X_i \cdot Y_i - \overline{X} \cdot \overline{Y}$$

---

[154] Auch hier lässt sich wieder das Bild von der Hefe anführen, ohne die ein Kuchen nicht gelingt (weil er „nicht aufgeht"); gleichwohl ist die Hefe selbst nicht genießbar. Insoweit kann die Kovarianz (ebenso wie die Varianz) im übertragenen Sinne als die „Hefe beim Kuchenbacken" aufgefasst werden.

[155] Auf eine Darstellung des Beweises sei hier verzichtet; er erfolgt in Analogie zur Darstellung des Beweises bei der Varianz in Kap. II.3.4.4.

[156] Wird in der Formel (Original- und der Kurzversion) für die Kovarianz das „Y" durch das „X" ersetzt, d. h. die Streuung des Merkmals X mit sich selbst betrachtet, dann ergeben sich die nachfolgenden Formeln für die Varianz. Hieraus wird die enge Verwandtschaft von Varianz und Kovarianz ersichtlich:

$$S_{XX} = \frac{1}{n} \sum_{i=1}^{n} (X_i - \overline{X}) \cdot (X_i - \overline{X}) = S_X^2 = \frac{1}{n} \sum_{i=1}^{n} (X_i - \overline{X})^2 \quad \text{(Varianz Originalversion)}$$

$$S_{XX} = \frac{1}{n} \sum_{i=1}^{n} X_i \cdot X_i - \overline{X} \cdot \overline{X} = S_X^2 = \frac{1}{n} \sum_{i=1}^{n} X_i^2 - \overline{X}^2 \quad \text{(Varianz Kurzversion)}$$

Formale Definition der Kovarianz für H.V.:

Für eine zweidimensionale **H.V.** mit den absoluten Häufigkeiten $h(X_i, Y_j)$ bzw. den relativen Häufigkeiten $f(X_i, Y_j)$ ergibt sich die Kovarianz als (**Originalversion**):

$$S_{XY} = \frac{1}{n} \sum_{i=1}^{m} \sum_{j=1}^{r} (X_i - \overline{X}) \cdot (Y_j - \overline{Y}) \cdot h(X_i, Y_j) = \sum_{i=1}^{m} \sum_{j=1}^{r} (X_i - \overline{X}) \cdot (Y_j - \overline{Y}) \cdot f(X_i, Y_j)$$

Die Formel für die Kovarianz lässt sich wiederum vereinfachen zu (**Kurzversion**):

$$S_{XY} = \frac{1}{n} \sum_{i=1}^{m} \sum_{j=1}^{r} X_i \cdot Y_j \cdot h(X_i, Y_j) - \overline{X} \cdot \overline{Y} = \sum_{i=1}^{m} \sum_{j=1}^{r} X_i \cdot Y_j \cdot f(X_i, Y_j) - \overline{X} \cdot \overline{Y}$$

Graphische Erläuterung der Kovarianz:

Das Konzept der Kovarianz kann anhand der nachfolgenden Abb. II-4-4a und Abb. II-4-4b erläutert werden. Dabei sei im Folgenden beispielhaft unterstellt, dass die Merkmalswerte des Merkmals X das Körpergewicht und die Merkmalswerte des Merkmals Y die Körpergröße darstellen. Ausgangspunkt der Betrachtungen ist zunächst Abb. II-4-4a, die durch die Schnittpunkte der Linien des arithmetischen Mittels $\overline{X}$ und $\overline{Y}$, d. h. durch das durchschnittliche Körpergewicht und die durchschnittliche Körpergröße in die vier Quadranten I bis IV unterteilt wird. In den vier Quadranten sind die verschiedenen Merkmalskombinationen der Merkmale X und Y jeweils durch einen Punkt gekennzeichnet. Die Lage aller Punkte insgesamt wird auch als „Punktwolke" oder „Streuungsdiagramm der Punkte" bezeichnet.

Wie ersichtlich, verlaufen die meisten Punkte von links unten (III. Quadrant) nach rechts oben (I. Quadrant), so dass eine positive Beziehung vorliegt: Mit steigenden X-Werten (z. B. Körpergewicht) steigen auch die Y-Werte (z. B. Körpergröße). Durch die Hauptverlaufsrichtung der Punkte kann auch eine Gerade gezogen werden[157], sofern eine lineare Beziehung gegeben ist. Von dieser linearen Beziehung soll im Folgenden – aus noch näher zu erläuternden Gründen – ausgegangen werden.

In der Abb. II-4-4a weichen nur wenige Werte von dieser positiven Hauptverlaufsrichtung stärker ab. Sie liegen im II. und IV. Quadranten. Je mehr die Punkte der Merkmalskombinationen von der Geraden entfernt liegen, d. h. je stärker sie um die Gerade streuen, desto weniger intensiv ist die lineare Abhängigkeit (hier: eine positive lineare Abhängigkeit) zwischen X und Y ausgeprägt.

---

[157] Wie in Kap. II.6 noch erläutert wird, muss diese Gerade durch den Schwerpunkt der Punktwolke verlaufen.

Abb. II-4-4a: Interpretation der Kovarianz zweier Merkmale X und Y

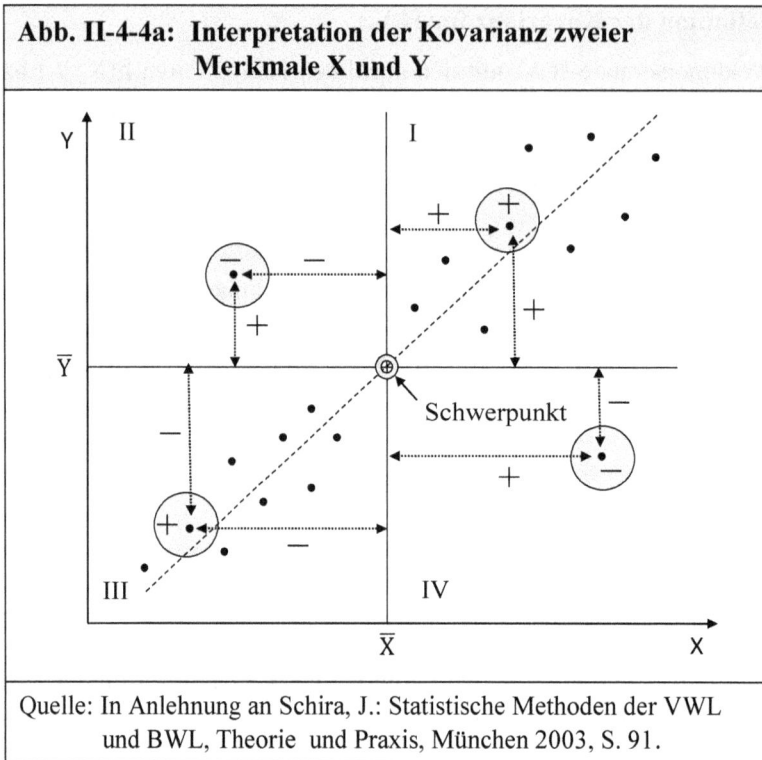

Quelle: In Anlehnung an Schira, J.: Statistische Methoden der VWL
und BWL, Theorie und Praxis, München 2003, S. 91.

Anhand der Kovarianz kann grundsätzlich erfasst werden, ob die Punkte von einer gedachten Geraden weit entfernt liegen und damit eine schwächere Abhängigkeit aufweisen oder ob sie nahe an der Geraden liegen und damit eine stärkere Abhängigkeit besitzen. Hierzu sei zunächst die Formel in der Originalversion für Einzelwerte betrachtet. Sie lautet:

$$S_{XY} = \frac{1}{n}\sum_{i=1}^{n}(X_i - \overline{X}) \cdot (Y_i - \overline{Y})$$

Wie ersichtlich ist, wird in der Formel jeweils die Abweichung der Merkmalswerte X und Y vom jeweiligen arithmetischen Mittel $\overline{X}$ bzw. $\overline{Y}$ gemessen (siehe die jeweilige Klammer der Formel). Das arithmetische Mittel von X und Y wird – wie bereits angesprochen – durch die beiden vertikal und horizontal verlaufenden Linien erfasst. Der Schnittpunkt der Mittelwerte heißt **Schwerpunkt der Punktwolke** (oder Schwerpunkt des Streuungsdiagramms). Die Abweichungen der Merkmalswerte X und Y vom jeweiligen arithmetischen Mittel sind in der Abb. II-4-4a graphisch durch die waagerecht und senkrecht verlaufenden Pfeile dargestellt: Wird nun beispielsweise eine Merkmalskombination, z. B. ein Punkt im I. Quadranten betrachtet, so weicht dieser Punkt sowohl für das Merkmal X, als auch das Merkmal Y positiv von den Mittelwertlinien ab, da der betrachtete Punkt rechtsoben vom Schwerpunkt liegt. Beide Abweichungsstrecken sind somit positiv, was in der Abb. II-4-4a durch ein „+" an den jeweiligen Pfeilen gekennzeichnet ist. Eine hierzu genau umgekehrte

Situation besteht im III. Quadranten: Hier sind beide Abweichungen jeweils negativ. Schließlich finden sich im II. und IV. Quadranten Kombinationen von positiven und negativen Abweichungen (s. Kennzeichnungen der Abweichungen durch ein „+" oder „–").

Nun sieht die oben angeführte Formel für die Kovarianz vor, dass die Abweichungen der beiden Merkmalswerte vom jeweiligen arithmetischen Mittel miteinander **multipliziert** und dann **aufaddiert** werden. Dies hat zur Folge, dass bei ausschließlich positiven Abweichungen (I. Quadrant) und bei ausschließlich negativen Abweichungen (III. Quadrant), d. h. bei einer positiven Beziehung (Abhängigkeit) die Abweichungsprodukte ausschließlich positiv sind (siehe Kennzeichnung „+" im Kreis des jeweils betrachteten Punktes im I. und III. Quadranten). Andererseits fallen die Abweichungsprodukte im II. und IV. Quadranten negativ aus.

Die Formel für die Kovarianz enthält die **aufsummierten** Abweichungsprodukte der Merkmalskombinationen, die dann durch die **Beobachtungszahl n** dividiert werden, so dass sich eine **durchschnittliche Abweichungsproduktsumme** ergibt. Je häufiger die Abweichungsprodukte positiv sind, umso höher fällt (bei gegebener Dimension der Merkmalswerte und gegebener Beobachtungszahl) die Summe der Abweichungsprodukte aus, d. h. umso größer ist die Kovarianz. Diese Situation ist in Abb. II-4-4a dargestellt. Der Sachverhalt findet sich in ähnlicher Form auch in Abb. II-4-4b wieder. In dieser Abbildung sind **vier verschiedene Zusammenhangsverläufe (a) bis (d)** im Vergleich dargestellt: Die Fälle (a) und (b) sind durch einen positiven Verlauf gekennzeichnet, der allerdings im Fall (a) stärker ausgeprägt ist als im Fall (b), d. h. im Fall (a) liegt eine stärkere Abhängigkeit zwischen X und Y vor als im Fall (b). In beiden Fällen dominieren die positiven Abweichungsprodukte, wobei die Summe der Abweichungsprodukte und damit auch die Kovarianz (bei gleicher Dimension der Merkmalswerte und identischer Beobachtungszahl) im Fall (a) größer ausfällt als im Fall (b), da hier die Merkmalskombinationen näher an einer gedachten Geraden liegen, d. h. nicht so stark streuen und die Anzahl der negativen Abweichungsprodukte geringer ausfällt.

Allerdings hängt – wie noch zu zeigen sein wird – die Höhe der Kovarianz auch von der Dimension der Merkmalswerte und der Beobachtungszahl ab, so dass nicht immer die Situation eintreten wird, dass näher an einer linearen Beziehungsgeraden liegende Punkte auch eine höhere Kovarianz aufweisen. Dies führt zu dem zentralen Problem, dass aus der Höhe der Kovarianz nicht auf die Stärke der Abhängigkeit (Korrelation) geschlossen werden kann. Um dieses Problem zu lösen, wird die Kovarianz mit den Standardabweichungen der beiden Merkmalswerte X und Y normiert, so dass sich dann der **Bravais-Pearson Korrelationskoeffizient (r)** als „normierte Kovarianz" wie folgt ergibt (s. auch Ausführungen in Kap. II.5.2):

$$r = \frac{S_{XY}}{S_X \cdot S_Y}$$

Der Wert des Korrelationskoeffizienten (r) fällt umso höher aus, je weniger die Punkte von der Geraden abweichen. Liegen alle Merkmalskombinationen auf einer Geraden, z. B. auf einer positiv verlaufenden Geraden, so kann ein höherer Merkmalswert von Y nur durch einen höheren Wert von X bewirkt werden. Damit wird der Y-Wert ausschließlich durch den X-Wert geprägt und es liegt **eine perfekte positive lineare Abhängigkeit** vor; für diesen Fall erreicht der Korrelationskoeffizient (r) seinen **Maximalwert (+1)**.

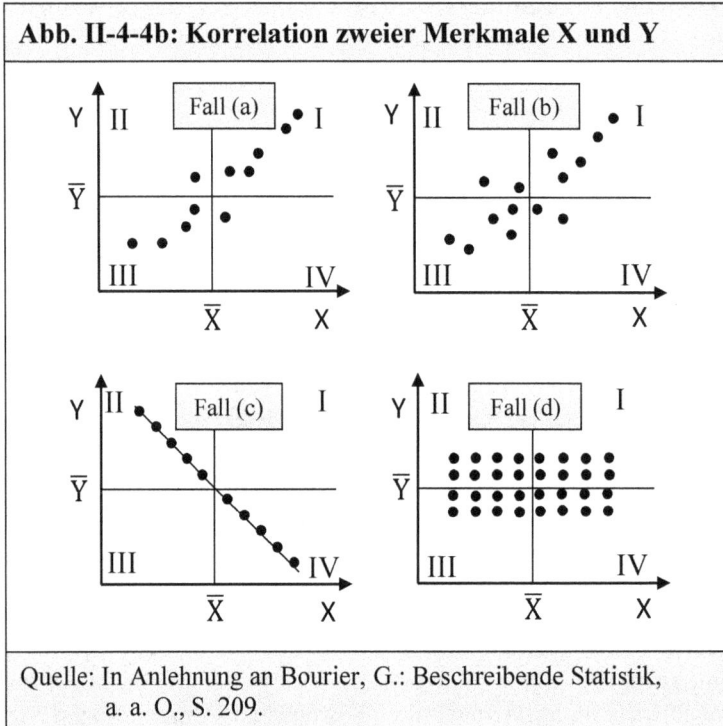

Abb. II-4-4b: Korrelation zweier Merkmale X und Y

Quelle: In Anlehnung an Bourier, G.: Beschreibende Statistik,
a. a. O., S. 209.

Weist umgekehrt die Gerade eine negative Steigung auf und liegen alle Werte auf dieser Geraden (Fall (c) der Abb. II-4-4b), dann besteht eine **perfekte negative lineare Abhängigkeit** zwischen den beiden Merkmalen, so dass hier der Korrelationskoeffizient mit $(\mathbf{r = -1})$ seinen kleinsten Wert, bzw. bei Beseitigung des negativen Vorzeichens und Betrachtung von Absolutbeträgen wiederum den größten Wert des Korrelationskoeffizienten $(|\mathbf{r}| = +1)$ aufweist. Damit gilt für den Wertebereich von r: $(\mathbf{-1 \leq r \leq +1})$.

Im Unterschied zum Korrelationskoeffizienten (r) weist die **Kovarianz keinen Maximalwert auf**, d. h. sie bewegt sich nicht in einem fest vorgegebenen Intervall. Die Kovarianz kann daher für $S_{XY} \neq 0$ nicht interpretiert werden, stellt aber eine wichtige Rechengröße[158] u. a. für den Korrelationskoeffizienten dar. Dass die Kovarianz

---

[158] Es sei nochmals an das Bild der „Hefe" beim „Kuchenbacken" erinnert.

keinen Maximalwert besitzt, lässt sich beispielsweise an der Situation des Falles (c) der Abb. II-4-4b aufzeigen: Hier treten nur negative Abweichungsquadrate auf und die Kovarianz wird somit einen negativen, von null abweichenden Wert aufweisen[159]. Wie stark die Kovarianz von null abweicht, kann allerdings nicht aus der Graphik ersehen werden, da diese Abweichung auch von der Dimension und der Beobachtungszahl der Merkmalswerte bestimmt wird, d. h. keinen Maximalwert aufweist (s. hierzu auch Ausführungen am Ende dieses Kapitels).

Im Fall (d) entsprechen sich positive und negative Abweichungsprodukte, so dass die Summe der Abweichungsprodukte und damit die Kovarianz bzw. der Korrelationskoeffizient den Wert „null" annehmen. Alle Wertekombinationen streuen somit gleichmäßig um den Schwerpunkt, d. h. den Schnittpunkt der beiden durch die Mittelwerte von X und Y bestimmten Linien. Die Merkmale X und Y weisen keine Abhängigkeit auf: Bei vertikaler Betrachtung ist ersichtlich, dass zu jedem gegebenen X-Wert viele Y-Werte auftreten, d. h. der Y-Wert streut, ohne dass der X-Wert sich verändert. Diese Streuung von Y ist damit nicht durch die Streuung von X verursacht, d. h. X hat keinen Einfluss auf Y. Beide Merkmale X und Y sind voneinander unabhängig. Ist das Merkmal Y von X unabhängig (abhängig), bedeutet es gleichzeitig, dass X von Y unabhängig (abhängig) ist. Kovarianz und Korrelationskoeffizient treffen damit keine Aussage über die Richtung der Abhängigkeit, d. h. Ursache und Wirkung einer Abhängigkeit werden nicht identifiziert. Im Fall (d) kann die Unabhängigkeit auch horizontal beschrieben werden: Zu jedem gegebenen Y-Wert variieren die X-Werte, so dass auch in dieser Hinsicht Unabhängigkeit von X und Y besteht. Grundsätzlich würde somit eine Punktwolke, die nur auf einer Senkrechten oder nur auf einer Waagerechten liegt, bereits eine vollständige Unabhängigkeit zum Ausdruck bringen.

Insgesamt lässt sich festhalten: Je mehr die Merkmalskombinationen von einer positiv oder negativ verlaufenden Geraden abweichen, desto geringer fällt die Korrelation aus. Liegen alle Punkte auf einer Geraden mit positiver oder negativer Steigung, dann liegt eine perfekte positive oder negative lineare Korrelation vor. Verläuft die Gerade mit den Punkten allerdings **senkrecht oder waagerecht**, dann besteht **Unabhängigkeit** und die Kovarianz weist den Wert „null" auf. Diese Aussagen gelten aber nur für **lineare** Beziehungen, d. h. die Kovarianz kann nur **lineare Abhängigkeiten** zweier Merkmale erfassen, wie an späterer Stelle dieses Kapitels noch aufgezeigt wird. Sind die Merkmale **nichtlinear voneinander abhängig,** kann die Kovarianz selbst bei einer starken nichtlinearen Abhängigkeit einen Wert von „null" aufweisen. Daher lässt sich nur folgende Aussage tätigen: Eine **Kovarianz** von **„null"** zeigt an, dass **keine** lineare **Abhängigkeit** vorliegt. Gleichwohl kann hier eine hohe nichtlineare Beziehung bestehen. Daher empfiehlt es sich immer, zunächst graphisch in einem Streuungsdiagramm den Verlauf der Punktwolke zu überprüfen. Ist der

---

[159] Eine graphische Interpretation der Kovarianz für eine negative Abhängigkeit findet sich bei Hochstädter, D.: Statistische Methodenlehre, a. a. O., S. 131 f.

Verlauf nichtlinear, kommt die Kovarianz zu verzerrten Aussagen. Im Folgenden soll zunächst für **Einzelwerte** und dann für eine **H.V.** die Berechnung der Kovarianz auf der Basis zweier Fallbeispiele aufgezeigt werden.

Fallbeispiel „Haushaltsnettoeinkommen (X) und Bruttokaltmiete (Y) von 12 privaten Haushalten"[160]:

Für 12 private Haushalte stehen die in Tabelle II-4-11 dargestellten Informationen über die Merkmalswerte X und Y als Einzelwerte zur Verfügung[161]. Die Abb. II-4-5 zeigt, dass es sich bei den Daten dieses Beispiels um eine positive lineare Beziehung der Merkmale X und Y handelt, d. h. mit zunehmendem Haushaltsnettoeinkommen nimmt auch die gezahlte monatliche Bruttokaltmiete zu. Ausgehend von der Formel der Kovarianz für Einzelwerte ergibt sich auf Basis der Daten der Tab. II-4-11 für die Kovarianz[162]:

$$S_{XY} = \frac{1}{n} \sum_{i=1}^{n} X_i \cdot Y_i - \overline{X} \cdot \overline{Y}. \quad \text{Für das Beispiel errechnet sich:}$$

$$\frac{1}{n} \sum_{i=1}^{n} X_i \cdot Y_i = \frac{27,5936}{12} = 2,2995; \quad \overline{X} = \frac{34,3}{12} = 2,8583; \quad \overline{Y} = \frac{8,3056}{12} = 0,6921$$

Somit ergibt sich für die Kovarianz: $S_{XY} = 2,2995 - 2,8583 \cdot 0,6921 = 0,3211$

Aufgrund der positiven Beziehung der Merkmale X und Y weist die Kovarianz ein positives Vorzeichen auf. Allerdings kann von der Höhe der Kovarianz nicht auf die Stärke der linearen Abhängigkeit geschlossen werden: Der Wert der Kovarianz fällt mit $S_{XY} = 0,3211$ zwar relativ klein aus, doch eine Überführung der Kovarianz in den Bravais-Pearson Korrelationskoeffizienten erbringt einen Wert von r = 0,9542, wie in Kap. II.5.2 noch näher aufgezeigt wird. Dieser Korrelationskoeffizient liegt

---

[160] Die Bruttokaltmiete errechnet sich, indem zur Nettokaltmiete (Grundmiete) die „kalten" Betriebskosten hinzugerechnet werden; zu den „kalten" Betriebskosten zählen die Kosten der Wasserver- und Entsorgung, Müllabfuhr, Straßenreinigung, die Bewirtschaftungskosten des Mietobjekts wie Straßen- und Schornsteinreinigung, Hausmeister, Hausreinigung, Gartenpflege, Versicherungen, Unterhaltung der Aufzüge etc. Werden zur Bruttokaltmiete die Kosten für Heizung und Warmwasser addiert, ergibt sich die Warmmiete. Zur Höhe des durchschnittlichen Haushaltsnettoeinkommens in Deutschland vgl. Tab. I-4-2.

[161] Dieses Beispiel durchzieht das gesamte Buch und liegt sowohl dem Korrelationskoeffizienten im Kap. II.5.2 als auch der Regressionsanalyse im Kap. II.6 zugrunde. Die zu diesem Beispiel ermittelten Ergebnisse wurden mit hoher Genauigkeit gerechnet und weichen häufiger von den Ergebnissen ab, die sich aufgrund der dargestellten Zahlen mit nur begrenzter Nachkommastelle ergeben. Diese Abweichung kann nicht vermieden werden, da ansonsten alle Zahlen mit vielen Nachkommastellen dargestellt werden müssten.

[162] Über „Excel" lässt sich die Kovarianz für Einzelwerte über den Befehl „= Kovarianz.P(Array1;Array2)" errechnen. Array1 enthält die Felderangabe der Exceldatei, in der die (n) Merkmalswerte des ersten Merkmals stehen; Array2 enthält die Felderangabe der Exceldatei, in der die (n) Merkmalswerte des zweiten Merkmals stehen. Zu Einzelheiten siehe die Ausführungen im Anhang, Teil D.

nahe am Maximalwert $r = +1$. Damit besteht in diesem Beispiel eine sehr hohe (sehr starke) positive lineare Abhängigkeit (Korrelation), auch wenn der Wert der Kovarianz dies nicht unbedingt vermuten lässt.

Tab. II-4-11: Monatliches Haushaltsnettoeinkommen (X_i) und monatliche Bruttokaltmieten (Y_i) (jeweils in Tsd. €)

i	X_i (in Tsd. €)	Y_i (in Tsd. €)	X_i^2 (in Mio. €)	Y_i^2 (in Mio. €)	$X_i \cdot Y_i$ (in Mio. €)
1	3,3	0,7009	10,89	0,4913	2,3130
2	0,7	0,3587	0,49	0,1286	0,2511
3	4,7	1,0130	22,09	1,0262	4,7611
4	4,4	1,0060	19,36	1,0120	4,4264
5	2,8	0,5770	7,84	0,3329	1,6156
6	3,5	0,9032	12,25	0,8157	3,1611
7	3,8	0,7920	14,44	0,6273	3,0096
8	2,6	0,7351	6,76	0,5404	1,9113
9	1,6	0,4948	2,56	0,2448	0,7917
10	4,1	1,0435	16,81	1,0890	4,2785
11	1,9	0,4610	3,61	0,2125	0,8759
12	0,9	0,2204	0,81	0,0486	0,1984
Σ	34,3	8,3056	117,91	6,5693	27,5936

Abb. II-4-5: Lineare Beziehung zweier Merkmale X und Y (Beispiel „Haushaltsnettoeinkommen (X) und Bruttokaltmieten (Y)")

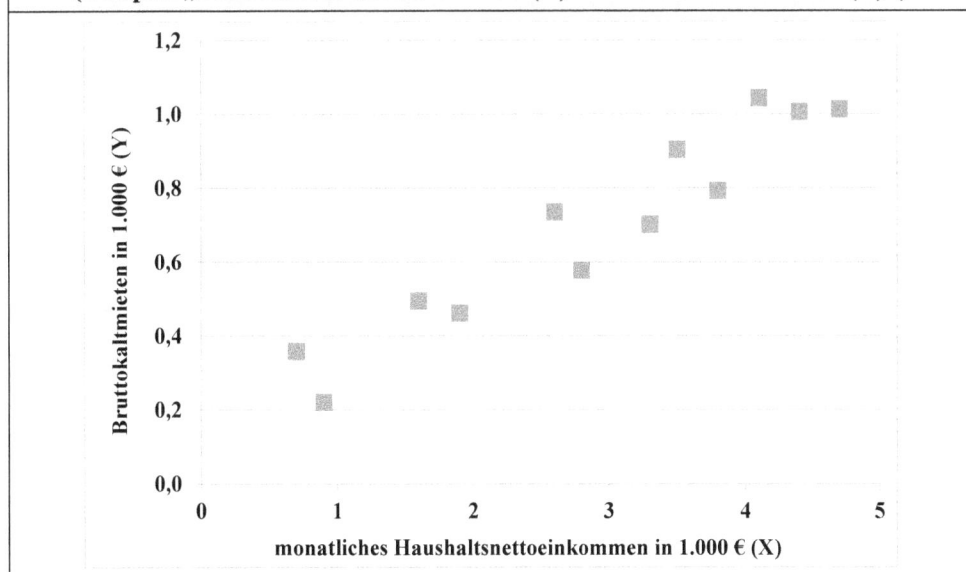

Fallbeispiel „Körpergewicht (X) und Körpergröße (Y) von Personen":

Im Folgenden soll für das schon bekannte Beispiel „Körpergewicht (X) und Körpergröße (Y)" (vgl. Tab. II-4-2, II-4-3) die Kovarianz über die Kurzversion unter Verwendung von **absoluten Häufigkeiten** berechnet werden. Aus der nachfolgenden Tab. II-4-12 sind die Formel, die Daten und die Umsetzung der Formel der Kovarianz (Kurzversion) ersichtlich. Da es sich um klassifizierte Daten handelt, werden die Merkmale X und Y wiederum über die Klassenmitten abgebildet. Der Rechengang zur Ermittlung der Kovarianz stellt sich wie folgt dar: Für jedes Feld (Zelle) der Häufigkeitstabelle sind die dem Feld zugeordneten Klassenmitten X_i' und Y_j' der beiden Merkmale X und Y zu multiplizieren und mit den gemeinsamen absoluten Häufigkeiten zu gewichten (siehe die Formel in Tab. II-4-12 unterhalb der Zahlen). Anschließend werden diese gewichteten Merkmalsprodukte aufaddiert und durch die Beobachtungszahl (n) dividiert[163]. Schließlich ist hiervon das Produkt der arithmetischen Mittelwerte beider Merkmalswerte abzuziehen.

Es ergibt sich ein positiver Wert von $S_{XY} = 50,5$ [kg·cm] (s. Tab. II-4-12). Die Kovarianz weicht von „null" nach oben ab und deutet somit eine **positive Abhängigkeit** von Körpergewicht und Körpergröße an. Dies bedeutet, dass ein höheres Körpergewicht mit einer größeren Körpergröße einhergeht und umgekehrt. Wie stark die positive Abhängigkeit aber ausfällt, kann aus dem Wert der Kovarianz nicht geschlossen werden. Hier zeigt die zusätzlich berechnete „normierte Kovarianz", d. h. der Bravais-Pearson Korrelationskoeffizient $[r = S_{XY}/(S_X \cdot S_Y)]$ an, dass mit einem Wert von $r = 0,4231$ nur eine schwache positive lineare Abhängigkeit besteht, da r in der Mitte des möglichen Intervalls $(-1 \leq r \leq +1)$ liegt (siehe auch Kap. II.5.2).

Abschließend soll – nach der graphischen Begründung – nun auch formal nachgewiesen werden, dass die Kovarianz bei Unabhängigkeit „null" beträgt. Hierzu sind die Erkenntnisse des Multiplikationssatzes der Wahrscheinlichkeitslehre bei Unabhängigkeit (vgl. Kap. II.4.4) in die Formeln zu integrieren. Ausgangspunkt der Darstellung bildet die bereits dargestellte Formel für die Kovarianz in der Kurzversion unter Verwendung von relativen Häufigkeiten. Die Formel lautet:

$$S_{XY} = \sum_{i=1}^{m} \sum_{j=1}^{r} X_i \cdot Y_j \cdot f(X_i, Y_j) - \overline{X} \cdot \overline{Y}$$

Besteht **Unabhängigkeit** der Merkmale X und Y, so stimmen empirische und theoretisch zu erwartende gemeinsame relative Häufigkeiten überein. Die theoretisch erwarteten relativen Häufigkeiten $f^*(X_i, Y_j)$ bestimmen sich wie folgt (s. Kap. II.4.4):

$$f^*(X_i, Y_j) = f(X_i) \cdot f(Y_j) = f(X_i, Y_j)$$

---

[163] Alternativ können die Merkmalsprodukte auch mit den gemeinsamen relativen Häufigkeiten gewichtet werden.

Wird diese Bedingung in die zuvor angeführte Formel für die Kovarianz eingesetzt, so zeigt sich, dass die Kovarianz den Wert „null" annimmt:

$$S_{XY} = \sum_{i=1}^{m}\sum_{j=1}^{r} X_i \cdot Y_j \cdot f(X_i, Y_j) - \overline{X} \cdot \overline{Y} = \sum_{i=1}^{m}\sum_{j=1}^{r} X_i \cdot Y_j \cdot f(X_i) \cdot f(Y_j) - \overline{X} \cdot \overline{Y}$$

Und somit: $S_{XY} = \sum_{i=1}^{m} X_i \cdot f(X_i) \cdot \sum_{j=1}^{r} Y_j \cdot f(Y_j) - \overline{X} \cdot \overline{Y} = \overline{X} \cdot \overline{Y} - \overline{X} \cdot \overline{Y} = 0$

Tab. II-4-12: Kovarianz S_{XY} u. Bravais-Pearson Korrelationskoeffizient (r) (Beispiel „Körpergewicht, Körpergröße")

Körpergröße Y in cm / Körpergewicht X in kg		j	1	2	3	4	5	abs. Randhäufigkeit von X
		Y_j'	155	165	175	185	195	
i	X_i'							
1	55		3	5	8	3	1	20
2	65		4	25	40	10	1	80
3	75		2	10	20	6	2	40
4	85		1	8	10	16	5	40
5	95		0	2	2	5	11	20
abs. Randhäufigkeit von Y			10	50	80	40	20	200

Kovarianz $S_{XY} = \dfrac{1}{n}\sum_{i=1}^{m}\sum_{j=1}^{r} X_i' \cdot Y_j' \cdot h(X_i, Y_j) - \overline{X} \cdot \overline{Y}$

$S_{XY} = 1/200 \cdot [55 \cdot 155 \cdot 3 + 55 \cdot 165 \cdot \quad 5 + \ldots + 55 \cdot 195 \cdot 1$
$\qquad + 65 \cdot 155 \cdot 4 + 65 \cdot 165 \cdot 25 + \ldots + 65 \cdot 195 \cdot 1$
$\qquad + 75 \cdot 155 \cdot 2 + 75 \cdot 165 \cdot 10 + \ldots + 75 \cdot 195 \cdot 2$
$\qquad + 85 \cdot 155 \cdot 1 + 85 \cdot 165 \cdot \quad 8 + \ldots + 85 \cdot 195 \cdot 5$
$\qquad + 95 \cdot 155 \cdot 0 + 95 \cdot 165 \cdot \quad 2 + \ldots + 95 \cdot 195 \cdot 11]$
$\qquad - 73 \cdot 175{,}5$
$\quad = 1/200 \cdot [189\,200 + 896\,350 + 522\,000 + 608\,600 + 356\,250] - 12\,811{,}5$
$\quad = 12\,862 - 12\,811{,}5 = 50{,}5\ [\mathrm{kg} \cdot \mathrm{cm}]$

Standardabweichung: $S_X = 11{,}6619\ [\mathrm{kg}]$; Standardabweichung: $S_Y = 10{,}2347\ [\mathrm{cm}]$

Bravais-Pearson Korrelationskoeffizient (r):

$r = S_{XY}/(S_X \cdot S_Y) = 50{,}5\ [\mathrm{kg} \cdot \mathrm{cm}]/(11{,}6619\ [\mathrm{kg}] \cdot 10{,}2347\ [\mathrm{cm}]) = 0{,}4231$

Begrenzte Aussagekraft der Kovarianz (S_{XY}) und Überführung in den Bravais-Pearson Korrelationskoeffizienten

Wie bereits angesprochen, ist die Kovarianz nicht auf einen Maximalwert normiert. Zudem ist sie von verschiedenen Einflüssen abhängig und nur für lineare Beziehungen aussagekräftig. Daher kann von der Höhe der Kovarianz (außer im Fall der linearen Unabhängigkeit zweier Merkmale; $S_{XY} = 0$) nicht auf die Stärke der Beziehung zweier Merkmale X und Y geschlossen werden. Informationen über das Ausmaß der linearen Beziehung (Korrelation) zweier metrischer Merkmale liefert der in Kap. II.5.2 dargestellte Korrelationskoeffizient nach Bravais-Pearson, der gewissermaßen als die „normierte Kovarianz" verstanden werden kann; daher dient die Kovarianz als Hilfsgröße bei der Berechnung des Korrelationskoeffizienten[164]. Diese Aspekte und ihre Schlussfolgerungen sollen im Folgenden nochmals im Gesamtüberblick vertieft werden.

1.)   Kovarianz besitzt keinen bestimmten Maximalwert

Bei perfekter positiver oder negativer Korrelation konvergiert die Kovarianz nicht gegen einen bestimmten Maximalwert[165]. Für $S_{XY} \neq 0$ liefert sie keinen Orientierungswert für die Stärke des Zusammenhangs zweier Merkmale X und Y. Diese unzureichende Interpretation wird beseitigt, wenn die Kovarianz S_{XY} durch die Streuung S_X und S_Y dividiert wird, d. h. der Bravais-Pearson Korrelationskoeffizient (r) gebildet wird, mit: $r = S_{XY}/(S_X \cdot S_Y)$.

Der Korrelationskoeffizient (r) konvergiert gegen den Maximalwert ($r = +1$) bzw. ($r = -1$) (siehe Kapitel II.5.2). Damit kann von der Höhe des Korrelationskoeffizienten auf die Stärke der Korrelation geschlossen werden (vgl. hierzu auch die Ausführungen in Kap. II.5.2, die eine verbale Übersetzung für unterschiedliche Werte von (r) vorsehen).

2.)   Unterschiedliche Kovarianzen bei identischen Abhängigkeiten

Die Kovarianzen zweier Merkmale X und Y können in zwei verschiedenen Gesamtheiten trotz identischer Abhängigkeiten der Merkmale (z. B. perfekte positive Abhängigkeit) voneinander abweichen, weil c. p. in beiden Gesamtheiten

---

[164] Gemäß der hier im Buch verwandten Bildersprache handelt es sich bei der Kovarianz somit um die „Hefe beim Kuchenbacken". Die Kovarianz (Hefe) ist für sich nicht aussagekräftig (genießbar), aber sie ist ein unverzichtbares Element (unverzichtbare Zutat) bei der Herleitung des Korrelationskoeffizienten (beim „Kuchenbacken").

[165] Dieser Aspekt trifft auch auf andere Kenngrößen wie beispielsweise den Chi-Quadrat-Wert im Zusammenhang mit der Herleitung des Kontingenzkoeffizienten zu. Dort lassen sich aber – anders als bei der Kovarianz – in Abhängigkeit von den Einflussgrößen situationsabhängige Obergrenzen berechnen (vgl. Kap. II.5.4). Dass ein Maximalwert fehlt, erweist sich in der deskriptiven Statistik immer wieder als Problem, das durch Normierungen zu lösen ist.

a) eine unterschiedliche Beobachtungszahl[166] (n) oder

b) eine unterschiedliche Dimension der Merkmale X und Y vorliegt[167].

Zu 2a): Auch wenn zwischen den Merkmalen X und Y in zwei verschiedenen statistischen Gesamtheiten I und II eine **identische Abhängigkeit** besteht (z. B. eine perfekte positive Abhängigkeit), können die errechneten Werte für die **Kovarianzen** in den beiden Situationen dennoch aufgrund unterschiedlicher Beobachtungszahlen (n_1) und (n_2) in den beiden Gesamtheiten voneinander abweichen (vgl. Abb. II-4-6).

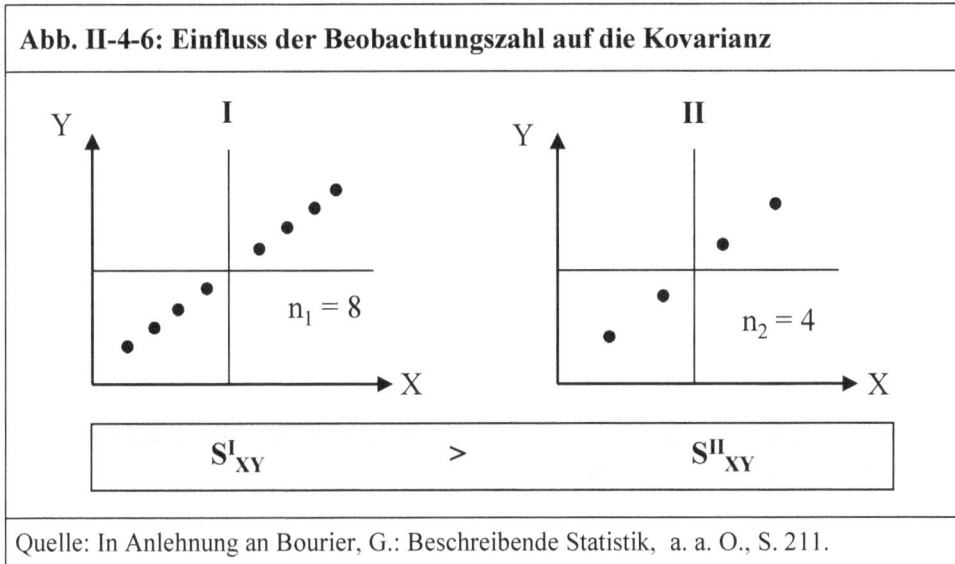

Abb. II-4-6: Einfluss der Beobachtungszahl auf die Kovarianz

Quelle: In Anlehnung an Bourier, G.: Beschreibende Statistik, a. a. O., S. 211.

Ist z. B. $(n_1) > (n_2)$, dann wird c. p. die Kovarianz S_{XY}^I im Fall I größer ausfallen als die Kovarianz S_{XY}^{II} im Fall II, auch wenn in beiden Fällen gleiche Abhängigkeiten bestehen. Denn $(n_1 > n_2)$ hat zur Folge, dass bei der Gesamtheit I für eine größere Anzahl von Merkmalsträgern[168] die Merkmalsproduktsumme gebildet wird als bei der Gesamtheit II. Die abweichenden Kovarianzen könnten zu der falschen Schlussfolgerung verleiten, dass der lineare Zusammenhang im Fall I stärker ausgeprägt ist als im Fall II. Um diese Verzerrung auszuschalten und den unterschiedlichen Einfluss von (n) zu berücksichtigen, ist die Kovarianz wiederum mit den Standardab-

---

[166] Vgl. Bourier, G., Beschreibende Statistik, a. a. O., S. 211.

[167] Es handelt sich hiermit wieder um das sogenannte „Maus-Elefant-Problem", d. h. selbst bei identischer relativer Beziehung von Körpergröße und Körpergewicht, die z. B. jeweils bei Mäusen bzw. Elefanten gemessen würde, käme es aufgrund der unterschiedlichen Größenordnungen der Merkmalswerte zu unterschiedlichen Kovarianzen (vgl. gleiche Problematik bei der Ermittlung der Standardabweichung; hier wird das Problem durch das relative Streuungsmaß, d.h. durch den Variationskoeffizienten (VC) gelöst).

[168] Zwar werden die Produkte durch n dividiert, aber die höhere Anzahl der Summanden kann dennoch die Kovarianz ansteigen lassen.

246 Deskriptive Statistik

weichungen von S_X und S_Y zu normieren, d. h. in den Korrelationskoeffizienten (r) zu überführen. Diese stimmen dann für beide Gesamtheiten überein und zeigen eine identische Abhängigkeit an.

Zu 2b): Die Kovarianz S_{XY} hängt ebenso wie die Varianz von der Dimension (Größenordnung) der Merkmalswerte ab. Dies wurde bereits in Tab. II-3-14 (s. Kap. II.3.4.5) für das dort dargestellte Beispiel der beiden Merkmale „Körpergewicht (X) und Körpergröße (Y)" für die beiden Gesamtheiten „Hunde" und ihre „Frauchen/Herrchen" aufgezeigt. In dem Beispiel sind die Hunde nur 1/10 so schwer bzw. 1/10 so groß wie ihre „Frauchen/Herrchen". Die Tabelle macht deutlich, dass – trotz identischer relativer Streuungen bzw. trotz identischer Abhängigkeiten – die Varianzen und Kovarianzen der Körpergewichte und Körpergrößen in beiden Gesamtheiten **abweichen**. Demgegenüber weist der Korrelationskoeffizient (ebenso wie der Variationskoeffizient) übereinstimmende Werte in beiden Fällen auf, weil es sich hier um dimensionslose und von der Größenordnung der Merkmalswerte unabhängige Kennzahlen handelt. Der Korrelationskoeffizient ist dimensionslos, da sich in der Formel für den Korrelationskoeffizienten die Dimensionen der Kovarianz mit den Dimensionen der Standardabweichungen wegkürzen (vgl. auch Kap. II.5.2).

3.) Identische Kovarianz bei unterschiedlicher Abhängigkeit

Es ist auch die **umgekehrte Situation** denkbar, dass die **Kovarianzen** der Merkmale X und Y in zwei unterschiedlichen Gesamtheiten **übereinstimmen**, obwohl **unterschiedliche Abhängigkeiten** bestehen[169] (vgl. Abb. II-4-7).

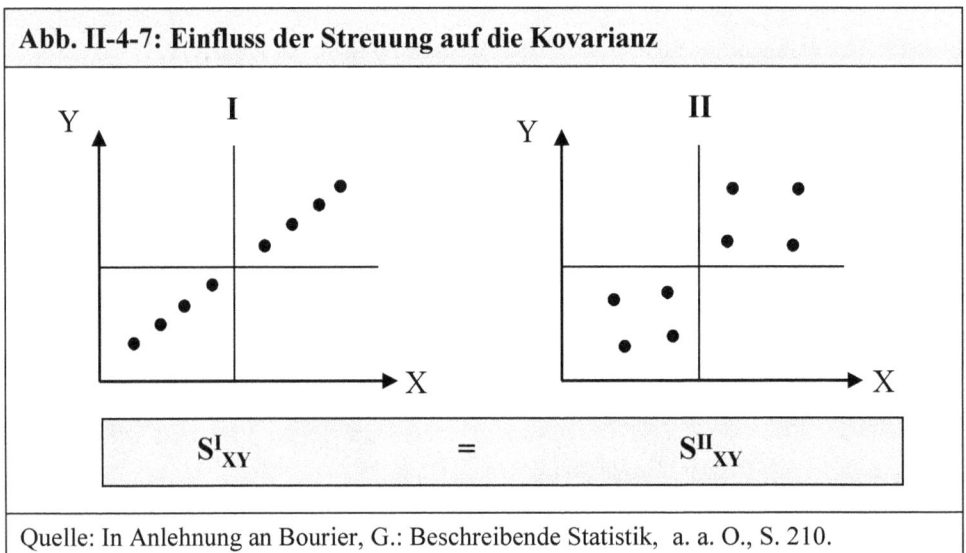

Abb. II-4-7: Einfluss der Streuung auf die Kovarianz

Quelle: In Anlehnung an Bourier, G.: Beschreibende Statistik, a. a. O., S. 210.

Daher darf aus übereinstimmenden Kovarianzen zweier Gesamtheiten I und II nicht auf eine identische Abhängigkeit geschlossen werden. Denn die Abweichungspro-

---

[169] Vgl. Bourier, G.: Beschreibende Statistik, a. a. O., S. 211.

dukte können für verschiedene Streuungen der Merkmalswerte X und Y, d. h. für unterschiedliche Punktwolken durchaus übereinstimmen. Werden allerdings die Kovarianzen beider Gesamtheiten durch die Streuung S_X bzw. S_Y der jeweiligen Gesamtheit dividiert, d. h. werden die Bravais-Pearson Korrelationskoeffizienten (r) gebildet, so unterscheiden sich diese immer dann, wenn abweichende Abhängigkeiten vorliegen. Damit kann der Korrelationskoeffizient auch dieses Problem der Kovarianz „heilen".

4.) Kovarianz kann nur lineare Zusammenhänge beschreiben

Wie bereits zuvor angedeutet, kann die Kovarianz nur lineare Abhängigkeiten zweier Merkmale X und Y beschreiben. Eine lineare Abhängigkeit liegt vor, wenn die beiden Merkmale durch eine lineare Funktion folgender Art verknüpft sind:

$Y = a + b \cdot X$

Dabei stellt „b" den Steigungsparameter dar; der Parameter „a" gibt den Schnittpunkt der Funktion mit der Ordinate an.

Die Kovarianz kann trotz bestehender Abhängigkeit den Wert „null" annehmen, wenn es sich um eine **nicht**lineare Beziehung handelt. So sind Situationen denkbar, in denen selbst bei einer perfekten **nicht**linearen Abhängigkeit die Kovarianz „null" beträgt: Beispielsweise könnten alle Merkmalskombinationen auf einem Kreis liegen oder durch eine quadratische Funktion abgebildet werden (z. B. Spritverbrauch [l/100 km] eines PKWs (Merkmal Y) in Abhängigkeit von der Geschwindigkeit [km/Std.] des PKWs (Merkmal X)[170]; (vgl. die Fälle a und b in Abb. II-4-8).

Für die Kovarianz errechnet sich in beiden Situationen (a) und (b) der Abb. II-4-8 jeweils ein Wert von „null", da der Mittelpunkt der Punktwolke mit dem Schnittpunkt der arithmetischen Mittel $\bar{X}$ und $\bar{Y}$ übereinstimmt und die Abweichungsprodukte in der Formel der Kovarianz sich zu „null" addieren. Da der Korrelationskoeffizient sich als normierte Kovarianz versteht, hat eine Kovarianz von „null" (Zähler des Korrelationskoeffizienten) auch einen Korrelationskoeffizienten von „null" zur Folge, obwohl eine perfekte nichtlineare Abhängigkeit vorliegt. Damit kann der Korrelationskoeffizient – anders als bei den bisherigen Kovarianzproblemen – das Erfassungsproblem der Kovarianz bei nichtlinearen Abhängigkeiten nicht „heilen".

---

[170] Eine nichtlineare Beziehung kann auch durch einen sogenannten Strukturbruch, d. h. z. B. durch einen plötzlichen Übergang von einer positiven (linearen) zu einer negativen (linearen) Beziehung zweier Merkmale entstehen. Beispiele für linearisierbare nichtlineare Beziehungen finden sich auch in Kap. II.5.2 und Kap. II.6.6. Strukturbrüche in der Beziehung zweier Merkmale werden in Kap. II.6.8 dargestellt. Weitere Beispiele linearer und nichtlinearer Beziehungen zweier Merkmale finden sich beispielsweise bei Zöfel, P.: Statistik für Wirtschaftswissenschaftler, München 2003, S. 151 ff.

Die Kovarianz und der Korrelationskoeffizient von Bravais-Pearson lassen sich somit nur auf lineare Beziehungen anwenden. Daher ist es vor jeder Anwendung der
Kovarianz- bzw. der Korrelationsanalyse erforderlich, die Einhaltung der Linearitätsbedingung durch eine graphische Darstellung oder durch geeignete Tests der
schließenden Statistik zu überprüfen. Allerdings lassen sich in einigen Sonderfällen
(z. B. bei sogenannten Potenzfunktionen, logistischen Funktionen, Exponentialfunk-
tionen) nichtlineare Funktionen auch linearisieren, d. h. bildlich gesprochen „gerade
ziehen", wie später noch aufgezeigt wird (vgl. hierzu die Ausführungen in Kap.
II.5.2 und II.6.6).

Abb. II-4-8: Kovarianz und Korrelationskoeffizient bei nichtlinearem Zusammenhang

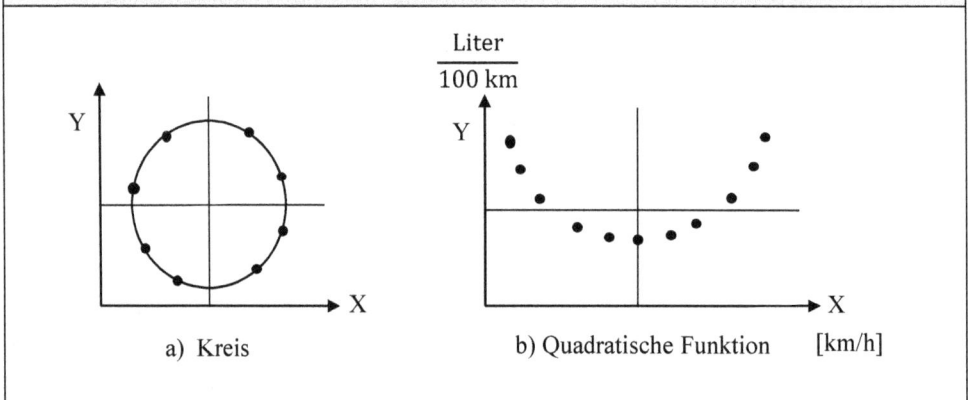

a) Kreis   b) Quadratische Funktion   [km/h]

**Resümee: Beurteilung der Kovarianz als Maß für die Stärke des Zusammen-
hangs zweier Merkmale X und Y**

- Die Kovarianz ist lediglich eine **Hilfsgröße** zur Beschreibung der gemeinsamen
  Streuung zweier Merkmale X und Y.

- Sie ist aber als exaktes Maß zur Beschreibung der Stärke des linearen Zusammenhangs ungeeignet, da sie von

  - der Zahl der **Beobachtungwerte** (n),

  - der **Dimension** (Größenordnung) der Merkmalswerte,

  - der **Streuung** (Standardabweichung) der Variablen X und Y abhängt und

  - nicht auf einen **Maximalwert** normiert ist.

- Diese Probleme können vermieden werden, d. h. es lassen sich Aussagen über
  den Zusammenhang zweier Merkmale X und Y treffen, wenn die Kovarianz S_{XY}
  durch die Standardabweichung S_X sowie S_Y dividiert und somit in den **Bravais-
  Pearson Korrelationskoeffizienten** überführt wird (siehe Kapitel II.5.2). Aller-

dings kann auch dieser Korrelationskoeffizient[171] – ebenso wie die Kovarianz – nur **lineare** Zusammenhänge unverzerrt beschreiben!

- **Beachte:** Bei der Kovarianz wird – im Gegensatz zur Varianz – keine Quadrierung vorgenommen. Dadurch bleibt das **Vorzeichen (±) erhalten**. So nehmen bei einem negativen Zusammenhang zweier Merkmale X und Y die Kovarianz und damit auch der Korrelationskoeffizient einen negativen Wert an. Die Kovarianz weist die Dimension der beiden Merkmalswerte auf. Besitzen beide Merkmale die gleiche Dimension, führt dies zu einem Quadrat in der Dimension der Kovarianz (z. B. Zusammenhang von Einkommen (in €) und Ausgaben (in €); die Kovarianz hat hier die Dimension $€^2$).

Aufgabe 27: Kovarianz der Ausfallhäufigkeit zweier Maschinen

Berechnen Sie für das Beispiel der Aufgabe 26 die Kovarianz der Ausfallhäufigkeiten der beiden Maschinen! Was bringt das Vorzeichen bei der ermittelten Kovarianz in dem konkreten Beispiel zum Ausdruck und welche Dimension weist die Kovarianz auf? Kann der Wert der Kovarianz interpretiert werden? Begründen Sie Ihre Antwort!

---

[171] Mit dem Bestimmtheitsmaß, das auf Basis der sogenannten Streuungszerlegung hergeleitet wird, lässt sich grundsätzlich auch der Zusammenhang zweier nichtlinear verknüpfter Merkmale (Variablen) aufzeigen. Gleichwohl ist die Umsetzung mit rechentechnischen Problemen verbunden (vgl. hierzu das Kap. II.6.5).

5   Zusammenhangsanalyse (Korrelationsanalyse)

5.1   Problemstellung der Zusammenhangsmaße

Mit der Zusammenhangsanalyse (Korrelationsanalyse[172]) lassen sich statistische Abhängigkeiten zwischen zwei Merkmalen X und Y aufzeigen. Ziel der Zusammenhangsanalyse ist es, über Formeln und Rechengänge die Stärke der Abhängigkeit
zweier Merkmale X und Y zu ermitteln und in normierten Kennzahlen zum Ausdruck zu bringen.

Aus der Häufigkeitstabelle können bereits ohne spezielle Rechengänge erste **Informationen über den Zusammenhang zweier Merkmale** gewonnen werden. Dies
soll zunächst für **mindestens ordinalskalierte Merkmale** erläutert werden: Hohe
Häufigkeiten entlang der einen oder anderen Hauptdiagonalen[173] in einer zweidimensionalen Häufigkeitstabelle (und vergleichsweise niedrige Häufigkeiten in den
restlichen Feldern) deuten auf einen starken positiven bzw. negativen Zusammenhang hin. So ist im Beispiel der metrisch skalierten Merkmale „Körpergewicht (X)
und Körpergröße (Y)" (vgl. Tab. II-4-2, II-4-3) eine positive Abhängigkeit zwischen
diesen Merkmalen zu vermuten, d. h. kleine X-Werte (Körpergewichte) gehen mit
kleinen Y-Werten (Körpergrößen) einher, mittlere X-Werte mit mittleren Y-Werten
und große X-Werte mit großen Y-Werten. Diese positive Beziehung hat dann
zwangsweise zur Folge, dass die gemeinsamen absoluten Häufigkeiten auf derjenigen Hauptdiagonalen, die von links oben nach rechtsunten verläuft, zahlreicher vertreten sind als in den anderen Feldern. Anhand der Häufigkeitsverteilung kann somit
schnell erkannt werden, ob die Merkmalswerte in einer Beziehung zueinander stehen. So ist in Tab. II-4-2 und in Tab. II-4-3 diese stärkere Besetzung der Felder auf
der von linksoben nach rechtsunten verlaufenden Hauptdiagonalen deutlich zu erkennen. Es kann also von einer positiven Beziehung ausgegangen werden. Gleichwohl kann hieraus noch nicht abgeleitet werden, wie stark die Beziehung ausgeprägt
ist. Die Stärke der Beziehung wird in einer Kennzahl zum Ausdruck gebracht. Ziel

---

[172] Häufig wird eher undifferenziert der Begriff der „Korrelationsanalyse" als Oberbegriff
verwendet, obwohl dieser Begriff eigentlich erst ab ordinalskalierten Merkmalen (Rangkorrelationskoeffizient, s. Kap. II.5.3) oder metrischen Merkmalen (Bravais-Pearson Korrelationskoeffizient, s. Kap. II.5.2) zutreffend ist. Insofern ist der Oberbegriff „Zusammenhangsanalyse" allgemeiner ausgerichtet und nicht an eine spezielle Skalierung ge-
koppelt.

[173] Unter der Hauptdiagonalen einer Häufigkeitstabelle werden die Felder verstanden, die
entweder von linksoben nach rechtsunten verlaufen (es werden hier Felder angesprochen,
bei denen mit steigenden X-Werten auch die Y-Werte zunehmen, d. h. die Merkmalswerte von X und Y gleichgerichtet sind) oder die von links unten nach rechts oben verlaufen
(d. h. Merkmalswerte von X und Y entgegengerichtet sind).

der Zusammenhangsanalyse ist es, diese Kennzahlen zu errechnen, wobei das Verfahren zur Ermittlung der Kennzahl maßgeblich durch die Skalierung geprägt wird.

Bei **nominalskalierten Merkmalen** ist eine Rangfolge der Merkmalswerte nicht gegeben, so dass sich auch keine Hauptdiagonale bilden lässt[174]. Dennoch kann auch hier über eine Konzentration von Häufigkeiten für bestimmte Merkmalskombinationen auf eine vorhandene Abhängigkeit der Merkmale geschlossen werden. Konzentrieren sich z. B. in dem beschriebenen Noten-Beispiel bestimmte Noten einer Klausur (z. B. die Note „1") überwiegend auf Frauen oder auf Männer und verteilen sich damit nicht proportional zu den Randhäufigkeiten, mit denen Männer und Frauen an einer Klausur teilnehmen, so liegt eine Abhängigkeit von Note und Geschlecht vor. Wie in Kapitel II.4.4 beschrieben, hat die Abhängigkeit zweier Merkmale zur Folge, dass theoretisch ermittelte und empirisch beobachtete Häufigkeiten voneinander abweichen, und zwar umso stärker, je ausgeprägter die Abhängigkeit ist. Da bei nominalskalierten Merkmalsausprägungen keine Rechenvorgänge mit den Merkmalswerten möglich sind, konzentriert sich die Analyse der Zusammenhänge nominalskalierter Merkmale auf einen Vergleich von theoretisch erwarteten und empirisch beobachteten Häufigkeiten. Da die hieraus gewonnenen Kennzahlen keinen generellen Maximalwert aufweisen und zudem von der Beobachtungszahl (n) abhängig sind (ähnlich, wie dies auch bei der Kovarianz der Fall ist), müssen diese Kennzahlen in den sogenannten **„korrigierten Kontingenzkoeffizienten"** überführt werden, um normierte Kennzahlen zu erhalten, die sich interpretieren lassen (vgl. Kap. II.5.4).

Insgesamt wird deutlich: Welches Zusammenhangs-/Korrelationsmaß zur Beschreibung des Zusammenhangs geeignet ist, hängt von der Skalierung der Merkmale ab: Bei mindestens einem nominalskalierten Merkmal kommt der korrigierte Kontingenzkoeffizient nach Pearson zur Anwendung (vgl. Kap. II.5.4). Ab einem ordinalskalierten Merkmal wird der sogenannte Rangkorrelationskoeffizient nach Spearman eingesetzt (vgl. Kap. II.5.3) und bei metrisch skalierten Merkmalen kommt schließlich der Bravais-Pearson Korrelationskoeffizient[175] zum Einsatz (vgl. Kap. II.5.2).

Weisen die Merkmale, welche auf Abhängigkeit untersucht werden sollen, unterschiedliche Skalierungen auf, so wird das anzuwendende Korrelations-/Zusammenhangsmaß durch die jeweils niedrigere Skalierung bestimmt: Ist das Merkmal X z. B. nominalskaliert und das Merkmal Y z. B. verhältnisskaliert, so stellt die Nominalskala die niedrigste Skala beider Merkmale dar. Die Beziehung der Merkmale X und Y kann dann nur über ein für nominalskalierte Merkmale geeignetes Zusam-

---

[174] Die Anordnung der Merkmalswerte ist bei einer nominalskalierten Skala beliebig, so dass sich eine Hauptdiagonale nicht sinnvoll darstellen lässt.

[175] Er entspricht bei einer linearen Beziehung zwischen den untersuchten Merkmalen X und Y dem im Rahmen der Regressionsanalyse abzuleitenden Einfachkorrelationskoeffizienten (siehe Kapitel II.6).

menhangsmaß – z. B. über den korrigierten Kontingenzkoeffizient nach Pearson – bestimmt werden.

Umgekehrt gilt: Verfahren zur Ermittlung des Zusammenhangs, die für einfache Skalen zulässig sind, lassen sich auch auf höhere Skalen anwenden. Allerdings ist dies mit einem **Informationsverlust** verbunden, wie später am Ende der Kapitel II.5.3 und II.5.4 an Beispielen verdeutlicht werden soll.

Dieser Informationsverlust lässt sich aber bereits hier an einem einfachen Bild aus der „Erdbebenerfassung" aufzeigen: Ähnlich, wie bei der Zusammenhangsanalyse die Stärke der Abhängigkeit zweier Merkmale untersucht wird, interessiert bei der Erdbebenforschung u. a. die Frage der Stärke eines Erdbebens. Nun stehen bei der Erdbebenerfassung verschiedene „Messinstrumente" mit unterschiedlicher Genauigkeit zur Verfügung. Ein sicherlich sehr einfaches Verfahren könnte darin bestehen, die in einem Schrank aufgestellten Gläser darauf hin zu überprüfen, ob sie durch das Erdbeben umgestürzt oder sogar zerstört sind. Je nach der Anzahl der umgestürzten oder zerbrochenen Gläser ließen sich hieraus Schlüsse auf die Stärke des Erbebens ziehen. Im Vergleich zu dieser sehr ungenauen Erfassung würden bei einer Erhebung der Erdschwingungen über einen Seismographen sicherlich die Informationen viel exakter erfasst und verarbeitet. Zudem können die Ergebnisse auf einer Erdbebenskala eingeordnet werden[176]. Ähnlich verhält es sich bei der Erfassung der Abhängigkeiten in der Statistik: Die Stärke des Zusammenhangs kann einerseits bei einfachen Skalen über Verfahren ermittelt werden, die sich nur an den Häufigkeiten orientieren; oder sie kann sich andererseits bei metrischen Merkmalen unter Verwendung aller Informationen der Merkmalswerte in Kennzahlen niederschlagen, die sich bei kleinsten Schwankungen der Merkmalswerte bereits verändern. Im Folgenden soll für jede Skalierung jeweils ein gängiges Zusammenhangsmaß dargestellt werden.

5.2　Bravais-Pearson Korrelationskoeffizient (r)

Der Bravais-Pearson Korrelationskoeffizient (r_{XY}; kurz: r) ist ein Korrelationsmaß zur Beschreibung des linearen Zusammenhangs zweier metrisch skalierter Merkmale X und Y. Wie bereits im Kap. II.4.5 dargestellt, errechnet er sich, indem die Kovarianz durch die Standardabweichungen der beiden Merkmale dividiert wird, also:

---

[176] Eine bekannte Erdbebenskala ist die rechnerisch nach oben offene „Richterskala". Sie bildet die Relation von maximaler Amplitude des Seismographen in Mikrometer sowie normaler Bezugsamplitude und stellt diese Relation im logarithmischen Maßstab (dekadischer Logarithmus) dar. Wäre z. B. die Relation 100, ergäbe sich wegen des 10er Logarithmus ein Wert von 2 (Mikroerdbeben). Verzehnfacht sich diese Amplitudenrelation von 100 auf 1 000, steigt der Wert auf der Richterskala von 2 auf 3, d. h. erhöht sich um einen Punkt.

$$r = \frac{S_{XY}}{S_X \cdot S_Y}$$

Der Bravais-Pearson Korrelationskoeffizient (r) misst die Stärke des linearen Zusammenhangs zweier Merkmale, d. h. er zeigt die gemeinsame Streuung beider Merkmale auf. Bei einem positiven Vorzeichen liegt eine **gleichläufige** und bei negativem Vorzeichen eine **gegenläufige Entwicklung (Beziehung)** beider Merkmale vor. Die Werte des Korrelationskoeffizienten (r) bewegen sich im Bereich:

$$-1 \leq r \leq +1$$

d. h. bei perfekter positiver [negativer] Korrelation beträgt r = +1 bzw. [r = −1]. Bei fehlender Korrelation nimmt r den Wert „null" an (in diesem Fall ist die Kovarianz ebenfalls „null").

Für die beiden Beispiele „Bruttokaltmiete, Haushaltsnettoeinkommen" sowie „Köpergröße, Körpergewicht" wurden im Kap. II.4.5 bereits die Kovarianz errechnet und das Ergebnis für den sich hieraus ergebenden Bravais-Pearson Korrelationskoeffizienten vorgestellt. Die Herleitung der Ergebnisse soll im Folgenden für beide Beispiele nochmals näher dargestellt und interpretiert werden[177].

Fallbeispiel „Bruttokaltmiete/Haushaltsnettoeinkommen)" (vgl. Ergebnisse von Kap. II.4.5):

Für die Bestimmung des Korrelationskoeffizienten (r) sind zunächst die Standardabweichungen der Merkmale X und Y zu errechnen. Unter Verwendung der Daten der Tab. II-4-11 (s. Kap. II.4.5.2) ergibt sich:

Berechnung von S_X und S_Y:

$$S_X^2 = \frac{1}{n}\sum_{i=1}^{n} X_i^2 - \overline{X}^2 = \frac{117,91}{12} - 8,1701 = 1,6558 \quad \text{mit: } \overline{X}^2 = \left(\frac{34,3}{12}\right)^2 = 8,1701$$

Somit: $S_X = \sqrt{1,6558} = 1,2868$

$$S_Y^2 = \frac{1}{n}\sum_{i=1}^{n} Y_i^2 - \overline{Y}^2 = \frac{6,5693}{12} - 0,4791 = 0,0684 \quad \text{mit: } \overline{Y}^2 = \left(\frac{8,3056}{12}\right)^2 = 0,4791$$

Somit: $S_Y = \sqrt{0,0684} = 0,2615$

---

[177] Über „Excel" lässt sich der Bravais-Pearson Korrelationskoeffizient für Einzelwerte über den Befehl „=Korrel(Matrix1;Matrix2) errechnen. Matrix1 enthält die Felderangabe der Exceldatei, in der die (n) Merkmalswerte des ersten Merkmals stehen; Matrix2 enthält die Felderangabe der Exceldatei, in der die (n) Merkmalswerte des zweiten Merkmals stehen. Zu Einzelheiten siehe die Ausführungen im Anhang, Teil D.

Wird das bereits hergeleitete Ergebnis für die Kovarianz $S_{XY} = 0,3211$ berücksichtigt (s. Kap. II.4.5.2), errechnet sich aus diesen Daten der Bravais-Pearson Korrelationskoeffizient (r) wie folgt:

$$r = \frac{S_{XY}}{S_X \cdot S_Y} = \frac{0,3211}{1,2868 \cdot 0,2615} = 0,9542$$

Interpretation von r = +0,9542:

Es wurde bereits darauf aufmerksam gemacht, dass sich der Korrelationskoeffizient im Intervall $(-1 \leq r \leq +1)$ bewegt. Damit liegt im vorliegenden Beispiel der errechnete Korrelationskoeffizient sehr nahe am maximalen Wert von $r = +1$. Folglich besteht in diesem Beispiel eine **sehr starke positive, lineare** Abhängigkeit der Merkmale Bruttokaltmiete (Y) und Haushaltsnettoeinkommen (X).

Da der Korrelationskoeffizient nur lineare Beziehungen darstellen kann, ist der Hinweis auf lineare Abhängigkeiten bei der Interpretation der Ergebnisse geboten. Eine positive Abhängigkeit bedeutet, dass mit steigenden Haushaltsnettoeinkommen auch die gezahlten Bruttokaltmieten ansteigen (positives Vorzeichen des Korrelationskoeffizienten). Da höhere Haushaltsnettoeinkommen mit steigenden Bruttokaltmieten einhergehen, ist auch das Merkmal X von Y abhängig. In der Korrelationsanalyse wird – anders als bei der Regressionsanalyse (Kap. II.6) – nicht zwischen Ursache und Wirkung einer Beziehung unterschieden.

Wird in der Beziehung zweier Merkmale X und Y der Maximalwert „$[r = +1]$" erreicht, wird von einer „perfekten" oder „vollständigen" positiven, linearen Korrelation (Abhängigkeit, Beziehung) gesprochen. Wie sich kleinere Werte von (r) verbal übersetzen lassen, ist aus nachfolgender Übersicht II-5-1 ersichtlich.

Übersicht II-5-1: Interpretation des Korrelationskoeffizienten	
Werte bzw. Wertebereich für den Korrelationskoeffizienten	**Positiver*) linearer Zusammenhang (positive lineare Korrelation)**
0	nicht vorhanden
über 0 bis 0,2	sehr schwach (sehr gering)
über 0,2 bis 0,5	schwach (gering)
über 0,5 bis 0,7	mittel
über 0,7 bis 0,9	stark (hoch)
über 0,9 bis unter 1	sehr stark (sehr hoch)
1	perfekt (vollständig)
*) **Analoge Interpretationen (bei negativem Vorzeichen) gelten für (r < 0).**	

Die Übersicht beschreibt positive Werte von (r) und den Wert (r = 0). Bei negativen Werten von r (negative Abhängigkeit) gelten analoge verbale Übersetzungen. Die verbalen Beschreibungen von r sind für die angegebenen Intervalle nicht streng vorgegeben, sondern haben sich in der statistischen Alltagssprache mit gewissen Formulierungsspielräumen durchgesetzt. Insbesondere ab welchem Wert des Korrelationskoeffizienten (r) von „sehr starker" linearer Korrelation gesprochen werden kann, ist nicht eindeutig bestimmt. In der Praxis ist dies aber i. d. R. ab dem in der Übersicht angegebenen Wert von ±0,9 der Fall[178].

Bei Verwendung von Einzelwerten – wie im Fallbeispiel „Haushaltsnettoeinkommen und Bruttokaltmiete" – lässt sich auch die nachfolgende, kompakte und gängige Berechnungsmöglichkeit für den Korrelationskoeffizienten (r) herleiten (im Folgenden als „Kompaktformel für (r)" bezeichnet). Die Formel ergibt sich aus der oben angeführten Definition des Korrelationskoeffizienten (r), wenn die Formeln für die Kovarianz sowie die Standardabweichungen von X bzw. Y in die Definitionsgleichung von (r) eingesetzt werden und anschließend im Zähler und Nenner von (r) der Term „(1/n)" durch entsprechendes Ausklammern weggekürzt wird[179].

$$r = \frac{\sum_{i=1}^{n}(X_i - \overline{X}) \cdot (Y_i - \overline{Y})}{\sqrt{\sum_{i=1}^{n}(X_i - \overline{X})^2} \cdot \sqrt{\sum_{i=1}^{n}(Y_i - \overline{Y})^2}} = \frac{\sum_{i=1}^{n}X_i \cdot Y_i - \frac{1}{n}\sum_{i=1}^{n}X_i \cdot \sum_{i=1}^{n}Y_i}{\sqrt{\sum_{i=1}^{n}X_i^2 - \frac{1}{n}\left(\sum_{i=1}^{n}X_i\right)^2} \cdot \sqrt{\sum_{i=1}^{n}Y_i^2 - \frac{1}{n}\left(\sum_{i=1}^{n}Y_i\right)^2}}$$

[178] Eine andere Interpretation des Korrelationskoeffizienten r ist hier nicht möglich. Allerdings wird später im Rahmen der Regressionsanalyse (vgl. Kap. II.6) gezeigt, dass (nur) für den Fall der linearen Einfachregression, d. h. der linearen Beziehung zwischen dem Merkmal X und dem Merkmal Y, der Quadratwert vom Bravais-Pearson Korrelationskoeffizient (also r^2) mit dem in Kap. II.6.5 dargestellten sogenannten „einfachen Bestimmtheitsmaß" übereinstimmt. Dies ermöglicht eine sehr anschauliche Interpretation des **Quadratwertes** des Korrelationskoeffizienten, der im vorliegenden Beispiel einen Wert (und damit ein Bestimmtheitsmaß) von $r^2 = 0,9542^2 = 0,9106$ aufweist; die Interpretation lautet dann wie folgt: 91,06 % der Abweichungen (Varianzen) der Bruttokaltmieten (Y_i) lassen sich über die Abweichungen (Varianzen) der Haushaltsnettoeinkommen (X_i) erklären. Oder mit anderen Worten: rd. 91 % der Varianz des Merkmals Y, d. h. S_Y^2 wird über die Varianz des Merkmals X, d. h. über S_X^2 hervorgerufen (erklärt). Die restlichen rd. 9 % der Varianz von Y gehen nicht auf X, sondern auf andere Einflüsse zurück (s. hierzu die Ausführungen zur Regressionsanalyse in Kap. II.6.5).

[179] Die Berechnung des Korrelationskoeffizienten über diese Kompaktformel ist ggfs. komfortabler, da nicht erst Teilergebnisse für die Kovarianz und der Standardabweichungen von X und Y ermittelt und anschließend dividiert werden müssen. Dennoch lassen sich über die Kompaktformel die Rechenschritte kaum schneller vollziehen. Sie kann sogar einen größeren Aufwand bedeuten, wenn bereits Teilergebnisse (z. B. für die Standardabweichungen) aus anderen Berechnungen vorliegen, so dass dann nur noch die restlichen Größen zu ermitteln und in Relation zu setzen wären.

Hieraus ergibt sich für das vorliegende Beispiel unter Verwendung der Daten der Tab. II-4-11 :

$$r = \frac{27,5936 - \frac{1}{12} \cdot 34,3 \cdot 8,3056}{\sqrt{\left(117,91 - \frac{1}{12} \cdot (34,3)^2\right)} \cdot \sqrt{\left(6,5693 - \frac{1}{12} \cdot (8,3056)^2\right)}} = 0,9542$$

Beispiel: „Körpergröße und Körpergewicht" (vgl. Ergebnisse von Kap. II.4.5)

Zum Rechengang siehe Tab. II-4-12; die Standardabweichungen der Merkmale X und Y wurden zuvor bei der Darstellung der Varianz/Standardabweichung für zwei-dimensionale H.V. im Kap. II.4.5.1 ermittelt; die Kovarianz wurde in Kap. II.4.5.2 hergeleitet. Vor diesem Hintergrund ergibt sich für (r):

$$r = \frac{S_{XY}}{S_X \cdot S_Y} = \frac{50,5 \, [kg \cdot cm]}{11,6619 \, [kg] \cdot 10,2347 \, [cm]} = 0,4231$$

Wie ersichtlich, kürzen sich die Dimensionen weg, so dass r eine dimensionslose Größe darstellt. Unter Bezug auf die „verbale Übersetzungshilfe" der Übers. II-5-1 liegt in diesem Beispiel eine schwache (oder geringe) lineare, positive Abhängigkeit vor, da der Korrelationskoeffizient sich im unteren Bereich des möglichen positiven Intervalls bewegt.

Die bisherigen Ausführungen haben deutlich gemacht, dass die Kovarianz und der Bravais-Pearson Korrelationskoeffizient nur lineare Abhängigkeiten erfassen kön-nen. Daher ist bei seiner Anwendung zunächst über eine graphische Darstellung der Punktwolke und ggfs. durch einen statistischen Test[180] im Rahmen der schließenden Statistik zu prüfen, ob die Linearitätsbedingung erfüllt ist. Bei der Darstellung der Kovarianz wurde auch schon erwähnt, dass sich in einigen Sonderfällen (z. B. bei sogenannten Potenzfunktionen, logistischen Funktionen oder Exponentialfunk-tionen) nichtlineare Funktionen auch linearisieren, d. h. bildlich gesprochen „gerade ziehen" lassen. Nachfolgend sei dies für die Potenzfunktion am Beispiel einer preis-abhängigen Nachfragefunktion für Brötchen dargestellt. Die beiden anderen Funkti-onen werden im Kap. II.6.6 bei der Herleitung einer Regressionsfunktion erörtert.

Beispiel „Brötchennachfrage":

Die preisabhängige Nachfragefunktion (X) nach Brötchen sei durch folgende Po-tenzfunktion beschrieben (vgl. Abb. II-5-1):

$$X = 40 \cdot P(X)^{-5,3} \qquad \text{mit: } X = \text{Absatzmenge}; P(X) = \text{Preis des Gutes X}$$

---

[180] Derartige sogenannte nichtparametrische Tests überprüfen, ob ggfs. auftretende Abwei-chungen in der linearen Beziehung lediglich nur zufallsbedingt sind; die Tests lassen sich beispielsweise mit dem Programmpaket SPSS durchführen.

Bei der dargestellten preisabhängigen Nachfragefunktion handelt es sich um eine Potenzfunktion, da die Nachfragefunktion eine konstante Preiselastizität der Nachfrage aufweist; der Exponent (hier: −5,3) bringt diese Preiselastizität der Nachfrage zum Ausdruck. Eine konstante Preiselastizität bedeutet, dass relative Preisänderungen immer gleich hohe entgegengesetzte relative Mengenänderungen auslösen. Es wird dann auch von einer isoelastischen Preisnachfrage mit einer Preiselastizität der Nachfrage $(E_{X,P(X)} = -5,3)$ gesprochen. In diesem Beispiel eines Exponenten von (−5,3) führen somit **relative** Preis**erhöhungen** von 1 % zu einem **relativen** Mengen-**rückgang** von 5,3 %, was eine starke Reaktion (Preiselastizität) und damit negative Abhängigkeit bedeutet[181]. Wird für die in Abb. II-5-1 dargestellte Funktion der Korrelationskoeffizient berechnet, so ergibt sich mit (r = −0,9415) ein negativer Wert, d. h. es liegt eine negative Abhängigkeit vor (bei steigenden Preisen sinken die Mengen; vice versa).

Abb. II-5-1: Preisabsatzfunktion (Potenzfunktion)

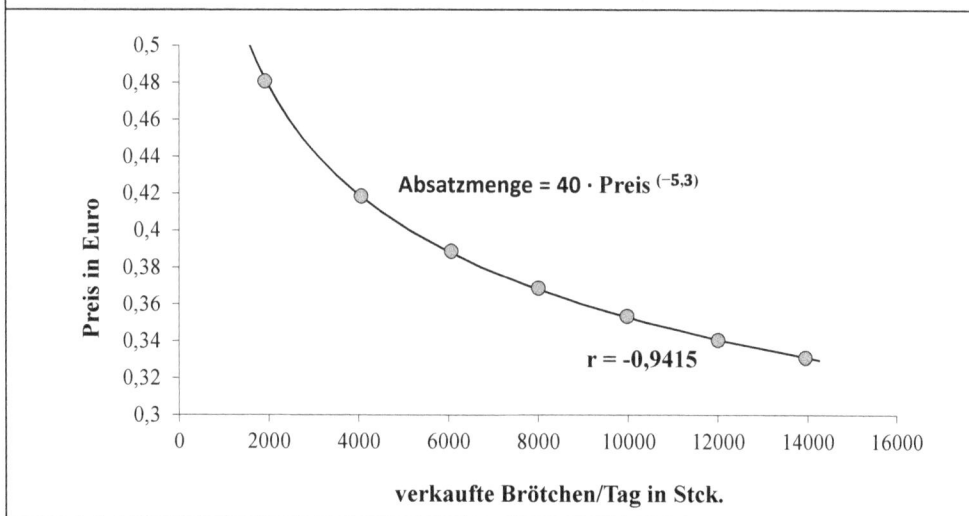

Absatzmenge = 40 · Preis $^{(-5,3)}$

r = -0,9415

Preis in Euro

verkaufte Brötchen/Tag in Stck.

Obwohl alle Merkmalskombinationen (X,Y) wie „Perlen auf einer leicht gekrümmten Schnur" liegen und einer perfekten nichtlinearen Beziehung der Potenzfunktion unterliegen, weist der Korrelationskoeffizient (r) nicht den negativen Maximalwert r = −1 auf. Würde eine Gerade durch die Punktwolke gelegt, so würden die Merkmalskombinationen der Punktwolke hiervon leicht abweichen, so dass der Wert für (r) nicht den negativen Maximalwert erreichen kann. Wenn nun aber diese nichtlineare Beziehung über eine Logarithmierung der Merkmalswerte X und Y in eine lineare Beziehung verwandelt wird (gleichsam die Perlenschnur gerade gezogen wird),

---

[181] Zum Begriff der Preiselastizität der Nachfrage und der Potenzfunktion einer sogenannten „isoelastischen Nachfrage" vgl. Natrop, J.: Grundzüge der Angewandten Mikroökonomie, 2. Auflage, München 2012, S. 114.

dann muss der auf die Logarithmen angewandte Korrelationskoeffizient einen Wert von $r = -1$ aufweisen[182]. Die logarithmierte Darstellung der Funktion lautet:

$$\log_{10} X = \log_{10}(40) - 5,3 \cdot \log_{10}\big(P(X)\big)$$

Wie in Abb. II-5-2 zu erkennen, liegen die Logarithmen der Merkmalskombinationen $(\log X, \log Y)$ alle auf einer Geraden. Es herrscht eine perfekte lineare, negative Abhängigkeit in der logarithmischen Darstellung. Damit lässt sich auf einfache Weise eine nichtlineare Funktion linearisieren. Ähnlich verhält es sich bei anderen Funktionen, z. B. bei der logistischen Funktion, die einen S-förmigen Verlauf aufweist und die beispielsweise geeignet ist, die Entwicklung von Marktanteilen (Y) bei alternativen Einsätzen von Marketinginstrumenten (X) zu beschreiben. Allerdings erfolgt die Transformation hier nicht über eine Logarithmierung der Merkmalswerte X und Y, sondern über die Logarithmierung der Relation $[Y/(1 - Y)]$ (zu Einzelheiten siehe Kap. II.6.6, insbesondere Übersicht II-6-2).

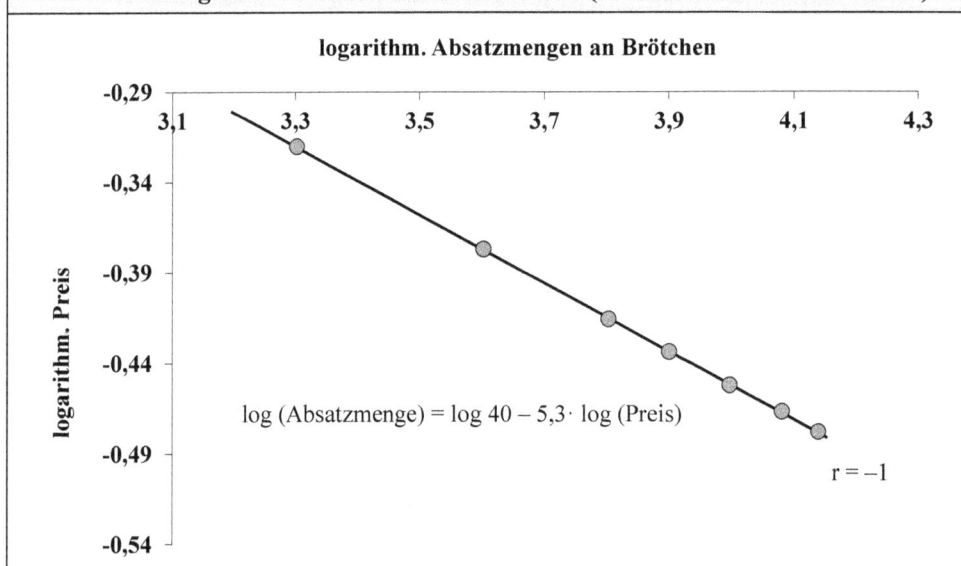

Abb. II-5-2: Logarithmierte Preisabsatzfunktion (linearisierte Potenzfunktion)

logarithm. Absatzmengen an Brötchen

log (Absatzmenge) = log 40 – 5,3· log (Preis)

r = –1

Korrelationsanalyse (Zusammenfassung)

Die zuvor gewonnenen Erkenntnisse zur Korrelationsanalyse lassen sich wie folgt zusammenfassen:

• Die Stärke des **linearen Zusammenhangs** zweier **metrisch** skalierter **Merkmale** wird mit dem **Bravais-Pearson Korrelationskoeffizienten** (r_{XY} oder kurz: r) quantifiziert.

---

[182] Das bedeutet, dass nun nicht die Berechnungen der Kovarianz und der Standardabweichungen über die Merkmalswerte X und Y, sondern über die Logarithmen der Merkmalswerte X und Y erfolgt und diese Ergebnisse in die Formel für r eingesetzt werden.

- Bei **nicht** metrisch skalierten **Merkmalen** sind andere Zusammenhangsmaße zur Beschreibung der Beziehung zweier Merkmale anzuwenden.

- Der Korrelationskoeffizient (r) ermittelt sich, indem die Kovarianz (S_{XY}) durch die Standardabweichungen (S_X) und (S_Y) der beiden Merkmale X und Y dividiert wird, also: $r = S_{XY}/(S_X \cdot S_Y)$.

- Der Korrelationskoeffizient (r) ist ein dimensionsloser Wert (Dimensionen im Zähler und Nenner kürzen sich weg).

- Der Korrelationskoeffizient (r) bewegt sich im Bereich: $(-1 \leq r \leq +1)$.

  Bei positivem Vorzeichen liegt eine gleichläufige Entwicklung (positive Korrelation) und bei negativem Vorzeichen eine gegenläufige Entwicklung (negative Korrelation) beider Merkmale vor; bei fehlender linearer Korrelation gilt $r = 0$ (in diesem Fall ist die Kovarianz = 0).

- Kovarianz und Korrelationskoeffizient können nur lineare Abhängigkeiten abbilden; bei Anwendung auf nichtlineare Beziehungen zweier Merkmale unterstellt der ermittelte Korrelationskoeffizient (r) automatisch einen linearen Zusammenhang; hierdurch kann (r) sehr niedrig ausfallen, auch wenn eine hohe nichtlineare Korrelation besteht.

- Liegt eine nichtlineare Beziehung vor, so kann in einigen Fällen (z. B. bei Potenzfunktionen oder logistischen Funktionen) eine Linearisierung durch Transformation der Werte der Merkmale X und Y erfolgen; für die linearisierte Beziehung erlaubt der Korrelationskoeffizient unverzerrte Aussagen zum Zusammenhang von X und Y.

Aufgabe 28: Korrelationskoeffizient und graphische Darstellung

a) Angenommen, Sie würden in den nachfolgenden Situationen (**I bis III**) die Stärke der Beziehung zwischen den Merkmalen X und Y durch den Bravais-Pearson Korrelationskoeffizienten zum Ausdruck bringen. Geben Sie an, welchen ungefähren oder ggfs. exakten Wert (einschließlich des Vorzeichens) sich für den Bravais-Pearson Korrelationskoeffizienten (r) in den Situationen (**I bis III**) jeweils errechnen würde. Begründen Sie das Ergebnis!

b) In Situation IV stelle das Merkmal Y die Körpergröße von Studierenden dar. Das Merkmal X gebe das Alter der Studierenden wieder. Welcher ungefähre Wertebereich würde sich für den Bravais-Pearson Korrelationskoeffizient errechnen, und wie würden Sie das rechnerische Ergebnis beurteilen? Begründen Sie Ihre Antwort!

c) Nehmen Sie zu folgender Aussage Stellung: „Der Korrelationskoeffizient von Bravais-Pearson ist geeignet, die Stärke **jeglicher Beziehung** zwischen **zwei beliebig skalierten** Merkmalen X und Y zu beschreiben".

Fortsetzung Aufgabe 28

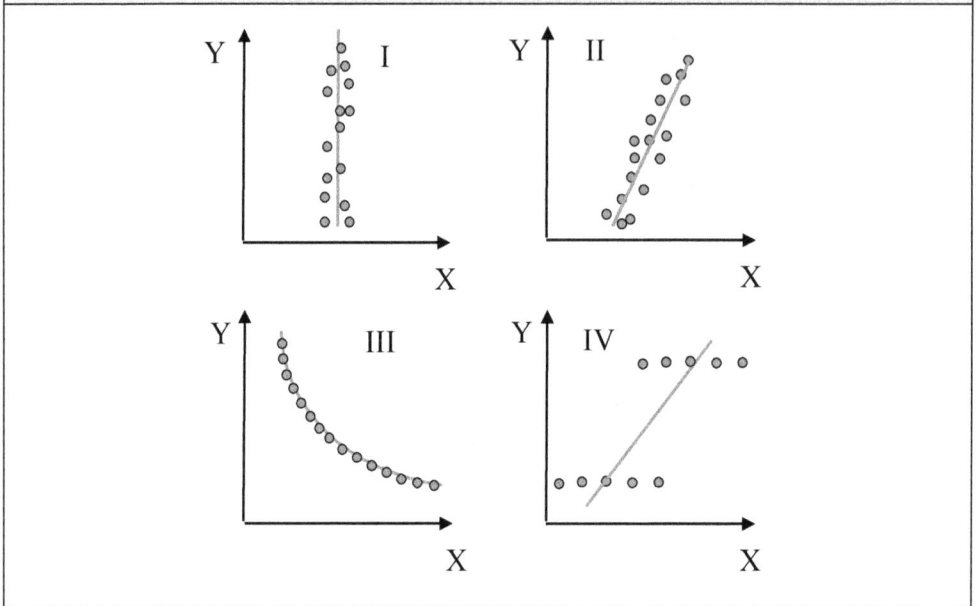

Aufgabe 29: Korrelationskoeffizient

Berechnen Sie für Aufgabe 26 (Ausfallhäufigkeit der Maschinen X und Y) unter Berücksichtigung der Ergebnisse der Aufgabe 27 (Kovarianz) den Bravais-Pearson Korrelationskoeffizienten und interpretieren Sie das Ergebnis.

5.3 Rangkorrelationskoeffizient (R) nach Spearman

Der Rangkorrelationskoeffizient (R) liefert ein Korrelationsmaß für zwei Merkmale, von denen ein Merkmal ordinalskaliert und das andere Merkmal ordinal- oder höherrangig skaliert ist. Der Rangkorrelationskoeffizient betrachtet nicht die Merkmalswerte selbst, sondern die Rangfolge der Merkmalswerte und ermittelt hierfür die Abhängigkeit. Dieses Vorgehen soll am folgenden Fallbeispiel erläutert werden.

Fallbeispiel[183] „Weinqualitäten (X) und Weinpreise in € (Y)" (vgl. Tab. II-5-1a):

Fünf verschiedene Weine werden von einer Winzergemeinschaft auf ihre Qualität geprüft und mit Noten bewertet. Die Noten reichen von der Note „1" für eine sehr gute Qualität bis zur Note „6" für eine ungenügende Qualität. Die Tabellen II-5-1a und II-5-1b zeigen auf, welche Noten die fünf verschiedenen Weine in ihrer Bewer-

---

[183] In Anlehnung an Bourier, G.: Beschreibende Statistik, a. a. O., S. 220.

tung erzielt haben (Merkmal X) und welcher Preis für diesen Wein (Merkmal Y) jeweils verlangt wird.

In Tab. II-5-1a sind neben den Merkmalswerten von X und Y auch ihre Ränge durch das Symbol „$Rg(X_i)$", „$Rg(Y_i)$" ausgewiesen. Die Ränge ermitteln sich, indem die höchste Weinqualität den Rang 1 bekommt, also „Note 1" = „Rang 1", d. h. $Rg(X_1) = 1$ etc.; entsprechend bekommt der Wein mit dem höchsten Preis (hier: der zweite Wein für 15 €) ebenfalls den Rang 1, somit $Rg(Y_2) = 1$.

Tab. II-5-1a: Spearman-Rangkorrelationskoeffizient (Ränge von X und Y gleichläufig)

i	Wein-qua-lität *) X_i	Rang von X_i: $Rg(X_i)$	Preis Y_i in €	Rang von Y_i: $Rg(Y_i)$	$D_i =$ $Rg(X_i)$ minus $Rg(Y_i)$	D_i^2	$[Rg(X_i)]^2$	$[Rg(Y_i)]^2$	$Rg(X_i) \cdot Rg(Y_i)$
1	2	2	10	4	-2	4	4	16	8
2	1	1	15	1	0	0	1	1	1
3	5	4	11	3	1	1	16	9	12
4	4	3	13	2	1	1	9	4	6
5	6	5	9	5	0	0	25	25	25
Σ		15		15	0	6	55	55	52

*) Schlüssel für Weinqualitäten:

1 = sehr gut; 2 = gut; 3 = befriedigend; 4 = ausreichend; 5 = mangelhaft; 6 = ungenügend

$$R = 1 - \frac{6 \cdot \sum D_i^2}{n \cdot (n^2 - 1)} = 1 - [(6 \cdot 6)/(5 \cdot 24)] = +0,7$$

$S_{XY} = 1/5 \cdot 52 - (15/5) \cdot (15/5) = +1,4000$

$S_X = [1/5 \cdot 55 - (15/5) \cdot (15/5)]^{0,5} = +1,4142$

$S_Y = [1/5 \cdot 55 - (15/5) \cdot (15/5)]^{0,5} = +1,4142$

$r_{XY} = S_{XY}/(S_X \cdot S_Y) = +0,7000$

Hinweis: Die Rangfolge von Merkmal X bzw. Y lässt sich für jedes Merkmal auch umgekehrt formulieren. So könnte die vorgenommene Rangfolge beim Preis als eine Rangfolge aus Sicht der Winzer angesehen werden, die einen möglichst hohen Preis erzielen wollen. Es wäre auch denkbar, die Rangfolge der Preise aus Sicht der Käufer zu vergeben, so dass dann der teuerste Wein in preislicher Hinsicht den letzten Rang 5 erhalten würde. Diese andere Rangzuordnung ist in Tab. II-5-1b für das Merkmal Y dargestellt und wird später noch näher erläutert; es sei aber bereits jetzt darauf hingewiesen, dass die Art der Erfassung der Ränge (gleichläufig oder gegenläufig) keinen Einfluss auf die Stärke und Art der Beziehung hat.

Da das Merkmal X ordinalskaliert ist und das Merkmal Y eine Verhältnisskala aufweist, somit hier die Ordinalskala die schwächste Skala darstellt, kommt ein für ordinalskalierte Merkmale geeigneter „Korrelationskoeffizient" zur Anwendung. Hier soll der Rangkorrelationskoeffizient von Spearman als ein häufig gewähltes Verfahren ordinalskalierter Merkmale vorgestellt werden[184]. Er entspricht dem Bravais-Pearson Korrelationskoeffizienten mit dem Unterschied, dass nun nicht die Originalwerte der Merkmale X und Y, sondern ihre Ränge zum Einsatz kommen. Aus der Tab. II-5-1a ist ersichtlich, wie mit diesen Rängen zunächst die Kovarianz und die Standardabweichungen von X und Y berechnet werden (s. Rechenschritte für S_{XY}, S_X und S_Y im unteren Bereich der Tab.). Anschließend werden diese Ergebnisse in die Formel für den Bravais-Pearson Korrelationskoeffizient $r = S_{XY}/(S_X \cdot S_Y)$ eingesetzt und es errechnet sich ein Wert von $r = +0{,}7$. Da der Spearman-Korrelationskoeffizient sich aufgrund seiner Berechnungsweise im Intervall $(-1 \leq r \leq +1)$ bewegt, liegt gemäß Übersicht II-5-1 bei einem Wert von $r = +0{,}7$ eine mittlere bis stärkere positive lineare Abhängigkeit in den Rängen vor. Aufgrund des positiven Vorzeichens wird dann auch von einer **gleichläufigen** Beziehung der Merkmale X und Y gesprochen. In diesem Fall geht ein höherer Rang von X mit einem höheren Rang von Y einher. Wird die hier zugrunde liegende Interpretation der Ränge berücksichtigt, geht folglich mit einem höheren Rang bei der Qualität gleichzeitig ein höherer Rang im Preis einher. Je besser also die Qualität des Weines, desto höher auch sein Preis.

Für den Fall, dass die verschiedenen Merkmalsträger unterschiedliche Ausprägungen (d.h. keine sogenannten **„Bindungen"**) aufweisen[185] und die Anzahl der Merkmalsträger ($n \geq 5$) beträgt, steht eine einfachere Berechnungsformel für den Rangkorrelationskoeffizienten von Spearman zur Verfügung. Es lässt sich zeigen, dass die Berechnungsformel $r = S_{XY}/(S_X \cdot S_Y)$ unter Verwendung von Rängen sich zu nachfolgender Formel R vereinfachen lässt:

$$R = 1 - \frac{6 \cdot \sum D_i^2}{n \cdot (n^2 - 1)}$$

mit: D_i = Differenz der Ränge von Merkmal X und Merkmal Y;
     n = Anzahl der Merkmalsträger

Der über die vereinfachte Formel errechnete Wert des Rangkorrelationskoeffizienten wird durch ein „R" kenntlich gemacht.[186] Die Formel sieht vor, die Differenzen der Ränge von Merkmal X und Y zu bilden, diese zu quadrieren und anschließend zum Wert $\sum D_i^2$ aufzusummieren. Wird $\sum D_i^2$ in die Formel für R eingesetzt, errechnet sich der bereits zuvor über die Formel des Bravais-Pearson Korrelationskoeffizienten ermittelte Wert von $R = +0{,}7$ (s. Tab. II-5-1a). Solange keine Bindungen, d. h. identische Merkmalsausprägungen vorkommen, stimmen die Werte

---

[184] Darüber hinaus gibt es verschiedene andere Verfahren, wie den Fechner Rangkorrelationskoeffizienten F oder den Rangkorrelationskoeffizienten von Kendall, auf die im Folgenden kurz verwiesen wird.

[185] Identische Ausprägungen werden auch als sogenannte „Bindungen" bezeichnet, z. B. wenn mehrfach die Note „1" für verschiedene Weine vergeben würde.

[186] In der Literatur wird auch häufiger das Symbol „ρ" (Rho) verwendet.

von (r) und (R) überein. Häufig sind jedoch Bindungen zu erwarten, so dass es zu Abweichungen und Ungenauigkeiten kommt. Treten diese Bindungen auf, so muss wegen identischer Ränge wie folgt vorgegangen werden: Den Merkmalsträgern mit übereinstimmenden Merkmalswerten wird einheitlich eine Rangordnung zugeordnet, die sich aus dem arithmetischen Mittel fiktiv aufsteigender Ränge für diese Merkmalswerte ergeben. Würde also im vorliegenden Beispiel der Tab. II-5-1a der erste Wein nicht die Note „2", sondern ebenfalls die Note „1" erhalten (Bindung), so dass die beiden ersten Weine in der Note „1" übereinstimmten, wären die Ränge wie folgt zu vergeben: Da die beiden ersten Weine dann sowohl Rang „1" als auch Rang „2" abdecken, würde ihnen das arithmetische Mittel dieser beiden Ränge, also Rang „1,5" zugeordnet. Der dritte Wein erhielte dann den Rang „3" usw., so dass anstelle der Ränge „1" und „2" nur der Rang „1,5" vergeben würde. Diese gemittelte Rangordnung führt zu Verzerrungen, die sich über eine hier nicht näher angeführte Formelkorrektur[187] ausgleichen lässt. Für den Fall, dass der Anteil der Bindungen nicht zu hoch ausfällt (nach einer Faustregel sollte der Anteil unter 20 % liegen), kann R auch ohne Korrektur angewandt werden, da der Fehler sich dann in Grenzen hält.

Das Beispiel macht deutlich, dass der Spearman-Korrelationskoeffizient die Ränge wie metrische Merkmale behandelt und damit auch beim Merkmal X mit steigenden bzw. fallenden Rängen konstante Abstände in der Bewertung der Weinqualität unterstellt. Da es sich beim Merkmal X (Qualität des Weines) um eine Ordinalskala handelt, die keine Aussagen über die Abstände der einzelnen Weinqualitäten ermöglicht, kommt es bei der Erfassung des Merkmals X und damit auch beim Rangkorrelationskoeffizienten zu Verzerrungen des Korrelationsmaßes[188].

Nachfolgend soll auf den Aspekt eingegangen werden, dass sich Ränge beim Rangkorrelationskoeffizienten von Spearman auf unterschiedliche Weise vergeben lassen. Wird in der vorliegenden Fallstudie beispielsweise der höchste vorkommende Preis bei den Weinen (15 € beim zweiten Wein) nicht mit dem ersten Rang (Rang „1"), sondern mit dem letzten Rang (Rang „5") versehen (vgl. Tab. II-5-1b im Vergleich zu Tab. II-5-1a), und werden alle anderen Ränge beim Merkmal Y entsprechend um-

---

[187] Zum Korrekturfaktor für die Berechnungsformel (R) siehe Hochstädter, D.: Statistische Methodenlehre, a. a. O., S. 156 f.

[188] Dieser Nachteil wird bei anderen Rangkorrelationskoeffizienten vermieden, die ausschließlich ordinalskalierte Informationen verwerten und relative Positionen der Merkmale auszählen. Zu nennen ist hier u. a. der **Fechner Rangkorrelationskoeffizient F**: Er erfasst das Vorzeichen der Abweichungen der Merkmalswerte X und Y zum jeweiligen Zentrum (z. B. Medianwert) und ermittelt auf Basis der Häufigkeiten der jeweiligen Vorzeichen den Rangkorrelationskoeffizienten (vgl. Pinnekamp; Siegmann: Deskriptive Statistik 2008, a. a. O., S. 130 ff). Beim **Rangkorrelationskoeffizient τ (Tau) von Kendall** werden die relativen Ordnungspositionen der Merkmalswerte (sogenannte Konkordanzen oder Diskordanzen) verglichen und hieraus ein Korrelationsmaß hergeleitet (vgl. Hochstädter, D.: Statistische Methodenlehre, a. a. O., S. 151, 158 ff).

gekehrt vergeben (Rang „2" wird zu Rang „4" usw.), so führt dies zu einem Korrelationskoeffizienten von R = −0,7 (vgl. Tab. II-5-1b).

Damit hat sich gegenüber dem bisherigen Ergebnis lediglich das Vorzeichen, nicht aber der Wert von R verändert. Das geänderte Vorgehen hat aber zur Konsequenz, dass die Ränge der Merkmale X und Y nun nicht mehr **gleichläufig**, sondern **gegenläufig** ausfallen. Allerdings gilt dies nicht für die dahinterstehenden Merkmalswerte X und Y: Da ein hoher Preis nun mit einem niedrigen Rang einhergeht (s. Vergabe der Ränge), lässt sich das Ergebnis weiterhin im Sinne eines Gleichlaufs von Weinqualität und Weinpreis wie folgt interpretieren: Ein hoher Rang in der Weinqualität geht mit einem niedrigen Rang im Preis einher. Da ein niedriger Rang beim Preis aber einen hohen Preis bedeutet, gilt weiterhin die Beziehung: „Hohe Qualität entspricht hohem Preis". Damit kann auf die Art der Beziehung von Merkmal X und Y erst dann geschlossen werden, wenn die Definition der Ränge beachtet wird. Letztlich ist die Verschlüsselung der Ränge für das Ergebnis der Korrelation der Merkmalswerte unbedeutend[189].

Tab. II-5-1b: Spearman-Rangkorrelationskoeffizient (Ränge von X und Y gegenläufig)

i	Wein-qua-lität *) X_i	Rang von X_i: $Rg(X_i)$	Preis Y_i in €	Rang von Y_i: $Rg(Y_i)$	$D_i =$ $Rg(X_i)$ minus $Rg(Y_i)$	D_i^2	$[Rg(X_i)]^2$	$[Rg(Y_i)]^2$	$Rg(X_i) \cdot Rg(Y_i)$
1	2	2	10	2	0	0	4	4	4
2	1	1	15	5	-4	16	1	25	5
3	5	4	11	3	1	1	16	9	12
4	4	3	13	4	-1	1	9	16	12
5	6	5	9	1	4	16	25	1	5
Σ		15		15	0	34	55	55	38

*) Schlüssel für Weinqualitäten:
1 = sehr gut; 2 = gut; 3 = befriedigend; 4 = ausreichend; 5= mangelhaft; 6= ungenügend

$$R = 1 - \frac{6 \cdot \sum D_i^2}{n \cdot (n^2 - 1)} = 1 - [(6 \cdot 34)/(5 \cdot 24)] = -0,7$$

$S_{XY} = 1/5 \cdot 38 - (15/5) \cdot (15/5) = -1,4000$

$S_X = [1/5 \cdot 55 - (15/5) \, 0183 \cdot (15/5)]^{0,5} = +1,4142$

$S_Y = [1/5 \cdot 55 - (15/5) \cdot (15/5)]^{0,5} = +1,4142$

$r_{XY} = S_{XY}/(S_X \cdot S_Y) = -0,7000$

---

[189] Gleichwohl würde in diesem Beispiel der positiven Korrelation von Weinqualität und Weinpreis ein Gleichlauf der vergebenen Ränge die Interpretation erleichtern.

Abschließend sei der Aspekt des **Informationsverlustes** angeführt, der sich ergibt, wenn ein einfaches Verfahren auf eine höherrangige Skala angewandt wird. So ist es durchaus zulässig, den Korrelationskoeffizienten von Spearman auf das metrische Fallbeispiel „Bruttokaltmiete und Nettoeinkommen der 12 Haushalte" anzuwenden (vgl. vorheriges Kap. II.5.2 sowie Tab. II-4-11 in Kap. II.4.5.2). Diese Anwendung würde bedeuten, dass anstelle der Merkmalswerte nur die Ränge der Merkmalswerte erfasst würden. In dieser Situation käme es immer dann zu einem Informationsverlust, wenn sich die Merkmalswerte für die Bruttokaltmiete und die Nettoeinkommen änderten, ohne dass der Rang des Haushalts bei den einzelnen Kaltmieten oder dem Nettoeinkommen hiervon betroffen wäre. Für diesen Fall würde sich zwar der Bravais-Pearson Korrelationskoeffizient der Merkmalswerte, aber nicht der entsprechende Korrelationskoeffizient der Ränge verändern.

Dieser Informationsverlust kann aber auch positiv genutzt werden: So ist es denkbar, dass die Merkmalswerte stärkeren Zufallsschwankungen unterliegen und damit der Bravais-Pearson Korrelationskoeffizient der Originalwerte ebenfalls größeren Zufallsschwankungen ausgesetzt wäre. Anders sieht dies bei einer Erfassung der Korrelation über Ränge aus: Da hier Zufallsschwankungen der Merkmalswerte sich u. U. nur unwesentlich auf die Ränge auswirken, wäre der Korrelationskoeffizient der Ränge weniger zufallsabhängig und damit für einen Vergleich verschiedener Gesamtheiten ggfs. besser geeignet (z. B. Vergleich der Korrelation von Bruttokaltmiete und Nettoeinkommen der verschiedenen Haushalte).

Aufgabe 30: Beurteilung eines Schwimmbades

Die Besucher von 6 Schwimmbädern wurden nach ihrer Beurteilung des Bades befragt. Die nachfolgende Tabelle stellt die ermittelte durchschnittliche Beurteilung (X) und das Alter des jeweiligen Schwimmbades (Y) einander gegenüber.

Beurteiltes Schwimmbad (laufende Nr. i)	1	2	3	4	5	6
Beurteilung (X_i) (Note)	sehr gut	befriedigend	ungenügend	gut	ausreichend	mangelhaft
Alter des Schwimmbades (Y_i) (in Jahren)	5	9	30	1	15	12

a) Welche Skalierung weisen die Merkmale X bzw. Y auf, und welches Maß ist zur Beschreibung des Zusammenhangs der beiden Merkmale geeignet? Begründen Sie jeweils kurz Ihre Antwort!

b) Überprüfen Sie unter Verwendung eines geeigneten Maßes, ob die Beurteilung der Schwimmbäder (X_i) vom Alter des jeweiligen Schwimmbades (Y_i) abhängt! Stellen Sie hierzu den Rechengang dar, und interpretieren Sie kurz das Ergebnis! Macht es einen Unterschied für die Stärke der Beziehung, ob Sie für ein altes Schwimmbad einen hohen oder niedrigen Rang vergeben und analog die Ränge gestalten?

5.4   Korrigierter Kontingenzkoeffizient nach Pearson (C_{korr})

Bei nominalskalierten Merkmalen lassen sich mit den Merkmalswerten X bzw. Y keine Berechnungen vornehmen[190], so dass das Zusammenhangsmaß auf die Analyse der gemeinsamen absoluten oder relativen Häufigkeiten zurückgreifen muss. Mit dem „korrigierten Kontingenzkoeffizienten nach Pearson" steht ein bewährtes Verfahren zur Verfügung, das die Eigenschaften der Häufigkeitsverteilung bei Unabhängigkeit verwendet.

In Kapitel II.4.4 wurde bereits dargelegt, dass bei Unabhängigkeit zweier Merkmale die gemeinsamen absoluten Häufigkeiten sich theoretisch aus dem Produkt der absoluten Randhäufigkeiten $h^*(X_i, Y_j)$ der Merkmale X und Y, dividiert durch die Anzahl der Beobachtungen (n) errechnen lassen. Mithin gilt:

$$h^*(X_i, Y_j) = \frac{h(X_i) \cdot h(Y_j)}{n} \qquad \text{für } i = 1, ..., m; j = 1, ..., r$$

Diese bei Unabhängigkeit der Merkmale geltende Beziehung stellt die Basis für den in mehreren Schritten abzuleitenden „Korrigierten Kontingenzkoeffizienten nach Pearson" dar. Das grundlegende Prinzip dieses Kontingenzkoeffizienten besteht darin, dass der beobachteten Häufigkeitsverteilung eine theoretische Verteilung gegenübergestellt wird, die sich über die Randverteilungen bei Unabhängigkeit nach der oben dargestellten Formel für $h^*(X_i, Y_j)$ (bzw. (h^*_{ij})) ermittelt.

Indem für alle Merkmalskombinationen die beobachteten absoluten Häufigkeiten (h_{ij}) mit den theoretischen absoluten Häufigkeiten (h^*_{ij}) verglichen werden, kann auf die Stärke des Zusammenhangs der Merkmale geschlossen werden: Denn bei Unabhängigkeit der Merkmale werden die empirischen und die theoretisch errechneten gemeinsamen Häufigkeiten der Merkmalskombinationen grundsätzlich übereinstimmen. Lediglich der Zufall kann auch bei starker oder perfekter Unabhängigkeit der Merkmale gewisse Abweichungen der theoretischen und empirischen Häufigkeiten der einzelnen Zellen der Häufigkeitstabelle bewirken. Umgekehrt gilt: Je stärker die Abhängigkeit beider Merkmale ausgeprägt ist, desto häufiger werden die empirischen und theoretischen Häufigkeiten voneinander abweichen.

Um alle Informationen der Häufigkeitstabelle auszunutzen, wird der Vergleich der empirischen und theoretischen Häufigkeiten für alle Felder vorgenommen, indem die quadrierten Abweichungen $(h_{ij} - h^*_{ij})^2$ für alle Felder gebildet und dann über alle Felder aufaddiert werden. Die Quadrierung ist erforderlich, da sich ansonsten positi-

---

[190] So setzt die Ermittlung der Kovarianz metrische Merkmale voraus.

ve und negative Abweichungen kompensieren würden.[191] Darüber hinaus sind die aufaddierten quadrierten Differenzen durch die theoretischen Häufigkeiten zu dividieren, damit das Ergebnis nicht von der Größenordnung der Häufigkeiten abhängig ist (z. B. bei Darstellung der h_{ij} in 1 000 oder in Mio. Einheiten).[192] Die auf diese Weise berechnete Größe wird als quadratische Kontingenz χ^2 bezeichnet, da diese Größe einer χ^2-Verteilung gehorcht[193]. Für die quadratische Kontingenz Chi-Quadrat (χ^2) gilt somit:

$$\chi^2 = \sum_{i=1}^{m} \sum_{j=1}^{r} \frac{\left(h_{ij} - h_{ij}^*\right)^2}{h_{ij}^*} \quad \text{mit: } h_{ij}^* = \frac{\left(h_{i.} \cdot h_{.j}\right)}{n} \quad \text{für } i = 1, ..., m; j = 1, ..., r$$

Die Division durch die theoretischen Häufigkeiten h_{ij}^* hat zur Folge, dass relative quadrierte Abweichungen betrachtet werden und die quadratische Kontingenz χ^2 unabhängig von der Dimension der Häufigkeiten ist. Somit hat dann auch die Darstellungsform der Einheiten, d. h. Häufigkeiten z. B. in Tausend (Tsd.) oder in Million (Mio.) keinen Einfluss auf das Ergebnis.

Anmerkung: Zur Berechnung von χ^2 empfiehlt es sich, zunächst in getrennten Tabellen die empirischen und die theoretischen Häufigkeiten darzustellen bzw. zu berechnen und schließlich in einer dritten Tabelle zu jeder Merkmalskombination die Werte $[\left(h_{ij} - h_{ij}^*\right)^2/h_{ij}^*]$ zu bilden. Diese Werte sind dann aufzusummieren (z. B. zunächst über alle Zeilen und dann über alle Spalten oder umgekehrt); als Ergebnis errechnet sich dann die quadratische Kontingenz χ^2. Es besteht aber auch die Möglichkeit, alle Rechenschritte in einer Tabelle vorzunehmen, wie im Folgenden realisiert.

Bei Unabhängigkeit der Merkmale X und Y nimmt die quadratische Kontingenz (χ^2) grundsätzlich – von zufälligen Schwankungen einmal abgesehen – den Wert null an. Allerdings weist die Größe χ^2 – ähnlich wie die Kovarianz S_{XY} – den Nachteil auf, dass sie selbst bei starker Abhängigkeit nicht gegen einen konstanten Maxi-

---

[191] Auch hier tritt – wie in verschiedenen anderen Situationen statistischer Berechnungen – das Problem auf, dass sich positive und negative Abweichungen neutralisieren. Dieses Problem ergab sich bereits bei der Berechnung der MAD und der Varianz. Bei der MAD wurde es durch die Bildung absoluter Abweichungen und bei der Varianz durch die Bildung quadrierter Abweichungen gelöst. Das „Plus-Minus-Problem" ergibt sich auch im Rahmen der noch zu erläuternden Regressionsanalyse; siehe hierzu Kap. II.6.

[192] Auch dieses Problem der „Größenordnung der Rechenwerte" tritt häufiger in der Statistik auf. Z. B. wird beim Variationskoeffizienten die Standardabweichung durch das arithmetische Mittel dividiert, um ein von der Dimension der Merkmalswerte unabhängiges Streuungsmaß zu erhalten.

[193] Eine χ^2-Verteilung liegt immer dann vor, wenn normalverteilte Merkmalswerte quadriert und aufaddiert werden. Sind die Differenzen von theoretischer und empirischer absoluter Häufigkeit normalverteilt, unterliegen die quadrierten Differenzen einer χ^2-Verteilung. Zur χ^2-Verteilung siehe z. B. Bleymüller, J.: Statistik für Wirtschaftswissenschaftler, a. a. O., Kap. 10.4. sowie die Ausführungen im Teil C und D des Anhangs.

malwert konvergiert, sondern dieser von der Zahl der Beobachtungswerte (n) und der Zahl der Merkmalsausprägungen abhängig ist[194]. Die Abhängigkeit von der Beobachtungszahl (n) kann vermieden werden, indem χ^2 wie folgt in den sogenannten Kontingenzkoeffizienten nach Pearson (C) transformiert wird:

$$C = \sqrt{\frac{\chi^2}{\chi^2 + n}}$$

Der Kontingenzkoeffizient C weist aber immer noch ein Problem auf: Der Nenner des Bruchs ist immer größer als der Zähler; C kann also selbst bei vollständiger Abhängigkeit der beiden Merkmale nicht den Wert „eins" erreichen; je nach Spalten und Zeilenzahl weicht er von dem Wert „eins" ab[195]. Somit ist auch der Kontingenzkoeffizient nicht auf einen bestimmten Wert **normiert**, d. h. besitzt generell keine feste Obergrenze, so dass aus dem sich ergebenden Wert für C immer noch nicht auf den speziellen Grad der Abhängigkeit geschlossen werden kann. Um dies schließlich sicherzustellen, wird als Zusammenhangsmaß häufig der „korrigierte (oder normierte) Kontingenzkoeffizient (C_{korr})" verwandt, der wie folgt definiert ist[196]:

$$C_{korr} = \sqrt{\frac{\chi^2}{\chi^2 + n} \cdot \frac{C^*}{C^* - 1}} \quad \text{mit: } C^* = Min(m, r)$$

Anmerkung: $C^* = Min(m, r)$ bedeutet: Es wird für C^* der jeweils kleinere Wert der Zeilenzahl bzw. der Spaltenzahl herangezogen; gilt z. B. (m = 3) und (r = 2), so beträgt das Minimum aus m und r, also Min(m, r) = 2.

---

[194] Bei vollkommen abhängigen Merkmalen X und Y nimmt χ^2 folgenden maximalen Wert χ^2_{max} an: $\chi^2_{max} = n \cdot (C^* - 1)$. Somit variiert χ^2 mit der Beobachtungszahl (n) und (C^*), d. h. dem Minimum aus Zeilen- und Spaltenzahl der zweidimensionalen Häufigkeitsverteilung; vgl. hierzu Hörnstein, E.; Kreth, H.: Wirtschaftsstatistik, a. a. O., S. 118.

[195] Der maximale Wert von C, im Folgenden als (C_{max}) bezeichnet, ergibt sich als $C_{max} = \left((C^* - 1)/C^* \right)^{0,5}$; er ist damit stets kleiner als „eins"; vgl. Bamberg, G.; Baur, F.: Statistik, a. a. O., S. 40.

[196] Insgesamt weist die Größe „χ^2" eine ähnliche Problematik wie die Kovarianz auf: Beide Größen stellen jeweils nur Hilfsgrößen der Statistik dar und sind für sich nicht aussagekräftig. Erst nach einer Transformation (Normierung) zum Bravais-Pearson Korrelationskoeffizienten (Kovarianz) bzw. zum korrigierten Kontingenzkoeffizienten C_{korr} können allgemeingültige Aussagen zur Stärke des Zusammenhangs getroffen werden. Daher mag die Situation durch folgenden – zugegebenermaßen – einfachen Vergleich beschrieben werden. Ebenso wie der Konditor beim Kuchenbacken die an sich nicht genießbare Zutat „Hefe" einsetzt, die den Kuchen erst als genussvolles Produkt gelingen lässt, entfalten auch die Kovarianz und die quadratische Kontingenz Chi-Quadrat (χ^2) erst nach der Transformation zum Bravais-Pearson Korrelationskoeffizienten bzw. korrigierten Kontingenzkoeffizienten ihre Aussagekraft, d. h. sind in höchster Form „genießbar".

Ergebnis: Der korrigierte Kontingenzkoeffizient bewegt sich damit im Bereich $0 \leq C_{korr} \leq 1$; bei **fehlendem** Zusammenhang (Unabhängigkeit) beider Merkmale ist $C_{korr} = 0$ und bei **perfektem** Zusammenhang gilt $C_{korr} = 1$.

Im Unterschied zum Korrelationskoeffizienten von Bravais-Pearson oder dem Rangkorrelationskoeffizienten nach Spearman, weist C_{korr} nur positive Werte auf. Da es sich um nominalskalierte Merkmalswerte handelt, ist eine Aussage über das Vorzeichen nicht sinnvoll; damit kann C_{korr} auch <u>nicht</u> im Sinne einer positiven Abhängigkeit interpretiert werden. Derartige Aussagen sind bei nominalskalierten Merkmalen, die eine willkürliche Reihenfolge aufweisen, nicht möglich.

Fallbeispiel zum korrigierten Kontingenzkoeffizienten nach Pearson (C_{korr}):

Eine Befragung von 100 dreißigjährigen Frauen nach Religionszugehörigkeit (X) und Familienstand (Y) hat folgendes Ergebnis geliefert:

Tab. II-5-2: Korrigierter Kontingenzkoeffizient nach Pearson (Beispiel „Konfession und Familienstand")

Merkmal X: Konfession	Merkmal Y: Familienstand			
	ledig	verheiratet	geschieden	insgesamt
evangelisch	10	25	5	40
katholisch	8	40	2	50
sonstige	2	5	3	10
insgesamt	20	70	10	100

Quelle: Schwarze, J.: Grundlagen der Statistik I, a. a. O., S. 170 ff.

Unter Verwendung der empirischen und theoretischen absoluten Häufigkeiten errechnet sich für χ^2:

$$\chi^2 = \frac{\left(10 - \frac{40 \cdot 20}{100}\right)^2}{\left(\frac{40 \cdot 20}{100}\right)} + \frac{\left(25 - \frac{40 \cdot 70}{100}\right)^2}{\left(\frac{40 \cdot 70}{100}\right)} + \frac{\left(5 - \frac{40 \cdot 10}{100}\right)^2}{\left(\frac{40 \cdot 10}{100}\right)}$$

$$+ \frac{\left(8 - \frac{50 \cdot 20}{100}\right)^2}{\left(\frac{50 \cdot 20}{100}\right)} + \frac{\left(40 - \frac{50 \cdot 70}{100}\right)^2}{\left(\frac{50 \cdot 70}{100}\right)} + \frac{\left(2 - \frac{50 \cdot 10}{100}\right)^2}{\left(\frac{50 \cdot 10}{100}\right)}$$

$$+ \frac{\left(2 - \frac{10 \cdot 20}{100}\right)^2}{\left(\frac{10 \cdot 20}{100}\right)} + \frac{\left(5 - \frac{10 \cdot 70}{100}\right)^2}{\left(\frac{10 \cdot 70}{100}\right)} + \frac{\left(3 - \frac{10 \cdot 10}{100}\right)^2}{\left(\frac{10 \cdot 10}{100}\right)} = 8{,}56$$

$$C_{korr} = \sqrt{\frac{\chi^2}{\chi^2 + n} \cdot \frac{C^*}{C^* - 1}} = \sqrt{\frac{8,56}{8,56 + 100} \cdot \frac{3}{2}} = 0,34$$

mit: $C^* = Min(m, r)$; wobei

      m = Anzahl der Merkmalsausprägungen des Merkmals X (hier: Konfession)

      r = Anzahl der Merkmalsausprägungen des Merkmals Y (hier: Familienstand)

Da sich C_{korr} grundsätzlich im Bereich ($0 \leq C_{korr} \leq 1$) bewegt und hier ein Wert von $C_{korr} = 0,34$ vorliegt, besteht in Anlehnung an die Sprachregelung der Korrelationsanalyse (vgl. Übersicht II-5-1) eine schwache Abhängigkeit.

Anmerkung: Bei Unabhängigkeit beider Merkmale können die theoretischen Häufigkeiten auch zufällig von den empirischen Häufigkeiten abweichen. Soll überprüft werden, ob sich C_{korr} nur zufällig oder nachhaltig (der Statistiker spricht von „signifikant") von „null" unterscheidet, so muss im Rahmen der schließenden Statistik ein statistischer Test vorgenommen werden. Hierzu bietet sich der sogenannte Chi-Quadrat-Unabhängigkeitstest an (siehe hierzu Bleymüller, J., Wirtschaftsstatistik, a. a. O., S. 130 ff.).

Neben dem korrigierten Kontingenzkoeffizienten stehen bei nominalskalierten Merkmalen auch andere Zusammenhangsmaße zur Verfügung. Das bekannteste Maß ist „**Cramers V**", das wie folgt definiert ist:

$$V = \left[\frac{\chi^2}{n \cdot (C^* - 1)} \right]^{0,5}$$

Damit wird die Quadratische Kontingenz (χ^2) durch die Größe $(n \cdot (C^* - 1))$ dividiert, d. h. durch die Größe, gegen die (χ^2) bei vollkommener Abhängigkeit als Maximalwert konvergiert.[197]

Hinweis: Wie bereits zuvor beschrieben, kann ein Zusammenhangsmaß, das für niedrige Skalen geeignet ist, auch auf höherrangige Skalen angewendet werden. So könnte der korrigierte Kontingenzkoeffizient auch für das Beispiel „Körpergröße, Körpergewicht" den Zusammenhang beider Merkmale über die Häufigkeiten messen. Allerdings ist dies mit einem Informationsverlust verbunden: Tritt z. B. aufgrund einer Datenänderung an die Stelle der Körpergröße „$Y_5 = 190 - 200$ cm" die Merkmalsausprägung „$Y_5 = 190 - 210$ cm" und sind die absoluten Häufigkeiten unverändert, d. h. gilt auch weiterhin $h(X_5, Y_5) = 11$, so verändert diese Datenabwandlung zwar das Ergebnis für den Bravais-Pearson-Korrelationskoeffizienten, nicht aber das Ergebnis des Korrigierten Kontingenzkoeffizienten. Damit bringt der Bravais-Pearson-Korrelationskoeffizient jede Datenänderung der Merkmalswerte

---

[197] Zu Einzelheiten vgl. z. B. Pinnekamp; Siegmann: Deskriptive Statistik 2008, a. a. O., S. 125.

zum Ausdruck, nicht aber der für Nominalskalen vorgesehene Korrigierte Kontingenzkoeffizient. Somit tritt auch hier ein Informationsverlust ein.

Aufgabe 31: Verschiedene Zusammenhangsmaße

Geben Sie an und begründen Sie, welche Zusammenhangsmaße zur Beschreibung der Abhängigkeit der Merkmale X und Y in Aufgabe 4 (Kap. II.1.3.2) jeweils geeignet sind. Erläutern Sie, inwieweit in Bezug auf die Skalierung von X und Y Spielräume bei der Wahl des Zusammenhangsmaßes bestehen und welche Konsequenzen sich durch die Verwendung eines anderen Zusammenhangsmaßes ergeben.

Aufgabe 32: Welcher Bootsanleger darf es denn sein?

An zwei Anlegern eines Rheinhafens findet sich die folgende Verteilung der Boote nach ihrer Farbe:

Farbe der Boote	Anleger 1	Anleger 2
Rot	22	30
Blau	34	43
Rest	64	27

a) Ermitteln Sie die gemeinsame relative Häufigkeit von Farbe und Anleger.

b) Ein Passagier möchte mit einem roten Boot fahren. An welchem Anleger sollte er warten, damit die bedingte relative Häufigkeit am größten ist und er möglichst schnell das Boot betreten kann?

c) Angenommen, zwischen Bootsfarbe und Anleger besteht Unabhängigkeit. Mit welcher erwarteten relativen Häufigkeit legen dann die Boote an den einzelnen Anlegern an?

d) Wie stark ist der Zusammenhang zwischen Anleger und Bootsfarbe im vorliegenden Beispiel? Begründen Sie Ihre Antwort auf Basis der Ermittlung des korrigierten Kontingenzkoeffizienten nach Pearson!

e) Wie kann mit den bedingten Häufigkeiten und der relativen Randhäufigkeit die **Unabhängigkeit** der Merkmale X und Y überprüft werden? Vervollständigen Sie hierzu formal die nachfolgende Gleichung:

$f(X_1/Y_1) = \ldots\ldots = \ldots\ldots\ldots\ldots!$

f) Was sagt der Wert der Größe „χ^2" in der deskriptiven Statistik aus und wo sind die Grenzen der Aussagekraft? Wie lässt sich formal die Größe „χ^2" verwenden, so dass sich eine Aussagekraft ergibt und welche ist dies?

Aufgabe 33: Stellung im Beruf nach Geschlecht (Mikrozensus 2012)

Der Mikrozensus 2012 weist für Deutschland im Erhebungszeitpunkt April 2012 folgende Anzahl von Erwerbstätigen (gerundete Werte in Mio.) nach den beiden Merkmalen „Stellung im Beruf" und „Geschlecht" aus (in Mio. Personen):

Merkmal Y / Merkmal X	Geschlecht		insgesamt
	männlich	weiblich	
Selbständige*	3,10	1,54	4,64
Abhängige Beschäftigte	18,57	16,95	35,52
Erwerbstätige insgesamt	21,67	18,49	40,16

* einschließlich „mithelfende Familienangehörige"

Wie stark ist der Zusammenhang zwischen der Stellung im Beruf und dem Geschlecht? Begründen Sie Ihr Vorgehen!

Statistisches Bundesamt: Mikrozensus 2012, Bevölkerung und Erwerbstätigkeit, Fachserie 1, Reihe 4.4.1, a. a. O., S. 118.

Aufgabe 34: Waldschadensbericht Nordrhein-Westfalen (NRW) 2014

Das Ministerium für Klimaschutz, Umwelt, Landwirtschaft, Natur- und Verbraucherschutz des Landes NRW weist in seinem Waldschadensbericht 2014 folgende Angaben (in %) des Schadenszustandes der Bäume aus (Σ über alle Baumarten und Altersbereiche):

Schadstufe	0	1	2	3	4
Bezeichnung der Schädigung	ohne Kronen- verlichtung	schwache Kronenver- lichtung	mittelstarke Kronenver- lichtung	starke Kronenver- lichtung	abge- stor- ben
Verlichtung in %	0 – 10	11 – 25	26 – 60	61 – 99	100
Anteil in %	23,0	41,0	36,0 (nur insgesamt ausgewiesen)		

Quelle: Ministerium für Klimaschutz, Umwelt, Landwirtschaft, Natur- und Verbraucherschutz des Landes Nordrhein-Westfalen: Waldzustandsbericht 2014, Kurzfassung, Nachhaltigkeitsberichterstattung NRW, S. 9.

a) Definieren Sie für das vorliegende Beispiel den Merkmalsträger, das Merkmal und die Merkmalsausprägungen.

b) Erläutern Sie am vorliegenden Beispiel die sachliche Abgrenzung der Merkmalsträger und der Merkmalsausprägungen.

c) Welche Skalierung weisen die Merkmalsausprägungen auf? Begründen Sie das Ergebnis am konkreten Beispiel!

d) Welche Mittelwerte lassen sich aus welchem Grund im vorliegenden Beispiel berechnen? Wie lauten die Mittelwerte jeweils? Begründen Sie Ihre Antwort!

e) Angenommen, Sie möchten für eine Anzahl von (n) Bäumen den Zusammenhang zwischen der Schadstufe (Merkmal X) und der Baumart des Waldes wie z. B. Buche, Fichte, Eiche, etc. (Merkmal Y) untersuchen. Welches Zusammenhangsmaß würden Sie aus welchem Grund anwenden? Begründen Sie Ihre Antwort!

6   Regressionsanalyse

6.1   Zielsetzung der Regressionsanalyse

Während die Ermittlung des Bravais-Pearson Korrelationskoeffizienten ausschließlich dazu dient, eine Kennziffer zur Beschreibung der Stärke der Korrelation zweier metrisch skalierter Merkmale X und Y zu gewinnen, hat die Regressionsanalyse das Ziel, diesen Zusammenhang der **metrisch skalierten** Merkmale X und Y (im Folgenden als „Variablen" X und Y bezeichnet) über eine Funktion (Regressionsfunktion) formal zu quantifizieren[198]. Dabei ist zu bestimmen, welche Variable als **abhängige** Variable Y und welche Variable als **erklärende** oder **unabhängige** Variable X anzusehen ist. Die Regressionsanalyse setzt somit die Festlegung der Variablen im Hinblick auf Ursache (Variable X) und Wirkung (Variable Y) voraus. So lässt sich z. B. für das bereits dargestellte Beispiel „Bruttokaltmiete und Haushaltsnettoeinkommen von 12 privaten Haushalten" (vgl. Tab. II-4-11 und Abb. II-4-5 in Kap. II.4.5.2) die gezahlte monatliche „Bruttokaltmiete (Y)" als abhängige Variable und das monatliche „Haushaltsnettoeinkommen (X)" als unabhängige Variable auffassen. Die Variable X heißt auch die „erklärende" und die Variable Y die „zu erklärende" Variable[199]. Wird die Regressionsfunktion für eine **lineare** Beziehung mit nur **einer erklärenden** Variablen X ermittelt, so wird von einer **linearen Einfach**regression gesprochen. In der Praxis üben oft mehrere erklärende (unabhängige) Variablen[200] X_2, X_3, X_4 etc. Einfluss auf Y aus, so dass dann eine „Zweifach-", oder „Dreifachregressionsfunktion" usw. oder allgemein eine „Mehrfachregressionsfunktion" zur Anwendung kommt (s. auch Kap. II.6.7). So könnte in dem vorliegenden Beispiel die zu erklärende Variable Y auch durch weitere erklärende Variablen X_2, X_3 etc. wie die Zahl der Einwohner des Wohnortes, das Alter (X_3), die Lage (X_4) oder die Ausstattung der Wohnung (X_5) etc. beeinflusst sein, wie später im Kap. II.6.7

---

[198] Es lassen sich auch nichtmetrische Variablen in der Regressionsfunktion erfassen. Handelt es sich bei der abhängigen Variablen um eine nominalskalierte Größe, so liegt das Spezialgebiet der sogenannten „logistischen Regressionsfunktion" oder „Logitanalyse" vor (vgl. hierzu z. B. Eckstein, P. P.: Angewandte Statistik mit SPSS, 6. Auflage, Wiesbaden 2008, S. 210 ff). Bei den unabhängigen Variablen können über sogenannte Dummyvariablen auch nominalskalierte Variablen X ergänzend zu den metrisch skalierten Variablen Verwendung finden, um qualitative Einflüsse zu erfassen (s. hierzu die Ausführungen in Kap. II.6.7). In diesem einführenden Kapitel kommen zunächst nur metrische Variablen zur Anwendung.

[199] Eine Zusammenstellung der alternativen Begriffe für die abhängige bzw. unabhängige Variable findet sich im nachfolgenden Kapitel in Übersicht II-6-1.

[200] In der Mehrfachregression werden die exogenen Variablen mit X_2, X_3, etc. bezeichnet, d. h. die erste exogene Variable trägt den Index „2" und nicht „1"; vgl. hierzu und zur Begründung die Ausführungen in Kap II.6.7.

noch näher ausgeführt wird. Die richtige Spezifikation der Regressionsfunktion setzt voraus, dass **alle** nachhaltigen Einflussgrößen von Y in der Regressionsfunktion erfasst werden. Ansonsten liegt eine **Fehlspezifikation** des Regressionsmodells vor[201] (vgl. Kap. II.6.6).

Neben diesen systematischen Einflussgrößen wirkt auch der Zufall auf die Größe Y ein. Der zufällige Einfluss wird durch das Symbol „e_i" des i-ten Merkmalsträgers dargestellt und als Residuum, d. h. als restliche Einflussgröße bezeichnet (Plural: Residuen). Es wird unterstellt, dass die Größe e_i auf die $(i = 1, ..., n)$ Merkmalswerte Y_i einen um den Wert „null" schwankenden zufälligen Einfluss hat, so dass das arithmetische Mittel von e_i „null" beträgt $\left(\frac{1}{n}\sum e_i = \bar{e} = 0\right)$.

In den folgenden einführenden Kapiteln wird zunächst eine lineare Einfachregression unterstellt; diese lässt sich für $(i = 1, ..., n)$ Beobachtungswerte (z. B. für $i = 1, ..., 12$ Merkmalswerte des Fallbeispiels „Bruttokaltmiete/Haushaltsnettoeinkommen") wie folgt formal als Regressionsfunktion darstellen[202]:

$$Y_i = b_1 + b_2 \cdot X_i + e_i$$

Die unbekannten Funktionsparameter b_1 und b_2 werden als Regressionsparameter bezeichnet. Es ist das zentrale Ziel der Regressionsanalyse, diese über ein spezielles – noch näher darzustellendes Verfahren – zu bestimmen (vgl. Kap. II.6.3).

Die Regressionsanalyse zählt zu den **multivariaten Verfahren** der Datenanalyse und nimmt hier eine zentrale Position ein. Die multivariaten Verfahren haben das Ziel, große Datenmengen von Merkmalsträgern, d. h. zahlreiche Merkmalsausprägungen vieler Merkmale auszuwerten, zu strukturieren und zu analysieren[203]. Im Rahmen der deskriptiven Statistik beschränkt sich dieses Buch zunächst auf die Be-

---

[201] Ob eine bestimmte Variable X Einfluss auf Y hat, lässt sich bei einer Gegenüberstellung in einem Y-X-Diagramm oft erkennen. Zudem stehen Tests der schließenden Statistik zur Verfügung, um zu überprüfen, ob ein sogenannter „signifikanter", d. h. ein deterministischer und nicht nur zufälliger Einfluss gegeben ist. Damit es zu keiner Fehlspezifikation der Regressionsfunktion kommt, ist der Einfluss aller auf Y wirkenden erklärenden Variablen zu erfassen. Allerdings ist zu beachten, dass mit zunehmender Anzahl der Variablen auch die Zahl der Beobachtungswerte (n) ansteigen muss, damit die Mehrfachregressionsfunktion sinnvoll geschätzt werden kann.

[202] Der Regressionsanalyse liegen i. d. R. Einzelwerte und keine Häufigkeitsverteilungen zugrunde. Daher weisen die Variablen X und Y nur einen einheitlichen Index i für den i-ten Merkmalsträger auf.

[203] Zu einem Überblick über die multivariaten Verfahren vgl. Backhaus, K.; Erichson, B.; Plinke, W.; Weiber, R.: Multivariate Analysemethoden, 11. Auflage, Berlin, Heidelberg, New York, 2006. Vgl. auch Eckey, H.-F.; Kosfeld, R.; Rengers, M.: Multivariate Statistik. Grundlagen – Methoden – Beispiele, Wiesbaden 2002.

schreibung einfacher linearer Regressionsbeziehungen. Erweiterungen der Regressionsanalyse betreffen

- die Erfassung auch nichtlinearer Beziehungen (z. B. Potenzfunktionen) (s. Kap. II.6.6) und
- die Behandlung von Mehrfachregressionen (mehrere erklärende Variablen) einschließlich der Erfassung auch qualitativer (nominal- oder ordinalskalierter) erklärender Variablen (Kap. II.6.7).

Der Einsatz der Regressionsanalyse hat sich bei den Datenanalysen metrischer und nichtmetrischer Merkmale bewährt. Allerdings setzt deren Anwendung die richtige Spezifizierung der Regressionsfunktion voraus, damit es nicht zu verzerrten, fehlinterpretierten Ergebnissen kommt. Was dabei zu beachten ist, wird in Kap. II.6.8 im Rahmen der Residuenanalyse vertieft. Auch können Korrelations- und Regressionsanalyse Zusammenhänge von Variablen aufgrund sogenannter **Scheinkorrelationen** zum Ausdruck bringen, die inhaltlich nicht begründet sind und sich bei einer zu rezeptartig durchgeführten Analyse ergeben können. Auch hierauf wird im Kapitel II.6.5 näher eingegangen.

Die Regressionsanalyse ist sowohl der deskriptiven, als auch der schließenden Statistik zuzuordnen. Im Bereich der deskriptiven Statistik versucht sie u. a., die durchschnittliche Entwicklung der Variablen Y über die Werte der Variablen X zu erklären. Es handelt sich hierbei um eine sogenannte Punktprognose, die aufgrund der Durchschnittsbetrachtung keinem Zufallseinfluss unterliegt (mittlerer Wert der Zufallsgröße beträgt „null"). Für das vorliegende Fallbeispiel könnte die Punktschätzung lauten: „Mit welcher Bruttokaltmiete ist bei einem bestimmten Haushalt im Durchschnitt zu rechnen, wenn das Haushaltsnettoeinkommen einen vorgegebenen Wert annimmt?"

Gelegentlich wird aber auch im Rahmen der schließenden Statistik die Schätzung eines Schätz- bzw. **Konfidenzintervalls** für einen Durchschnittswert von Y oder eines individuellen Wertes von Y angestrebt. Es wird dann mit einer vorgegebenen Wahrscheinlichkeit ermittelt, in welchem Bereich der Durchschnittswert oder ein individueller Prognosewert unter Beachtung des Zufalls zu erwarten ist (z. B. Intervall für die durchschnittlich erwartete Bruttokaltmiete oder eine individuell erwartete Bruttokaltmiete, wenn ein bestimmtes Haushaltsnettoeinkommen vorliegt). Weitere wichtige Anwendungen der schließenden Statistik in der Regressionsanalyse betreffen „**Teststatistiken**"[204]: Mit speziellen Tests wie z. B. dem T-Test, F-Test und weiteren statistischen Tests werden die Parameter der Regressionsfunktion auf nachhaltige (sogenannte „signifikante") Abweichungen vom Wert „null" überprüft. Zum Beispiel soll festgestellt werden, ob der Steigungsparameter nur zufällig einen von „null" abweichenden Einfluss der Variable X auf die Variable Y zum Ausdruck bringt. Ziel der schließenden Statistik ist es somit, den Einfluss des Zufalls in der

---

[204] Zur Teststatistik vgl. auch die Darstellungen im Teil C und D des Anhangs.

Regressionsanalyse zu quantifizieren und zu spezifizieren. Die Darstellung der Tests der Regressionsparameter sind der schließenden Statistik vorbehalten und lassen sich in diesem Buch nicht vertiefen. Im Folgenden werden zunächst die Begriffe der linearen Einfachregression systematisch vorgestellt.

6.2 Begriffe und Symbole zur linearen Einfachregression

Die Regressionsanalyse beschreibt die **durchschnittliche** Beziehung zwischen Y_i und X_i durch die lineare Regressionsfunktion: $\widehat{Y}_i = b_1 + b_2 \cdot X_i$ mit:

$\widehat{Y}_i$: über die Regressionsfunktion geschätzte Werte der bei den $(i = 1, ..., n)$ Merkmalsträgern erwarteten Merkmalswerte für die abhängige Variable Y_i;

X_i: bei den $(i = 1, ..., n)$ Merkmalsträgern beobachtete Werte der unabhängigen Variable X_i;

b_1, b_2: über die Regressionsfunktion ermittelte Regressionskoeffizienten.

Die Regressionskoeffizienten (-parameter b_1, b_2 interpretieren sich wie folgt):

- b_1 = absolutes Glied; es gibt an, welchen Wert die Variable Y für X = 0 annimmt (z. B. bei einer linearen Kostenfunktion stellt b_1 die Fixkosten dar); häufig ist b_1 auch nur als eine technische Größe anzusehen, die so gewählt wird, dass die Regressionsfunktion die Punktwolke möglichst gut beschreibt; formal bildet b_1 den Schnittpunkt der Regressionsfunktion mit der Y-Achse;

- b_2 = Steigungsparameter (1. Ableitung von $\widehat{Y}$ nach der Einflussgröße X); b_2 gibt an, um wie viele Einheiten sich $\widehat{Y}$ bzw. Y verändert, wenn sich X um eine Einheit verändert (z. B. stellt bei einer linearen Kostenfunktion b_2 die Grenzkosten bzw. die variablen Stückkosten dar).

Abweichungen zwischen den beobachteten Werten (Y_i) und den durch die Regressionsfunktion erklärten Werten $\widehat{Y}_i$ werden als Residuen (e_i); (Singular: Residuum) bezeichnet; somit gilt (für $i = 1, ..., n$) Variablenwerte der Merkmalsträger:

$$e_i = Y_i - \widehat{Y}_i \quad \text{bzw.} \quad \widehat{Y}_i = Y_i - e_i$$

Wird die letzte Beziehung in die lineare Regressionsfunktion eingesetzt, so liegt der Regressionsanalyse folgender Modellzusammenhang zugrunde:

$$Y_i = b_1 + b_2 \cdot X_i + e_i = \widehat{Y}_i + e_i \qquad \text{mit: } \widehat{Y}_i = b_1 + b_2 \cdot X_i$$

Die nachfolgende Übersicht II-6-1 stellt die z. T. vorgestellten Bezeichnungen der Variablen Y und X im Überblick zusammen: Neben den bereits angesprochenen Bezeichnungen (jeweils Wortpaare) für die Variablenwerte X bzw. Y wie („abhängige" bzw. „unabhängige") und („zu erklärende" bzw. „erklärende") Variable, finden sich häufig auch die Begriffspaare („endogene" bzw. „exogene") Variable in der Regressionsanalyse oder in der allgemeinen formal-statistischen Analyse. Eine Größe wird als „endogen" angesehen, wenn sie durch andere Größen erklärt werden kann. Die

„exogene Größe" ist von außen vorgegeben und unterliegt in der Modellbetrachtung selbst keinen Einflüssen. Vereinzelt werden in der Literatur auch die in diesem Buch nicht weiter angesprochenen Begriffe („Regressand" bzw. „Regressor") und („Prognosevariable" bzw. „Prädiktorvariable") verwendet.

Übersicht II-6-1: Verschiedene synonyme Variablenbegriffe

Variable Y	Variable X
abhängige Variable	unabhängige Variable
zu erklärende Variable	erklärende Variable
endogene Variable	exogene Variable
Prognosevariable	Prädikatorvariable
Regressand	Regressor

Quelle: In Anlehnung an Eckey, H.-F., Kosfeld, R., Türck, M. : Deskriptive Statistik. Grundlagen – Methoden – Beispiele, 4. Auflage, Wiesbaden 2005, S. 184.

Die nachfolgende Abb. II-6-1 zeigt die bisher vorgestellten Begriffe im Zusammenhang auf. Es ist ersichtlich, wie einem beliebigen X_i-Wert des i-ten Merkmalsträgers ein über die Regressionsfunktion geschätzter Wert $\hat{Y}_i$ auf der Regressionsfunktion zuzuordnen ist und wie dieser Wert von dem tatsächlichen Wert Y_i abweicht (siehe Residuum e_i). Das absolute Glied b_1 stellt den Schnittpunkt der Regressionsfunktion mit der Y-Achse dar. Der Tangens des Winkels α gibt die Steigung der Regressionsgeraden an und entspricht dem Wert von b_2, also tan α = Gegenkathete/Ankathete = (marginale Veränderung von Y / marginale Veränderung von X) = b_2.

Abb. II-6-1: Lineare Einfachregression und Begriffe

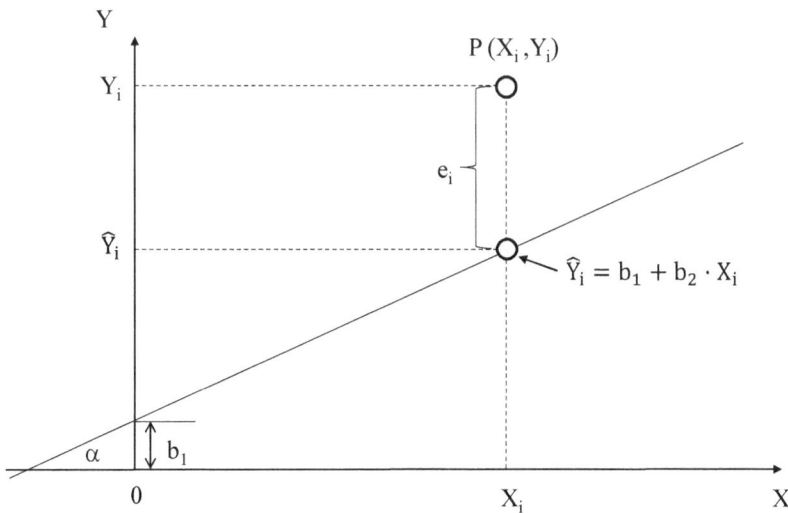

Quelle: In Anlehnung an Bamberg, G.; Baur, F. u. a., Statistik, a. a. O., S. 43.

6.3   Ermittlung der linearen Regressionsfunktion (K-Q-Verfahren)

Liegt ein linearer Zusammenhang der Variablen X und Y vor (wie hier im Fallbeispiel „Bruttokaltmiete/Haushaltsnettoeinkommen", vgl. Abb. II-4-5), ist es Ziel der linearen Regressionsanalyse, eine sogenannte Regressionsgerade derart durch die Punktwolke zu legen, dass diese Punkte am besten durch die Regressionsgerade beschrieben werden. Je höher der Korrelationskoeffizient ausfällt, d. h. je stärker der lineare Zusammenhang ausgeprägt ist, desto mehr nähern sich die beobachteten X_i,Y_i-Kombinationen der Punktwolke einer gedachten Geraden an, d. h. desto besser kann eine lineare Regressionsfunktion die Punkte wiedergeben. Besteht eine perfekte positive oder negative Korrelation, d. h. ist $r = +1$ oder $r = -1$, so liegen alle Punkte auf einer Geraden (vgl. auch die Ausführungen in Kap. II.4.5.2 und II.5.2). In diesem Fall könnten für vorgegebene Werte von X, die Y-Werte perfekt über die Regressionsfunktion prognostiziert werden. Geschätzte sowie tatsächlich beobachtete Y-Werte stimmten dann überein und die Residuen würden folglich den Wert „null" aufweisen. Die Y-Werte würden dann ausschließlich durch die X-Werte bestimmt und wären von keiner weiteren Einflussgröße abhängig. Dies zeigt, dass die Güte (der „fit") der Regressionsfunktion, d. h. ihre Fähigkeit, die Variablenwerte von Y zu beschreiben, von der Stärke der Korrelation bestimmt wird und eine enge Beziehung zwischen der Güte der Regressionsfunktion und dem Korrelationskoeffizienten besteht (zu näheren Einzelheiten hierzu s. Kap. II.6.5).

Nun stellt sich die Frage, wie sich die Regressionsfunktion ermitteln lässt, wenn die Punkte im Streuungsdiagramm nicht exakt auf einer gedachten Geraden liegen, sondern um diese Gerade mehr oder weniger stark streuen. Wie kann nun die Regressionsgerade die Punktwolke möglichst gut wiedergeben, d. h. welchen Wert sollen die Parameter „b_1" und „b_2" jeweils annehmen? Diese Frage lässt sich nur dadurch eindeutig klären, dass ein Kriterium entwickelt wird, das angibt, wie die Regressionsfunktion optimal durch die Punktwolke zu legen ist.

Hinweis: Um die nachfolgenden Ausführungen besser nachvollziehen zu können, sei an dieser Stelle bereits auf das Ergebnis der optimierten Regressionsfunktion verwiesen, das in Abb. II-6-2 dargestellt ist. Im Folgenden sei nun aufgezeigt, wie die Kriterien aussehen, die zur gesuchten Regressionsfunktion führen.

Ein häufig intuitiv genanntes Kriterium zur Ausrichtung der Regressionsfunktion lautet (im Folgenden als „**Kriterium 1**" bezeichnet): „Lege die Regressionsfunktion derart durch die Punktwolke, dass die Summe der Residuen aller Beobachtungswerte ‚null' ergibt, d. h. dass sich die positiven und negativen Residuen zu ‚null' aufaddieren und sich gleichsam gegenseitig neutralisieren. Dann müsste die Regressionsfunktion mitten durch die Punktwolke verlaufen."

Formal lässt sich Kriterium 1 wie folgt darstellen: $\sum_{i=1}^{n}(Y_i - \widehat{Y}_i) = \sum_{i=1}^{n} e_i = 0$

Das Problem des 1. Kriteriums besteht darin, dass viele denkbare Regressionsgera-den existieren, die diese Bedingung gleich gut erfüllen. Beispielsweise würde auch eine Gerade, die schräg oder sogar entgegengesetzt zur Verlaufsrichtung der Punkt-wolke ausgerichtet wird, dieser Bedingung genügen (z. B. wenn in Abb. II-4-5 eine negativ verlaufende Regressionsgerade die positiv verlaufende Punktwolke schnei-det). Die Regressionsgerade würde dann nicht durch die Punktwolke verlaufen oder von ihr sogar auf extreme Weise abweichen und dennoch wäre das 1. Kriterium ein-gehalten: Denn negative und positive Abweichungen der geschätzten und beobachte-ten Y-Werte, d. h. negative und positive Residuen würden sich gegenseitig aufhe-ben, so dass sich die Residuen zum Wert „null" aufaddieren. Insgesamt ist somit festzuhalten, dass das angeführte 1. Kriterium keine eindeutige Festlegung einer Re-gressionsgeraden ermöglicht und keine hinreichende Bedingung darstellt.

Daher soll nun ein weiteres **Kriterium 2** vorgestellt werden:
Das Problem des 1. Kriteriums besteht in der bisher schon häufiger zu beobachten-den typischen „Plus-Minus-Problematik": Unterschiedliche Vorzeichen (±) heben sich gegenseitig auf. Die „klassische Lösung" der Statistik sieht hier entweder die Verwendung von Absolutbeträgen oder von quadrierten Abweichungen vor. Der Ansatz der Absolutbeträge ist mathematisch komplizierter, so dass deshalb im Fol-genden die Quadrate zur Anwendung kommen sollen: Indem die negativen Abwei-chungen quadriert werden, wandeln sie sich zu positiven Quadratwerten um, und der unerwünschte Ausgleich negativer und positiver Abweichungen entfällt. Da nun nur noch positive Quadratabweichungen auftreten, die aufsummiert werden, muss es Ziel des 2. Kriteriums sein, diese Quadratsumme möglichst klein zu halten. Formal lässt sich dieses Minimum wie folgt formulieren:

$$SAQ = \sum e_i^2 = \sum (Y_i - \widehat{Y}_i)^2 \quad \rightarrow \quad Min!$$

Die Bezeichnung „SAQ" steht für die Summe der Abweichungsquadrate und stellt ein einfaches Symbol dar, das sich formal auch bei mathematischen Ableitungen verwenden lässt. SAQ ermittelt sich über die Summe der quadrierten Abweichungen von beobachteten endogenen Werten Y_i und den geschätzten endogenen Werten $\widehat{Y}_i$.

Die Größe „SAQ" nimmt ein Minimum an, wenn sie nach den Einflussgrößen, das sind die Parameter b_1 und b_2, partiell abgeleitet und gleich „null" gesetzt wird, d. h. die Ableitungen $SAQ'(b_1)$ und $SAQ'(b_2)$ jeweils „null" betragen. Dieses Verfahren wird als **„Kleinste-Quadrate-Verfahren (K-Q-V)"** bezeichnet. Die dargestellte li-neare Regressionsfunktion lässt erkennen, dass nur die beiden Parameter b_1 und b_2, nicht aber die exogen vorgegebenen X-Werte die Höhe der geschätzten Y-Werte ($\widehat{Y}_i$) und damit – bei gegebenen beobachteten Y-Werten – die Residuen e_i bestimmen.

Aufgrund dieser Minimierung lassen sich somit die Parameter b_1 und b_2 und damit die Regressionsfunktion bestimmen.

Das K-Q-Verfahren geht formal wie folgt vor:
Zunächst ist die Regressionsgleichung, also $\left(\hat{Y}_i = b_1 + b_2 \cdot X_i\right)$, in die letzte Gleichung für SAQ einzusetzen. Dann ergibt sich als Zielsetzung:

$$SAQ = \sum_{i=1}^{n} (Y_i - b_1 - b_2 \cdot X_i)^2 \quad \rightarrow \quad Min!$$

Das Minimum lässt sich bestimmen, indem die partiellen Ableitungen von SAQ nach den Einflussgrößen b_1 und b_2 gleich „null" gesetzt werden, so dass formal gilt:

$$\frac{\partial SAQ}{\partial b_1} = SAQ'(b_1) = \frac{\partial SAQ}{\partial b_2} = SAQ'(b_2) = 0$$

Aus der partiellen Ableitung von SAQ nach b_1 und dem Nullsetzen folgt:

$$\frac{\partial SAQ}{\partial b_1} = -2 \cdot \sum_{i=1}^{n} \underbrace{(Y_i - b_1 - b_2 \cdot X_i)}_{e_i} = 0 \rightarrow \sum_{i=1}^{n} e_i = 0 \quad \text{(1. Normalgleichung)}$$

Das Ergebnis des Minimierungsprozesses über b_1 ergibt die sogenannte „1. Normalgleichung". Da der Term „$(Y_i - b_1 - b_2 \cdot X_i)$" identisch ist mit dem Term „$\left(Y_i - \hat{Y}_i\right)$" und dieser dem Residuum e_i entspricht, folgt hieraus[205]: $\sum e_i = 0$.

Damit stellt die 1. Normalgleichung (NGl.) gleichzeitig das bereits besprochene 1. Kriterium dar ($\sum e_i = 0$). Aber diese Bedingung ist nicht die einzige Forderung, da auch eine 2. Normalgleichung zu beachten ist. Diese leitet sich aus der partiellen Ableitung von SAQ nach b_2 ab. Damit gilt:

$$\frac{\partial SAQ}{\partial b_2} = -2 \cdot \sum_{i=1}^{n} \underbrace{(Y_i - b_1 - b_2 \cdot X_i)}_{e_i} \cdot X_i = 0 \rightarrow \sum_{i=1}^{n} e_i \cdot X_i = 0 \quad \text{(2. NGl.)}$$

Das Ergebnis wird als 2. Normalgleichung bezeichnet. Diese Gleichung fordert: ($\sum e_i \cdot X_i = 0$). Es müssen sich also nicht nur die Residuen zu „null" aufaddieren, sondern auch die mit den Variablenwerten X_i **gewichteten** Residuen. Wird somit das zu Anfang diskutierte 1. Kriterium um das 2. Kriterium ergänzt, so führen diese zusammen zu einer eindeutigen formalen Lösung für die Regressionsparameter, d. h. zu einer eindeutigen Regressionsfunktion. Die Bestimmung der Regressionsparameter auf Basis der 2. Normalgleichung gilt es im Folgenden zu präzisieren.

---

[205] Die Konstante „−2" in der zuvor dargestellten Gleichung lässt sich wegkürzen.

Werden die beiden Normalgleichungen umgeformt, so können die Gleichungen auch wie folgt dargestellt werden:

$$n \cdot b_1 \quad + b_2 \cdot \sum_{i=1}^{n} X_i = \sum_{i=1}^{n} Y_i \qquad (1.\ NGl.)$$

$$b_1 \cdot \sum_{i=1}^{n} X_i + b_2 \cdot \sum_{i=1}^{n} X_i^2 = \sum_{i=1}^{n} X_i \cdot Y_i \qquad (2.\ NGl.)$$

Anhand dieser beiden Normalgleichungen lassen sich über ein Einsetzungsverfahren die gesuchten Parameter b_1 und b_2 der Regressionsfunktion ermitteln. Das Formelergebnis[206] und das Rechenergebnis (unter Verwendung der Daten der Tab. II-4-11, s. Kap. II.4.5.2) sind nachfolgend dargestellt[207]:

$$b_1 = \frac{\sum_{i=1}^{n} X_i^2 \cdot \sum_{i=1}^{n} Y_i - \sum_{i=1}^{n} X_i \cdot \sum_{i=1}^{n} X_i \cdot Y_i}{n \cdot \sum_{i=1}^{n} X_i^2 - \left(\sum_{i=1}^{n} X_i\right)^2} = \frac{117,91 \cdot 8,3056 - 34,3 \cdot 27,5936}{12 \cdot 117,91 - 34,3^2} = 0,1378$$

$$b_2 = \frac{n \cdot \sum_{i=1}^{n} X_i \cdot Y_i - \sum_{i=1}^{n} X_i \cdot \sum_{i=1}^{n} Y_i}{n \cdot \sum_{i=1}^{n} X_i^2 - \left(\sum_{i=1}^{n} X_i\right)^2} = \frac{12 \cdot 27,5936 - 34,3 \cdot 8,3056}{12 \cdot 117,91 - 34,3^2} = 0,1939$$

Damit lautet die gesuchte konkrete Regressionsfunktion für das Beispiel:

$$\widehat{Y}_i = 0,1378 + 0,1939 \cdot X_i$$

---

[206] Vgl. Bleymüller, J; Gehlert, G.: Statistische Formeln, a. a. O., S. 50.

[207] Die dargestellten Ergebnisse wurden mit mehr als vier Nachkommastellen errechnet; sie weichen von den Zahlen ab, die sich mit den dargestellten Zahlen (mit weniger Nachkommastellen) errechnen. Bei der Berechnung ist darauf zu achten (Fehlerquelle!), dass es zu keiner Verwechslung der beiden nachfolgenden Formeln/Begriffe kommt:

$$\sum_{i=1}^{n} X_i^2 \neq \left(\sum_{i=1}^{n} X_i\right)^2 \quad \text{sowie} \quad \sum_{i=1}^{n} X_i \cdot Y_i \neq \sum_{i=1}^{n} X_i \cdot \sum_{i=1}^{n} Y_i$$

Interpretation: Steigt das monatliche Haushaltsnettoeinkommen um 1 Einheit, d. h. um 1 000 € (Angaben für X in Tsd. €), so nehmen die Ausgaben für die Bruttokaltmiete um $b_2 = 0,1939$ Geldeinheiten, d. h. um 193,9 € zu (Angaben für Y in Tsd. €). Der Parameter $b_2 = 0,1378$ ließe sich als einkommensunabhängige monatliche Bruttokaltmiete in 1 000 € (Existenzbedarf) verstehen, dürfte aber in Anbetracht des niedrigen Niveaus eher als technische Größe zur Optimierung der Lage der Regressionsfunktion (Schnittpunkt mit der Y-Achse) aufgefasst werden.

In der nachfolgenden Abb. II-6-2 ist ersichtlich, dass die lineare Regressionsfunktion die Punktwolke gut wiedergibt, d. h. einen guten „fit" aufweist. Geschätzte und beobachtete Y-Werte liegen nicht weit voneinander entfernt und die Residuen (e_i) weisen bei den meisten Beobachtungswerten sehr kleine Werte auf. Dieses Ergebnis ist nicht verwunderlich, da in Kap. II.5.4 der Korrelationskoeffizient einen Wert von $r = 0,9542$ aufweist und damit eine fast perfekte Beziehung andeutet.

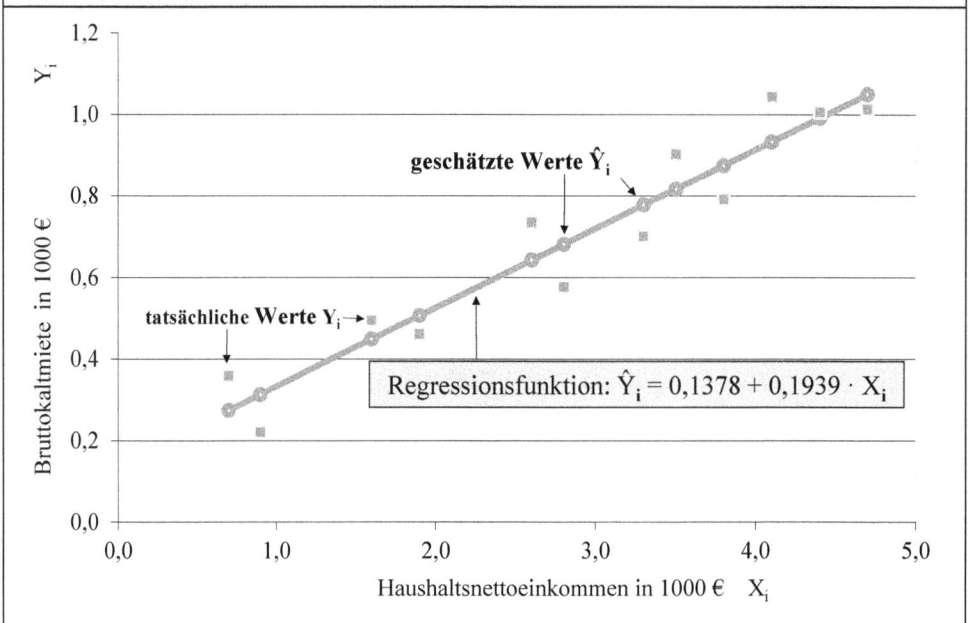

Abb. II-6-2: Ermittlung der linearen Einfachregression (Beispiel „Bruttokaltmiete, Haushaltsnettoeinkommen")

In der nachfolgenden Tab. II-6-1 sind die Regressionsergebnisse, d. h. die Regressionsparameter und weitere, wichtige Kenngrößen dargestellt[208].

---

[208] Die Ergebnisse wurden mittels Excel über die Funktion „RGP" ermittelt. Der Befehl „RGP" und seine Umsetzung ist auch in Excel unter der Rubrik „Formeln/Funktion einfügen/Kategorie Statistik" ersichtlich und im Anhang, Teil D, exemplarisch dargestellt.

Tabelle II-6-1: Lineare Einfachregression

Beispiel: Monatl. Bruttokaltmieten $Y_i = f$ (mtl. Haushaltsnettoeinkommen X_i)

mit: $Y_i = 0,1378 + 0,1939 \cdot X_i$

Haus-halt	mtl. Haus-haltsnetto-einkommen in Tsd. €	beobachtete mtl. Bruttokalt-mieten in Tsd. €	geschätzte mtl. Bruttokaltmie-ten in Tsd. €	Residuen		
i	X_i	Y_i (beobachtet)	$\hat{Y}_i$ (geschätzt)	e_i	$e_i \cdot X_i$	e_i^2
1	3,3	0,7009	0,7778	−0,0769	−0,2537	0,0059
2	0,7	0,3587	0,2736	0,0851	0,0596	0,0072
3	4,7	1,0130	1,0493	−0,0363	−0,1706	0,0013
4	4,4	1,0060	0,9911	0,0149	0,0655	0,0002
5	2,8	0,5770	0,6808	−0,1038	−0,2907	0,0108
6	3,5	0,9032	0,8166	0,0866	0,3031	0,0075
7	3,8	0,7920	0,8748	−0,0828	−0,3145	0,0068
8	2,6	0,7351	0,6420	0,0931	0,2420	0,0087
9	1,6	0,4948	0,4481	0,0467	0,0747	0,0022
10	4,1	1,0435	0,9329	0,1106	0,4535	0,0122
11	1,9	0,4610	0,5063	−0,0453	−0,0860	0,0021
12	0,9	0,2204	0,3123	−0,0919	−0,0827	0,0084
Σ	34,3	8,3056	8,3056	0,0000	0,0000	0,0734

Ergebnisse der Regressionsberechnung:

$b_1 = 0,1378$ — Standardabweichung: $b_1 = 0,0602$ (*)
$b_2 = 0,1939$ — Standardabweichung: $b_2 = 0,0192$ (*)
Bestimmtheitsmaß = $R^2 = 0,9106$ (**)
SQE = 0,7473 — SQR = 0,0734

Berechnung des empirischen T-Wertes (***):

T-Wert $b_1 = 2,29$ (= b_1 / Standardabweichung $b_1 = 0,1378/0,0602$)
T-Wert $b_2 = 10,09$ (= b_2 / Standardabweichung $b_2 = 0,1939/0,0192$)

*) Die Regressionsparameter können als das Ergebnis zufällig ermittelter (X,Y)-Werte angesehen werden. Die Standardabweichung der Regressionsparameter lässt sich theoretisch berechnen und wird u. a. für Tests (z. B. T-Test der Regressionsparameter) benötigt. Zur Standardabweichung der Regressionsparameter vgl. Bleymüller, J.: Wirtschaftsstatistik, a. a. O., Kap. 21.2; zum T-Test vgl. ebenda, Kap. 21.4.
**) Zum Bestimmtheitsmaß siehe Kap. II.6.5.
***) Der T-Test überprüft, ob die Regressionsparameter aufgrund des Einflusses von X deterministisch und nicht nur zufällig von „null" abweichen: Beträgt z. B. für eine Anzahl von n = 12 oder ν = 10 Freiheitsgraden der Absolutbetrag des empirischen T-Wertes etwa „2", so liegt mit einer „Irrtumswahrscheinlichkeit" von rd. 7,5 % und mehr dieser Einfluss „signifikant" vor, d. h. die „Nullhypothese", dass der Regressionsparameter tatsächlich „null" beträgt, kann abgelehnt werden. Ist der empirische T-Wert größer als 2 (s. oben), kann auch mit einer Irrtumswahrscheinlichkeit unter 7,5 % die Nullhypothese abgelehnt werden; vgl. hierzu auch die Teile C und D (SPSS) des Anhangs.

Die Tabelle zeigt, dass für die errechnete Regressionsfunktion die Bedingungen der beiden Normalgleichungen erfüllt sind (s. die Summen der rechten Spalten der Tab. II-6-1). Es gilt:

$$\sum e_i = 0 \quad (1.\,\text{NGl.}) \quad \text{und} \quad \sum e_i \cdot X_i = 0 \quad (2.\,\text{NGl.}).$$

In der rechten Spalte der Tab. II-6-1 wird auch die Summe der quadrierten Residuen e_i^2 ausgewiesen, die beim K-Q-Verfahren ein Minimum annimmt. Daher stellt für das Beispiel der Wert $\left(e_i^2 = 0{,}0734\right)$ die kleinste realisierbare Abweichungsquadratsumme dar. Jede andere Regressionsgerade, die durch die Punktwolke gelegt würde, hätte eine größere Abweichungsquadratsumme $\sum e_i{}^2$ zur Folge. Auf den Wert $\sum e_i{}^2 = 0{,}0734$ (im Folgenden auch als SQR bezeichnet) sowie auf weitere wichtige Größen im unteren Bereich der Tabelle II-6-1 wird in den folgenden Kapiteln noch näher eingegangen.

Ein genauerer Blick auf die zuvor hergeleitete Gleichung zur Bestimmung von b_2 (s. einige Seiten zuvor) lässt erkennen, dass im Zähler der Gleichung der um $(1/n)^2$ gekürzte Wert der Kovarianz S_{XY} steht (vgl. Formel für die Kovarianz bei Einzelwerten in Kap. II.4.5.2). Außerdem ist ersichtlich, dass der Nenner der Gleichung den um $(1/n)^2$ gekürzten Wert der Varianz von X enthält. Somit lässt sich die Gleichung auch wie folgt formulieren bzw. für das konkrete Bespiel berechnen:

$$b_2 = \frac{S_{XY}}{S_X^2} = \frac{0{,}3211}{1{,}6558} = 0{,}1939$$

Alternativ zur umfangreichen Formel zur Bestimmung von b_2 kann der Steigungsparameter daher auch auf einfache Weise ermittelt werden, indem die Kovarianz S_{XY} durch die Varianz der Variablen X, also S_X^2 dividiert wird. Dieses Vorgehen ist insbesondere dann vorteilhaft, wenn die erforderlichen Größen aus vorherigen Berechnungen bereits bekannt sind (siehe die Werte aus der Berechnung des Korrelationskoeffizienten in Kap. II.5.2).

Mit der errechneten Regressionsfunktion lassen sich auch **Prognose- oder Schätzwerte** für die Bruttokaltmiete der Haushalte unter der Bedingung ermitteln, dass die Mieten weiterhin ausschließlich dem systematischen Einfluss des Haushaltsnettoeinkommens gemäß der ermittelten Regressionsfunktion unterliegen und die Zufallseinflüsse sich im Durchschnitt neutralisieren, denn es gilt annahmegemäß:

$$\left[\frac{1}{n} \cdot \sum e_i = \bar{e} = 0\right].$$

Wird für die vorliegende Fallstudie angenommen, dass beispielsweise ein 13. privater Haushalt mit einem Haushaltsnettoeinkommen von 2 000 € eine Wohnung mietet, so wird dieser unter Verwendung der ermittelten Regressionsfunktion folgende durchschnittliche Bruttokaltmiete $\widehat{Y}_{13}$ realisieren:

$$\widehat{Y}_{13} = 0{,}1378 + 0{,}1939 \cdot 2 = 0{,}5256 \text{ € (in Tsd.)} = 525{,}6 \text{ €}$$

Würde dieser 13. private Haushalt nicht 2 000 €, sondern 1 000 € mehr verdienen, so läge die durchschnittlich zu erwartende Bruttokaltmiete dieses Haushalts um 0,1939 Tsd. €, d. h. um 193,9 € höher. Davon streng zu unterscheiden ist die folgende ähnliche Fragestellung: Ein Haushalt mit einem Haushaltsnettoeinkommen von 1 000 € würde eine Wohnung nachfragen. Wie hoch wäre die Bruttokaltmiete, die im Durchschnitt von einem Haushalt mit diesem Nettoeinkommen gezahlt wird? Die Rechnung ergibt:

$$\widehat{Y}_{14} = 0,1378 + 0,1939 \cdot 1 = 0,33176 \ € \ [\text{in Tsd.}] = 331,7 \ €$$

Die zu erwartende Bruttokaltmiete beträgt somit 331,7 €. Diese beiden Beispiele zeigen, dass trotz ähnlicher Fragestellungen die Ansätze zur Ermittlung der endogenen Größe $\widehat{Y}$ dennoch verschieden sind. Denn es ist zwischen der zusätzlich gezahlten Bruttokaltmiete bei 1 000 € zusätzlichem Haushaltsnettoeinkommen und der gesamten Bruttokaltmiete bei 1 000 € Haushaltsnettoeinkommen zu unterscheiden.

Die Regressionsfunktion als Durchschnittsfunktion kann auch zum Mietausgabenvergleich verschiedener Haushalte mit unterschiedlichem Haushaltsnettoeinkommen herangezogen werden. Würde sich beispielsweise die Frage stellen, welcher der 12 Haushalte – gemessen an dem Haushaltsnettoeinkommen – die höchste Bruttokaltmiete zahlt[209], so ist der Haushalt gesucht, der das höchste positive Residuum aufweist. Unter Verwendung der Daten der Tab. II-6-1 ist sofort ersichtlich, dass der 10. Haushalt mit einem Haushaltsnettoeinkommen von 4 100 € und einer Bruttokaltmiete von 1 043,5 € die erwartete Bruttokaltmiete von $\left(\widehat{Y}_{10} = 932,9\right)$ am stärksten übertroffen hat, nämlich um das Residuum 110,6 €. Umgekehrt hat sich der 5. Haushalt – gemessen an seinem Haushaltsnettoeinkommen von 2 800 € – am stärksten bei der Mietausgabe zurückgehalten: Der erwarteten Bruttokaltmiete von 680,8 € steht eine tatsächlich realisierte Bruttokaltmiete von 577 € gegenüber. Damit tritt bei diesem Haushalt die höchste negative Abweichung, d.h. das höchste negative Residuum von −103,8 € auf.

Das Beispiel zeigt, dass die Regressionsfunktion sehr gut geeignet ist, um Effizienzvergleiche der endogenen Größe bei verschiedenen Merkmalsträgern immer dann vorzunehmen, wenn die endogene Größe auch eine autonome Komponente enthält, die von der exogenen Variablen nicht bestimmt wird (z. B. Fixkosten). In diesem Fall lassen sich Effizienzvergleiche der endogenen Größe nicht über eine einfache durchschnittliche Relation von endogener und exogener Größe vornehmen. Dieser Aspekt kann am besten am Beispiel einer linearen Kostenfunktion erläutert werden, die beispielsweise einheitlich für unterschiedliche Tochtergesellschaften eines Unternehmens gelten soll, aber dennoch zu unterschiedlichen Kostenhöhen bei den ein-

---

[209] Die Kenngröße (Bruttokaltmiete/Haushaltsnettoeinkommen = durchschnittliche Bruttokaltmiete je € Haushaltsnettoeinkommen) lässt sich nicht verwenden, da unabhängig vom Nettoeinkommen eine einkommensunabhängige Bruttokaltmiete vorliegt, die in diesem Beispiel die Mietausgaben einkommensschwacher Haushalte deutlich erhöht.

zelnen Töchtern führt. Betriebe mit kleinen Produktionsmengen dürften wegen der
Fixkosten hohe Durchschnittskosten aufweisen, so dass ein Effizienzvergleich auf
der Basis von Stückkosten nicht aussagekräftig ist. Werden die Kosten der Betriebe
über die Regressionsanalyse ermittelt, kann dieser verzerrende Einfluss der Fixkosten vermieden werden: Betriebe, die bei einer bestimmten vorgegebenen Produktionsmenge über tatsächliche Produktionskosten verfügen, die oberhalb der (über die
Regressionsfunktion) geschätzten Kosten liegen, weisen eine geringere Effizienz auf
als jene Betriebe, deren tatsächliche Kosten unter den geschätzten Kosten liegen. Je
nach Abstand der tatsächlichen Kosten von den prognostizierten Kosten der Regressionsgeraden, d. h. je nach Höhe der Residuen kann eine Rangfolge der Kosteneffi-
zienz der verschiedenen Betriebe aufgestellt werden.

Dieses Konzept könnte sich z. B. anbieten, um verschiedene Serviceeinrichtungen,
die alle einheitlichen Regeln und einheitlichen Rahmenbedingungen unterliegen, in
ihrer relativen Effizienz einzustufen. Diese Vergleichsmethode ist vor allem dann
vorteilhaft, wenn es keine absoluten Orientierungswerte für die Merkmalsträger gibt
(z. B. bei der Effizienzmessung im Gesundheitswesen), sie sich aber in Relation zueinander anhand der Regressionsfunktion einordnen lassen. Bereits hier zeigt sich
der große Anwendungsspielraum der Regressionsanalyse. Sollte dann die endogene
Variable durch mehrere Einflüsse geprägt sein, wäre für einen Effizienzvergleich eine Regressionsfunktion mit mehreren erklärenden Variablen (Mehrfachregression)
heranzuziehen. (vgl. Kap. II.6.7).

6.4 Eigenschaften von linearen Einfachregressionen nach dem K-Q-Verfahren

Aufgrund der Minimierung der SAQ und der hierdurch erforderlichen Ableitungen
der SAQ nach den Regressionsparametern b_1 und b_2 ergeben sich die bereits dargestellten folgenden beiden Eigenschaften (zwei Normalgleichungen), die hier nochmals kurz zusammengestellt werden:

1. Eigenschaft (1. NGl.): Die Residuen addieren sich zu „null".

Formal gilt:

$$\sum_{i=1}^{n} e_i = \sum_{i=1}^{n}(Y_i - \widehat{Y}_i) = \sum_{i=1}^{n}(Y_i - b_1 - b_2 \cdot X_i) = 0$$

2. Eigenschaft (2. NGl.): Die mit X_i gewogenen Residuen addieren sich zu „null".

Formal gilt:

$$\sum_{i=1}^{n} X_i \cdot e_i = \sum_{i=1}^{n} X_i \cdot (Y_i - \widehat{Y}_i) = \sum_{i=1}^{n} X_i \cdot (Y_i - b_1 - b_2 \cdot X_i) = 0$$

Aus diesen beiden Eigenschaften folgen zwei weitere Eigenschaften.

3. Eigenschaft: $\overline{Y} = \overline{\widehat{Y}}$

Das arithmetische Mittel $\overline{Y}$ der beobachteten Y_i-Werte ist gleich dem arithmetischen Mittel $\overline{\widehat{Y}}$ der geschätzten $\widehat{Y}_i$-Werte.

Beweis:

Ausgehend von $\displaystyle\sum_{i=1}^{n}(Y_i - \widehat{Y}_i) = 0$ folgt: $\displaystyle\sum_{i=1}^{n} Y_i = \sum_{i=1}^{n} \widehat{Y}_i$

Nach einer Erweiterung mit 1/n ergibt sich: $\displaystyle\frac{1}{n}\sum_{i=1}^{n} Y_i = \frac{1}{n}\sum_{i=1}^{n} \widehat{Y}_i$

und damit: $\overline{Y} = \overline{\widehat{Y}}$. Aus Tab. II-6-1 ist ersichtlich, dass diese Bedingung erfüllt ist, da sowohl das arithmetische Mittel von Y als auch von $\widehat{Y}_i$ übereinstimmend den Wert $(8{,}3056 / 12 = 0{,}6921)$ aufweist.

4. Eigenschaft: Die Regressionsgerade läuft durch den Schwerpunkt $(\overline{X}, \overline{Y})$ der Punktwolke.

Beweis bzw. Erläuterung:

Die Regressionsfunktion lautet: $\widehat{Y}_i = b_1 + b_2 \cdot X_i$

und damit gilt: $\displaystyle\sum_{i=1}^{n} \widehat{Y}_i = \sum_{i=1}^{n}(b_1 + b_2 \cdot X_i)$

Nach Division durch n und Auflösung der Klammer ergibt sich:

$$\frac{1}{n}\sum_{i=1}^{n} \widehat{Y}_i = \frac{1}{n}(n \cdot b_1 + b_2 \cdot \sum_{i=1}^{n} X_i) = b_1 + b_2 \cdot \frac{1}{n}\sum_{i=1}^{n} X_i$$

und damit[210]: $\overline{\widehat{Y}} = b_1 + b_2 \cdot \overline{X}$

Wird in diese Gleichung die 3. Eigenschaft $\left(\overline{Y} = \overline{\widehat{Y}}\right)$ eingesetzt, folgt:

$\overline{Y} = b_1 + b_2 \cdot \overline{X}$

---

[210] Bereits im Kap. II.3.2.3 wurde aufgrund der Eigenschaften des arithmetischen Mittels gezeigt, dass für eine lineare Funktion der Form $\left(\widehat{Y}_i = b_1 + b_2 \cdot X_i\right)$ sich das arithmetische Mittel $\overline{\widehat{Y}}$ ermittelt, indem das arithmetische Mittel von X, also $\overline{X}$ in die Gleichung eingesetzt wird, so dass gilt: $\overline{\widehat{Y}} = b_1 + b_2 \cdot \overline{X}$

Die Koordinaten des Schwerpunktes erfüllen somit die Gleichung der Regressionsfunktion, d. h. die Regressionsgerade läuft durch den Schwerpunkt $(\overline{X}, \overline{Y})$. An der Stelle $X = \overline{X}$ nimmt $\hat{Y}$ den Wert $\overline{\hat{Y}}$ an und stimmt mit dem arithmetischen Mittel von Y, also $\overline{Y}$ überein. Würde somit in Abb. II-6-2 das arithmetische Mittel von X und Y auf den Achsen eingetragen, würde die Regressionsfunktion nach dem K-Q-Verfahren immer durch den Koordinatenpunkt $(\overline{X}, \overline{Y})$, d. h. durch den Schwerpunkt verlaufen.

Aufgrund der 4. Eigenschaft, dass die Regressionsfunktion durch den Schwerpunkt $(\overline{X}, \overline{Y})$ verläuft und dieser aufgrund der vorgegebenen Variablenwerte von X und Y immer errechnet werden kann, lässt sich eine einfache Formel für die Bestimmung des absoluten Gliedes b_1 der Regressionsfunktion ermitteln: Ausgehend von der nachfolgenden Gleichung $(\overline{Y} = b_1 + b_2 \cdot \overline{X})$ folgt nach Umstellung dieser Gleichung:

$$b_1 = \overline{Y} - b_2 \cdot \overline{X} \text{ oder für das o. a. Beispiel: } b_1 = \frac{8{,}3056}{12} - 0{,}1939 \cdot \frac{34{,}3}{12} = 0{,}1378$$

Inhaltlich bedeutet dies, dass ausgehend vom Schwerpunkt $(\overline{X}, \overline{Y})$ eine Bewegung auf der Regressionsgeraden in Richtung Y-Achse erfolgt. Sinkt bei dieser Linksbewegung auf der Geraden der X-Wert um die Strecke $\overline{X}$, nimmt der Wert von Y, ausgehend von $\overline{Y}$, um den Betrag $(b_2 \cdot \overline{X})$ ab. Im Schnittpunkt der Regressionsgeraden verbleibt damit für Y ein Wert von $(\overline{Y} - b_2 \cdot \overline{X})$. Dieser Y-Wert ist dann auch gleichzeitig der Parameterwert b_1, da es sich um den Schnittpunkt der Regressionsgeraden mit der Y-Achse handelt.

6.5   Bestimmtheitsmaß

Die bisherigen Ausführungen machen deutlich, dass eine enge Beziehung zwischen dem Bravais-Pearson Korrelationskoeffizienten und der Güte der Regressionsfunktion besteht. Unter „Güte" oder auch „fit" wird die Fähigkeit der Regressionsfunktion verstanden, die beobachteten Y-Werte gut wiedergeben zu können. Liegt eine perfekte lineare, positive oder negative Korrelation vor, beträgt der Absolutbetrag des Korrelationskoeffizienten $|r| = 1$. In diesem Fall liegen alle beobachteten Y-Werte auf der Regressionsgeraden und die Residuen betragen „null". Die Regressionsfunktion kann alle Y-Werte perfekt beschreiben. Damit kann der Korrelationskoeffizient als Maß der Güte der linearen Regressionsfunktion angesehen werden. Bei $|r| = 1$ ist die Güte der linearen Regressionsfunktion am besten und bei $r = 0$ kann die Regressionsfunktion nichts erklären, da kein Zusammenhang zwischen X und Y besteht.

Leider kann der Korrelationskoeffizient, der mittels der Kovarianz und den Standardabweichungen von X und Y berechnet wird, diese Aussage nur im Fall einer einzigen erklärenden Variablen X vornehmen. Auch ist seine Aussage auf lineare Beziehungen von X und Y beschränkt. Anders verhält es sich mit dem sogenannten

einfachen Bestimmtheitsmaß (R^2) (bei Mehrfachregressionsfunktionen: **multiples** Bestimmtheitsmaß), einer weiteren Kenngröße zur Beschreibung des „fits" der Regressionsfunktion. Zwar stimmen bei linear verknüpften Variablen X und Y das Bestimmtheitsmaßes und der Quadratwert des Bravais-Pearson Korrelationskoeffizienten überein (wie der Begriff $R^2 = (r)^2$ bereits zum Ausdruck bringt), so dass das Bestimmtheitsmaß hier keine neue Information bringt. Sobald **aber nichtlineare Beziehungen** bestehen oder **Mehrfachregressionsfunktionen** vorliegen, kann die Güte der Regressionsfunktion nur noch über das Bestimmtheitsmaß und nicht über den Bravais-Pearson Korrelationskoeffizienten ermittelt werden. Daher soll das Bestimmtheitsmaß im Folgenden als ein zentrales und allgemein bekanntes Maß zur Gütebeschreibung der Regressionsfunktion vorgestellt werden.

Es gibt aber noch einen weiteren Grund, dieses Verfahren näher kennen zu lernen: Das Bestimmtheitsmaß beruht auf der sogenannten **Streuungszerlegung**, bei der die Gesamtvarianz einer Größe über Teilvarianzen beschrieben wird. Die Streuungszerlegung ist ein weit verbreitetes Verfahren zur Beschreibung von Zusammenhängen in der Statistik. Sie bildet auch den zentralen Ansatz in der sogenannten Varianzanalyse, einem häufig angewandten multivariaten Verfahren[211].

Das Prinzip der Streuungszerlegung lässt sich anhand der folgenden Abb. II-6-3 erläutern. Die Abbildung zeigt
- die Regressionsfunktion,
- das arithmetische Mittel von Y, also $\overline{Y}$ und
- ein beobachtetes Wertepaar $P(X_i, Y_i)$ der Variablen X und Y oberhalb der Regressionsgeraden sowie ein Wertepaar $P(X_i, \widehat{Y}_i)$ für den geschätzten $\widehat{Y}_i$-Wert auf der Regressionsgeraden (weitere Punkte $P(X_i, Y_i)$ des Streuungsdiagramms werden in der Abbildung aus Übersichtsgründen nicht aufgezeigt; aber es soll fiktiv davon ausgegangen werden, dass weitere Punkte im Streuungsdiagramm entweder oberhalb oder unterhalb oder auf der Regressionsgeraden vorhanden sind; damit ließen sich auch weitere Punkte $P(X_i, \widehat{Y}_i)$ auf der Regressionsgeraden darstellen).

In der Abb. II-6-3 sind an der gewählten Stelle für X_i eine **Gesamtstrecke** und **zwei Teilstrecken** für die Abweichungen der Y_i von den geschätzten $\widehat{Y}_i$-Werten und dem arithmetischen Mittel $\overline{Y}$ dargestellt:

a) Die **Gesamtstrecke ($Y_i - \overline{Y}$)** liegt zwischen dem beobachteten Y-Wert und dem arithmetischen Mittel $\overline{Y}$. Die Gesamtstrecke beschreibt die Abweichung des beobachteten Y-Wertes vom arithmetischen Mittel $\overline{Y}$. Die „Gesamtstrecke" wird im Folgenden als „Gesamtabweichung" oder „totale Abweichung" bezeichnet.

b) Diese Gesamtstrecke ($Y_i - \overline{Y}$) setzt sich aus zwei **Teilstrecken** zusammen:

---

[211] Zu den multivariaten Verfahren vgl. Backhaus, K. u. a.: Multivariate Analysemethoden, a. a. O.; zur Varianzanalyse vgl. Kapitel 8.

- Der **Teilstrecke** $(\widehat{Y}_i - \overline{Y})$ zwischen dem Punkt auf der Regressionsfunktion und dem arithmetischen Mittel $\overline{Y}$. Wegen der 3. Eigenschaft der Regressionsfunktion $(\overline{Y} = \overline{\widehat{Y}})$ stellt sich diese Teilstrecke auch dar als: $(\widehat{Y}_i - \overline{\widehat{Y}})$. Diese Teilstrecke wird im Folgenden als „**erklärte Abweichung**" bezeichnet.

- Der **Teilstrecke** $(Y_i - \widehat{Y}_i)$ zwischen dem beobachteten Y-Wert und dem geschätzten Wert $\widehat{Y}$. Diese Teilstrecke entspricht dem Residuum e_i, somit: $(e_i = Y_i - \widehat{Y}_i)$. Diese Teilstrecke wird im Folgenden als „**nicht erklärte Abweichung**" bezeichnet.

Abb. II-6-3: Streuungszerlegung und Bestimmtheitsmaß

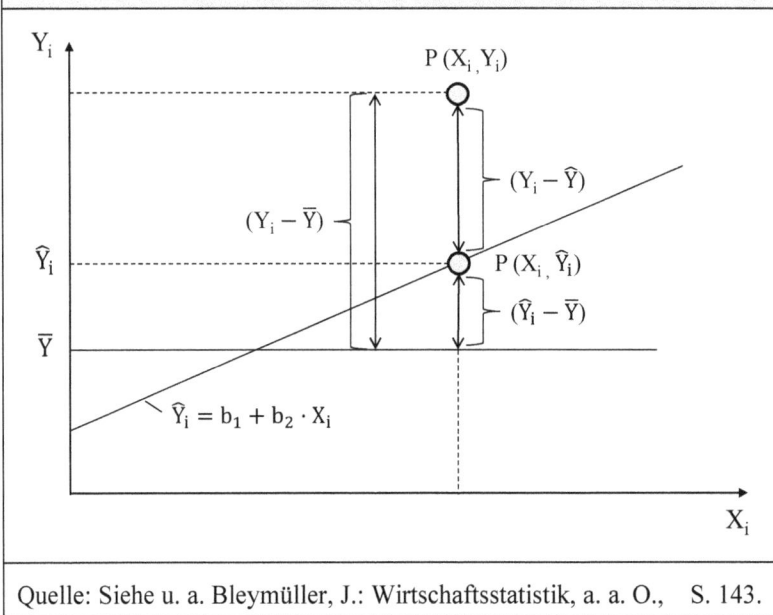

Quelle: Siehe u. a. Bleymüller, J.: Wirtschaftsstatistik, a. a. O.,   S. 143.

Ein Gütemaß für die Regressionsfunktion kann nun wie folgt gebildet werden:

- Wird die erklärte Abweichungsstrecke $(\widehat{Y}_i - \overline{Y})$ zur Gesamtabweichung $(Y_i - \overline{Y})$ in Beziehung gesetzt, also: $(\widehat{Y}_i - \overline{Y})/(Y_i - \overline{Y})$, so nähert sich diese Relation dem Wert „eins" an, wenn die Gesamtabweichung mit der erklärten Abweichungsstrecke übereinstimmt und keine unerklärte Abweichung vorliegt. Dies ist immer dann der Fall, wenn der beobachtete Wert Y_i mit dem geschätzten Wert $\widehat{Y}_i$ übereinstimmt, d. h. auf der Regressionsgeraden liegt und eine perfekte Abhängigkeit zwischen X und Y besteht.

- Allerdings ist diese Relation nicht nur für einen Punkt, sondern für alle beobachteten Punkte zu bilden. Um die Streuung aller Punkte in der Relation zu erfassen, müssen nun die Summen der Gesamtabweichung und der erklärten Abweichung in Beziehung gesetzt werden, so dass gilt:

1. Schritt: Gütemaß $= \sum_{i=1}^{n} (\widehat{Y}_i - \overline{Y}) / \sum_{i=1}^{n} (Y_i - \overline{Y})$

- Bei diesem Vorgehen tritt allerdings wieder der bereits mehrfach angeführte Effekt auf, dass sich in der Summe die positiven und negativen Abweichungen kompensieren, so dass die Aussagekraft der Relation verloren geht. Dieses Problem lässt sich – wie auch bisher – dadurch lösen, dass nicht die einfachen, sondern die quadrierten Abweichungen in Relation gesetzt werden. Dadurch werden nur noch positive Abweichungen erfasst[212], somit:

2. Schritt: Gütemaß $= \sum_{i=1}^{n} (\widehat{Y}_i - \overline{Y})^2 / \sum_{i=1}^{n} (Y_i - \overline{Y})^2$

Wie Abb. II-6-3 zeigt, kann die Gesamtabweichungsquadratsumme im Nenner der vorstehenden Relation in zwei Komponenten zerlegt werden, und zwar in die „nicht erklärte" und die „erklärte Abweichung":

$$\sum_{i=1}^{n} (Y_i - \overline{Y})^2 \qquad = \sum_{i=1}^{n} [(Y_i - \widehat{Y}_i) \qquad + (\widehat{Y}_i - \overline{Y})]^2$$

$\sum$ totale Abweichungsquadrate $= \sum$ [nicht erklärte Abw. + erklärte Abweichung]^2

wegen $\sum_{i=1}^{n} e_i = 0$ und $\sum_{i=1}^{n} X_i \cdot e_i = 0$

lässt sich diese Gleichung (unter Anwendung der 1. Binomischen Formel) vereinfachen zu:

$$\sum_{i=1}^{n} (Y_i - \overline{Y})^2 = \sum_{i=1}^{n} (Y_i - \widehat{Y}_i)^2 + \sum_{i=1}^{n} (\widehat{Y}_i - \overline{Y})^2$$

$$\text{SQT} \quad = \quad \text{SQR} \quad + \quad \text{SQE} \qquad\qquad \text{mit:}$$

SQT (**T**otal) =   Quadratsumme der zu erklärenden Abweichungen, d. h. die zu erklärende Gesamtabweichungsquadratsumme der Merkmalswerte Y_i.

SQR (**R**esiduum) =   Quadratsumme der (durch die Regressionsfunktion bzw. durch X_i) <u>nicht</u> erklärten Abweichungen = nicht erklärte Abweichungsquadratsumme = Quadratsumme der Residuen $= \sum e_i^2$.

---

[212] Hinweis: Wie auch an anderer Stelle wird aus Gründen der besseren mathematischen Handhabung die Beseitigung des Vorzeichens über die Quadratbildung anstelle der Verwendung der Absolutbeträge bevorzugt.

SQE (Erklärte Abweichung) = Quadratsumme der (durch die Regressionsfunktion bzw. durch X_i) erklärten Abweichungen = erklärte Abweichungsquadratsumme.

Wird diese Gleichung in den Nenner der Relation des Gütemaßes eingesetzt, ergibt sich das Bestimmtheitsmaß (R^2) als:

$$R^2 = \frac{SQE}{SQT} = \frac{\sum_{i=1}^{n}(\hat{Y}_i - \overline{Y})^2}{\sum_{i=1}^{n}(Y_i - \overline{Y})^2} = \frac{\sum_{i=1}^{n}(\hat{Y}_i - \overline{Y})^2}{\left[\sum_{i=1}^{n}(Y_i - \hat{Y}_i)^2 + \sum_{i=1}^{n}(\hat{Y}_i - \overline{Y})^2\right]}$$

$$R^2 = \frac{SQE}{SQT} = \frac{\text{durch X erklärte Abweichungsquadratsumme}}{\text{zu erklärende Gesamtabweichungsquadratsumme}}$$

Das Bestimmtsheitsmaß (R^2) gibt somit den Anteil der durch die Regressionsfunktion erklärten Abweichungsquadratsumme an der zu erklärenden Gesamtabweichungsquradatsumme wieder. Unter Berücksichtigung der obigen Gleichung mit (SQT = SQR + SQE) lässt sich diese Gleichung für R^2 auch umformulieren zu:

$$R^2 = \frac{SQE}{SQT} = \frac{SQT - SQR}{SQT} = 1 - \frac{SQR}{SQT} = 1 - \frac{\sum e_i^2}{SQT} = 1 - \frac{\sum_{i=1}^{n}(Y_i - \hat{Y}_i)^2}{\sum_{i=1}^{n}(Y_i - \overline{Y})^2}$$

dabei gilt für den Wertebereich von R^2: $0 \leq R^2 \leq 1$

Das Bestimmtheitsmaß kann also nur Werte zwischen

- $R^2 = 0$ (kein Erklärungsbeitrag = fehlende Korrelation, d. h. $\sum e_i^2$ = SQT) und
- $R^2 = 1$ (perfekte oder vollständige Erklärung, d. h. $\sum e_i^2 = 0$) annehmen.

Im vorliegenden Fallbeispiel (siehe Tab. II-6-1) müsste sich ein Bestimmtheitsmaß R^2 von ($R^2 = r^2 = 0,9542^2$) = 0,9106 ergeben, da bei einer linearen Einfachregression das Bestimmtheitsmaß mit dem Quadrat des Korrelationskoeffizienten (r) überein-stimmt[213]. Im vorliegenden Fallbeispiel ermittelt sich über die oben angeführte Formel von R^2 = SQE/SQT dieser Wert über das Bestimmtheitsmaß ebenfalls mit R^2 = 0,9106. Die hierzu erforderlichen Größen SQR und SQE sind in Tab. II-6-1 (unterer

---

[213] Umgekehrt ermittelt sich für eine lineare Einfachregression der Bravais-Korrelationskoeffizient als Quadratwurzel des Bestimmtheitsmaßes. Diese Quadratwurzel aus dem Bestimmtheitsmaß wird auch als „Einfachkorrelationskoeffizient" bezeichnet; er besitzt das Vorzeichen des Steigerungsparameters.

Teil) als Ergebnis der Regressionsberechnung mit dem Tabellenkalkulationspro-gramm „Excel" ausgewiesen[214]. Die Größen lauten:

SQR = 0,0734; SQE = 0,7473; und damit: SQT = SQE + SQR= 0,8207;

damit: $R^2 = SQE/SQT = 0,7473/0,8207 = 0,9106$.

Zur rechnerischen Ermittlung von R^2 wurde hier auf die Ergebnisse von SQE und SQT aus der Excelberechnung zurückgegriffen; Excel weist dieses Bestimmtheits-maß im Zuge der Regressionsberechnung als eignen Parameter aus (siehe Angabe für R^2 im unteren Teil der Tabelle II-6-1 sowie Ausführungen im Teil D des An-hangs).

Wie sich ohne Verwendung von Excel das Bestimmtheitsmaß R^2 über Rechenver-einfachungen und über die Verwertung der Ursprungsdaten der Tab. II-4-11 ermit-teln lässt, wird weiter unten beschrieben. Vorher soll aufgezeigt werden, dass es sich bei SQT, SQR und SQE um das n-fache der Varianzen S_Y^2, S_e^2 und $S_{\hat{Y}}^2$ handelt. Hier-zu wird die Gleichung (SQT = SQR + SQE) durch n dividiert; dann gilt[215]:

$$\underbrace{\frac{1}{n}\sum_{i=1}^{n}(Y_i - \overline{Y})^2}_{} \quad = \quad \underbrace{\frac{1}{n}\sum_{i=1}^{n}(Y_i - \hat{Y}_i)^2}_{} \quad + \quad \underbrace{\frac{1}{n}\sum_{i=1}^{n}(\hat{Y}_i - \overline{Y})^2}_{},$$

= Varianz S_Y^2	$= \frac{1}{n}\sum_{i=1}^{n} e_i^2$	= Varianz $S_{\hat{Y}}^2$
$= \frac{1}{n} \cdot SQT$	= Varianz S_e^2	$= \frac{1}{n} \cdot SQE$
	$= \frac{1}{n} \cdot SQR$	

Diese Gleichung zeigt, dass die Gleichung (SQT = SQR + SQE) auch im Sinne von Varianzen verstanden werden kann. Demnach gilt:

$S_Y^2 = S_e^2 + S_{\hat{Y}}^2$

---

[214] Zu den Excel-Befehlen der Regressionsberechnung vgl. Anhang, Teil D.

[215] Da $\sum e_i = 0$ gilt, ist auch das arithmetische Mittel der Residuen $\overline{e} = 0$. Dies hat zur Kon-sequenz, dass es sich bei dem Term „(1/n) · SQR" um die Varianz der Residuen handelt (siehe Formel für die Kurzversion der Varianz):

$$\frac{1}{n} \cdot SQR = \frac{1}{n}\sum_{i=1}^{n}(Y_i - \hat{Y}_i)^2 = \frac{1}{n}\sum_{i=1}^{n} e_i^2 = \frac{1}{n}\sum_{i=1}^{n} e_i^2 - (\overline{e} = 0)^2 = S_e^2 \text{ (Varianz von } e_i)$$

Dies bedeutet: Die Gesamtvarianz der abhängigen Variablen (Y_i) ergibt sich aus der Varianz der Residuen (e_i) und der Varianz der durch die Regression erklärten abhängigen Variablen $\hat{Y}$ (sogenannte **Streuungszerlegung**).

Wegen $\hat{Y}_i = b_1 + b_2 \cdot X_i$ und aufgrund der Regeln für die Varianz transformierter Werte (siehe Übersicht II-3-8) gilt: $S_{\hat{Y}}^2 = b_2^2 \cdot S_X^2$

Das heißt, die Varianz der durch die Regression erklärten Variablen $\hat{Y}$ ergibt sich unmittelbar aus der Varianz von X_i, multipliziert mit dem Quadrat des Steigungsparameters.

Interpretation von R^2 für das Fallbeispiel:

Es gilt: SQT   =   SQR   +   SQE

Oder nach Multiplikation mit 100/SQT:

SQT/SQT · 100   =   SQR/SQT · 100   +   SQE/SQT · 100

↔   100   =   SQR/SQT · 100   +   SQE/SQT · 100

Gesamt- streuung der Y in %	Nicht erklärte Streuung der Y in %	Über die Regressions- funktion erklärte Streu- ung der Y in %

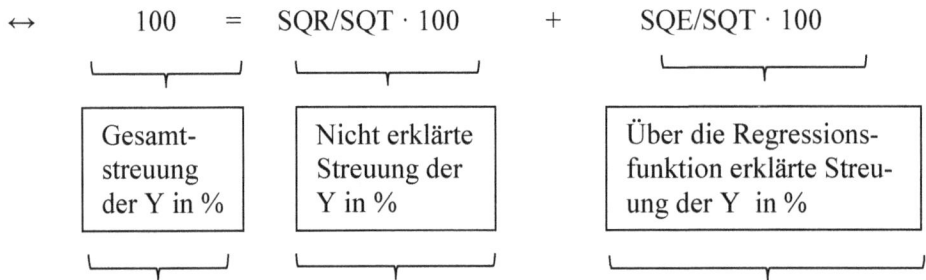

Z. B.:   100 %   =   8,94 %   +   91,06 %

Aus der Streuungszerlegung ergibt sich in der vorliegenden Situation folgende anschauliche Interpretation des Bestimmtheitsmaßes R^2:

- 91,06 % der Gesamtstreuung der Bruttokaltmieten (Varianz von Y_i) wird über die Streuung der Haushaltsnettoeinkommen (X_i), d. h. über die Regressionsfunktion erklärt.
- 8,94 % der Streuung der Bruttokaltmieten kann nicht erklärt werden, d. h. ist zufallsbedingt.

Bei der Formulierung der Interpretation des Bestimmtheitsmaßes ist darauf zu achten, dass sich die Aussage auf die **Streuung** der Variablen X und Y bezieht und nicht auf die Variablenwerte selbst. Bei einer linearen Einfachregression kann wegen der Identität von Bestimmtheitsmaß und Korrelationskoeffizient die Interpretation des Bestimmtheitsmaßes auch auf den Korrelationskoeffizienten übertragen werden, wenn dieser quadriert wird. Unter Verwendung der Aussage „... % der Streuung von Y werden über die Streuung von X erklärt" ergibt sich auf quantitativer Basis eine griffige, anschauliche Interpretation des Korrelationskoeffizienten, die über die qualitative Beschreibung anhand der Adjektive der Übersicht II-5-1 in Kap. II.5.2 hinausgeht.

Berechnung des Bestimmtheitsmaßes für das Beispiel „Bruttokaltmiete, Haushaltsnettoeinkommen" mit einer Rechenvereinfachung für SQR und SQT:

Das Bestimmtheitsmaß kann wie folgt über die Formel für R^2 unter Verwendung der Ursprungsdaten der Tab. II-4-11 ermittelt werden. Dabei wird auf folgende **Vereinfachung** für $SQR = \sum e_i^2$ zurückgegriffen:

$$\sum_{i=1}^{n} e_i^2 = \sum_{i=1}^{n} e_i \cdot \underbrace{(\overbrace{Y_i - b_1 - b_2 \cdot X_i}^{\widehat{Y}_i})}_{e_i}$$

Wegen: $\displaystyle\sum_{i=1}^{n} e_i = 0; \sum_{i=1}^{n} e_i \cdot X_i = 0$ lässt sich diese Gleichung umformulieren zu:

$$\sum_{i=1}^{n} e_i^2 = \sum_{i=1}^{n} e_i \cdot Y_i - b_1 \cdot \underbrace{\sum_{i=1}^{n} e_i}_{=0} - b_2 \cdot \underbrace{\sum_{i=1}^{n} e_i \cdot X_i}_{=0} = \sum_{i=1}^{n} e_i \cdot Y_i$$

Da $e_i = Y_i - \widehat{Y}_i$ und $\widehat{Y}_i = b_1 + b_2 \cdot X_i$ gilt und damit $e_i = Y_i - (b_1 + b_2 \cdot X_i)$ folgt nach Einsatz in den rechten Term der vorstehenden Gleichung[216]:

$$\sum_{i=1}^{n} e_i^2 = \sum_{i=1}^{n} e_i \cdot Y_i = \sum_{i=1}^{n} (Y_i - b_1 - b_2 \cdot X_i) \cdot Y_i = \sum_{i=1}^{n} Y_i^2 - b_1 \cdot \sum_{i=1}^{n} Y_i - b_2 \cdot \sum_{i=1}^{n} X_i \cdot Y_i$$

Unter Verwendung dieser Formel und den Daten der Tab. II-4-11 folgt für das Beispiel:

$$\sum_{i=1}^{n} e_i^2 = \sum_{i=1}^{n} Y_i^2 - b_1 \cdot \sum_{i=1}^{n} Y_i - b_2 \cdot \sum_{i=1}^{n} X_i \cdot Y_i$$

$$= 6,5693 - 0,1378 \cdot 8,3056 - 0,1939 \cdot 27,5936 = 0,0734$$

---

[216] Vgl. Bleymüller, J.; Gehlert, G.: Statistische Formeln, a. a. O., S. 51

Der Wert $\sum e_i{}^2 = 0{,}0734$ ist – wie bereits erwähnt – auch aus der rechten Spalte der Tab. II-6-1 zu ersehen.

Für die Berechnung des Bestimmtheitsmaßes wird jetzt noch der Wert von SQT bzw. die Varianz der Y-Werte benötigt. Aus der Darstellung der Varianz ist bekannt, dass sich diese in der Originalversion und in der Kurzversion ermitteln lässt (vgl. Kap. II.3.4.4 sowie Kap. II.4.5.1). Vor diesem Hintergrund gilt für SQT bzw. die Varianz von Y:

$$\text{SQT} = n \cdot S_Y^2 = n \cdot \frac{1}{n}\sum_{i=1}^{n}(Y_i - \overline{Y})^2 = n \cdot \left(\frac{1}{n}\sum_{i=1}^{n}Y_i^2 - \overline{Y}^2\right) = n \cdot \frac{1}{n}\sum_{i=1}^{n}Y_i^2 - n \cdot \left(\frac{1}{n}\sum Y_i\right)^2$$

$$= \sum_{i=1}^{n}Y_i^2 - n \cdot \frac{1}{n^2}\left(\sum Y_i\right)^2 = \sum_{i=1}^{n}Y_i^2 - \frac{1}{n}\left(\sum Y_i\right)^2 = 6{,}5693 - \frac{1}{12}(8{,}3056)^2 = 0{,}8207$$

Damit errechnet sich unter Verwendung der Gleichung für R^2 (siehe nachfolgende Formel und Zahlen) und der Ursprungsdaten der Tab. II-4-11 das bereits zuvor auf anderem Wege ermittelte Bestimmtheitsmaß von $R^2 = 0{,}9106$:

$$R^2 = \frac{\text{SQE}}{\text{SQT}} = \frac{\text{SQT} - \text{SQR}}{\text{SQT}} = 1 - \frac{\text{SQR}}{\text{SQT}} = 1 - \frac{\sum e_i^2}{\text{SQT}} = 1 - \frac{0{,}0734}{0{,}8207} = 0{,}9106$$

Einflussgrößen des Bestimmtheitsmaßes:

Abschließend stellt sich die Frage, von welchen Größen das Bestimmtheitsmaß abhängt? Wie ist die Beziehung zum Steigungsparameter b_2? Aus den bisherigen Ausführungen ist bekannt:

- Der Regressionsparameter b_2 gibt als Steigungsmaß an, um wieviel Einheiten sich der Wert der abhängigen Variablen durchschnittlich verändert, wenn sich der Wert der unabhängigen Variablen um „eine" Einheit verändert. Damit misst b_2 die marginale Beziehung von X und Y und muss insoweit auch Einfluss auf das Bestimmtheitsmaß R^2 nehmen.

- Der Steigungsparameter b_2 lässt sich auch – wie aufgezeigt – über $(b_2 = S_{XY}/S_X^2)$ ermitteln. Da die Kovarianz eine zentrale Größe des Korrelationskoeffizienten darstellt und damit (bei linearer Einfachregression) auch Einfluss auf das Bestimmtheitsmaß hat, kann diese Beziehung Ausgangspunkt der Betrachtungen sein, um den Zusammenhang zwischen dem Steigungsparameter und dem Bestimmtheitsmaß näher zu beleuchten.

Ausgehend von $b_2 = S_{XY}/S_X^2$ und der Definition des Korrelationskoeffizienten von Bravais-Pearson (r) mit: $r = S_{XY}/(S_X \cdot S_Y)$ folgt hieraus: $S_{XY} = r \cdot S_X \cdot S_Y$.
Wird dieses Ergebnis in die oben angeführte Gleichung für b_2 eingesetzt, ergibt sich:

$$b_2 = \frac{r \cdot S_X \cdot S_Y}{S_X^2} = \frac{r \cdot S_Y}{S_X} \quad \text{oder} \quad r = b_2 \cdot \frac{S_X}{S_Y}$$

Die beiden Formeln können zur schnelleren Berechnung von b_2 bzw. r verwandt werden, da die Standardabweichungen S_X und S_Y bereits aus anderen Berechnungen bekannt sind.

Es lässt sich zeigen, dass sich die letzte Gleichung in die folgende Gleichung überführen lasst, die drei wichtige Einflussgrößen des Bestimmtheitsmaßes im Einzelnen enthält[217], die unter Verwendung von $b_2 = 0{,}1939$; $\sum e_i^2 = 0{,}0734$ und $S_X^2 = 1{,}6558$ (s. Daten der Kap. II.4.5.2, II.6.3 und II.6.5) den Wert $R^2 = 0{,}9106$ ergibt (dabei wurde mit mehr als den nachfolgend ausgewiesenen Nachkommastellen gerechnet, um das Ergebnis exakt zu erhalten):

$$R^2 = \frac{b_2^2 \cdot \sum_{i=1}^{n}(X_i - \overline{X})^2}{b_2^2 \cdot \sum_{i=1}^{n}(X_i - \overline{X})^2 + \sum_{i=1}^{n}e_i^2} = \frac{0{,}1939^2 \cdot 19{,}8696}{0{,}1939^2 \cdot 19{,}8696 + 0{,}0734} = 0{,}9106$$

mit: $\sum_{i=1}^{n}(X_i - \overline{X})^2 = n \cdot S_X^2 = 12 \cdot 1{,}6558 = 19{,}8696$

Ergebnis: Das Bestimmtheitsmaß R^2 erhöht sich mit steigendem Regressionsparameter b_2 und zunehmender Abweichung der X_i-Werte von ihrem arithmetischen Mittel, d. h. zunehmender Streuung der X_i. Bei höheren Werten der Residuen nimmt R^2 dagegen ab. Aus der abgeleiteten Gleichung sind die drei Einflussgrößen (a) bis (c) im Einzelnen ersichtlich:

a) **Einfluss von b_2:**

- Bei gegebener Streuung der Residuen (e_i) und der erklärenden Variablen (X_i) ist das Bestimmtheitsmaß umso größer, d. h. liegt umso näher bei 1, je größer die Steigung von b_2 ausfällt.
- Ist der Steigungsparameter b_2 gleich 0 und beträgt damit $(\widehat{Y}_i = \overline{Y})$, kann die Regressionsfunktion keinen Erklärungsbeitrag zur Streuung der Y_i leisten und es ist $R^2 = 0$. Liegt somit eine Regressionsfunktion mit einer Steigung „null" vor, d. h. eine Parallele zur X-Achse, so ist das Bestimmtheitsmaß selbst dann „null", wenn alle Y-Werte auf der horizontal verlaufenden Regressionsgerade liegen.

---

[217] Diese Zusammenhänge sind zwar hinlänglich bekannt, werden in den gängigen Lehrbüchern aber nicht aus einer zentralen Formel abgeleitet.

b) **Einfluss der Residuen e_i:**

- Für ein gegebenes $b_2 > 0$ und für vorgegebene X_i, nimmt das Bestimmtheitsmaß umso höhere Werte an, je geringer die Streuung der Y_i-Werte um die Regressionsgerade ausfällt und damit je geringer die Streuung der Residuen (e_i) ist; vgl. hierzu auch:

$$R^2 = 1 - \frac{\sum e_i^2}{SQT}$$

- Liegen sämtliche Beobachtungspaare auf einer Geraden, d. h. sind alle Residuen (e_i) = 0 und damit auch $\sum e_i^2 = 0$, so ist (für $b_2 > 0$) das Bestimmtheitsmaß ($R^2 = 1$) und zwar für ($b_2 > 0$) unabhängig von der Höhe des Wertes b_2.

c) **Einfluss von S_X^2:**

Schließlich nimmt das Bestimmtheitsmaß R^2 bei gegebenem Steigungsparameter b_2 und gegebener Streuung der Residuen e_i mit der Streuung der erklärenden Variablen X_i zu[218]. Hieraus folgt eine wichtige Botschaft: Die erklärenden Variablen X_i können die Entwicklung der Y_i nur dann gut beschreiben, wenn die Werte X_i variieren; es reicht somit in empirischen Untersuchungen nicht aus, dass genügend Beobachtungswerte vorliegen, sondern diese müssen auch eine Streuung aufweisen. Je größer diese ausfällt, umso besser kann ein vorhandener Einfluss von X auf Y erfasst werden und umso höher fällt R^2 aus. Umgekehrt bedeutet dies: Auch wenn X und Y eine starke Abhängigkeit aufweisen, wird das Bestimmtheitsmaß den Wert „null" annehmen, wenn aufgrund einer geringen Streuung der X-Werte die Abhängigkeit nicht überprüft werden kann. Daher kann aus einem niedrigen Bestimmtheitsmaß nur dann auf schwache oder fehlende Abhängigkeit geschlossen werden, wenn die X-Werte streuen.

Wie sich verschiedene Steigungsparameter und verschiedene Residuen auf das Bestimmtheitsmaß auswirken, sei im Folgenden anhand modifizierter Daten des Beispiels „Bruttokaltmiete-Haushaltsnettoeinkommen" erläutert. Die Abb. II-6-4a zeigt nochmals die Ausgangssituation auf, die bereits aus Abb. II-6-2 bekannt ist. Nun werden sukzessive im Rahmen von Simulationen die Daten so verändert, dass sich zunächst nur ein geänderter Steigungsparameter und dann auch geänderte Residuen ergeben. In Abb. II-6-4b wurde durch Datenänderungen c. p. der Steigungsparameter von $b_2 = 0,1939$ auf $b_2 = 0,0539$ reduziert. Dies bewirkt, dass das Bestimmtheitsmaß von $R^2 = 0,9106$ auf $R^2 = 0,4406$ sinkt.

---

[218] Weisen die Variablenwerte von X keine Streuung auf und verändern sich die Werte von Y, so liegt Unabhängigkeit zwischen X und Y vor, da sich Y verändern kann, ohne dass sich X verändert. Folglich muss in dieser Situation der Wert von R^2 niedrig oder „null" sein.

Abb. II-6-4a: Auswirkungen veränderter Werte von b_2 und e_i auf R^2 bei linearer Einfachregression (Ausgangsbeispiel)

Regressionsfunktion: $\widehat{Y}_i = 0{,}1378 + 0{,}1939 \cdot X_i$
mit: $b_2 = 0{,}1939$; $S_X^2 = 1{,}6558$; $\sum e_i^2 = 0{,}0734$; $R^2 = 0{,}9106$; $r = 0{,}9542$

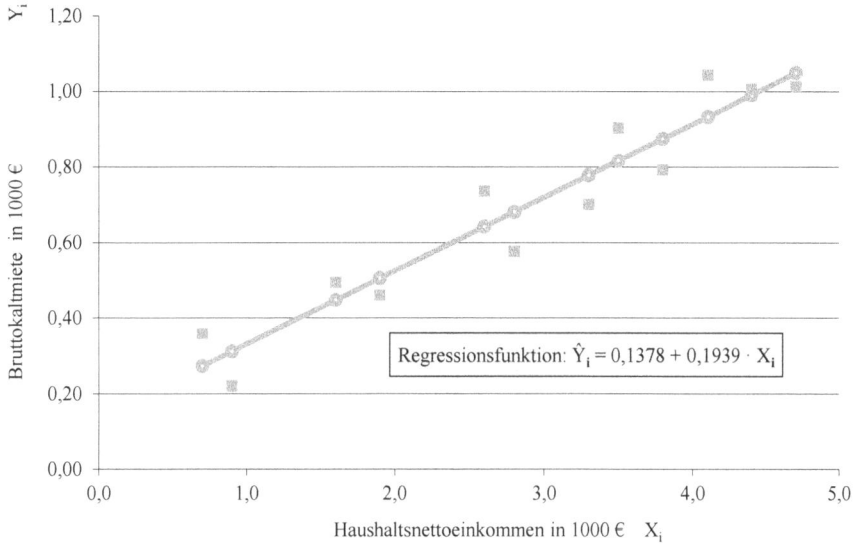

Abb. II-6-4b: Auswirkungen veränderter Werte von b_2 und e_i auf R^2 (hier: $b_2 = 0{,}0539$ anstelle von $b_2 = 0{,}1939$ in Abb. II-6-4a)

Regressionsfunktion: $\widehat{Y}_i = 0{,}1378 + 0{,}0539 \cdot X_i$
mit: $b_2 = 0{,}0539$; $S_X^2 = 1{,}6558$; $\sum e_i^2 = 0{,}0734$; $R^2 = 0{,}4406$; $r = 0{,}6637$

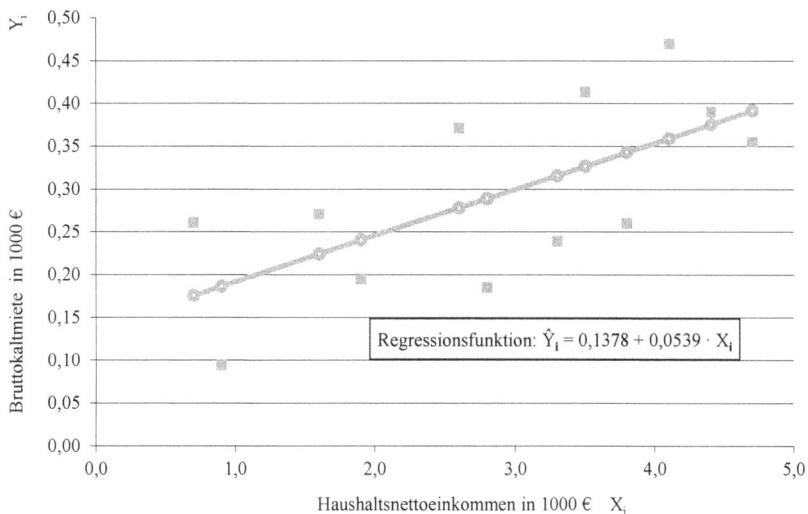

Schließlich wurden gegenüber der Ausgangssituation die Daten so verändert, dass nicht nur der Steigungsparameter sinkt, sondern auch der Wert für $\sum e_i^2$ von $\sum e_i^2 = 0{,}0734$ auf $\sum e_i^2 = 0{,}2061$ deutlich ansteigt (vgl. Abb. II-6-4c). Dadurch sinkt das Bestimmtheitsmaß gegenüber der Situation der Abb. II-6-4b von $R^2 = 0{,}4406$ auf $R^2 = 0{,}2451$, so dass unter diesen Rahmenbedingungen nicht mehr 44,06 % der Schwankungen der Bruttokaltmieten über die Regressionsfunktion und damit über die Haushaltsnettoeinkommen erklärt werden, sondern nur noch 24,51 %.

Abb. II-6-4c: Auswirkungen veränderter Werte von b_2 und e_i auf R^2 bei linearer Einfachregression (hier: $\sum e_i^2 = 0{,}2061$ anstelle von $\sum e_i^2 = 0{,}0734$ in Abb. II-6-4b)

Regressionsfunktion: $\hat{Y}_i = 0{,}1226 + 0{,}0580 \cdot X_i$

mit: $b_2 = 0{,}0580$; $S_X^2 = 1{,}6558$; $\sum e_i^2 = 0{,}2061$; $R^2 = 0{,}2451$; $r = 0{,}4950$

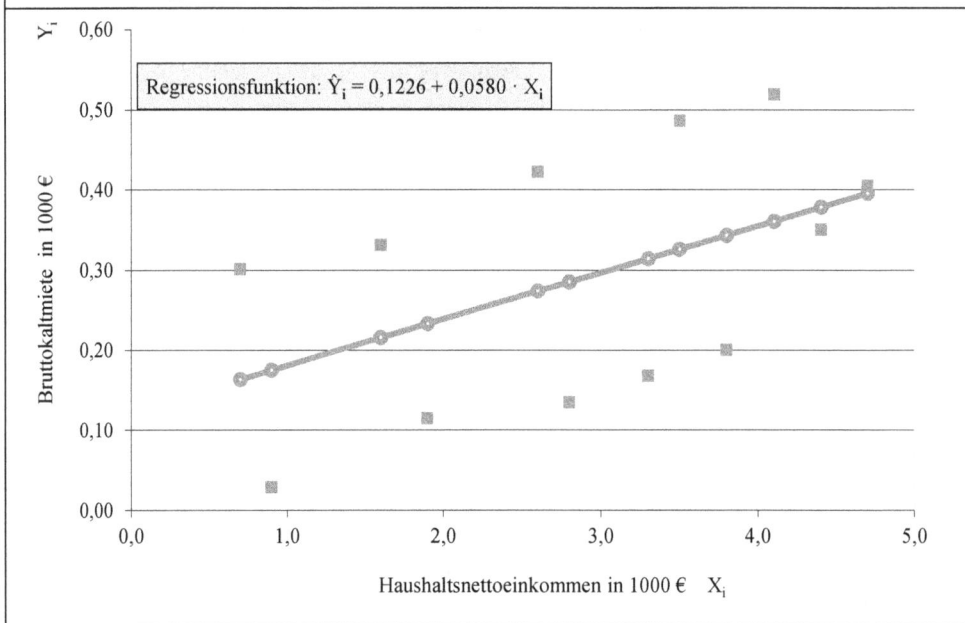

Bei der Bewertung des Bestimmtheitsmaßes (und damit auch des Korrelationskoeffizienten) sind verschiedene wichtige Aspekte zu beachten:

a) Zahl der Beobachtungswerte (n)

Es sei darauf hingewiesen, dass das Bestimmtheitsmaß und der Korrelationskoeffizient eine Beziehung messen, wie sie sich zufällig anhand der Daten ergibt. Liegen beispielsweise als Extremsituation nur zwei Beobachtungswerte vor, so wird die Regressionsgerade durch beide Punkte verlaufen und die Residuen weisen den Wert „null" auf. Damit beträgt $R^2 = 1$. Allerdings ist dieses Ergebnis für die Regressionsfunktion wenig sinnvoll, da es vollkommen zufällig und willkürlich zustande kommt. Damit der Einfluss des Zufalls reduziert wird, ist es wichtig, dass **genügend**

Beobachtungswerte vorliegen. Eine grobe **Faustregel** besagt, dass bei einer Einfachregression mindestens 7 – 10 Beobachtungswerte für eine einigermaßen zuverlässige Schätzung der Regressionsfunktion erforderlich sind, wobei die X-Werte gewissen Schwankungen unterliegen sollen (s. Anmerkungen weiter oben). Handelt es sich bei der Regressionsanalyse um eine Mehrfachregression, muss mit zusätzlicher Anzahl der erklärenden Variablen auch die Anzahl der Beobachtungswerte (überproportional zur Variablenzahl) ansteigen: Umfasst die Regressionsfunktion mehrere erklärende Variablen, so ist der mathematische Aufwand komplexer, die Regressionsfunktion gemäß dem K-Q-Verfahren zu bestimmen. Daher werden auch überproportional mehr Beobachtungswerte benötigt. Wird die Anzahl der Beobachtungswerte und die Zahl der beteiligten Variablen als Gesamtheit gesehen, so spricht der Statistiker von sogenannten „Freiheitsgraden[219]". Je höher die Zahl der Freiheitsgrade ausfällt, desto zuverlässiger kann c. p. ein Regressionsmodell geschätzt werden.

(b) Scheinkorrelation

Bei der gemessenen Abhängigkeit kann es sich um eine statistische Abhängigkeit handeln, die nicht sachlogisch begründet ist. Das Bestimmtheitsmaß bringt immer nur diese statistische Abhängigkeit zum Ausdruck, auch wenn sie real nicht existiert. So kann zwischen der Variablen X und Y eine sogenannte „**Scheinkorrelation**" vorliegen, die durch eine gemeinsame dritte, sogenannte „**latente Variable**" X_2 verursacht wird. Das bekannteste Beispiel für eine solche Scheinkorrelation ist die im Volksmund häufig unterstellte Beziehung zwischen der Geburtenzahl (Y) und der Anzahl der beobachteten Störche (X_1), die durch eine dritte, latente Variable (X_2) verursacht wird. Diese dritte Variable (X_2) kann bei Zeitreihenbetrachtungen oder bei Querschnittsbetrachtungen (z. B. verschiedene Länder) unterschiedlich begründet sein: So können jahreszeitliche Einflüsse oder unterschiedliche regionale Situationen oder der Grad der Industrialisierung als denkbare latente Einflussgröße (X_2) sowohl Einfluss auf die unabhängige Variable X (Zahl der beobachteten Störche) als auch auf die abhängige Variable Y (Geburtenzahl) nehmen. Damit geht letztlich nicht von der Variablen X_1 ein Einfluss auf die Variable Y aus, sondern die latente Variable X_2 beeinflusst gleichzeitig die Variablen X_1 und Y und erweckt augenscheinlich den Eindruck, dass zwischen X_1 und Y eine Beziehung besteht. Diese Be-

---

[219] Bei dem Begriff der „Freiheitsgrade" handelt es sich um einen vielbenutzten, eher „schillernden" Begriff der Statistik. Vereinfacht ausgedrückt gibt er die frei wählbaren Parameter oder Werte an. Der Begriff lässt sich z. B. an den Daten einer eindimensionalen H.V. verdeutlichen: Liegen (m) Merkmalsausprägungen für ein Merkmal vor, so lassen sich nur für (m – 1) Ausprägungen die absoluten (oder relativen) Häufigkeiten frei gestalten. Die absolute (relative) Häufigkeit der letzten, d. h. (m-ten) Merkmalsausprägung ist durch die Regel $\left(\sum_{i=1}^{m} h_i = n \right)$ bzw. $\left(\sum_{i=1}^{m} f_i = 1 \right)$ bestimmt. Damit beträgt die Zahl der Freiheitsgrade in diesem Beispiel (m – 1) und nicht (m).

ziehung lässt sich statistisch messen, ist aber sachlogisch nicht vorhanden (Nonsense-Beziehung).

Eine häufige Ursache für Scheinkorrelationen ist die latente Variable **„Zeittrend"**. Dieser Zeittrend beeinflusst alle Größen und erweckt den Eindruck, dass die Größen untereinander in einer kausalen Beziehung stehen, obwohl dies tatsächlich nicht der Fall ist. Daher ist vor allem bei Verwendung von absoluten Zahlen in der Regressionsanalyse eine gewisse Vorsicht bei der Interpretation der R^2-Werte geboten. Häufig verursachen Zeittrends (latente Variable „Zeit") bei Verwendung von Absolutwerten für X und Y eine Scheinkorrelation, die eine hohe Abhängigkeit zwischen den Variablen X und Y vortäuscht. Werden anstelle der Absolutzahlen die weniger trendanfälligen Wachstumsraten von Y und X betrachtet, stellt sich die Stärke der Abhängigkeit (R^2) oft deutlich schwächer dar. Diese Zeittrends verursachen damit Nonsense-Korrelationen. Beispielsweise ließe sich sicherlich zwischen der Höhe der Brötchenpreise und den Rennzeiten von Formel-1-Fahrzeugen eine hohe Korrelation (hohes R^2) aufzeigen: Je schneller die Formel-1-Fahrzeuge die Rennstrecken im Laufe der Jahre absolvieren, desto teurer werden die Brötchen im Zeitablauf. Diese Beziehung ist aber nur scheinbar vorhanden und geht als Nonsense-Korrelation auf im Zeitablauf überproportional steigende Dienstleistungs- und Materialkosten (Brötchenpreise) und auf technologisch bedingte schnellere Rennautos zurück.

Als eine weitere Quelle von Scheinkorrelationen können Teilgesamtheiten der Daten angesehen werden. So ist beispielsweise am Ende von Kap. II.5.2 in Aufgabe 28 b, Fall IV, ersichtlich, dass zwei Teilgesamtheiten jeweils Unabhängigkeit zwischen X und Y aufweisen (gedachte Regressionsgerade verläuft jeweils horizontal). Allerdings bewegen sich die horizontalen Streuungsdiagramme auf verschiedenen Niveaus. Werden jetzt beide Teilgesamtheiten zusammen betrachtet, so lässt sich durch die beiden parallel verlaufenden horizontalen Streuungsdiagramme eine Regressionsfunktion mit höherem R^2 legen, obwohl jede Teilgesamtheit für sich ein R^2 von „null" aufweist[220]. Derartige Scheinkorrelationen bei Teilgesamtheiten können auch dadurch entstehen, dass Ausreißer auftreten, die eine neue Teilgesamtheit abseits der dominanten Punktwolke kreieren.

(c) Tests für die Regressionsparameter und das Bestimmtheitsmaß

Die Ausführungen unter (a) haben deutlich gemacht, dass bei der Höhe des Bestimmtheitsmaßes und bei der Frage, ob ein Regressionsparameter wirklich einen von „null" abweichenden Wert aufweist, häufig der Zufall größeren Einfluss hat. Daher interessiert immer wieder die Frage, ob die Variable Y deterministisch durch die Variable X beeinflusst wurde oder ob nur der Zufall hierfür verantwortlich ist. Aufgabe der schließenden Statistik ist es, diesen Zufall in die statistischen Analysen

---

[220] Bei diesen beiden Teilgesamtheiten kann es sich z. B. um Konsumfunktionen von Frauen und Männern für bestimmte Güter handeln (Y = Umsatz), (X = Einkommen); nun ist es denkbar, dass das Einkommen keinen Einfluss auf den Umsatz ausübt, die Umsatzhöhe bei Frauen und Männern aber unterschiedlich ausfällt.

aufzunehmen und seinen Einfluss zu identifizieren. Mit sogenannten statistischen Tests (wie beispielsweise dem F-Test oder dem T-Test) lässt sich dieser zufällige Einfluss quantifizieren[221].

Aufgabe 35: Professor Emsig und die Regressionsanalyse

Prof. Emsig ist davon überzeugt, dass eine hohe Teilnahmequote der Studierenden (Variable X) an seiner Vorlesung „Wirtschaftsstatistik" den Klausurerfolg (Variable Y) nachhaltig erhöhen kann. Im Rahmen einer repräsentativen Umfrage, die er in verschiedenen Jahren in verschiedenen Semestern bei den Teilnehmern seiner Statistikvorlesung durchgeführt hat, kommt er zu folgenden Erkenntnissen:

- Die durchschnittliche Teilnahmequote (arithmetisches Mittel $\overline{X}$) an der Vorlesung beträgt 80 %; die durchschnittlich erzielte Punktzahl (arithmetisches Mittel $\overline{Y}$ in der Statistikklausur beträgt 70 Punkte (von 100 Gesamtpunkten).
- Für die durchschnittliche Beziehung zwischen Teilnahmequote und erzielter Punktzahl gilt ferner: Steigt die Teilnahmequote um 1 Prozentpunkt, so steigt die durchschnittlich erzielte Punktzahl in der Klausur um 0,6 Punkte.

a) Der Zusammenhang zwischen der Teilnahmequote und der erzielten Punktzahl ist linear und weist eine Korrelation von r = 0,8 auf (Korrelationskoeffizient nach Bravais-Pearson). Welche konkrete lineare Einfachregression nach dem Kleinste Quadrate Verfahren hat Prof. Emsig für die vorliegende Fragestellung ermittelt?
b) Wie hoch wird auf Basis der ermittelten Regressionsfunktion die Punktzahl der Studierenden im Durchschnitt ausgefallen sein, wenn Sie es vorgezogen haben, an der Vorlesung von Prof. Emsig nicht teilzunehmen?
c) Wie hoch ist das Bestimmtheitsmaß der linearen Einfachregression und wie lässt es sich inhaltlich interpretieren?

6.6 Nichtlineare Einfachregression

Liegt ein nichtlinearer Zusammenhang von abhängiger und unabhängiger Variable vor, so ist eine nichtlineare Regressionsfunktion zu verwenden. Ansonsten entsteht eine Fehlspezifikation des Regressionsmodells mit verzerrten Regressionsparametern und verzerrten Ergebnissen in den Teststatistiken zur Regressionsfunktion (vgl. Kap. II.6.8). Derartige nichtlineare Regressionsfunktionen lassen sich auch mit dem

---

[221] Für die Einfachregression finden sich in Tab. II-6-1 die Ergebnisse eines T-Tests für Regressionsparameter; darüber hinaus wird auch ein sogenannter F-Test eingesetzt, um die Güte der Regressionsfunktion insgesamt (d. h. für alle Regressionsparameter gleichzeitig) zu testen. Die Ergebnisse des T-Tests lassen erkennen, dass die ermittelten Abhängigkeiten nicht zufällig, sondern systematisch bedingt sind (signifikant sind).Vgl. die entsprechenden Ausführungen bei Bleymüller, J., Wirtschaftsstatistik, a. a. O., Kap. 21.4. Vgl. auch die Ausführungen in Abschnitt C und D (SPSS) des Anhangs.

K-Q-Verfahren bestimmen. Dazu ist zunächst die Art der Funktionsbeziehung festzulegen (anstelle der linearen Beziehung wie sie in Kap. II.6.2 beschrieben wird)
und dann ist über das K-Q-Verfahren die Regressionsfunktion zu bestimmen. Mit
dem Programmpaket SPSS steht eine umfassende Software zur Verfügung, die es
schnell ermöglicht, eine Vielzahl nichtlinearer Regressionsfunktionen[222] zu schätzen. Da es anhand des Streuungsdiagramms häufig schwer fällt, den optimalen
Funktionsverlauf festzulegen, werden im praktischen Alltag oft verschiedene nichtlineare Regressionsfunktionen geschätzt und mittels des R^2-Wertes im Hinblick auf
ihre Güte beurteilt. Es kommt dann diejenige nichtlineare Regressionsfunktion zur
Anwendung, die das höchste R^2 aufweist, d. h. den besten „fit" generiert.

Im Folgenden sollen drei zentrale nichtlineare Funktionen vorgestellt werden, die im
ökonomischen Alltag häufiger anzutreffen sind und die sich auf einfache Weise linearisieren lassen. Die formale Ausgestaltung dieser drei nichtlinearen Funktionen
und die lineare Transformation lassen sich aus den Spalten der Übersicht II-6-2 jeweils ersehen.

Übersicht II-6-2: Linearisierbare Funktionen

Nr.	Funktions-art	Funktion	Transformation	Lineare Form
1	Potenz-funktion	$Y = b_1 \cdot X^{b_2}$	$Y^* = \log Y$ $X^* = \log X$	$Y^* = \log b_1 + b_2 \cdot X^*$
2	Exponenti-alfunktion	$Y = b_1 \cdot e^{b_2 \cdot X}$	$Y^* = \ln Y$	$Y^* = \ln b_1 + b_2 \cdot X$
3	Logistische Funktion	$Y = \dfrac{e^{b_1 + b_2 \cdot X}}{1 + e^{b_1 + b_2 \cdot X}}$	$Y^* = \ln \dfrac{Y}{1 - Y}$	$Y^* = b_1 + b_2 \cdot X$

Beispiel zu Nr. 1: s. Tab. II-6-2; II-6-3a, 3b, Abb. II-6-5, II-6-6, II-6-7.
Beispiel zu Nr. 2: s. Tab. II-6-4; Abb. II-6-8.
Beispiel zu Nr. 3: s. Abb. II-6-9.

Die drei zentralen nichtlinearen Funktionen lauten:

1) Die **Potenzfunktion** wird benötigt, um nichtlineare Beziehungen mit konstanter
   Elastizität darzustellen. Sehr bekannt ist die preisabhängige Nachfragefunktion,
   die eine Preiselastizität der Nachfrage in Höhe des Exponenten der Funktion
   aufweist. Sie wird als „isoelastische preisabhängige Nachfragefunktion" bezeichnet. Beträgt der Exponent (-1), so liegt eine isoelastische preisabhängige Nach-

---

[222] Zu einem Überblick über die Vielzahl der möglichen, nichtlinearen Regressionsfunktionen in SPSS vgl. Eckstein, P. P.: Angewandte Statistik mit SPSS, a. a. O., S. 193,
Tab. 6.2-1.

fragefunktion mit einer Preiselastizität von (-1) vor[223]. Im Folgenden wird ein Beispiel für die Schätzung dieser Funktion in Tab. II-6-2 vorgestellt.

2) Über die **Exponentialfunktion** lassen sich exponentiell wachsende Größen darstellen wie beispielsweise das Algenwachstum (vgl. nachfolgendes Beispiel der Tab. II-6-4; Abb. II-6-8).

3) Über die **Logistische Funktion** lassen sich S-förmige Verläufe darstellen, die zunächst überproportional ansteigende und dann gegen einen Maximalwert konvergierende Y-Werte erfassen können (vgl. Abb. II-6-9). Bekannte Beispiele sind die Entwicklung der Marktanteile bei Marketingmaßnahmen; auch die Verteilungsfunktion klassifizierter Daten (vgl. Abb. II-2-12 in Kap. II.2.7) weist einen logistischen Verlauf auf.

Zu 1):
Fallbeispiel „Isoelastische, preisabhängige Nachfragefunktion (Einzelhandelsunternehmen)":
Die Tab. II-6-2 zeigt die Daten für die Absatzmenge Y und den erzielten Preis X eines großen Einzelhandelsunternehmens mit 10 Filialen. Die Unternehmensleitung möchte auf Basis dieser Daten Aussagen über den Zusammenhang zwischen dem Preis (in €) und dem Absatz (in 100 Stck.) machen.

Tab. II-6-2: Preisabhängige Nachfragefunktion (Potenzfunktion)					
Filiale	Absatz in 100 Stck. (Y_i)	Preis in Euro (X_i)	Y_i^2	X_i^2	$X_i \cdot Y_i$
1	73,84	3,00			
2	55,06	5,00			
3	35,39	7,00			
4	36,52	6,00			
5	33,69	8,00			
6	17,24	12,00			
7	23,71	10,00			
8	17,01	17,00			
9	13,70	16,00			
10	19,41	14,00			
Σ	325,58	98,00	13 918,83	1 168,00	2 457,38

[223] Siehe die entsprechenden Ausführungen in Kap. II.5.2. Zum Begriff der Preiselastizität der Nachfrage und der Potenzfunktion einer sogenannten „isoelastischen Nachfrage" vgl. Natrop, J.: Grundzüge der Angewandten Mikroökonomie, a. a. O., S. 114.

Die Darstellung der Werte in einem Streuungsdiagramm (s. Abb. II-6-5) verdeutlicht, dass Y_i und X_i einen **nichtlinearen Zusammenhang** aufweisen (konkret: es handelt sich um eine **Potenzfunktion**). Wird dieser nichtlineare Zusammenhang über eine lineare Regressionsfunktion geschätzt, so liegt eine **Fehlspezifikation der Regressionsfunktion** vor. Die nichtlineare preisabhängige Nachfragefunktion lässt sich durch Logarithmierung der Variablen Y_i und X_i linearisieren (s. Übersicht II-6-2) und neu schätzen. Somit gilt die Regressionsfunktion:

$$\widehat{Y}_i^* = b_1 + b_2 \cdot X_i^* \quad \text{mit: } Y^* = \log Y\,; X^* = \log X.$$

Die Daten der logarithmierten Werte sind in Tab. II-6-3a ersichtlich.

Abb. II-6-5: Lineare Regressionsfunktion bei nichtlinearem Funktionsverlauf (Potenzfunktion)

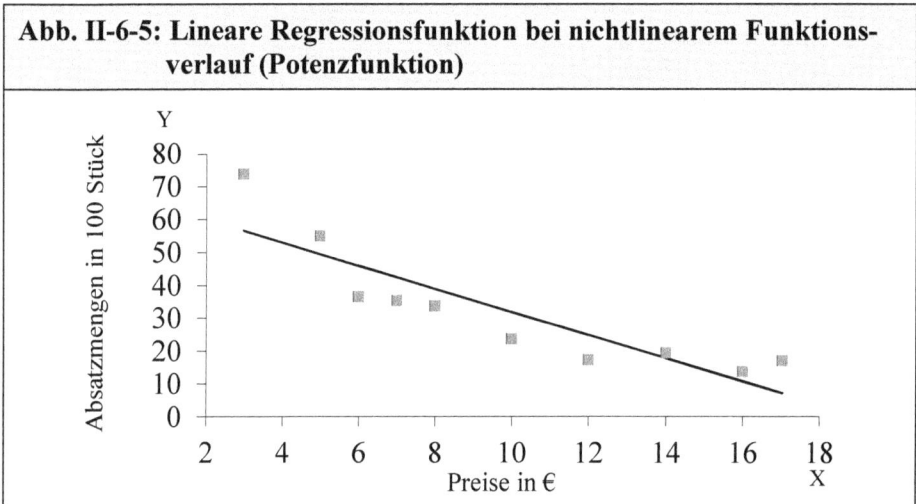

Tab. II-6-3a: Daten der logarithmierten Potenzfunktion

Filiale	logarithm. Absatz in 100 Stk.	logarithm. Preis in €				geschätzte Werte
	$\log Y_i$	$\log X_i$	$(\log X_i)^2$	$(\log Y_i)^2$	$\log X_i \cdot \log Y_i$	$\log Y_i$
1	1,868	0,477	0,228	3,491	0,891	1,893
2	1,741	0,699	0,489	3,030	1,217	1,680
3	1,549	0,845	0,714	2,399	1,309	1,539
4	1,562	0,778	0,606	2,441	1,216	1,604
5	1,528	0,903	0,816	2,333	1,379	1,483
6	1,237	1,079	1,165	1,529	1,335	1,314
7	1,375	1,000	1,000	1,891	1,375	1,390
8	1,231	1,230	1,514	1,514	1,514	1,169
9	1,137	1,204	1,450	1,292	1,369	1,194
10	1,288	1,146	1,314	1,659	1,476	1,250
Summe	**14,515**	**9,362**	**9,294**	**21,581**	**13,081**	**14,516**

Die Darstellung der logarithmierten Werte von X und Y (vgl. Abb. II-6-6) weist einen linearen Verlauf auf, so dass sich die Regressionsfunktion linear schätzen lässt. Die Ergebnisse der logarithmierten und entlogarithmierten Funktion sind in der nachfolgenden Tab. II-6-3b dargestellt. Bei einem Bestimmtheitsmaß von 95,5 % kann die Regressionsfunktion 95,5 % der Streuung der logarithmierten Y-Werte erklären. Bei einem Preis P(X) = 2 € (d. h. für X = 2) würde sich eine geschätzte Absatzmenge Y von 115,44 Stck. ergeben.

Tab. II-6-3b: Ergebnisse der Regressionsfunktion (Potenzfunktion)			
b_2 =	−0,961750	S_{XY} =	−0,050814
$\log b_1$ =	2,351935	S_X =	0,229860
b_1 =	224,8719	S_Y =	0,226187
r =	−0,977364	R^2 =	0,95524
$\log(\widehat{Y}_i)$ =	$2,3519 - 0,9618 \cdot \log X_i$		
$\widehat{Y}_i$ =	$224,8719 \cdot X_i^{-0,9618}$		
Geschätzte Absatzmenge $\widehat{Y} = 115,44$ für X = P(X) = 2 €			

Abb. II-6-6: Linearisierte Regressionsfunktion (Potenzfunktion)

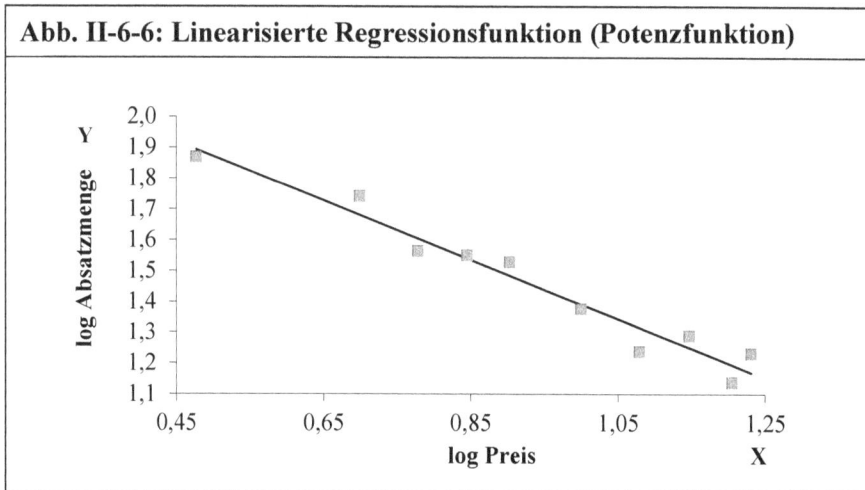

Die nachfolgende Abb. II-6-7 zeigt die preisabhängige Nachfragefunktion für eine andere Datenkonstellation in der Form einer Potenzfunktion mit variierendem Exponenten b_2 (unterschiedlicher negativer Preiselastizität). Für die vorgegebene Datensituation errechnet sich über das linearisierte K-Q-V ein absolutes Glied von b_1 = 232,53. Je stärker sich der Exponent b_2 dem Wert −1 nähert (isoelastisch mit einer Preiselastizität von −1), desto mehr nähert sich der Verlauf dem Koordinatensystem an. Der Drehpunkt liegt beim Wert (X = 1), wofür sich ein geschätzter Wert **$\widehat{Y}$ von 232,53 errechnet.**

Abb. II-6-7: Verschiedene Potenzfunktionen im Vergleich („Preis – Absatzmenge")

$$\hat{Y}_i = 232{,}53 \cdot X^{b_2} \qquad \text{mit: } b_2 = -0{,}2;\ b_2 = -0{,}5\ ;\ b_2 = -0{,}98$$

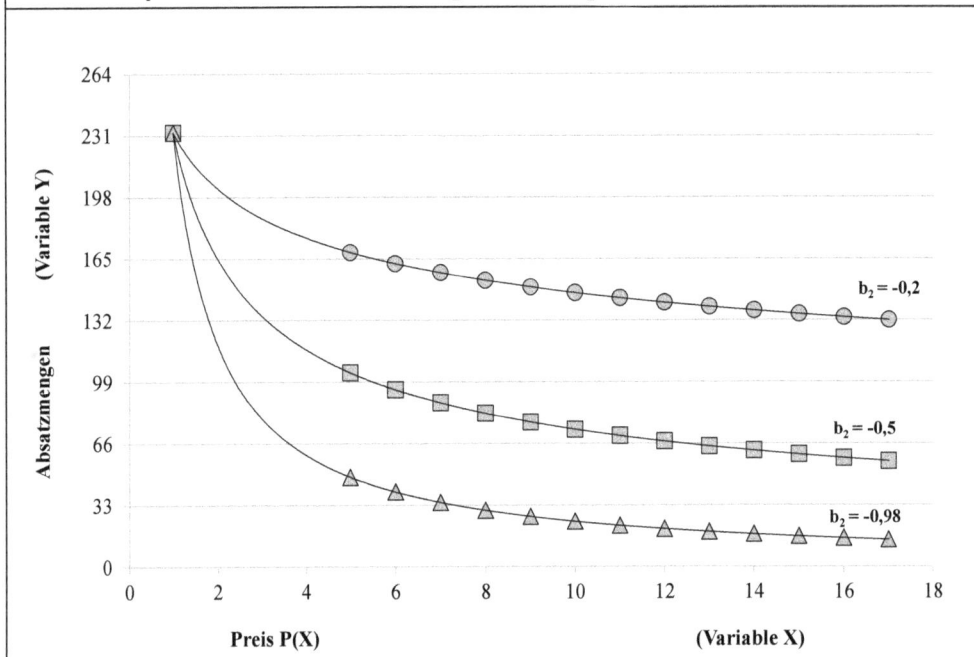

Preis P(X)   (Variable X)

Zu 2):

Fallbeispiel „Regressionsschätzung einer Exponentialfunktion (Algenwachstum)", siehe Tab. II-6-4:

Zur Darstellung einer Exponentialfunktion sei folgender Sachverhalt unterstellt: Ein chemisches Unternehmen leitet in unterschiedlichen Mengen Abwässer in einen Fluss. Hierdurch erhöht sich das Algenwachstum; Abwassermenge (in t) und Algenwachstum (Anzahl je m^3 Wasser) haben sich im Beobachtungszeitraum von 12 Monaten entsprechend den Daten der Tab. II-6-4 entwickelt. Die Daten gehorchen einer Exponentialfunktion und lassen sich gemäß Übersicht II-6-2, Nr. 2 über eine entsprechende Transformation linearisieren (vgl. ebenfalls Tab. II-6-4; halblogarithmische Funktion): Die Ergebnisse der Tab. II-6-4 lassen erkennen, dass die linearisierte Regressionsfunktion die Y-Werte mit einem $R^2 = 0{,}96$ gut beschreiben kann. Dies wird auch aus der nachfolgenden Abb. II-6-8 deutlich.

Tab. II-6-4: Daten einer Exponentialfunktion (Beispiel „Algenwachstum")

i	Algen-menge Y_i (in m³)	Ab-wässer X_i (in t)	$\ln Y_i$	$(\ln Y_i)^2$	$\ln Y_i \cdot X_i$	X_i^2	$\ln Y_i$ geschätzt	Y_i geschätzt	X_i	Y_i
1	550,859	27	6,311	39,835	170,410	729	6,236	511	27	11
2	251,072	24	5,526	30,534	132,618	576	5,573	263	24	51
3	51,371	14	3,939	15,516	55,147	196	3,360	29	14	95
4	954,275	30	6,861	47,073	205,829	900	6,900	992	30	74
5	764,319	29	6,639	44,076	192,531	841	6,679	795	29	189
6	10,916	12	2,390	5,713	28,683	144	2,918	19	12	251
7	73,947	20	4,303	18,519	86,067	400	4,688	109	20	304
8	1 260,450	31	7,139	50,969	221,316	961	7,121	1 238	31	551
9	304,300	25	5,718	32,696	142,950	625	5,794	328	25	764
10	188,716	22	5,240	27,460	115,285	484	5,130	169	22	911
11	94,810	18	4,552	20,720	81,934	324	4,245	70	18	954
12	910,914	29	6,814	46,437	201,026	870	6,789	888	30	1.260
Σ	5 415,947	281	65,434	379,546	1 633,795	7 050	65,43	5 411	282	5 416

Ergebnisse der Regressionsanalyse:

$\ln b_1 = 0,2630$ $\qquad$ $Y_i = 1,300836 \cdot e^{0,221234 \cdot X_i}$

$b_1 = 1,3008$ $\qquad$ $r^2 = 0,961104$

$b_2 = 0,2212$

Abb. II-6-8: Regressionsfunktion einer Exponentialfunktion (Beispiel: „Algenwachstum")

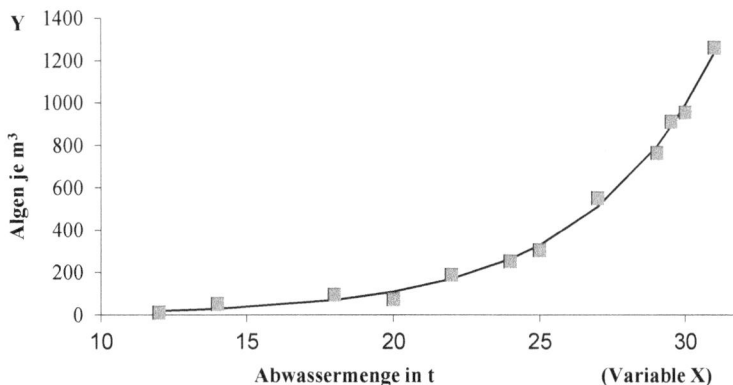

Zu 3):

**Fallbeispiel „Regressionsschätzung einer logistischen Regressionsfunktion";
siehe Abb. II-6-9:**

Abschließend ist in Abb. II-6-9 ein Beispiel für eine **logistische Regressionsfunktion** dargestellt, die sich ebenfalls über eine linearisierte Funktion schätzen lässt (zur Transformation siehe Übersicht II-6-2, Nr. 3). Mit dieser Vorgehensweise ließen sich beispielsweise die Veränderungen der Marktanteile infolge von Marketingmaßnahmen auf einfache Weise darstellen. Die Abbildung zeigt, wie sich unterschiedliche Parameterwerte auf den Verlauf der Funktion auswirken.

Abb. II-6-9: Regressionsfunktion einer logistischen Funktion

$$Y = \frac{e^{b_1+b_2 \cdot X}}{1 + e^{b_1+b_2 \cdot X}} \quad \text{hier: } b_1 = -5 \text{ bzw. } -7; \; b_2 = 0,8 \text{ bzw. } 0,5$$

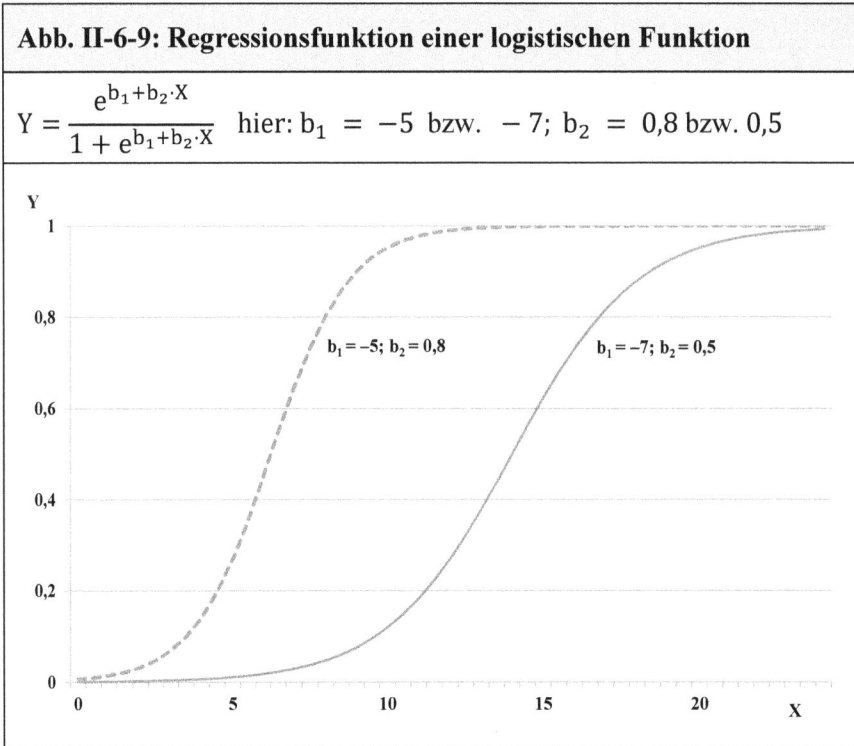

6.7   Mehrfachregression, Dummyvariablen

Bei der bisherigen Darstellung wurde im Fallbeispiel „Bruttokaltmiete/Haushaltsnettoeinkommen" aus didaktischen Gründen zunächst von einer linearen Einfachregression ausgegangen. Wie bereits angemerkt, hat eine Regressionsfunktion alle relevanten Einflussgrößen zu erfassen, da ansonsten eine Fehlspezifikation vorliegt und die Regressionsanalyse zu verzerrten Ergebnissen und Fehlinterpretationen führt. In der folgenden Analyse soll durch eine Modifikation des Fallbeispiels aufgezeigt werden, wie weitere exogene Variable in das Regressionsmodell aufgenommen werden können und welche Probleme damit verbunden sind. Hierzu wird das oben genannte Fallbeispiel modifiziert: Anders als in der Grundversion des Beispiels soll jetzt angenommen werden, dass die Ausgaben für die Bruttokaltmiete nicht nur durch das Haushaltsnettoeinkommen, sondern auch durch die Einwohnerzahl des Wohnortes bestimmt werden[224]. Daher werden die fiktiven Daten des Beispiels modifiziert (einschließlich Erweiterung auf 16 private Haushalte[225]) und das Modell neu spezifiziert: Jetzt sollen die monatlichen Bruttokaltmieten sowohl durch die exogene Variable Haushaltsnettoeinkommen X_2 (in Tsd. €) als auch durch die exogene Variable Einwohnerzahl X_3 (in Tsd. Einwohnern) linear erklärt werden.

Hinweis zur Erfassung der exogenen Variablen: Es ist üblich, die j-te erklärende Variable X mit dem Index (k = j + 1) zu bezeichnen. Dies lässt sich dadurch erklären, dass das absolute Glied fiktiv mit der Größe ($X_{1i}^0 = 1$) multipliziert werden kann. Diese Schreibweise hat den Vorteil, dass der erste, zweite, ..., (k-te) Steigungsparameter den gleichen Index trägt wie die jeweilige exogene Variable (also hier: $b_2 \cdot X_{2i}$; $b_3 \cdot X_{3i}$; allgemein: $b_k \cdot b_{ki}$).

Die modifizierten Daten der Grundversion des Beispiels (vgl. Tab. II-6-5) führen unter Einbeziehung der Einwohnerzahl (X_{3i}) zu folgender Regressionsgleichung:

$$\widehat{Y}_i = 0{,}1363 + 0{,}1807 \cdot X_{2i} + 0{,}000329 \cdot X_{3i} \quad \text{für } i = 1, ..., 16$$

mit: Y = mtl. Bruttokaltmiete; X_2: mtl. Haushaltsnettoeinkommen;
X_3: Einwohnerzahl des Wohnortes

Damit beträgt die einkommensunabhängige Bruttokaltmiete 136,3 €. Je 1 000 € zusätzlichen Haushaltsnettoeinkommen steigen die Bruttokaltmieten um 180,7 € an. Zudem steigt die Bruttokaltmiete im Durchschnitt der Wohnorte um 0,329 € je 1 000 € Einwohner des Wohnortes, d.h. um 32,9 € je 100 Tsd. Einwohner (fiktives Beispiel).

In der vorliegenden Studie wurde in der Simulation der Daten unterstellt, dass sich die exogenen Variablen „Haushaltsnettoeinkommen" und „Einwohnergröße des Wohnortes" nicht beeinflussen (der Bravais-Pearson Korrelationskoeffizient liegt nahe „null"). Diese Annahme ist allerdings in diesem Beispiel eher unrealistisch, da das Haushaltseinkommen grundsätzlich in größeren Wohnorten höher ausfallen dürfte, als in kleineren Orten. Allerdings bereiten derartige Korrelationen Probleme

---

[224] In größeren Städten liegen die Mieten höher als in kleineren Städten.

[225] Da nun der Einfluss einer zweiten exogenen Variable zu identifizieren ist, wurden vier weitere, fiktiv gewählte Beobachtungswerte hinzugenommen und die Daten insgesamt so angepasst, dass das durchschnittliche monatliche Haushaltsnettoeinkommen und die durchschnittliche monatliche Bruttokaltmiete in etwa den Werten der Grundversion entsprechen. Die Analysen haben gezeigt, dass wegen der weiterhin niedrigen Beobachtungszahl von n = 16 die geschätzten Regressionsparameter sehr sensibel auf Datenänderungen reagieren. Insbesondere extreme Merkmalswerte wie „Wohnlagen in größeren Städten" können im Sinne von „Ausreißern" das Gesamtergebnis sehr stark prägen. Daher sollten Ausreißer in der Regressionsanalyse nicht auftreten bzw. durch eine größere Beobachtungszahl relativiert werden.

bei der richtigen Spezifikation des Schätzansatzes (s. hierzu die Ausführungen weiter unten), so dass sie in diesem Fallbeispiel nicht berücksichtigt wurden.

Die Tab. II-6-5 lässt erkennen, dass die Regressionsfunktion ein multiples Bestimmtheitsmaß R^2 von 0,8973 aufweist, d.h. 89,73 % der Schwankungen der Bruttokaltmieten werden über die Regressionsfunktion und damit über die beiden exogenen Größen erklärt.

Hinweis zur graphischen Darstellung der Regressionsfunktion: Während bei der Einfachregression eine Gerade durch die Punktwolke gelegt wird, kann die Zweifachregression als Ebene verstanden werden, die optimal im dreidimensionalen Raum (mit Y als dritte Dimension) der Punktwolke auszurichten ist. Im zweidimensionalen Raum liegen somit die Schätzwerte nicht mehr auf einer Regressionsgeraden, sondern verteilen sich auf eine Regressionsebene.

Wäre in diesem modifizierten Fallbeispiel lediglich eine **Einfachregression** mit dem **Haushaltsnettoeinkommen** (X_{2i}) als **einzige** Einflussgröße der Bruttokaltmiete geschätzt worden (d.h. unter Vernachlässigung der zweiten Einflussgröße „Einwohnerzahl" (X_{3i})), so ergibt sich für diesen fehlspezifizierten Ansatz folgende lineare Einfachregression: $\widehat{Y}_i = 0{,}2192 + 0{,}1786 \cdot X_{2i}$ für i = 1, ..., 16

mit: Y = mtl. Bruttokaltmiete; X_2: mtl. Haushaltsnettoeinkommen;

Dieser fehlspezifizierte Ansatz hätte mit einem Bestimmtheitsmaß von $R^2 = 0{,}7861$ einen deutlich geringeren Erklärungswert. Die Fehlspezifikation und die Fehlinterpretation des Ansatzes hat zur Folge, dass sich nun eine autonome Bruttokaltmiete von 219,2 € (statt 136,3 €) errechnet und die einkommensabhängige Kaltmiete nur noch um 178,6 € (statt bisher 180,7 €) je 1 000 € zusätzlichem Haushaltsnettoeinkommen ansteigt.

Die Ergebnisse aller Regressionskoeffizienten (auch im fehlspezifizierten Ansatz!) sind statistisch gegen Null gesichert, d.h. weisen einen nachhaltigen, statistisch gesicherten („signifikanten") Einfluss auf, der nicht nur zufällig aufgetreten ist. Ob eine zusätzliche Variable in die Regressionsfunktion aufgenommen werden soll, hängt grundsätzlich von logischen Überlegungen ab und lässt sich statistisch über die Veränderung von R^2 ersehen. Darüber hinaus steht mit dem „T-Test" ein Test der schließenden Statistik zur Verfügung, der anzeigt, ob eine zusätzliche Variable einen nachhaltigen (**signifikanten**, d. h. statistisch gesicherten) Einfluss aufweist. Damit kann bei vorgegebener **Sicherheitswahrscheinlichkeit** überprüft werden, ob die einzelnen exogenen Variablen nur zufällig einen von „null" abweichenden Schätzwert für den jeweiligen Steigungsparameter aufweisen, oder ob dieser Einfluss systematisch bedingt ist, d.h. auf einen kausalen Zusammenhang zurückgeht.

Tab. II-6-5: Lineare Zweifachregression (Beispiel „Bruttokaltmiete, Haushaltsnettoeinkommen, Einwohnerzahl")

Haushalt	mtl. Mietausgaben Y_i	mtl. Haushaltsnettoeinkommen X_i	Größe der Stadt X_{2i}	Geschätzte Mietausgaben	Residuen e_i
	in Tsd. €	in Tsd. €	in Tsd. Einwohner	in Tsd. €	in Tsd. €
i	Y_i	X_i	X_{2i}	$\widehat{Y}_i$	e_i
1	0,72	3,6	65,00	0,8080	−0,0878
2	0,45	1,1	140,00	0,3810	0,0722
3	0,95	4,7	35,00	0,9969	−0,0456
4	0,72	2,4	500,00	0,7341	−0,0191
5	0,96	3,5	800,00	1,0314	−0,0689
6	0,59	1,9	90,00	0,5091	0,0841
7	0,92	3,8	60,00	0,8425	0,0775
8	0,57	2,6	165,00	0,6602	−0,0940
9	0,71	1,8	600,00	0,6586	0,0566
10	0,87	2,9	400,00	0,7916	0,0804
11	0,58	2,0	125,00	0,5387	0,0426
12	0,31	1,4	45,00	0,4094	−0,0985
13	0,41	1,6	100,00	0,4582	−0,0532
14	0,87	3,4	200,00	0,8162	0,0558
15	0,48	1,7	280,00	0,5354	−0,0579
16	1,02	4,3	160,00	0,9657	0,0568
$\sum$	11,1	42,7	3 765,0	11,1	0,0

Ergebnisse der Zweifachregression: $\widehat{Y}_i = 0,1363 + 0,1807 \cdot X_{2i} + 0,000329 \cdot X_{3i}$

Mit: $b_1 = 0,1363$; $b_2 = 0,1807$; $b_3 = 0,000329$; multiples Bestimmtheitsmaß $R^2 = 0,8973$.

Empirische T-Werte: $T\text{-}b_1 = 2,4$; $T\text{-}b_2 = 10,09$; $T\text{-}b_3 = 3,75$.

Bei $v = n - k = 16 - 3 = 13$ Freiheitsgraden u. einer Sicherheitswahrscheinlichkeit $(1 - \alpha)$ = 0,95 lautet der kritische T-Wert (zweiseitiger Test): $|Tc| = 2,16$. Wegen $Tb_k > Tc$ wird die Nullhypothese, dass die Regressionsparameter „null" betragen, für alle $k = 1,\ldots, 3$ abgelehnt, d. h. die Regressionsparameter sind signifikant von „null" verschieden (vgl. hierzu auch die Teile C und D (SPSS) des Anhangs). Zu den Freiheitsgraden der Regressionsfunktion und den kritischen T-Werten bei zweiseitiger Fragestellung vgl. Bleymüller, J.; Gehlert, G.: Statistische Formeln; S. 61 sowie S. 135 (bei $(1 - \alpha) = 0,975$ wäre das Absolutglied **nicht mehr** signifikant).

Zum Vergleich: Ergebnisse einer Einfachregression: $\widehat{Y}_i = 0,2192 + 0,1786 \cdot X_{2i}$

Mit: $b_1 = 0,21392$; $b_2 = 0,1786$; Bestimmtheitsmaß $R^2 = 0,7861$ und damit $r = 0,8866$.

Empirische T-Werte: $T\text{-}b_1 = 3,06$; $T\text{-}b_2 = 7,17$;

Zudem lässt sich mit dem sogenannten F-Test der Gesamteinfluss aller erfassten Einflussgrößen überprüfen[226].

Bei der Mehrfachregression ist zu beachten, dass auch die unabhängigen Variablen miteinander korreliert sein können (z. B. Haushaltseinkommen und Einwohnerzahl des Wohnortes). Der Statistiker spricht in diesem Fall von sogenannter „**Multikollinerität**". Diese verhindert eine eindeutige Identifikation der verschiedenen Steigungsparameter der Regressionsfunktion, da der Gesamteinfluss der exogenen Variablen auf Y nicht mehr einer bestimmten exogenen Variablen zugeordnet werden kann[227]. Grundsätzlich lässt sich die Existenz von Multikollinearität durch die Bestimmung des Korrelationskoeffizienten für alle Paare der unabhängigen Variablen überprüfen[228]. Tritt eine starke Korrelation der exogenen Variablen z. B. in der Zweifachregression auf, bietet es sich an, von den hoch korrelierten Einflussgrößen nur eine Variable als sogenannte Indikatorvariable im Regressionsansatz zu belassen. Allerdings ist in diesem Fall eine vorsichtige Interpretation der Ergebnisse geboten. Auch muss überprüft werden, ob sich die Art der Abhängigkeit zwischen den unabhängigen Variablen im Zeitablauf nicht ändert: Kommt es nämlich zu einem Strukturbruch in der Beziehung der Variablen, so verliert die Indikatorvariable ihren

---

[226] Der T-Test und der F-Test nehmen bei der „richtigen" Spezifizierung der Regressionsfunktion eine wichtige Rolle ein. Sie greifen auf die Erkenntnisse der schließenden Statistik zurück. Einige kurze erläuternde Anmerkungen hierzu finden sich im Anhang, Teil C. Im unteren Bereich der Tab. II-6-5 ist ersichtlich, dass bei einer Sicherheitswahrscheinlichkeit von 95 % die Regressionsparameter signifikant von „null" verschieden sind (gesicherte T-Werte der Regressionsparameter). Zudem ist der Gesamteinfluss des Regressionsansatzes signifikant, da der F-Wert mit F = 56,8 (in Tab. II-6-5 nicht ausgewiesen) deutlich über dem erforderlichen kritischen F-Wert von 6,7 (bei einer Sicherheitswahrscheinlichkeit von 99 % und (v_1= k – 1 = 3 – 1 = 2); (v_2 = n – k = 16 – 3 = 13) Freiheitsgraden; die Sicherheitswahrscheinlichkeit gibt an, mit welcher Wahrscheinlichkeit Aussagen getroffen werden sollen; zu näheren Einzelheiten s. Bleymüller, J., Wirtschaftsstatistik, a. a. O., Kap. 21.4 sowie Bleymüller, J.; Gehlert, G.: Statistische Formeln, S. 62, 138).

[227] Würden z. B. besser verdienende Haushalte überwiegend in größeren Städten wohnen – wie dies in der Realität häufiger der Fall sein dürfte – wären die Variablen X_2 (Einkommen) und X_3 (Einwohnerzahl) stärker korreliert und eine mathematische Zuordnung ließe sich nur schwer ermitteln.

[228] Darüber hinaus bestehen in den gängigen statistischen Programmpaketen – wie z. B. „SPSS" – eigene Tests zur Identifizierung von Multikollinearität. Im Rahmen der sogenannten Kollinearitätsdiagnose werden mit dem Varianzinflationsfaktor (VIF) (Variance Inflation Factor) und dem sogenannten Konditionsindex wichtige Teststatistiken ermittelt. Als Faustregel lässt sich anführen, dass ein VIF-Wert > 5 (vereinzelt wird auch ein Wert von „10" genannt) und ein Konditionsindex größer 30 auf starke Multikollinearität hinweist (bei 10 < Konditionsindex < 30 liegt eine mäßige Korrelation vor; vgl. hierzu z. B. Brosius, F.: SPSS 21, Heidelberg u. a. 2011, S. 580 ff, insbes. S. 583 f oder Eckstein, P. P., Angewandte Statistik mit SPSS, a. a. O., S. 201 ff).

repräsentativen Erklärungswert und eine modifizierte Spezifikation, ggfs. mit allen Einflussvariablen wird erforderlich. Die Problematik der Korrelation der exogenen Variablen sei nachfolgend am Fallbeispiel des Restverkaufswertes von PKW nochmals erläutert.

Fallbeispiel „Restverkaufswert PKW":

Angenommen der Restverkaufswert von Fahrzeugen hänge linear (vereinfachende Annahme) vom Alter und von der gefahrenen Kilometerzahl ab. Dann lässt sich über eine lineare Zweifachregression der Einfluss von (X_{2i} = Alter) und (X_{3i} = gefahrene Strecke je Jahr in km) auf den Restverkaufswert ermitteln. Nun sei für Analysezwecke vereinfachend angenommen, dass die PKW-Besitzer zwar täglich eine ähnlich lange Strecke mit dem PKW zurücklegen, sie aber dennoch unterschiedlich alte Fahrzeuge fahren[229], da der Zeitpunkt des Austausches gegen ein Neufahrzeug verschieden ist. Dieses Verhalten der PKW-Besitzer hat zur Konsequenz, dass zwischen dem PKW-Alter und der gefahrenen Kilometerleistung des Fahrzeugs eine fast perfekte positive lineare Korrelation ($r = +1$) besteht. Es wirft das Problem auf, dass die beiden X-Werte immer nur in einem festen Verhältnis ($X_2 : X_3$) auf die Variable Y wirken. Da die X-Werte somit immer nur paarweise auftreten, kann auch kein isolierter Einfluss von X_2 bzw. X_3 auf Y identifiziert werden. Mithin lassen sich die Steigungsparameter der Regressionsfunktion nicht bestimmen. Diese werden zwar formal negative Werte aufweisen (da mit zunehmendem „Alter" und zusätzlicher „km-Leistung" der Restverkaufswert abnimmt), aber die Ergebnisse für die Regressionsparameter sind wegen der Korrelationsproblematik eher willkürlich zustande gekommen, was sich auch in statistisch nicht gesicherten T-Werten niederschlagen dürfte (somit sind die Regressionsparameter nicht signifikant von „null" verschieden[230]).

---

[229] Durch diese Annahme wird sichergestellt, dass die Merkmalswerte der exogenen Variablen zwar variieren, die Werterelationen der beiden exogenen Variablen aber zueinander weitgehend identisch sind.

[230] Wie hier nicht näher gezeigt werden soll, sind die Regressionsparameter i. d. R. signifikant (d. h. nicht nur zufällig) von „null" verschieden, wenn der Absolutbetrag des T-Wertes etwa „zwei" beträgt (grobe Faustregel; vgl. hierzu auch die Teile C und D (SPSS) des Anhangs.). Der exakte Wert hängt von der Wahrscheinlichkeit ab, mit der Aussagen getroffen werden sollen. Ferner üben die Freiheitsgrade, d.h. die Anzahl der Beobachtungswerte und die Anzahl der einbezogenen Variablen einen zentralen Einfluss auf diesen kritischen Wert aus; mit steigender Anzahl der Freiheitsgrade lassen sich zuverlässigere Aussagen tätigen und der kritische Wert nimmt c. p. ab, d. h. die Hypothese, dass kein Einfluss besteht, kann eher verworfen werden. Mit zunehmender Anzahl der Freiheitsgrade nähern sich die T-Werte den Z-Werten der Normalverteilung an. Auch wenn im statistischen Alltag bereits bei $v = 30$ Freiheitsgraden eine Übereinstimmung von Z- und T-Werten unterstellt wird, erreichen die T-Werte selbst bei $v = 150$ Freiheitsgraden erst rd. 98 bis 99,7 % des Z-Wertes.

Ein Identifikationsproblem tritt bei höherer Korrelation der X-Werte insbesondere dann auf, wenn nur wenige Beobachtungswerte (n) zur Verfügung stehen und sich wenige Möglichkeiten bieten, den isolierten Einfluss der exogenen Variablen zu erfahren. Wird in dieser Situation nur eine X-Variable zur Erklärung der Y-Werte herangezogen, z. B. nur die Variable „Alter", nimmt wegen der Korrelation diese Variable die Funktion einer sogenannten **Indikatorvariablen** ein, die gleichzeitig den Einfluss der anderen exogenen Variablen „gefahrene km" erfasst.

Allerdings ist hierbei Vorsicht geboten: Wenn die Beziehung zwischen den exogenen Variablen sich verändert, weil nun plötzlich durch eine Änderung der Rahmenbedingungen (z. B. veränderte Entfernungen zum Arbeitsplatz etc.) die Korrelation der X-Werte untereinander stark abnimmt, so liegt eine Fehlspezifikation der Regressionsfunktion vor (sogenannter „Strukturbruch") und der Einfluss der zweiten exogenen Variablen wird nicht (korrekt) erfasst. Damit wird der verbleibenden Indikatorvariablen über die Regressionsfunktion ein fehlerhafter Einfluss zugewiesen. Prognosen des Restverkaufswertes – z. B. auf Basis lediglich des Alters – würden dann fehlerhafte Ergebnisse bringen, wenn plötzlich ein besonders junges Fahrzeug aufgrund eines intensiven Kilometereinsatzes nur noch einen relativ niedrigen Restverkaufswert aufweist. Daher ist bei der Verwendung von Indikatorvariablen stets zu prüfen, ob die Indikatorfunktion der exogenen Variablen aufgrund hoher Korrelationen der X-Werte weiterhin besteht.

Als Einflussgrößen kamen bisher nur metrische Variablen zum Einsatz. Häufig sind im Alltag aber **qualitative Einflüsse** anzutreffen. Daher ist es sehr begrüßenswert, dass die Regressionsanalyse auch qualitative, d. h. **normalskalierte (und ordinalskalierte) Variablen** als exogene Einflussgrößen in die Regressionsfunktion aufnehmen kann. Diese qualitativen Variablen werden als Dummyvariablen bezeichnet[231] und in der Regressionsanalyse wie **metrische Variablen** behandelt. Neuere Ansätze ermöglichen es darüber hinaus auch, Regressionsanalysen mit nominalskalierten **endogenen** Variablen Y durchzuführen. Beispielsweise befasst sich die Glücksforschung mit der Frage, welche metrischen und nicht metrischen Einflussgrößen die Wahrscheinlichkeit bestimmen, dass Menschen glücklich oder unglücklich sind. Hierzu wird über die Regressionsfunktion die nominalskalierte endogene Variable „ich bin glücklich" oder „ich bin nicht glücklich" in eine Wahrscheinlichkeitsaussage umgewandelt, dass eine Person glücklich oder unglücklich ist. Diese Regressionsansätze werden als **logistische Regressionsfunktion** bezeichnet, da zur Beschreibung der nominalskalierten endogenen Variablen eine logistische Wahrscheinlichkeitsfunktion verwendet wird.[232] Solche logistischen Funktionen kommen

---

[231] Siehe hierzu u. a. Bleymüller, J.: Wirtschaftsstatistik, a. a. O., S. 178 f.
[232] Zu näheren Einzelheiten und einer sehr anschaulichen Darstellung der logistischen Regressionsanalyse (in der Version der sogenannten Logitanalyse) siehe u. a. Voß, W.: Praktische Statistik mit SPSS, 2. Auflage, München, Wien 2000, S. 309 ff. Eine ausführ-

neuerdings auch in der Bekämpfung der Kriminalität zum Einsatz.[233] Die Einbeziehung von Dummyvariablen als exogene Variable soll anhand des folgenden Beispiels umfassend erörtert werden:

Fallbeispiel „Mietpreis/qm nach Wohnfläche und Lage (Dummyvariable)":

Um die wirtschaftliche Lage der Studierenden besser einstufen zu können, sollen in einer mittelgroßen Universitätsstadt mit gut 300 Tsd. Einwohnern die Nettokaltmieten in Abhängigkeit von der Wohnungsgröße und der Wohnlage regressionsanalytisch untersucht werden[234]. Es sei davon ausgegangen, dass die metrische Variable „Wohnfläche" und die ordinalskalierte Variable „Wohnlage" sich nicht gegenseitig beeinflussen und damit Unabhängigkeit dieser beiden exogenen Variablen vorliegt.[235]. Im Folgenden soll vereinfachend von einer linearen Beziehung zwischen der Nettokaltmiete/qm und der Wohnfläche der Studierenden ausgegangen werden. Betrachtungen der Mietspiegel zeigen, dass die Wohnfläche und die Miete/qm eine nichtlineare Beziehung aufweisen, und die Quadratmetermiete degressiv mit zunehmender Wohnfläche abnimmt. Daher wäre zur Erfassung der Beziehung ein nichtlinearer Ansatz geboten. Dieser ist allerdings nur schwer mit Dummyvariablen zu integrieren. Zudem nimmt der Ansatz schnell eine kompliziertere Struktur an, die sich didaktisch weniger gut darstellen lässt. Daher wird im Folgenden ein pragmatischer Ansatz gewählt: Es werden nur Studierendenwohnungen mit 20 bis 55 qm betrachtet, die approximativ eine lineare Beziehung zwischen Quadratmeterpreis und Wohnfläche aufweisen.[236] Dann stellt sich die Regressionsfunktion (zunächst ohne Dummyvariablen) wie folgt dar:

$$Y_i = b_1 + b_2 \cdot X_i \quad \text{(mit: } Y = \text{Nettokaltmiete/qm; } X = \text{Wohnfläche in qm)}$$

---

liche Darstellung der logistischen Regressionsanalyse findet sich auch bei Eckstein, P. P.: Angewandte Statistik mit SPSS, a. a. O., S. 210 ff.

[233] In der Bekämpfung der Kriminalität und des Einbruchdiebstahls gehen einzelne Länder dazu über, die Wahrscheinlichkeit für einen Einbruch (nominalskalierte Größe) in bestimmten Stadtteilen auf Basis typischer Einflussgrößen zu identifizieren und je nach Einbruchwahrscheinlichkeit den Einsatz der Polizeikräfte auf diese Regionen zu konzentrieren. In einzelnen Städten wurde dieser Ansatz bereits erfolgreich eingesetzt.

[234] Regressionsanalytisch abgeleitete Mietspiegel besitzen einige Vorzüge und werden als qualitativ hochwertig angesehen; vgl. hierzu z. B.: Stadt Bonn, textlicher Teil zum qualifizierten Mietspiegel 2011 der Bundesstadt Bonn, S. 2.

[235] Es ist davon auszugehen, dass für die beiden exogenen Variablen „Wohnfläche" und „Lage" keine Korrelation auftritt. Anders sähe es mit der Unabhängigkeit aus, wenn z. B. die beiden exogenen Variablen „Einkommen" und „Wohnlage" zur Erklärung der gezahlten Nettokaltmiete/qm als erklärende Größen herangezogen würden.

[236] Über die Einbeziehung der noch darzustellenden Dummyvariablen für den Steigungsparameter ließen sich nichtlineare Beziehungen zweier Variablen über mehrere lineare Teilabschnitte approximieren. Um den Ansatz aus didaktischen Gründen einfach zu halten, wird auf diesen approximativen Ansatz verzichtet. Es wird aber später deutlich gemacht, wie dieser empirische „Schwachpunkt" über den Dummyansatz korrigiert werden kann.

Aufgrund der unterschiedlichen Wohnlagen (im Folgenden vereinfacht „Lage" genannt) ist zu erwarten, dass bei gegebener Wohnfläche die Quadratmetermiete von
der ordinalskalierten Größe „Wohnlage" abhängig ist, d.h. mit besserer Lage ansteigt. Zunächst sei vereinfachend nur zwischen zwei Lagen („einfache" und „mittlere" Lage) unterschieden, die über Dummyvariablen erfasst werden. Später sollen
dann bis zu vier Lagen über Dummyvariablen Berücksichtigung finden. Diesen
Dummyvariablen liegt in diesem Beispiel zwar ein ordinalskaliertes Merkmal zugrunde; die Dummyvariablen lassen sich aber ebenso gut auf nominalskalierte
Merkmalsausprägungen anwenden. Die Analyse erfolgt vor dem weiteren Hintergrund, dass die fiktiven Mietdaten sich auf Studierendenwohnungen in einer Universitätsstadt mit gut 300 Tsd. Einwohnern beziehen, diese Wohnungen eine mittlere
Ausstattung aufweisen und nicht älter als 10 Jahre sind[237]. Außerdem sei im Regressionsansatz zunächst unterstellt, dass sich die qualitativen Lageunterschiede nur auf
das absolute Glied der Regressionsfunktion auswirken und die Wohnfläche den
Mietpreis/qm in beiden Wohnlagen einheitlich beeinflusst (diese Annahme wird
später aufgegeben).

Es stellt sich nun die Frage, wie dieser unterschiedliche Einfluss der Wohnlage auf
die Quadratmetermiete der Studierendenwohnungen in der Schätzung der Regressionsfunktion berücksichtigt und quantifiziert werden kann. Grundsätzlich stehen
hierzu zwei Ansätze A und B zur Verfügung.

Ansatz A:

Für jede Lage wird getrennt eine eigene Regressionsfunktion zur Erklärung der
Quadratmetermiete studentischer Wohnungen geschätzt. Der Nachteil dieser Vorgehensweise besteht vor allem darin, dass dann jeweils nur ein Teil der insgesamt beobachteten Merkmalswerte (mit der jeweiligen Lage) in jeder Teilschätzung berücksichtigt werden kann. Grundsätzlich ist es aber das Ziel, bei einer Schätzung möglichst viele Beobachtungswerte einzubeziehen, damit aus der umfassenden Variation
der Merkmalswerte der Einfluss von X auf Y möglichst genau identifiziert werden
kann.

Ansatz B:

Durch Übergang von einer **Einfachregression** zu einer **multiplen** Regression (zunächst Zweifachregression) lassen sich die Regressionsfunktionen beider Lagen im
Verbund gleichzeitig schätzen. Die unterschiedliche Höhe der Niveauparameter b_1
in Abhängigkeit von der Wohnlage wird durch die Berücksichtigung einer weiteren
exogenen Variablen erfasst, die als „Dummyvariable" bezeichnet wird. Sie weist nur

---

[237] Der gesamte, hier nicht realisierte Regressionsansatz zur Ermittlung einer durchschnittlichen Quadratmetermiete unter Berücksichtigung verschiedener qualitativer Einflüsse
könnte somit wie folgt lauten: Nettokaltmiete/m^2 = F(m^2-Wohnfläche, Baujahr, Wohnlage, Ausstattung,…).

die beiden Werte „0" und „1" auf. Durch die Einbeziehung der Dummyvariablen können alle Beobachtungswerte zusammen zur Schätzung der Regressionsfunktion herangezogen werden, wobei die Dummyvariable den unterschiedlichen Einfluss der Lage berücksichtigt. Zwar erhöht die Einbeziehung einer weiteren Variablen den Schätzaufwand und lässt die Zahl der zu bestimmenden Regressionsparameter um einen Parameter ansteigen. Allerdings wird dieser Nachteil durch die deutlich höhere Beobachtungszahl der gemeinsamen Schätzung – im Vergleich zur isolierten Schätzung – überkompensiert. Der Statistiker drückt diesen Vorteil in einem Anstieg der „**Zahl der Freiheitsgrade**" aus, der mit der verbundenen Schätzung im Vergleich zur isolierten Schätzung einhergeht. Die Zahl der Freiheitsgrade gibt an, wie das Verhältnis von Beobachtungswerten zu Variablen ist. Je günstiger dieses Verhältnis ausfällt, umso mehr unabhängige Informationen können bei der Bestimmung der Regressionsparameter herangezogen werden.

Dummyansatz zur Erfassung eines unterschiedlichen Niveauparameters:

Sollen annahmegemäß der unterschiedliche Niveauparameter in einer einzigen Regressionsfunktion erfasst und vereinfachend nur die beiden Lagen „einfach" und „mittel" für studentische Wohnungen mit einer Wohnfläche zwischen 20 und 55 qm berücksichtigt werden, so hat die Regressionsfunktion mit der Dummyvariablen folgendes Aussehen:

$$\widehat{Y}_i = b_1 + b_2 \cdot X_{2i} + b_3 \cdot X_{3i}$$

mit: $X_{3i} = 0$, falls eine einfache Lage vorliegt; ansonsten gilt: $X_{3i} = 1$.

Die Tabelle II-6-6a zeigt die Nettokaltmiete/qm (Y), die Wohnfläche (X_{2i}) und die Dummyvariable für die Lage (X_{3i}). Immer dann, wenn eine „einfache Lage" vorliegt, bekommt die Dummyvariable den Wert „0" zugewiesen. Liegt eine „mittlere Lage" vor, erhält sie den Wert „1". Damit ergeben sich die beiden folgenden Schätzfunktionen:

Mittlere Lage (mit: $X_{3i} = \mathbf{1}$):

$\widehat{Y}_i = b_1 + b_2 \cdot X_{2i} + b_3 \cdot X_{3i}$ dabei gilt: $X_{3i} = \mathbf{1}$, d. h. die Gleichung ist identisch mit: $\widehat{Y}_i = (b_1 + b_3) + b_2 \cdot X_{2i}$

Einfache Lage (mit: $X_{3i} = \mathbf{0}$): $\widehat{Y}_i = b_1 + b_2 \cdot X_{2i} + b_3 \cdot X_{3i}$

dabei gilt: $X_{3i} = \mathbf{0}$, d.h. die Gleichung ist identisch mit: $\widehat{Y}_i = b_1 + b_2 \cdot X_{2i}$

Das Ergebnis lässt sich auch so interpretieren: Über die Einbeziehung aller Beobachtungswerte wird eine Regressionsfunktion geschätzt, die das unterschiedliche Mietpreisniveau beider Lagen abdeckt. Nimmt X_{3i} den Wert „null" an, bezieht sich die Schätzfunktion auf die „einfache Lage". Nimmt X_{3i} den Wert „eins" an, liegt eine Analyse für die „mittlere Lage" vor und das absolute Glied b_1 erhöht sich um den Wert b_3 auf $(b_1 + b_3)$. Für den konkreten Datensatz ergibt sich folgende Regressionsfunktion (Tab. II-6-6a):

Mittlere Lage: $\widehat{Y}_i = 10{,}91 - 0{,}0582 \cdot X_{2i} + 2{,}19 \cdot X_{3i}$

$\qquad\qquad = (10{,}91 + 2{,}19) - 0{,}0582 \cdot X_{2i} = 13{,}1 - 0{,}0582 \cdot X_{2i}$

Einfache Lage (mit: $X_{3i} = 0$): $\widehat{Y}_i = 10{,}91 - 0{,}0582 \cdot X_{2i} + 2{,}19 \cdot X_{3i}$

$\qquad\qquad$ oder: $\widehat{Y}_i = 10{,}91 - 0{,}0582 \cdot X_{2i}$

Tab. II-6-6a: Mietpreis je qm in Abhängigkeit von Wohnfläche und Lage (Regressionsfunktion mit Dummyvariable für den Niveauparamter)

Haus-halt	Netto-kaltmiete je qm in €	Wohnfläche in qm	Dummyva-riable für das absolu-te Glied	Lage	Geschätzte Nettokalt-miete in €	Residu-um
i	Y_i	X_{2i}	X_{3i}		$\widehat{Y}_i$	e_i
1	11,37	22	1	mittlere	11,82	−0,45
2	11,94	25	1	mittlere	11,65	+0,29
3	11,58	30	1	mittlere	11,35	+0,23
4	9,32	24	0	einfache	9,52	−0,20
5	10,80	35	1	mittlere	11,06	−0,26
6	11,02	40	1	mittlere	10,77	+0,24
7	9,09	30	0	einfache	9,17	−0,08
8	8,47	40	0	einfache	8,59	−0,12
9	10,04	45	1	mittlere	10,48	−0,44
10	7,93	50	0	einfache	8,00	−0,07
11	10,47	50	1	mittlere	10,19	+0,28
12	9,83	27	0	einfache	9,34	+0,49
13	8,74	37	0	einfache	8,76	−0,02
14	10,13	53	1	mittlere	10,01	+0,12
15	8,45	47	0	einfache	8,18	+0,27
16	7,54	53	0	einfache	7,83	−0,29
$\sum$	156,72	608	-	-	156,72	0,00

Als Referenz wurde die einfache Lage gewählt;

Schlüssel: einfache Lage = „0"; mittlere Lage = „1"

Ergebnisse der Regressionsberechnung: $\widehat{Y}_i = 10{,}91 - 0{,}0582 \cdot X_{2i} + 2{,}19 \cdot X_{3i}$

Mit: $b_1 = 10{,}91$; $b_2 = -0{,}0582$; $b_3 = 2{,}19$; Bestimmtheitsmaß $R^2 = 0{,}956$; $\sum e_i^2 = 1{,}20998$

Empirische T-Werte: $T\text{-}b_1 = 36{,}3$; $T\text{-}b_2 = -7{,}99$; $T\text{-}b_3 = 14{,}31$.

Bei $v = n - k = 16 - 3 = 13$ Freiheitsgraden u. $(1 - \alpha) = 0{,}99$ (Sicherheitswahrscheinlich-keit) lautet der kritische T_c-Wert (zweiseitige Frage): $|T_c| = 3{,}012$; wegen $|T\text{-}b_k| > |T_c|$ wird die Nullhypothese, dass die Regressionsparameter „0" betragen, für alle $k = 1,\ldots, 3$ abgelehnt, d. h. die Regressionsparameter sind signifikant von „0" verschieden (vgl. hierzu auch die Teile C und D (SPSS) des Anhangs). Zu den Freiheitsgraden der Regres-sionsfunktion und den kritischen T-Werten bei zweiseitiger Fragestellung vgl. Bleymül-ler, J.; Gehlert, G.: Statistische Formeln; S. 61 sowie S. 135 .

Aus der nachfolgenden Abb. II-6-10a kann der Verlauf der beiden Regressionsfunktionen für beide Lagen bei Berücksichtigung einer Dummyvariablen für den Niveauparameter ersehen werden. Für die „mittlere Lage" steigt der Niveauparameter um den Parameter ($b_3 = 2{,}19$ €) der Dummyvariablen an, so dass die Quadratmetermiete für beide Lagen sich parallel zueinander mit der Wohnfläche um diesen Betrag unterscheidet.

Der **Dummyansatz** bietet bei der Regressionsschätzung nicht nur den **Vorteil** einer deutlich höheren Anzahl von Freiheitsgraden, sondern ermöglicht es auch, den Einfluss der Lage auf den Niveauparameter beispielsweise über den T-Test **statistisch zu überprüfen**. Immer dann, wenn die für die Regressionsparameter ermittelten T-Werte ein bestimmtes Niveau überschreiten, kann der Einfluss der Dummyvariablen bei der vorgegebenen Sicherheitswahrscheinlichkeit[238] als signifikant angesehen werden. Damit bietet sich auf elegante Weise die Möglichkeit, den Einfluss qualitativer, d. h. nominalskalierter Merkmale X auf die endogene Variable Y zu quantifizieren und statistisch zu testen.

Abb. II-6-10a: Lineare Regressionsfunktion mit Dummyvariable für das absolute Glied b_1 (Beispiel „Mietspiegel, Miete je qm")

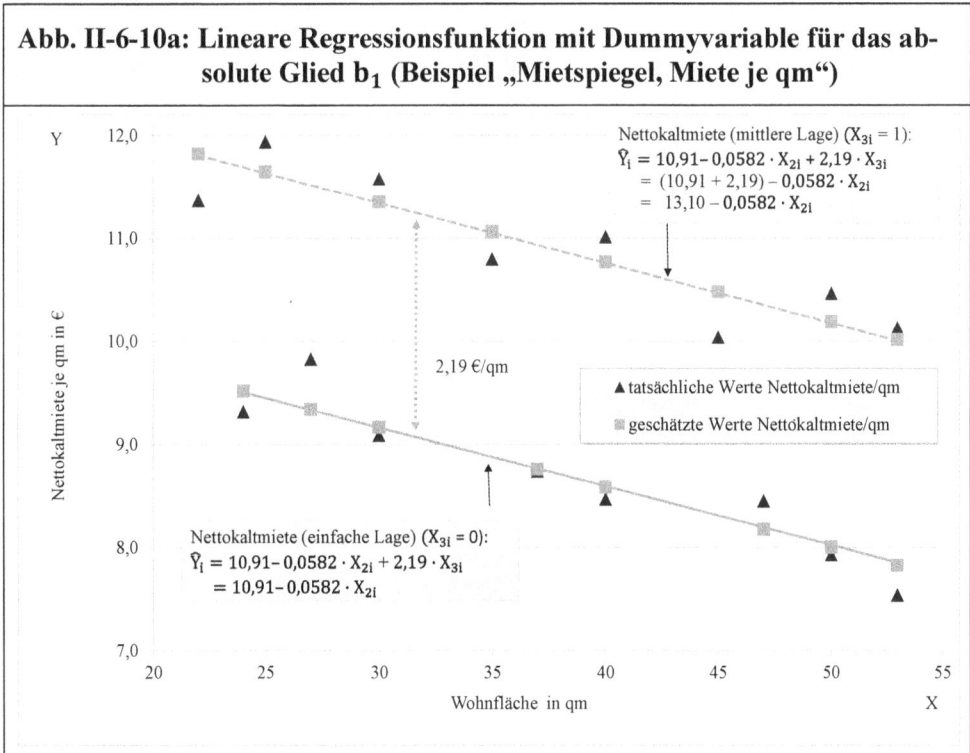

---

[238] Die Sicherheitswahrscheinlichkeit $(1 - \alpha)$ geht mit der Irrtumswahrscheinlichkeit (α) einher, die auch als Signifikanzniveau bezeichnet wird.

Im vorliegenden Beispiel bringt der T-Test zum Ausdruck, dass selbst bei einer hohen Sicherheitswahrscheinlichkeit von 99 % die Nullhypothese, dass kein Einfluss von den exogenen Variablen ausgeht, abgelehnt werden kann (siehe T-Werte für die Regressionsparameter im unteren Teil der Tab. II-6-6a). Die Entwicklung der Nettokaltmiete/qm wird daher (bei einer Irrtumswahrscheinlichkeit von 1 %) durch die Lage geprägt. Die Dummyvariable X_{3i} weist somit einen signifikanten Einfluss aus. Der Niveauparameter der „mittleren Lage" liegt um ($b_2 = 2{,}19$) höher als der Niveauparameter der „einfachen Lage".

Bisher wurden bei der Schätzung der Regressionsfunktion nur **zwei Lagen** berücksichtigt. Dabei kam **eine** Dummyvariable zum Einsatz. Dieser Schätzansatz lässt sich auch auf mehr als zwei Lagen, d.h. auf **mehr als zwei Ausprägungen** der qualitativen Einflussgröße übertragen. Im vorliegenden Beispiel werden die Dummyvariablen zwar für eine ordinalskalierte Größe „Lage" spezifiziert, aber die Ansätze lassen sich direkt auch auf „nominalskalierte" Größen übertragen. Beispielsweise könnte die Höhe der Nettokaltmieten auch davon abhängig sein, ob ein unmittelbarer „Zugang zum öffentlichen Personennahverkehr (ÖPNV)" besteht oder dieser nicht gegeben ist. Liegen (m) qualitative oder ordinalskalierte Einflüsse vor, so sind (m − 1) und **nicht** (m) Dummyvariablen mit Werten „0" bzw. „1" zu berücksichtigen. Die Zahl der zu erfassenden Dummyvariablen beträgt nur (m − 1) und nicht (m), da die Dummyvariable den Einfluss gegenüber einer beliebig gewählten Referenzgruppe (hier: „einfache Wohnlage") erfasst.

Hinweis: Die Wahl der Referenzausprägung ist beliebig. Wäre in diesem Fallbeispiel die „mittlere Lage" als Referenz ausgewählt worden, hätte sich ein negativer Regressionsparameter für die Dummyvariable ergeben, da die „einfache Lage" einen niedrigeren Niveauparameter aufweist als die „mittlere Lage".

Fließen mehr als zwei Lagen, z. B. (m = 4) verschiedene Lagen in die Analyse ein, müssen zur Erfassung des unterschiedlichen, gruppenspezifischen Niveauparameters ((4 − 1) = 3) Dummyvariablen berücksichtigt werden. Die nachfolgende Übersicht II-6-3 macht den Sachverhalt für vier Lagen deutlich (z. B. einfache, mittlere, gute und sehr gute Lage), wobei die „einfache Lage" die Referenzlage darstellt. Aus der Übersicht geht auch hervor, wie die Dummyvariablen mit Werten „0" bzw. „1" zu spezifizieren sind.

Die Übersicht II-6-3 zeigt, dass die Lage 1 als Referenzlage verwendet wurde, d.h. die geschätzte Regressionsfunktion sich auf die Lage 1 („einfache Lage") bezieht. Handelt es sich bei den beobachteten Daten um Werte der Lage 1, nehmen mithin die Dummyvariablen für die Lagen 2 bis 4 jeweils den Wert „0" an. Jede der drei Dummyvariablen X_{3i} bis X_{5i} vertritt eine der Lagen „zwei" bis „vier". Handelt es sich bei den beobachteten Daten um Werte der Lagen „zwei" bis „vier", erhält jeweils die Dummyvariable der korrespondierenden Lage den Wert „eins"; die restlichen Dummyvariablen bekommen den Wert „null" zugewiesen. Auf dieser Basis lassen sich vier Teilregressionsfunktionen für die vier Lagen bestimmen.

Teilfunktionen für die vier Lagen:

$\widehat{Y}_i = b_1 + b_2 \cdot X_{2i}$ Teilfunktion Lage 1   (X_{3i} bis $X_{5i} = 0$)

$\widehat{Y}_i = b_1 + b_3 + b_2 \cdot X_{2i}$ Teilfunktion Lage 2   ($X_{3i} = 1$; sonst 0)

$\widehat{Y}_i = b_1 + b_4 + b_2 \cdot X_{2i}$ Teilfunktion Lage 3   ($X_{4i} = 1$; sonst 0)

$\widehat{Y}_i = b_1 + b_5 + b_2 \cdot X_{2i}.$ Teilfunktion Lage 4   ($X_{5i} = 1$; sonst 0)

Auf eine Quantifizierung des Sachverhalts in einem Fallbeispiel wurde zugunsten der Über-sichtlichkeit der Darstellung verzichtet.

Übersicht II-6-3: Formulierung der Dummyvariablen für das absolute Glied der Regressionsfunktion (Wohnlage)						
Lauf-index	Netto-kaltmiete in € / qm	Größe der Wohnung in qm	Dummy*) für Lage 2	Dummy*) für Lage 3	Dummy*) für Lage 4	Lage
i	Y_i	X_{2i}	X_{3i}	X_{4i}	X_{5i}	-
1	...	...	0	0	0	1
2	...	...	1	0	0	2
3	...	...	0	1	0	3
4	...	...	0	0	1	4
...	...	...	1	0	0	2
...	...	...	0	0	1	4
...	...	...	...	...	...	...

*) Dummy für das absolute Glied; als Referenz wurde die einfache Lage (Lage 1) gewählt.
Schlüssel: einfache Lage = Lage 1; mittlere Lage = Lage 2; gute Lage = Lage 3;
       sehr gute Lage = Lage 4

Der bisherige Ansatz geht davon aus, dass die verschiedenen Lagen nur ein unter-schiedliches absolutes Glied (Niveauparameter) aufweisen. Denkbar ist aber auch, dass für die verschiedenen Lagen ein unterschiedlicher Einfluss von der Wohnfläche auf die Nettokaltmiete/qm ausgeht, d. h. ein unterschiedlicher Steigungsparameter für die Teilgesamtheiten vorliegt. Vereinfachend sollen für diese komplexere Frage-stellung wiederum nur zwei Lagen berücksichtigt werden, d. h. die „einfache Lage" und die „mittlere Lage". Es interessiert dann die Frage, ob bei einer steigenden Wohnfläche die Miete/qm der „mittleren Lage" immer schwächer fällt als bei der „einfachen Lage" und wie stark der Unterschied ausfällt[239]. Analog könnte es sich für die anderen Lagen verhalten, wenn mehr als zwei Lagen vorlägen.

---

[239] Betrachtungen des Mietspiegels der Stadt Bonn zeigen, dass die Quadratmetermieten der besseren Lagen bei größerer Wohnfläche jeweils stärker fallen als bei schlechterer Wohn-lage. Dies könnte dadurch bedingt sein, dass größere, preisgünstigere Wohnungen (die eher eine einfachere Ausstattung oder Lage aufweisen) – gemessen am Bedarf – nur be-grenzt vorhanden sind.

Soll die qualitative exogene Variable nicht nur über ein unterschiedliches absolutes Glied, sondern auch über einen unterschiedlichen Steigungsparameter auf die endogene Variable einwirken, könnte der Ansatz für **zwei** Lagen („einfache" und „mittlere Lage") wie folgt aussehen:

Mittlere Lage (mit: $X_{3i} = 1$; $X_{4i} = X_{2i} \cdot X_{3i} = X_{2i}$):

$$\widehat{Y}_i = b_1 + b_2 \cdot X_{2i} \quad + \quad\quad b_3 \cdot X_{3i} \quad\quad + \quad\quad\quad b_4 \cdot X_{4i}$$

Regressionsfunktion	+	Dummy X_{3i} für das	+	Dummy $X_{4i} = X_{2i} \cdot X_{3i} = X_{2i}$
für einfache Lage		absolute Glied		Steigungsparameter

Für die mittlere Lage gilt: $X_{3i} = 1$ und $X_{4i} = X_{2i}$, so dass die Gleichung dann identisch ist mit: $\widehat{Y}_i = (b_1 + b_3) + (b_2 + b_4) \cdot X_{2i}$

Für die einfache Lage ergibt sich wegen ($X_{3i} = 0$; $X_{4i} = 0$):

$$\widehat{Y}_i = b_1 + b_2 \cdot X_{2i} + b_3 \cdot X_{3i} = b_1 + b_2 \cdot X_{2i}$$

Aus Tab. II-6-6b wird ersichtlich, dass für jede Lage, die keine Referenzlage darstellt (hier: „Lage 1"), eine weitere eigene Dummyvariable X_{4i} zur Erfassung des unterschiedlichen Steigungsparameters erforderlich wird. Diese Dummyvariable weist die Werte „0" oder „$X_{4i} = X_{2i} \cdot X_{3i}$" auf. Da X_{3i} den Wert „1" annimmt, wenn die korrespondierende Lage vorliegt, nimmt die Variable X_{4i} den Wert der Variablen ($X_{4i} = X_{2i} \cdot X_{3i} = X_{2i}$), d. h. X_{2i} an. Übertragen auf den Fall der beiden Lagen, wobei „Lage 1" den Referenzwert darstellt, beinhaltet „($X_{4i} = X_{2i} \cdot X_{3i} = X_{2i}$)" damit den Einfluss der Wohnfläche X_{2i} für die „mittlere Lage".

Hinweis zum Datensatz der Tab. II-6-6b: Da der Ansatz nun drei Dummyvariablen einbezieht, wurden sechs zusätzliche Beobachtungswerte in diesem modifizierten Fallbeispiel aufgenommen, da ansonsten die Zahl der Freiheitsgrade zu niedrig ausfallen würde. Der modifizierte Datensatz enthält gegenüber dem ursprünglichen Datensatz der Tab. II-6-6b zudem geänderte zufallsbedingte Störterme (e_i).

Die Tab. II-6-6b zeigt die Schätzergebnisse für die beiden Lagen auf. Die konkreten Schätzergebnisse stellen sich für die beiden Lagen wie folgt dar:

Mittlere Lage ($X_{3i} = 1$; $X_{4i} = X_{2i} \cdot X_{3i} = X_{2i}$)

$$\begin{aligned}
\widehat{Y}_i &= 10{,}91 - 0{,}0573 \cdot X_{2i} + 1{,}8292 \cdot X_{3i} - 0{,}022 \cdot X_{4i} \\
&= (10{,}91 + 1{,}8292 \cdot X_{3i}) - (0{,}0573 + 0{,}022) \cdot X_{2i} \\
&= 12{,}73 - 0{,}0793 \cdot X_{2i}
\end{aligned}$$

Einfache Lage ($X_{3i} = 0$; $X_{4i} = 0$)

$$\begin{aligned}
\widehat{Y}_i &= 10{,}91 - 0{,}0573 \cdot X_{2i} + 1{,}8292 \cdot X_{3i} - 0{,}022 \cdot X_{4i} \\
&= 10{,}91 - 0{,}0573 \cdot X_{2i}
\end{aligned}$$

Tab. II-6-6b: Mietpreis je qm in Abhängigkeit von Wohnfläche und Lage (Regressionsfunktion mit Dummyvariable für Niveau- und Steigungsparameter)

Haushalt	Nettokaltmiete je qm in €	Wohnfläche in qm	Dummyvariable für das absolute Glied	Dummyvariable, Steigung	Lage	Geschätzte Nettokaltmiete in €	Residuen
i	Y_i	X_{2i}	X_{3i}	$X_{4i} = X_{2i} \cdot X_{3i}$		$\hat{Y}_i$	e_i
1	9,37	22	0	0	einfache	9,65	–0,28
2	9,94	25	0	0	einfache	9,48	0,46
3	10,68	30	1	30	mittlere	10,36	0,32
4	9,32	24	0	0	einfache	9,54	–0,22
5	9,75	35	1	35	mittlere	9,97	–0,22
6	9,82	40	1	40	mittlere	9,57	0,24
7	9,09	30	0	0	einfache	9,19	–0,10
8	8,47	40	0	0	einfache	8,62	–0,15
9	8,69	45	1	45	mittlere	9,17	–0,48
10	7,93	50	0	0	einfache	8,05	–0,11
11	8,47	50	0	0	einfache	8,05	0,42
12	9,83	27	0	0	einfache	9,37	0,46
13	8,74	37	0	0	einfache	8,79	–0,05
14	8,54	53	1	53	mittlere	8,54	0,00
15	8,45	47	0	0	einfache	8,22	0,23
16	7,54	53	0	0	einfache	7,87	–0,33
17	10,26	29	1	29	mittlere	10,44	–0,18
18	9,36	23	0	0	einfache	9,60	–0,24
19	9,96	33	1	33	mittlere	10,13	–0,16
20	9,96	39	1	39	mittlere	9,65	0,31
21	9,04	49	1	49	mittlere	8,86	0,18
22	7,78	53	0	0	einfache	7,87	–0,09
Σ	201,00	834		353,00		201,00	0,00

Als Referenz wurde die „einfache Lage" gewählt.

Ergebnis Regression: $\hat{Y}_i = 10{,}91 - 0{,}0573 \cdot X_{2i} + 1{,}8292 \cdot X_{3i} - 0{,}022 \cdot X_{4i}$

Mit: $b_1 = 10{,}91$; $b_2 = -0{,}0573$; $b_3 = 1{,}8292$; $b_4 = -0{,}022$; Bestimmtheitsmaß $R^2 = 0{,}89$

Emp. T-Werte: T-$b_1 = 39{,}98$; T-$b_2 = -8{,}16$; T-$b_3 = 3{,}18$; T-$b_4 = 1{,}51$

Bei $v = n - k = 22 - 4 = 18$ Freiheitsgraden u. einer Sicherheitswahrscheinlichkeit $(1 - \alpha) = 0{,}9$ lautet der kritische T-Wert (zweiseitige Fragestellung): $|T_c| = 1{,}734$; wegen T-$b_k > T_c$ wird die Nullhypothese, dass die Regressionsparameter „0" betragen, für alle $k = 1,\dots,3$ abgelehnt, d. h. die Regressionsparameter sind signifikant von „0" verschieden; demgegenüber ist die Dummyvariable X_{4i} zur Erfassung eines lagespezifischen Steigungsparameters nicht signifikannt, d. h. die Wohnfläche wirkt sich in beiden Lagen einheitlich auf die Entwicklung der Nettokaltmiete/qm aus. Zur Teststatistik und zu den Testwerten vgl. Bleymüller, J.; Gehlert, G.: Statistische Formeln; S. 61 sowie S. 135; vgl. auch die Teile C und D (SPSS) des Anhangs.

Die Ergebnisse können auch aus Abb. II-6-10b ersehen werden. Es wird deutlich, dass der Niveauparameter der „mittleren Lage" um 1,83 € höher ausfällt als der Niveauparameter der Referenzlage („einfache Lage"). Die durchschnittliche Miete/qm liegt also in der „einfachen Lage" um 1,83 €/qm niedriger als in der „mittleren Lage". Zudem sinkt je zusätzlichem Quadratmeter Wohnfläche die Quadratmetermiete in der „einfachen Wohnlage" um 0,022 €/qm stärker als in der „mittleren Wohnlage" (Steigungsparameter der Variable X_{2i}). Wie Abb. II-6-10b zeigt, nimmt wegen der unterschiedlichen Werte der Steigungsparameter der Abstand zwischen den Teilfunktionen beider Lagen mit steigender Wohnfläche ab. Aus den Angaben der Teststatistik (T-Test) unterhalb der Tab. II-6-6b geht allerdings hervor, dass von den beiden Dummyvariablen nur die „Niveaudummy", aber nicht die „Steigungsdummy" signifikant ist.

Abb. II-6-10b: Lineare Regressionsfunktion mit Dummyvariablen für das absolute Glied und den Steigungsparameter (Bsp. „Mietspiegel, Miete je qm")

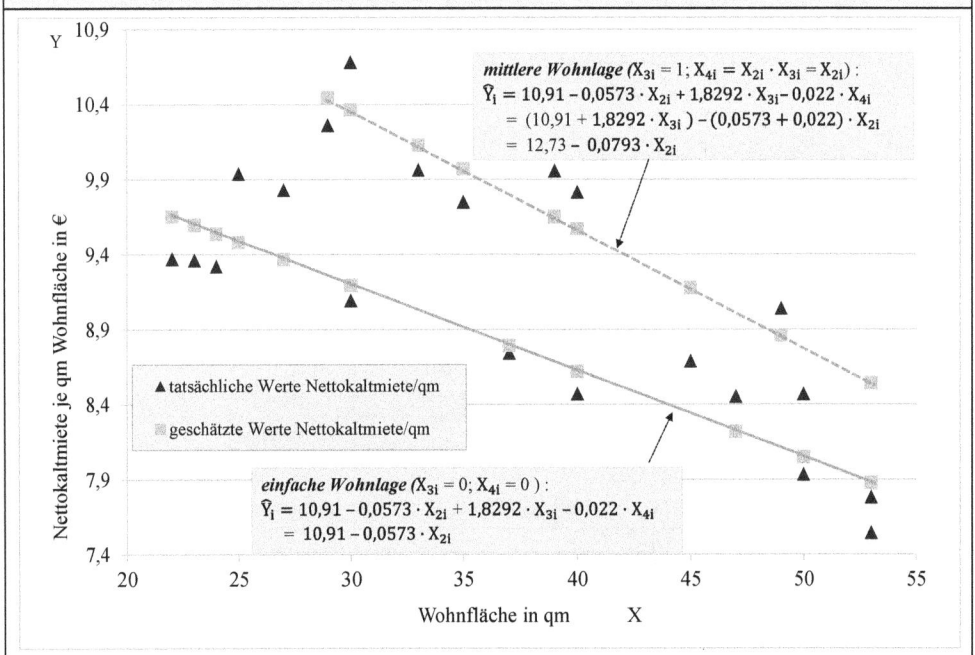

Es ist zu vermuten, dass das fehlende Signifikanzniveau zum einen auf eine unzureichende Beobachtungszahl zurückgeht. Diese wirkt sich vor allem deshalb negativ auf die Signifikanz aus, weil die sehr hohe Korrelation zwischen den exogenen Variablen, insbesondere zwischen der Dummy für das absolute Glied und der Steigungsdummy eine sichere Quantifizierung der Parameter unmöglich macht. So besteht in der vorliegenden Datensituation zwischen den beiden Dummyvariablen X_{3i} und X_{4i} eine hohe Korrelation von 0,97, die eine zuverlässige Schätzung unterbindet[240]; diese Beziehung ist zudem sehr anfällig im Hinblick auf kleinste Veränderungen des Datensatzes. Hier zeigt sich deutlich, dass die Verwendung von nominalskalierten Variablen als metrische Variable an Grenzen stößt, wenn die Anzahl der Dummyvariablen im Vergleich zur Zahl der Beobachtungswerte (n) zu groß ausfällt.

Es ist zu beachten, dass diese Korrelation aufgrund des Schätzansatzes z.T. systembedingt ist, da die Merkmalswerte von (X_{4i}) jeweils ein Vielfaches von (X_{3i}) ausmachen, wobei der Vervielfachungsfaktor durch die Variable (X_{2i}) bestimmt wird $(X_{4i} = X_{2i} \cdot X_{3i} = X_{2i})$. Die hohe Korrelation ließe sich ggfs. bei einer stärkeren Streuung der Merkmalswerte, d.h. bei stärkerer Streuung der Wohnflächen abschwächen. Dies würde aber erfordern, dass alle Wohnflächen in die Analyse einbezogen würden. Wegen der Nichtlinearität von Wohnfläche und Nettokaltmiete/qm müsste die nichtlineare Beziehung über lineare Teilapproximationen erfolgen: Für einzelne Wohnflächenintervalle könnte eine lineare Beziehung unterstellt werden, wobei sich diese linearen Teilstrecken in ihrer Steigung unterscheiden würden. Unterschiedliche Steigungen ließen sich mithilfe von Steigungsdummy-Variablen für den Wohnflächeneinfluss in den Regressionsansatz aufnehmen. Zur Erfassung des unterschiedlichen Einflusses der Wohnfläche auf die Nettokaltmiete/qm müssten also bei (m) linearen Teilstücken der nichtlinearen Gesamtfunktion (m-1) Steigungsdummy berücksichtigt werden. Damit gebe es „wohnflächenspezifische" und „lagespezifische" Steigungsdummy. Dabei müsste jeweils subjektiv entschieden werden, für welche Wohnflächenintervalle jeweils eine Steigungsdummy zu erfassen wäre.

Der gewählte hier gewählte Dummyansatz lässt sich bei genügend großer Beobachtungszahl auf mehr als zwei Lagen erweitern. Bei z. B. (m = 4) Wohnlagen wären ((m − 1) = 3) Dummyvariablen für das absolute Glied und maximal ((m − 1) = 3) Dummyvariablen für den Steigungsparameter des metrischen Merkmals X_{2i} zu berücksichtigen. Es ist ersichtlich, dass bei einer Berücksichtigung von zwei erklärenden metrischen Variablen die Vielzahl der Dummyvariablen deutlich ansteigt. Ob sich der Ansatz auf weitere Variablen erweitern lässt, hängt daher vor allem von einer ausreichenden Anzahl von Beobachtungswerten ab. Zudem könnte die bereits angesprochen starke Korrelationen der Dummyvariablen die Berücksichtigung mehrerer Steigungsdummy enge Grenzen setzen. Insgesamt stellt die Berücksichtigung von Dummyvariablen aber einen interessanten Ansatz dar, qualitative Einflüsse in die Regressionsanalyse einfließen zu lassen, wenn die Zahl der Dummyvariablen klein gehalten, die Korrelation zwischen den Dummyvariablen nicht zu hoch ausfällt und viele Beobachtungswerte für die Schätzung zur Verfügung stehen.

Resümee: Dummyansätze bieten zahlreiche Möglichkeiten, qualitative Einflüsse in die Regressionsanalyse aufzunehmen. Auch erlauben sie es, lineare Approximatio-

---

[240] Der Bravais-Pearson Korrelationskoeffizient zwischen X_2 (Wohnfläche) und X_3 (Dummy für Niveauparameter) beträgt 0,10; die Korrelation zwischen X_2 und X_4 (Dummy für Steigungsparameter) beträgt 0,22.

nen von nichtlinearen Beziehungen vorzunehmen. In diesem Buch wurden Anwendungsfelder im Bereich der Analyse des Mietmarktes vorgestellt (z. B. für den Mietspiegel von Städten). Der Ansatz kann aber auch in vielen anderen Bereichen des ökonomischen Alltags eingesetzt werden, wie auch nachfolgendes Beispiel der Energieprognose eines Unternehmens deutlich macht. Der Einfluss der verschiedenen Dummyvariablen lässt sich über statistische Tests – wie z. B. dem T-Test – auf Signifikanz (d. h. einer nicht nur zufällig bestehenden Wirkungsbeziehung) prüfen. Für das vorliegende Fallbeispiel der Mietanalyse ist die Einbeziehung verschiedener Dummyvariablen erforderlich, weil die Entwicklung der Miete je Quadratmeter bei zusätzlicher Wohnfläche oder bei verändertem Baujahr auch durch die Wohnlage und die Ausstattungskennziffer geprägt wird. Aufgrund der hohen Beobachtungszahl der Mietverhältnisse[241] ist es möglich, Regressionsansätze mit einer größeren Anzahl von Dummyvariablen quantifizieren zu können.

Schließlich soll als letztes Beispiel für die Einsatzmöglichkeiten von Dummyvariablen in der Regressionsanalyse die Schätzung des Stromverbrauchs eines mittelständischen deutschen Unternehmens der Eisenverarbeitung dargestellt werden. In diesem Beispiel erwiesen sich ebenfalls nur Dummyvariablen für den Niveauparameter als sinnvoll und signifikant. In Tab. II-6-7 sind für den Zeitraum Januar 2008 bis November 2010, d. h. für 35 Monate, der Stromverbrauch und die Produktion dieses Unternehmens als Indexzahlen erfasst (Basis: Januar 2008 = 100). Das Unternehmen setzt den verbrauchten Strom u. a. im Produktionsprozess wie folgt ein: In Hochöfen geschmolzenes Eisen wird über strombetriebene Öfen heiß gehalten, um es dann weiter zu verarbeiten. Zudem werden Maschinen und Lichtanlagen in den Produktionshallen mit Strom betrieben. Ferner wird Strom für den Betrieb der Verwaltungsgebäude und für die Beleuchtung der Lichtanlagen außerhalb der Werkshallen eingesetzt. Der überwiegende Stromverbrauch ist somit produktionsabhängig.

Die Daten zeigen, wie im Zuge der Wirtschaftskrise die Produktion eingebrochen und hierdurch bedingt der Stromverbrauch deutlich gesunken ist. Infolge der Wirtschaftskrise wurde in einigen Monaten Kurzarbeit (Symbol „KA") durchgeführt (s. Tab II-6-7). Davon betroffen sind die Monate, in denen die Variable „KA" den Wert „1" zugewiesen bekommt (KA = Dummyvariable für Kurzarbeit). Weiterhin sind in Tab II-6-7 die nominalskalierten Dummyvariablen „BF", „MS" und „ZA" angeführt: Die Variable „BF" erfasst die Betriebsferien, die in den Monaten mit dem Wert „1"stattfanden (Dummyvariable für Betriebsferien). Die Dummyvariablen „MS" erfasst mit dem Wert „1" Situationen, in denen ein Maschinenschaden an einer der Anlagen vorlag. Die Dummyvariable „ZA" erhält den Wert „1" zugewiesen,

---

[241] Wird von einer Stadt mit 300 000 Einwohnern ausgegangen, bestehen bei einer durchschnittlichen Haushaltsgröße von etwa zwei Personen je Haushalt und einer Eigentumsquote von rd. 45 % gut 80 000 Mietverhältnisse (300 000 · 0,5 · 0,55 = 82 500). Bei einer Neuvermietung für einen Teil des Bestandes fallen zahlreiche Informationen zur aktuellen Analyse des Mietspiegels einer Stadt im Rahmen regressionsanalytischer Ansätze an.

wenn eine bestimmte Produktionsanlage unterstützend im Produktionsprozess eingesetzt wurde und dadurch ein zusätzlicher Stromverbrauch anfiel.

Tab. II-6-7: Schätzung des Stromverbrauchs am Beispiel eines mittelständischen Unternehmens

Monat	Stromverbrauch in MWh	verarbeitete Produktionsmenge in t	Kurzarbeit	Betriebsferien	Maschinenschaden	Zusätzliche Anlage
i	Y	X	KA	BF	MS	ZA
	(Januar 2008 =100)					
Jan. 2008	100	100	0	0	0	0
Feb.	97	95	0	0	0	0
März	96	86	0	0	0	0
April	101	98	0	0	0	0
Mai	101	95	0	0	0	0
Juni	96	86	0	0	0	0
Juli	75	57	0	1	0	0
Aug.	73	56	0	1	0	0
Sept.	85	72	0	0	0	0
Okt.	77	54	0	0	0	0
Nov.	74	42	0	0	0	0
Dez.	37	10	1	1	0	0
Jan. 2009	64	30	1	0	0	0
Feb.	46	17	1	0	0	0
März	69	40	1	0	0	0
April	59	35	1	0	0	0
Mai	57	33	1	0	0	0
Juni	67	42	0	0	0	0
Juli	60	34	0	1	0	0
Aug.	62	36	0	1	0	0
Sept.	89	70	0	0	0	0
Okt.	91	69	0	0	0	0
Nov.	78	52	0	0	0	0
Dez.	76	49	0	1	1	0
Jan. 2010	79	44	0	0	1	0
Feb.	81	54	0	0	0	0
März	97	73	0	0	0	0
April	85	64	0	0	0	0
Mai	88	68	0	0	0	0
Juni	91	73	0	0	0	0
Juli	85	61	0	1	0	0
Aug.	60	36	0	1	0	0
Sept.	94	73	0	0	0	0
Okt.	96	72	0	0	0	1
Nov.	91	65	0	0	0	1

Y: Index Stromverbrauch; X: Index Produktionsmenge
KA: Kurzarbeit, falls KA = 1; BF: Betriebsferien, falls BF = 1
MS: Maschinenschaden an Anlage, falls MS = 1
ZA: Zusatzanlage betieben, falls ZA = 1

Der Stromverbrauch wird über eine lineare Regressionsfunktion mit der Produktionsmenge (X) als metrische Einflussgröße und den Dummyvariablen KA, BF, MS und ZA geschätzt. Es werden nur Dummyvariablen für unterschiedliche Niveauparameter, nicht aber für den produktionsabhängigen Verbrauch verwendet (diese Dummyvariablen für den Steigungsparameter waren statistisch nicht gesichert).

Ergebnisse der Regressionschätzung:

$$Y = 48{,}76 + 0{,}56 \cdot X - 7{,}9 \cdot KA - 6{,}15 \cdot BF + 5{,}7 \cdot MS + 6{,}6 \cdot ZA$$

Bei ($v = n - k = 35 - 6 = 29$) Freiheitsgraden sind alle Parameter bei einem Signifikanzniveau von 5 % gesichert. Der produktionsunabhängige Stromverbrauch (autonomer Stromverbrauch) liegt bei 48,76 Indexpunkten. Je zusätzlichem Indexpunkt der Produktion erhöht sich der Stromverbrauch um 0,56 Indexpunkte. Die Kurzarbeit senkt den autonomen Stromverbrauch um 8 Indexpunkte (1/6 des autonomen Verbrauchs), die Betriebsferien senken den Verbrauch im Durchschnitt um 6 Indexpunkte. Demgegenüber haben ein Maschinenschaden und eine zusätzliche Produktionsanlage den Stromverbrauch um 5,7 bzw. 6,6 Indexpunkte erhöht. Aus der Abb. II-6-11 ist die Entwicklung von tatsächlichen und geschätzten Stromverbrauchsdaten ersichtlich. Die Graphik zeigt, dass der Stromverbrauch durch die Regressionsfunktion – trotz der vielen unterschiedlichen qualitativen Einflüsse – gut wiedergegeben werden kann. Die hohe ex-post-Prognosegüte geht auch aus dem Bestimmtheitsmaß von 0,96 hervor, das besagt, dass sich 96 % der beträchtlichen Schwankungen des Stromverbrauchs über den Schätzansatz erklären lassen.

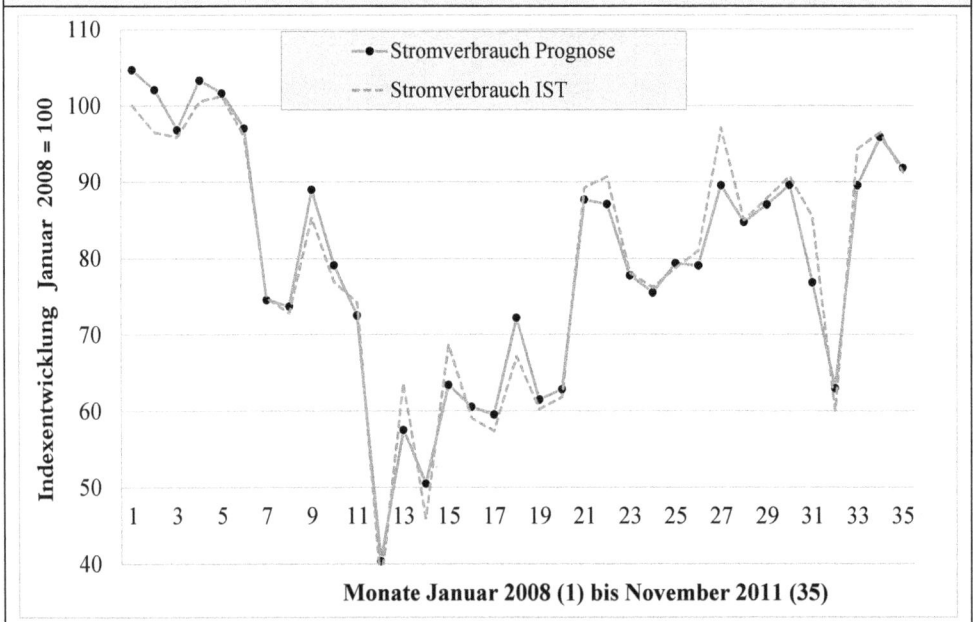

Abb. II-6-11: Prognose des Stromverbrauchs eines Unternehmens im Zuge der Wirtschafts- und Finanzkrise (Jan. 2008 bis Nov. 2011)

Das Controlling des Unternehmens kann die Ergebnisse dieser Regressionsfunktion umfassend nutzen: Die Unternehmensleitung interessiert sich u. a. für die Frage, ob eine Konzentration der Produktion auf bestimmte Produktionstage oder eine eher gleichmäßige zeitliche Verteilung der Produktionsmengen den Stromverbrauch senken würde. Die gute Prognoseeigenschaft der Regressionsfunktion ermöglicht es, frühzeitig Aussagen über den erwarteten Stromverbrauch abzuleiten. Hieraus können u. a. Schlussfolgerungen für die Wahl des günstigsten Stromtarifs in der Zukunft getroffen werden.

6.8   Residualanalyse

Im Rahmen der Regressionsanalyse wird unterstellt, dass die Residuen zufällig streuen, d. h. kein systematischer Einfluss der Residuen existiert. Erfüllen die Residuen diese Bedingung nicht, sondern unterliegen einem bestimmten Muster (siehe Abb. II-6-12a, 12b), liegt eine sogenannte Fehlspezifikation der Regressionsfunktion vor. Die bei der Schätzung der Regressionsfunktion unterstellten Modellannahmen sind dann verletzt. Eine Fehlspezifikation des Regressionsansatzes kann im Einzelnen folgende Gründe haben und lässt sich durch eine graphische Darstellung der Residuen erkennen (s. Abb. II-6-12a, 12b):

- Es kann ein Rechenfehler bei der Bestimmung der Regressionsparameter b_2 bzw. b_1 vorliegen oder eine wichtige signifikante Dummyvariable für einen Steigungsparameter nicht berücksichtigt worden sein. Mit steigenden Y-Werten nehmen die Residuen dann zu bzw. ab und das Band der Residuen schneidet die Nullachse (vgl. Fälle Ia, Ib in Abb. II-6-12a).
- Messfehler bei der endogenen und/oder der (den) exogenen Variablen oder die Nichtberücksichtigung einer wichtigen erklärenden Variablen haben zur Folge, dass die Residuen nicht gleichmäßig um die Nullachse streuen, sondern mit steigenden Werten von Y_i bzw. X_i größer bzw. kleiner werden. Der Einfluss des Messfehlers – und damit die Wirkung der nicht einbezogenen exogenen Variablen – nimmt mit steigendem Y-Wert zu. (Fälle IIa, IIb in Abb. II-6-12a). Streuen die Residuen nicht gleichmäßig um die Nullachse, so wird von sogenannter Heteroskedastizität der Residuen gesprochen (bei gleichmäßiger Streuung liegt demgegenüber Homoskedastizität vor). Damit in der Regressionsanalyse statistische Tests durchgeführt werden können, müssen die Variablenwerte und die Residuen für kleine Stichproben als Zufallsgröße einer Normalverteilung unterliegen. Mithilfe von speziellen Tests kann diese Annahme der Normalverteilung überprüft werden[242].

---

[242] Zur Überprüfung wird häufig der Chi-Quadrat-Anpassungstest oder der Kolmogorov-Smirnov-Test eingesetzt. Vgl. hierzu Eckstein, P. P., Angewandte Statistik mit SPSS, a.a.O., S. 67 93 f.

- Liegt eine nichtlineare Beziehung vor und wurde stattdessen eine lineare Regressionsfunktion unterstellt, zeigen die Residuen den typischen Verlauf der Fälle IIIa, IIIb, IIIc in Abb. II-6-12b sowie in Abb. II-6-12c die Fälle IV a und IV a'. Der nicht-lineare Verlauf kann ggfs. auch über lineare Teilstrecken approximiert werden, die sich über Dummyvariablen für den Steigungsparameter realisieren lassen.

Abb. II-6-12a: Analyse der Residuen (e_i) (Teil I)

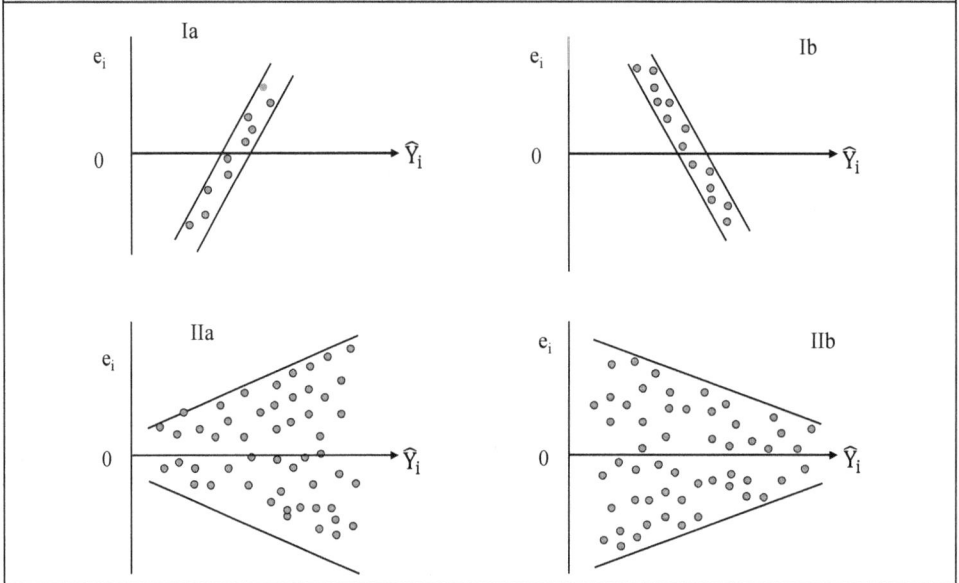

Abb. II-6-12b: Analyse der Residuen (e_i) (Teil II)

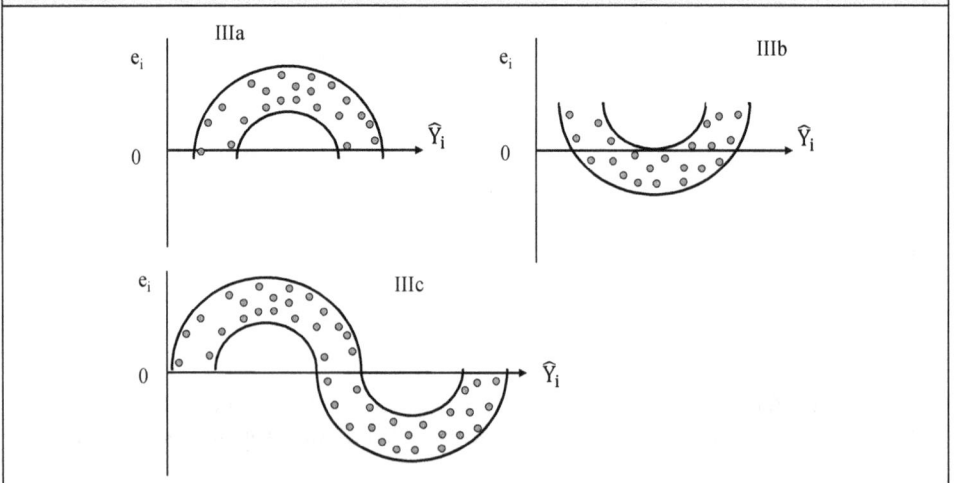

Das Bild der Abb. II-6-12c, Fall (IV b) bzw. (IV b′) deutet klar auch auf einen Strukturbruch (X_{SB}) hin, der sich in untypischen Verläufen der Residuen niederschlägt. Strukturbrüche können z. B. in Zeitreihenanalysen auftreten, in denen die Zeit als erklärende Variable (Indikatorvariable) fungiert und ihren Einfluss im Zeitablauf verändert. Es kann aber auch sein, dass eine exogene Einflussvariable bis zu einem kritischen Schwellenwert zunächst einen positiven Einfluss auf Y aufweist und dann von einem negativ wirkenden Einfluss abgelöst wird (oder umgekehrt). Die Fehlspezifikation lässt sich in diesen Fällen durch einen nichtlinearen Ansatz oder durch die Einbeziehung von Dummyvariablen für den Strukturbruch beseitigen.

Abb. II-6-12c: Analyse der Residuen (e_i) (Teil III)

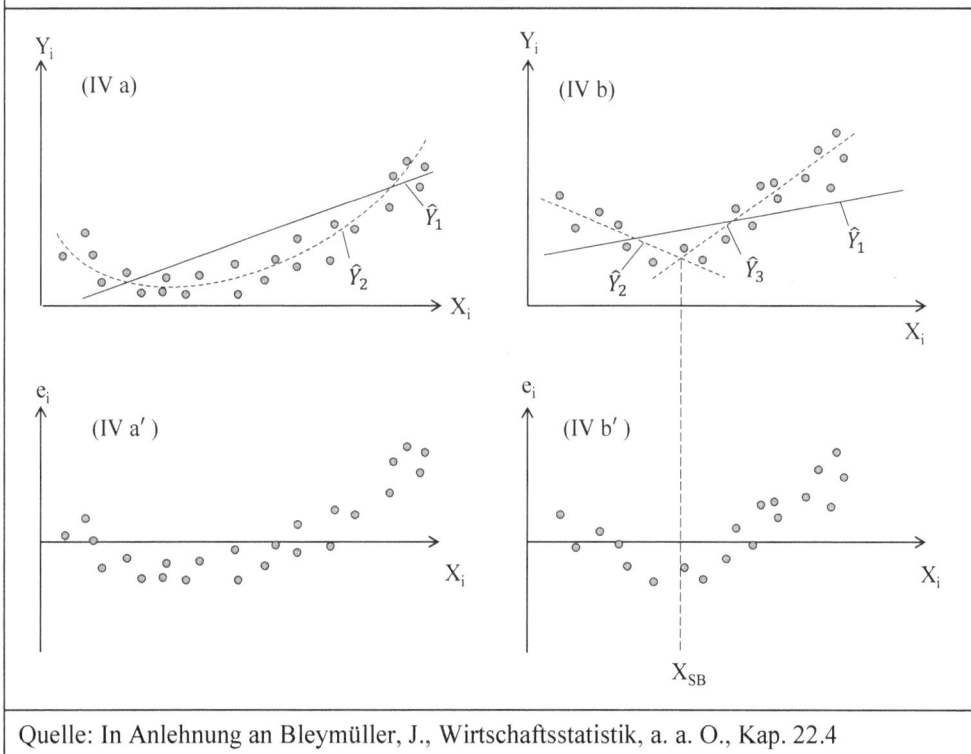

(IV a) Y_i, X_i, $\hat{Y}_1$, $\hat{Y}_2$

(IV b) Y_i, X_i, $\hat{Y}_1$, $\hat{Y}_2$, $\hat{Y}_3$

(IV a′) e_i, X_i

(IV b′) e_i, X_i, X_{SB}

Quelle: In Anlehnung an Bleymüller, J., Wirtschaftsstatistik, a. a. O., Kap. 22.4

Eine Fehlspezifikation der Regressionsfunktion hat häufig eine Korrelation der Residuen (e_i) zur Folge (vgl. Abb. II-6-12d); d. h. bei Gegenüberstellung der Residuen nach einem beliebigen Ordnungskriterium bildet sich ein Muster heraus (sogenannte Autokorrelation der Residuen); z. B. dürfen bei Zeitreihenwerten (= Variable, mit Zeit als Index) die zeitverzögerten Residuen (z. B. e_t und e_{t-1}) nicht miteinander korreliert sein; es darf kein Ordnungskriterium geben, bei dem die Residuen den in Abb. II-6-12d aufgezeigten Verlauf aufweisen (z. B. wenn die Residuen nach der Größenordnung der exogenen Variable geordnet werden). Autokorrelation wird insbesondere durch Nichteinbeziehung einer wichtigen erklärenden Variablen – wie z. B. einer Dummyvariablen zur Erfassung eines Strukturbruchs – verursacht. Sie kann zur Folge haben, dass die Varianz der Regressionsparameter unter- und damit die T-Werte überschätzt werden. Dies wiederum hat zur Folge, dass ein systematischer Einfluss als signifikant gewertet wird, auch wenn dieser ggfs. nicht vorliegt.

Abb. II-6-12d: Streuungsdiagramm zwischen aufeinander folgenden Residuen (Autokorrelation)

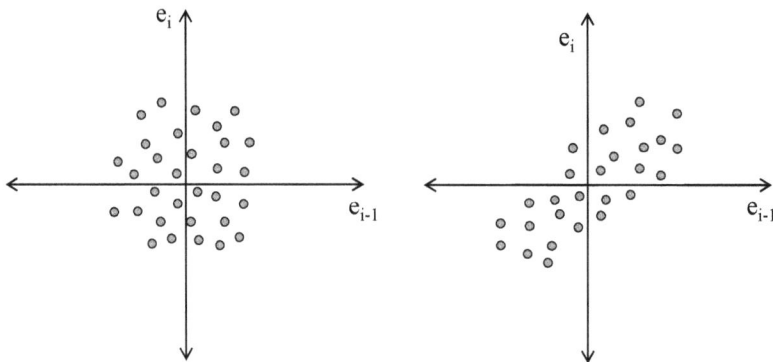

Quelle: In Anlehnung an Bleymüller, J., Wirtschaftsstatistik, a. a. O., Kap. 22.4

Wie sich für das Beispiel der Zweifachregression der Tab. II-6-5 eine Fehlspezifikation auf die Residuen auswirkt, zeigen die beiden Abb. II-6-13a und II-6-13b.

Abb. II-6-13a: Residuen e_i und Merkmalswerte X_{3i} (Einwohner) der Tab. II-6-5 bei richtiger Spezifikation*)

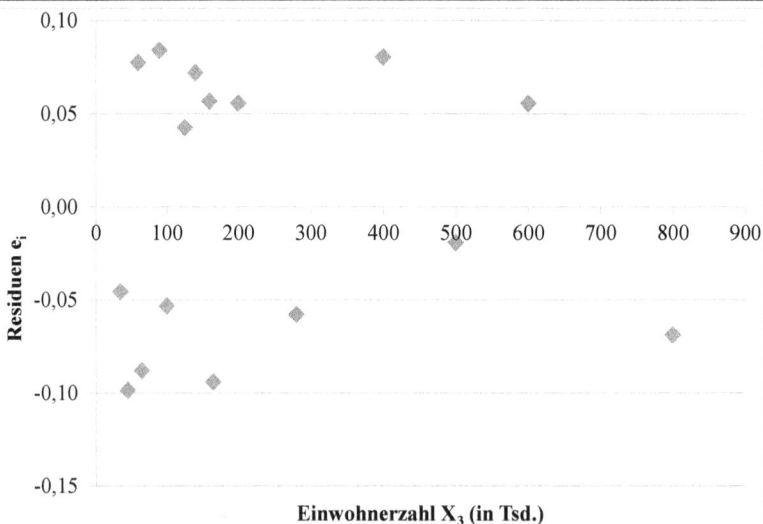

Abb. II-6-13b: Residuen e_i und Merkmalswerte X_{3i} (Einwohner) der Tab. II-6-5 bei fehlerhafter Spezifikation*)

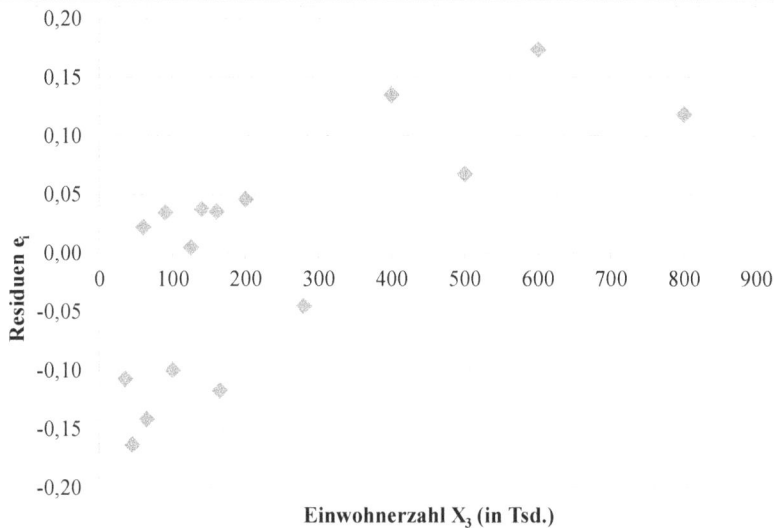

*) Die dargestellten Residuen ergeben sich, wenn in der Beziehung der Tab. II-6-5 anstelle der **Zweifachregression**

$\hat{Y}_i = 0{,}1363 + 0{,}1807 \cdot X_{2i} + 0{,}000329 \cdot X_{3i}$

die **Einfachregression**

$\hat{Y}_i = 0{,}2192 + 0{,}1786 \cdot X_{2i}$

zur Schätzung der Bruttokaltmiete herangezogen wird und damit eine Fehlspezifikation vorliegt.

Mit: Y_i = Bruttokaltmiete in Tsd. €;

X_{2i} = Haushaltsnettoeinkommen in Tsd. €;

X_{3i} = Einwohnerzahl des Wohnorts in Tsd.

Die Abb. II-6-13a zeigt die Residuen, die sich bei Schätzung der Bruttokaltmieten über die Einflussgrößen „X_{2i} = Haushaltsnettoeinkommen" und „X_{3i} = Einwohnerzahl" im Rahmen der Zweifachregression ergeben; dabei wurden die Residuen nach dem Kriterium „X_{3i} = Einwohnerzahl" sortiert. Auch wenn aus der Darstellung ersichtlich wird, dass die meisten Merkmalswerte sich auf kleinere Wohnorte beziehen und damit keine gleichmäßige Verteilung von X_{3i} vorliegt, lassen die Residuen dennoch keine auffällige Struktur im Sinne der Abbildungen II-6-12 erkennen. Anders verhält es sich bei Abb. II-6-13b: Hier sind eindeutig bei steigenden Werten von X_{3i} auch steigende Werte der Residuen zu beobachten, so dass eine Fehlspezifikation – wie zuvor in Abb. II-6-12a bzw. Abb. II-6-12c beschrieben – auftritt. Diese Fehlspezifikation geht darauf zurück, dass anstelle der Zweifach- eine Einfachregression realisiert und so der Einfluss der Variablen X_{3i} nicht berücksichtigt wird. Infolgedessen werden die Werte der endogenen Variablen „Bruttokaltmiete" bei steigender Einwohnerzahl unterschätzt.

Aufgabe 36: Regressionsanalyse auf dem Wohnungsmarkt

Die Stadt B ermittelt für 10 zufällig ausgesuchte, repräsentative Wohnobjekte der einfachsten Wohnlage (Baujahr zwischen 1995 und 2005) die nachfolgenden Daten für die Wohnfläche in Quadratmetern (Variable X) und die Nettokaltmiete in € (Variable Y).

Daten zum Mietspiegel in der Stadt B

Beobachtungswert	Nettokaltmiete in €	Wohnfläche in Quadratmeter (qm)			
i	Y_i	X_i	Y_i^2	X_i^2	$X_i \cdot Y_i$
1	220,35	25	xxxxxxx	xxxxxxx	xxxxxxx
2	620,95	105	xxxxxxx	xxxxxxx	xxxxxxx
3	252,58	35	xxxxxxx	xxxxxxx	xxxxxxx
4	262,95	45	xxxxxxx	xxxxxxx	xxxxxxx
5	482,38	95	xxxxxxx	xxxxxxx	xxxxxxx
6	376,01	55	xxxxxxx	xxxxxxx	xxxxxxx
7	**296,84**	**65**	xxxxxxx	xxxxxxx	xxxxxxx
8	513,57	75	xxxxxxx	xxxxxxx	xxxxxxx
9	596,56	120	xxxxxxx	xxxxxxx	xxxxxxx
10	911,62	150	xxxxxxx	xxxxxxx	xxxxxxx
Σ	4 533,8100	770,0000	2 479 949,3569	73 700,00	424 030,75

a) Wie lautet der Median der Wohnfläche? Zeigen Sie auf, wie Sie das Ergebnis ermitteln.

b) Angenommen, zwischen der Nettokaltmiete und der Wohnfläche in Quadratmetern liegt ein linearer Zusammenhang vor. Die Kovarianz S_{XY} zwischen der Variablen X und der Variablen Y beträgt $S_{XY} = 7\,492,7380$. Die Standardabweichung von Y lautet: $S_Y = 206,0112$
Die Stadt B möchte über eine lineare Einfachregression nach dem K-Q-Verfahren die durchschnittliche Beziehung zwischen der Nettokaltmiete und der Wohnfläche ermitteln. Geben Sie an, wie auf Basis dieser Regressionsfunktion die Nettokaltmiete im Durchschnitt ansteigt, wenn die Quadratmeterzahl der Wohnfläche sich um 1 Quadratmeter erhöht. **Formulieren Sie das Ergebnis in einem Schlusssatz!**

c) Erläutern Sie kurz, was unter einem „**Residuum** e_i" zu verstehen ist. Welches Residuum e_i würde sich für die **7. Wohnung (i = 7)** (Wohnung mit 65 qm Wohnfläche) auf Basis der Regressionsfunktion ergeben? Zeigen Sie rechnerisch auf, wie Sie zu dem Ergebnis kommen.

d) Geben Sie an (**kein Rechengang!**) wie groß die Summe der Residuen e_i aller 10 Beobachtungswerte ausfallen wird, und begründen Sie kurz **verbal**, warum das so ist.

e) Ermitteln Sie das **Bestimmtheitsmaß** über die Streuungszerlegung. Zeigen Sie den Rechengang auf. Interpretieren Sie das Ergebnis.

Aufgabe 37: Regressionsanalyse im Gesundheitsbereich

Die OECD hat 2007 für Deutschland und 21 weitere Länder in einer Analyse den Zusammenhang zwischen den Gesundheitsausgaben und dem monatlichen Pro-Kopf-Einkommen der Länder gemessen. Die Gesundheitsausgaben werden dabei als prozentualer Anteil am Bruttoinlandsprodukt (BIP) erfasst (Merkmal Y). Das monatliche Pro-Kopf-Einkommen wird in US-\$ erfasst (Merkmal X). Die Ergebnisse sind aus nachfolgender Abb. ersichtlich:

Vergleich ausgewählter OECD-Länder: Gesundheitsausgaben 2007
Anteil am BIP in %

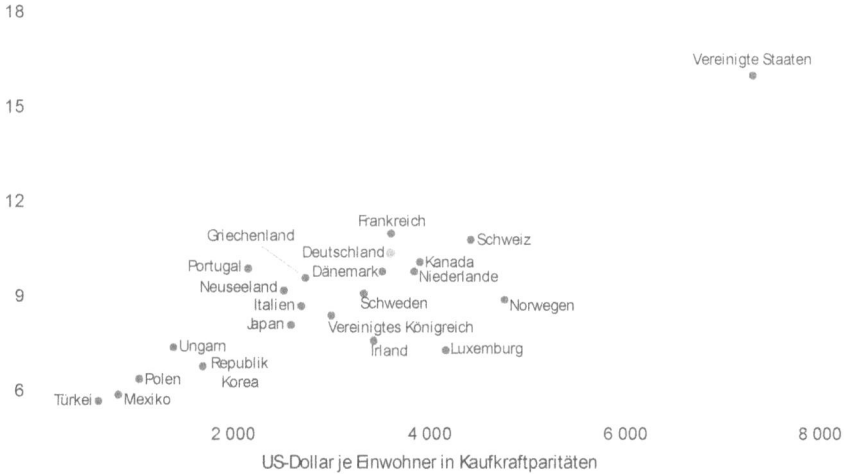

US-Dollar je Einwohner in Kaufkraftparitäten

Quelle: Statistisches Bundesamt, Gesundheit auf einen Blick, 2009, S. 30 auf Basis von OECD-Zahlen; Angaben für Japan, Luxemburg, Portugal und der Türkei aus zuletzt verfügbarem Berichtsjahr.

$$\sum_{i=1}^{22} X_i = 67{,}76; \quad \sum_{i=1}^{22} Y_i = 195{,}10; \quad \sum_{i=1}^{22} X_i \cdot Y_i = 661{,}495; \quad \sum_{i=1}^{22} X_i \cdot X_i = 259{,}8396; \quad \sum_{i=1}^{22} Y_i \cdot Y_i = 1\,833{,}91$$

Standardabweichung von Merkmal Y: $S_Y = 2{,}1714$

a)   Ermitteln Sie die Varianz S_X^2 des Merkmals X. Zeigen Sie den Rechengang auf. Ermitteln Sie die Kovarianz S_{XY}! Zeigen Sie den Rechengang auf.

b)   Die OECD möchte gerne auf Basis einer linearen Einfachregression nach dem Kleinste-Quadrate-Verfahrens wissen, wie stark die Gesundheitsausgaben als Anteil am BIP sich im Durchschnitt der Länder verändern, wenn das monatliche Pro-Kopf-Einkommen dieser Länder um 1 000 \$ ansteigt. Ermitteln Sie das Ergebnis und zeigen Sie Ihren Rechengang auf. Teilen Sie das Ergebnis in einem Schlusssatz mit.

c)   Eine nach dem K-Q-Verfahren ermittelte Regressionsfunktion würde die Y-Achse der Abb. schneiden. An welcher Stelle liegt dieser Schnittpunkt? Zeigen Sie den Rechengang auf. Teilen Sie das Ergebnis in einem Schlusssatz mit.

d)   Wie hoch ist das Bestimmtheitsmaß und wie lässt es sich interpretieren?

e)   Erläutern Sie, welche Probleme sich in der Regressionsanalyse durch die Berücksichtigung der „Vereinigten Staaten" ergeben.

III Anhang

Hinweis:

Die Lösungen zu den Aufgaben und zu den Musterklausuren (Anhang Teil E) finden Sie online unter:

http://fb01.h-brs.de/wirtschaftsanktaugustinmedia/Angewandte_Deskriptive_
Statistik_Loesungen.pdf

Teil A: Tabellen zur Symbolik und zum Vergleich der Begriffe in der deskriptiven und schließenden Statistik

Tabelle III-A-1: Vergleichende Darstellung einiger Begriffe und Symbole in der Deskriptiven und in der Schließenden Statistik

Deskriptive Statistik		Schließende Statistik	
Begriff	**Symbol**	**Begriff**	**Symbol**
Merkmalswerte	X_i	Merkmalswerte	X_i (Stichprobe; SP) a_i (Grundgesamtheit; GG)
relative Häufigkeit	f_i	Wahrscheinlichkeits-funktion für X_i	f_i
arithmetisches Mittel	$\overline{X}$	Erwartungswert (X); arithm. Mittel	$E(X), \overline{X}$ (SP), μ (GG)
Varianz/Standardab-weichung	S_X^2 bzw. S_X	Varianz/Standard-abweichung	S_X^2 bzw. S_X (SP) σ_X^2 bzw. σ_X (GG)
Zahl der Merkmalsträ-ger	n	Stichprobenumfang Umfang der GG	n N

Hinweise: Bei der schließenden Statistik wird zwischen Symbolen für Begriffe der Stichprobe und der Grundgesamtheit unterschieden. In diesem Buch – und häufig auch in anderen Lehrbüchern zur deskriptiven Statistik – entsprechen die Symbole der deskriptiven Statistik den Symbolen der schließenden Statistik für die Stichprobe. Die Formelsammlung im Teil B dieses Anhangs macht dies nochmals deutlich. Ferner sei darauf verwiesen, dass viele Begriffe der schließenden Statistik inhaltlich identisch sind mit den Begriffen der deskriptiven Statistik Verschiedene Formulierungen und Berechnungen in der schließenden Statistik lassen sich somit mit den Begriffen der deskriptiven Statistik darstellen. Dies wird exemplarisch am folgenden Beispiel der Tab. III-A-2 aufgezeigt.

Tabelle III-A-2: Anwendung des arithmetischen Mittels und der Varianz in der Sprache der schließenden Statistik (Beispiel „Vergleich zweier Anlagestrategien")

Strategie 1				
	Ein Anlagebetrag von 10 000 € erbringt nach einem Jahr einen Zugewinn von… €	Eintritts-wahrscheinlichkeit		
i	X_i	$f(X_i)$	$X_i \cdot f(X_i)$	$X_i^2 \cdot f(X_i)$
1	500	0,5	250	125 000
2	700	0,3	210	147 000
3	1 000	0,2	200	200 000
Summe		1	660	472 000

Erwartungswert (E(X)) des Zugewinns in €: **660**

Risiko (Varianz des erwarteten Zugewinns):

$$\mathbf{Var(X)} = \sum X_i^2 \cdot f(X_i) - \left(E(X)\right)^2 = 472\,000 - 660 \cdot 660 = 36\,400$$

Standardabweichung S = 190,78

Strategie 2				
	Ein Anlagebetrag von 10 000 € erbringt nach einem Jahr einen Zugewinn von… €	Eintritts-wahrscheinlichkeit		
i	X_i	$f(X_i)$	$X_i \cdot f(X_i)$	$X_i^2 \cdot f(X_i)$
1	400	0,6	240	96 000
2	800	0,3	240	192 000
3	2 000	0,1	200	400 000
Summe		1	680	688 000

Erwartungswert (E(X)) Zugewinn in €: **680**

Risiko (Varianz des erwarteten Zugewinns):

$$\mathbf{Var(X)} = \sum X_i^2 \cdot f(X_i) - \left(E(X)\right)^2 = 688\,000 - 680 \cdot 680 = 225\,600$$

Standardabweichung S = 474,97

Teil B: Ausgewählte Formeln

Arithmetisches Mittel:

Einzelwerte: $\overline{X} = \dfrac{1}{n}\sum\limits_{i=1}^{n} X_i$ bzw. Häufigkeitsverteilung: $\overline{X} = \dfrac{1}{n}\sum\limits_{i=1}^{m} X_i \cdot h_i$ oder $\overline{X} = \sum\limits_{i=1}^{m} X_i \cdot f_i$

Varianz S_X^2 für Einzelwerte: $S_X^2 = \dfrac{1}{n}\sum\limits_{i=1}^{n}(X_i - \overline{X})^2 = \dfrac{1}{n}\sum\limits_{i=1}^{n} X_i^2 - (\overline{X})^2$

Varianz S_X^2 für Häufigkeitsverteilungen:

$$S_X^2 = \dfrac{1}{n}\sum\limits_{i=1}^{m}(X_i - \overline{X})^2 \cdot h_i = \dfrac{1}{n}\sum\limits_{i=1}^{m} X_i^2 \cdot h_i - (\overline{X})^2 = \sum\limits_{i=1}^{m} X_i^2 \cdot f_i - (\overline{X})^2$$

Klassifizierte Daten; Anteilswert $F(X^*)$ innerhalb einer Klasse i:

$$F(X^*) = F(X_i^u) + \dfrac{X^* - X_i^u}{\Delta X_i} \cdot f_i$$

Auf normierte Klassenbreite bezogene relative Häufigkeitsdichte (d_i):

$$d_i = \dfrac{f_i}{\Delta X_i} \cdot \text{normierte Klassenbreite } \Delta X^n$$

Zweidimensionale Häufigkeitsverteilung für Merkmale X und Y:

Gemeinsame absolute Häufigkeit: $h(X_i, Y_j)$ (alternativ: h_{ij})

abs. Randverteilungen $h(X_i)$ (alternativ: $h_{i.}$) bzw. $h(Y_j)$ (alternativ: $h_{.j}$) ergeben sich

für die Merkmalsausprägungen ($i = 1, \ldots, m$) bzw. ($j = 1, \ldots, r$) als:

$$\sum\limits_{j=1}^{r} h_{ij} = h(X_i) = h_{i.} \quad \text{bzw.} \quad \sum\limits_{i=1}^{m} h_{ij} = h(Y_j) = h_{.j} \quad \text{und damit gilt:}$$

$$\sum\limits_{i=1}^{m}\sum\limits_{j=1}^{r} h_{ij} = \sum\limits_{i=1}^{m} h_{i.} = n \quad \text{bzw.} \quad \sum\limits_{j=1}^{r}\sum\limits_{i=1}^{m} h_{ij} = \sum\limits_{j=1}^{r} h_{.j} = n$$

Gemeinsame _relative_ **Häufigkeit**: $f(X_i, Y_j)$ $\left(\text{alternativ: } f_{ij}\right)$ ermittelt sich als: $\dfrac{h_{ij}}{n}$

rel. Randverteilungen $f(X_i)$ (alternativ: $f_{i\cdot}$) bzw. $f(Y_j)$ $\left(\text{alternativ: } f_{\cdot j}\right)$ ergeben sich

für die Merkmalsausprägungen $(i = 1, ..., m)$ bzw. $(j = 1, ..., r)$ als:

$$\sum_{j=1}^{r} f_{ij} = f(X_i) = f_{i\cdot} \quad \text{bzw.} \quad \sum_{i=1}^{m} f_{ij} = f(Y_j) = f_{\cdot j} \quad \text{und damit gilt:}$$

$$\sum_{i=1}^{m}\sum_{j=1}^{r} f_{ij} = \sum_{i=1}^{m} f_{i\cdot} = 1\ (100\ \%) \quad \text{bzw.} \quad \sum_{j=1}^{r}\sum_{i=1}^{m} f_{ij} = \sum_{j=1}^{r} f_{\cdot j} = 1\ (100\ \%)$$

Bedingte relative Häufigkeit $f(X_i/Y_j)$ bzw. $f(Y_j/X_i)$ ergeben sich als:

$$f(X_i/Y_j) = \frac{f(X_i, Y_j)}{f(Y_j)} = \frac{h(X_i, Y_j)}{h(Y_j)} \quad \text{für } (i = 1, ..., m);\ (j = 1, ..., r) \quad \text{bzw.}$$

$$f(Y_j/X_i) = \frac{f(X_i, Y_j)}{f(X_i)} = \frac{h(X_i, Y_j)}{h(X_i)} \quad \text{für } (i = 1, ..., m);\ (j = 1, ..., r)$$

Bei **Unabhängigkeit der Merkmale X und Y** ermitteln sich die theoretisch zu erwartenden gemeinsamen absoluten Häufigkeiten $[h^*(X_i, Y_j)]$ bzw. rel. Häufigkeiten $[f^*(X_i, Y_j)]$ als:

$$h^*(X_i, Y_j) = \frac{h(X_i) \cdot h(Y_j)}{n} \qquad\qquad \text{für } (i = 1, ..., m);\ (j = 1, ..., r) \quad \text{bzw.}$$

$$f^*(X_i, Y_j) = f(X_i) \cdot f(Y_j) \qquad\qquad \text{für } (i = 1, ..., m);\ (j = 1, ..., r)$$

Kovarianz (S_{XY}) für zwei Merkmale X und Y mit dem arithmetischen Mittel $\overline{X}$ bzw. $\overline{Y}$ bei Einzelwerten bzw. bei Berücksichtigung von absoluten bzw. relativen Häufigkeiten:

$$S_{XY} = \frac{1}{n} \cdot \sum_{i=1}^{n} (X_i - \overline{X}) \cdot (Y_i - \overline{Y}) = \frac{1}{n} \cdot \sum_{i=1}^{n} (X_i \cdot Y_i) - (\overline{X} \cdot \overline{Y}) \quad \text{(für Einzelwerte)}$$

Unter Verwendung von absoluten bzw. relativen **Häufigkeiten** ist die Kovarianz (S_{XY}) wie folgt definiert:

$$S_{XY} = \frac{1}{n} \cdot \sum_{i=1}^{m}\sum_{j=1}^{r} (X_i - \overline{X}) \cdot (Y_j - \overline{Y}) \cdot h(X_i, Y_j) = \frac{1}{n} \cdot \sum_{i=1}^{m}\sum_{j=1}^{r} X_i \cdot Y_j \cdot h(X_i, Y_j) - \overline{X} \cdot \overline{Y}$$

$$S_{XY} = \sum_{i=1}^{m}\sum_{j=1}^{r} (X_i - \overline{X}) \cdot (Y_j - \overline{Y}) \cdot f(X_i, Y_j) = \sum_{i=1}^{m}\sum_{j=1}^{r} X_i \cdot Y_j \cdot f(X_i, Y_j) - \overline{X} \cdot \overline{Y}$$

Korrigierter Kontingenzkoeffizient (C_{korr}) nach Pearson:

h_{ij}^*: theoretisch erwartete, gemeinsame absolute Häufigkeit von X und Y bei Unabhängigkeit

$$h_{ij}^* = \frac{h_{i.} \cdot h_{.j}}{n}$$

h_{ij}: zu beobachtende (empirische), gemeinsame absolute Häufigkeit von X und Y

Prüfgröße: $\chi^2 = \sum_{i=1}^{m} \sum_{j=1}^{r} \frac{\left(h_{ij} - h_{ij}^*\right)^2}{h_{ij}^*}$

$$C_{korr} = \sqrt{\frac{\chi^2}{\chi^2 + n} \cdot \frac{C^*}{C^* - 1}} \qquad \text{mit: } C^* = \text{Min}(m, r); \quad \text{dabei gilt: } 0 \le C_{korr} \le 1$$

Bravais-Pearson Korrelationskoeffizient (r):

$$r = \frac{S_{XY}}{S_X \cdot S_Y} \qquad\qquad \text{Dabei gilt: } -1 \le r \le +1$$

Rangkorrelationskoeffizient (R) nach Spearman:

$$R = 1 - \frac{6 \cdot \sum_{i=1}^{n} D_i^2}{n \cdot (n^2 - 1)} \qquad \text{für } (i = 1, \dots, m) \text{ Merkmalsträger; mit: } D_i = Rg(X_i) - Rg(Y_i);$$

wobei: $Rg(X_i)$ bzw. $Rg(Y_i) = $ Rangziffer des Merkmalsträgers i bezüglich des
Merkmals X bzw. Y ;

dabei gilt: $-1 \le R \le +1$

Lineare Einfachregression

Der Steigungsparameter b_2 ermittelt sich u. a. über die Einzelwerte als: $b_2 = \dfrac{S_{XY}}{S_X^2}$

Das Absolutglied b_1 ermittelt sich als: $b_1 = \dfrac{1}{n}\sum_{i=1}^{n} Y_i - b_2 \cdot \dfrac{1}{n}\sum_{i=1}^{n} X_i$

Teil C: Grundlegende Aussagen zu statistischen Tests

Auch wenn sich dieses Buch auf die Themen der deskriptiven Statistik konzentriert, gibt es immer wieder direkte oder indirekte Berührungen mit den Fragestellungen der schließenden Statistik. Das betrifft die parallelen Begriffswelten der „relativen Häufigkeiten" und „empirischen Häufigkeitsverteilungen" in der deskriptiven Statistik einerseits und der „Wahrscheinlichkeiten" und „theoretischen Häufigkeitsverteilungen" in der schließenden Statistik andererseits. In Kap. II.3.6 und im Anhang Teil A werden diese Begriffskorrespondenzen gegenübergestellt. Die Parallelität der Begriffe hat zur Folge, dass verschiedene Parameter beider Statistikbereiche, wie z. B. das „arithmetische Mittel" und der „Erwartungswert", zwar unterschiedlich benannt werden, aber rechentechnisch übereinstimmen. Die Vernetzung beider Statistikbereiche ist vor allem dann augenscheinlich, wenn in der deskriptiven Statistik die Frage nach der Wirkung des Zufalls aufkommt, dessen Erfassung und Quantifizierung das Hauptanliegen der schließenden Statistik ist. So werden in Kap. II.5.4 bei der Darstellung des korrigierten Kontingenzkoeffizienten theoretisch erwartete Häufigkeiten und empirische Häufigkeiten bei Unabhängigkeit zweier Merkmale beschrieben. Ihre Betrachtung wirft unweigerlich die Frage auf, in welchem Umfang der Zufall oder die Abhängigkeit von Merkmalen für die Abweichung von empirischen und theoretischen Häufigkeiten in Kreuztabellen verantwortlich sind. Die deskriptive Statistik gibt hierauf keine Antwort, wenn sie sich auf empirische Kennzahlen wie den Kontingenzkoeffizienten oder den empirisch gemessenen Regressionsparameter konzentriert. Der Zufall wird bei diesen Betrachtungen der deskriptiven Statistik ausgeblendet.

Die schließende Statistik ermöglicht es, auf Basis der Stichprobentheorie den Zufall einzugrenzen und mit vorgegebenen Wahrscheinlichkeiten Aussagen über die Gültigkeit von **Hypothesen** zu treffen. Derartige Hypothesen kommen in der sogenannten **Testtheorie** zur Anwendung, die – mit vorgegebenen Wahrscheinlichkeiten – u. a. der Frage nachgeht, ob Kontingenz- oder Korrelationskoeffizienten nur zufällig vom Wert „null" abweichen, oder ob diese Abweichung unter Einbeziehung einer begrenzten Irrtumswahrscheinlichkeit auf den Einfluss von Variablen (Merkmalen) zurückzuführen ist.

In einzelnen Teilgebieten der deskriptiven Statistik ist der Einfluss des Zufalls so bedeutsam, dass deskriptive und schließende Statistik nur gemeinsam zur Anwendung kommen können. Dies betrifft z. B. die Frage, ob die in einer Regressionsanalyse ermittelten Regressionsparameter nicht andere Werte annehmen würden, wenn die Datenlage zufällig eine andere wäre. Ist es denkbar, dass dann der regressionsanalytisch gemessene Einfluss der unabhängigen Variablen auf die abhängige Variable nicht mehr gegeben ist? Für den in diesem Buch im Kap. 6.7 vorgestellten Dummyansatz würde dies beispielsweise bedeuten, dass die jeweils untersuchte Dummyvariable die Entwicklung der endogenen Variablen Y nicht erklären kann. Infolgedessen sollte die Regressionsfunktion ohne diese Dummyvariable spezifiziert werden. Um die Frage des Einflusses der exogenen Variablen auf die endogene Variable aufzudecken, werden in allen Standarduntersuchungen zur Regressionsanalyse sogenannte **statistische Tests (T-Tests; F-Tests)** vorgenommen. Sie sollen prüfen, ob die in der Regressionsanalyse ermittelten Parameter nur zufällig von „null" verschieden sind und in Wirklichkeit die „wahre Beziehung" zwischen den Variablen X und Y durch Unabhängigkeit geprägt ist. Die „richtige" Spezifizierung von Regressionsfunktionen ist daher ohne Anwendung der Testtheorie der schließenden Statistik nicht möglich. In der deskriptiv ausgerichteten Regressionsanalyse wird ein empirischer Ansatz erst dann akzeptiert, wenn die Testtheorie der schließenden Statistik dies zulässt.

Da in diesem Buch die Teststatistiken als eine Anwendung der schließenden Statistik immer wieder vorkommen – vor allem im Teil D des Anhangs, wo die Ergebnisse des statistischen Programmpakets „SPSS" vorgestellt werden – soll nachfolgend in komprimierter Form ein kurzer Überblick über die schließende Statistik und die Testtheorie gegeben werden. Das ist sicherlich im Rahmen dieses Buches nur sehr eingeschränkt und stark vereinfachend möglich. Für tiefere Einblicke in die technische Gestaltung der schließenden Statistik sei auf die einschlägige Literatur verwiesen[243]. Gleichwohl soll das Grundverständnis der schließenden Statistik angesprochen werden.

Typisch für die schließende Statistik sind drei grundlegende Elemente:
a) Zufallsstichprobe und Grundgesamtheit
b) Wahrscheinlichkeitsaussagen (Wahrscheinlichkeitsbegriff)
c) Annahmen zur zugrunde liegenden theoretischen Verteilung; zu den wichtigen theoretischen Verteilungen zählen z. B.:
   • die Normalverteilung bzw. die Standardnormalverteilung (um z. B. die Verteilung von Körper- oder Schuhgrößen zu beschreiben),
   • die Gleichverteilung (z. B. beim Werfen eines Würfels),
   •   die Binomialverteilung (z. B. beim Münzwurf),
   • die Hypergeometrische Verteilung (z. B. bei der Ziehung der Lottozahlen),
   • die Studentverteilung (als Approximation der Normalverteilung etc.),
   • die F-Verteilung (um Relationen von verschiedenen Varianzen zu überprüfen, z. B. bei der Varianzanalyse, dem Test des Bestimmtheitsmaßes etc.) und
   • die Chi-Quadratverteilung (um z. B. den Chi-Quadrat-Test durchzuführen).

---

[243] Zu nennen sind hier u. a.: Bourier, Günther: Wahrscheinlichkeitsrechnung und schließende Statistik, 5. Auflage, Wiesbaden 2006; Bleymüller, J.: Wirtschaftsstatistik, a. a. O.; Schwarze, J.: Grundlagen der Statistik II, Wahrscheinlichkeitsrechnung und induktive Statistik, 6. Auflage, Herne 1997.

Die Elemente (a bis c) wurden – mit Ausnahme der verschiedenen theoretischen Verteilungen – bereits in ihren Grundzügen im Rahmen der Ausführungen zur deskriptiven Statistik vorgestellt. Anliegen der schließenden Statistik ist es somit, von Ergebnissen der Grundgesamtheit (GG) auf die Ergebnisse der Zufallsstichprobe (SP) zu schließen und umgekehrt. Der Schluss von der GG auf die SP ist Gegenstand der Stichprobentheorie, in der auf Basis des sogenannten Urnenmodells (das die GG symbolisiert) die Formeln für die schließende Statistik entwickelt werden. Dabei kommen verschiedene Annahmen über die Verteilung der zufällig gezogenen Stichprobenwerte zur Anwendung. Handelt es sich um ein Ziehen mit Zurücklegen, d. h. werden die aus der Urne gezogenen Kugeln nach Erfassung des Merkmalswertes wieder in die Urne zurückgelegt, verändern sich die Wahrscheinlichkeiten der einzelnen Stichprobenzüge nicht und es kommt die sogenannte **Binomialverteilung** zur Anwendung. Diese kann z. B. die Frage klären, wie wahrscheinlich es ist, dass bei einem 50-maligen Wurf einer nicht manipulierten Münze genau 20-mal „Zahl" erscheint (Antwort: Die Wahrscheinlichkeit beträgt 4,2 %). Werden die Kugeln nach jedem Zufallszug nicht zurückgelegt, liegt ein Ziehen ohne Zurücklegen vor. Dann ändert sich nach jedem Zug die Wahrscheinlichkeit für jede Kugel und es kommt die **Hypergeometrische Verteilung** zur Anwendung. Diese beiden theoretischen Verteilungen sind fundamental für die Ableitung der Ergebnisse der schließenden Statistik. Sie ermöglichen es, den Zufall einzugrenzen und zu quantifizieren.

Da diese beiden Verteilungen aber in der praktischen Anwendung häufig zu kompliziert oder aufwendig sind, approximiert der Statistiker sie durch die **Standardnormalverteilung**. Hierzu müssen gewisse Voraussetzungen erfüllt sein, u. a. die Annahmen des sogenannten **„zentralen Grenzwertsatzes"**. Darüber hinaus kommen unter bestimmten Rahmenbedingungen auch andere Verteilungen zum Einsatz, wie die **Chi-Quadrat-Verteilung** oder die **F-Verteilung**. Mit diesen verschiedenen theoretischen Verteilungen ist es möglich, Wahrscheinlichkeitsaussagen darüber zu gewinnen, in welchen Grenzen bestimmte untersuchte Größen (wie das arithmetische Mittel und der Anteilswert) in einer Stichprobe auftreten, wenn die Werte der Grundgesamtheit bekannt sind **(Stichprobentheorie)**. Umgekehrt können bei Vorgabe einer bestimmten Wahrscheinlichkeit Aussagen darüber getroffen werden, in welchem Intervall sich bestimmte Werte der Grundgesamtheit befinden, wenn in der Stichprobe bestimmte Werte beobachtet wurden **(Schätzverfahren)**.

Besonders interessant für die deskriptive Statistik und die multivariaten Verfahren sind **statistische Tests**, die überprüfen, ob eine bestimmte Hypothese durch die Ergebnisse einer Zufallsstichprobe verworfen werden kann. So könnte die Hypothese z. B. lauten, dass ein ermittelter Regressionsparameter in Wahrheit einen Wert von „null" aufweist und der davon abweichende errechnete empirische Wert nur durch den Zufall zustande gekommen ist. Auch könnte der Frage nachgegangen werden, ob aufgrund von Stichprobenbeobachtungen die Annahme der Unabhängigkeit zweier nominalskalierter Merkmale mit einer gewissen Irrtumswahrscheinlichkeit verworfen werden kann (sogenannter **Chi-Quadrat-Unabhängigkeitstest**; siehe hierzu auch einige speziellere Ausführungen am Ende von Teil D des Anhangs).

Im Folgenden soll kurz die Konzeption eines Tests und seiner Anwendung vorgestellt werden:
- Bei jedem Test wird zwischen der **Nullhypothese** und der **Alternativhypothese** unterschieden.
- Nullhypothese = Unterstellte, zu überprüfende Hypothese für die Grundgesamtheit, z. B. der wahre Wert des Regressionsparameters ist „null" und nicht größer „null", wie bspw. aufgrund der Regressionsanalyse errechnet.
- Alternativhypothese = Alternative Behauptung, die anstelle der Nullhypothese gelten soll, z. B. der Regressionsparameter der GG weicht von „null" ab, d. h. die exogene Variable hat Einfluss auf die endogene Variable.

Vorgehen der Testtheorie:
- Zur Überprüfung der Nullhypothese wird eine Stichprobe gezogen.
- Hieraus folgen gewisse empirische Werte, die mit kritischen Werten aus der Theorie (z. B. aus der Normalverteilung) verglichen werden.
- Unterliegen diese empirischen Werte einer sogenannten Student-Verteilung (auch als Student-T-Verteilung bezeichnet), wird von **empirischen T-Werten** gesprochen, die mit den in einer Formelsammlung ausgewiesenen **theoretisch erwarteten T-Werten** verglichen werden können. (Bei anderen Verteilungen wird von F-Werten, Chi-Quadrat-Werten etc. gesprochen; auch hier gibt es jeweils empirisch beobachtete und theoretisch erwartete Testwerte).
- Vom Ergebnis des Vergleichs von empirischen und theoretischen Werten der Testverteilung hängt es ab, ob die vorher formulierte Nullhypothese abgelehnt (verworfen) wird, so dass nun die Alternativhypothese gilt. Immer dann, wenn der Absolutbetrag des empirisch berechneten Testwertes kleiner ausfällt als der Absolutbetrag des theoretisch erwarteten Testwertes (s. Formelsammlung), lässt sich die Nullhypothese „nicht verwerfen". Dann weicht der empirische Wert der Testgröße nur schwach von „null" ab, und diese Abweichung wird dem Zufallseinfluss zugeordnet. Erst wenn der empirische Testwert den theoretisch erwarteten (kritischen) Testwert überschreitet, wird mit einer gewissen Irrtumswahrscheinlichkeit unterstellt, dass nicht der Zufall, sondern die zu testende Hypothese diese Abweichung verursacht hat. Dann liegt in der Sprache der schließenden Statistik (wie auch gelegentlich in der Alltagssprache) ein signifikanter Einfluss der untersuchten Einflussgröße vor.
- Aussagen können aber nur mit einer bestimmten **Sicherheitswahrscheinlichkeit** $(1 - \alpha)$ getroffen werden. Daher sind auch fehlerhafte Ergebnisse mit einer **Irrtumswahrscheinlichkeit** (α) möglich. Die Irrtumswahrscheinlichkeit wird auch **Signifikanzniveau** (α) genannt. Gleichwohl kann diese Ablehnung fehlerhaft sein, weil auch in seltenen Fällen der Zufall extreme Ergebnisse hervorbringt. Die Ablehnung einer richtigen Nullhypothese wird als „**α-Fehler**" bezeichnet.

Im Rahmen dieses Buches kommen in den SPSS-Anwendungen der T-Test, der F-Test und der χ^2-Test (sogenannter Chi-Quadrat-Unabhängigkeitstest) vor. Der T-Test überprüft in der Regressionsanalyse, ob die Regressionsparameter gegen „null" gesichert sind. Der Test kann **zweiseitig** oder **einseitig** erfolgen, je nachdem, ob für den Betrachter beide Abweichungen von Bedeutung sind. Wird ein zweiseitiger Test gewählt, verteilt sich die unterstellte Irrtumswahrscheinlichkeit je zur Hälfte auf die obere oder untere Grenze. Dies hat zur Folge, dass die Irrtumswahrscheinlichkeit für eine Testseite kleiner ausfällt und damit die Nullhypothese nicht so schnell verworfen wird. Die Alternativhypothese, dass beispielsweise von einer Variablen ein Einfluss auf eine andere Variable ausgeht oder beide Variablen abhängig voneinander sind, kommt dann nicht zum Zuge. Folglich würden die Ergebnisse der Regressionsfunktion verworfen.

Als grobe Regel für die Ablehnung einer Nullhypothese beim T-Test gilt: Immer dann, wenn der empirisch berechnete Wert „t_{emp}", der von Excel und SPSS ausgewiesen wird, größer als ein kritischer, theoretischer Wert „t_c" von ungefähr „$|t_c = 2|$" ist, kann die Nullhypothese abgelehnt und von einem Einfluss der exogenen Variablen auf die endogene Variable ausgegangen werden. Der genaue kritische Wert kann je nach Anzahl der Beobachtungswerte und der Höhe der Irrtumswahrscheinlichkeit von dem Wert „$t_c = 2$" abweichen. Der F-Test überprüft, ob eine Regressionsfunktion insgesamt einen Erklärungsbeitrag aufweist, d. h. er kann als Test verstanden werden, ob das Bestimmtheitsmaß nur zufällig von „null" abweicht oder ob die Abweichung auf den Einfluss der exogenen Größen zurückgeht. Schließlich überprüft der Chi-Quadrat-Unabhängigkeitstest, ob zwischen zwei (nominalskalierten) Variablen ein signifikanter Einfluss besteht und der ermittelte korrigierte Kontingenzkoeffizient deshalb signifikant von „null" abweicht.

Wichtig ist anzumerken, dass das Programmpaket SPSS den Test anders vornimmt. Es berechnet das sogenannte **empirische Signifikanzniveau α***, d. h. die empirische Irrtumswahrscheinlichkeit und weist diese in allen Verfahren, die mit der schließenden Statistik in Berührung kommen, als „empirisches (asymptotisches) Signifikanzniveau α*" aus (auch als „**P-Wert**" bezeichnet). Die in SPSS ermittelte Signifikanz gibt an, mit welcher Irrtumswahrscheinlichkeit die Nullhypothese gerade noch nicht verworfen werden kann. Beträgt z. B. das Signifikanzniveau α* = 0,12, so müsste eine Irrtumswahrscheinlichkeit von leicht über 12 % oder mehr hingenommen werden, um die Nullhypothese ablehnen zu können. Nun muss der Anwender entscheiden, ob er diese Irrtumswahrscheinlichkeit eingeht oder nicht. Gängige Irrtumswahrscheinlichkeiten, die hingenommen werden (also gängige Signifikanzniveaus α sind α = 0,1; α = 0,05 und α = 0,01; d. h. Irrtumswahrscheinlichkeiten von 10 %; 5 % oder 1 %). Ein empirisches Signifikanzniveau von 12 % wird in der Regel als zu hoch eingestuft, so dass die Nullhypothese nicht abgelehnt werden kann. Daher gilt die Aussage, dass die Nullhypothese umso eher abgelehnt werden kann, je kleiner das empirische Signifikanzniveau α* ausfällt (weil dann eine kleinere Irrtumswahrscheinlichkeit hinzunehmen ist, um eine Hypothese zu verwerfen).

Teil D: Excel- und SPSS-Befehle

I. Excel-Befehle

Ausgehend vom modifizierten Beispiel der Arbeitsunfälle nach Unfallart und Schweregrad (siehe Tab. II-2-2 und Tab. II-2-3a, Tab. II-2-3b) und des Beispiels der Bruttokaltmieten (siehe Tab. II-6-5) sollen nachfolgend die Möglichkeiten des Einsatzes von Microsoft Excel 2010 anhand dieser beiden Datensätze vorgestellt werden.

Beispiel „Unfallstatistik" (vgl. Tab. II-2-2, II-2-3a, II-2-3b):
Am Beispiel der Arbeitsunfälle soll gezeigt werden, wie sich in Excel aus Einzelwerten eine Häufigkeitstabelle erstellen lässt und sich die verschiedenen Kollektivmaßzahlen berechnen lassen. Dabei wird das Beispiel „Unfallstatistik" gegenüber der Darstellung der Tab. II-2-2 in Kap. II.2.2 aus Gründen der Übersichtlichkeit von n = 83 auf n = 13 Beobachtungswerte (13 Merkmalsträger) reduziert.

Tabelle III-D-1: Ungeordnete Urliste für Merkmal X (Unfallart*) und Merkmal Y (Schweregrad*) aus dem Bereich der Unfallstatistik			
	B	C	D
3	Laufindex i	Merkmal X_i (Unfallart)	Merkmal Y_i (Schweregrad*)
4	1	1	2
5	2	2	2
6	3	1	1
7	4	5	3
8	5	1	4
9	6	3	1
10	7	4	5
11	8	5	2
12	9	1	1
13	10	5	1
14	11	6	5
15	12	1	4
16	13	6	1
Hinweis: *) Zum Schlüssel der Ausprägungen von Merkmal X und Y s. Tab. II-2-3a und 3b			

Erstellung einer Häufigkeitstabelle nicht klassifizierter Daten:
Aus den Einzelwerten des Merkmals Y der Tab. III-D-1 lässt sich auf einfache Weise eine Häufigkeitstabelle mittels der folgenden Vorgehensweise erstellen. Zuerst sind in einer Spalte alle Merkmalsausprägungen untereinander zu erfassen, die in der Häufigkeitsverteilung vorkommen (siehe hierzu den Felderbereich (B23:B27) der Spalte B der nachfolgenden Tab. III-D-2). Auf Basis dieser Merkmalsausprägungen werden die Merkmalswerte ausgezählt, d. h. absolute Häufigkeiten errechnet. Es empfiehlt sich, die Stelle für die Spaltenerfassung der Merkmalsausprägungen so zu wählen, dass diese Spalte später integraler Bestandteil der zu erstellenden Häufigkeitstabelle ist (siehe Tab. III-D-2). Anschließend ist der Felderbereich zu markieren, in dem die berechneten Häufigkeiten ausgewiesen werden sollen (zum Markierungsbereich siehe die Spalte C mit den Feldern (C23:C27) der nachfolgenden Tab. III-D-2; es sei angemerkt, dass die Spaltenbreite der Felder vor der Markierung groß genug

gewählt werden muss, damit sich die Felder der benachbarten Spalten nicht überschreiben und sich damit gegenseitig behindern). Dieser Felderbereich – sowie alle in Excel erstellten Felderbereiche – werden als Einheit definiert (sogenanntes Array) und lassen sich später nur als gesamtes Array, aber nicht als einzelnes Feld (Zelle) verändern, d. h. z. B. löschen. Schließlich wird am Anfang dieses markierten Felderbereichs folgender Excel-Befehl eingegeben (alle von Excel auszuführenden Befehle beginnen grundsätzlich mit einem „="):

=**HÄUFIGKEIT**(Daten; Klassen)
=**HÄUFIGKEIT**(D4:D16; B23:B27)

Bei der Erstellung der Häufigkeitsverteilung ist zu beachten, dass der Wert „Daten" den Feldbereich angibt, in dem die Merkmalsausprägungen erfasst sind (D4:D16; Tab. III-D-1). Der Wert „Klassen" enthält die Felderadresse, in der zuvor die grundsätzlich vorkommenden Merkmalsausprägungen eingegeben wurden (C23:C27, Tab. III-D-2). Der Excel-Befehl ist dann mittels „Strg + Shift + Enter" anzunehmen. Erfolgt an dieser Stelle lediglich eine Bestätigung durch ein einfaches „Enter", wird nur die Häufigkeit der ersten Merkmalsausprägung ausgewiesen (dieses Vorgehen zur gleichzeitigen Ermittlung aller Felderwerte gilt im Übrigen grundsätzlich für alle Excel-Befehle). Nach Bestätigung des Befehls werden die absoluten Häufigkeiten wie nachfolgend in Tab. III-D-2 (Spalte C) berechnet ausgewiesen:

Die in Tab. III-D-2 ergänzend ausgewiesenen relativen Häufigkeiten sowie die relativen Summenhäufigkeiten müssen zusätzlich mittels der jeweiligen Excel-Formel – wie nachfolgend in Tab. III-D-3 dargestellt – kalkuliert werden.

Tabelle III-D-2: Häufigkeitstabelle der Arbeitsunfälle nach Schweregrad (Y_i)				
	B	C	D	E
22	Merkmalsausprägung (Schweregrad) Y_i	Absolute Häufigkeit h_i	Relative Häufigkeit f_i	Relative Summenhäufigkeit F_i
23	1	5	0,385	0,385
24	2	3	0,231	0,615
25	3	1	0,077	0,692
26	4	2	0,154	0,846
27	5	2	0,154	1,000
28	**Summe**	**13**	**1,000**	

Tabelle III-D-3: Übersicht der hinterlegten Excel-Formeln zur Erstellung aller Felder der Tabelle III-D-2				
	B	C	D	E
22	Y_i	h_i	f_i	F_i
23	1	=HÄUFIGKEIT(D4:D16;B23:B27)	=C23/$C$28	=D23
24	2	=HÄUFIGKEIT(D4:D16;B23:B27)	=C24/$C$28	=E23+D24
25	3	=HÄUFIGKEIT(D4:D16;B23:B27)	=C25/$C$28	=E24+D25
26	4	=HÄUFIGKEIT(D4:D16;B23:B27)	=C26/$C$28	=E25+D26
27	5	=HÄUFIGKEIT(D4:D16;B23:B27)	=C27/$C$28	=E26+D27
28	Σ	**=SUMME(C23:C27)**	**=SUMME(D23:D27)**	

Erstellung einer Häufigkeitstabelle mit klassifizierten Daten

Liegen klassifizierte Daten zugrunde, ist grundsätzlich ein analoges Vorgehen wie bei der Erstellung einer (nicht klassifizierten) Häufigkeitstabelle gegeben. Da sich eine Klassenbildung insbesondere bei stetigen Merkmalswerten anbietet, erfolgt eine Darstellung der Ergebnisse dieser Anwendung am späteren Beispiel „Bruttokaltmieten".

Erstellung einer zweidimensionalen H.V. mittels Pivot-Tabellen für Tab. III-D-1

Bisher wurde nur ein Merkmal Y_i bei der Erstellung der Häufigkeitstabelle über Excel berücksichtigt. Infolge der zweidimensionalen Betrachtung soll nun aber auch Merkmal X_i mit in die Darstellung aufgenommen werden.

Dies lässt sich in Excel durch sogenannte Pivot-Tabellen auf folgende Weise realisieren: Nachdem in Tab. III-D-1 der zweidimensionale Wertebereich (B3:D16) inklusive der Spaltenüberschriften (!) markiert wurde, gelangt der Anwender über das Register **„Einfügen"** und die Gruppe **„Tabellen"** zum **„Pivot-Table"**-Befehl. Wird dieser ausgeführt, öffnet sich der Assistent zur Erstellung von Pivot-Tabellen. Da der relevante Datenbereich bereits ausgewählt wurde, ist nur noch zu entscheiden, ob die Pivot-Tabelle in einem neuen Arbeitsblatt oder im vorhandenen Arbeitsblatt erstellt werden soll. Nun erscheint am rechten Rand die **„PivotTable-Feldliste"**. Dort werden im oberen Feld die vorher markierten Spaltenüberschriften der jeweiligen Werte angezeigt. Soll die zweidimensionale Häufigkeitsverteilung von Merkmal X (Unfallart) und Merkmal Y (Schweregrad) angezeigt werden, sind lediglich die beiden Merkmale auszuwählen und in das jeweilige Feld **„Zellen-"** bzw. **„Spaltenbeschriftungen"** zu ziehen (je nachdem wie sie angeordnet werden sollen). Kopfzeile und Kopfspalte sind nun mit den Merkmalen definiert. Um ein Ergebnis auszuweisen, wird abschließend ein beliebiges Merkmal in das **„Σ Werte"**-Feld gezogen. Zur Ausgabe der gemeinsamen absoluten Häufigkeiten ist es noch notwendig, mittels eines „Rechtsklicks" an einer beliebigen Stelle innerhalb der Pivot-Tabelle, die angezeigten Werte über die Schaltfläche **„Wertfeldeinstellungen"** und die Option **„Werte zusammenfassen nach"** von **„Summe"** auf **„Anzahl"** zu formatieren. Dies ist erforderlich, da Excel hier ansonsten die Summenhäufigkeiten ermittelt, nicht aber die gemeinsamen absoluten Häufigkeiten.

Für das Beispiel der Unfallstatistik ergeben sich in der Pivot-Tabelle nun einige leere Felder, da nicht alle Merkmalskombinationen auftreten. Hier ist es empfehlenswert über „Rechtsklick" innerhalb der Pivot-Tabelle und **„PivotTable-Optionen"** in der Kategorie **„Layout & Format"** das Format **„Für leere Zellen anzeigen"** zu aktivieren und dort den Wert „0" anzugeben. Dies sorgt dafür, dass für jedes nicht vorkommende Wertepaar die gemeinsame absolute Häufigkeit von „null" angezeigt wird.

Die Werte lassen sich nun beliebig ausweisen: Um beispielsweise die gemeinsamen relativen Häufigkeiten darzustellen, genügt ein „Rechtsklick" innerhalb der Pivot-Tabelle; wird nun über **„Werte anzeigen als"** die Option **„% der Gesamtsumme"** ausgewählt, werden die gemeinsamen relativen Häufigkeiten angezeigt.

Auch die bedingten relativen Häufigkeiten lassen sich auf analoge Vorgehensweise präsentieren, indem anstelle der Option **„% der Gesamtsumme"** entweder die Option **„% des Zeilenergebnisses"** für die Bedingung der vorgegebenen Merkmalswerte der Zeilenbeschriftungen (hier: Unfallart) oder die Option **„% des Spaltenergebnisses"** für die Bedingung der vorgegebenen Werte der Spaltenbeschriftungen (hier: Schweregrad) ausgewählt wird.

Das Layout der Pivot-Tabelle kann über das Register „**PivotTable-Tools – Entwurf**" in der Gruppe „**Layout**" mittels der Schaltfläche „**Berichtslayout**" editiert werden. Hier ist die Option „**In Tabellenformat anzeigen**" zu empfehlen.

	A	B	C	D	E	F	G
	Tabelle III-D-4: Ausgabe einer zweidimensionalen Häufigkeitstabelle mittels Pivot am Beispiel der Unfallstatistik						
	A	B	C	D	E	F	G
3		**Merkmal Y_i (Schweregrad)**					
4	**Merkmal X_i (Unfallart)**	**1**	**2**	**3**	**4**	**5**	**Gesamtergebnis**
5	1	2	1	0	2	0	**5**
6	2	0	1	0	0	0	**1**
7	3	1	0	0	0	0	**1**
8	4	0	0	0	0	1	**1**
9	5	1	1	1	0	0	**3**
10	6	1	0	0	0	1	**2**
11	**Gesamtergebnis**	**5**	**3**	**1**	**2**	**2**	**13**

Ermittlung einzelner Mittelwerte des Merkmals Y (Schweregrad) bei Einzelwerten (Tabelle III-D-1; Spalte D)

Der **Modus** ermittelt sich unter Verwendung von Einzelwerten mittels:

=**MODALWERT**(Zahl1; [Zahl2];…)
=**MODALWERT**(D4:D16)
$X_{Mo} = 1$

Der **Median** ermittelt sich mit dem Befehl:

=**MEDIAN**(Zahl1; [Zahl2];…)
=**MEDIAN** (D4:D16)
$X_{Me} = 2$

Sowohl bei der Ausgabe des Modus als auch des Median, stellt der Ausdruck in der Klammer (Zahl1; [Zahl2]; …) das Array der Merkmalswerte (hier D4:D16) dar.

Das **arithmetische Mittel** darf bei diesem Beispiel nicht ermittelt werden, da hier eine Ordinalskala vorliegt. Zur Ermittlung des arithmetischen Mittels via Excel siehe das anschließende Beispiel der Bruttokaltmieten.

Aufgrund des ordinalskalierten Merkmals verhält es sich für die **Streuungsmaße** ebenso wie für das arithmetische Mittel, daher werden diese – wie vorhergehend erwähnt – am folgenden Beispiel der Bruttokaltmieten dargestellt.

Beispiel „Bruttokaltmieten, Haushaltsnettoeinkommen" (Tab. II-4-11):

Zur Ermittlung der verbleibenden statistischen Größen sei auf das Beispiel der Bruttokaltmieten (Tabelle II-4-11) verwiesen. Für die Betrachtung der eindimensionalen Größen wird
im Folgenden ausschließlich auf das Merkmal X_i zurückgegriffen (s. Tab. III-D-5).

Tabelle III-D-5: Monatliches Haushaltsnettoeinkommen (X_i) und monatliche Bruttokaltmieten (Y_i); (jeweils in Tsd. €)

	B	C	D	E	F	G
3	Haushalt i	Merkmal X_i	Merkmal Y_i	X_i^2	Y_i^2	$X_i \cdot Y_i$
4	1	3,3	0,7009	10,89	0,4913	2,3130
5	2	0,7	0,3587	0,49	0,1286	0,2511
6	3	4,7	1,0130	22,09	1,0262	4,7611
7	4	4,4	1,0060	19,36	1,0120	4,4264
8	5	2,8	0,5770	7,84	0,3329	1,6156
9	6	3,5	0,9032	12,25	0,8157	3,1611
10	7	3,8	0,7920	14,44	0,6273	3,0096
11	8	2,6	0,7351	6,76	0,5404	1,9113
12	9	1,6	0,4948	2,56	0,2448	0,7917
13	10	4,1	1,0435	16,81	1,0890	4,2785
14	11	1,9	0,4610	3,61	0,2125	0,8759
15	12	0,9	0,2204	0,81	0,0486	0,1984
16	**Summe**	**34,3**	**8,3056**	**117,91**	**6,5693**	**27,5936**

Arithmetisches Mittel von X bei Einzelwerten

Das **arithmetische Mittel** des Merkmals X berechnet sich für Tab. III-D-5 als:

=**MITTELWERT**(Zahl1; [Zahl2];…)
=**MITTELWERT**(C4:C15)
$\bar{X} = 2,86$

Dabei gibt die Klammer wieder das Array an, indem sich die Einzelwerte befinden (hier
C4:C15 für das arithmetische Mittel des Merkmals X).

Ermittlung von Streuungsmaßen bei Einzelwerten (s. Tab. III-D-5):

• **Spannweite**

Die **Spannweite** (Range) von X stellt die Differenz zwischen größter und kleinster Merkmalsausprägung dar. Unter Verwendung von Einzelwerten als auch einer nicht klassifizierten
Häufigkeitstabelle ermittelt sie sich mittels:

=**MAX**(Zahl1; [Zahl2];…) – **MIN**(Zahl1; [Zahl2];…)
=**MAX**(C4:C15) – **MIN**(C4:C15)
$R = 4,00$

In den Klammern der Funktion stehen jeweils die beobachteten Merkmalsausprägungen, so-dass sich die Spannweite definitionsgemäß als größte (MAX) minus kleinste (MIN) Merk-malsausprägung ergibt.

- **Quartilsabstand, Mittlerer Quartilsabstand** (s. Tab. III-D-5)

Um den **Quartilsabstand** (und den **Mittleren Quartilsabstand**) von X zu berechnen wird zuvor auf die Ermittlung eines Quartils verwiesen. Ein Quartil bestimmt sich durch:

= **QUARTILE**(Matrix; Quartile)
= **QUARTILE**(C4:C15;1)
$Q_1 = 1,83$

Hierbei gibt „Matrix" die Merkmalswerte (C4:C15) wieder und für den Ausdruck „Quartile" ist die jeweilige Zahl des gewünschten Quartils einzusetzen (hier: 1 für das erste Quartil).

Der Quartilsabstand $(QA = Q_3 - Q_1)$ von X lässt sich nun bestimmen via

= **QUARTILE**(Matrix; Quartile; 3. Quartil) – **QUARTILE**(Matrix; Quartile; 1. Quartil)
=**QUARTILE**(C4:C15;3) – **QUARTILE**(C4:C15;1)
$QA = 2,05$

Der Mittlere Quartilsabstand $(MQA = (Q_3 - Q_1)/2)$ ergibt sich aus:

=(**QUARTILE**(Matrix; Quartile; 3. Quartil) – **QUARTILE**(Matrix; Quartile; 1. Quartil)) / 2
=(**QUARTILE**(C4:C15;3) – **QUARTILE**(C4:C15;1)) / 2
$MQA = 1,025$

- **Mittlere Absolute Abweichung (MAD)** (s. Tab. III-D-5)

Die **MAD** von X wird mittels des Befehls

=**MITTELABW**(Zahl1; [Zahl2]; …)
=**MITTELABW**(C4:C15)
$MAD(\overline{X}) = 1,11$

berechnet. „Zahl1; [Zahl2];…" spiegelt ebenfalls den Feldbereich der Einzelwerte wider (hier für Merkmal X). Als Bezugsgröße der MAD wird hierbei das arithmetische Mittel her-angezogen.

- **Varianz, Standardabweichung** (s. Tab. III-D-5)

Bezüglich der **Varianz** S_X^2 muss vorerst die Endung der Formel beachtet werden. Die En-dung „S" stellt hierbei auf die Varianz einer Stichprobe ab, hierbei wird die Varianz nicht durch n dividiert, sondern durch (n – 1), damit sich unverzerrte Schätzwerte für die unbe-kannte Varianz der Grundgesamtheit ergeben. Dieser Befehl ist der schließenden Statistik zuzuordnen.

Im Falle der deskriptiven Statistik wird die Formel mit der Endung „,P" verwendet:

=**VAR.P**(Zahl1; [Zahl2]; …)
=**VAR.P**(C4:C15)
$S_X^2 = 1,66$

Die Klammer enthält den Feldbereich der Merkmalswerte (C4:C15), deren Varianz berechnet werden soll.

Erstellung einer Häufigkeitstabelle bei klassifizierten Daten:

Bevor auf die zweidimensionale Darstellung von Lageparametern eingegangen wird, sollen abschließend die Daten des Merkmals X der Tab. III-D-5 mittels Excel als Häufigkeitstabelle **mit Klassen** erstellt und die **Klassenhäufigkeiten** ermittelt werden. Wie bereits angedeutet, erfolgt die Erstellung dieser Klassen ebenfalls über den bereits zuvor vorgestellten Befehl „**Häufigkeiten**". Das Ergebnis der über Excel bestimmten Klassenhäufigkeiten ist aus Tab. III-D-6 ersichtlich. Zur Ermittlung der Klassenhäufigkeiten ist folgender Excel-Befehl nach dem zuvor beschriebenen Ablaufprozess einzugeben:

=**HÄUFIGKEIT**(Daten; Klassen)
=**HÄUFIGKEIT**(C4:C15;C4:C7)

Anders als bei der Erstellung der Häufigkeitstabelle für nicht klassifizierte Daten werden bei der Ermittlung von Klassenhäufigkeiten der klassifizierten Daten für das Feld „**Klassen**" der oben angeführten Excel-Häufigkeitsfunktion nicht die Merkmalsausprägungen eingetragen, sondern die jeweiligen Klassen**obergrenzen** angeführt (s. Spalte (C4:C7) der Tab. III-D-6). Die Funktion „**Häufigkeit**" ermittelt hierbei **automatisch** die Häufigkeiten der Merkmalswerte X_i über die Felder (C4:C15) der Tab. III-D-5, die jeweils zwischen den Klassenobergrenzen anfallen. Anschließend lässt sich mit diesem „Elementarergebnis" der Häufigkeitstabelle der klassifzierten Daten eine vollständige Häufigkeitstabelle mit weiteren Angaben, wie z. B. relativen Häufigkeiten, Summenhäufigkeiten und ggfs. auch Dichte erstellen.

Tabelle III-D-6: Klassifizierte Häufigkeitstabelle für das monatliche Haushaltsnetto-einkommen (X_i)					
	B	C	D	E	F
3	X_i (in 1 000 €) von …	bis unter	h_i	f_i	F_i
4	0,7	1,7	3	0,25	0,25
5	1,7	2,7	2	0,17	0,42
6	2,7	3,7	3	0,25	0,67
7	3,7	4,7	4	0,33	1,00
8					
9	Summe		12	1,00	

Graphische Darstellung einer Verteilungsfunktion bei klassifizierten Daten:

Bei klassifizierten Daten werden die Summenhäufigkeiten jeweils an ihrer Klassen**obergrenze** erreicht (s. Kapitel II.2.7). Dies ist auch bei der graphischen Darstellung der Verteilungsfunktion zu beachten. Sollen die kumulierten Häufigkeiten mittels des Diagrammtyps

„Liniendiagramm" dargestellt werden, so werden die Merkmalswerte der zugehörigen kumulierten Häufigkeiten automatisch „zwischen den Teilstrichen" der horizontalen Primärachse angeordnet. Dadurch erfolgt bei klassifizierten Daten jedoch eine falsche Interpretation der Summenhäufigkeiten, da diese – wie oben erwähnt – erst an der Klassenobergrenze erreicht werden. Für eine korrekte graphische Darstellung muss mittels Rechtsklick auf die horizontale Primärachse unter **„Achse formatieren"** – **„Achsenoptionen"** die Option **„Achse positionieren"** von **„Zwischen Teilstrichen"** auf **„Auf Teilstrichen"** geändert werden (s. nachfolgende Darstellung).

Achsenoptionen für Darstellung einer Verteilungsfunktion:

Achsenoptionen	Achsenoptionen
Zahl	Intervall zwischen Teilstrichen: 1
Füllung	Intervall zwischen Beschriftungen:
Linienfarbe	● Automatisch
Linienart	○ Intervalleinheit angeben: 1
Schatten	☐ Kategorien in umgekehrter Reihenfolge
Leuchten und weiche Kanten	Beschriftungsabstand von Achse: 100
3D-Format	Achsentyp:
Ausrichtung	● Automatische Auswahl basierend auf Daten
	○ Textachse
	○ Datumsachse
	Hauptstrichtyp: Außen ▼
	Hilfsstrichtyp: Keine ▼
	Achsenbeschriftungen: Achsennah ▼
	Vertikale Achse schneidet:
	● Automatisch
	○ Bei Rubriknummer: 1
	○ Bei größter Rubrik
	Achse positionieren:
	● Auf Teilstrichen ←
	○ Zwischen Teilstrichen

Alternative: Um dieses Problem der aufwendigen Achsenoptionen zu umgehen, sollte der unter „Punktdiagramm" befindliche Typ „Punkte mit interpolierten Linien" (2. Option der Punktdiagramme) verwendet werden. Dieser stellt die Summenhäufigkeiten ohne nachträgliche Formatierung exakt an den Klassengrenzen dar. Als Beispiel einer Verteilungsfunktion sei hier auf Abb. II-2-12 verwiesen.

Maßzahlen der zweidimensionalen Betrachtung auf Basis der Tab. III-D-5

Die **Kovarianz** für Einzelwerte kann mittels des folgenden Befehls für die Daten der Tab. III-D-5 bestimmt werden:

=KOVARIANZ.P(Array1; Array2)
=KOVARIANZ.P(C4:C15;D4:D15)
$S_{XY} = 0,32$

Hier tritt dieselbe Besonderheit wie zuvor bei der Varianz auf. In der deskriptiven Statistik wird mit der Endung „P" gearbeitet, die Endung „S" kommt in der schließenden Statistik zur Anwendung. „Array1" steht für den Feldbereich der Merkmalswerte des ersten Merkmals (hier X_i; C4:C15) und „Array2" für den Feldbereich der Merkmalswerte des zweiten Merkmals (hier Y_i; D4:D15).

Der **Bravais-Pearson Korrelationskoeffizient** errechnet sich für die Einzelwerte der Tab. III-D-5 mittels des nachfolgenden Befehls:

=**KORREL**(Matrix1; Matrix2)
=**KORREL**(C4:C15;D4:D15)
r = 0,95

Die „Matrix1" beschreibt hierbei das Array der Merkmalswerte des ersten Merkmals und die „Matrix2" bezieht sich auf das Array der Merkmalswerte des zweiten Merkmals.

Lineare Regressionsberechnung nach dem Kleinste Quadrate Verfahren (s.Tab. III-D-5)

=**RGP**(Y_Werte; [X_Werte]; [Konstante]; [Stats])
=**RGP**(D4:D15;C4:C15;WAHR;WAHR)
Zum Ergebnis siehe Tabelle III-D-7

Mithilfe des obigen Befehls werden die Parameter einer **linearen Regressionsfunktion** $Y_i = b_1 + b_2 \cdot X_i$ ermittelt. Hierbei gilt es mehrere Aspekte zu berücksichtigen. Analog zu der Erstellung einer Häufigkeitstabelle mit Excel müssen bei diesem Befehl zuvor einige Zeilen und Spalten markiert werden (mindestens 2 Spalten und 5 Zeilen für den Ausdruck der gesuchten Werte; es können auch mehr Spalten und Zeilen sein; dann werden die überzähligen Felder mit dem Symbol „#NV" aufgefüllt). Außerdem muss auch hier abschließend mit der Tastenkombination **„Strg + Shift +Enter"** bestätigt werden, da ansonsten nur ein Parameter ausgewiesen wird. Die genaue Zuordnung des Ergebnis-Arrays ist anhand nachfolgender Tab. ersichtlich. (Zur Erläuterung siehe die Anmerkungen im unteren Bereich der Tab. II-6-1 sowie Kap. II.6.5):

Tabelle III-D-7: Ergebnis der Regressionsanalyse			
Excel-Ausgabe		Begriffszuordnung zur Excel-Ausgabe	
0,1939	0,1378	b_2	b_1
0,0192	0,0602	$S\,b_2$	$S\,b_1$
0,9106	0,0857	r^2	Standard-Fehler u_i
101,8199	10,0000	F-Wert	Freiheitsgrad
0,7473	0,0734	SQE	SQR
b_2 = Steigungsparameter		b_1 = Absolutes Glied	
$S\,b_2$ = Standardfehler für b_2		$S\,b_1$ = Standardfehler für b_1	
r^2 = Bestimmtheitsmaß		Standard-Fehler = Schätzwert für den Standardfehler der Störgröße der GG (s. Ausführungen zu SPSS im Abschnitt 2 b)	
F-Wert = beobachtete Beziehung zwischen abhängiger und unabhängiger Variable ist zufällig oder nicht (F-Test, s. Anhang C)		Freiheitsgrad = Freiheitsgrad zum jeweiligen F-Wert	

II. SPSS-Befehle

IBM SPSS[244] Statistics (nachfolgend SPSS) stellt das am weitesten verbreitete Programm zur Datenanalyse dar. Mittels SPSS lässt sich mit wenigen Befehlen ein breites Spektrum an statistischen Auswertungsmöglichkeiten realisieren, das auch ohne Vorkenntnisse schnell genutzt werden kann. Im Folgenden sollen im Rahmen eines kurzen Überblicks einige grundlegende Befehle und Vorgehensweisen angesprochen werden, um Daten in SPSS zu erfassen und sie mit verschiedenen Routinen zu bearbeiten. Die Darstellung der statistischen Begriffe und Berechnungen konzentriert sich auf die exemplarische Ermittlung der Lage- und Streuungsparameter und die Erstellung einer zweidimensionalen H.V. nebst verschiedenen statistischen Kennzahlen, sowie auf die Ermittlung einer einfachen linearen multiplen Regressionsfunktion (Mehrfachregression). Zuvor wird jedoch der Aufbau von SPSS kurz vorgestellt: Im Einzelnen wird beschrieben, wie eine Datei neu angelegt oder eine vorhandene Datei geöffnet werden kann, wie sich Daten in eine neue Datei eingeben und ggfs. verschlüsseln lassen. Dabei wird auf das Datenbeispiel „Nettokaltmiete, Wohnfläche", d. h. auf die Einzelwerte der Tabelle II-6-6a zurückgegriffen. (Anmerkung: Die Eingabe in SPSS erfolgt für Einzelwerte; zweidimensionale H.V. lassen sich auf dieser Basis dann schnell erstellen).

Die Ausführungen beziehen sich auf die **22. Version** von IBM SPSS. Alle SPSS-Eingaben erfolgen im sogenannten „**Dateneditor**", der in der Titelleiste angezeigt wird. Die Ergebnisse der Berechnungen und Analysen über das SPSS-Programm werden im sogenannten „**Viewer**" als Ausgabedatei in einem neuen Fenster ausgegeben. Die Ausgabedatei lässt sich unter einem selbst gewählten Namen abspeichern.

1) Erstellung der Datei mit Variablendefinition und Dateneingabe

a) Anlegen einer neuen Datei oder Öffnen einer vorhandenen Datei

Soll eine neue Datei erstellt werden, so lässt sich diese über den Menüpunkt „**Datei**" via „**Neu**" und „**Daten**" generieren. Sie wird dann unter dem Namen „Unbenannt01" geöffnet. Diese Datei sollte am besten vor der Dateneingabe unter einem neuen sinnvollen Namen abgespeichert werden. Besteht schon eine Datei, so kann sie unter „Datei", „Öffnen", „Daten" aufgerufen werden.

Bei der Bearbeitung der Daten in den Dateien wird zwischen einer Variablen- und einer Datensicht unterschieden (siehe Leiste linksunten im Programm). In der **Variablensicht** werden alle Variablen definiert, in der **Dateneinsicht** erfolgt die Eingabe und Verarbeitung aller Daten zeilenweise über alle Spalten (Variablen), ähnlich wie dies in Excel erfolgt. Im Folgenden sollen zunächst die Variablenbezeichnungen definiert und anschließend die Daten eingelesen werden (dabei wird jeweils Bezug genommen auf die Daten der Tab. II-6-6a).

---

[244] SPSS = „Superior Performing Software System"; ursprünglich: „Statistical Package for the Social Sciences", vgl. Pinnekamp; Siegmann: Deskriptive Statistik 2008, S. 281 ff. Hier findet sich auch eine etwas ausführlichere Beschreibung von SPSS im Hinblick auf Aufbau und Dateneingabe sowie der statistischen Auswertungsmöglichkeiten. Eine sehr ausführliche und anschauliche Darstellung findet sich in Eckstein, P. P.: Angewandte Statistik mit SPSS, a. a. O.

b) Variablendefinition erstellen

Die Variablenbezeichnungen werden in der „**Variablenansicht**" definiert. Dort sind spaltenweise Angaben für jede der in den verschiedenen Zeilen erfassten Variablen zu folgenden Feldern zu machen:

Name	In dieser Spalte kann der von SPSS automatisch zugewiesene Name „VAR0000x" umbenannt werden. Es ist eine begrenzte Anzahl von Zeichen als Eingabe möglich; gewisse Zeichen sind nicht zulässig. Somit erhält die Variable Y den Namen „Nettokaltmiete", die Variable X_2 den Namen „Wohnfläche" und die Dummyvariable X_3 den Namen „Niveaudummy".
Typ	Hier wird der Variablentyp definiert. Handelt es sich bei der Eingabe der Merkmalswerte um Zahlen, so ist der Typ als „Numerisch" zu kategorisieren. Werden Buchstaben eingegeben, so ist der Typ „Zeichenfolge" bzw. „String" zu wählen. (Hinweis: Bei diesem Feld ist lediglich die Art der Merkmalswerte zu bestimmen (numerisch oder nicht, etc.), aber es werden keine Angaben zur Skalierung vorgenommen).
Spaltenformat	Definiert, wie viele Stellen in der Spalte dargestellt werden können.
Dezimalstellen	Je nach Datenwert individuell festzulegen.
Beschriftung	Wurde beim Variablennamen ein allgemeiner Titel wie „VAR0000x" gewählt, kann hier eine weitere Betitelung – die allerdings nicht in der Spalte angezeigt wird – erfolgen. Auf eine Angabe kann auch verzichtet werden.
Werte	Hier erfolgt die Verschlüsselung der Daten; dies ist insbesondere bei nominalskalierten Variablen erforderlich, um sie datentechnisch besser verarbeiten zu können. Im vorliegenden Beispiel ist die nominalskalierte Dummyvariable (Lage) zu verschlüsseln, die in der Regressionsanalyse wie eine metrische Variable behandelt wird. Bei der Verschlüsselung ist wie folgt vorzugehen: In der „Variablenansicht" wird in der Spalte „Werte" eine Schaltfläche mit drei Punkten in derjenigen Zeile angeklickt, in der sich die zu verschlüsselnde Dummyvariable befindet. Nach Betätigung dieser Schaltfläche öffnet sich ein neues Fenster, indem die Wertebeschriftungen vorgenommen werden können. Für das vorliegende Beispiel bedeutet dies, dass im Feld „Wert" eine „0" und im Feld „Beschriftung" „einfach" eingetragen wird, da „0" der Schlüssel der „einfachen Lage" ist. Nach Bestätigung mit „Hinzufügen", ist der Wert definiert. Analog erfolgt die Vorgehensweise für die „mittlere Lage" mit dem Schlüssel „1". Auf diese Weise erhält die nominalskalierte Variable „Lage" einen Datenschlüssel zugewiesen, der dann die eingegebenen Werte „0" bzw. „1" in die Beschreibungen „einfache Lage" bzw. „mittlere Lage" übersetzt. Die Verschlüsselung kann in der Symbolleiste des Dateneditors durch Anklicken des Symbols „Wertebeschriftungen" als Datenschlüssel („einfache", „mittlere") bzw. durch wiederholtes Betätigen wieder als Wert („0", „1") angezeigt werden.
Fehlend	Hier kann die Behandlungsweise von nicht vorhandenen Datenwerten spezifiziert und ihnen ein Schlüssel zugewiesen werden. Dadurch können fehlende

	Werte besser identifiziert und in den verschiedenen Verfahren besser berücksichtigt werden.
Spalten	Gibt die Breite der Spalte an. Erfolgt keine Angabe, wird diese automatisch vorgegeben.
Ausrichtung	Hier wird angegeben, ob die Daten links-, rechtsbündig oder mittig dargestellt werden sollen.
Maß	Über die Spalte „Maß" wird die Skalierung der Variablen festgelegt. Es wird zwischen den Skalen „Nominal", „Ordinal" und „Metrisch" (ohne Unterscheidung von Intervall- und Verhältnisskala) differenziert. Die Zuweisung der Skalierung ist wichtig, damit SPSS die entsprechenden skalierungsabhängigen Befehle auch ausführt. Es werden bei einigen Routinen nur SPSS Befehle ausgeführt, die mit der Verschlüsselung vereinbar sind. Wird also aus Versehen eine metrische Skala als Nominalskala deklariert, „verweigert" SPSS u. U. die Berechnung von Größen (z. B. bei einigen Teststatistiken), die nur für metrische Merkmale möglich sind, auch wenn die Daten der falsch verschlüsselten Größe eine Berechnung zulassen.
Rolle	Hier wird i. d. R. „Eingabe" gewählt.

Für das vorliegende Beispiel kann das Ergebnis der Variablendefinition wie folgt aussehen (dabei sei darauf verweisen, dass es sich bei der Dummyvariablen um eine nominalskalierte Variable handelt, die durch Verschlüsselung mit (0-1-Werten) in der Regressionsanalyse wie eine metrische Variable behandelt wird):

	Name	Typ	Spaltenf...	Dezimal...	Beschrift...	Werte	Fehlend	Spalten	Ausrichtung	Maß	Rolle
1	Nettokaltmiete	Numerisch	12	2		Keine	Keine	11	Mitte	Skala	Eingabe
2	Wohnfläche	Numerisch	11	1		Keine	Keine	8	Mitte	Skala	Eingabe
3	Dummyvariable	Numerisch	7	0		{0, einfache Lage...	Keine	10	Mitte	Nominal	Eingabe

Sind für alle Variablen die Angaben vorgenommen worden, kann die Dateneingabe beginnen. Es sei darauf hingewiesen, dass über die linksunten im Dateneditor angezeigte Menüleiste die Möglichkeit besteht, jederzeit zwischen der „Daten-„ und der „Variablenansicht" zu wechseln.

c) Dateneingabe

c.a) Manuelle Eingabe der Daten in SPSS

Der Aufbau des Dateneditors ermöglicht eine manuelle Eingabe der erhobenen Daten, indem zeilenweise für jeden Beobachtungswert ($i = 1, \ldots, n$) die Merkmalswerte der verschiedenen (m) Variablen über die verschiedenen Spalten eingegeben werden. Im vorliegenden Beispiel werden in den Spalten die Werte der drei Variablen „Nettokaltmiete", „Wohnfläche in qm" und die „Dummyvariable für die Lage" eingegeben. Die Merkmalswerte werden je Variable zeilenweise – beginnend mit dem 1. Merkmalswert in der ersten Zeile und dem letzten Merkmalswert ($n = 16$) in der 16-ten Zeile erfasst. Wurden die Variablen zuvor in der Variablenansicht definiert, erscheinen in der Kopfzeile der Datenansicht die Variablenbezeichnungen und in der Kopfspalte die lfd. Nr. für die (n) Merkmalswerte. (Sind die Variablen vorher noch nicht definiert worden und wurden die Datenwerte lediglich zeilen- und spaltenweise erfasst, so erhalten die z. B. ($m = 3$) Variablen „Nettokaltmiete", „Wohnfläche" und „Dummyvariable zur Lage" vorübergehend bis zur Definition den automatisch generierten

Namen „VAR00001" bis „VAR00003". Werden anschließend die Variablen – wie oben beschrieben – definiert, erscheinen anstelle der automatisch generierten Variablenbezeichnungen die eingegeben Variablenbezeichnungen).

c.b) Import eines Excel-Datensatzes in SPSS

SPSS bietet ebenfalls die Möglichkeit, Daten aus einer Quelle – wie bspw. einer Excel-
Tabelle – zu importieren. Hierzu sind in der Exceltabelle die zu importierenden Werte zu
markieren, zu kopieren und dann in eine neu geöffnete SPSS-Datei einzufügen. Die Behandlung der Variablendefinition erfolgt wie bereits zuvor beschrieben.

Im Folgenden seien einige Ergebnisse der SPSS Datenanalyse vorgestellt.

2. Ergebnisse der SPSS-Analysen (Ausgabedateien)

**a) Klassifizierung von Daten, statistische Kennzahlen, eindimensionale Häufigkeitsta-
belle, graphische Darstellung der Häufigkeitsverteilung für das Beispiel „Nettokaltmiete, Wohnfläche, Dummyvariable"; siehe Daten der Tabelle II-6-6a**

Da in dem vorliegenden Beispiel die Einzelwerte voneinander abweichen, ist für eine sinnvolle Darstellung einer eindimensionalen H.V. und für die Erstellung eines Histogramms zunächst eine Klassifizierung der Daten vorzunehmen. Hierzu soll beispielhaft die Variable
„Wohnfläche in qm" klassifiziert werden. Die Klasseneinteilung hat grundsätzlich nach den
in Kap. II.2.5 erläuterten Prinzipien und Aspekten zu erfolgen. Da hier vor allem die Darstellung der SPSS-Befehle im Vordergrund steht und die Ausführungen kurz gestaltet werden
sollen, wird im Folgenden sehr einfach vorgegangen: Es werden alle Wohnflächen bis 25 qm
zu einer unteren offen Randklasse und alle Wohnflächen über 50 qm zu einer oberen offenen
Randklasse zusammengefasst. Zwischen diesen offenen Randklassen werden fünf weitere
Klassen mit einer Klassenbreite von jeweils 5 qm gebildet, so dass sich insgesamt 7 Klassen
ergeben. Die Klassifizierung über SPSS erfolgt dann wie folgt:

1. Aufruf des Menüpunkts „**Transformieren**" und den Unterpunkt „**Umkodieren in andere Variablen**"; es öffnet sich eine Maske, die das Ziel hat, die jeweiligen Einzelwerte
   den jeweiligen Klassen zuzuordnen. Hierzu wird zunächst die Variable „Wohnfläche" in
   das mittlere Feld überführt. Anschließend wird rechts unter der Überschrift „Ausgabeva-
   riable" für die neue Variable mit den klassifizierten Daten ein Name vergeben. Für dieses
   Beispiel wird der Variablenname „KlasseWohnfläche" gewählt (ohne unzulässige Teil-
   striche etc.). Die klassifizierten Daten werden nach Beendigung der Klassifizierung
   (Transformation) in der Datenansicht als neue Variable „KlasseWohnfläche" ausgegeben,
   die dann ggfs. auch mit weiten Variablendefinitionen zu versehen ist (Beschriftung der
   Klassengrenzen, Angabe der Skalierung).

2. Unter dem Feld „**Name**" findet sich das Feld „**Beschriftung**". Hier ist ein Name für die
   Variable zu wählen, unter der sie in den folgenden Darstellungen (z. B. Häufigkeitsverteilung, Histogramme) dargestellt wird. Es soll hier die Beschriftung „Klassen Wohnfläche" gewählt werden. Wichtig ist nun, die beiden Bezeichnungen durch die irrtümlich
   und vielleicht auch unscheinbar wirkende Schaltfläche „**Ändern**" zu bestätigen. (Wird
   diese Schaltfläche nicht betätigt, kann keine neue Bezeichnung angelegt werden und der
   gesamte nachfolgende Prozess stockt!)

3. Nun soll die Klassifizierung wie folgt fortgesetzt werden: Unterhalb des Feldes, in der die
   zu transformierende Variable angeführt ist, befindet sich die Schaltfläche „**Alte und neue**

Werte". Diese Schaltfläche ist nun anzuklicken und es öffnet sich ein Menü, das auf der linken Seite mit der Überschrift „**Alter Wert**" und auf der rechten Seite mit der Überschrift „**Neuer Wert**" überschrieben ist. Dieses Menü hat die Aufgabe, im rechten Bereich die Klassengrenzen der vorliegenden Werte zu definieren. Hierzu ist wie folgt vorzugehen:

Im linken Bereich lassen sich verschiedene Kategorien von Klassen erfassen. Unter anderem bestehen folgende Möglichkeiten:

- Angabe eines oberen Wertes für die Klassenobergrenze (untere offene Randklasse)

- Angabe eines unteren und oberen Wertes

- Angabe eines unteren Wertes für die Klassenuntergrenze (obere offene Randklasse)

Jedes Mal, wenn eine dieser Optionen im linken Bereich ausgewählt wurde, ggfs. mit konkreter Wertangabe für die Grenzen, muss auf der rechten Seite jede Klasse definiert werden, indem

- in dem Feld „**neuer Wert**" mit fortlaufender Zahl „1" für die 1. Klasse (später Zahl „2" usw.) eingegeben werden, um dann jeweils

- im unteren Feld der rechten Seite über „**Hinzufügen**" jede Angabe zu bestätigen. Dann wird die Klassengrenze der jeweiligen Klasse in dem unteren Feld angezeigt.

- Dieser Prozess ist für alle Klassen jeweils links und rechts der Eingabemaske zu vollziehen.

- Am Ende sind alle Merkmalswerte den Klassen zugeordnet.

- Nach der Betätigung des Befehls „**Weiter**" und nach Bestätigung durch „**OK**" ist die Klassifizierung vollendet und die neue klassifizierte Variable erscheint mit der Angabe der jeweiligen Klasse (1 oder 2, etc.) in der Datenansicht.

- Sie ist auch in der Variablenansicht unter der gewählten Beschriftung (= gewählter Begriff des Feldes „Beschriftung") erfasst.

- Nun empfiehlt es sich, in der Variablenansicht die Beschriftung noch mit den konkreten Werten der Klassengrenzen zu übersetzen; Dazu wird – wie bereits zu Anfang der Ausführungen zu SPSS erläutert – z. B. in dem Leistenfeld „**Werte**" für die betreffende Variable das Feld „**Wertbeschriftungen**" aufgerufen und für Wert jeweils die Klassennummer und für Beschriftung die Klassengrenzen angegeben.

Nun sollen zunächst für die metrischen Variablen „Nettokaltmiete" und Wohnfläche" einige zentrale **deskriptive Statistiken** für Einzelwerte erstellt werden. Dazu ist folgender Weg zu beschreiten:

1. Aufruf des Menüpunkts „**Analysieren**" und der Unterpunkte „**Deskriptive Statistiken**" und „**Häufigkeiten**".

2. Überführen der drei metrischen Variablen „Nettokaltmiete", „Wohnfläche" und „Klassen Wohnfläche" in das rechte Feld „Variable(n)".

3. Aktivierung der Schaltfläche „**Statistiken**"; in dem sich dann öffnenden Menü können alle Parameter angeklickt werden, die berechnet werden sollen. Da im vorliegenden Datensatz der Einzelwerte alle Merkmalswerte nur einmal vorkommen, ist die Berechnung des Modus nicht sinnvoll. Es wird daher auch darauf verzichtet, links unten ein Häkchen bei „Häufigkeitstabellen anzeigen" zu setzen, um so eindimensionale Häufigkeitsverteilungen mit absoluten und relativen Häufigkeiten sowie relativen Summenhäufigkeiten auszuweisen. (Hinweis: Diese Häufigkeitstabelle wird im Anschluss an diese Darstellung für die klassifizierte Variable „KlasseWohnfläche" erstellt). Durch Betätigung der Schalt-

fläche „Weiter" können nun weitere statistische Bearbeitungen erfolgen. So ließen sich über den Unterpunkt „Diagramme" Graphiken der Häufigkeitsverteilungen erstellen, worauf hier aber zunächst verzichtet wird. (Eine derartige Darstellung soll ebenfalls für die klassifizierte Variable „KlasseWohnfläche") später erfolgen.

4. Durch Bestätigung via „Ok" erscheinen die angeforderten Statistiken zu den beiden Variablen in der Ausgabedatei, die beispielsweise folgendes Aussehen haben könnte (bei der Ausgabe „Perzentile" handelt es sich um die Quartile; unter „Mittelwert" ist nicht der Oberbegriff, sondern das arithmetische Mittel zu verstehen).

Statistiken		Nettokaltmiete	Wohnfläche
N	Gültig	16	16
	Fehlend	0	0
Mittelwert		9,7950	38,000
Median		9,9350	38,500
Standardabweichung		1,35083	10,8197
Varianz		1,825	117,067
Minimum		7,54	22,0
Maximum		11,94	53,0
Perzentile (Quartile)	25	8,5375	27,750
	50	9,9350	38,500
	75	10,9650	49,250

Nun sollen für die klassifizierten Daten der Wohnfläche eine Häufigkeitsverteilung und ein Histogramm erstellt werden. Dazu ist wieder der Aufruf des Menüpunkts „**Analysieren**" und der Unterpunkte „**Deskriptive Statistiken**" und „**Häufigkeiten**" erforderlich. Nun wird die klassifizierte Variable „KlasseWohnfläche" in das rechte Feld „Variable(n)" überführt. Anschließend erfolgt wiederum die Aktivierung der Schaltfläche „**Statistiken**". Nun wird links unten ein Häkchen bei „**Häufigkeitstabellen anzeigen**" gesetzt, um so eine eindimensionale Häufigkeitsverteilung der Wohnflächenklassen mit den absoluten und relativen Häufigkeiten sowie relativen Summenhäufigkeiten auszuweisen. Durch Betätigung der Schaltfläche „**Weiter**" können nun weitere statistische Bearbeitungen erfolgen. So lassen sich über den Unterpunkt „**Diagramme**" Graphiken der Häufigkeitsverteilungen erstellen.

Das Ergebnis der H.V. mit dem Schlüssel der Klassenbezeichnungen stellt sich wie folgt dar:

Klassen Wohnfläche		Häufigkeit	Prozent	Gültige Prozent	Kumulative Prozente
Gültig	bis 25 qm	3	18,8	18,8	18,8
	25-30 qm	3	18,8	18,8	37,5
	30-35 qm	1	6,3	6,3	43,8
	35-40 qm	3	18,8	18,8	62,5
	40-45 qm	1	6,3	6,3	68,8
	45-50 qm	3	18,8	18,8	87,5
	über 50 qm	2	12,5	12,5	100,0
	Gesamtsumme	16	100,0	100,0	

Das erstellte Histogramm hat für die klassifizierte Wohnfläche mit den erzeugten 7 Klassen folgendes Aussehen:

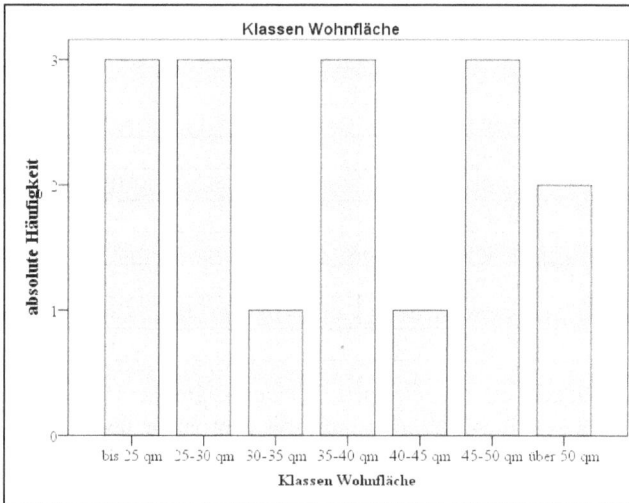

In SPSS steht darüber hinaus ein umfangreiches Spektrum an graphischen Darstellungsmöglichkeiten zur Verfügung, auf das hier nicht näher eingegangen werden soll.

b) Lineare Zweifachregression

Abschließend soll für das Beispiel „Nettokaltmiete, Wohnfläche" dargestellt werden, wie sich eine lineare Zweifachregression mit den Variablen „Nettokaltmiete" als abhängige Variable und den beiden unabhängigen Variablen „Wohnfläche" und die „Dummyvariable für den Niveauparameter" bestimmen lässt.

1. Aufruf des Menüpunkts **„Analysieren"**, **„Regression"** und des Befehls **„Linear".**

2. Überführung der Variable „Nettokaltmiete" in das Feld „Abhängige Variable".

3. Überführung der Variablen „Wohnfläche" und „Dummy" in das Feld „Unabhängige Variable(n)".

4. Anschließend wird über die Schaltfläche **„Statistiken"** im neuen Fenster **„Deskriptive Statistik"** markiert und mit **„Weiter"** und anschließend **„OK"** bestätigt.

5. Nun wird die Ausgabedatei generiert, u. a. mit den Mittelwerten und den unten dargestellten Korrelationen sowie den Ergebnissen der Regressionsberechnung.

Deskriptive Statistiken			
	Mittelwert	Standard-abweichung	H
Nettokaltmiete	9,79	1,351	16
Wohnfläche	38,00	10,820	16
Dummyvariable	,50	,516	16

Die Ausgabedatei zeigt mit der Tabelle **„Korrelationen"** die bilateralen Korrelationen nach Bravais-Pearson zwischen den Variablen auf. Die Werte der Dummyvariablen werden in der Regression wie metrische Werte behandelt, so dass auch ihre Korrelation mit den anderen Variablen ausgewiesen ist.

Korrelationen		Nettokaltmiete	Wohnfläche	Dummyvariable
Pearson-Korrelation	Nettokaltmiete	1,000	-,507	,859
	Wohnfläche	-,507	1,000	-,048
	Dummyvariable	,859	-,048	1,000
Sig. (1-seitig)	Nettokaltmiete	.	,023	,000
	Wohnfläche	,023	.	,430
	Dummyvariable	,000	,430	.
H (H = Häufigkeit)	Nettokaltmiete	16	16	16
	Wohnfläche	16	16	16
	Dummyvariable	16	16	16

Die nachfolgende Modellübersicht zeigt den „fit" der Regressionsfunktion. Das ausgewiesene Bestimmtheitsmaß von $R^2 = 0,956$ stimmt mit dem zuvor über Excel berechneten Bestimmtheitsmaß überein (Vgl. Tab. II-6-6a). Zusätzlich weist SPSS ein sogenanntes **„angepasstes Bestimmtheitsmaß"** aus (es wird auch „bereinigtes" oder „adjustiertes" Bestimmtheitsmaß genannt). Es trägt dem Umstand Rechnung, dass mit steigender Zahl der erklärenden Variablen das Bestimmtheitsmaß aufgrund der Formel für das Bestimmtheitsmaß immer ansteigen muss, auch wenn die weiteren Variablen keinen Erklärungswert aufweisen. Dies ist beim bereinigten Bestimmtheitsmaß nicht der Fall, weshalb es eine bessere Aussagekraft besitzt (Hinweis: Die Bereinigung erfolgt über einen Gewichtungsfaktor, der die Anzahl der Beobachtungswerte und die Anzahl der unabhängigen Variablen umfasst).

Der in der nachfolgenden Übersicht ausgewiesene **Standardfehler der Schätzung** ist ein über die Beobachtungswerte gewonnener Schätzwert für die Standardabweichung der Residuen in der Grundgesamtheit (beobachtete Werte werden als Stichprobenwerte interpretiert, von denen Rückschlüsse auf die „wahre" Regression und ihre Parameter sowie die Varianz der Störgröße in der Grundgesamtheit (GG) möglich sind). Die geschätzte Varianz der Residuen der GG ermittelt sich als $S_E^2 = (1/(16-2-1)) \cdot \sum e_i^2 = (1/13) \cdot 1,20998 = 0,09308$ (Schätzfunktion mit (n-2-1) Freiheitsgraden; bei einer Einfachregression statt einer Zweifachregression wären es (n-2) Freiheitsgrade; zur geschätzten Varianz der Residuen S_E^2 (e = estimates) der Grundgesamtheit bei einer Einfachregression vgl. Bleymüller, J. u. a., Statistische Formeln, S. 53. Ein unverzerrter Schätzwert ergibt sich bei Division durch (n-2) Beobachtungswerte, wie dies allgemein bei Schätzfunktionen auf Basis der Stichprobenwerte der Fall ist (vgl. einschlägige Literatur zu den unverzerrten Schätzwerten der Varianz der Grundgesamtheit). Wird aus der Varianz = 0,09308 die Quadratwurzel gezogen, ergibt sich der Standardfehler der Schätzung mit einem Wert von $S_E = 0,3051$ (Abweichungen durch Rundungen; dieser Werte wurde auch mittels der Excel-Regressionsfunktion ermittelt (nicht ausgewiesen in Tab. II-6-6a).

Modellübersicht				
Modell	R	R-Quadrat	Angepasstes R-Quadrat	Standardfehler der Schätzung
1	,978[a]	,956	,949	,306
a. Prädiktoren: (Konstante), Dummyvariable, Wohnfläche				

Die nachfolgende Tabelle der **„Koeffizienten"** zeigt die Regressionsparameter, die T-Werte und das sogenannte empirischen Signifikanzniveau α^* (als **„Sig"** in SPSS ausgewiesen;

auch P-Wert genannt; vgl. hierzu die Ausführungen in Teil C). In SPSS ist es üblich, neben den Testwerten (T-Werte, F-Werte) auch die empirische Signifikanz α^* (P-Werte) auszuweisen. Diese gibt an, ab welcher Irrtumswahrscheinlichkeit eine Nullhypothese abgelehnt werden kann, z. B. die Nullhypothese, dass der Regressionsparameter „null" beträgt, d. h. die exogene Variable keinen Einfluss auf die endogene Variable hat. Im vorliegenden Beispiel ist α^* nahezu „null", so dass mit einer Sicherheitswahrscheinlichkeit von über 99 % die Nullhypothese, dass der wahre Wert der Regressionsparameter „null" beträgt, verworfen werden kann; dies gilt in dem vorliegenden Beispiel für alle drei Regressionsparameter.

Die nachfolgende Tabelle der „Koeffizienten" unterscheidet (anders als in den Standardberechnungen von Excel) zwischen **„standardisierten"** und **„nicht standardisierten"** Koeffizienten. Die Standardisierung hat zur Folge, dass der Regressionsparameter nicht mehr von der Dimension der Variablen beeinflusst wird, so dass sich die verschiedenen Steigungsparameter der exogenen Variablen in ihrer Höhe miteinander vergleichen lassen. Die über SPSS ausgewiesenen Koeffizientenwerte stimmen mit den Ergebnissen der Tabelle II-6-6a überein, soweit sie von Excel ermittelt wurden.

Koeffizienten[a]					
Modell	Nicht standardisierte Koeffizienten		Standardisierte Koeffizienten	t	Sig.
	B	Standardfehler	Beta		
(Konstante)	10,915	,301		36,214	,000
Wohnfläche	-,058	,007	-,467	-7,975	,000
Dummyvar.	2,189	,153	,837	14,299	,000
a. Abhängige Variable: Nettokaltmiete					

c) Erstellen einer zweidimensionalen Häufigkeitsverteilung (Bsp. Unfallart, Schweregrad der Tab. III-D-1)

Eine zweidimensionale Häufigkeitsverteilung (hier für die beiden Merkmale Unfallart (Merkmal X) und Schweregrad (Merkmal Y)) lässt sich über den Befehl **„Kreuztabellen"** im Menüpunkt **„Analysieren"** – **„Deskriptive Statistiken"** erstellen. Hierzu müssen die gewünschten Variablen lediglich in das „Zeile(n)"- bzw. „Spalten"-Feld gezogen werden (hier **„Unfallart"** in die Kopfspalte und **„Schweregrad"** in die Kopfzeile). Im Fenster Kreuztabellen bekommt der Nutzer gleichzeitig die Möglichkeit, sich über die Schaltfläche **„Statistiken"** und anschließender Markierung der gewünschten Kennzahlen, einige gängige Zusammenhangsmaße und Kenngrößen wie z. B. χ^2 oder den Kontingenzkoeffizienten C errechnen zu lassen. Über die Schaltfläche **„Zellen"** lassen sich zusätzlich noch erwartete Häufigkeiten und die Residuen ermitteln. Nach Bestätigung mit „**OK**" wird die zweidimensionale Häufigkeitsverteilung im Viewer ausgegeben.

Hinweis: Das Beispiel „Unfallart, Schweregrad" sieht aus technischen Gründen sehr wenige Beobachtungswerte vor. Eine sinnvolle Berechnung der gängigen Kennzahlen und Zusammenhangsmaße ist mit diesen wenigen Beobachtungswerten daher kaum möglich. Trotz dieser Unzulänglichkeiten sollen im Folgenden exemplarisch die Ergebnisse vorgestellt werden.

Die nachfolgende, über SPSS erzeugte Kreuztabelle „**Unfallart * Schweregrad**" entspricht der über Excel erzeugten Kreuztabelle (vgl. Tab. III-D-4). Allerdings können in SPSS auch über die oben getroffenen Anweisungen die theoretisch erwarteten absoluten Häufigkeiten ermittelt werden, die unterhalb der empirischen Häufigkeiten zeilenweise dargestellt sind.

Unterhalb der Kreuztabelle sind zusätzlich in der Tabelle. „**Chi-Quadrat-Test**" die angeforderten verschiedenen Zusammenhangsmaße ausgewiesen. Hier findet sich auch der χ^2-Wert, der u. a. eine Ermittlung von C_{korr} ermöglicht (SPSS weist χ^2 und den Kontingenzkoeffizienten C, nicht aber den korrigierten Kontingenzkoeffizienten aus). Der korrigierte Kontingenzkoeffizient lässt sich leicht wie folgt errechnen:

$$C_{korr} = \sqrt{\frac{\chi^2}{\chi^2 + n} \cdot \frac{C^*}{C^* - 1}} \quad \text{mit: } C^* = \text{Min}(m, r)$$

$$C_{korr} = \sqrt{\frac{19,774}{19,774 + 13} \cdot \frac{5}{5 - 1}} = 0,8694 \quad \text{mit: } C^* = \text{Min}(m, r) = 5$$

Auch wenn hier ein hoher Wert für C_{korr} errechnet wird ($0 \leq C_{korr} \leq 1$), der eine starke Abhängigkeit zum Ausdruck bringt, ist dieser Wert wegen der geringen Beobachtungszahl sehr zufallsabhängig und daher wenig aussagekräftig.

Über den χ^2-Wert kann grundsätzlich auch ein sogenannten χ^2-**Unabhängigkeitstest** durchgeführt werden (vgl. auch Anhang C). Dieser Test ist allerdings nur dann aussagekräftig, wenn die Beobachtungszahl ($n \geq 40$) beträgt[245] bzw. gemäß einer Faustformel die **erwarteten** Häufigkeiten $h_{ij}^* \geq 5$ sind.[246] Nur unter dieser Bedingung gehorcht der berechnete χ^2-Wert asymptotisch einer Chi-Quadrat-Verteilung; diese theoretische Verteilung ist Voraussetzung für die Anwendung des χ^2-Unabhängigkeitstests. Im vorliegenden Beispiel ist diese Bedingung bei weitem nicht gegeben. Dennoch seien die SPSS- Ergebnisse vorgestellt, um die grundsätzliche Aussagekraft des SPSS-Ausdrucks zu erläutern. Auch wenn der Wert $\chi^2 = 19,774$ deutlich von „null" abweicht, bringt das asymptotische Signifikanzniveau α^* (P-Wert) „asymp. sig = 0,472" in der nachfolgenden Tab. „Chi-Quadrat-Test" zum Ausdruck, dass die Nullhypothese der Unabhängigkeit nur mit einer Irrtumswahrscheinlichkeit von mehr als 47,2 % verworfen werden kann. Da diese Irrtumswahrscheinlichkeit (Signifikanzniveau α) deutlich über dem üblichen α-Wert von maximal 10 % liegt, kann die Annahme der Unabhängigkeit nicht verworfen werden. Für die Beziehung der Merkmale (X = Art des Unfalls) und (Y = Schweregrad) muss daher Unabhängigkeit unterstellt werden

---

[245] Vgl. Hochstädter, D., a.a.O., S. 649.

[246] Vgl. Bleymüller, J. u. a., Statistische Formeln, a. a. O., S. Kap. 14, S. 48. Dies bedeutet, dass z. B. bei einer 2·2-Kreuztabelle und einer Gleichverteilung der empirischen Randhäufigkeiten mindestens 20 Beobachtungswerte insgesamt vorliegen müssen; liegt eine ungleiche Verteilung der Randhäufigkeiten vor oder/und steigt die Zahl der Zeilen und Spalten an, müssen entsprechend mehr Beobachtungswerte gegeben sein. Ist $h_{ij}^* < 5$, so lassen sich ggfs. für ein gegebenes (n) benachbarte Zeilen oder Spalten nach sachlogischen Gesichtspunkten so lange zusammenfassen, bis $h_{ij}^* \geq 5$ erfüllt ist.

(auch aufgrund der niedrigen Beobachtungszahl, die eine Ablehnung der Nullhypothese nicht möglich macht. Anders als der ermittelte korrigierte Kontingenzkoeffizient kommt über den sogenannten Chi-Quadrat-Test somit der Einfluss des Zufalls zum Tragen.

Kreuztabelle „Unfallart * Schweregrad"								
			Schweregrad					Gesamt-summe
			1	2	3	4	5	
Un-fall-art	1	Anzahl	2	1	0	2	0	5
		Erwartete Anzahl	1,9	1,2	0,4	0,8	0,8	5,0
	2	Anzahl	0	1	0	0	0	1
		Erwartete Anzahl	0,4	0,2	0,1	0,2	0,2	1,0
	3	Anzahl	1	0	0	0	0	1
		Erwartete Anzahl	0,4	0,2	0,1	0,2	0,2	1,0
	4	Anzahl	0	0	0	0	1	1
		Erwartete Anzahl	0,4	0,2	0,1	0,2	0,2	1,0
	5	Anzahl	1	1	1	0	0	3
		Erwartete Anzahl	1,2	0,7	0,2	0,5	0,5	3,0
	6	Anzahl	1	0	0	0	1	2
		Erwartete Anzahl	0,8	0,5	0,2	0,3	0,3	2,0
Gesamt-summe		Anzahl	5	3	1	2	2	13
		Erwartete Anzahl	5,0	3,0	1,0	2,0	2,0	13,0

Chi-Quadrat-Tests			
	Wert	df	Asymp. Sig. (zweiseitig)
Pearson-Chi-Quadrat	19,774[a]	20	,472
Likelihood-Quotient	18,544	20	,552
Zusammenhang linear-mit-linear	,132	1	,716
Anzahl der gültigen Fälle	13		
a. 30 Zellen (100,0%) haben die erwartete Anzahl von weniger als 5.			

Über das Menü „Analysieren" lassen sich auch nichtlineare Regressionsfunktionen, logistische Regressionsfunktionen und das Spektrum der weiteren multivariaten Verfahren aufrufen (u. a. Faktorenanalyse, Varianzanalyse, Clusteranalyse, Diskriminanzanalyse)[247].

---

[247] Zu näheren Einzelheiten siehe Eckstein, P. P.: Angewandte Statistik mit SPSS, a. a. O.

Teil E: Musterklausuren

Musterklausur I (Bearbeitungszeit 95 Minuten)

Aufgabe 1:

Begründen Sie jeweils kurz, ob die nachfolgenden Aussagen richtig oder falsch sind! **(Hinweis: ohne eine Begründung ist eine Bewertung nicht möglich!)**

a) „Bei der graphischen Darstellung der Verteilungsfunktion von klassifizierten Merkmalswerten X_i der Klassen $i = 1, ..., m$ werden die relativen Summenhäufigkeiten F_i jeweils den Klassenmitten X'_i der jeweiligen Klasse zugeordnet."

b) „Werden die gemeinsamen absoluten Häufigkeiten h_{ij} zweier Merkmale X und Y über die Ausprägungen $i = 1, ..., m$ des Merkmals X aufaddiert, so ergibt sich die absolute Randhäufigkeit des Merkmals X."

c) „Nimmt die Kovarianz für zwei Merkmale X und Y den Wert Null an, so liegt stets Unabhängigkeit der beiden Merkmale vor!"

d) „Korrelations- und Regressionskoeffizient sind dimensionslose Größen."

Aufgabe 2:

Der Mikrozensus 2013 weist folgende Häufigkeitsverteilung (in 1 000) der monatlichen Nettoeinkommen der Erwerbstätigen in Deutschland für Nettoeinkommen bis 4 500 € aus:

	Nettoeinkommen der Erwerbstätigen (von... bis unter... €) X_i	Absolute Häufigkeit (in 1000) der Nettoeinkommen h_i	Relative Häufigkeit der Nettoeinkommen f_i	Relative Summenhäufigkeit F_i	Relative Häufigkeitsdichte d_i	Klassenmitte X'_i	$X'_i \cdot f_i$
i							
1	$0^{*)} - 700$	5 518	0,148549	0,1485	0,148549	350	
2	700 – 1 100	5 802	0,156194	0,3047	0,273340	900	
3	1 100 – 1 500	7 360	0,198137	0,5029		1300	
4	1 500 – 2 000	7 759	0,208878	0,7118	0,292430	1750	
5	2 000 – 2 900		0,190815	0,9026	0,148411	2450	
6	2 900 – 4 500	3 619	0,097426	1,0000	0,042624	3700	
	Σ		1,000000				1 643,66

*) fiktiv angenommener Wert;
Quelle: Statistisches Bundesamt, Mikrozensus 2013, Bevölkerung und Erwerbstätigkeit, Fachserie 1, Reihe 4.1.1, Wiesbaden 2014, Tab. 2.6.

Weiterhin soll für die **i = 1. bis 5.** (!) Zeile der oben angeführten H.V. gelten:

$$\sum_{i=1}^{5} |X'_i - \text{Median}| \cdot f_i = 537,0689$$

a) **Wie viele Erwerbstätige** würden im Jahr 2013 auf der Basis der Daten der oben dargestellten Häufigkeitstabelle ein monatliches Nettoeinkommen von 2 000 bis unter 2 900 €
   aufweisen? (Hinweis: Rechengang anführen; das Ergebnis ohne Nachkommastellen auf-
   runden.)

b) Bestimmen Sie **Modus, Median und arithmetisches Mittel** der Häufigkeitsverteilung!
   (Hinweis: Begründung bzw. Rechengang jeweils anführen!)

c) Wie groß ist der **Anteilswert** der Erwerbstätigen, die monatlich mehr als das Medianeinkommen bzw. mehr als das arithmetische Mittel zur Verfügung haben? Begründen Sie
   Ihre Antwort bzw. zeigen Sie den Rechengang auf!

d) Bestimmen Sie für die oben angeführte Häufigkeitsverteilung die **Mittlere Absolute
   Abweichung** unter Verwendung des Medians. Aus Ihren Ausführungen muss ersichtlich
   sein, wie Sie das Ergebnis hergeleitet haben. Interpretieren Sie das Ergebnis!

e) Welche **Schiefe** weist die vorliegende Häufigkeitsverteilung auf Basis der **konkreten
   Werte** der Fechnerschen Lageregel auf? Begründen Sie das Ergebnis auf Basis der konkreten Zahlen, die explizit anzuführen sind!

f) Das Nettoeinkommen von Frau Müller stieg im Jahr 2012 **um 20 %** gegenüber dem Vo-
   jahr 2011. In den folgenden beiden Jahren musste Frau Müller sowohl im Jahr 2013 als
   auch im Jahr 2014 wegen einer schlechteren wirtschaftlichen Lage eine Nettoeinkom-
   mensverminderung von **jeweils** 10 % je Jahr hinnehmen. Mit **welcher durchschnittlichen jährlichen prozentualen Veränderungsrate** hat sich das Nettoeinkommen im
   Zeitraum der Jahre **2012 bis 2014** gegenüber dem Ausgangsjahr 2011 verändert?

g) Angenommen, Frau Müller sei mit Herrn Müller verheiratet und Frau Müller möchte
   gerne die prozentuale Steigerung des Nettoeinkommens der Eheleute Müller in 2012 berechnen. Während **Frau Müller** in 2012 eine Nettoeinkommenssteigerung **von 20 %** erzielte, konnte **Herr Müller** aufgrund einer Beförderung eine Nettoeinkommenserhöhung
   von **40 %** realisieren. Allerdings trug das Nettoeinkommen von Herrn Müller zu Beginn
   des Jahres 2012 nur zu 1/3 zum gesamten Nettoeinkommen der Eheleute Müller bei. Wie
   stark ist auf Basis dieser Daten das Nettoeinkommen der Eheleute Müller im **Jahr 2012**
   gegenüber dem Jahr 2011 prozentual angestiegen?

Aufgabe 3:

Im Jahr 2006 gab es in Deutschland 2,191 Mio. Mietwohnungen, die ein Alter zwischen 5
und 26 Jahren (Merkmal X) und eine Miete zwischen 4 und 7 Euro je qm (Merkmal Y)
aufwiesen. Die nachfolgende Tabelle zeigt für die betrachteten 2,191 Mio. Wohnungen die
gemeinsamen absoluten Häufigkeiten (in 1 000 Wohnungen) der Merkmalskombinationen
(X,Y) – unterteilt jeweils nach drei Klassen des Merkmals X und des Merkmals Y – auf:

Miethöhe (Merkmal Y) / Alter der Mietwohnungen (Merkmal X)		Miete von ... bis unter ... € je m² Wohnfläche (Merkmal Y)			
Tabelle: Gemeinsame absolute Häufigkeit der Mietwohnungen in Deutschland nach Alter (Merkmal X) und Miethöhe (Merkmal Y) – Angaben in 1 000					
		Miete von 4 bis unter 4,5 €	Miete von 4,5 bis unter 5 €	Miete von 5 bis unter 7 €	insgesamt
Alter von... bis un- ter... Jahren	**5 bis unter 9**	33	48	346	**427**
	9 bis unter 14	35	45	311	**391**
	14 bis unter 26	172	219	982	**1 373**
	insgesamt	**240**	**312**	**1 639**	**2 191**

Quelle: Statistisches Bundesamt: Statistisches Jahrbuch 2008, S. 292.

ferner wurden ermittelt:

*   **Durchschnittliches Alter (arithm. Mittel) der Mietwohnungen = 15,9496 Jahre;**

*   **Standardabweichung des Alters der Mietwohnungen = 5,4244 Jahre;**

* $\sum \left(Y_j' \right)^2 \cdot h_j = 70\,378,5$;   **Kovarianz (S_{XY}) = –0,3429**

a) Berechnen Sie die durchschnittliche Miete der betrachteten Mietwohnungen (arithmetisches Mittel)!

b) Berechnen Sie die Standardabweichung der Miete der betrachteten Mietwohnungen!

c) Angenommen, das Alter der Mietwohnungen betrage „**5 bis unter 9 Jahren**". Wie groß ist dann die bedingte relative Häufigkeit für eine Miete von **4 bis unter 4,5 €**?

d) Angenommen, zwischen dem Alter der Wohnungen und der Miete in € je qm würde <u>keine</u> Abhängigkeit bestehen! Welche gemeinsame **relative Häufigkeit** wäre dann theoretisch für folgende Merkmalskombination (X,Y) zu erwarten?

Merkmal X: Alter = „**5 bis unter 9 Jahre**"

Merkmal Y: Miete je qm = „**4 bis unter 4,5 €**"

(Hinweis: der Rechengang muss ersichtlich sein!)

e) Formulieren Sie den vollständigen Ansatz zur Ermittlung der Kovarianz der Merkmale X und Y! (Hinweis: Zahlen des Ansatzes hinschreiben, aber nicht ausrechnen)

f) Erläutern Sie, was für das konkret vorliegende Beispiel unter einer Kovarianz grundsätzlich zu verstehen ist. Führen Sie **ein** Argument an, warum die Kovarianz eine geringere Aussagekraft hat als der Korrelationskoeffizient von Bravais-Pearson.

g) Berechnen Sie unter Verwendung des Bravais-Pearson Korrelationskoeffizienten und der oben **angegebenen Daten (siehe auch Angaben unterhalb der Tabelle),** wie stark die beiden Merkmale X und Y voneinander abhängig sind. Interpretieren Sie das Ergebnis! (Hinweis: Eine volle Bewertung ist nur dann möglich, wenn alle Rechenschritte nachvollziehbar sind!)

h) Das Wohnungsbauministerium interessiert sich für die Frage, ob auch die Art der Verkehrsanbindung der Wohnung (Merkmal Z) den Mietpreis (Merkmal Y) beeinflusst hat. Hierzu werden für die betrachteten Wohnungen zusätzlich Angaben über die Verkehrsanbindung ausgewertet. Das Merkmal Z kann die folgenden beiden Merkmalsausprägungen annehmen:

$Z = 0$, wenn kein direkter Zugang zu öffentlichen Verkehrsmitteln besteht

$Z = 1$, wenn ein direkter Zugang zu öffentlichen Verkehrsmitteln besteht

Geben Sie an, durch welches statistische Verfahren der Zusammenhang zwischen der Miete je qm (Merkmal Y) und der Verkehrsanbindung (Merkmal Z) auf dem Testmarkt untersucht werden kann. Begründen Sie verbal Ihre Antwort. Gehen Sie hierzu – soweit wie erforderlich - auch auf die Skalierung der Merkmale ein!

Aufgabe 4:

Angenommen, in einem Verlagsunternehmen mit 11 Filialen ließe sich in einem Streuungsdiagramm nachfolgender linearer Zusammenhang zwischen den in Tsd. € gemessenen Werbeausgaben X und dem in Mio. € gemessenen Umsatz Y des Verlages beobachten. Die **Kovarianz S_{XY}** betrage 0,1221 und die **Standardabweichung des Umsatzes** betrage **0,3781**. Ferner seien aus der Marketingabteilung des Unternehmens folgende Daten bekannt:

$\sum_{i=1}^{11} X_i = 11$	$\sum_{i=1}^{11} Y_i = 21{,}6659$	$\sum_{i=1}^{11} X_i \cdot X_i = 13{,}62$

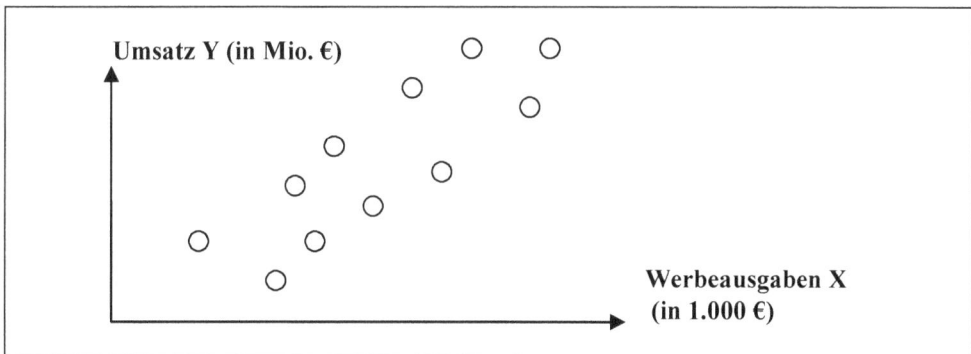

a) Ermitteln Sie mit Hilfe einer linearen Einfachregression nach dem Kleinste-Quadrate-Verfahren (K-Q-Verfahren), wie sich im Durchschnitt der Filialen der Umsatz (in Mio. €) verändert, wenn die Werbeausgaben um 1 000 Euro ansteigen! Teilen Sie das Ergebnis in einem Schlusssatz mit!

b) Erörtern Sie kurz, ob folgende Aussage korrekt ist: „Das K-Q-Verfahren bestimmt die Regressionsfunktion ausschließlich dadurch, dass die Summe der Residuen Null wird."

c) In welchem Wertebereich liegt der Bravais-Pearson Korrelationskoeffizient r für das oben angeführte Streuungsdiagramm? Begründen Sie Ihre Antwort. Gehen Sie dabei auch auf das Vorzeichen ein!

Musterklausur II (Bearbeitungszeit 110 Minuten)

Aufgabe 1:

An einem bestimmten Tag nach Beendigung der Vorrundenspiele zur Fußballweltmeisterschaft 2014 wird an einer viel befahrenen Straße in Deutschland bei 1000 Personenkraftwagen (PKW), die Fußball-Fanartikel aufweisen, die Art des PKW-Fanartikels erhoben. Folgende Varianten werden unterschieden (relative Häufigkeiten in Klammern):

- nur Spiegel Cover, 2er-Set für Deutschland **(25%)**
- nur Autoflagge, 2er-Set für Deutschland **(15%)**
- nur Autoflagge, 1er-Bestückung für Klinsmanns USA-Mannschaft **(3%)**
- nur Autoflagge, 1er-Bestückung für Hitzfelds Schweizer Mannschaft **(2%)**
- mehrere Fanartikel gleichzeitig (z.B. Spiegel Cover, Autoflagge etc.) **(50%)**
- Sonstige Fanartikel als Einzelstücke **(5%)**

a)   Geben Sie für dieses Beispiel „Merkmalsträger", „Merkmal" und „Merkmalsausprägung" an. **Gehen Sie dabei** kurz **auf** das oben beschriebene **konkrete Beispiel ein.** Begründen Sie, warum es sich um den von Ihnen beschriebenen Merkmalsträger handelt.

b)   Begründen Sie, ob die **nachfolgende Aussage** korrekt oder fehlerhaft ist. Die Aussage lautet: „In der vorliegenden Erhebung zu den PKW-Fußball-Fanartikeln handelt sich bei dem von Ihnen angegebenen Merkmal um ein **verhältnisskaliertes Merkmal**, da z. B. die Variante **„mehrere Fanartikel" doppelt so häufig vorkommt** wie „nur Spiegel Cover".

   Hinweis: Geben Sie eine **ausführliche Begründung für die hier konkret vorliegende Skalierung** an. Gehen Sie bei Ihrer Begründung auch **auf die vollständige Behauptung ein, d.h. berücksichtigen Sie auch das Argument** der erhobenen **relativen Häufigkeit der Varianten!**

c)   Ist folgende Aussage korrekt:

   „**Der Modus X_{MO} der o.a. Häufigkeitsverteilung lautet: $X_{MO} = 50\%$**"

   Begründen Sie Ihre Antwort.

d)   Zeigen Sie durch einen **formalen** Beweis, dass folgende Bedingung erfüllt ist:

   $\sum_{i=1}^{n}(X_i - \overline{X}) = 0$. Erläutern Sie kurz verbal, was diese Formel besagt.

Aufgabe 2:

Aus nachfolgender Tabelle ist die Häufigkeitsverteilung der monatlichen Haushaltsnettoeinkommen der Erwerbstätigen 2013 in Deutschland zu ersehen. Zudem werden dort einige statistische Kennzahlen ausgewiesen.

i	Haushalts- nettoein- kommen der Er- werbstäti- gen (von... bis unter... €) X_i	Abso- lute Häu- figkeit (in Tsd.) der Netto- einkom kom- men h_i	Rela- tive Häu- figkeit der Netto- ein- kom- men f_i	Rela- tive Sum- men- häufig- keit F_i	Relative Häufig- keits- dichte d_i	$X_i' \cdot f_i$	$X_i'^{2} \cdot f_i$
1	200*⁾-900	4,9	0,1228		0,0877		
2	900 - 1300	5,6	0,1404		0,1754		
3	1300 - 1500	3,1	0,0777				
4	1500 - 2000	6,7	0,1679		0,1679		
5	2000 - 2600	6,1	0,1529	0,6617	0,1274		
6	2600 - 3600	6,6	0,1654		0,0827		
7	3600 - 5000	4,3		0,9384	0,0385		
8	5000-18000	2,6		1,0000	0,0025		
Σ		39,9	1,0000			2 701,75	13 882 330,8271

*) Fiktiv angenommene Untergrenze der Klasse 1; Häufigkeit der Klasse 4 und 5 leicht modifiziert.

Quelle: Statistisches Bundesamt, Fachserie 15, Heft 1, Wirtschaftsrechnungen, Einkommens- und Verbrauchsstichprobe, Ausstattung privater Haushalte mit ausgewählten Gebrauchsgütern, Wiesbaden 2014, S. 11.

Weiterhin soll für die (i = 2. bis 8.) (!) Ausprägung der oben angeführten Häufigkeitsverteilung gelten:

$$\sum_{i=2}^{8} |X_i' - \overline{X}| \cdot h_i = 54\,209,0351 \quad \text{mit: } \overline{X} = \text{arithmetisches Mittel}$$

a) Bestimmen Sie **Modus, Median und arithmetisches Mittel** der Häufigkeitsverteilung! **Sofern zur Bestimmung der Mittelwerte noch Angaben in der Tabelle fehlen**, berechnen Sie diese und tragen Sie diese in die oben angeführte Tabelle ein. Alle hierzu erforderlichen Rechengänge sind darzustellen!

b) Angenommen, Sie möchten die Häufigkeitsverteilung unter Verwendung von Anteilswerten graphisch darstellen. Erläutern Sie **verbal**, worauf zu achten wäre, wenn Sie unterschiedliche Klassenbreiten in der graphischen Darstellung verwenden. Warum ist dies erforderlich? (Hinweis: die Antwort der Aufgabe soll verbal beschrieben werden; eine graphische Darstellung ist nicht erforderlich).

c)   Bestimmen Sie für die oben angeführte Häufigkeitsverteilung die **Mittlere Absolute Abweichung** unter Verwendung des **arithmetischen Mittels**. Aus Ihren Ausführungen muss ersichtlich sein, wie Sie das Ergebnis hergeleitet haben. **Interpretieren Sie das Ergebnis!** (Hinweis: Zur Rechenvereinfachung beachten Sie die Vorgaben der Tabelle).

d)   Welche **Schiefe** weist die vorliegende Häufigkeitsverteilung auf Basis der **konkreten Werte** der **Fechnerschen Lageregel** auf? Begründen Sie das Ergebnis auf Basis der konkreten Zahlen, die **explizit anzuführen sind**!

e)   Wie groß ist der **Anteilswert** der Erwerbstätigen, die **weniger** als das **Median-Netto-einkommen** und **mehr** als das **durchschnittliche Nettoeinkommen** verdienen? Hinweis: Es ist nur eine Gesamtangabe gesucht. Begründen Sie Ihre Antwort bzw. zeigen Sie den Rechengang auf.

Aufgabe 3:

An der Fußballweltmeisterschaft 2014 in Brasilien nehmen 32 Nationalmannschaften teil. In der nachfolgenden **zweidimensionalen Häufigkeitstabelle** ist zum einen die **Herkunft** der Mannschaften **(Merkmal X)** nach Regionen (wie beispielsweise Afrika) dargestellt. Zum anderen wird die **Platzierung (Merkmal Y)** der verschiedenen Mannschaften mit einheitlicher Herkunft am Ende der **Vorrunde** erfasst. Die **gemeinsamen absoluten Häufigkeiten** der Merkmalskombinationen (X, Y) sind ebenfalls aus der Tab. ersichtlich:

Tab.: Gemeinsame absolute Häufigkeit von Herkunft (Merkmal X) und Platzierung (Merkmal Y) der Fußballmannschaften am Ende der Vorrunde der WM 2014					
Platzierung der Mannschaft (Merkmal Y) Herkunft der Mannschaft (Merkmal X)	Platzierung am Ende der Vorrundenspiele (Merkmal Y)				
	Platz 1	Platz 2	Platz 3	Platz 4	insgesamt
Afrika	0	2	1	2	5
Mittel-/Südamerika	4	3	1	1	9
Süd-/Osteuropa	0	1	5	0	6
Resteuropa	4	1	0	1	6
Rest der Welt	0	1	1	4	6
insgesamt	8	8	8	8	32

a)   Welche Skalierung weisen die **Merkmale X und Y** auf? **Begründen Sie das Ergebnis.**

b)   Ermitteln Sie für die Daten der Tabelle folgende Größen und zeigen Sie den Rechengang auf:
-   **Gemeinsame relative empirische** Häufigkeit $f(X_2, Y_1)$
-   **Bedingte relative** Häufigkeit $f(Y_1/X_2)$

c)   Angenommen für das konkrete Beispiel würden die **bedingten relativen Häufigkeiten** $f(X_i, Y_j)$ sowie die **relativen Randhäufigkeiten** der Merkmale X und Y betrachtet. Wie kann mit diesen bedingten Häufigkeiten und der relativen Randhäufigkeit die **Unabhän-**

gigkeit der Merkmale X und Y überprüft werden? **Vervollständigten Sie hierzu formal die nachfolgende Gleichung:**

$f(X_1/Y_1) = \dots\dots\dots\dots\dots\dots\dots\dots\dots\dots\dots\dots\dots\dots?$

(Hinweis: Die Formulierung **einer einzigen** Gleichung ist ausreichend; eine verbale Erörterung ist <u>nicht</u> erforderlich).

d) Angenommen, zwischen dem Herkunftsland und dem erzielten Platz in der Vorrunde würde Unabhängigkeit bestehen. Welche gemeinsame **absolute** Häufigkeit wäre für die Merkmalskombination (X_2, Y_2) **theoretisch** zu erwarten? (Hinweis: Antworten Sie unter Verwendung des Symbols für den gesuchten Wert).

e) Berechnen Sie für die vorliegende zweidimensionale Häufigkeitstabelle den korrigierten Kontingenzkoeffizienten. Was sagt das Ergebnis aus?

f) Angenommen, Sie würden in der Tabelle der dargestellten Häufigkeitsverteilung nur Vorrundenspiele der **Länder aus Mittel-/Südamerika** betrachten und auf diese Weise die zweidimensionale Häufigkeitsverteilung in eine eindimensionale Häufigkeitsverteilung für das **Merkmal Y (Platzierung)** der Länder aus Mittel-/Südamerika überführen.

- Welcher der drei Mittelwerte (Modus, Median, arithmetisches Mittel) ließe sich für das **Merkmal Y (Platzierung) der Länder aus Mittel-/Südamerika** ermitteln und welcher nicht? **Begründen Sie Ihre Antwort.**

- Wie lautet aufgrund der oben dargestellten Daten für die Länder aus **Mittel-/Südamerika der konkrete Wert** des jeweiligen Mittelwertes des **Merkmals Y**? **Begründen Sie jeweils verbal oder durch einen Rechengang**, warum der von Ihnen ermittelte Wert den jeweiligen Mittelwert darstellt.

Aufgabe 4:

Für 30 Filialen eines großen Unternehmens hat die Marketingabteilung die Umsätze (Merkmal Y) der Filialen in Abhängigkeit von der Höhe der Marketingaufwendungen (Merkmal X) der Filialen untersucht. Die nachfolgende Tabelle zeigt für die 30 Filialen die gemeinsamen absoluten Häufigkeiten der Merkmalskombinationen (X,Y) auf:

Gemeinsame absolute Häufigkeitsverteilung von Marketingaufwendungen (Merkmal X) und Umsatz (Merkmal Y); Angaben in Mio. €			
Marketingaufwendungen in Mio. € (Merkmal X)	Umsatz in Mio. € (Merkmal Y)		
	50 bis unter 150	150 bis unter 250	250 bis unter 350
0 bis unter 2	5	2	1
2 bis unter 4	1	7	2
4 bis unter 6	0	3	9

ferner wurden ermittelt (Angaben für Merkmal X u. Y jeweils in Mio. €):

➢ **durchschnittliche Marketingaufwendungen (arithmetisches Mittel) = 3,2667**;
➢ **Standardabweichung der Marketingaufwendungen = 1,6111**;
➢ $\sum Y_j'^2 \cdot h_{.j} = 1\,620\,000$; **Kovarianz** $S_{XY} = 81,3333$

a) Berechnen Sie den durchschnittlichen Umsatz (arithmetisches Mittel).

b) Berechnen Sie unter Verwendung des Bravais-Pearson Korrelationskoeffizienten und der oben **angegebenen Daten (s. auch Angaben unterhalb der Tabelle),** ob zwischen dem Umsatz und der Höhe der Marketingaufwendungen ein Zusammenhang besteht! Interpretieren Sie kurz das Ergebnis der Berechnung! (Hinweis: Eine volle Bewertung ist nur dann möglich, wenn alle Rechenschritte nachvollziehbar sind!)

c) Ist folgende Aussage korrekt?

„Die Kovarianz stellt

➢ Eine **dimensionslose** Kennzahl dar und

➢ kann für **beliebig skalierte** Merkmale ermittelt werden und

➢ bewegt sich ausschließlich im **positiven Bereich**."

Begründen Sie jeweils Ihre Antworten zu 4c) und korrigieren Sie die jeweilige Aussage, sofern sie fehlerhaft ist.

d) Angenommen, zwischen dem Umsatz (Merkmal Y) und den Marketingaufwendungen (Merkmal X) würde eine lineare Beziehung herrschen, und es würde eine lineare Einfachregressionsfunktion nach dem „Kleinste-Quadrate-Verfahren" ermittelt. Wie stark würde auf Basis dieser Regressionsfunktion der Umsatz (in Mio.) ansteigen, wenn die Marketingausgaben um 1 Mio. € ansteigen würden? Ihr Rechengang muss ersichtlich sein! Antworten Sie mit einem Schlusssatz.

e) Welcher Umsatz wäre auf Basis der Regressionsfunktion bei Marketingaufwendungen von 0 € zu erwarten? Ihr Rechengang muss ersichtlich sein! Antworten Sie mit einem Schlusssatz.

f) Angenommen, die Beziehung zwischen **dem Absatz Y und dem Preis X würde** durch das nachfolgend dargestellte Streuungsdiagramm der nachfolgenden Abbildung beschrieben.

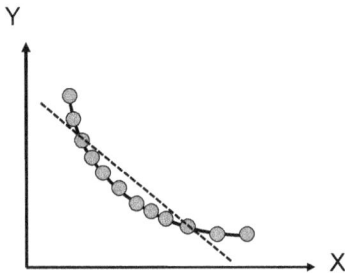

Geben Sie für die Abbildung **verbal** an (**kein Rechengang**):
- Welcher **Wert** oder **Wertebereich** würde sich **jeweils** für die **Kovarianz** und den **Korrelationskoeffizient** von Bravais-Pearson ergeben? Begründen Sie Ihre Antwort.
- Gehen Sie auch auf das **Vorzeichen** ein. Was bedeutet es hier konkret?

Hinweis: Die Lösungen zu den Musterklausuren finden Sie online unter:

http://fb01.h-brs.de/wirtschaftsanktaugustinmedia/Angewandte_Deskriptive_
Statistik_Loesungen.pdf

Literaturverzeichnis

Monographien:

ARRENBERG, JUTTA: Wirtschaftsstatistik für Bachelor, Konstanz, München, 2013

ARRENBERG, JUTTA; KIY, MANFRED; KNOBLOCH, RALF; WINFRIED, LANGE: Vorkurs in Wirtschaftsmathematik, 4. Auflage, München 2013

BACKHAUS, KLAUS; ERICHSON, BERND; PLINKE, WULFF; WEIBER, ROLF: Multivariate Analysemethoden, 11. Auflage, Berlin, Heidelberg, New York 2006

BAMBERG, GÜNTER; BAUR, FRANZ; KRAPP, MICHAEL: Statistik, 14. Auflage, München 2008

BLEYMÜLLER, JOSEF: Statistik für Wirtschaftswissenschaftler, 16. Auflage, München 2012

BLEYMÜLLER, JOSEF; GEHLERT, GÜNTHER: Statistische Formeln, Tabellen und Programme, 11. Auflage, München 2007

BOURIER, GÜNTHER: Beschreibende Statistik, 11. Auflage, Wiesbaden 2013

BOURIER, GÜNTHER: Wahrscheinlichkeitsrechnung und schließende Statistik, 5. Auflage, Wiesbaden 2006

BROSIUS, FELIX: SPSS 21, Heidelberg, München, Landsberg, Frechen, Hamburg 2013

BÜCKER, RÜDIGER: Statistik für Wirtschaftswissenschaftler, 4. Auflage, München 1999

CLEMENT, REINER; TERLAU, WILTRUD; KIY, MANFRED: Makroökonomie, Wirtschaftspolitik u. nachhaltige Entwicklung mit Fallbeispielen, 5. Auflage, München 2013

ECKEY, HANS-FRIEDRICH; KOSFELD, REINHOLD; RENGERS, MARTINA: Multivariate Statistik. Grundlagen – Methoden – Beispiele, Wiesbaden 2002

ECKEY, HANS-FRIEDRICH; KOSFELD, REINHOLD; TÜRCK, MATTHIAS: Deskriptive Statistik. Grundlagen – Methoden – Beispiele, 5. Auflage, Wiesbaden 2008

ECKEY, HANS-FRIEDRICH; KOSFELD, REINHOLD; DREGER CHRISTIAN: Statistik. Grundlagen – Methoden – Beispiele, 3. Auflage, Wiesbaden 2002

ECKSTEIN, PETER P.: Angewandte Statistik mit SPSS, 6. Auflage, Wiesbaden 2008

FAHRMEIR, LUDWIG; KÜNSTLER, RITA; PIGEOT, IRIS; TUTZ, GERHARD: Statistik, 7. Auflage, Berlin, Heidelberg, New York 2012.

HIPPMANN, HANS-DIETER: Statistik, Praxisbezogenes Lehrbuch mit Beispielen, 4. Auflage, Stuttgart 2007

HOCHSTÄDTER, DIETER: Statistische Methodenlehre, 8. Auflage, Frankfurt am Main 1996

HÖRNSTEIN, ELKE; KRETH, HORST: Wirtschaftsstatistik, Stuttgart, Berlin, Köln 2001

HÜTTNER, MANFRED; SCHWARTING, ULF: Grundzüge der Marktforschung, 7. Auflage, München 2002

KRÄMER, WALTER: So lügt man mit Statistik, 8. Auflage, Frankfurt am Main, New York 1998

LAUX, HELMUT; SCHENK-MATHES, HEIKE Y.; GILLENKIRCH, ROBERT M.: Entscheidungstheorie, 8. Auflage, Berlin, Heidelberg 2012

MAYER, HORST: Beschreibende Statistik, 3. Auflage, München 1995

MAYER-SCHÖNBERGER, VIKTOR; CUKIER, KENNETH: Big Data: Die Revolution, die unser Leben verändern wird, 2. Auflage, München 2013

MOSLER, KARL, SCHMID, FRIEDRICH: Beschreibende Statistik und Wirtschaftsstatistik, 2. Auflage, Köln 2005

NATROP, JOHANNES: Grundzüge der Angewandten Mikroökonomie, 2. Auflage, München 2012

QUATEMBER, ANDREAS: Statistik ohne Angst vor Formeln, München 2005

PEREN, FRANZ W.: Formelsammlung Wirtschaftsstatistik, München 2014

PINNEKAMP, HEINZ-JÜRGEN; SIEGMANN, FRANK: Deskriptive Statistik, 3. Auflage, München, Wien 2000

PINNEKAMP, HEINZ-JÜRGEN; SIEGMANN, FRANK: Deskriptive Statistik, 5. Auflage, München 2008

SAUERBIER, THOMAS.; VOß, WERNER: Kleine Formelsammlung Statistik, 2. Auflage, München, Wien 2002

SCHIRA, JOSEF: Statistische Methoden der VWL und BWL, Theorie und Praxis, München 2003

SCHWARZE, JOCHEN: Grundlagen der Statistik I, Beschreibende Verfahren, 8. Aufl., Herne 1998

SCHWARZE, JOCHEN: Grundlagen der Statistik II, Wahrscheinlichkeitsrechnung und induktive Statistik, 6. Auflage, Herne 1997

SCHWARZE, JOCHEN: Aufgabensammlung zur Statistik, 2. Auflage, Herne 1996

TOUTENBURG, HELGE: Deskriptive Statistik, 3. Auflage, Berlin, Heidelberg, New York 2000

VOß, WERNER: Praktische Statistik mit SPSS, 2. Auflage, München, Wien 2000

ZÖFEL, PETER: Statistik für Wirtschaftswissenschaftler, München 2003

Zeitschriften, Zeitungen, Wochenzeitungen, Berichte:

BUNDESMINISTERIUM FÜR ARBEIT UND SOZIALES
Lebenslagen in Deutschland, Vierter Armuts- und Reichtumsbericht der Bundesregierung, Bonn 2013, auch online unter: http://www.bmas.de/SharedDocs/Downloads/DE/PDF-Publikationen-DinA4/a334-4-armuts-reichtumsbericht-2013.pdf?__blob=publicationFile [20.10.2014]

BUNDESMINISTERIUM FÜR INNERDEUTSCHE BEZIEHUNGEN
Zahlenspiegel – Ein Vergleich Bundesrepublik Deutschland – DDR, 2. Auflage, 1983 zitiert nach Krämer, Walter: So lügt man mit Statistik, 8. Auflage, Frankfurt am Main, New York 1998

GRABKA, MARKUS M.; GOEBEL, JAN; SCHUPP, JÜRGEN
Höhepunkt der Einkommensungleichheit in Deutschland überschritten?, in: DIW-Wochenbericht, Heft 43, Berlin 2012; auch online unter: http://www.diw.de/documents/publikationen/73/diw_01.c.410473.de/12-43.pdf [20.10.2014]

GRABKA, MARKUS M.; WESTERMEIER, CHRISTIAN
Anhaltend hohe Vermögensungleichheit in Deutschland, in: DIW-Wochenbericht, 09/2014, Berlin 2014; Hrsg.: Deutsches Institut für Wirtschaftsforschung; auch online unter: http://www.diw.de/documents/publikationen/73/diw_01.c.438710.de/14-9-1.pdf [21.10.2014]

JANKE, RUDOLF; RIEDE, THOMAS; SACHER, MATTHIAS
Die ILO–Arbeitsmarktstatistik des Statistischen Bundesamtes, in: Statistik und Wissenschaft, neue Wege statistischer Berichterstattung: Mikro- und Makrodaten als Grundlage sozioökonomischer Modellierungen, Beiträge zum wissenschaftlichen Kolloquium am 28. und 29. April 2005 in Wiesbaden (Hrsg. Statistisches Bundesamt), Band 10, 2007; https://www.destatis.de/DE/Publikationen/StatistikWissenschaft/Band10_Berichterstattung1030810079004.pdf?__blob=publicationFile [21.10.2014]

NEWSPAPER US-TODAY, 13.10.2005 (Basis: **U.S. Census Bureau**)

RUDZIO, KOLJA
Längst über vier Millionen, in: Die Zeit, Nr. 28, vom 02.07.2009, S.20; auch online unter: http://www.zeit.de/2009/28/Arbeitslose [20.10.2014]

Sonstige Internetquellen:

BUNDESAGENTUR FÜR ARBEIT
Amtliche Nachrichten der Bundesagentur für Arbeit, lfd. Jge und Nummern, z. B. für November 2014: https://statistik.arbeitsagentur.de/Statistikdaten/Detail/201411/anba/anba/anba-d-0-pdf.pdf

BUNDESINSTITUT FÜR BEVÖLKERUNGSFORSCHUNG
Bevölkerungsstand in Deutschland, 1950 bis 2060, Wiesbaden 2014; vgl. www.bib-demografie.de/DE/ZahlenundFakten/02/Abbildungen/a_02_16_medianal-ter_d_1950_2060.html? nn=3074114 [21.10.2014] sowie www.bib-demografie.de/Shared Docs/Publikationen/DE/Download/Abbildungen/02/a_02_15_durchschnittsalter_d_ab1871.pdf?_blob=publicationFile&v=6, [12.6.2014]

BUNDESZENTRALE FÜR POLITISCHE BILDUNG
Datenreport 2013 (2011), Ein Sozialbericht für die Bundesrepublik Deutschland, Bonn 2013 (2011), (Hrsg.: Statistisches Bundesamt, Wissenschaftszentrum Berlin für Sozialforschung in Zusammenarbeit mit SOEP am Deutschen Institut für Wirtschaftsforschung Berlin); auch on-line unter:
https://www.destatis.de/DE/Publikationen/Datenreport/Downloads/Datenreport2013.pdf; jsessionid=7B1CBC62F0397F7DBD5D7990E503D786.cae3?_blob=publicationFile [21.10.2014] bzw. https://www.destatis.de/DE/Publikationen/Datenreport/Downloads/Datenreport2011.pdf?_blob=publicationFile [23.10.2014]

DEUTSCHE BUNDESBANK
Das PHF: eine Erhebung zu Vermögen und Finanzen privater Haushalte in Deutschland, in: Monatsbericht Januar 2012; 64. Jahrgang, Nr. 1.
http://www.bundesbank.de/Redaktion/DE/Downloads/Veroeffentlichungen/ Monatsberichte/2012/2012_01_monatsbericht.pdf?_blob=publicationFile [20.10.2014]

DEUTSCHER WETTERDIENST
Windstärke nach Beaufort; vgl. http://www.dwd.de. [20.10.2014]

GRABKA, MARKUS
Die Einkommens- und Vermögensverteilung in Deutschland, Vortragsdokument vom 08.11.2011 zum SOEP, DIW Berlin;
https://www.diw.de/documents/vortragsdokumente/220/diw_01.c.388794.de/v_2011_grabka _einkommensverteilung_paderborn.pdf

HOCHSCHULE BONN-RHEIN-SIEG
Studienanfängerbericht Studienjahr 2014; https://www.h-brs.de/files/related/14-06-13_studienanfaengerbericht_sj_2014.pdf [20.10.2014]

STADT BONN, textlicher Teil zum qualifizierten Mietspiegel 2011 der Bundesstadt Bonn, http://www.bonn.de/umwelt_gesundheit_planen_bauen_wohnen/bauen_und_wohnen/mietspi egel/index.html?lang=de

TREMMLER, MANUEL
Seglerwissen, Beaufortskala, o.J.; http://www.seglerwissen.de/beaufortskala [20.10.2014]

TU CLAUSTHAL
Institut für Elektrische Informationstechnik. Die Beaufort-Skala nach Admiral Beaufort, 2006; http://wetter.iei.tu-clausthal.de/beaufort.shtml [20.10.2014]

UNIVERSITÄT KONSTANZ
http://www.uni-konstanz.de/ag-hochschulforschung/links/links4.htm-9k; [18.10.2006]

U.S. CENSUS BUREAU
Current Population Survey, Annual Social and Economic Supplement, 2012, Tab. 1, Population by Age and Sex. (Internet release date: December 2013);
http://www.census.gov/population/age/data/2012comp.html, [27.10.2014]

ZEIT ONLINE vom 02.06.2013,
Fast eine Milliarde Euro muss wegen Zensus neu verteilt werden;
http://www.zeit.de/politik/deutschland/2013-06/zensus-laenderfinanzausgleich-umverteilung [20.10.2014]

Publikationen des Statistischen Bundesamtes:

- Altersstruktur der Bevölkerung auf Grundlage des Zensus nahezu unverändert, 2014

  https://www.destatis.de/DE/ZahlenFakten/GesellschaftStaat/Bevoelkerung/Bevoelkerung .html [20.10.2014]

- Arbeitsmarkt, registrierte Arbeitslose (Bundesagentur für Arbeit), 2014

  https://www.destatis.de/DE/ZahlenFakten/Indikatoren/Konjunkturindikatoren/Arbeits-markt/arb210.html [12.12.2014]

- Bautätigkeit und Wohnungen, Fachserie 5, Reihe 3, Wiesbaden 2104; auch online unter:

  https://www.destatis.de/DE/Publikationen/Thematisch/Bauen/Wohnsituation/BestandWo hnungen2050300127004.pdf?__blob=publicationFile [20.10.2014]

- Bevölkerung und Erwerbstätigkeit, Haushalte und Familien, Ergebnisse des Mikrozensus 2013, Fachserie 1, Reihe 3, Wiesbaden 2014

  https://www.destatis.de/DE/Publikationen/Thematisch/Bevoelkerung/HaushalteMikrozen sus/HaushalteFamilien2010300127004.pdf?__blob=publicationFile [21.10.2014]

- Bevölkerung Deutschlands bis 2060, 12. Koordinierte Bevölkerungsvorausberechnung, Begleitmaterial zur Pressekonferenz vom 18.11.2009, Wiesbaden 2009; online unter: https://www.destatis.de/DE/Publikationen/Thematisch/Bevoelkerung/Vorausberechnung Bevoelkerung/BevoelkerungDeutschland2060Presse5124204099004.pdf?__blob=-publicationFile [20.10.2014]; sowie: https://www.destatis.de/DE/ZahlenFakten/GesellschaftStaat/ Bevoelkerung/ Bevoelke-rungsvorausberechnung/Aktuell.html [21.10.2014]

- Das Arbeitsgebiet der Bundesstatistik, Wiesbaden 1997

- Das registergestützte Verfahren beim Zensus 2011, Wiesbaden 2011 https://www.destatis.de/DE/Methoden/Zensus_/ZensusMethodenDownload.pdf?__blob= publicationFile [20.10.2014]

  https://www.zensus2011.de/DE/Zensus2011/Methode/Methode_node.html [20.10.2014]

  https://ergebnisse.zensus2011.de [20.10.2014]

- Der Mikrozensus stellt sich vor, o.J.

  https://www.destatis.de/DE/ZahlenFakten/GesellschaftStaat/Bevoelkerung/Mikrozensus. html [20.10.2014]

- Einkommens- und Verbrauchsstichprobe (EVS), o.J.

  https://www.destatis.de/DE/ZahlenFakten/GesellschaftStaat/EinkommenKonsumLebensb edingungen/Methoden/Einkommens_Verbrauchsstichprobe.html [21.10.2104]

- Ergebnisse der EVS 2008, Begleitmaterial zur Pressekonferenz vom 8.12.2010
  https://www.destatis.de/DE/PresseService/Presse/Pressekonferenzen/2010/evs/pressebros chuere_evs.pdf?__blob=publicationFile [20.10.2014]
- Gesamtkatalog 2014, Wiesbaden 2014
- Mikrozensus, Bevölkerung und Erwerbstätigkeit, Stand und Entwicklung der Erwerbstätigkeit in Deutschland 2012 (2013), Fachserie 1, Reihe 4.4.1, Wiesbaden 2013 (2014)
- Verkehrsunfälle – Unfälle unter dem Einfluss von Alkohol oder anderen berauschenden Mitteln im Straßenverkehr 2013, Wiesbaden 2014
- Verkehrsunfälle 2013, Fachserie 8, Reihe 7, Wiesbaden 2014
- Statistische Ämter des Bundes und der Länder (Herstellung Statistisches Bundesamt), Wiesbaden 2006
- Strategie- und Programmplanung 2013-2017, Wiesbaden 2013
- Volkswirtschaftliche Gesamtrechnungen, Einwohner und Erwerbsbeteiligung (Inländerkonzept) www.destatis.de/DE/ZahlenFakten/GesamtwirtschaftUmwelt/Arbeitsmarkt/ Erwerbslosigkeit/Tabellen/EinwohnerErwerbsbeteiligung.html (Stand: 21.08.2014); [17.10.2014] sowie www.destatis.de/DE/ZahlenFakten/Indikatoren/Konjunkturindikatoren/ VolkswirtschaftlicheGesamtrechnungen/vgr910.html; [25.10.2014]
- Volkswirtschaftliche Gesamtrechnungen, Inlandsproduktrechnung, Fachserie 18, Reihe 1.5, Lange Reihen, Wiesbaden 2014
- Volkswirtschaftliche Gesamtrechnungen, Inlandsproduktrechnung, Detaillierte Jahresergebnisse 2013; Fachserie 18, Reihe 1.4, Wiesbaden 2014; auch online unter: https://www.destatis.de/DE/Publikationen/Thematisch/VolkswirtschaftlicheGesamtrechn ungen/Inlandsprodukt/InlandsproduktsberechnungVorlaeufigPDF_2180140.pdf?__-blob=publicationFile [20.10.2014]
- Pressemitteilung Nr. 431 vom 17.12.2013 (bezieht sich auf Pressemitteilung vom 25.10.2013)
  https://www.destatis.de/DE/PresseService/Presse/Pressemitteilungen/2013/12/PD13_431 _634.html [20.10.2014]
- Wirtschaftsrechnungen, Fachserie 15, Heft 6, EVS 2008, Wiesbaden 2012; auch online unter: https://www.destatis.de/DE/Publikationen/Thematisch/EinkommenKonsumLebensbedingungen/EinkmmenVerbrauch/Einkommensverteilung2152606089004.pdf?__-blob=publicationFile [20.10.2014]

Bilder:

- SPITZWEG, CARL
Der Schmetterlingsjäger (The butterfly hunter), 1840
http://de.wikipedia.org/wiki/Carl_Spitzweg [21.10.2014]

Stichwortverzeichnis

Untersuchungs- 41
Merkmals
    -ausprägung 41 ff, 45
    -summe 99
Merkmalswert
    größter - 163
    häufigster - 102
    kleinster - 163
Metrische Skala 50 ff
Mikrozensus 11 f, 27 f
Minimumeigenschaft
(s. MAD, arithm. Mittel, Varianz)
Mittelwert 98, 102 ff, 124
Mittlere Absolute Abweichung
(MAD) 167 ff
    Minimumeigenschaft 169 f
Modus (Modalwert) 102 ff
Multivariate Verfahren 19

N

Nichtamtliche Statistik 24 ff
Nominalskala 46 f, 55, 102
Normalgleichung 280 ff

O

Offene Randklasse 68, 87
Ordinalskala 47 ff, 55

P

Parameter
    Lage- 102 ff, 152 ff
    Regressions- 274
Perzentil (Perzil) 122
Piktogramm 75 f
Pivot-Tabelle 352
Polygonzug 88 f
Potenzfunktion 256 ff, 304 f
Primärstatistik 17
Prognose
    Punkt- 275
    -variable 277
    -wert 275
P-Quantil 122
P-Wert 349, 368
Punktwolke 235, 278 f, 287

Q

Quartil 122
Quartilsabstand 101, 122 f, 164 ff
Quotenauswahl 38 f

R

Randhäufigkeit 205 ff, 216 ff, 220
Randverteilung 205 f, 218, 230f
Rang
    -folge 46 f, 72, 260 f
    -korrelationskoeffizient 260 ff
    -ordnung 50, 112, 263
    -skala 48
Rechteck 75 f
Regressand 277
Regressionsanalyse 3, 273 ff
    Lineare Einfachregression 277 ff
    Lineare Zweifachregression 313
    Logistische Regressionsfunktion 310, 316, 369
    Mehrfachregression 289, 310 ff
    Nichtlineare Einfachregression 303 ff
Regressor 277
Residualanalyse 331 ff
Residuum 276, 285, 331 ff
Restsummenhäufigkeit 77 f

S

Sachliche Abgrenzung 10 f
Schätzverfahren 347
Scheinkorrelation 275, 301 f
Schiefemaße 152 ff
    linksschief 153, 155
    rechtsschief 153, 155
    symmetrisch 99, 153
Sekundärstatistik 18
Selbstbestimmung
    informationelle - 20, 26
Sicherheitswahrscheinlichkeit 348
Signifikanzniveau 322, 327 f
    empirisches - 349, 367 f
Sheppardsche Korrektur 179 f
Skala
    metrische - 50 f
    qualitative - 48
    quantitative - 48
Skalierung 45 ff, 53
Sozio-Ökonomisches Panel (SOEP) 33 ff
Spannweite 163 f
SPSS 5, 256, 304, 357